W0263410

Ivan Ernest

Bindung, Struktur und Reaktionsmechanismen in der organischen Chemie

Springer-Verlag
Wien New York

Dr. Ivan Ernest
Woodward Forschungsinstitut
Basel, Schweiz

Mit 6 Abbildungen

ISBN-13: 978-3-211-81365-2   e-ISBN-13: 978-3-7091-8437-0
DOI: 10.1007/978-3-7091-8437-0

Vorwort

Die theoretische organische Chemie hat in den letzten Jahrzehnten eine beachtliche Entwicklung durchgemacht. In engem Zusammenhang mit der explosionsartig fortschreitenden Entwicklung anderer naturwissenschaftlicher Gebiete und dank neuartigen, hochempfindlichen Untersuchungsmethoden ist es gelungen, einerseits das Wesen der chemischen Bindung und die Gesetzmäßigkeiten des räumlichen Baus organischer Verbindungen zu präzisieren, anderseits tief in das Innere der chemischen Prozesse einzudringen und unter den einzelnen Reaktionsarten weitreichende Zusammenhänge zu entdecken. Es wurden verläßliche Grundlagen für eine allgemeine Theorie der organischen Reaktionen festgelegt und ihre Gültigkeit auf dem ganzen, breiten Gebiet der organischen Chemie bewiesen. Dabei scheint die stürmische Entwicklung keineswegs abzuflauen, sondern durch das bisher Erreichte und Erkannte eher gesteigert zu werden. Jeder Tag bringt neue, wichtige Entdeckungen, die die bisherigen Kenntnisse erweitern und vertiefen.

Das vorliegende Buch, dem ein viel kleineres, 1964 in Prag erschienenes Buch über organische Reaktionsmechanismen vorausging, stellt einen Versuch dar, die heutigen Anschauungen in der theoretischen organischen Chemie auf einem noch leicht zu bewältigenden Seitenumfang wiederzugeben. Dieses Ziel wollte ich jedoch nicht auf Kosten der Vollständigkeit, wie etwa durch eine willkürliche Begrenzung des Inhaltes auf nur wenige Reaktionstypen, oder durch eine vereinfachende, popularisierende Wiedergabe, sondern vielmehr durch eine kritische Auswahl und Behandlung des Materials innerhalb der einzelnen Kapitel, durch Vermeiden unnötiger Wiederholungen und Auslassen von historischen Überlegungen, erreichen.

Das ganze Gebiet der modernen organischen Chemie auf relativ wenigen Seiten zu erfassen, war keine leichte Aufgabe. Besonders schwierig fand ich es immer, wenn ich die Beschreibung eines faszinierenden Experimentes zugunsten von wichtigeren Tatsachen ausscheiden sollte; oft habe ich dann lieber auf eine Raumersparnis verzichtet. Das Bestreben nach einem kleinen Seitenumfang hat mich auch gelegentlich gezwungen, mich bei mehreren existierenden Anschauungen anstelle ihrer polemischen Behandlung für eine einzige zu entscheiden. Wichtige Meinungsunterschiede, wie z. B. die Problematik der nicht-klassischen Carboniumionen oder die alternativen Deutungen der nukleophilen Substitution, sind jedoch nicht unbehandelt geblieben.

Ich hielt es für wichtig, dem interessierten Leser möglichst viele Hinweise auf ergänzende monographische Literatur (am Ende jedes Kapitels) sowie auf bedeutsame Originalarbeiten (am Ende des Buches, alphabetisch nach den im Text zitierten Autoren angeordnet) zur Verfügung zu stellen.

Das Buch ist vor allem an Chemie-Studierende und -Absolventen der Universitäten und technischen Hochschulen gerichtet. Da nur die Kenntnis der üblichen Grundbegriffe der systematischen organischen Chemie vorausgesetzt wird (die Bindungs- und Strukturlehre wird von Grund aus erklärt), sollte man es schon in den ersten Semestern des Hochschulstudiums benützen können.

Die Arbeit an diesem Buche hat mir viel Freude und Befriedigung verschafft. Nicht eitel Freude war es wohl für einige mir liebe Personen, und ich möchte mich bei ihnen für ihre Geduld und ihr Verständnis bedanken. Insbesondere danke ich Herrn Prof. R. B. Woodward und Herrn Prof. A. Wettstein, die meine Arbeit mit ständigem Interesse verfolgt haben. Auch gegenüber den Herren Dr. K. Burri, Dr. G. Nestler und Dr. Ch. Suter, die das Manuskript sprachlich korrigiert haben, fühle ich mich zur Dankbarkeit verpflichtet. Herrn Dr. G. Nestler verdanke ich überdies manche anregende Bemerkung zum Inhalt des Buches.

Basel, im Oktober 1972   Ivan Ernest

Inhaltsverzeichnis

A. Struktur organischer Verbindungen

1. Das Kohlenstoffatom. Atomorbitale

Quantenmechanisch wird die Bewegung eines Elektrons im Felde eines einzigen Atomkernes durch eine Eigenfunktion Φ beschrieben, die *Atomorbital* genannt wird. Im übertragenen Sinne kann man unter einem Atomorbital den Raum verstehen, in dem sich das betreffende Elektron mit größter Wahrscheinlichkeit befindet. Das Quadrat Φ^2 beschreibt die Ladungsverteilung, die durch die Bewegung des Elektrons entsteht.

Atomorbitale unterscheiden sich vor allem durch den Energiegehalt ihrer Elektronen. Beim Verteilen von Elektronen in die Orbitale eines Atoms werden in der Regel zuerst Orbitale, die dem niedrigsten Energiegehalt entsprechen, besetzt. Dabei kann ein Orbital höchstens zwei Elektronen entgegengesetzten Spins aufnehmen (das *Pauli-Prinzip*).

Im Grundzustand des Kohlenstoffatoms besetzen zwei seiner sechs Elektronen das energieärmste, kugelförmige *1s*-Orbital. Zwei weitere Elektronen befinden sich in dem ebenfalls kugelförmigen, jedoch durch einen höheren Energiegehalt charakterisierten und sich vom Atomkern weiter ausdehnenden *2s*-Orbital. Zwischen dem *1s*- und *2s*-Orbital besteht eine kugelförmige Knotenfläche, auf der die Wahrscheinlichkeit des Auftretens eines Elektrons gleich Null ist.

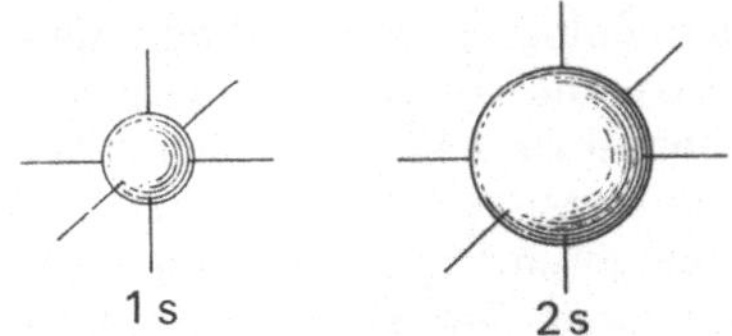

Für die übrigen zwei Elektronen stehen im Kohlenstoffatom gleich drei *2p*-Orbitale von höherem, jedoch gleichem Energiegehalt zur Verfügung, jedes wieder mit der Fähigkeit, zwei Elektronen entgegengesetzten Spins aufzunehmen. Im Gegensatz zu dem *1s*- und *2s*-Orbital sind die *2p*-Orbitale gerichtet und werden durch hantelförmige Gebilde mit durch den Kern verlaufenden Knotenebenen dargestellt. Sie liegen in drei zueinander senkrechten Ebenen und werden als *2p$_x$*-, *2p$_y$*- und *2p$_z$*-Orbital bezeichnet.

Es gilt die Regel, daß beim Füllen von Orbitalen gleichen Energiegehalts zunächst alle Orbitale mit je einem Elektron gleichen Spins (also nicht paarweise) besetzt werden (die *Hundsche Regel*). Im Grundzustand des Kohlenstoffatoms kommt also je ein Elektron in das $2p_x$- und $2p_y$-Orbital, wobei das $2p_z$-Orbital unbesetzt bleibt. Somit sind alle sechs Elektronen verteilt.

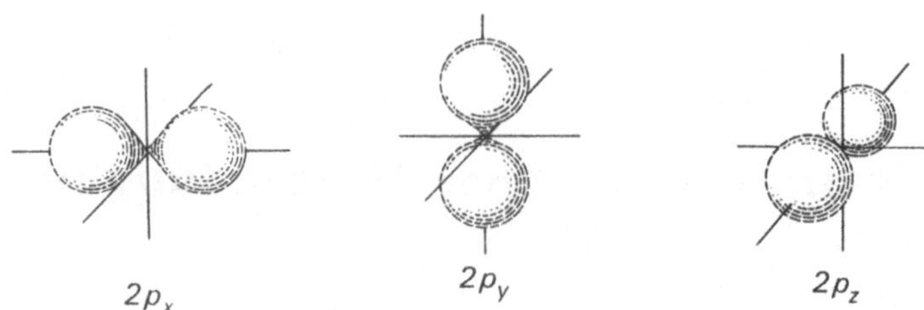

Unter Bedingungen, die zur Bildung einer Bindung mit einem anderen Atom führen, befindet sich jedoch das Kohlenstoffatom in einem angeregten Zustand. Eines der zwei Elektronen des vollbesetzten $2s$-Orbitals springt auf das energetisch etwas höher liegende $2p$-Niveau über und besetzt das bisher leere $2p_z$-Orbital. Schematisch kann man den Unterschied zwischen dem angeregten und dem Grundzustand wie folgt beschreiben.

C	$1s$	$2s$	$2p_x$	$2p_y$	$2p_z$
Grundzustand	↑↓	↑↓	↑	↑	
Angeregter Zustand	↑↓	↑	↑	↑	↑

Damit gelangen wir zu einem C-Atommodell, das zwar der Vierbindigkeit des Kohlenstoffs entspricht, jedoch die Tatsache der Gleichwertigkeit seiner Bindungen außer acht läßt: Nach diesem Modell müßte der Kohlenstoff drei gegeneinander senkrechte (den $2p$-Orbitalen entsprechende) Bindungen eingehen, die von der vierten, ungerichteten (dem $2s$-Orbital entsprechenden) Bindung verschieden wären. Auch vom energetischen Standpunkt stellt eine solche Anordnung der vier Valenzelektronen für die Bindung mit anderen Atomen nicht die stabilste Lösung dar.

Nach einer von Pauling eingeführten Vorstellung sind jedoch die Atomorbitale keineswegs unabhängig existierende Größen, sondern beeinflussen sich gegenseitig in einem solchen Ausmaß, daß es zu ihrem Verschmelzen *(Hybridisierung)* in neue Orbitale kommen kann. Quantenmechanisch entstehen die neuen, hybriden Orbitaleigenfunktionen durch Kombination der die ursprünglichen Orbitale beschreibenden Eigenfunktionen Φ. Durch eine solche Hybridisierung des $2s$- mit den $2p$-Orbitalen können beim Kohlenstoff neue, stabilere Orbitalsysteme entstehen, die auch die charakteristischen Tatsachen der Kohlenstoffchemie gut wiedergeben. Dabei kann das $2s$-Orbital entweder mit allen drei $2p$-Orbitalen, oder nur mit zwei oder sogar nur mit einem von ihnen hybridisiert werden.

Durch eine Hybridisierung aller vier Orbitale $(2s, 2p_x, 2p_y, 2p_z)$ entstehen vier neue gleiche sp^3-Orbitale (sp^3-Hybride), deren Achsen den Winkel von 109° 28′ einschließen. Sie repräsentieren das vierbindige, tetrahedrale Kohlenstoffatom.

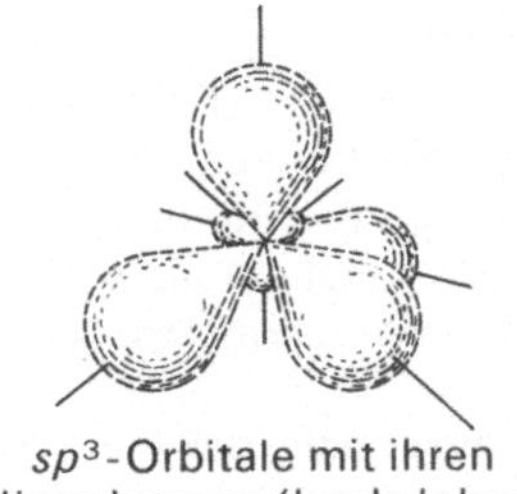

sp³-Orbitale mit ihren
Hinterlappen (back-lobes)

Wenn das 2s-Orbital nur mit zwei der drei 2p-Orbitale hybridisiert, entstehen drei gleiche sp²-Orbitale. Sie liegen in einer Ebene, die senkrecht zur Achse des verbleibenden, nichthybridisierten 2p-Orbitals steht, und schließen den Winkel von 120° ein. Das ganze Gebilde entspricht dem „ungesättigten", dreibindigen Kohlenstoffatom der Carboniumionen und kohlenstoffhaltigen Doppelbindungen.

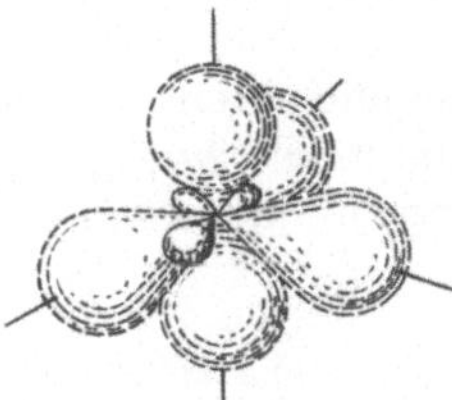

Drei sp²-Orbitale (waagerecht) mit dem
nichthybridisierten (senkrechten) 2p-Orbital

Schließlich entstehen durch eine Hybridisierung des 2s-Orbitals mit nur einem der drei 2p-Orbitale zwei gleiche sp-Orbitale. Ihre Achsen schließen den Winkel von 180° ein, d. h. liegen in einer Geraden, und stehen senkrecht auf der durch die zwei nichthybridisierten 2p-Orbitale gebildeten Ebene. Diese Anordnung findet man bei dem zweibindigen Kohlenstoff der Dreifachbindungen.

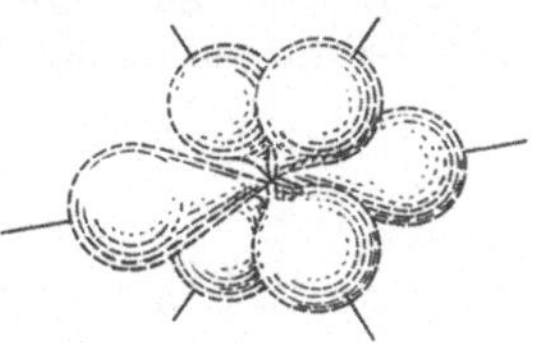

Zwei sp-Orbitale (waagerecht) mit zwei
nichthybridisierten 2p-Orbitalen

2. Molekülorbitale. σ-Bindungen

Bei einer starken Annäherung von zwei Atomen beginnen ihre positiv geladenen Atomkerne die Elektronen des anderen Atoms anzuziehen. Von einer bestimmten Entfernung an, bei der die entsprechenden Atomorbitale der beiden Atome schon überlappen können, ist diese Wechselwirkung so stark, daß die ursprünglich nur auf den Bereich eines Atomkernes begrenzten Elektronen nun mit beiden Kernen verbunden sind. Anstelle der Atomorbitale entstehen neue *Molekülorbitale*, die, falls sie mit zwei Elektronen entgegengesetzten Spins besetzt sind, zur kovalenten Bindung zwischen den Atomen führen. Als neue Eigenfunktionen (Ψ) können die Molekülorbitale aus den beteiligten Atomorbitalen Φ durch ihre Kombination abgeleitet werden. Es kann gezeigt werden, daß sie energetisch günstiger als die Summe der Atomorbitale sind. Die Elektronen können sich in ihnen um beide Atomkerne ausdehnen, was mit einem Energiegewinn verbunden ist.

Die Quantenmechanik verlangt jedoch, daß eine Kombination von zwei Atomorbitalen nicht bloß zu einem, sondern zu zwei Molekülorbitalen führt. Neben dem soeben beschriebenen *bindenden Molekülorbital* Ψ *(bonding molecular orbital)* entsteht auch ein energiereiches Molekülorbital mit einer zur gemeinsamen Achse der beiden Atomkerne senkrechten Knotenebene. Diese schließt eine Bindung der Atome durch Elektronen in einem solchen Orbital aus. Falls es mit Elektronen besetzt ist, sind diese im Durchschnitt von den beiden Kernen sogar weiter entfernt als in isolierten Atomen und neigen daher dazu, die Atome eher zu trennen. Darum werden solche Orbitale als *anti-bindende Molekülorbitale* bezeichnet (Ψ^*; *anti-bonding molecular orbitals)*. Bei der Bildung einer kovalenten Bindung bleibt das anti-bindende Molekülorbital meistens unbesetzt.

Das einfachste Beispiel eines bindenden und anti-bindenden Molekülorbitals bietet das Überlappen der *1s*-Atomorbitale zweier Wasserstoffatome. Das bindende MO repräsentiert dabei den Bindungsgrundzustand eines Wasserstoffmoleküls.

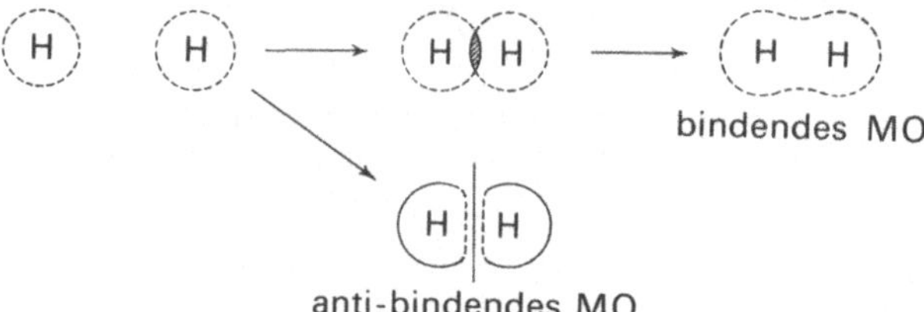

In ähnlicher Weise wird aus dem Wasserstoff-*1s*-Orbital und einem sp^3-Orbital des Kohlenstoffs neben dem entsprechenden anti-bindenden MO das bindende Molekülorbital der C—H-Bindung und aus zwei sp^3-Kohlenstofforbitalen das Molekülorbital der einfachen C—C-Bindung gebildet.

Der größte Teil der Elektronenladung dieser Bindungen ist zwischen den beiden Atomkernen lokalisiert; die Elektronen der Bindung dehnen sich praktisch nicht auf benachbarte Bindungen aus. Bindungen mit einer solchen zylindrisch symmetrischen Elektronenverteilung werden als *σ-Bindungen* bezeichnet (man spricht auch von *σ-Orbitalen* und *σ-Elektronen*). Da die Elektronen auf den Bereich von nur zwei Atomkernen lokalisiert sind, ist es möglich, bei mehratomigen, aus solchen Bindungen aufgebauten Molekülen die einzelnen σ-Orbitale als selbständige Molekülorbitale zu betrachten, obwohl ein Molekülorbital im Prinzip das ganze Molekül umfassen sollte.

3. Einfache Kohlenstoffbindung. Stereochemie der gesättigten Kohlenstoffkette

Die charakteristische Geometrie des sp^3-hybridisierten Kohlenstoffatoms kommt beim Aufbau gesättigter Kohlenstoffketten zum Ausdruck. Für die Stereochemie der Kohlenstoffgerüste sind besonders die Bindungswinkel, die Bindungslängen und die sogenannten dihedralen Winkel entscheidend.

Wie schon erwähnt, beträgt der *Bindungswinkel* am sp^3-hybridisierten Kohlenstoffatom 109° 28′. Dieser Wert wird jedoch nur bei vollkommen symmetrischen Verbindungen, wie beim Methan, Neopentan oder Tetrachlormethan, genau eingehalten. Bei ungleichen Substituenten findet man regelmäßig kleinere Abweichungen (selten überschreiten sie den Wert von 2° bis 3°)[1].

Größeren Deformationen des sp^3-Bindungswinkels – besonders in der Richtung zu niedrigeren Werten – begegnet man bei cyclischen Kohlenstoffketten. Alle Abweichungen von der normalen Geometrie sind allerdings mit einer Enthalpiezunahme verbunden, die als *Bindungswinkel-Spannungsenergie (bond angle strain energy)* bezeichnet wird. Die Zunahme ist jedoch relativ klein und beträgt ungefähr 1 Kcal/Mol für eine Änderung des Winkels um 10°.

Die Kerne zweier gebundener Atome schwingen entlang ihrer gemeinsamen Achse um eine Mittellage, die als *Bindungslänge* betrachtet wird. Bei zwei sp^3-hybridisierten Kohlenstoffatomen beträgt die C—C-Bindungslänge 1,54 Å, die Länge einer s,sp^3-C—H-Bindung ist 1,10 Å. Diese Werte sind ziemlich konstant, vorausgesetzt, daß der sp^3-Charakter des Kohlenstoffs erhalten bleibt. Bei einer C—C-Bindung zwischen einem sp^3- und einem sp²-hybridisierten Kohlenstoff (z. B. bei CH_3—C in Propen) beträgt die Länge nur 1,51 Å und bei einer sp^3,sp-Bindung (CH_3—C in Propin) sogar nur 1,46 Å. Der zunehmende s-Charakter des Kohlenstofforbitals (beim

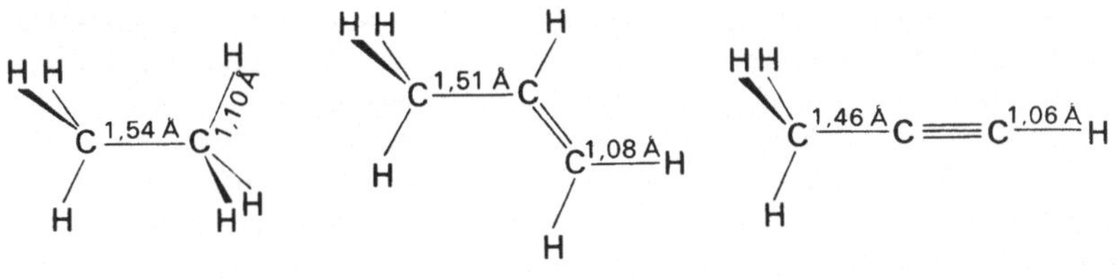

1 So beträgt in Methylchlorid der Winkel ∢ H—C—Cl nur 108°, der Winkel ∢ H—C—H dagegen 111°. Für diese Abweichungen wird u. a. die folgende Erklärung vorgeschlagen: Die Elektronenverteilung der C—Cl-Bindung ist infolge der unterschiedlichen Elektronenaffinitäten beider Atome mehr auf der Seite des Chloratoms konzentriert. Das Kohlenstoffatom verliert dadurch etwas von seinem sp^3-Charakter und gewinnt einen ganz schwachen sp²-Charakter. Da beim sp²-hybridisierten Kohlenstoff der Bindungswinkel 120° beträgt, wird durch diese teilweise Veränderung des Hybridzustandes der Winkel ∢ H—C—H ein wenig aufgeweitet.

Übergang von sp^3 zu sp^2 und sp) macht die Bindung kürzer und fester. Eine ähnliche Abnahme der Bindungslänge, wenn man vom sp^3- zum sp-hybridisierten Kohlenstoff übergeht, findet man auch bei den C—H-Bindungen.

Jede erzwungene Änderung der normalen Bindungslänge wird von einer Änderung der Enthalpie des Systems begleitet. Zum Unterschied von Bindungswinkeldeformationen, die einen relativ kleinen Energieaufwand erfordern, sind schon kleine Kompressionen oder Extensionen der Bindungslängen mit beträchtlicher Enthalpiezunahme verbunden.

Die Stereochemie kohlenstoffhaltiger Verbindungen wird jedoch nicht nur durch die Bindungswinkel und die Bindungslängen der unmittelbar gebundenen Atome, sondern auch durch Wechselwirkungen zwischen nicht gebundenen Atomen des Moleküls *(non-bonding interactions)* bestimmt. Diese Wechselwirkungen machen sich schon bei einer so einfachen Verbindung wie Äthan bemerkbar. Beim Drehen seiner Methylgruppen um die C—C-Achse steigt und sinkt die Enthalpie des Systems stetig dreimal während einer Umdrehung, wobei der maximale Energieunterschied auf ungefähr 3 Kcal/Mol geschätzt wird. Der Energiegehalt ist immer am höchsten, wenn die Wasserstoffatome der beiden Methylgruppen die kleinste Entfernung erreicht haben. Ihre repulsiven Wechselwirkungen kommen in diesen *ekliptischen Stellungen (eclipsed position)* am stärksten zum Ausdruck. Energetisch günstig ist dagegen die *gestaffelte Stellung (staggered position)*, in der die gegenseitige Entfernung der Wasserstoffatome am größten ist[2].

Ekliptische Stellung

Gestaffelte Stellung

Genau kann die gegenseitige Stellung der C—H-Bindungen durch den *dihedralen Winkel* Θ beschrieben werden. Es ist der Winkel, den zwei Ebenen, die durch das Bindungssystem H—$C_{(1)}$—$C_{(2)}$—H (eine durch H—$C_{(1)}$—$C_{(2)}$ und die andere durch $C_{(1)}$—$C_{(2)}$—H) gelegt werden können, einschließen. Bei der ekliptischen Stellung beträgt der dihedrale Winkel 0°, bei der gestaffelten 60°.

Das Äthanmolekül kann infolge der internen Drehbarkeit um die C—C-Achse eine unendliche Anzahl von geometrischen Anordnungen mit unterschiedlichem Energiegehalt einnehmen, welche durch die Bindungslängen, Bindungswinkel und dihedralen Winkel der beteiligten Bindungen beschrieben werden können. Diese

---

2 Obwohl die elektrostatischen Abstoßungen der an benachbarten Kohlenstoffatomen gebundenen Substituenten (in unserem Falle: der Wasserstoffatome) bestimmt eine wichtige Rolle bei den nichtbindenden Wechselwirkungen spielen und eine attraktive Deutung bieten, ist die wahre Ursache der Enthalpieunterschiede noch nicht mit Sicherheit geklärt.

Anordnungen werden *Konformationen* (des Äthanmoleküls) genannt (Mislow, 1966). Bei den meisten Verbindungen, bei denen eine Drehbarkeit um ihre σ-Bindungen vorliegt, gibt es eine oder mehrere bevorzugte und eine oder mehrere ungünstige Konformationen. Die mit einem ungünstigen dihedralen Winkel verbundene Enthalpiezunahme wird als *Torsionsspannung (torsional strain)* bezeichnet.

Der Enthalpieunterschied zwischen der günstigsten und der ungünstigsten Konformation des Äthans ist nicht groß genug, um die freie Drehbarkeit um die C—C-Achse zu verhindern. Auch bei komplizierteren Verbindungen ermöglicht meistens schon die Energie der thermischen Bewegung bei üblichen Temperaturen einen glatten Übergang von einer Konformation zu einer anderen von höherem Energiegehalt. Ein „Einfrieren" des Moleküls in einer bestimmten Konformation findet gewöhnlich nur in der Kristallform oder, in flüssigem Zustand, bei sehr tiefen Temperaturen statt.

Obwohl die Enthalpiedifferenzen verschiedener Konformationen die freie Drehbarkeit meistens nicht aufheben, bestimmen sie doch die Häufigkeit der einzelnen Formen bei der betreffenden Temperatur.

Bei einem 1,2-disubstituierten Äthan X—CH_2—CH_2—X läuft das Molekül bei der inneren Drehung durch zwei verschiedene energetische Maxima und zwei verschiedene Minima. Einen hohen Energiegehalt haben die ekliptischen Konformationen (1) und (3a,b), wobei (1) (mit der sogenannten *syn-periplanaren Anordnung* der Substituenten X) die ungünstigste der beiden ist (die Konformation (3) wird als *antiklinal* bezeichnet). Dagegen stellen die gestaffelten Konformationen (2a,b) (sogenannte *synklinale Form*) und insbesondere (4) *(anti-periplanare Form)* die energetisch günstigsten geometrischen Anordnungen dar.

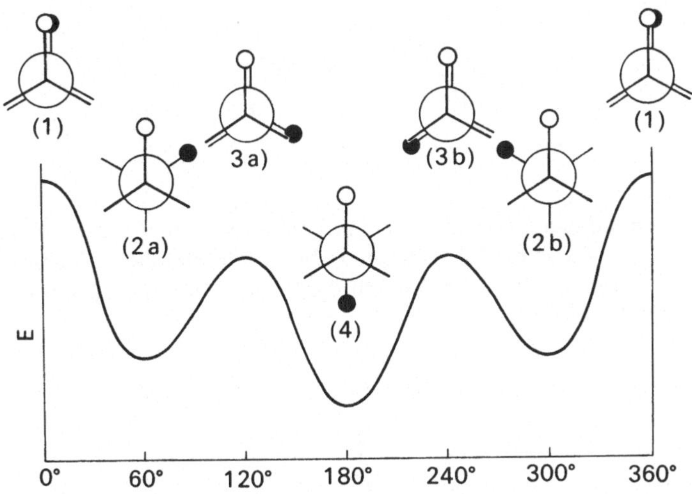

Die Größe der Enthalpiedifferenz zwischen den einzelnen Konformationen hängt vom Charakter des Substituenten X ab. Bei Butan (X=CH_3) beträgt die Differenz zwischen (1) und (4) etwa 4,5—6,0 Kcal/Mol; die synklinale Form (2) ist um 0,8—0,9 Kcal/Mol energiereicher als (4). Da die beiden letzten Konformationen ((2) und (4)) an der Enthalpiekurve ausgesprochene Minima besetzen, neigt das Molekül dazu, nach jeder Abweichung wieder spontan zu diesen Formen zurückzukehren.

Für längere offene Kohlenwasserstoffketten kann man aus dem Erwähnten schließen, daß eine der anti-periplanaren Form IV entsprechende Zickzack-Konformation bevorzugt wird, um so mehr, als eine Wiederholung der ungünstigen syn-periplanaren Anordnung (Typ (1)) aus sterischen Gründen (Überlappen der Atomkerne) nicht möglich ist. Als eine vernünftige Alternative zu der Zickzack-Form kann jedoch bei Kohlenwasserstoffketten auch die synklinale Anordnung der Kette (Typ (2)) auftreten.

4. Cyclische Kohlenstoffketten

Interessante Konsequenzen hat die Bindungswinkel- und Torsionsspannung für den Aufbau und die Konformation cyclischer Kohlenwasserstoffketten.

Vom Standpunkt der Bindungswinkelspannungen aus sollte der *Fünfring* des Cyclopentans ein ideales Gerüst darstellen, denn der Ringschluß ist hier praktisch mit keiner Deformation des normalen Bindungswinkels verbunden. Die dabei vorausgesetzte Planarität des Ringes bringt jedoch die energetisch ungünstige ekliptische, syn-periplanare Anordnung aller Kohlenstoffpaare mit sich, was dem planaren Cyclopentan einen beträchtlichen Energiegehalt erteilen würde. Ein wesentlicher Teil dieser Torsionsspannung (in diesem Zusammenhang als *Pitzersche Spannung* bekannt) kann jedoch schon durch ein mäßiges Ausdrehen der Kohlenstoffatome aus der Ebene beseitigt werden. Dabei entsteht zwar durch die Deformation der Bindungswinkel eine zusätzliche Bindungswinkelspannung, der damit verbundene Enthalpiezuwachs ist jedoch relativ klein. Infolgedessen liegt Cyclopentan in gewellten Konformationen A *(„Briefumschlag-Form")* und B *(„Halbsessel-Form")* vor.

A   B

Die Ausbeugung des Fünfringes aus der Ebene ist bei überbrückten, bicyclischen Gerüsten (z. B. bei Bicyclo-(2.2.1)-heptan) besonders deutlich. Die gewellte Konformation ist in solchen starren Systemen durch die Verknüpfung mit dem anderen Ring erzwungen und fixiert.

Bei der sechsgliedrigen Kohlenstoffkette wäre der Schluß eines ebenen Ringes nur bei einer wesentlichen Ausdehnung des normalen Bindungswinkels möglich. Ein planarer *Sechsring* wäre also nicht nur wegen großer Torsionsspannungen (ekliptische Stellung aller Kohlenstoffatome), sondern auch wegen Bindungswinkelspannungen ausgesprochen ungünstig. Dagegen gibt es eine äußerst vorteilhafte unebene Konformation des Sechsringes, in der die beiden negativen Faktoren nicht auftreten. In dieser als *Sesselform (chair form)* bezeichneten Konformation (A) sind alle Kohlenstoffpaare gestaffelt und der normale Bindungswinkel des sp^3-hybridisierten Kohlenstoffs ist eingehalten. Wie durch Röntgenanalysen kristalliner Cyclohexanderivate bestätigt werden konnte, liegen diese tatsächlich in der Sesselkonformation vor.

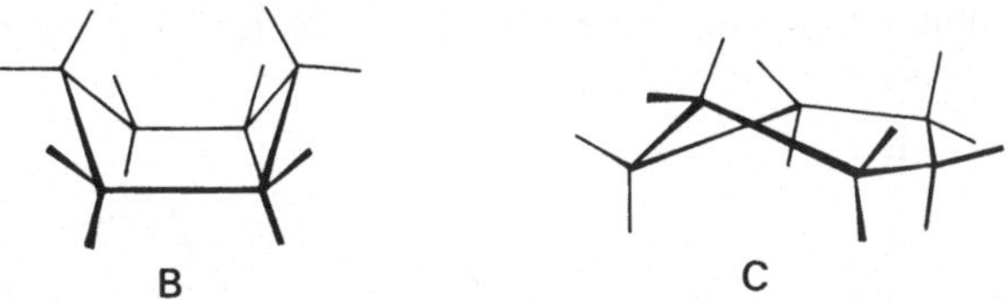

An einem aus tetrahedrischen Atommodellen zusammengestellten Cyclohexanmodell kann man sich überzeugen, daß die Sesselform eine ziemlich starre Konformation ist. Unter einer vorübergehenden Bindungswinkeldeformation kann sie jedoch in eine neue Konformation (B; *Wannenform, boat form*) überführt werden. Diese Konformation des Sechsringes ist nicht mehr so günstig: Zwei Kohlenstoffpaare sind hier in der ekliptischen Stellung und die zwei „inneren" Substituenten an den Wannenspitzen kommen so nahe zusammen, daß schon bei kleinen Wasserstoffatomen die van der Waalsschen Sphären[3] verletzt werden.

Der Energiegehalt der Wannenform des Cyclohexans ist um zirka 7 Kcal/Mol höher als bei der Sesselkonformation, wobei bei dem Übergang in die Wannenform sogar eine Barriere von ungefähr 11 Kcal/Mol überwunden werden muß.

Im Gegensatz zur Sesselform ist die Wannenform eine bewegliche Konformation. Eine „Wanne" mit Kohlenstoffatomen $C_{(1)}$ und $C_{(4)}$ an ihren Spitzen kann durch eine beinahe mühelose wellenartige Umdrehung der Kohlenstoffatome leicht in eine andere Wanne mit Spitzen am $C_{(2)}$ und $C_{(5)}$ übergehen usw. Dabei werden sogenannte *Twist-Formen* C *(schiefe Wannen; twisted boats)* durchlaufen, in denen die zwei oben erwähnten Spannungsfaktoren teilweise wegfallen. Eine „schiefe Wanne" ist nur noch um etwa 5,5 Kcal/Mol energiereicher als die ideale Sesselkonformation.

Die Enthalpiedifferenz zusammen mit der Energiebarriere zwischen der Sessel- und Wannenform ist immer noch nicht groß genug, um den Übergang bei üblichen Temperaturen zu verhindern, sie hält jedoch das Konformationsgleichgewicht bei Cyclohexan ganz auf der Seite der Sesselform. Obwohl die Wannenform bei Cyclohexanderivaten gewöhnlich nur schwach vertreten ist, kann sie doch bei chemischen Prozessen zur Geltung kommen. Außerdem gibt es bicyclische Systeme, wie

---

3 Die *van der Waalsche Sphäre* eines Atoms ist ein Bereich, in dem das Atom dem Durchdringen eines anderen, mit ihm nicht gebundenen Atoms Widerstand leistet. Die Ursache der Erscheinung liegt in der Abstoßung der beiden positiv geladenen Atomkerne, die sich jedoch nur bei kleinen Entfernungen auswirken kann. Die Sphären werden durch *van der Waalsche Radien* definiert. Beim Wasserstoff beträgt der van der Waalsche Radius 1,2 Å, beim Stickstoff 1,5 Å usw.

Bicyclo-(2.2.2)-octan oder das schon früher erwähnte Bicyclo-(2.2.1)-heptan, deren Sechsringe ausschließlich die Wannenform einnehmen. In diesen erzwungenen Fällen ist jedoch wenigstens der negative Faktor der nicht-bindenden 1,4-Wechselwirkungen an den Wannenspitzen durch die Überbrückung beseitigt.

Von den zwölf Bindungen, die vom Sechsring in seiner bevorzugten Sesselkonformation ausgehen, sind sechs parallel zu der sechszähligen Hauptachse des Ringes und werden als *axial (a)* bezeichnet, die anderen sechs sind ungefähr radial um den Ring angeordnet und werden *äquatorial (e)* genannt. Die axialen Bindungen an jeder Seite des Ringes stehen so nahe nebeneinander, daß zwischen axial gebundenen Atomen oder Atomgruppen beträchtliche Wechselwirkungen *(1,3-Wechselwirkungen)* auftreten können. Bei äquatorialen Substituenten dagegen kommen solche Störungen viel weniger in Betracht. Daher sind bei *monosubstituierten Cyclohexanderivaten* Konformationen mit äquatorialen Substituenten stabiler als *axiale Konformere*. Bei Methylcyclohexan beträgt die Enthalpiedifferenz der beiden Konformeren 1,6—1,8 Kcal/Mol, bei sperrigen Substituenten kann sie jedoch wesentlich größer sein. Aber schon die relativ sehr kleine Enthalpiedifferenz bei Methylcyclohexan führt dazu, daß bei Zimmertemperatur nur etwa 5% aller Moleküle in der Konformation mit axialem Methyl vorliegen[4].

Etwas komplizierter ist die Situation mit den Konformeren bei *disubstituierten Cyclohexanderivaten*. Die Überlegungen müssen hier auf drei *cis, trans*-Isomerenpaare (mit 1,2-, 1,3- und 1,4-Stellungen der Substituenten im Sechsring) ausgedehnt werden. Die *cis, trans*-Isomerie kommt hier, wie bei anderen cyclischen Systemen, von der stark begrenzten Drehbarkeit der C—C-Bindungen um ihre Achsen her (vgl. mit der *cis, trans*-Isomerie in ungesättigten Kohlenstoffketten, S. 18). Für die Stabilität der einzelnen Konformationen aller dieser Isomeren ist wieder die äquatoriale bzw. axiale Stellung der Substituenten maßgebend.

Bei *cis*-1,2-disubstituierten Derivaten bleibt in der Sesselkonformation immer ein Substituent äquatorial, der andere axial. Zwischen den Konformeren, die sich *via* eine Halbsesselform im Gleichgewicht befinden, existiert bei gleichen Substituenten kein Enthalpieunterschied.

---

4 Bei sehr tiefen Temperaturen kann die gegenseitige Umwandlung der Konformeren so langsam erfolgen, daß ihre präparative Trennung möglich wird. So gelang es, das äquatoriale und axiale Chlorcyclohexan bei −150° C durch Anwendung der üblichen Kristallisationstechnik zu trennen. Dabei wurde die Halbwertszeit der konformativen Umwandlung des stabileren äquatorialen Konformeren auf 22 Jahre bei −160° C, 23 Minuten bei −120° C und auf bloße 10[−5] Sek. bei 25° C bestimmt (Jensen und Bushweller, 1969).

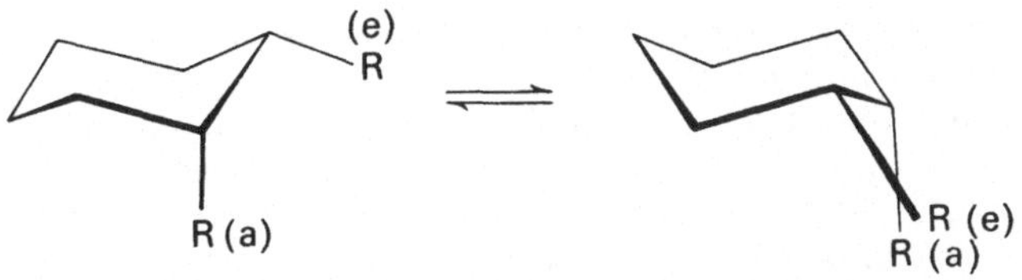

Dagegen liegen *trans*-1,2-disubstituierte Cyclohexanderivate hauptsächlich in zwei Konformationen vor, deren Enthalpien sich wesentlich voneinander unterscheiden. Einmal sind beide Substituenten äquatorial, das andere Mal beide axial. Das diäquatoriale Konformere ist allerdings das bevorzugte[5].

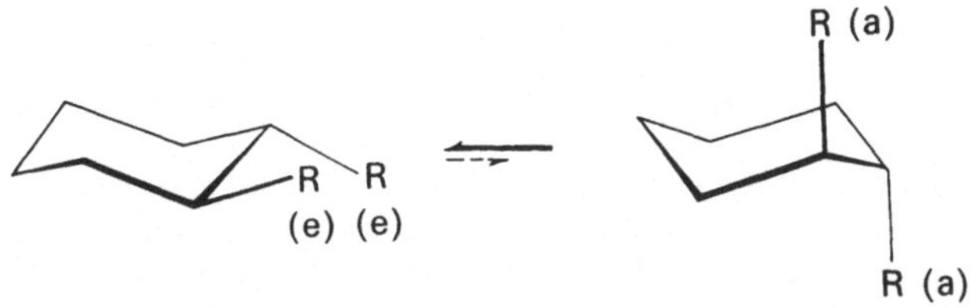

Ähnlich ist es bei den zwei anderen Isomerenpaaren: Eines der Stereoisomeren (*cis*-1,3- und *trans*-1,4-) kann in zwei energetisch unterschiedlichen (*e,e-*; *a,a-*) Konformeren vorkommen, beim anderen (*trans*-1,3- und *cis*-1,4-) sind die Sessel-Konformeren energetisch ebenbürtig (vorausgesetzt, daß beide Substituenten gleich sind).

Das Umklappen einer Sesselform des Cyclohexanringes in die andere, das den soeben diskutierten Konformationsgleichgewichten zugrunde liegt, fällt in *polycyclischen Systemen* mit Sechsringen oft aus. So bilden die Sechsringe des *trans*-Decalins ein vollkommen starres Gerüst. Bei einem Umklappen müßte die diäquatoriale Verknüpfung des zweiten Ringes in eine diaxiale, anti-periplanare Anordnung übergehen, was die Geometrie des Sechsringes nicht erlaubt. Die Substituenten am *trans*-Decalin sind daher dauernd entweder äquatorial oder axial.

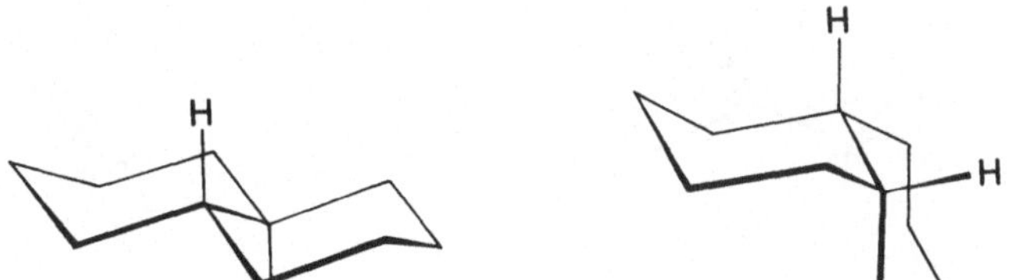

Dagegen ist bei *cis*-Decalin, wo die Ringanknüpfung — vom einen oder anderen Sechsring aus gesehen — immer *e,a* ist, ein solches Umklappen gut möglich, vorausgesetzt, daß es in beiden Ringen gleichzeitig stattfindet. Wie bei Cyclohexan selbst, können dadurch äquatoriale Substituenten axial werden und umgekehrt, was die Chemie der *cis*-Decalinderivate von der des starren *trans*-Decalins sehr unterschiedlich macht.

---

5 Wie unsere Abbildung zeigt, liegen in dem energetisch ungünstigen diaxialen Konformeren die beiden Substituenten X anti-periplanar. Bei dem 1,2-disubstituierten Äthan haben wir eine solche Konformation als äußerst günstig bezeichnet (S. 7). Bei dem disubstituierten Cyclohexan sind jedoch die energetischen Vorteile der anti-periplanaren Anordnung der X-Substituenten durch die ungünstigen 1,3-Wechselwirkungen beiderseits der Ringebene überkompensiert.

Aber auch bei monocyclischen Cyclohexanderivaten kann man von einem „Einfrieren" des Moleküls in einer einzigen Konformation sprechen, wenn ein sperriger Substituent für sich eine äquatoriale Stellung beansprucht. So befindet sich beim *cis*-4- und *trans*-3-*tert.*Butyl-1-cyclohexanol die Hydroxylgruppe praktisch ausschließlich in axialer Stellung, denn die voluminöse *tert.*Butylgruppe macht die Konformationen (5) bzw. (6), in denen sie äquatorial vorliegt, den anderen weit überlegen.

Beim Übergang vom Sechsring zu *mehrgliedrigen Ringen* könnte man mit Rücksicht auf das zunehmende Auflockern der inneren Drehbarkeit und die damit verbundene größere Konformationsfreiheit ungespannte Systeme erwarten. Die Tatsache jedoch ist, daß nur Cyclohexan (in seiner Sesselform) und dann erst die ganz großen Ringe spannungsfrei sind, daß aber die mittelgroßen Ringe, besonders die *acht-* bis *elfgliedrigen* Ringketten, beträchtlich höhere Enthalpien aufweisen.

Ein Teil der Spannung in diesen Systemen ist auf eine unvollkommen gestaffelte Anordnung der Kette zurückzuführen. Die ideal gestaffelte Geometrie, wie sie in der Sesselform des Cyclohexans vorliegt, wird auch bei der aufgelockerten Drehbarkeit der größeren Ringketten nie erreicht. Ein anderer Beitrag zur Enthalpie der mittelgroßen Ringe kommt von der Deformation der Bindungswinkel her; durch Röntgenanalyse wurde oft eine Zunahme des Bindungswinkels gegenüber dem normalen Wert (bis zu Werten um 125°) festgestellt. Die Hauptursachen sind dabei offenbar die Wechselwirkungen der Wasserstoffatome an nicht-benachbarten Methylengruppen der Kette *(transannulare Wechselwirkungen* und *Effekte; transannular* oder auch *proximity effects)*. In Konformationen mit normalen Bindungswinkeln kämen nämlich immer einige Methylengruppen der mittelgroßen Ringkette so nahe zueinander, daß ihre Wasserstoffatome schon gegenseitig in ihre Wirkungsbereiche (van der Waalssche Radien) eindringen würden. Dies zwingt das Molekül, Formen einzugehen, die nur unter Deformation der Bindungswinkel zustande kommen können. Die bevorzugten Konformationen dieser Ringsysteme stellen die optimale Kompromißlösung der durch die erwähnten negativen Faktoren gegebenen Situation dar.

Von den zwei abgebildeten Konformationen des *Cycloheptans* ist die *„Sessel- form"* (a) der *„Wannenform"* (b) energetisch überlegen, es gibt jedoch eine noch günstigere Konformation in Form eines *„schiefen Sessels"*. Auch beim *Cyclooctan* (in seiner *„Kronenform"* dargestellt) und *Cyclononan* sind entsprechende „schiefe", d. h. etwas verdrehte Konformationen die günstigsten. Ähnliches gilt auch für Cyclodecan.

Die größere Drehbarkeit um die C—C-Bindungen erlaubt bei mittelgroßen Ringen einen breiten Bereich der gegenseitigen konformativen Stellungen der Substituenten. So können schon beim Cyclooctan zwei *cis*-ständige Substituenten durch bloße Ringverdrehung in eine anti-periplanare Stellung gebracht werden. Bei mittleren Ringen muß also eine *cis*- oder *trans*-Anordnung der Substituenten nicht immer ihre gleichseitige oder gegenseitige Stellung bedeuten. Dies wird selbstverständlich beim Übergang zu *großen Ringen* (zwölfgliedrige und höhere), wo die Kohlenstoffkette an innerer Drehbarkeit stetig gewinnt, immer deutlicher. Je größer die Zahl der Kettenglieder wird, desto stärker gleichen diese Ringe in ihren Eigenschaften den offenkettigen Systemen, obwohl selbstverständlich eine vollkommene Zickzack-Konformation hier nie möglich ist. Die 1,3- und andere nicht-bindenden Wechselwirkungen werden jedoch unbedeutend klein, und da auch keine Bindungswinkeldeformationen vorliegen, sind die großen Ringe von dem vierzehngliedrigen an praktisch spannungsfrei.

Schließlich soll noch die Stereochemie und Stabilität des *drei-* und *viergliedrigen Kohlenstoffringes* kurz diskutiert werden. Beide Ringsysteme sind stark gespannt, der Dreiring allerdings mehr als der Vierring. Vergleicht man z. B. die Werte der für eine Methylengruppe berechneten Verbrennungswärmen verschiedener Cycloalkane (d. h. molekulare Verbrennungswärmen dividiert durch die Zahl der Methylengruppen im Molekül) mit dem Durchschnittswert der Methylenverbrennungswärme bei offenkettigen Kohlenwasserstoffen, so findet man beim Cyclohexan keine Differenz, beim Cyclopentan einen Energiezuwachs von 1,3 Kcal/CH_2, beim Cyclobutan beträgt die Differenz bereits 6,5 Kcal/CH_2 und beim Cyclopropan sogar mehr als 9 Kcal/CH_2. Für den hohen Energiegehalt der letzten zwei Ringsysteme gibt es gewichtige Gründe, vor allem in der starken Deformation des Bindungswinkels und in starken nichtbindenden Wechselwirkungen (als Konsequenz der durch den Ringschluß erzwungenen ekliptischen Stellung aller Kettenglieder).

Der Bindungswinkel der Cyclopropan-Kohlenstoffatome sollte laut der von uns bis jetzt angenommenen Vorstellung, daß die σ-Bindungen gerade von einem Atomkern zum anderen orientiert sind, anstatt 109° 28' nur 60° betragen. Die Theorie der Orbitalhybridisierung verlangt jedoch, daß keine zwei gleichwertige Bindungshybride

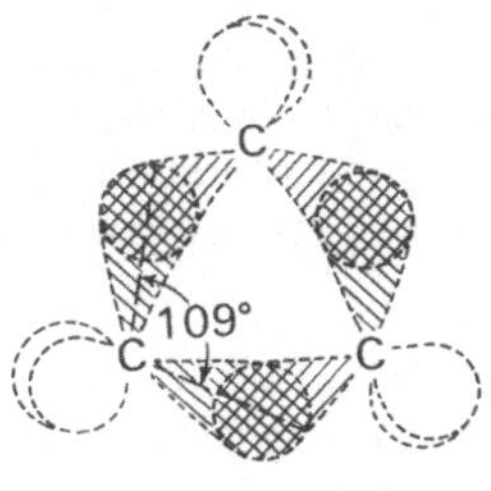

einen kleineren Winkel als 90° einschließen. Man stellt sich daher vor, daß die Kohlenstofforbitale im Cyclopropan beim Bilden des Molekülorbitals außerhalb des Dreiecks der Kohlenstoffkerne liegen und sich nicht in einer Gerade, sondern unter einem Winkel überlappen. Der normale Orbitalwinkel wird so bei Bildung des Molekülorbitals relativ wenig deformiert.

Das unvollkommene Überlappen der sp^3-Orbitale bei Bildung dieser *„gebogenen"* C—C-Bindungen[6] erklärt dann die erwähnte geringe Stabilität (höheren Energiegehalt) des Systems.

Was die nicht-bindenden Wechselwirkungen in den kleinen Ringen betrifft, kommen nicht nur die der Wasserstoffatome der ekliptischen, benachbarten Methylengruppen, sondern auch die 1,3-Wechselwirkungen zur Geltung. Die Wasserstoff-Wasserstoff-Wechselwirkungen sind dafür verantwortlich, daß Cyclobutan und seine Derivate in einer leicht gewellten Konformation vorliegen, obwohl dieses Ausbiegen aus der Ebene die ohnehin beträchtliche Deformation des Bindungswinkels der Kohlenstoffatome noch vergrößert.

Die Chemie der Cyclopropan- und Cyclobutanderivate bringt manchen Beweis dafür, daß nicht einmal beträchtliche Ringspannungen die Existenz eines cyclischen Systems ausschließen müssen. So konnten bicyclische Gerüste mit kondensierten Cyclopropan- und Cyclobutanringen isoliert werden, in denen der Einbau des kleinen Ringes in das bicyclische System mit einer zusätzlichen Enthalpieerhöhung verbunden war. Drei existierende, hochgespannte Kohlenwasserstoffe dieser Art sind im folgenden Schema zusammen mit ihren aus Hydrierungswärmen berechneten Spannungsenergien angeführt (v. E. Doering und Mitarbeiter, 1968).

54 Kcal/Mol   67 Kcal/Mol   95 Kcal/Mol

5. Chiralität. Optische Isomerie

Die räumliche Orientierung der Bindungen des sp^3-hybridisierten Kohlenstoffatoms hat noch eine weitere, interessante Konsequenz. Soll nämlich das tetrahedrale Kohlenstoffatom mit vier verschiedenen Atomen oder Atomgruppen verbunden sein, so sind zwei inkongruente Strukturen möglich, die sich wie Bild und Spiegelbild verhalten.

---

6 Die gebeugten Orbitale der C—C-Bindungen im Cyclopropan werden oft mit ernster Miene als *Bananen-*, ja sogar als *Würstchenorbitale (banana* oder *sausage orbitals)* bezeichnet.

Da die Umgebung eines jeden Substituenten in beiden Strukturen vom chemischen Standpunkt aus gleich ist, unterscheiden sich Verbindungen, die durch solche Strukturen repräsentiert sind, nicht chemisch und auch die meisten physikalischen Eigenschaften (Siedepunkt, Schmelzpunkt, Löslichkeit usw.) sind gleich. Im Gegensatz zu symmetrisch gebauten Strukturen haben jedoch solche *asymmetrisch* konstruierte Verbindungen die Fähigkeit, die Ebene planar polarisierten Lichtes zu drehen. Und in dieser *optischen Aktivität* unterscheiden sich beide Strukturen dadurch, daß sie die Lichtebene zwar in gleichem Ausmaß, jedoch in entgegengesetzten Richtungen drehen. Man spricht von *optischer Isomerie* und die beiden Verbindungen werden als *optische Isomere* oder *Enantiomere* (auch *optische Antipoden*) bezeichnet.

Optische Aktivität muß nicht unbedingt an die Anwesenheit eines *asymmetrischen* (d. h. mit vier verschiedenen Substituenten besetzten) *Kohlenstoffatoms* gebunden sein. Umgekehrt gibt es Verbindungen mit mehreren solchen Kohlenstoffatomen, die keine optische Aktivität aufweisen. So wurde die 6,6'-Dinitrodiphensäure (7) in optische Antipoden gespalten, obwohl sich in ihrer Struktur kein asymmetrisches Kohlenstoffatom befindet. Dagegen ist eine solche Spaltung in optische Antipoden bei *cis*-Cyclobutan-1,2-dicarbonsäure (8) nicht möglich, obwohl diese Verbindung zwei Kohlenstoffatome besitzt, die der Definition eines asymmetrischen Atoms entsprechen (vier verschiedene Substituenten: H, CH_2, COOH und CH.COOH).

(7)

(8)

Bei der Dinitrodiphensäure liegt die Ursache der optischen Aktivität in einer Dissymmetrie des Moleküls, die mit der Anhäufung der sperrigen Substituenten in *ortho*-Stellungen des Biphenylsystems zusammenhängt. Die zwei Benzolringe mit ihren Nitro- und Carboxylgruppen können nicht in einer Ebene liegen, sie stehen vielmehr senkrecht zueinander. Da die Drehbarkeit um die $C_{(1)}$—$C_{(1')}$-Achse des Biphenyls durch die *ortho*-ständigen Gruppen weitgehend aufgehoben ist, gibt es zwei inkongruente Strukturen, die wie Bild und Spiegelbild zueinander stehen. Sie entsprechen den zwei optisch aktiven Formen der Säure. Diese Art optische Isomerie wird als *Atropisomerie* bezeichnet.

Bei der optisch inaktiven und unspaltbaren *cis*-Cyclobutan-1,2-dicarbonsäure (8) ist es dagegen nicht möglich, zwei inkongruente spiegelbildliche Modelle aufzubauen. Immer kann man das Spiegelbild durch Umdrehen oder Umklappen mit der anderen

Formel zur Deckung bringen. Demnach ist die optische Isomerie an die Existenz zweier inkongruenter spiegelbildlicher Strukturen gebunden, ob nun diese Möglichkeit von einem asymmetrisch substituierten Kohlenstoffatom stammt oder nicht. Dies kann auch mit Hilfe von Symmetrieelementen ausgedrückt werden: *Eine Struktur ist nur dann optisch aktiv, wenn sie keine Spiegelebene, kein Symmetriezentrum und keine Drehspiegelachse hat.* Diese drei Symmetrieelemente fehlen tatsächlich bei der Säure (7), bei der Säure (8) liegt jedoch eine Spiegelebene vor.

Optische Aktivität ist also an eine Dissymmetrie oder *Chiralität* des Moleküls als solchen gebunden. Hat ein Molekül nur ein einziges Chiralitätszentrum (z. B. ein asymmetrisches, chirales Kohlenstoffatom), ist es immer auch als ganzes chiral und darum optisch aktiv. Hat jedoch das Molekül zwei chirale Zentren, muß die Bedingung der optischen Aktivität, nämlich die Chiralität des Moleküls als solchen, nicht immer erfüllt sein. Wie unser Beispiel (8) zeigt, können sich zwei gleiche chirale Zentren in einer symmetrisch gebauten Struktur kompensieren. Orientiert man jedoch die zwei Zentren so, daß das ganze Molekül seine Symmetrie verliert, wie z. B. in *trans*-Cyclobutan-1,2-dicarbonsäure (9), ist die Bedingung der optischen Isomerie wieder erfüllt: Die Säure (9) existiert als links- und rechtsdrehender Antipode.

(9 a)   (9 b)

Bei zwei verschiedenen chiralen Zentren besteht natürlich keine Möglichkeit einer Kompensation. Sowohl *cis*- als auch *trans*-2-Methylcyclobutan-1-carbonsäuren sind in optische Antipoden spaltbar (es existieren also zusammen vier Isomere (10a—d)).

(10a)   (10b)   (10c)   (10d)

Ähnliche Isomeriemöglichkeiten (vier optisch aktive Strukturen) gibt es allerdings auch bei offenkettigen Verbindungen mit zwei verschiedenen chiralen Zentren. Als Beispiel sind im folgenden Schema die *Fischerschen Projektionen* der isomeren

2-Brom-3-butanole angeführt. In der Fischerschen Projektion ist die Kohlenstoffkette nicht in ihrer natürlichen Zickzack-Konformation, sondern mit ekliptisch gestellten Kohlenstoffatomen so dargestellt, daß die Kettenenden hinter die Papierebene, die waagrechten Substituenten vor die Papierebene heraustreten.

(11 a)   (11 b)   (11 c)   (11 d)

Die vier Isomeren bilden hier zwei Antipodenpaare, die als *erythro-* ((11 a) und (11 b)) und *threo*-2-Brom-3-butanole ((11 c) und (11 d)) bezeichnet werden. Allgemein werden *erythro-* diejenigen Strukturen mit zwei chiralen Kohlenstoffatomen genannt, die in der Fischerschen Projektion zwei gleiche Substituenten an gleicher Seite haben. Die anderen zwei möglichen Strukturen sind dann *threo*. In jedem Paar unterscheiden sich die Isomere nur durch die Richtung der optischen Drehung, dagegen sind die Repräsentanten der beiden Paare untereinander (z. B. (11 a) und (11 c)) auch in anderen physikalischen Eigenschaften und im chemischen Verhalten verschieden: sie sind also stofflich verschieden. Bei Isomeren, die in einer solchen Beziehung wie z. B. (11 a) zu (11 c) oder (11 d) stehen, spricht man von *Diastereomeren*.

Mit steigender Zahl n der chiralen Kohlenstoffatome im Molekül steigt die Zahl der möglichen enantiomeren und diastereomeren Strukturen nach der Formel 2^n. Bei fünf chiralen Zentren – in der Naturstoffchemie keine Seltenheit – sind z. B. schon 32 Isomere möglich, die sich nur durch die Konfiguration an den einzelnen chiralen Kohlenstoffatomen unterscheiden. Die sich hier äußernde unerschöpfbare Isomeriefähigkeit gehört bestimmt zu den faszinierendsten Erscheinungen der Organischen Chemie.

6. π-Orbitale. Stereochemie der C=C-Doppelbindung

Stellen wir uns jetzt eine σ-Bindung vor, an der zwei sp^2-hybridisierten Kohlenstoffatome teilnehmen. Je eines ihrer drei koplanaren sp^2-Orbitale wurde zum Aufbau des σ-Orbitals dieser C—C-Bindung benutzt, die übrigen zwei sp^2-Orbitale jedes Kohlenstoffatoms sind an σ-Bindungen mit Atomen A und B beteiligt. Dabei bleibt an jedem Kohlenstoffatom noch das mit einem Elektron besetzte $2p$-Orbital übrig.

Wird nun dieses System um die C—C-Achse gedreht, so werden auf der Enthalpiekurve des Systems zwei ausgesprochene Minima durchgelaufen, die den „Konformationen'' (1) und (2) entsprechen. In beiden Strukturen befinden sich alle beteiligten Atome in einer Ebene und der Unterschied liegt nur in der gegenseitigen Lage der Substituenten A und B.

(1)   (2)

Die Energiebarriere, die beim Übergang von (1) zu (2) oder umgekehrt zu überwinden ist, liegt beträchtlich (im allgemeinen um eine Zehnerpotenz) höher als diejenige zwischen zwei Konformeren beim Umdrehen um eine sp^3, sp^3-Bindung (S. 6). Mit anderen Worten, die beiden planaren Strukturen (1) und (2) zeichnen sich durch eine besondere Stabilität aus. Die Erklärung dieser hohen Stabilität liegt bei der energetisch günstigen gegenseitigen Stellung der $2p$-Orbitale. Sie sind in diesen zwei „Konformationen" parallel, und da sie so seitlich überlappen können, ist die Bedingung für die Bildung neuer Molekülorbitale erfüllt. Die zwei Elektronen der $2p$-Orbitale, die ursprünglich nur auf das Gebiet eines Atomkernes begrenzt waren, können sich in einem neuen π-*Orbital* in dem Bereich beider C-Kerne ausdehnen. Im ganzen geht es also um den Prozeß einer Bindungsformung, der bekanntlich mit einem Energiegewinn verbunden ist.

Die sp^2-hybridisierten Kohlenstoffatome in (1) und (2) werden dadurch doppelt gebunden, einmal durch eine σ-Bindung und einmal durch die eben diskutierte π-Bindung. Die charakteristischen Merkmale einer π-Bindung können folgendermaßen zusammengefaßt werden:

1. Ihrer Bildung zufolge sind die π-Orbitale nicht, wie die σ-Orbitale, zentralsymmetrisch um die C—C-Achse angeordnet, sondern sie konzentrieren ihre Elektronenladung oberhalb und unterhalb der Ebene des ganzen Gerüstes.

2. Das seitliche Überlappen der $2p$-Orbitale in (1) und (2) ist bedeutend kleiner als das der sp^3-Orbitale beim Aufbau eines σ-Molekülorbitals. Darum ist die π-Bindung auch schwächer als die σ-Bindung. Sie wird relativ leicht aufgehoben, wovon die zahlreichen Additionsreaktionen der Verbindungen mit doppelt gebundenen Kohlenstoffatomen Zeugnis ablegen. Quantitativ kommt die geringere Festigkeit der π-Bindung gegenüber der σ-Bindung z. B. beim Vergleich der Bindungs-Dissoziationsenergien von Äthylen und Äthan zum Ausdruck: Die Dissoziationsenergie der Doppelbindung in Äthylen (145 Kcal/Mol) beträgt nicht das Doppelte der C—C-Dissoziationsenergie im Äthan (80 Kcal/Mol), sondern ist um etwa 15 Kcal/Mol kleiner. Auf der anderen Seite müssen die ungefähr 65 Kcal/Mol, die daraus für die Dissoziationsenergie der π-Bindung folgen, immer dann zugeführt werden, wenn das planare polyatomare System aus der Ebene wesentlich verdreht werden sollte. Darum ist bei einer Kohlenstoff-Kohlenstoff-Doppelbindung eine Drehbarkeit um die C—C-Achse unter gewöhnlichen Umständen vollkommen aufgehoben.

3. Im Gegensatz zu den σ-Elektronen der einfachen C—C-Bindung, die zylindrisch symmetrisch zwischen den zwei Kohlenstoffkernen lokalisiert sind, sind die π-Elektronen der C=C-Doppelbindung in dem Sinne beweglich, daß sie nicht nur im Bereich ihres π-Orbitals, sondern — unter bestimmten Voraussetzungen — auch in die benachbarten Orbitale delokalisiert werden können (S. 22, 38).

Was die *Geometrie* der Gerüste mit doppelt gebundenen Kohlenstoffatomen betrifft, sind die wichtigsten Konsequenzen des Erwähnten die Koplanarität beider C-Atome der Doppelbindung mit ihren vier Substituenten sowie die durch die aufgehobene Drehbarkeit um die C—C-Achse gebildete Möglichkeit der *cis, trans-Isomerie* ((1), (2)). Wie unzählbare Beispiele zeigen, hat diese weitgehende Folgen für die physikalischen und chemischen Eigenschaften der betreffenden Verbindungen[7].

Der aus der Geometrie des sp^2-hybridisierten Kohlenstoffatoms erwartete Bindungswinkel von 120° ist bei Strukturen mit $C\!=\!C$-Bindungen tatsächlich, wenn auch nicht immer ganz genau, eingehalten. Gewöhnlich ist der Winkel zwischen der Doppelbindung und den C—A-(oder C—B-)Bindungen etwas größer, der Winkel ∡ A—C—B etwas kleiner als 120°. Der Unterschied ist der Ungleichheit der Bindungen zuzuschreiben. Die Distanz zwischen zwei doppelt gebundenen Kohlenstoffkernen ist beträchtlich kleiner als diejenige zwischen zwei einfach gebundenen Kernen und beträgt bei isolierten Doppelbindungen ziemlich konstant 1,34Å.

In einer Kohlenstoffkette bildet die Doppelbindung das Zentrum einer Starrheit, die sich auf vier Kettenglieder (C—C=C—C) ausdehnt. Dabei wird eine *trans*-Konfiguration gewöhnlich, obwohl nicht immer, bevorzugt.

7. Cyclische Kohlenstoffketten mit einer Doppelbindung

Für cyclische Kohlenstoffketten bringt die Geometrie der Doppelbindung bestimmte Begrenzungen. So kann eine *trans*-Konfiguration wegen des großen Abstandes der *trans*-orientierten Kohlenstoffatome erst im Achtring vorkommen. Wie unsere schematische Abbildung des *trans*-Cyclooctens zeigt, hat sich jedoch der Ringschluß eine Ausbeugung der (mit Sternchen bezeichneten) *trans*-ständigen Methylengruppen aus der Ebene der Doppelbindung erzwungen. Das Gerüst ist gespannt, starr und da es keines der drei früher erwähnten Symmetrieelemente (S. 16) besitzt, existiert

---

7 Der *cis-trans*-Übergang (oder umgekehrt) erfordert zwar einen beträchtlichen Energieaufwand, im Prinzip ist er jedoch möglich. Darum kann man die *cis*- und *trans*-Isomeren als besonders stabile Konformere (im Sinne unserer Überlegungen am Anfang dieses Absatzes) betrachten. Daß diese Auffassung berechtigt ist, zeigen Verbindungen mit $C\!=\!C$-Doppelbindungen, in denen die sonst hohe Aktivierungsenergie der internen Rotation um die C—C-Achse durch geeignete Substitution wesentlich herabgesetzt wurde. So sind bestimmte stereoisomere Enamine (3) und (5) – hauptsächlich dank der Form (4) – durch eine Energiebarriere von nur 13 Kcal/Mol voneinander getrennt (Shvo und Shanan-Atidi, 1969) und daher bei üblichen Bedingungen nicht mehr als Stereoisomere isolierbar. Die Rotation ist jedoch genug langsam, um mit der NMR-Technik verfolgt werden zu können. Hier wenigstens ist also die Beschreibung als Konformere passend.

trans-Cycloocten in zwei stabilen, optisch aktiven Formen (Cope und Mitarbeiter, 1962, 1963).

Mit zunehmender Zahl der Ringglieder nimmt die von einer *trans*-Konfiguration der Kette stammende Spannung rasch ab. Bei großen Ringen kann sogar die *trans*-Konfiguration, wie bei offenkettigen Olefinen, die stabilere sein.

Eine *cis*-Konfiguration der Kohlenstoffkette ist allerdings bei allen Ringgrößen prinzipiell möglich. Es existiert Cyclobuten und sogar Cyclopropen, wo der Ringschluß mit einer starken Deformation des üblichen internuklearen Winkels verbunden ist. Beide Systeme sind selbstverständlich sehr gespannt[8].

Ähnlich wie Cyclohexan, hat auch *Cyclohexen* ein unebenes Gerüst, seine „sesselförmige" Konformation ist jedoch im Vergleich zum gesättigten Ring viel flacher (sie wird als *Halbsessel* bezeichnet). Durch die Abflachung werden die dihedralen Winkel der C—H-Bindungen gegenüber denen des Cyclohexans wesentlich verändert. Rein äquatoriale und axiale Bindungen sind hier nur an zwei Kohlenstoffatomen vorhanden; die Bindungen an den zwei weiteren gesättigten Kohlenstoffatomen werden als *pseudo-äquatorial* und *pseudo-axial (e', a')* bezeichnet.

Die erwähnte Begrenzung für das Vorkommen einer *trans*-Konfiguration der Kette bei monocyclischen Verbindungen kommt bei *bicyclischen Systemen* in der *Bredtschen Regel* zum Ausdruck. Nach dieser aus der Zeit der klassischen Stereochemie stammenden empirischen Regel kann in überbrückten Ringsystemen eine Doppelbindung nie vom Brückenkopf ausgehen.

Eine der beiden von der Doppelbindung ausgehenden Abzweigungen müßte nämlich *trans*-orientiert sein. Wie bei monocyclischen Ketten, ist dies jedoch nur bei kleineren Ringsystemen nicht möglich. Schon bei überbrückten Achtringen gilt die

---

8 Für 1,2-Dimethylcyclopropen wurde aus seiner Hydrierungswärme eine Spannungsenergie von 45 Kcal/Mol berechnet (v. E. Doering und Mitarbeiter, 1968).

Bredtsche Regel nicht mehr; die Strukturen (6) bis (8) stellen existierende Kohlenwasserstoffe dar (Wiseman und Mitarbeiter, 1969) [9].

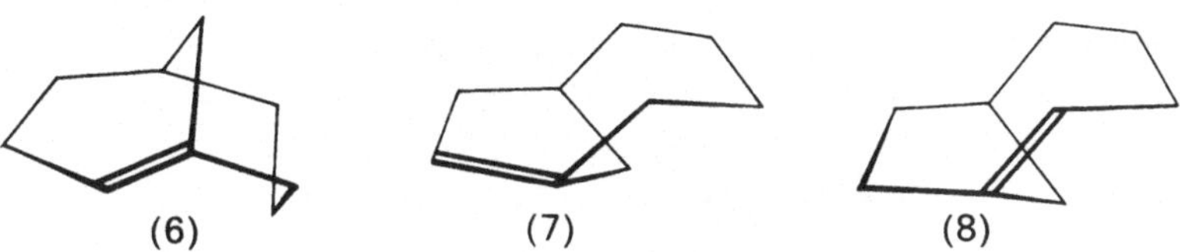

(6)   (7)   (8)

8. Systeme mit mehreren Doppelbindungen. Konjugation

Enthält eine Kohlenstoffkette zwei oder mehrere Doppelbindungen, die mindestens durch zwei einfache C—C-Bindungen voneinander getrennt sind *(isolierte Doppelbindungen)*, so wird die Elektronenanordnung der Doppelbindungen gegenseitig im allgemeinen nur unwesentlich beeinflußt und das chemische und stereochemische Verhalten des ganzen Systems ergibt sich mehr oder weniger additiv aus den Beiträgen der einzelnen Doppelbindungen. Jede weitere Doppelbindung bringt eine zusätzliche Starrheit in die Kohlenstoffkette, was weitere Struktur- und Konformationsbegrenzungen zur Folge hat, es treten jedoch keine prinzipiell neuen stereochemischen Erscheinungen auf [10]. Auch die chemischen Reaktionen solcher Systeme sind im Prinzip gleich wie bei Verbindungen mit nur einer Doppelbindung, wobei man allerdings mit mehreren potentiellen Reaktionszentren rechnen muß.

a) Konjugierte Doppelbindungen

Ganz anders verhalten sich sogenannte *konjugierte Systeme*, wo nur eine σ-Bindung die Doppelbindungen voneinander trennt. Das einfachste Beispiel liegt im 1,3-Butadien vor. Wird das Modell dieses Kohlenwasserstoffes um die einfache C—C-Bindung gedreht, erreicht das Gerüst zwei planare Konformationen A und B.

A   B

---

9 Neulich wurden unter den Produkten einer thermischen Zersetzung der quarternären Base (9) zwei bicyclische Olefine festgestellt, die eine *trans*-orientierte Doppelbindung sogar in einem Siebenring enthalten. Beide Verbindungen erwiesen sich jedoch als äußerst unbeständig (Wiseman und Chong, 1969).

(9)   (10)   +   (11)

10 Die Zahl der möglichen *cis, trans*-Isomeren steigt mit der Zahl n der Doppelbindungen gemäß 2^n.

Stellen wir uns jetzt die π-Elektronen der beiden Doppelbindungen wieder „entkoppelt" in ihren ursprünglichen *2p*-Orbitalen vor, so sind in diesen Konformationen die *2p*-Orbitale der inneren Kohlenstoffatome ($C_{(2)}$ und $C_{(3)}$) nicht nur zu den endständigen, sondern auch zueinander parallel und haben die Möglichkeit, seitlich − gleich wie mit den Endorbitalen − zu überlappen.

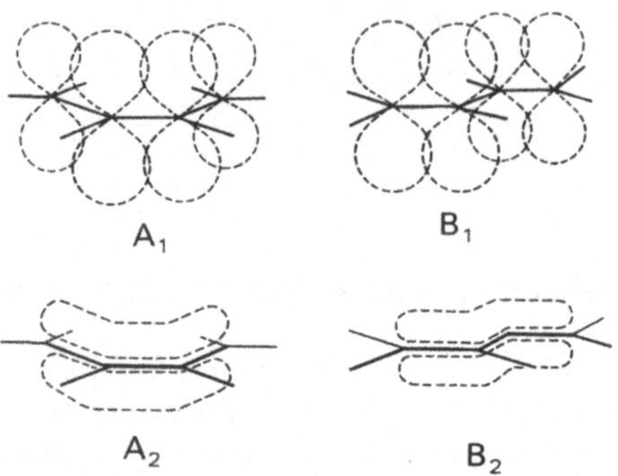

Dadurch sind in A und B die Bedingungen für die Bildung neuer Molekülorbitale (A_2, B_2) gegeben, die sich über alle vier Kohlenstoffatome ausdehnen und in denen jedes π-Elektron sich im ganzen Bereich der vier konjugierten Atome bewegen kann. Man spricht von einer *Delokalisierung* der ursprünglich nur auf eine Doppelbindung begrenzten Elektronen. Die Existenz solcher π-Molekülorbitale ist an die Koplanarität der beteiligten Atome gebunden; bei größerem Verdrehen aus der Ebene überlappen die *2p*-Orbitale nicht mehr.

Anders kann man die größere Beweglichkeit der π-Elektronen im 1,3-Butadien mit Hilfe von zusätzlichen Formeln (C—F) ausdrücken, in denen die *2p*-Orbitale am $C_{(2)}$ und $C_{(3)}$ zu einem π-Orbital gekoppelt und mit zwei Elektronen besetzt sind, und die übrigen zwei π-Elektronen entweder das *2p*-Orbital am $C_{(1)}$ oder am $C_{(4)}$ besetzen (in unserem Schema sind die besetzten *2p*-Orbitale dunkel dargestellt[11]. Die Elektronenverteilung im Butadien wird dann durch alle Formeln A—F zusammen beschrieben, wobei die einzelnen Formeln nur *Grenzstrukturen* darstellen, die zu dem

---

11 Eine weitere *a priori* mögliche Struktur (wieder als *cis, trans*-Isomerenpaar) mit einer Doppelbindung zwischen $C_{(2)}$ und $C_{(3)}$ und je einem entkoppelten Elektron am $C_{(1)}$ und $C_{(4)}$ hat eine viel höhere Enthalpie und kommt daher in diesem Zusammenhang nicht in Frage.

tatsächlichen Zustand, der irgendwo „dazwischen" liegt, mehr oder weniger stark beitragen. Die oben erwähnte Delokalisierung der π-Elektronen wird also laut dieser Vorstellung durch eine *Resonanz* aller Grenzstrukturen erklärt.

Die Bildung eines konjugierten Systems ist mit einem Energiegewinn verbunden, der oft — im Sinne der letzterwähnten Vorstellung — als *Resonanzenergie* bezeichnet wird. Die freiwerdende Resonanzenergie ist um so größer, je größer die Zahl der konjugierten Atome und je vollkommener die Konjugation ist, d. h. je gleichmäßiger die π-Elektronen im konjugierten System verteilt sind. Ein Maß dafür ist die Zahl der Grenzformeln, die an der Resonanz beteiligt sind, und das Ausmaß ihrer Teilnahme. Beim 1,3-Butadien ist die Resonanzenergie nicht sehr hoch (3,5 Kcal/Mol). Die π-Elektronenverteilung scheint hier der Formel B am nächsten zu stehen, die anderen Grenzformeln haben an der Verteilung einen viel kleineren Anteil: In A, C und D liegen die „inneren" Wasserstoffatome am $C_{(1)}$ und $C_{(4)}$ so nahe, daß die Abstoßungskräfte schon zur Geltung kommen können[12], bei C und D kommt noch der ungünstige dipolare Charakter mit der negativen Ladung an einem und positiven Ladung am anderen Endkohlenstoffatom dazu; letzteres gilt auch für die Formeln E und F. Man darf auch nicht alle durchaus möglichen unebenen Konformationen vergessen, die in unserem Schema nicht beachtet wurden; bei den stärker „verdrehten" kommt jedoch eine Resonanz nicht in Frage.

Die π-Elektronen im 1,3-Butadien sind also trotz der vorliegenden Konjugation, die z. B. im Enthalpiewert zum Ausdruck kommt, doch vorwiegend in den Doppelbindungen der „klassischen" Formel lokalisiert. Diese Lokalisierung ist jedoch nur auf den Grundzustand des Moleküls begrenzt. Wie später noch diskutiert wird, kann die π-Elektronenstruktur unter dem Einfluß einer polaren Umgebung (Reaktionspartner- oder Lösungsmittelmolekeln) zugunsten einer der polaren Formeln verschoben werden. Daß die ebene *s-trans*-Konformation B bei 1,3-Butadien und anderen konjugierten Polyenen die vorherrschende stereochemische Form repräsentiert, geht aus verschiedenen physikalischen Daten (Absorptionsspektren, Röntgenanalysen) hervor.

b) Benzol. Aromatizität

Ideal sind die Voraussetzungen für eine Konjugation beim Benzol erfüllt. Es stellt ein vollkommen planares, „endloses" System von sp^2-hybridisierten Kohlenstoffatomen dar. In der klassischen Kekuleschen Formulierung wurde es durch ein Formelpaar dargestellt, wobei eine „Oszillation" der Einfach- und Doppelbindungen für eine rasche gegenseitige Umwandlung sorgen sollte.

---

12 Dies heißt jedoch nicht, daß die Konformation A ganz ausgeschlossen ist. Es gibt Reaktionen, in denen Butadien und andere konjugierte Diene nur in dieser *s-cis*-Konformation teilnehmen.

Die Resonanztheorie benutzt die Kekuleschen Formeln als Grenzstrukturen von gleicher Energie, die indirekt den tatsächlichen elektronischen Zustand, der „dazwischen" liegt, beschreiben[13].

Die Molekülorbital-Theorie sieht für die Beschreibung des π-Elektronenzustandes im Benzol drei bindende (und ebenso viel anti-bindende) Molekülorbitale vor, die vom seitlichen Überlappen der benachbarten $2p$-Orbitale der sp^2-hybridisierten Ringkohlenstoffatomen herkommen. Den niedrigsten Energiegehalt hat ein Orbital, das kreisförmig ist und oberhalb und unterhalb der Ringsebene liegt; diese Ebene ist auch seine Knotenebene.

Das zweite bindende Molekülorbital mit etwas höherem Energiegehalt hat dieselbe Knotenebene wie das erstgenannte, es besitzt jedoch noch eine zusätzliche Knotenebene, die es in zwei Doppel-Halbkreise aufteilt.

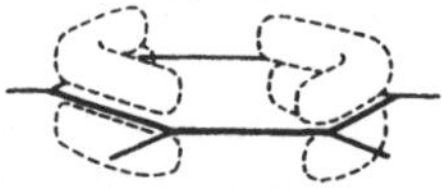

Auch beim dritten besetzten Molekülorbital des Benzols besteht eine zur Ringebene senkrechte Knotenebene, diesmal ist sie jedoch durch zwei entgegengesetzte Kohlenstoffatome gelegt.

Dieser Vorstellung nach sind die sechs π-Elektronen vollkommen gleichmäßig in den Molekülorbitalen verteilt (delokalisiert). Daraus folgt, daß es beim Benzol keinen Unterschied im Bindungszustand zweier beliebiger benachbarten Kohlenstoffatome geben sollte. Zum gleichen Schluß kommt man auf Grund der Resonanz-Vorstellungen. Zur Beschreibung der Bindungszustände in Systemen mit delokalisierten π-Elektronen wurde der Begriff der *Bindungsordnung* eingeführt. Eine isolierte Doppelbindung hat die Bindungsordnung gleich 2, eine σ-Bindung gleich 1. Im Benzol ist die Bindungsordnung bei allen C—C-Paaren ungefähr 1,5. Dementsprechend wurde auch für alle C—C-Bindungslängen der gleiche Wert gefunden (1,39 Å; vgl. sp^2,sp^2-Einfachbindung 1,48 Å, isolierte Doppelbindung 1,34 Å).

Die Resonanzenergie eines so vollkommen konjugierten Systems ist selbstverständlich sehr hoch. Aus der Hydrierungswärme von Benzol wurde für sie der Wert von 36 Kcal/Mol berechnet[14]. Dieser Wert erklärt die charakteristische Stabilität von Benzol und ähnlichen aromatischen Systemen gegenüber Additionsreaktionen, die

---

13 Zur vollständigen Beschreibung wurden auch drei weniger übliche Strukturen, die dem Dewarschen Benzolmodel entsprechen, in das Resonanzschema einbezogen.

14 Die experimentell festgestellte Hydrierungswärme wurde mit einem Wert verglichen, der so berechnet wurde, als ob Benzol ein 1,3,5-Cyclohexatrien mit „isolierten" Doppelbindungen wäre. Das dazu nötige Inkrement für eine Doppelbindung wurde als ein Durchschnittswert der Hydrierungswärmen verschiedener Monoolefine ermittelt.

die vollkommene Konjugation zerstören würden. Dabei ist der so ermittelte Wert eigentlich viel kleiner als die wahre Resonanzenergie, denn ein Teil der freiwerdenden Energie bei der Bildung des Systems ist wieder für die Kompression und Verlängerung der Bindungen beim Bindungslängen-Ausgleich verbraucht worden.

Obwohl hohe Resonanzenergie auch für Benzolhomologe und kondensierte Systeme mit mehreren Benzolringen typisch sind, ist die ideal gleichmäßige Verteilung der π-Elektronenladung nur beim Benzol selbst zu finden. Im Naphthalin sind z. B. die Bindungslängen nicht überall gleich, was von einer weniger vollkommenen Delokalisierung spricht. Die π-Elektronen sind mehr zwischen $C_{(1)}$ und $C_{(2)}$ als zwischen $C_{(2)}$ und $C_{(3)}$ oder $C_{(1)}$ und $C_{(9)}$ konzentriert. Am Resonanzsystem des Naphthalins beteiligt sich also die Struktur A viel mehr als Strukturen vom Typus B.

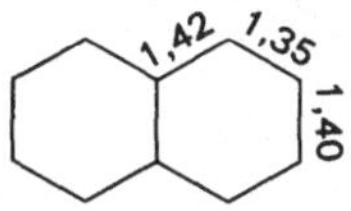

A   B

Was die Stereochemie des Benzols und seiner Derivate betrifft, ist die Planarität des Grundgerüstes einschließlich der Wasserstoffatome oder anderer Substituenten wiederholt und auf verschiedenen Wegen bestätigt worden. Es gibt nur wenige Ausnahmen (sogenannten *overcrowded molecules*), wo eine „sterische Überlastung" ein Ausbiegen aus der Ebene erzwungen hat. Ein Beispiel dafür ist Octamethylnaphthalin, dessen Methylgruppen – einer röntgenographischen Analyse seiner Kristalle nach – abwechseln etwas oberhalb und unterhalb der Ebene des bicyclischen Systems liegen.

Beim 3,4-Benzphenanthren (1) und 3,4,5,6-Dibenzphenanthren (2) haben die Abstoßungskräfte der zu nahe stehenden Atome ein Ausbiegen des aromatischen Kohlenstoffsystems selbst verursacht. Die bei diesen Verbindungen nur angedeutete Spiralstruktur kommt dann bei sogenannten Helicenen (unsere Abbildung zeigt Heptahelicen (3)) voll zum Ausdruck[15].

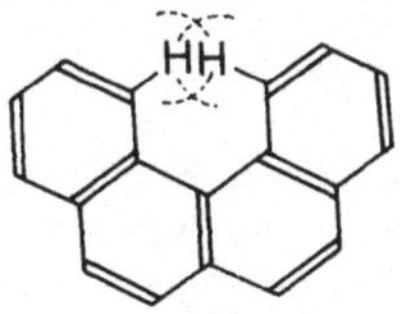

(1) 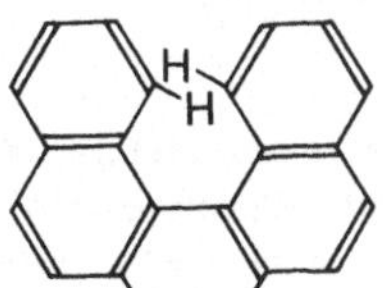   (2)

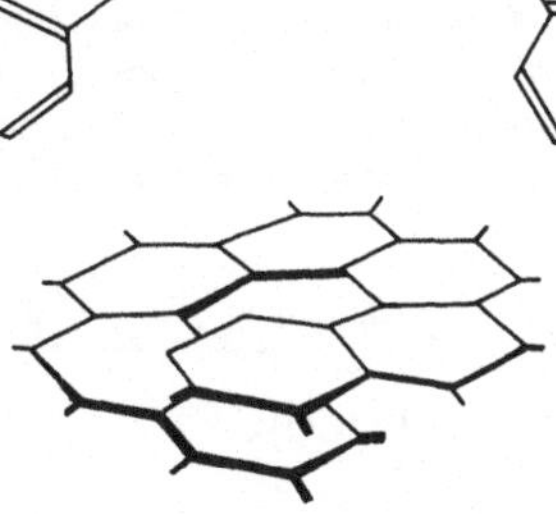

(3)

---

15 Bei der Spiralstruktur der Helicene, die weder eine Spiegelebene, ein Symmetriezentrum noch eine Drehspiegelachse besitzen, sind die Bedingungen für optische Isomerie erfüllt. So konnte unlängst das rechtsdrehende Isomere des Heptahelicens (3) mit einem extrem hohen spezifischen Drehvermögen von 6200° (!) dargestellt werden (Martin und Mitarbeiter, 1968).

Die Planarität von Benzol und seinen Derivaten ist sowohl Folge, als auch Voraussetzung für dessen Aromatizität. Die Bildung der cyclischen π-Orbitale ist nur dann möglich, wenn alle beteiligten Kettenglieder zumindest annähernd koplanar sind; nur dann überlappen ihre p-Orbitale. Beim Cyclooctatetraen (4), das auch ein cyclisches System von abwechselnden Einfach- und Doppelbindungen darstellt, kann die Bedingung der Planarität nicht erfüllt werden und darum ist auch seine Resonanzenergie sehr klein (4,8 Kcal/Mol). Die Stabilität gegenüber Additionsreaktionen und andere für aromatische Verbindungen typischen Eigenschaften fehlen vollkommen bei diesem Kohlenwasserstoff; sein chemisches Verhalten ist das einer hoch ungesättigten Verbindung.

(4)   (5)

Auf der anderen Seite ist die Planarität eines cyclischen Systems von abwechselnden Einfach- und Doppelbindungen allein keine genügende Voraussetzung für eine „aromatische" Stabilisierung. Dies sei erläutert am Beispiel des Cyclobutadiens (5), am kleinsten Molekül, für das man noch zwei Kekulesche Formeln schreiben könnte. Nur einer ausgesprochenen, mit einem aromatischen Charakter unvereinbaren Unbeständigkeit dieses Kohlenwasserstoffes kann man das Fehlgehen von zahlreichen bis jetzt beschriebenen Versuchen zu seiner Herstellung zuschreiben[16].

Eine Voraussage über die elektronische Stabilität cyclischer konjugierter Systeme ermöglicht die *Hueckelsche Regel*. Nach dieser aus der Molekülorbital-Theorie ausgehenden Regel sollten diejenigen koplanaren monocyclischen Systeme von trigonal hybridisierten Atomen elektronisch relativ stabil sein, die *4n+2 π-Elektronen* besitzen. Benzol mit seinen sechs π-Elektronen entspricht gut dieser Regel (n=1:4.1+2=6), Cyclobutadien (vier π-Elektronen) dagegen nicht. Sechs π-Elektronen in einem planaren System sind jedoch auch beim Cyclopentadienylanion (6) und Cycloheptatrienylkation (7) vorhanden; beide Strukturen zeichnen sich tatsächlich durch auffallende Stabilität aus. Die aromatische Stabilisierung im (6) erklärt die ungewöhnlich leichte Abspaltung eines Protons aus Cyclopentadien bei Einwirkung von starken Basen. Aus ähnlichem Grund liegt z. B. Bromcycloheptatrien als weitgehend ionisierte Verbindung vor[17].

---

16 Es gelang z. B. einen stabilen Komplex des Cyclobutadiens, das Cyclobutadien-Eisentricarbonyl, herzustellen. Wurde jedoch aus diesem Komplex der Kohlenwasserstoff freigesetzt, so dimerisierte er unmittelbar, denn dadurch konnte das instabile konjugierte System aufgehoben werden (Emerson, Watts und Pettit, 1965; Watts, Fitzpatrick und Pettit, 1965).

17 Wir sehen, daß die Konjugation von einem positiv oder negativ geladenen Kettenglied nicht unterbrochen wird, solange die trigonale *(sp²)* Hybridisierung erhalten bleibt.

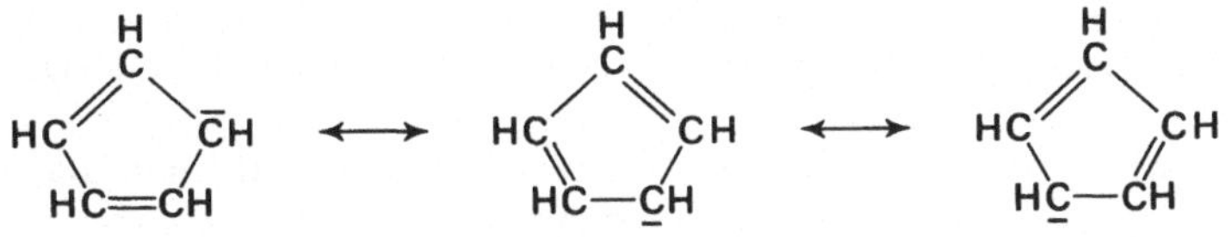

(6)

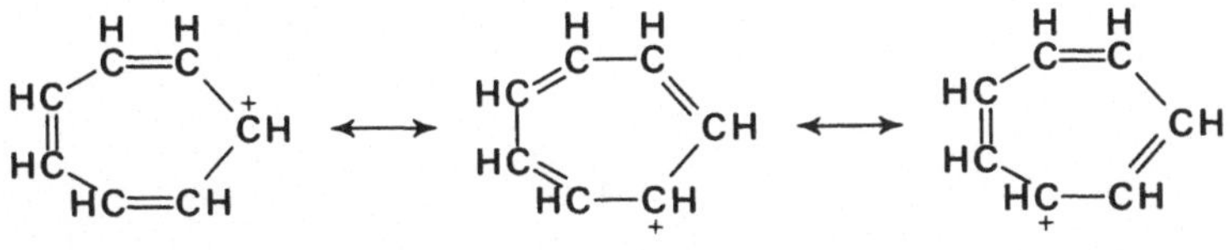

(7)

Auch das Cyclopropenylkation (8) (zwei π-Elektronen; $n=0$: $4.0+2=2$) sollte zu den beständigen Systemen zählen. Verschiedene neuerdings studierte Cyclopropenyl-derivate vermochten diese These zu erhärten.

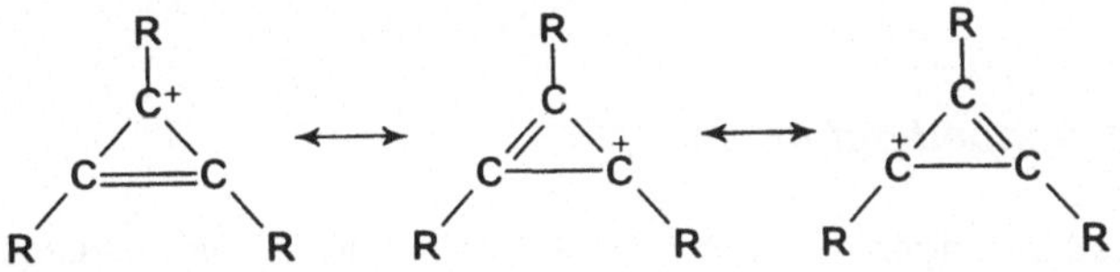

(8)

Außerdem gehorchen der Hueckelschen Regel noch viele fünf- und sechsgliedrige heterocyclische Systeme, in denen ein Elektronenpaar des Heteroatoms zum π-Elektronensextett beiträgt, wie unsere Beispiele Pyrrol (9) und Pyroniumkation (10) zeigen.

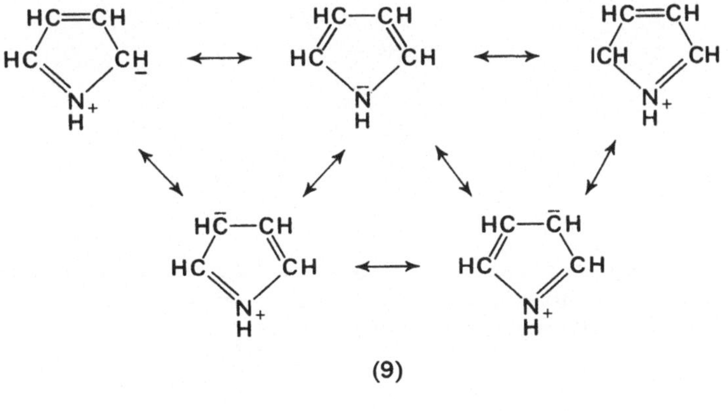

(9)

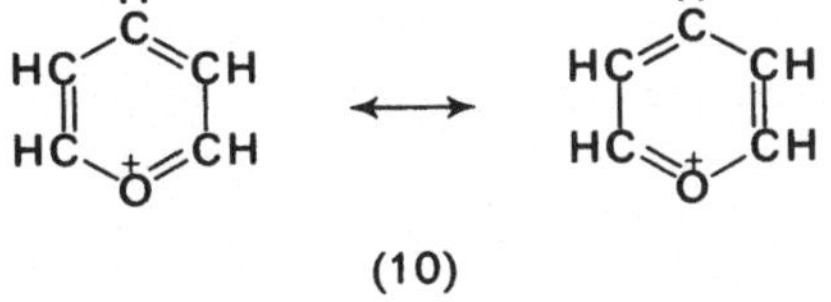

(10)

Obwohl solche Verbindungen manche charakteristische Eigenschaften aromatischer Systeme aufweisen, ist die Delokalisierung ihrer π-Elektronen nie so vollkommen wie beim Benzol.

Die für die Aromatizität erforderliche Kombination von Planarität und $4n+2$ konjugierten π-Elektronen liegt auch bei makrocyclischen *Annulenen* vor. So kann z. B. [18]Annulen (11) mit $(4 . 4 + 2) = 18$ π-Elektronen wie andere aromatische Verbindungen nitriert und acyliert werden (Sondheimer und Mitarbeiter, 1962, 1967). Seine Stabilität ist jedoch der der Benzolderivate weit unterlegen.

(11)

c) Kumulierte Doppelbindungen

Zwei Doppelbindungen können auch nur in einem Dreikohlenstoff-System vorkommen. Wie das einfachste Beispiel von 1,2-Propadien (Allen) illustriert, ist das zentrale Kohlenstoffatom *sp*-hybridisiert; seine σ-Bindungen mit $C_{(1)}$ und $C_{(3)}$ liegen auf einer Geraden und zum Aufbau der π-Orbitale mit den Endatomen bleiben ihm zwei zueinander senkrechte $2p$-Orbitale übrig. Darum müssen auch die π-Orbitale zueinander senkrecht stehen, wodurch wieder die gegenseitige Stellung der Wasserstoffatome am $C_{(1)}$ und $C_{(3)}$ in zwei zueinander senkrechten Ebenen fixiert ist.

Wenn an den Enden des *kumulierten* Systems zwei verschiedene Substituenten gebunden sind, ist das Molekül im Sinne unserer früheren Definition (S. 16) chiral und es können zwei optische Isomere (Enantiomere) auftreten.

9. Dreifache Kohlenstoff-Kohlenstoff-Bindung

Von den verschiedenen Kohlenstoff-Kohlenstoff-Bindungstypen ist noch die Bindung zwischen zwei *sp*-hybridisierten Kohlenstoffatomen zu erwähnen. Das einfachste Gerüst mit dieser Bindungsart liegt im Acetylen vor. Die *sp*-Orbitale seiner Kohlenstoffatome sind am Aufbau der σ-Bindungen zwischen den C-Atomen selbst und zwischen diesen und den zwei Wasserstoffatomen beteiligt. Dem Charakter der *sp*-Orbitale zufolge liegen alle vier Atome des Acetylens in einer Geraden. An jedem Kohlenstoffatom bleiben dann noch zwei zueinander senkrechte *p*-Orbitale ($2p_y$, $2p_z$) übrig. Durch ihr seitliches Überlappen werden zwei (zueinander senkrechte) π-Orbitale gebildet, die — mit insgesamt vier Elektronen besetzt — die σ-Bindung der Kohlenstoffatome mit einer zylindrischen π-Elektronenhülle umgeben.

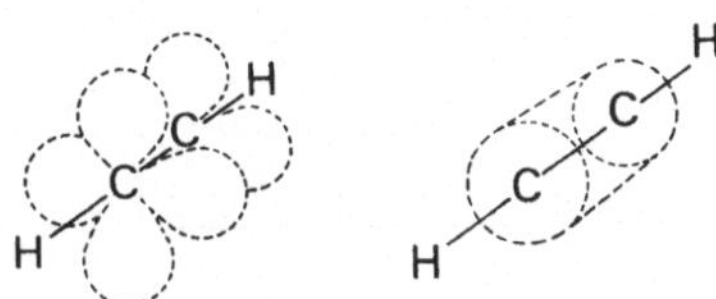

Die dreifache Bindung ist noch kürzer als die Doppelbindung: 1,20 Å. Ihre Dissoziationsenergie (198 Kcal/Mol) ist kleiner als das Dreifache der Dissoziationsenergie einer σ-Bindung (3.80 Kcal/Mol), wofür wieder das geringere seitliche Überlappen der *p*-Orbitale verantwortlich ist (vgl. S. 18).

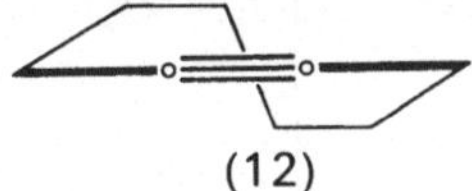

In einer Kohlenstoffkette bringt die lineare Anordnung von vier Kettengliedern eine Starrheit, die weitere stereochemische Konsequenzen haben kann. Die Kerne der Endatome des geraden Kettenteils sind ungefähr 4,2 Å voneinander entfernt, was die Existenz einer Dreifachbindung in kleinen Ringsystemen ausschließt. Der kleinste stabile Kohlenwasserstoff dieser Art ist Cyclooctin (12), obwohl auch hier noch die normalen Bindungswinkel deformiert sein müssen[18].

(12)

10. Heterokovalente Bindungen

Um die in organischen Verbindungen vorkommenden kovalenten Bindungen des Kohlenstoffs mit anderen Elementen sowie die Bindungen dieser Elemente unter sich zu verstehen, müssen wir wieder bei den Atomorbitalen beginnen.

---

18 In der letzten Zeit sind Beweise für die Existenz von instabilem Cycloheptin, Cyclohexin und sogar Cyclopentin geliefert worden (Wittig und Mitarbeiter, 1968, 1969). Bei diesen Verbindungen handelt es sich jedoch kaum um eine wahre dreifache Bindung in dem Sinne, wie wir sie oben definiert haben, sondern eher um eine Doppelbindung zwischen zwei sp^2-hybridisierten Kohlenstoffatomen mit je einem „ungebundenen" sp^2-Orbital (vgl. mit der Struktur von Dehydrobenzol, S. 155).

Einfach ist die Situation beim *Wasserstoff* mit seinem einzigen, einfach besetzten $1s$-Orbital. Seine kovalente Bindung mit Kohlenstoff oder anderen Elementen entsteht beim Überlappen dieses Orbitals mit einem Orbital des Partners, vorausgesetzt, daß das gebildete Molekülorbital mit zwei Elektronen entgegengesetzten Spins besetzt werden kann. Die so gebildeten Bindungen des Wasserstoffs sind allgemein kurz und fest. Dies gilt übrigens für alle Bindungen, an denen Orbitale mit einem „s-Charakter" beteiligt sind (vgl. S. 5).

Tabelle 1

Bindungsart	$H—C_{sp^3}$	$H—C_{sp^2}$	$H—C_{sp}$	$H—N$	$H—O$	$C_{sp^3}—C_{sp^3}$
Bindungslänge (Å)	1,10	1,08	1,06	1,03	0,97	1,54
Bindungs-Dissoziationsenergie (Kcal/Mol)	~ 98			93	111	83

Die Sonderstellung, die das kleine, einfach gebaute Wasserstoffatom unter allen anderen Elementen besitzt, verleiht seinen heterokovalenten Bindungen manche interessante Eigenschaft. Ihre Polaritäten und die sogenannte Wasserstoff-Bindung werden an anderer Stelle (S. 34, 42 und S. 43) behandelt.

Beim *Stickstoff* entspricht seine Dreibindigkeit der Zahl der mit je einem Elektron besetzten $2p$-Orbitale (Tab. 2), und man könnte erwarten, daß bei der Bildung kovalenter Bindungen das schon doppelt besetzte $2s$-Orbital nicht in den Prozeß einbezogen wird. Eine Hybridisierung der drei $2p$-Orbitale sollte dann zu drei orthogonalen Orbitalen führen.

Tabelle 2. *Besetzung der Atomorbitale (im Grundzustand) bei Elementen der 1. Periode*

	$1s$	$2s$	$2p_x$	$2p_y$	$2p_z$
B	⇅	⇅	↑		
C	⇅	⇅	↑	↑	
N	⇅	⇅	↑	↑	↑
O	⇅	⇅	⇅	↑	↑
F	⇅	⇅	⇅	⇅	↑

In der Tat ist jedoch der Bindungswinkel beim dreibindigen Stickstoff wesentlich größer als 90°; in NH_3 beträgt er z. B. 106,7°. Dieser große Unterschied kann nur teilweise durch eine elektrostatische Abstoßung der am kleinen Stickstoffatom bei einer orthogonalen Anordnung zu nahe situierten Substituenten erklärt werden. Es muß doch eine Hybridisierung der $2p$-Orbitale mit dem (vollbesetzten) $2s$-Orbital vorausgesetzt werden, obwohl diese offenbar nicht, wie beim Kohlenstoff, zu vier vollkommen ebenbürtigen neuen Orbitalen führt. Der $2s$-Orbital wird bei der Hybridisierung nur unvollkommen mit den $2p$-Orbitalen verschmolzen, so daß die neuen Orbitale zum Teil ihren ursprünglichen p- bzw. s-Charakter behalten. Darum erreicht der

Winkel der drei Bindungsorbitale nicht den vollen Wert des tetrahedralen Winkels (109° 28′), wie es eine vollkommene sp^3-Hybridisierung verlangen würde.

Auch beim kovalent gebundenen, zweibindigen *Sauerstoff* wird zur Erklärung seines Bindungswinkels (105° in H—O—H, 108° in H—O—CH$_3$) neben der elektrostatischen Abstoßung der gebundenen Atome (Gruppen) eine teilweise Hybridisierung seiner drei *2p*-Orbitale (eines davon vollbesetzt) mit dem (auch vollbesetzten) *2s*-Orbital in Erwägung gezogen.

Auf der anderen Seite weisen die Bindungswinkel in kovalenten Verbindungen des *dreibindigen Phosphors* (z. B. 93° in PH$_3$) und *zweibindigen Schwefels* (92° in H—S—H, 96,5° in H—S—CH$_3$) darauf hin, daß schon bei den Elementen der nächsten Periode die *s,p*-Hybridisierung praktisch nicht vorkommt und daß die *3p*-Orbitale nur untereinander zu orthogonalen Orbitalen hybridisiert werden.

Die Parallele zwischen Kohlenstoff, Stickstoff und Sauerstoff in ihrer Fähigkeit zu einer sp^3-Hybridisierung geht noch weiter. Wie der Kohlenstoff, sind auch die anderen zwei Elemente einer sp^2-Hybridisierung und der Stickstoff sogar einer sp-Hybridisierung fähig. Diese Hybridisierungen treten bei *mehrfachen N- und O-Bindungen* (—N=N—; >C=N—; —C≡N; >C=O usw.) auf. Das Molekülorbital einer C=N- oder C=O-Doppelbindung ist demjenigen einer C=C-Doppelbindung ähnlich; je eines der drei sp^2-Orbitale von C und N (O) wird zum Aufbau der σ-Bindung zwischen den zwei Atomen benutzt, wobei der π-Anteil der Doppelbindung wieder durch die seitlich überlappenden *p*-Orbitale am C und N (O) vermittelt wird. Die übrigen sp^2-Orbitale liegen dann wieder in einer Ebene und der Unterschied gegenüber einer C=C-Doppelbindung besteht nur darin, daß beim Stickstoff eines der zwei sp^2-Orbitale, beim Sauerstoff aber beide sp^2-Orbitale mit einem nichtbindenden Elektronenpaar besetzt sind (statt mit einem Substituenten ein σ-Orbital zu bilden).

Stereochemisch spielt das Elektronenpaar in doppelt gebundenen Stickstoffverbindungen allgemein gut die Rolle des fehlenden Substituenten, so daß die Möglichkeit einer *cis,trans*-Isomerie (vorausgesetzt, daß das Partneratom mit zwei verschiedenen Substituenten besetzt ist) besteht. Wohlbekannt sind die Beispiele einer solchen Stereoisomerie bei Oximen, Hydrazonen usw. (hier werden die Isomeren allerdings als *syn* und *anti* bezeichnet).

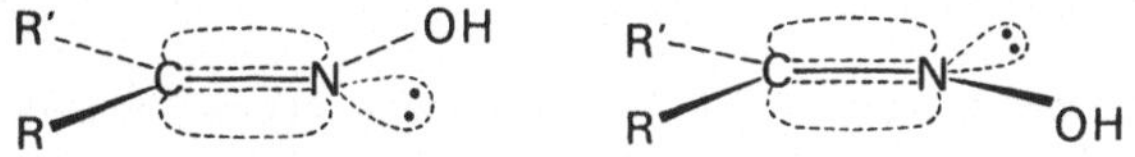

Dagegen ist das Elektronenpaar am gesättigten Stickstoff schon viel weniger dazu geeignet, die ungefähr tetrahedrale Anordnung der vier Orbitale dauernd einzuhalten. Im Allgemeinen sind tertiäre Amine mit drei verschiedenen Substituenten am Stickstoff nicht in Antipoden spaltbar, obwohl dies im Prinzip möglich sein sollte. Das nichtbindende Elektronenpaar kann offenbar ein zu einem Spiegelbild führendes „Umklappen" der Pyramide nicht mehr verhindern.

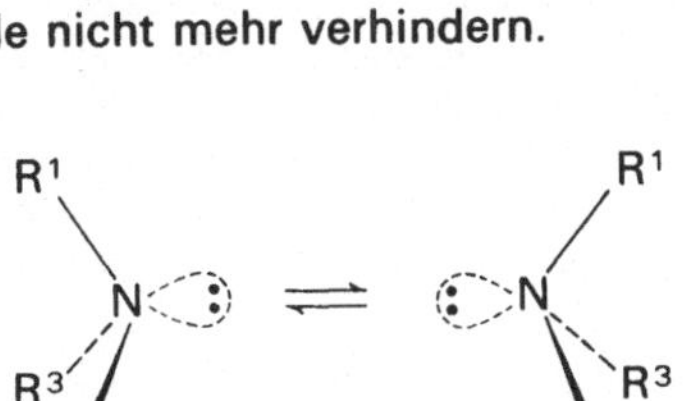

Die Aktivierungsenergie einer solchen Inversion am Stickstoff liegt gewöhnlich unter der Grenze, die eine Isolierung beider Formen unter üblichen Bedingungen noch erlauben würde. Bei tiefen Temperaturen wird das Umklappen jedoch so verlangsamt, daß in geeigneten Fällen beide Isomere, z. B. mittels der Technik der nuklearmagnetischen Resonanz, nebeneinander festgestellt werden können[19].

In Spezialfällen kann jedoch die Energiebarriere der N-Inversion ziemlich hoch sein. Für den Übergang zwischen (2) und (3) wurde z. B. die Aktivierungsenergie von 24 Kcal/Mol (Jautelat und Roberts, 1969) und für (4) und (5) sogar 29 Kcal/Mol berechnet (Müller und Eschenmoser, 1969). Im letzten Fall sind beide Isomeren auch bei Zimmertemperaturen beständig.

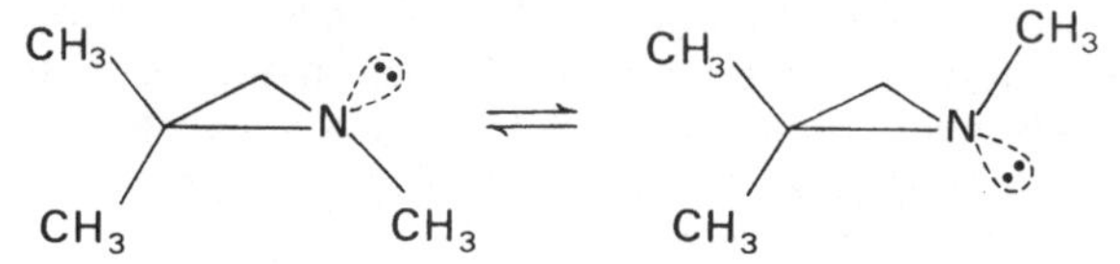

(2)   (3)

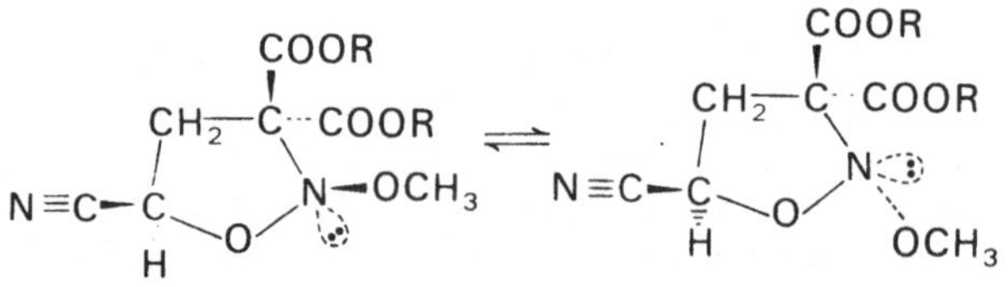

(4)   (5)

Sobald jedoch auch das vierte Stickstofforbital an einer kovalenten Bindung beteiligt ist, wie z. B. in quarteren Ammoniumsalzen oder in Aminoxiden[20], ist das Umklappen am N nicht mehr möglich und die vier Substituenten nehmen eine stabile tetrahedrale Konfiguration ein. Sind sie dann alle vier verschieden, so existiert die Verbindung in zwei optischen Isomeren.

Im Gegensatz zu der leicht umklappbaren Stickstoffpyramide in tertiären Aminen ist bei Trialkylphosphinen solche Inversion nur mit großem Energieaufwand zu erreichen. Das optisch aktive Methylpropylphenylphosphin (6) razemisiert in Dekalin langsam erst beim Erhitzen auf 130° C (Horner und Winkler, 1964).

---

19 So sind im NMR-Spektrum von N-Methylpyrrolidin (1) bei Temperaturen unter −100° C die α-ständigen Wasserstoffatome durch zwei getrennte Signalgruppen charakterisiert, die ihrer „cis"- (a) und „trans"- (b) -Stellung gegenüber der Methylgruppe am Stickstoff entsprechen.

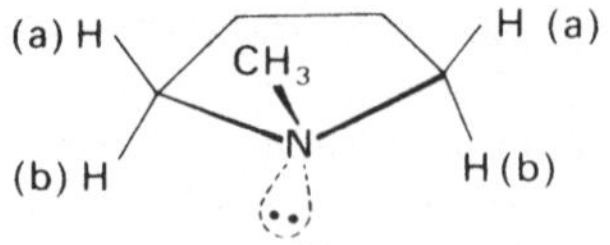

(1)

Bei Zimmertemperaturen dagegen zeigt das Spektrum alle α-Wasserstoffatome als ein einziges, breites Signal: Das Umklappen ist jetzt schneller geworden als der Prozeß, an dem die NMR-Technik beruht, sodaß nur ein Durchschnittswert resultiert (Lambert und Oliver, 1969). Aus der Temperaturabhängigkeit der Geschwindigkeitskonstante der N-Inversion wurde in diesem Falle der Wert von 8 Kcal/Mol für die Aktivierungsenergie des Inversionsprozesses ermittelt.

20 Über den Charakter der N—O-Bindung in Aminoxiden siehe Semipolare Bindungen, S. 50.

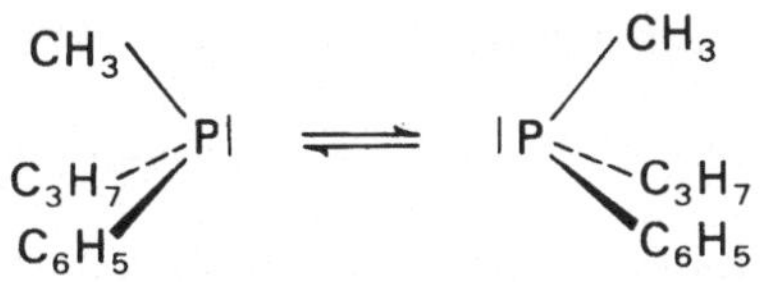

$$\begin{array}{ccc}
\text{CH}_3\diagdown & & \diagup\text{CH}_3 \\
\text{C}_3\text{H}_7\diagup\text{P}| & \rightleftharpoons & |\text{P}\diagdown\text{C}_3\text{H}_7 \\
\text{C}_6\text{H}_5 & & \text{C}_6\text{H}_5
\end{array}$$

(6)

Im Zusammenhang mit der C=O-Bindung sollte noch die herabgesetzte Tendenz des Schwefels, mit Kohlenstoffatomen Doppelbindungen einzugehen, kurz erwähnt werden. Organische Verbindungen mit C=S-Doppelbindungen sind zwar bekannt (z. B. aromatische Thioketone oder Thioamide), aber sie gehen meistens spontan, durch eine Polymerisierung oder Bildung eines Enthiols, in Strukturen mit nur einfachen C—S-Bindungen über.

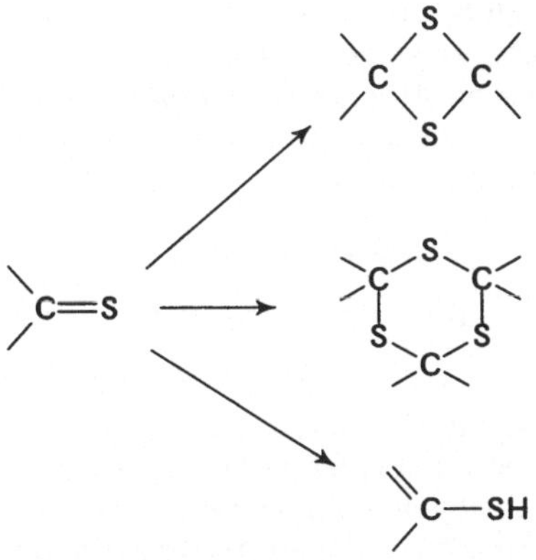

Der Grund dieser Instabilität der C=S-Bindung liegt darin, daß die Valenzelektronen beim Schwefel sich schon in der dritten Schale befinden, wo sie auf ein *3s*- und drei *3p*-Orbitale verteilt sind. Dies macht keine Schwierigkeiten beim Aufbau einer σ-Bindung zwischen C und S, jedoch bei einer π-Bindung kann das *2p*-Orbital des Kohlenstoffs mit dem *3p*-Orbital von Schwefel nicht mehr so gut überlappen. Es wird auch behauptet, daß ein seitliches *2p,3p*-Überlappen durch antibindende Wechselwirkungen zwischen dem Kohlenstoff-*2p*-Orbital und dem besetzten, energetisch unter dem *3p*-Orbital liegenden *2p*-Orbital des Schwefels gestört wird.

In der folgenden Tabelle sind einige Durchschnittswerte der *Dissoziationsenergien* und *Längen* der besprochenen heterokovalenten Bindungen sowie der C-Halogen-Bindungen angegeben.

Tabelle 3. *Bindungs-Dissoziationsenergien und -Längen einiger heterokovalenter Bindungen*

Bindung	Bindungs-energie (Kcal/Mol)	Bindungs-länge (Å)	Bindung	Bindungs-energie (Kcal/Mol)	Bindungs-länge (Å)
C—N	66–75	1,47	C—S	65–73	1,82
C=N	135–143	1,28	C—F	105	1,39
C≡N	204–209	1,15	C—Cl	78,5	1,77
C—O	78–84	1,43	C—Br	66	1,93
C=O	173–179	1,20	C—I	57	2,1

11. Polarität der σ-Bindungen. Induktiver Effekt und Feld-Effekt

Die Elektronen einer σ-Bindung sind zwischen den gebundenen Atomen axial-symmetrisch bezüglich der Bindungsachse und bei einer Bindung zwischen zwei gleichen Atomen sogar zentral-symmetrisch bezüglich des Mittelpunktes dieser Achse verteilt. Handelt es sich jedoch um zwei *verschiedene Atome*, so werden die Bindungselektronen (entlang der Bindungsachse) zu dem die höhere Elektronenaffinität besitzenden Atom, d. h. zu dem Atom des im Periodischen System mehr rechts und höher stehenden Elementes, verschoben. Die Verschiebung ist selbstverständlich um so größer, je größer die Differenz der Elektronenaffinitäten beider Bindungspartner ist.

In der C—H-Bindung liegt also der Schwerpunkt der Elektronenladung näher beim Kohlenstoffatom, bei der C—N-, C—O- und C—F-Bindung sind dagegen die Bindungselektronen zum Heteroatom verschoben, wobei das Ausmaß der Verschiebung vom Stickstoff zum Fluor zunimmt. Unter den Bindungen des Kohlenstoffs mit Halogenen ist die größte Verschiebung in der Bindung C—F und die kleinste bei der Bindung mit Jod, dessen Affinität zu seinen eigenen Valenzelektronen wegen ihrer Entfernung vom Kern und Abschirmung durch Elektronen der niederen Niveaus von allen Halogenelementen die kleinste ist.

$$H \longrightarrow C \quad C \longrightarrow N \; < \; C \longrightarrow O \; < \; C \longrightarrow F$$

$$C \longrightarrow I \; < \; C \longrightarrow Br \; < \; C \longrightarrow Cl \; < \; C \longrightarrow F$$

Die Folge einer solchen Elektronenverschiebung ist, daß das Atom mit der höheren Elektronenaffinität der Schwerpunkt einer partiellen negativen Ladung und das andere Atom der einer partiellen positiven Ladung wird, was dem System den Charakter eines Dipols verleiht. Moleküle mit solchen *polaren Bindungen* zeichnen sich durch meßbare Dipolmomente aus (vorausgesetzt, daß sich die Beiträge mehrerer polarer Bindungen im selben Molekül nicht kompensieren).

$$\overset{\delta+}{C} \text{——} \overset{\delta-}{X}$$

Stellen wir uns jetzt eine Reihe verschiedener Atomkombinationen vor, in der die Differenz der Elektronenaffinitäten von einem Paar zum anderen zunimmt, so erreichen wir endlich den Zustand, wo die Verschiebung der σ-Elektronen zu einem der beiden Partner vollkommen ist und die kovalente Bindung eigentlich durch eine Ionenbindung ersetzt worden ist. Kovalente Bindungen zwischen verschiedenen ungleichen Atomen bilden so einen natürlichen Übergang von einer „idealen" kovalenten Bindung (zwischen zwei gleichen Atomen) zu einer Ionenbindung. Die Elektronenstruktur einer polaren Bindung R→X liegt also allgemein irgendwo zwischen der Struktur einer idealen kovalenten Bindung mit symmetrisch lokalisierten σ-Elektronen (R—X) und einer Ionenstruktur (R + X −). Einen solchen Zustand kann man mit dem Schema:

$$R \text{——} X \; \longleftrightarrow \; R^+X^-$$

beschreiben, in dem beide Formeln nicht-existierende Grenzstrukturen darstellen, die im Sinne der Resonanztheorie zum tatsächlichen Bindungszustand beitragen. Es geht hier also nicht, wie öfters falsch verstanden wird, um ein Gleichgewichtssystem, sondern um eine Beschreibung des wahren Zustandes mit Hilfe von klassischen Strukturen, von denen keine an sich der Wirklichkeit entspricht.

Vom Standpunkt der Resonanztheorie aus ist also die polare Bindung ein Hybrid der beiden Grenzstrukturen. Da die Enthalpie eines Resonanzhybrids immer kleiner ist als die der einzelnen Grenzstrukturen, führt die Elektronenverschiebung zum elektronegativeren Atom zu einer festeren Bindung, als eine ideal kovalente Anordnung bieten könnte.

Die Resonanzenergie, die bei der partiellen Elektronenverschiebung frei wird, kann nach Pauling in erster Annäherung aus der Differenz der empirisch bestimmten Bindungsenergie und der Energie derselben, jedoch als ideal kovalent betrachteten Bindung ermittelt werden. Die Energie der ideal kovalenten Bindung R—X wird dabei als die arithmetische (a) oder geometrische Mitte (b) der (wieder empirisch bestimmten) Bindungsenergiewerte von R—R und X—X berechnet[21].

$$\text{(a)} \qquad \Delta = E_{R \to X} - \tfrac{1}{2}[E_{R-R} + E_{X-X}]$$

$$\text{(b)} \qquad \Delta' = E_{R \to X} - [E_{R-R} \cdot E_{X-X}]^{\frac{1}{2}}$$

Anhand der so ermittelten Werte (Tab. 4) kann man den „Ionencharakter" der Bindung, d. h. das Ausmaß der Beteiligung der ionischen Struktur R+X− am Resonanzhybrid, beurteilen. Bei der stark polaren C—F-Bindung ist z. B. der Anteil der Ionenstruktur 44%. Es muß jedoch wieder betont werden, daß dies nicht aussagt, es seien 44% kohlenstoffhaltige Kationen und Fluoridionen im Gleichgewicht mit der undissoziierten Struktur R—F. Der Wert allein erlaubt nicht einmal die Schlußfolgerung, die C—F Bindung besitze eine ausgeprägte Tendenz, zu Ionen zu dissoziieren. Der Vergleich der „Ionisierung"-Resonanzenergien ermöglicht lediglich das Ausmaß der Elektronenverschiebung, d. h. die Polarität der Bindung, abzuschätzen.

Tabelle 4. *Ionisierungs-Resonanzenergien der heterokovalenten Bindungen des Kohlenstoffs (nach Pauling)*

Bindung	$E_{R \to X}$ (Kcal/Mol)	Δ (Δ') (Kcal/Mol)	Bindung	$E_{R \to X}$ (Kcal/Mol)	Δ (Δ') (Kcal/Mol)
C—H	98,8	5,1 (5,8)	C—F	105,4	45,5 (50,2)
C—N	69,7	8,9 (13,2)	C—Cl	78,5	7,9 (9,1)
C—O	84	25,8 (31,5)	C—Br	65,9	1,3 (4,0)

Die in Tab. 4 angegebenen Werte für die C—H-Bindung beziehen sich auf Bindungen des sp^3-hybridisierten Kohlenstoffatoms. Beim sp^2- und besonders beim sp-hybridisierten C—Atom sind die Bindungselektronen viel weniger vor dem Einfluß der positiven Kernladung abgeschirmt, was das sp^2- und insbesondere sp-Atom im Vergleich mit dem sp^3-hybridisierten Kohlenstoffatom elektronegativer macht (Walsh, 1947, 1948). Infolgedessen ist z. B. die C—H-Bindung in Acetylenen so stark polarisiert, daß der Wasserstoff leicht als Proton abgespalten wird (Bildung von Acetyliden mit Basen).

Die permanente Verschiebung der Bindungselektronen zum elektronegativeren Atom bleibt nicht ohne Einfluß auf die benachbarten Bindungen. Ist z. B. das Kohlenstoffatom einer C—Cl-Bindung das Glied einer Kohlenstoffkette, dann ruft seine partiell

---

21 Beide Lösungen haben ihre Berechtigung. Auf eine Erklärung kann hier nicht eingegangen werden.

positive Ladung, die durch die Verschiebung der Elektronen der C—Cl-Bindung zum Chloratom entstanden ist, eine ähnliche Elektronenverschiebung in der nächststehenden und auch in den weiteren C—C-Bindungen hervor. Die Größe dieses Einflusses, der als *induktiver Effekt (I$_s$, statischer induktiver Effekt)* bezeichnet wird, nimmt jedoch mit zunehmender Entfernung von der heterokovalenten Bindung stark ab.

$$\overset{\delta\delta\delta+}{C} \longrightarrow \overset{\delta\delta+}{C} \longrightarrow \overset{\delta+}{C} \longrightarrow \overset{\delta-}{Cl}$$

Der induktive Effekt erklärt z. B. die in homologen Reihen zu beobachtende Zunahme des Dipolmomentwertes. Der größere Wert beim Äthylchlorid, verglichen mit dem CH_3Cl-Dipolmoment, wird einer induzierten Polarisation der CH_3—C-Bindung zugeschrieben.

$$CH_3 \longrightarrow Cl \qquad\qquad CH_3 \longrightarrow CH_2 \longrightarrow Cl$$
$$1,86\,D \qquad\qquad\qquad 2,05\,D$$

Auch manche anderen physikalischen Eigenschaften sowie das chemische Verhalten organischer Verbindungen werden vom induktiven Effekt beeinflußt. Als Beispiel eines induktiven Effektes wird häufig die erhöhte Acidität von α-Halogencarbonsäuren im Vergleich mit den entsprechenden unsubstituierten Säuren erwähnt. Die Dissoziationskonstanten K, die ein Maß für die Leichtigkeit sind, mit der das Säuremolekül ein Proton an ein Wassermolekül unter Bildung eines Carboxylatanions abgibt, sind bei α-chlorsubstituierten Carbonsäuren um zwei Zehnerpotenzen größer als bei den Stammsäuren und nehmen mit weiterer Chlorsubstitution in der α-Stellung weiter zu (Tab. 5). Dagegen sind die K-Werte der β- und γ-Halogencarbonsäuren nur wenig höher als die der unsubstituierten Säuren.

Tabelle 5. *Dissoziationskonstanten K einiger chlorsubstituierten Carbonsäuren*

Carbonsäure	$K \cdot 10^5$	Carbonsäure	$K \cdot 10^5$
CH_3—COOH	1,8	CH_3—CH_2—CH_2—COOH	1,5
Cl—CH_2—COOH	155	CH_3—CH_2—CH(Cl)—COOH	139
Cl_2CH—COOH	500	CH_3—CH(Cl)—CH_2—COOH	8,8
Cl_3C—COOH	13 000	CH_2(Cl)—CH_2—CH_2—COOH	3,0

Die erhöhte Acidität der α-halogenierten Säuren wird u. a. durch den induktiven Effekt der C—Cl-Bindung, der auf die Bindungen der Carboxylgruppe übertragen wird und die Dissoziation der H—O-Bindung erleichtert, erklärt. Derselbe Effekt stabilisiert zugleich das entstehende Carboxylatanion, indem er die negative Ladung, wenn auch nur teilweise, vom Sauerstoff „abschöpft".

$$Cl \leftarrow CH_2 \leftarrow \overset{\overset{O}{\parallel}}{C} \leftarrow O \leftarrow H \; \rightleftharpoons \; Cl-CH_2-\overset{\overset{O}{\parallel}}{C}-\bar{O} \;+\; H^+$$

Da der induktive Effekt in der Kohlenstoffkette rasch abklingt, ist der Einfluß einer β- oder γ-Substitution auf die Dissoziationskonstante nur schwach.

Manche Beispiele, aus denen die Bedeutung des induktiven Effektes auf den Verlauf organischer Reaktionen klar wird, findet man unter heterolytischen Reaktionen (S. 98 u. a. m.). Meistens wird der induktive Effekt am Reaktionszentrum beurteilt. Im Prinzip kann er dort die Elektronendichte entweder konzentrieren oder umgekehrt abschwächen. Demnach spricht man vom *positiven (+I_s)* oder *negativen (−I_s) induktiven Effekt*, wobei ein positiver Effekt denjenigen Gruppen, die Elektronen schwächer, ein negativer Effekt denjenigen, die Elektronen stärker als der Wasserstoff in einer C—H-Bindung anziehen, zugeschrieben wird.

Einen starken *positiven (+I_s) Effekt* üben negativ geladene Substituenten, wie z. B. der Sauerstoff der Alkoholat- und Phenolatanionen, aus. Relativ schwach ist der positive induktive Effekt von Alkylgruppen, wobei er von einfachen zu verzweigten Ketten etwas zunimmt.

$$CH_3 \longrightarrow C \;<\; CH_3 \longrightarrow CH_2 \longrightarrow C \;<\; CH_3 \longrightarrow \underset{}{CH} \longrightarrow C \;<\; CH_3 \longrightarrow \underset{}{C} \longrightarrow C$$

$$+ I_s \longrightarrow$$

Ein *negativer (−I_s) Effekt* wird z. B. von Nitrogruppen, Halogenen, Alkoxy- und Aminogruppen hervorgerufen. Besonders stark wirken Ammonium-, Sulfonium- und andere positiv geladene Gruppen, die allerdings die benachbarten Bindungen stark polarisieren.

$$RO \leftarrow C \;<\; I \leftarrow C \;<\; Cl \leftarrow C \;<\; F \leftarrow C \;<\; O_2N \leftarrow C \;<\; \overset{+}{R_3N} \leftarrow C, \; \overset{+}{R_2S} \leftarrow C$$

$$- I_s \longrightarrow$$

Jede polare Bindung hat ihr elektrisches Dipolfeld, mit welchem sie – neben der eben erwähnten sukzessiven Übertragung der Polarität durch die Kette – auch direkt durch den Raum einen polarisierenden Einfluß auf ihre Umgebung, z. B. auf ein Reaktionszentrum in demselben Molekül, ausüben kann. Mit diesem *Feld-Effekt (field effect)* wird z. B. erklärt, warum die Dissoziationskonstanten der zweiten Stufe bei aliphatischen Dicarbonsäuren auch dann viel niedriger als die der ersten Stufe sind, wenn die Carboxylgruppen durch eine längere Kette getrennt sind. Nach einer viel akzeptierten Vorstellung befindet sich nämlich in der bevorzugten Konformation des Monoanions die Carboxylatgruppe in der Nähe des zweiten Carboxyls und erschwert durch ihren Feld-Effekt die Abspaltung des zweiten Protons.

Auf Grund von neueren Untersuchungen wird von Dewar dem Feldeffekt eine viel wichtigere und breitere Rolle in der organischen Chemie zugeschrieben als dem induktiven Effekt, dessen Bedeutung nur auf eine Entfernung von einer oder höchstens von zwei Bindungen begrenzt ist (Dewar und Mitarbeiter, 1962).

12. Delokalisierung der π-Elektronen. π-induktiver und mesomerer Effekt

Eine polare σ-Bindung kann nicht nur benachbarte σ-Bindungen, sondern auch eine nebenstehende Doppelbindung elektrostatisch polarisieren. Die sonst symmetrisch verteilten π-Elektronen werden dadurch im Sinne des Dipols der σ-Bindung mehr auf die Seite eines der beiden Kohlenstoffatome verschoben.

$$C\!=\!C \longrightarrow X$$

Ein solcher *π-induktiver Effekt* wird z. B. zur Deutung der erhöhten „Acidität" der Methylgruppe in β-Methylpyridin in Anspruch genommen. Diese Verbindung wird in Anwesenheit von starken Basen an der Methylgruppe alkyliert, unter Bedingungen, bei welchen Toluol vollkommen inert bleibt. Nach Dewar (1953) wird das Anion (1), das dabei intermediär gebildet werden muß, durch eine induzierte Polarität der nebenstehenden $C\!=\!C$-Doppelbindung stabilisiert:

$$(1)$$

Eine permanente Delokalisierung der π-Elektronen kann jedoch auch durch einen *Konjugationsmechanismus* zustande kommen. Dieser Mechanismus kommt z. B. immer dann zur Geltung, wenn die Doppelbindung mit einem Atom verknüpft ist (z. B. N, O, F...), das über ein freies Elektronenpaar in einem *p*-Orbital verfügt. Dieses besetzte Orbital kann unter Umständen mit dem π-Orbital der Doppelbindung seitlich überlappen, was zu neuen Molekülorbitalen für das dreiatomige System führt. Durch den konjugativen Anschluß des freien Elektronenpaares an das Bindungssystem wird eine Verschiebung der π-Elektronen der Doppelbindung in der Richtung des entfernteren C-Atoms ausgelöst.

$$\bar{X}\!-\!C\!=\!C$$

$$(2)$$

Die konjugative Elektronenverschiebung kann hier auch mit zwei Grenzformeln beschrieben werden: mit der „klassischen" Struktur (2a) und der Struktur (2b) mit doppelt gebundenem Atom X. Die tatsächliche Elektronenverteilung ist dann als ein Resonanzhybrid beider kanonischen Formen zu betrachten.

$$\bar{X}\!-\!C\!=\!C \quad \longleftrightarrow \quad X\!=\!C\!-\!\bar{C}$$

$$(2\,a) \qquad\qquad (2\,b)$$

Wenn in der Formel (2a) das Atom X keine formale elektrische Ladung trägt, muß es in (2b) positiv geladen sein und eine negative Ladung tritt am entfernteren C-Atom auf.

$$\bar{X}-C{=}C \quad\longleftrightarrow\quad \overset{(+)}{X}{=}C-\overset{(-)}{\bar{C}}$$

Für die Resonanz sind diese beiden Strukturen energetisch nicht äquivalent. Es gilt allgemein, daß eine Trennung der elektrischen Ladung die Stabilität der mesomeren Struktur herabsetzt. Die dipolare Struktur beteiligt sich also viel weniger an der Resonanz als die klassische Form und die tatsächliche Verteilung der vier Elektronen ist darum auch der letztgenannten ähnlicher. Anders ist es dort, wo X in (2a) eine negative Ladung trägt; die beiden kanonischen Formen sind dann vom Standpunkt der Ladungsverteilung aus ähnlich und ihre Beiträge zur Resonanz von gleicher Größenordnung.

$$\overset{(-)}{\bar{X}}-C{=}C \quad\longleftrightarrow\quad X{=}C-\overset{(-)}{\bar{C}}$$

Das π-Orbital einer C$-$C-Doppelbindung kann allerdings auch mit einem unbesetzten p-Orbital eines benachbarten Atoms überlappen. In diesem Falle sind nur die zwei π-Elektronen der Doppelbindung zu versorgen und sie können beide in das neugebildete bindende Molekülorbital des konjugierten dreiatomigen Systems aufgenommen werden. Eine solche Konjugation führt gewöhnlich zu sehr stabilen Systemen. Ein Beispiel davon sind die Allyl-Carboniumionen, wo die Doppelbindung mit einem positiv geladenen Kohlenstoffatom (mit einem Elektronensextett) konjugiert ist.

$$\overset{(+)}{C}-C{=}C \quad\longleftrightarrow\quad C{=}C-\overset{(+)}{C}$$

Die durch den Konjugationsmechanismus ausgelöste teilweise Delokalisierung der π-Elektronen hat einen wichtigen Einfluß auf den Verlauf der meisten Reaktionen an mehrfachen Bindungen. Nach Ingold wird dieser Einfluß als *mesomerer Effekt* bezeichnet, wobei er wieder positiv oder negativ sein kann. Ein *positiver mesomerer Effekt (+M)* wird von Atomen und Gruppen ausgelöst, die – wie der Substituent X in unserem allgemeinen Beispiel – dem System ihre Elektronen zur Verfügung stellen. Hierher gehören z. B. Halogene und gesättigte N-, O- oder S-haltige Substituenten:

$$C{=}C-\bar{F}l \qquad C{=}C-\bar{O}-R \qquad C{=}C-\bar{N}R_2$$

$$C{=}C-\bar{S}-R$$

Bei ungesättigten stickstoff- und sauerstoffhaltigen Gruppen dagegen (z. B. bei einer O$=$C-, —N$=$C-, N$\equiv$C-, O$=$N- oder O$=$N(O)-Gruppe) begegnet man einem *negativen mesomeren Effekt (−M)*. Die mehrfachen Bindungen dieser Gruppen sind infolge unterschiedlicher Elektronenaffinitäten der Bindungspartner polarisiert und ihre π-Elektronen zum elektronegativeren Atom hin verschoben[22]. Ist nun

---

[22] Das Ausmaß dieser Polarität bei einer C$=$Y-Doppelbindung ergibt sich wieder aus der Ionisierungs-Resonanzenergie, die nach Pauling als Differenz der gefundenen Energie der Bindung der arithmetischen (oder geometrischen) Mitte von C$=$C und Y$=$Y berechnet werden kann (vgl. S. 35).

eine solche polare mehrfache Bindung mit einer $C{=}C$-Doppelbindung konjugiert, so wirkt sich ihre Polarität auf die konjugierte Bindung elektronenverschiebend im Sinne eines negativen mesomeren Effektes aus:

$$C{=}C{-}C{=}\overset{..}{O}\, \qquad C{=}C{-}C{=}\overset{..}{N}R \qquad C{=}C{-}N{=}\overset{..}{O}\,$$

$$C{=}C{-}C{\equiv}N| \qquad C{=}C{-}N{=}\overset{..}{O}\,$$
$$\downarrow$$
$$O$$

Es sei noch bemerkt, daß die erwähnten Substituenten beider Gruppen alle einen negativen induktiven Effekt $(-I_s)$ ausüben. Bei den erstgenannten (mit $+M$-Effekt) wirken also beide Effekte gegeneinander, in der zweiten Gruppe $(-M)$ addieren sich die polarisierenden Wirkungen.

In diesem Zusammenhang sei nochmals auf die schon früher diskutierte konjugative Delokalisierung der π-Elektronen in rein kohlenstoffhaltigen Systemen mit mehreren Doppelbindungen (S. 22) hingewiesen. Wenn solche Systeme symmetrisch sind, ist allerdings eine Mesomerieverschiebung der π-Elektronen zum einen oder anderen Endkohlenstoffatom gleich berechtigt:

$$\overset{(-)}{\overset{..}{C}}{-}C{=}C{-}\overset{(+)}{C} \longleftrightarrow C{=}C{-}C{=}C \longleftrightarrow \overset{(+)}{C}{-}C{=}C{-}\overset{(-)}{\overset{..}{C}}$$

In einem solchen Falle resultiert kein Dipol, sondern nur eine gleichmäßigere Verteilung der π-Elektronen über das ganze System. Die Doppelbindungen verlieren und die einfachen Bindungen gewinnen etwas am „mehrfachen" Charakter.

13. Polarisierbarkeit der Bindungen. Induktomerer und elektromerer Effekt

Alle bisher diskutierten Effekte stellen verschiedene Mechanismen dar, die zur *permanenten Polarität* der Bindungen im Grundzustand der Moleküle führen. Für organische Reaktionen, bei denen kovalente Bindungen gebildet und aufgelöst werden, sind neben diesen *Polaritätseffekten* zusätzliche Verschiebungen der Bindungselektronen besonders wichtig, zu denen es erst während der chemischen Prozesse selbst kommt. Ihre Ursache sieht man in Kräften, die während der Reaktion im Reaktionszentrum entstehen. Das Ausmaß dieser zusätzlichen Verschiebungen hängt von der *Polarisierbarkeit* des betreffenden Bindungssystems ab. Analog zu den Polaritätseffekten spricht man dann von *Polarisierbarkeitseffekten*.

Der englischen Schule von Ingold nach kommt bei Reaktionen in gesättigten Systemen der sogenannte *induktomere Effekt (I_d, dynamischer induktiver Effekt)* zur Geltung. In einem System $R{\rightarrow}X$, bei dem eine permanente Verschiebung der Bindungselektronen in der Richtung zum X als Folge seiner höheren Elektronenaffinität vorliegt, ist der induktomere Effekt ein Maß für die weitere Polarisierbarkeit der $R{\rightarrow}X$-Bindung (in der angedeuteten Richtung), die z. B. durch eine negativ geladene Partikel (ein Substitutionsreagens) Y^- aus der unmittelbaren Nähe des Reaktionszentrums ausgelöst werden kann:

$$Y| \cdots\!\!\rightarrow R \longrightarrow X$$

Im Gegensatz zum statischen induktiven Effekt *(I_s)* ist der induktomere Effekt *(I_d)* *indirekt* der Elektronenaffinität von X proportional. Je höher nämlich diese ist, desto fester werden die Valenzelektronen zum Kern des X-Atoms gebunden und desto mehr Widerstand wird den Kräften gegenüber geleistet, die den Schwerpunkt der Valenzelektronenladung vom Atomzentrum weg verschieben möchten. Damit hängt die bekannte Reihenfolge der Reaktivitäten von Alkylhalogeniden bei nukleophilen Substitutionsreaktionen zusammen:

$$R\text{---}I \;>\; R\text{---}Br \;>\; R\text{---}Cl \;>\; R\text{---}F$$

In Alkyljodiden, bei denen die permanente Polarität der C-Halogen-Bindung am schwächsten ist, ermöglicht das Jodatom im Augenblick der Reaktion die größte induktomere Elektronenverschiebung, denn der Einfluß seines Atomkernes auf die Valenzlelektronen ist durch die Entfernung und die komplizierte Elektronenstruktur der niederen Niveaus abgeschwächt. Dagegen bei den reaktionsträgen Alkylfluoriden ist zwar die C—F-Bindung im Grundzustand stark polar (S. 35), aber das hoch elektronenaffine Fluoratom widersetzt sich einer weiteren Verschiebung seiner Valenzelektronen, die zur F^--Abspaltung führen sollte.

Auch bei ungesättigten mesomeren Systemen kann durch Kräfte, die im Reaktionszentrum im Augenblick der Reaktion entstehen, eine (weitere) konjugative π-Elektronenverschiebung in der Richtung zu polareren Strukturen ausgelöst werden. So wird im System (2) (S. 38) durch die Annäherung einer positiv geladenen (oder auch elektrisch neutralen, jedoch elektrophilen) Partikel an das End-Kohlenstoffatom eine Delokalisierung der π-Elektronen im Sinne der dipolaren Struktur (2b), die sonst im Grundzustand an der Resonanz nur beschränkt beteiligt ist, hervorgerufen.

$$\overset{(+)}{H}\!\!\leftarrow\cdots\;C\!=\!C\!-\!X \quad\longleftrightarrow\quad \overset{(+)}{H}\!\!\leftarrow\cdots\;\overset{(-)}{C}\!-\!C\!=\!\overset{(+)}{X}$$

$$(2\,a) \qquad\qquad\qquad\qquad (2\,b)$$

Analog polarisierend wirkt sich eine Annäherung des negativen (oder neutralen, aber nukleophilen) Y an das Endatom in (3) aus:

$$\bar{Y}^{(-)}\!\cdots\!\rightarrow C\!=\!C\!-\!C\!=\!O \quad\longleftrightarrow\quad \bar{Y}^{(-)}\!\cdots\!\rightarrow \overset{(+)}{C}\!-\!C\!=\!C\!-\!\bar{O}^{(-)}$$

$$(3\,a) \qquad\qquad\qquad\qquad (3\,b)$$

Das Ausmaß dieses *elektromeren Effektes (+E, −E)* ist wieder *indirekt* der Mesomerie (der Resonanzenergie) des Grundzustandes proportional: Je größer die Resonanz zwischen den Grenzformen im Grundzustand ist, desto stabiler ist das System gegen weitere Delokalisierung.

Zahlreichen Beispielen beider Polarisierbarkeitseffekte begegnet man in den weiteren Kapiteln.

14. Hyperkonjugation

Im Jahre 1935 stellten Baker und Nathan beim Studium der Substituenteneinflüsse bei aromatischen Verbindungen fest, daß die Geschwindigkeit der Reaktion von *p*-alkylsubstituierten Benzylbromiden mit Pyridin:

$$R-C_6H_4-CH_2-Br + IN(C_5H_5) \longrightarrow R-C_6H_4-CH_2-\overset{+}{N}(C_5H_5) + Br$$

mit steigender Verzweigung der Gruppe R, also vom Methyl zum *tert.*-Butyl, abnimmt.

$$CH_3- \;\; > \;\; CH_3-CH_2- \;\; > \;\; \overset{CH_3}{\underset{CH_3}{\diagdown}}CH- \;\; > \;\; \overset{CH_3}{\underset{CH_3}{CH_3-C-}}$$

Diese Beobachtung war überraschend, denn gerade in dieser Reihenfolge steigt der induktive $+I$-Effekt der Alkylgruppen, der erwartungsgemäß in der erwähnten Reaktion die Ablösung des Bromidions unterstützen sollte. Die primären Alkylgruppen schienen also über einen Mechanismus der Elektronenverschiebung zu verfügen, der bei den verzweigten Gruppen nicht so ausgeprägt oder sogar unmöglich ist. Die Erklärung wurde dann in dem eigenartigen Charakter der C—H-Bindung gesucht und es wurde eine Hypothese aufgestellt, wonach eine an ein ungesättigtes System gebundene C—H-Bindung eine konjugative Elektronenverschiebung auslösen sollte. Diese Verschiebung kann mit Hilfe von kanonischen Formen, in denen keine Bindung zwischen H und C mehr besteht, beschrieben werden.

$$H-C-C{=}C \;\; \longleftrightarrow \;\; H^{(+)}C{=}C-\bar{C}^{(-)}$$

Diese sogenannten „*no-bond*"-Strukturen muß man allerdings als nichtexistierende Formen verstehen, die nur zu dem wirklichen Zustand des Systems im Sinne der Resonanztheorie beitragen. Anders kann man dies wie folgt ausdrücken:

$$H-C-C{=}C$$

Der Effekt ist demnach am stärksten bei Methylgruppen, wo man drei kanonische „*no-bond*"-Strukturen schreiben kann, und nimmt in der Reihe zum Äthyl und Isopropyl ab, um beim *tert.* Butyl vollkommen zu verschwinden.

Der seitdem wiederholt beobachtete Effekt ist als *Baker-Nathanscher Effekt* oder *Hyperkonjugation* (auch *no-bond resonance*) bekannt geworden. Zur Stütze der erwähnten Deutung wurden ähnliche Fakten wie für gewöhnliche Konjugationseffekte beigebracht: Verkürzung der Einfachbindungen (die durch Konjugation eine etwas höhere Bindungsordnung erreichen), erhöhte Dipolmomente, niedrigere Verbrennungswärmen (als Folge der konjugativen Resonanz) von alkylierten Äthylenen, Verschiebung der Absorptionsmaxima sowie das chemische Verhalten. Die Hypothese der Hyperkonjugation hat allerdings auch ihre Gegner, die alle beobachteten Tatsachen anders zu erklären versuchen. Wie dem auch sei, die Hyperkonjugation bleibt weiterhin eine nützliche Vorstellung; mit ihrer Hilfe gelang es, eine ganze Reihe von chemischen Beobachtungen zu interpretieren und auf eine gemeinsame Basis zu bringen[23].

---

23 Siehe z. B. die Ingoldsche Erklärung der Orientierung bei Additionen (S. 162) oder der Saytzeffschen Eliminierungsregel (S. 148).

15. Weitere Konsequenzen der Polarität. Intermolekulare Anziehungskräfte

a) van der Waalssche Kräfte

Die Polarität kovalenter Bindungen äußert sich außerhalb der Moleküle durch ein räumlich orientiertes elektrostatisches Feld. Diese extramolekulare Auswirkung ist für schwache, jedoch wichtige Anziehungskräfte zwischen Molekülen verantwortlich, die allgemein als *van der Waalssche Kräfte* bekannt sind. Die Energie dieser Kräfte beträgt für einzelne Bindungsdipolpaare nur einige Zehntel Kcal/Mol, durch ihre Wiederholung kann jedoch zwischen zwei oder mehreren Molekülen eine beträchtliche Anziehung zustande kommen.

Der Wirkungsbereich der van der Waalsschen Kräfte ist auf die nächste Umgebung der Moleküle begrenzt. Daher kommen sie im Gaszustand gar nicht zum Ausdruck. Erst wenn der Abstand der Gasmoleküle und ihre thermische Bewegung stark herabgesetzt ist, können sich die van der Waalsschen Kräfte auswirken und verursachen die Verflüssigung der Gase. Auch am Übergang vom flüssigen zum festen Zustand und umgekehrt sowie an Auflösungsprozessen sind sie maßgebend beteiligt.

b) Die Wasserstoffbindung

Eine besonders interessante und wichtige Rolle kommt den stark polaren, kovalenten Bindungen des Wasserstoffs mit einigen elektronegativen Elementen, wie Stickstoff, Sauerstoff, Fluor usw., zu. Die σ-Elektronen dieser Bindungen, an deren Orbitalen das einzige stabile $1s$-Orbital des Wasserstoffs beteiligt ist, lassen den positiven Wasserstoffkern insofern unabgeschirmt, daß er mit einem weiteren, negativ geladenen oder auch neutralen, jedoch ein freies Elektronenpaar besitzenden Atom in eine bindende Beziehung treten kann. Ist A—H die kovalente Bindung des Wasserstoffatoms und B das elektronenspendende Atom, so wird die Beziehung, die als *Wasserstoffbindung* oder auch *Wasserstoffbrücke (hydrogen bond, hydrogen bridge)* bekannt ist, durch folgendes Schema repräsentiert:

$$A\!-\!H\cdots B$$

Die Fähigkeit des kovalent gebundenen Wasserstoffs, mit Elektronen anderer Atome „zusätzliche" Bindungen einzugehen, kann auch auf den kugelförmigen Charakter seines $1s$-Orbitals zurückgeführt werden: Im σ-Orbital einer kovalenten H-Bindung bleibt am Wasserstoff so viel von dem s-Charakter übrig, um ein Überlappen mit Orbitalen anderer elektronegativer Atome zu ermöglichen.

Die Energie einer solchen Bindung hängt von den Elektronenaffinitäten und formalen Ladungen von A und B ab. Am stärksten ist die Bindung im Hydrogendifluorid HF_2^-, dessen Bildungsenthalpie auf 58 ± 5 Kcal/Mol geschätzt wird. Neben der äußerst großen Elektronegativität von Fluor und der besonderen Fähigkeit des Fluoridions, als „basischer" Partner B (siehe unser Schema) aufzutreten, trägt auch die Symmetrie der Bindung zu ihrer Stabilität wesentlich bei (beide kanonischen Formen sind ebenbürtig).

$$F\!-\!H\cdots F^- \;\longleftrightarrow\; F^-\cdots H\!-\!F$$

Der erwähnte Wert, der an die Energie mancher kovalenten Bindung erinnert, ist jedoch ein Extremfall. Schon die Wasserstoffbindung zwischen HF und einem „neutralen", kovalent gebundenen F hat nur eine Enthalpie von 6,7 Kcal/Mol und auch bei den üblichen stickstoff- und sauerstoffhaltigen Wasserstoffbindungen betragen die Enthalpiewerte zwischen 3 und 7 Kcal/Mol. Schon daraus kann man schließen, daß eine Wasserstoffbindung unter gewöhnlichen Bedingungen keine permanente Bindung darstellt; sie wird leicht gelöst und wiedergebildet, was im flüssigen Zustand der Verbindungen und in Lösungen zwischen denselben oder auch wechselnden Partnern wiederholt geschieht. Nur selten bleibt eine durch Wasserstoffbindungen vermittelte Assoziation der Moleküle auch beim Übergang in den Gaszustand erhalten. Anderseits zeigt ein Vergleich der Enthalpiewerte mit denen der van der Waalsschen Kräfte (die nur einige Zehntel Kcal/Mol betragen), daß die Wasserstoffbindungen immer noch relativ große Bindungsenergien aufweisen. Sie stellen die stärksten und wichtigsten Kräfte dar, die die Assoziation und Orientierung der kovalenten Verbindungen im flüssigen und festen Zustand beeinflussen.

Wie den röntgenographischen Analysen kristalliner Verbindungen zu entnehmen ist, vermittelt das Wasserstoffatom eine ungefähr geradlinige Verbindung von A und B. Nur ausnahmsweise liegt es jedoch symmetrisch zwischen beiden elektronegativen Atomen. Gewöhnlich ist seine Entfernung vom Atom A, mit dem es kovalent gebunden ist, viel kleiner als von B. Im Eis-Kristall beträgt z. B. die Entfernung der „wasserstoffgebundenen" O-Atome 2,76 Å, wobei das Wasserstoffatom von einem der beiden O-Partner nur 1,01 Å entfernt ist. Dies bedeutet weiter, daß der Wasserstoff allgemein nicht gleich fest an beide Partner A und B gebunden ist. Diese Tatsache bringt uns zu der Frage nach dem eigentlichen Charakter der Wasserstoffbindung. Die heutigen Kenntnisse über diese Bindungsart sprechen dafür, daß es sich im Prinzip um eine elektrostatische Anziehung zwischen H und B handelt, in der jedoch auch die Merkmale einer kovalenten Bindung teilweise auftauchen. Im Sinne der Resonanztheorie könnte man sie als einen Hybrid der kanonischen Formen (1), (2) und (3) beschreiben:

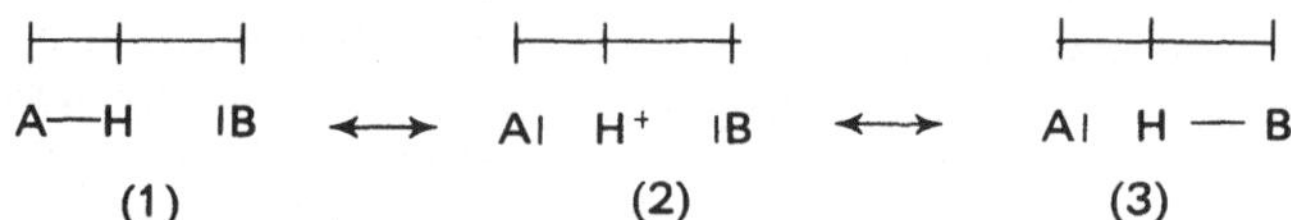

In allen drei Formen ist die Entfernung von H zu A und B unverändert geblieben; die Teilnahme von (3) (mit der langen kovalenten H—B-Bindung) an dem Hybrid ist gewöhnlich relativ klein. Beim Eis wird z. B. die Teilnehme von (2) auf 34% und die von (3) auf nur 5% geschätzt.

Es gibt sowohl inter- als auch intramolekulare Wasserstoffbindungen. Durch *intermolekulare Brücken* können mehrere Moleküle (im flüssigen oder festen Zustand) ketten- oder sogar gitterartig miteinander verbunden sein. Ein Beispiel einer vollkommenen Molekülassoziation durch Wasserstoffbindungen liegt im Eis vor. In seinem Kristallgitter nimmt jedes Wasserstoff- sowie Sauerstoffatom an der Bindung teil, die Sauerstoffatome sogar mit ihren beiden unbesetzten Elektronenpaaren.

Beim Schmelzen von Eis kollabiert durch Zusammenbruch von einigen Wasserstoffbindungen seine Wurzit-Struktur zu einem unregelmäßigen Gebilde, in dem jedoch immer noch viele H_2O-Moleküle assoziiert bleiben. Der Assoziationsgrad ist auch bei höheren Temperaturen beträchtlich, wodurch der relativ hohe Siedepunkt von Wasser erklärt wird. Gäbe es keine Wasserstoffbindungen, so sollte H_2O, seinem kleinen Molekülgewicht entsprechend, irgendwo unter $-100°$ C sieden. Inwieweit die Wasserstoffbindung die Flüchtigkeit beeinflußt, sieht man am besten, wenn man die Wasserstoffatome in H_2O z. B. durch Methylgruppen ersetzt. Beim Methanol (wie bei Alkoholen allgemein) ist nur eine lineare Verkettung durch Wasserstoffbindungen möglich und die einzelnen CH_3OH-Moleküle sind darum an die anderen schwächer als die H_2O-Moleküle untereinander gebunden. Das spiegelt sich in einem niedrigeren Siedepunkt wieder: Obwohl Methanol schon ein sechsatomiges Molekül besitzt, siedet er um $36°$ C niedriger als Wasser.

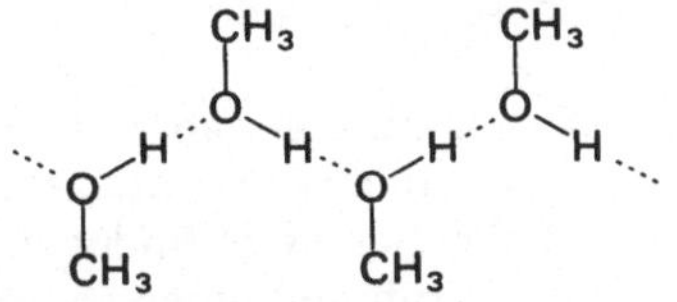

Ersetzt man auch das zweite Wasserstoffatom, so geht die Fähigkeit, Wasserstoffbindungen auszubilden, vollkommen verloren und man beobachtet eine weitere, dramatische Abnahme des Siedepunktes: der neunatomige Dimethyläther siedet bei $-24°$ C. Ähnliche Gesetzmäßigkeiten findet man auch unter stickstoffhaltigen Verbindungen.

Beim Übergang vom flüssigen Zustand in die Gasphase werden gewöhnlich sämtliche Wasserstoffbindungen gebrochen. Ausnahme bilden einige Verbindungstypen, bei denen günstige Strukturbedingungen für die Bildung von stabilen, genügend flüchtigen cyclischen Dimeren (oder Trimeren) erfüllt sind. Am bekanntesten sind solche dimere Formen bei Carbonsäuren:

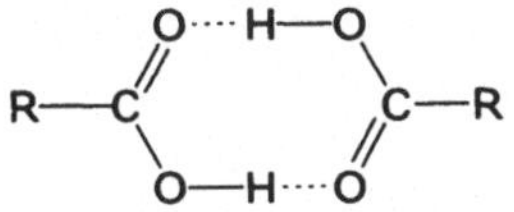

Neben der Orientierung der Moleküle im Kristallgitter und dem Einfluß auf die Flüchtigkeit bei Flüssigkeiten werden auch viele andere Eigenschaften der kovalenten Verbindungen durch intermolekulare Wasserstoffbindungen beeinflußt. Eine große Bedeutung kommt ihnen z. B. bei Solvatationsprozessen zu.

Intramolekulare Wasserstoffbindungen werden am leichtesten dann gebildet, wenn A, H und B Glieder eines Sechsringes sein können, wahrscheinlich deshalb, weil im Sechsring ihre ungefähr lineare Anordnung schon möglich ist.

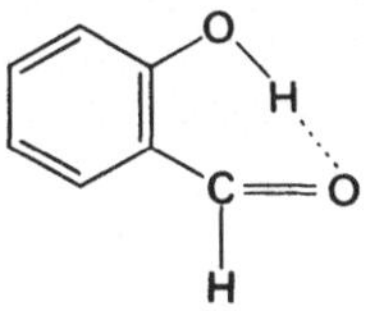

(4) 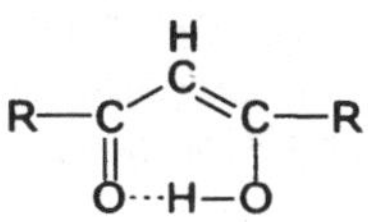   (5) 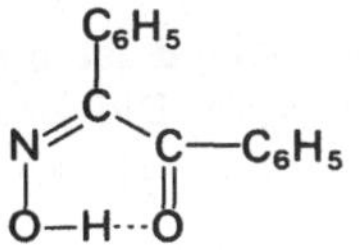   (7)

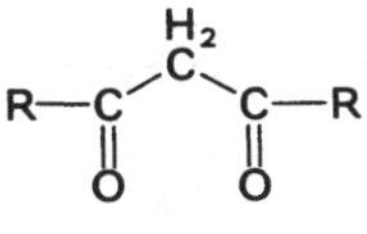

(6) 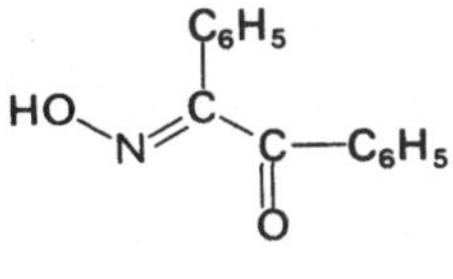   (8)

Durch eine intramolekulare Wasserstoffbindung wird die Fähigkeit des Moleküls zur intermolekularen Assoziation stark herabgesetzt oder ausgeschlossen. Daher siedet *o*-Hydroxybenzaldehyd (4) bei einer tieferen Temperatur als sein *p*-Isomeres und ist, im Gegensatz zum letztgenannten, wasserdampfflüchtig. Enolformen von β-Diketonen (5) sind weniger wasser- und besser benzollöslich als die Diketone (6) selbst, obwohl man wegen der OH-Gruppen eher das Gegenteil erwarten würde. Die Reaktivität der Carbonylgruppe in (5) gegenüber üblichen Carbonylreagenzien ist durch ihre Teilnahme an der Wasserstoffbindung wesentlich herabgesetzt. Das wasserstoffgebundene *syn*-Benzilmonoxim (7) ist besser löslich in organischen Lösungsmitteln als das *anti*-Isomere (8), und seine Carbonylgruppe weist eine reduzierte Reaktivität aus.

Wie schon am Anfang dieses Abschnittes erwähnt, sind für die Bildung von Wasserstoffbindungen vor allem der elektronenaffine Stickstoff, Sauerstoff und die leichteren Halogene geeignet. Auch beim Schwefel findet man jedoch eine, wenn auch relativ schwache Tendenz, in Wasserstoffbindungen sowohl als „Säure" (S—H) als auch als „Base" (—S—) aufzutreten. Was den Kohlenstoff betrifft, haben wir bisher schweigend angenommen, daß die C—H-Bindung wegen der wenig ausgeprägten Elektronegativität des Kohlenstoffs zur Wasserstoffbindung nicht geeignet ist. Es gibt jedoch einige Anzeichen dafür, daß diese Vorstellung nicht vollkommen berechtigt ist.

So zeigen die protonenmagnetischen Resonanzspektren von Chloroform, daß seine C—H-Bindung mit sauerstoff- oder stickstoffhaltigen Basen Wasserstoffbindungen bildet.

$$Cl_3C\text{---}H\cdots O=C\begin{smallmatrix} CH_3 \\ \\ CH_3 \end{smallmatrix} \qquad\qquad Cl_3C\text{---}H\cdots N(C_2H_5)_3$$

Im kristallinen Cyanwasserstoff liegen die N- und C-Atome benachbarter Moleküle in linearen Ketten, wobei ihr relativ kleiner Abstand (3,18 Å) für eine C—H$\cdots$N-Wasserstoffbindung spricht.

$$\cdots H\text{---}C\equiv N\cdots H\text{---}C\equiv N\cdots H\text{---}C\equiv N\cdots$$

$$\overset{\longmapsto\!\longleftarrow}{3{,}18\,Å}$$

Gerade auffallend ist die Differenz der Siedepunkte von Acetyl- und Trifluoracetylverbindungen. Die viel höheren Siedepunkte der Acetylderivate sind auf eine C—H$\cdots$Cl- resp. C—H$\cdots$O-Wasserstoffbindung zurückzuführen.

$$CH_3\text{---}\overset{\displaystyle O}{\overset{\|}{C}}\text{---}Cl \quad \text{Sdp. } 51°\,C \qquad\qquad CH_3\text{---}\overset{\displaystyle O}{\overset{\|}{C}}\text{---}O\text{---}\overset{\displaystyle O}{\overset{\|}{C}}\text{---}CH_3 \quad \text{Sdp. } 137°\,C$$

$$CF_3\text{---}\overset{\displaystyle O}{\overset{\|}{C}}\text{---}Cl \quad <0°\,C \qquad\qquad CF_3\text{---}\overset{\displaystyle O}{\overset{\|}{C}}\text{---}O\text{---}\overset{\displaystyle O}{\overset{\|}{C}}\text{---}CF_3 \quad 20°\,C$$

Wie aus Infrarot-, NMR-, Raman-Spektren und aus anderer Evidenz geschlossen wird, bildet Benzol und andere aromatische Verbindungen Komplexe mit verschiedenen A—H-Säuren (Alkoholen, Phenolen, Aminen, Amiden usw.). Diese werden von einigen Autoren auf Wasserstoffbindungen zwischen A—H und dem aromatischen π-System als „basischen" Elektronendonor (B) zurückgeführt. Die Frage nach dem wahren Charakter der Bindung ist hier jedoch noch offen.

16. Weitere in organischen Verbindungen vorkommende Bindungsarten

a) Ionenbindung

Der elektrostatischen Anziehung zweier entgegengesetzt geladener Partikeln begegnet man in Salzen verschiedener organischer Säuren (Carbonsäuren, Hydroxamsäuren, Aci-Formen der Nitrokohlenwasserstoffe, Oximen, Phenolen, Alkoholen, Thioalkoholen usw.) und Basen (Ammonium-, Phosphonium-, Oxonium-, Sulfonium- und anderen Derivaten).

$$
\begin{array}{lll}
R-C\underset{O^-}{\overset{O}{\diagup}} \quad M^+ & Ar-O^-M^+ & R_4N^+\,X^- \\[2em]
R-C\underset{OH}{\overset{N-O^-}{\diagup}} \quad M^+ & R-O^-\;M^+ & R_4P^+\,X^- \\[2em]
R-CH=N\underset{O^-}{\overset{O}{\diagup}} \quad M^+ & R-S^-\;M^+ & R_3O^+\,X^- \\[2em]
R-\underset{R'}{C}=N-O^-\;M^+ & & R_3S^+\,X^-
\end{array}
$$

Inwieweit der Ionencharakter entwickelt ist, hängt von beiden Partnern, bei den Säuresalzen also auch von der Natur des Metalls ab. Im Gegensatz zu Natrium- oder Kaliumalkoholaten sind z. B. Aluminiumalkoholate tiefschmelzende, destillierbare Verbindungen mit einem eher kovalenten Charakter der O—Al-Bindung.

$$
\begin{array}{l}
(CH_3)_2CH-O \diagdown \\
\qquad\qquad\quad Al-O-CH(CH_3)_2 \qquad \text{Smp. 118°C} \\
(CH_3)_2CH-O \diagup \qquad\qquad\qquad\quad \text{Sdp.}_8\ 140{,}5°C
\end{array}
$$

In den oben erwähnten Typen der Ionenverbindungen ist das Zentrum der negativen oder positiven Ladung der organischen Partikel ein *Heteroatom* (bei den Säuren ist es meistens Sauerstoff). Es gibt jedoch auch ionisierte organische Substanzen, in denen eine formelle Ladung am *Kohlenstoff* lokalisiert ist. Dabei kann die Ladung sowohl negativ als auch positiv sein.

Eine *negative Ladung* trägt der organische Teil in metallorganischen Verbindungen (Organometallen), wie in Alkali-Acetyliden, Alkaliderivaten des Cyclopentadiens und seiner Benzoderivate, in manchen Alkylmetallen usw.

$$R\!-\!C\!\equiv\!C^{\ominus}\ \ M^{+}$$

$$CH_3\!-\!CH_2\!-\!CH_2\!-\!\overset{\ominus}{C}H_2^{}\ \ Na^+$$

Nicht alle C-Metall-Bindungen sind jedoch ionischer Natur. Bei Organomerkuri-, Organomagnesiumverbindungen und bei manchen anderen wird die Bindung eher für kovalent gehalten. Nicht einmal bei Organoalkaliverbindungen geht es immer um eine einfache Ionenbeziehung. Auf Grund von röntgenographischen Studien und der kernmagnetischen Resonanz wird z. B. sowohl festem als auch gelöstem Methyl- und Äthyllithium ein tetramerer Aggregatzustand zugeschrieben, in dem vier Lithium-atome durch eine Art Elektronenmangelbindungen zu einem Tetraeder verbunden sind; die Alkylgruppen sind dabei senkrecht zu den Zentren der Tetraederflächen gerichtet (Seitz und Brown, 1966; Bartlett und Mitarbeiter, 1969).

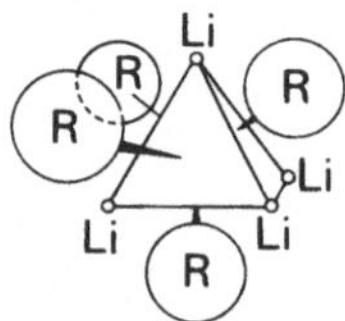

Im Allgemeinen ist die Bindungsart das Resultat eines delikaten Zusammen-spieles zwischen der Struktur des organischen Teils und der Natur des Metallpartners. Auch das Milieu spielt eine wichtige Rolle. Was die organische Struktur allein be-trifft, wird eine Ionenbindung mit dem Metall um so mehr bevorzugt, je größer die Stabilität des *Carbanions* als solchen ist. Da eine geladene Partikel allgemein um so instabiler ist, je mehr ihre Ladung an einer einzigen Stelle konzentriert ist, hängt die Stabilität eines Carbanions von der Fähigkeit des Systems, die negative Ladung auf induktiven oder konjugativen Wegen zu delokalisieren, ab. Ein schönes Beispiel einer vollkommenen mesomeren (konjugativen) Stabilisierung ist das Cyclopentadienyl-Anion, wo die negative Ladung gleichmäßig auf alle fünf Kohlenstoffatome verteilt ist.

Mesomeriestabilisiert sind auch Carbanionen des Allyl- und Benzyltypus:

$$CH_2\!=\!CH\!-\!\overset{\ominus}{C}H_2\ \longleftrightarrow\ \overset{\ominus}{C}H_2\!-\!CH\!=\!CH_2$$

Eine hohe Stabilisierung durch Mesomerie ist bei Anionen von Carbonyl- und besonders von β-Dicarbonylverbindungen zu beobachten; da hier jedoch die negative Ladung größtenteils auf den Sauerstoff übertragen ist, wird die Bezeichnung als Carbanionen etwas fraglich.

Bei gesättigten Systemen kommt nur eine induktive Stabilisierung (oder Destabilisierung) in Betracht. Wegen des $+I$-Effektes der Alkylgruppen ändert sich die Stabilität der Alkylcarbanionen wie folgt:

$$\bar{C}H_3 \;>\; CH_3—\bar{C}H_2 \;>\; \begin{matrix} CH_3 \\ \diagdown \\ \bar{C}H \\ \diagup \\ CH_3 \end{matrix}$$

Die relativ hohe Stabilität des früher erwähnten Acetylidanions ist auf den sp-Charakter des negativen Kohlenstoffatoms zurückzuführen: Je ausgeprägter der s-Anteil eines Orbitals, desto stabiler ist das Anion. Darum sind auch Vinyl- und Phenylcarbanionen mit ihren sp^2-Orbitalen viel stabiler als die gesättigten sp^3-hybridisierten Alkylanionen.

Zu Verbindungen, in welchen eine Ionenbeziehung zwischen einem (meist anorganischen) Anion und einem organischen Kation mit positivem Zentrum am Kohlenstoff (sogenannte *Carboniumionen*) besteht, zählen vor allem Triarylhalogenmethane. So ist Triphenylchlormethan in aprotischen polaren Lösungsmitteln (z. B. in SO_2) zu Chloridionen und relativ hochstabilen Triphenylmethylkationen dissoziiert.

Wie bei den oben besprochenen Carbanionderivaten wird auch hier die Bindungsart zwischen dem organischen Teil und dem anionoiden Partner durch die Natur und Stabilität beider Teilnehmer sowie auch durch äußere Einflüsse (Lösungsmittel) bestimmt. Wie der anionoide Teil den Bindungscharakter beeinflussen kann, zeigt das Beispiel des undissoziierten Benzylfluorids, das durch Einwirkung von Antimonpentafluorid in das ionisierte Benzyl-hexafluoroantimonat übergeht.

Was die Stabilität der Carboniumionen anbetrifft, kommen induktive und konjugative Faktoren zur Geltung, die die positive Ladung auf ein größeres Gebiet im Gerüst des Kations verteilen helfen. Da den Carboniumionen wegen ihrer Teilnahme an heterolytischen Reaktionen eine wichtige Rolle zukommt, wird ihre Bildung, Stereochemie und Stabilität noch später eingehend behandelt.

b) Semipolare Bindung

Neben der kovalenten und der Ionenbindung wird als weiterer Bindungstyp die sogenannte *semipolare Bindung* (auch *semipolare Doppelbindung*) beschrieben. Sie gleicht einer kovalenten Bindung insofern, daß in ihr zwei Atome durch zwei gemeinsame Bindungselektronen verknüpft werden, sie ist jedoch durch Überlappen eines vollbesetzten Orbitals des einen Atoms mit einem unbesetzten Orbital des anderen entstanden. Das elektronenspendende Atom verliert dadurch einen Teil seiner Ladung und wird zu einem positiven Zentrum, der Akzeptor dagegen erhält eine negative Ladung. Damit besteht eine gewisse Ähnlichkeit mit der Ionenbindung. Eine weitere formelle Parallele kann man mit einer vollkommen polarisierten Doppelbindung ziehen.

Ein Beispiel für semipolare Bindung in organischen Verbindungen ist die Bindung zwischen Stickstoff und Sauerstoff in Trialkylaminoxiden.

$$R_3N| \quad \xrightarrow{[\bar{\bar{O}}|]} \quad R_3\overset{+}{N}\!-\!\bar{\bar{O}}|^-$$

c) Ladungstransfer-Komplexe

Eine Donor-Akzeptor-Bindung anderer Art liegt in Komplexen vor, die verschiedene π-Systeme (Olefine, Acetylene, acyclische und cyclische Polyene, aromatische Verbindungen) mit bestimmten Metallkationen (Ag^+, Pt^{2+} und Pt^{4+}, Pd^{2+}, Fe^{2+}, Cr^{3+}, Ni^{2+} u. a. m.) bilden. In diesen oft recht stabilen, kristallinen und farbigen Substanzen überlappen ein oder mehrere π-Orbitale des organischen Donors mit einem oder mehreren unbesetzten Orbitalen des kationischen Akzeptors. Die Elektronenladung des π-Systems wird so auf das Metall teilweise übertragen. Trotz mehreren publizierten Vorstellungen kennt man jedoch den genauen Mechanismus dieser Übertragung noch nicht.

Nach einem älteren Vorschlag von Winstein (1938) kann man mit Mitteln, die die Resonanztheorie bietet, die Bindung zwischen Olefin und Ag^+ als einen Hybrid mehrerer Formen beschreiben, in denen die ursprüngliche positive Ladung des Kations abwechselnd am Metall und den π-gebundenen Atomen erscheint:

Nach Dewar (1951) und Chatt und Duncanson (1953) ist die Metall-Olefin-Bindung komplizierter. Sie soll sowohl aus einer σ-artigen Bindung, die durch Überlappen des bindenden π-Orbitals des Olefins mit einem freien Orbital des Metalls zustande kommt, als auch aus π-artiger Bindung, die diesmal von einem besetzten p- oder d-Orbital des Metalls zu dem anti-bindenden π-Orbital des Olefins ausgeht, gebildet werden. Es ist eben diese Kombination der Hin- und Rückgabe der Elektronenladung, die für die Stabilität der Metall-Olefin-Bindung verantwortlich gemacht wird[24].

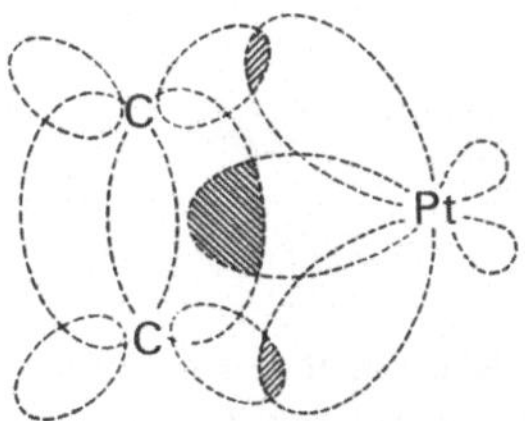

Graphisch wird die Metall-Olefin-Bindung gewöhnlich mit einem senkrecht zu der Doppelbindung stehenden, zum Metall gerichteten Pfeil dargestellt. Ähnlich werden auch die Metallkomplexe aromatischer Verbindungen beschrieben.

Unter den aromatischen Komplexen nehmen die sogenannten Metallocene, d. h. Komplexe eines Metalles mit zwei Cyclopentadienylanionen, eine Sonderstellung ein. Das Metall ist dabei sandwich-artig zwischen den parallelen Fünfringen situiert. Diese sind gegenseitig gestaffelt orientiert, so daß das ganze System zentralsymmetrisch bezüglich des Metallatoms ist. Am bekanntesten ist das 1951 als erster Vertreter dieser Gruppe dargestellte Ferrocen.

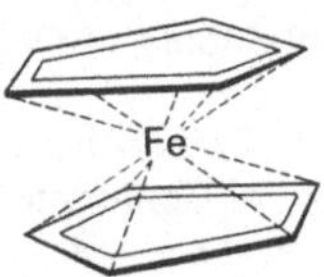

An dem besonders stabilen System dieser Komplexe (Ferrocen sublimiert unzersetzt und ist noch bei Temperaturen weit über 300° C beständig) beteiligen sich gleichmäßig alle π-Orbitale der Cyclopentadienyle; ihr aromatischer Charakter wird dabei vollkommen beibehalten.

Eine andere selbständige Gruppe bilden die Metallcarbonyle. In diesen meistens sehr stabilen, flüchtigen Komplexen der Schwermetalle erfüllt Kohlenmonoxid die Aufgabe des Elektronendonors (es kann das freie Elektronenpaar am Kohlenstoff zur Verfügung stellen).

---

24 Eine ausgezeichnete Zusammenfassung der Theorie der Übergangsmetallkomplexe gelang neulich Henrici-Olivé und Olivé (1971).

Viel instabiler als die bisher diskutierten Komplexe sind diejenigen, die verschiedene π-Systeme mit Protonen bilden.

Es gibt verschiedene Anzeichen für ihre vorübergehende Existenz bei Additions-Eliminierungs- und Umlagerungsprozessen (siehe dort).

Als Akzeptoren in π-Komplexen können sogar molekulare Halogene (besonders Jod, Brom und Jod-Halogene) auftreten. Auch diesen unbeständigen Komplexen kommt eine wichtige Rolle bei Additionen von Halogenen an ungesättigte Systeme zu (S. 170).

Ergänzende Literatur

Pauling, L.: The Nature of The Chemical Bond and The Structure of Molecules and Crystals, 3. Aufl. Ithaca: Cornell University Press. 1960.
— Die Natur der chemischen Bindung. Weinheim: Verlag Chemie. 1962.
Streitwieser, A.: Molecular Orbital Theory for Organic Chemists. New York: J. Wiley and Sons. 1961.
Heilbronner, E., Bock, H.: Das HMO-Modell und seine Anwendung. Weinheim: Verlag Chemie. 1968.
Wheland, G. W.: Resonance in Organic Chemistry. New York: J. Wiley and Sons. 1955.
Dewar, M. J. S.: The Molecular Orbital Theory of Organic Chemistry. New York: McGraw-Hill. 1969.
— Einführung in die moderne Chemie. Braunschweig: Vieweg. 1970.
Salem, L.: The Molecular Orbital Theory of Conjugated Systems. New York: Benjamin. 1966.
Ferguson, L. N.: The Modern Structural Theory of Organic Chemistry. Englewood Cliffs, N. J.: Prentice-Hall, 1963.
Sanderson, R. T.: Chemical Bonds and Bond Energy. New York: Academic Press. 1971.
Orchin, M., Jaffe, H. H.: The Importance of Antibonding Orbitals. Boston: Houghton Mifflin Co. 1967.
Shiner, V. J., Campaigne, E. (Hrsg.): Conference on Hyperconjugation. New York: Pergamon Press. 1959.
Klessinger, M.: Polarität kovalenter Bindungen. Angew. Chem. *82*, 534 (1970).
Pimentel, G. C., McClellan, A. L.: The Hydrogen Bond. New York: Freeman and Co. 1960.
Foster, R.: Organic Charge-Transfer Complexes. London-New York: Academic Press. 1969.
Banthorpe, D. V.: π-Complexes As Reaction Intermediates. Chem. Revs. *70*, 295 (1970).
Eliel, E. L.: Stereochemie der Kohlenstoffverbindungen (Stereochemistry of Carbon Compounds). Weinheim: Verlag Chemie. 1966.
Mislow, K.: Introduction to Stereochemistry. New York-Amsterdam: Benjamin. 1966.

B. Allgemeine Charakteristik und Klassifikation organischer Reaktionen

Im Prozeß der Erkenntnis einer chemischen Umwandlung ist die erste Aufgabe, nachdem die Natur aller Produkte festgestellt worden ist, eine quantitative Relation zwischen den Ausgangsstoffen und den Produkten festzulegen. In der klassischen Periode der Organischen Chemie war eine Gleichung, die dies zum Ausdruck brachte, oft die einzige, allerdings nicht allzu befriedigende Darstellung einer Reaktion. Da in einer Gesamtgleichung dieser Art nur der Zustand des Systems vor und nach der Reaktion – und dies noch in einer möglichst vereinfachten Form – beschrieben wurde, konnte sie keine Vorstellung von dem eigentlichen, dynamischen Vorgang bieten. Die vereinfachte Form der Gleichung erlaubte keine Aussage über diejenigen Komponenten, die zwar am Prozeß direkt teilgenommen haben, am Ende jedoch unverändert herauskamen. Weil der Weg, an dem sich die Umwandlung der Ausgangsstoffe in Produkte vollzogen hatte, nicht wiedergegeben wurde, konnte man auch keine Aussagen über die für die Organische Chemie so charakteristischen Konstitutionseinflüsse machen. Darum war es nötig, die schlichte Beschreibung durch empirische Arbeitsregeln zu ergänzen, mit deren Hilfe die Prozesse zwar besser charakterisiert, das Verständnis ihres Wesens und ihrer Zusammenhänge jedoch nicht erreicht wurde.

Dank zahlreichen und umfangreichen Studien der folgenden Jahre ist Vieles über den Verlauf organischer Reaktionen bekannt geworden. Es hat sich gezeigt, daß die meisten „Reaktionen" mehr oder weniger komplizierte Folgen von Teilprozessen sind und, was noch wichtiger ist, daß diese Teilreaktionen ihrem Charakter nach in nur wenige Grundtypen eingeteilt werden können. Obwohl das Studium noch lange nicht beendet ist (und kaum je endgültig beendet wird), ermöglichte die Deutung dieser einfachen chemischen Vorgänge auf Grund der Elektronentheorie der chemischen Bindung den Aufbau einer allgemeinen Theorie der organischen Reaktionsmechanismen. Dieses allgemeine Bild wird nun laufend durch neuerkannte Mechanismen ergänzt und auf Grund neuer Kenntnisse der Elementarprozesse ständig vertieft.

Für eine Klassifikation organischer Reaktionen vom mechanistischen Standpunkt aus sind eben die Natur der Elementarprozesse und ihre Reihenfolge maßgebend.

Definiert man eine Reaktion als einen Vorgang, bei dem Bindungen aufgelöst und/ oder gebildet werden, wobei für die Organische Chemie die kovalente Bindung für typisch gehalten wird, so kann man nach der Art der Spaltung bzw. Bildung *polare (heterolytische)* und *radikalische (homolytische) Reaktionen* unterscheiden. Eine Sonderstellung wird Mehrzentrenreaktionen mit cyclischer Elektronenverschiebung zugewiesen.

1. Polare (heterolytische) Reaktionen

Dieser Reaktionstyp ist dadurch charakterisiert, daß beide Elektronen der kovalenten Bindung, die während des Prozesses aufgelöst wird, bei einem der beiden Bindungspartner bleiben. Wegen dieser unsymmetrischen Aufspaltung werden solche Reaktionen eben als heterolytisch bezeichnet. Auch die Bildung neuer Bindungen hat bei polaren Reaktionen diesen Charakter: Die Bindung entsteht unter Teilnahme eines unbesetzten Elektronenpaares, das einer der Bindungspartner allein zur Verfügung stellt. Da die heterolytisch entstandenen Partikeln oft einen Ionencharakter besitzen, spricht man auch von *Ionenreaktionen*. Bei einer näheren Untersuchung dieser Prozesse und der Umstände, unter denen sie verlaufen, werden wir jedoch feststellen, daß die organischen Ionenreaktionen denen der stabilen Ionen, wie wir sie aus der Anorganischen Chemie kennen, nicht gleichgestellt werden können.

$$A{-}X \longrightarrow A + {:}X$$

$$Y{:} + B \longrightarrow Y{-}B$$

Unter polare Reaktionen gehört die Mehrheit der Reaktionen, die bei mäßigen Temperaturen in flüssiger Phase und besonders in polaren Medien ablaufen (obwohl das polare Medium keine unentbehrliche Bedingung bildet). Typische polare Reaktionen sind z. B. die Substitutionsreaktionen der Alkylhalogenide.

$$R{-}Br + HO^- \longrightarrow R{-}OH + Br^-$$

$$+ \ CN^- \longrightarrow R{-}CN + Br^-$$

$$+ \ \bar{N}H_3 \longrightarrow R{-}\overset{+}{N}H_3 + Br^-$$

Das Reagens ist hier entweder ein Anion oder eine elektrisch neutrale Partikel, die mit einem nichtbindenden Elektronenpaar versehen ist, unter dessen Teilnahme die neue kovalente Bindung gebildet wird. Im Substratmolekül greifen diese Reagenzien das Zentrum der niedrigsten Elektronendichte an, d. h. entweder Atome mit einer formellen positiven Ladung oder, wie in unserem Beispiel der Alkylhalogenide, Atome, denen ein Teil ihrer Elektronenladung durch polare Einflüsse (R—X) entzogen worden ist. Darum werden sie als *nukleophile Reagentien* und die Reaktionen als *nukleophile Reaktionen* bezeichnet.

Neben den erwähnten Substitutionen sind auch andere Typen nukleophiler Reaktionen, wie nukleophile Additionen und Eliminierungen, bekannt.

$$R{-}CH{=}O \longrightarrow R{-}CH{-}O{:}$$
$${:}CN^- \qquad\qquad\qquad CN$$

$$R'{-}O{:} \longrightarrow H{-}\overset{R}{CH}{-}CH_2{-}X \longrightarrow R'{-}OH + \overset{R}{CH}{=}CH_2 + X{:}^-$$

Bei anderen polaren Reaktionen besitzt das Reagens wieder den Charakter eines Kations oder ist neutral und verfügt über eine leicht auffüllbare Elektronenlücke. Dann sucht es im Substratmolekül das Zentrum der höchsten Elektronendichte auf.

Solche Reagentien und Reaktionen, bei denen sie auftreten, werden als *elektrophil* bezeichnet. Die typischen aromatischen Substitutionen gehören in diese Kategorie.

$$HO-NO_2 + H^+ \rightleftharpoons H_2\overset{+}{O}-NO_2 \rightleftharpoons H_2O + \overset{+}{N}O_2$$

Auch die meisten Additionen an isolierte mehrfache Kohlenstoffbindungen haben einen elektrophilen Charakter: Sie beginnen mit einer Wechselwirkung kationoider Partikeln mit den π-Elektronen der Mehrfachbindung.

2. Radikalische (homolytische) Reaktionen

Bei einer *radikalischen (homolytischen) Reaktion* wird die kovalente Bindung entweder symmetrisch so gespalten, daß jeder Bindungspartner eines der beiden Bindungselektronen behält, oder umgekehrt so gebildet, daß zwei Partikeln mit ungerader Elektronenzahl *(Radikale)* zusammentreten.

$$A-X \longrightarrow A \cdot + \cdot X$$

$$Y \cdot + \cdot B \longrightarrow Y-B$$

Eine weitere Möglichkeit ist durch eine simultane „radikalische" Bildung der einen und Spaltung einer anderen kovalenten Bindung gegeben.

$$Y \cdot + A-X \longrightarrow Y-A + \cdot X$$

Da bei der ersterwähnten symmetrischen Spaltung der kovalenten Bindung zwei gleichartige Partikeln entstehen, spricht man von homolytischen Reaktionen.

Die Bildung der — meist hochreaktiven — Radikale erfordert gewöhnlich einen beträchtlichen Energieaufwand. Darum begegnet man den Radikalreaktionen in Systemen, wo durch Bestrahlung oder hohe Temperatur für eine hohe Energiezufuhr gesorgt wird. Die Energie muß jedoch nicht ständig zugeführt werden: Einmal durch Bildung einer genügenden Zahl von Radikalpartikeln eingeleitet, läuft die Reaktion durch Wiederholung einer Folge von Teilreaktionen, bei denen neue Radikale entstehen, immer weiter. Ein Beispiel einer solchen *Kettenreaktion* (der Ketten-Charakter gehört zu den typischsten Merkmalen der radikalischen Reaktionen) ist die Chlorierung von gesättigten Kohlenwasserstoffen. Nach der Einleitung der Reaktion durch kurze Bestrahlung (1) werden durch Wiederholung der Teilreaktionen (2) und (3) immer weitere Mengen von Kohlenwasserstoff und Chlor in R—Cl und H—Cl verwandelt.

$$(1) \quad Cl—Cl \xrightarrow{h\nu} Cl \cdot + \cdot Cl$$

$$(2) \quad Cl \cdot + H—R \longrightarrow Cl—H + \cdot R$$

$$(3) \quad R \cdot + Cl—Cl \longrightarrow R—Cl + \cdot Cl$$

3. Mehrzentrenreaktionen mit cyclischer Elektronenverschiebung

Bei manchen Reaktionen konnte ein intramolekularer Verlauf festgestellt werden, bei dem die Produkte aus den Ausgangsstoffen durch eine cyclische Verschiebung der Bindungen entstanden sind. Die thermische Umlagerung von Allylaryläthern ist eine solche Reaktion: Durch eine Verschiebung der Bindungen in einem Sechsring wird die O-Allyl-Bindung unterbrochen und die Allylgruppe mit ihrem anderen Ende auf das *o*-ständige Kohlenstoffatom des aromatischen Ringes übertragen. Das so entstandene 2-Allylcyclohexadienon wird durch eine nachträgliche Enolisierung in *o*-Allylphenol als Endprodukt überführt.

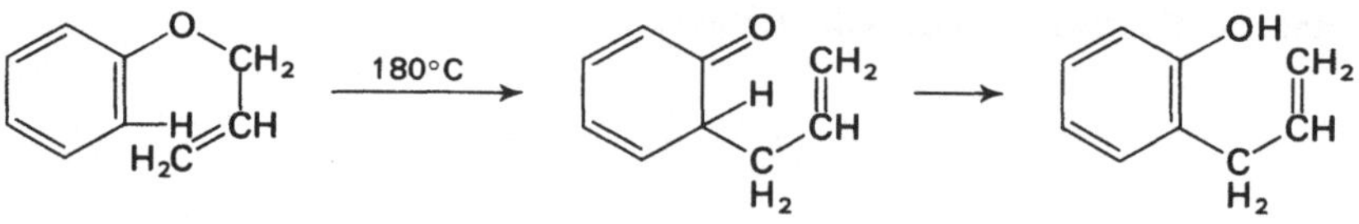

Die Verschiebung der Bindungen während der Umlagerung könnte man sich z. B. wie in (a), (b) oder (c) des folgenden Schemas vorstellen, wobei die Pfeile in den ersten zwei Formeln eher einen polaren, die in der letzten einen radikalähnlichen Verlauf andeuten.

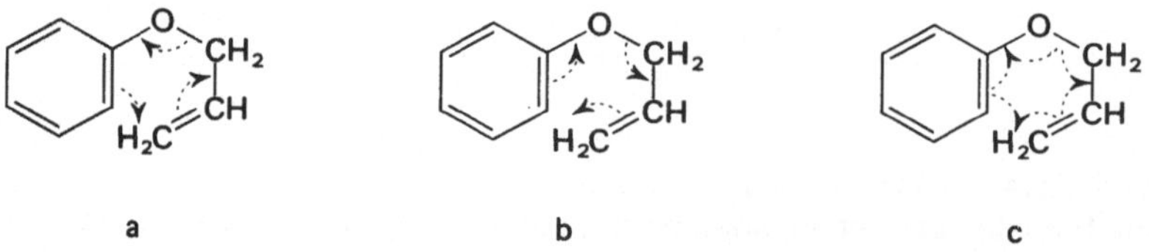

Die bekannten Tatsachen über solche Reaktionen erlauben keine endgültige Entscheidung in dieser Hinsicht und der intramolekulare, cyclische Charakter der Prozesse macht auch jede Entscheidung auf experimentellem Wege unmöglich. Da diese Reaktionen auch sonst manche charakteristische Eigenschaft besitzen, die bei den anderen Reaktionstypen nicht auftritt, werden sie separat, manchmal unter dem affektiert einfachen Namen der „No-mechanism"-Reaktionen, behandelt.

4. Theorie des Übergangszustandes. Ein- und mehrstufige Prozesse

Vom energetischen Standpunkt aus stellt die mit organischen Reaktionen verbundene Auflösung und Bildung von kovalenten Bindungen Prozesse dar, die durch bedeutsame Energieänderungen charakterisiert sind. Die freie Enthalpie eines reagierenden Systems ändert sich während der Reaktion, wobei die Natur und das Ausmaß der Änderungen das Endresultat bestimmen und einen Einfluß auf den zeitlichen Verlauf der Reaktion ausüben.

Wenn wir keine intermolekulare Wechselwirkungen voraussetzen und uns ein Molekül, in dem es während einer Reaktion zur Spaltung einer kovalenten Bindung kommen soll, sozusagen „isoliert" vorstellen, wäre es logisch zu vermuten, daß die Reaktion nur dann stattfindet, wenn mindestens eine, der Dissoziationsenergie der betreffenden Bindung entsprechende, Energiemenge zugeführt wird. Wäre es z. B. bei einer Substitutionsreaktion:

$$R\!-\!X + \overline{Y} \longrightarrow R\!-\!Y + \overline{X}$$

nötig, daß die R—X-Bindung, ganz unabhängig vom Schicksal der Partikel $\overline{Y}$, zuerst gespalten wird, so müßte man die Zufuhr einer der Dissoziationsenergie der R—X-Bindung gleichen Energiemenge für nötig halten. Diese Voraussetzung stimmt jedoch nicht mit den experimentellen Tatsachen überein: Die für solche Reaktionen erforderliche Energie ist in der Regel viel kleiner.

Unsere Vorstellung war offensichtlich eben darin verfehlt, daß wir das Molekül R—X aus dem reagierenden System künstlich herausgenommen und die Spaltung der R—X-Bindung der Bildung der neuen Bindung R—Y zeitlich vorangesetzt haben. In Wirklichkeit verläuft die Auflösung und die Bildung der Bindungen oft gleichzeitig. In unserem Fall kann die Partikel $\overline{Y}$, vorausgesetzt, daß sie sich dem Reaktionszentrum im R von der der R—X-Bindung entgegengesetzten Richtung nähert, eine immer stärkere Polarisation dieser Bindung bewirken und dadurch die Abspaltung von $\overline{X}$ erleichtern. Man kann sich vorstellen, daß beim Annähern von $\overline{Y}$ die Elektronen der R—X-Bindung immer mehr zum X hinverschoben werden und daß so die Bindung schwächer und länger wird. Gleichzeitig tritt das mit den freien Elektronen besetzte Orbital von $\overline{Y}$ in eine direkte Wechselwirkung mit dem Hinterlappen des freiwerdenden Orbitals am R, so daß in dem Maße, in dem die ursprüngliche R—X-Bindung geschwächt und aufgelöst wird, die neue Y—R-Bindung entsteht.

Auf dem Wege von R—X zu R—Y erreicht das reagierende System in einem bestimmten Augenblick ein Stadium, in dem sowohl X als Y durch eine Art partieller kovalenter Bindungen an R gebunden sind.

$$\overline{Y} + R\!-\!X \longrightarrow Y\cdots R\cdots X \longrightarrow Y\!-\!R + \overline{X}$$

Dieses Stadium mit einer definierten Geometrie und Ladungsverteilung wird als der *Übergangszustand* oder *aktivierter Komplex (transition state; activated complex)* der Reaktion bezeichnet. Beide Bezeichnungen weisen auf die Labilität dieses Stadiums hin: Es handelt sich um kein isolierbares Zwischenprodukt, sondern um einen hochlabilen Zustand, in dem die freie Enthalpie des Systems ihren Höhepunkt erreicht hat. Warum sie bis zum Übergangszustand steigt und dann wieder abnimmt, kann man in unserem Beispiel durch elektrostatische Abstoßung gleichgeladener Partikeln erklären: Im Übergangszustand stehen sich X und Y am nächsten, beiderseits von diesem Zustand muß die freie Enthalpie niedriger sein.

Die eben erwähnten energetischen Verhältnisse können auch graphisch dargestellt werden, indem man die jedem erreichten Zustand der Einzelreaktion entsprechende freie Enthalpie des reagierenden Systems auf die Ordinate gegen den Reaktionsverlauf einträgt. Abb. 1 a zeigt die Änderung der freien Enthalpie bei einer exergonischen Reaktion (die freie Enthalpie der *Produkte* ist kleiner als die der Ausgangsstoffe *(Edukte)*), in Abb. 1 b ist die Freie-Enthalpie-Kurve einer endergonischen Reaktion dargestellt. In beiden Fällen repräsentiert das Maximum die freie Enthalpie des Übergangszustandes.

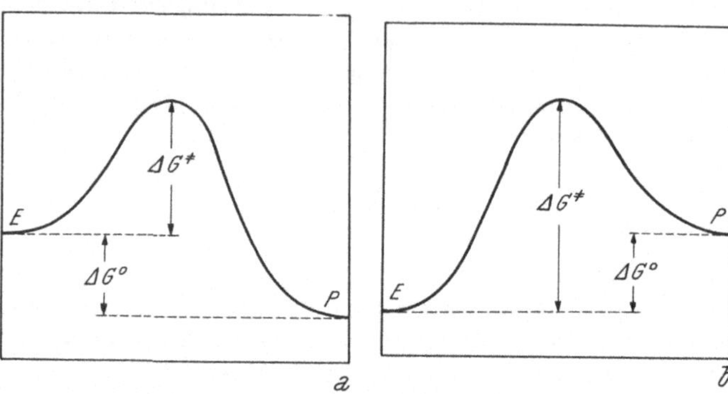

Abb. 1.   Die Änderung der freien Enthalpie bei einem a) exergonischen, b) endergonischen Prozeß
$\Delta G^{\ddagger}$ . . . freie Aktivierungsenthalpie der Reaktion
ΔG° . . . freie Enthalpie der Reaktion

Wir sehen also, daß auch einer exergonischen Reaktion, bei der eine gewisse Energie (die *freie Enthalpie* ΔG° *der Reaktion*) abgegeben wird, zuerst eine zum Überwinden des energetischen Walls nötige Energie zugeführt werden muß. Diese *freie Aktivierungsenthalpie* der Reaktion ($\Delta G^{\ddagger}$) ist jedoch viel geringer als die für die Spaltung von R—X allein nötige Energie. Im Übergangszustand kann nämlich das Valenzelektron des Reaktionszentrums im R, das ursprünglich nur an der R—X-Bindung teilnahm, auf zweierlei Art gebunden werden. Die dadurch freigesetzte Resonanzenergie setzt die freie Enthalpie des Übergangszustandes wesentlich herab.

Unsere Substitutionsreaktion zwischen R—X und $\overline{Y}$ verläuft jedoch nicht immer als synchroner Prozeß. Unter Umständen kann sie auch in zwei Stufen stattfinden, wobei zuerst R—X zu X⁻ und dem positiv geladenen, an sich instabilen R⁺ dissoziiert; diese Partikel reagiert dann mit $\overline{Y}$ zum Endprodukt (im Prinzip ist es der von uns früher abgelehnte Prozeß).

$$\text{R—X} \longrightarrow \text{R}^+ + \text{X}^-$$

$$\text{R}^+ + \overline{\text{Y}} \longrightarrow \text{R—Y}$$

Auch für diese Art von Reaktion, eigentlich zwei eng verbundene Primärprozesse, kann man die Vorstellung des Übergangszustandes anwenden. Diesmal wird die Enthalpiekurve, den Übergangszuständen entsprechend, zwei Maxima ausweisen (Abb. 2a und 2b). Das erste Maximum entspricht dem Übergangszustand der Dissoziation, in dem R und X zwar noch kovalent gebunden sind, die Bindung jedoch bereits abgeschwächt und gestreckt ist. Die ganze, für die Dissoziation von R—X unter den gegebenen Umständen nötige Energie ist schon zugeführt worden. Obwohl es hier etwas paradox klingt, ist diese Energie (freie Aktivierungsenthalpie der ersten Stufe) wieder kleiner als die R—X-Bindungsdissoziationsenergie; es kommen hier, diesmal von seiten der Lösungsmittelmoleküle, ähnliche polarisierende und die Energie des Übergangszustandes herabsetzende Einflüsse zur Geltung wie seitens der Partikel $\bar{Y}$ bei dem synchronen Prozeß.

Auch die zweite Stufe hat einen Übergangszustand und erfordert eine Aktivierungsenergie, die größtenteils zum Durchdringen der Solvathüllen der geladenen Partikeln R^+ und $\bar{Y}$ verbraucht wird. In unserem Fall ist diese Energie relativ klein und die Freie-Enthalpie-Kurve des ganzen Vorganges hat die in Abb. 2a dargestellte Form.

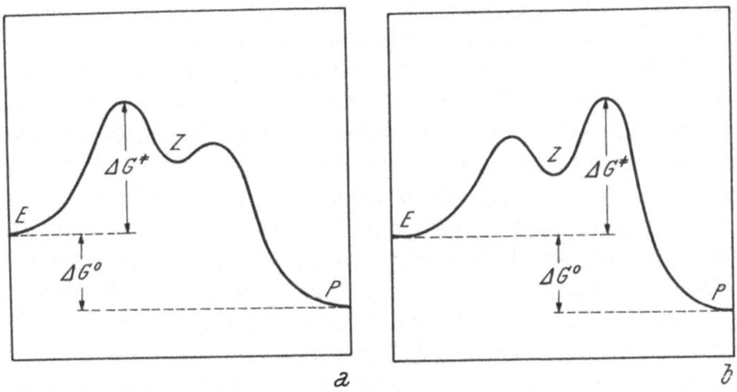

Abb. 2. Die Änderung der freien Enthalpie bei zweistufigen Prozessen

Es gibt jedoch auch Reaktionen, in denen der zweite Übergangszustand eine größere freie Enthalpie hat (Abb. 2b).

In ähnlicher Weise wie in unseren zwei Beispielen kann die Theorie des Übergangszustandes, die zum erstenmal 1929 von London formuliert wurde, auf dem ganzen Gebiet der Organischen Chemie benutzt werden.

Der Charakter des Übergangszustandes hat einen entscheidenden Einfluß auf die Reaktionsgeschwindigkeit. Setzen wir ein Gleichgewicht zwischen den Reaktionskomponenten im Ausgangs- und Übergangszustand voraus, so wird die Reaktionsgeschwindigkeit dem Anteil des reagierenden Systems direkt proportional sein, der sich zu jedem Augenblick im Übergangszustand befindet. Dieser Anteil wird um so größer sein, je niedriger die freie Aktivierungsenthalpie der Reaktion ist. Diese ist durch den Ausdruck

$$\Delta G^{\ddagger} = \Delta H^{\ddagger} - T\Delta S^{\ddagger}$$

definiert. $\Delta H^{\ddagger}$ ist die *Aktivierungsenthalpie* der Reaktion, $\Delta S^{\ddagger}$ die Differenz der *Entropie* des Übergangszustandes und der Ausgangsstoffe, die die Änderung in den Freiheitsgraden bei der Bildung des Übergangszustandes aus den Komponenten wiedergibt. Besitzt der Übergangszustand weniger Freiheitsgrade als das Ausgangssystem, d. h. ist sein Erreichen mit der Erfüllung bestimmter sterischer Forderungen verbunden (wie z. B. bei der synchronen Substitution, wo Y, R und X im Übergangszustand linear angeordnet sein müssen), so verläuft die Reaktion — bei unveränderter Aktivierungsenthalpie $\Delta H^{\ddagger}$ — langsamer als jene, bei der die sterischen Forderungen im Übergangszustand weniger strikt sind.

5. Reversible Prozesse

Nach dem *Prinzip der mikroskopischen Reversibilität* verläuft bei einem reversiblen Prozeß die Rückreaktion auf demselben Wege, d. h. über denselben Übergangszustand bzw. über denselben oder dieselben Zwischenprodukte, wie die Vorwärtsreaktion, allerdings in umgekehrtem Sinne.

Die Energiekurve der exergonischen Reaktion in Abb. 1 a charakterisiert also in umgekehrter Richtung die entsprechende endergonische Rückreaktion (diese ist separat in Abb. 1 b wiedergegeben). Da die freien Enthalpien der Ausgangsstoffe in beiden Reaktionen verschieden sind (einmal sind E, das andere Mal P die Ausgangsstoffe), fordert das Erreichen des in beiden Fällen gleichen Übergangszustandes auch verschiedene Energiebeträge; für die Rückreaktion ist in unserem Falle $\Delta G^{\pm}$ größer. Unter der Voraussetzung gleicher Konzentrationen von E und P ist die Vorwärtsreaktion (E→P) also schneller. Dadurch wird aber bald das Konzentrationsverhältnis zugunsten von P verschoben und da die Geschwindigkeit einer Reaktion den molaren Konzentrationen der Ausgangsstoffe direkt proportional ist, wird die schnellere Vorwärtsreaktion (wegen der sinkenden Konzentration von E) immer langsamer, die ursprünglich langsamere Rückreaktion dagegen immer schneller. Die beiden Reaktionsgeschwindigkeiten nähern sich so lange, bis sie in einem Augenblick gleich werden. Von nun an wird gleich viel P in der Vorwärtsreaktion gebildet wie in der Rückreaktion verbraucht; der Prozeß hat ein Gleichgewicht mit einem konstanten Verhältnis E/P erreicht. Dieses Verhältnis ist von der freien Enthalpie des Übergangszustandes unabhängig und nur durch die Differenz der freien Enthalpie der Verbindungen E und P gegeben.

Wenden wir uns jetzt einem komplizierteren Prozeß zu, in dem aus einem gemeinsamen Ausgangsstoff zwei Produkte in zwei reversiblen Konkurrenzreaktionen entstehen. Für die Darstellung der energetischen Verhältnisse während dieses Prozesses sind wir berechtigt, die früher für einen zweistufigen Prozeß abgeleiteten Freie-Enthalpie-Kurven (Abb. 2 a, b) zu benutzen (der gemeinsame Ausgangsstoff sei dem Zwischenprodukt Z gleichgestellt); wegen der Reversibilität beider Konkurrenzreaktionen handelt es sich hier zugleich um den reversiblen Prozeß einer zweistufigen Umwandlung von E zu P und *vice versa*.

$$E \rightleftharpoons Z \rightleftharpoons P$$

Abb. 2 a entspricht jetzt einem System, in dem die Bildung von E aus Z eine höhere freie Aktivierungsenthalpie erfordert als die Bildung von P. P wird also schneller gebildet als E und da es auch das stabilere der beiden Produkte ist (es besitzt eine niedrigere freie Enthalpie), wird es zum Hauptprodukt des ganzen Prozesses, unabhängig davon, ob die Reaktion nur kurz oder bis zum Gleichgewicht durchgeführt wird. Im Gleichgewicht ist allerdings neben P sowohl E als auch Z in kleineren Mengen vorhanden.

Eine andere Alternative zeigt Abb. 2 b. Hier ist die Bildung des stabileren Produktes (P) aus Z mit einer höheren freien Aktivierungsenthalpie verbunden. In diesem Falle hängt die Zusammensetzung des Produktes von den Reaktionsbedingungen ab. Wird die Reaktion unter forcierenden Bedingungen lange genug durchgeführt, erreicht das System ein Gleichgewicht, in dem nur die Differenz der freien Enthalpie von P, E und Z, nicht jedoch die freien Aktivierungsenthalpien der Konkurrenzreaktionen entscheidend sind, und P als das stabilere der beiden Produkte wird wieder zum Hauptprodukt. Läßt man jedoch die Reaktion unter möglichst milden Bedingungen und nur für eine kurze Zeit ablaufen, so wirkt sich der unterschiedliche Betrag der beiden freien Aktivierungsenthalpien aus und die Bildung des weniger stabilen, jedoch leichter erreichbaren E wird bevorzugt; dies ist dann das Hauptprodukt. Man spricht von einer *kinetisch kontrollierten Reaktion*, und E wird als *kinetisches Produkt* bezeichnet, im Gegensatz zum vorangehenden Fall, wo es sich um ein *thermodynamisches Produkt* und eine *thermodynamisch kontrollierte Reaktion* handelte.

6. Entropiebedingte Beschleunigung

Die Entropie des reagierenden Systems unterliegt auf dem Wege vom Grundzustand zum Übergangszustand wesentlichen Veränderungen, die im Ausdruck für die freie Aktivierungsenthalpie der Reaktion (S. 59) durch das Glied $T\Delta S^{\ddagger}$ definiert sind.

Nach Bruice und Benkovic (1964) besteht die Aktivierungsentropie der Reaktion $T\Delta S^{\ddagger}$ aus zwei Komponenten:

$$T\Delta S^{\ddagger} = T\Delta S^{\ddagger}_{t.r.} + T\Delta S^{\ddagger}_{e}$$

Die erste Komponente, $T\Delta S^{\ddagger}_{t.r.}$, hängt mit dem Übergang der reagierenden Partikeln aus dem Zustand einer vollkommenen Unabhängigkeit in denjenigen einer engen gegenseitigen Annäherung zusammen und wird hauptsächlich durch Translations- und (teilweise) Rotationsfaktoren bestimmt. Das zweite Glied, $T\Delta S^{\ddagger}_{e}$, bringt dann die Entropieänderungen bei der Bildung des Übergangszustandes (durch Bildung und Auflösen von Bindungen) aus den sich schon im engen Kontakt befindenden Partnern zum Ausdruck.

Befinden sich nun die Reaktionspartner aus irgendeinem Grund schon im Grundzustand des Systems nahe zueinander, kann der Wert der $T\Delta S^{\ddagger}_{t.r.}$-Komponente im Entropie-Ausdruck beträchtlich herabgesetzt werden. Dies ist der Fall bei intramolekularen Reaktionen, wenn das Grundgerüst beide reagierenden Gruppen in eine für die Reaktion günstige Nähe bringt. Ein spontaner intramolekularer Prozeß ist dann einer ähnlichen, jedoch intermolekularen Reaktion kinetisch überlegen[1].

Die auffallende Leichtigkeit des intramolekularen Ringschlusses zu ungespannten fünf- und sechsgliedrigen Cyclen ist zum großen Teil diesem *Annäherungseffekt (proximity effect)* zuzuschreiben. Ein überzeugendes Beispiel unter zahlreichen anderen ist die spontane Bildung von γ-Laktonen aus γ-Hydroxycarbonsäuren in wäßrigen Lösungen, also unter Bedingungen, die sonst für eine bimolekulare Esterbildung aus Alkohol und Carbonsäure absolut ungünstig wären. Eine bimolekulare Hydrolyse des Laktons ist seiner intramolekularen Bildung ganz unterlegen.

H_2C——CH_2 $\rightleftharpoons$ H_2C——CH_2 $+$ H_2O
H_2C—O   C=O H_2C—O—C=O
    H   OH

---

1 Nach Bruice und Benkovic (1964) beträgt der Aktivierungsenergieunterschied zwischen einer spontanen intramolekularen und einer entsprechenden bimolekularen Reaktion 4–6 Kcal/Mol.

Wie stark die intramolekulare Bildung eines Ringsystems vom erreichbaren Abstand der reagierenden Gruppen abhängig ist, zeigen die folgenden Werte der relativen Geschwindigkeitskonstanten der Cyklisierung von ω-Bromalkylaminen (in wäßrigem Alkohol bei 25° C) (Salomon, 1946). Der fünf- und sechsgliedrige Ring werden bei weitem am schnellsten gebildet.

$$(CH_2)_{n-1} \underset{Br}{\overset{NH_2}{\diagdown}} \longrightarrow (CH_2)_{n-1} \ \overset{+}{NH_2} \ Br^-$$

n:	3	4	5	6	7	10	14
	4,2	0,06	3600	60	1	10^{-6}	10^{-2}

Die kinetische Bevorzugung des intramolekularen Verlaufes ist allerdings nicht nach der Geometrie des erwarteten cyclischen Produktes, sondern nach der des entsprechenden Übergangszustandes zu beurteilen. Ist die nötige sterische Anordnung im Übergangszustand bei dem intramolekularen Prozeß nur schwierig oder gar nicht erreichbar, bleibt die intramolekulare Reaktion aus, auch wenn das Produkt ein spannungsfreier Fünf- oder Sechsring sein sollte (siehe S. 91).

Der Entropiefaktor $T\Delta S^{\ddagger}_{t.r.}$ kann auch auf andere Weise als durch eine günstige sterische Lage der reagierenden Gruppen innerhalb desselben Moleküls herabgesetzt werden. Es wird z. B. angenommen, daß ein Teil der katalytischen Wirkung von Enzymen mit dem Zusammenbringen der Substrate und der katalytischen Funktionalitäten der Enzyme durch Bindung der erstgenannten zu den aktiven Stellen zusammenhängt (siehe z. B. Koshland, 1962; Westheimer, 1962).

In anderen Fällen kann wieder der $T\Delta S^{\ddagger}_{t.r.}$-Anteil der Aktivierungsentropie einer bimolekularen Reaktion durch Ladungstransfer-Wechselwirkungen, elektrostatische Anziehung oder Wasserstoffbindungen zwischen den Reaktanten beeinflußt werden. Eine bemerkenswerte Art entropiebedingter Bevorzugung ist schließlich bei einigen bimolekularen Reaktionen zwischen zwei im Prinzip hydrophoben Substanzen in wäßrigen Medien beobachtet worden. Die zwar gelösten, dem Lösungsmittel jedoch fremden Reaktionspartner weisen eine Tendenz zur gegenseitigen Annäherung ihrer hydrophoben Strukturteile aus, wodurch die Reaktion zwischen ihren funktionellen Gruppen in ähnlicher Weise, wenn auch nicht im gleichen Ausmaß, wie bei intramolekularen Prozessen beschleunigt wird. So verläuft die Reaktion zwischen p-Nitrophenyldecansäureester (1) und Decylamin (2) in Wasser (mit 1% Aceton) überraschenderweise 700mal schneller als die Reaktion desselben Esters mit Äthylamin (Knowles und Parsons, 1967); nur im ersten Fall konnten sich die „hydrophoben Kräfte" zwischen langen aliphatischen Kohlenstoffketten *beider* Reaktionspartner völlig auswirken.

(1) $O_2N-\langle\ \rangle-O-CO-CH_2-CH_2-CH_2-CH_2-CH_2-CH_2-CH_2-CH_2-CH_3$

(2) $H_2N-CH_2-CH_2-CH_2-CH_2-CH_2-CH_2-CH_2-CH_2-CH_2-CH_3$

7. Reaktionskinetik

Für einen wohlfundierten Vorschlag eines Reaktionsmechanismus ist ein ausführliches Studium der Reaktion unter verschiedenen Gesichtspunkten notwendig. Das vorgeschlagene Schema muß nicht nur vom Standpunkt der allgemeinen chemischen Kenntnisse durchaus wahrscheinlich sein (gewöhnlich gibt es mehrere Alternativen, die diese Bedingung erfüllen), sondern es muß auch mit allen über die Reaktion festgestellten Tatsachen in vollem Einklang stehen.

Eine fast unentbehrliche Unterlage bietet das *kinetische Studium*, bei welchem die Abhängigkeit der Reaktionsgeschwindigkeit von der Konzentration der reagierenden Komponenten und der Katalysatoren, von der Temperatur und der Natur des Lösungsmittels exakt bestimmt wird. Dadurch wird eine Reihe charakteristischer Konstanten ermittelt, die entweder die Vorstellung vom Reaktionsverlauf bestätigen und ergänzen, oder, falls sie mit ihr nicht im Einklang stehen, auf ihre Unrichtigkeit hinweisen.

Die Reaktionskinetik geht vom *Guldberg-Waageschen Massenwirkungsgesetz* aus, laut dem die Geschwindigkeit einer Reaktion dem Produkt der molaren Konzentrationen der reagierenden Komponenten oder dem Produkt der Potenzen dieser Konzentrationen proportional ist.

Für eine Reaktion zwischen x Molekülen der Verbindung A und y Molekülen der Verbindung B mit der Gleichung

$$xA + yB = zC$$

ist die Reaktionsgeschwindigkeit als

$$\frac{d\,[C]}{dt} = k \cdot [A]^x \cdot [B]^y$$

definiert, wobei [A] und [B] jeweils die molare Konzentration von A bzw. B in dem betreffenden Augenblick bedeuten. Die Konstante k wird die *Geschwindigkeitskonstante* der Reaktion genannt. Der Ausdruck steht im Einklang mit der Vorstellung, daß an dem zur Reaktion führenden Zusammenstoß x Moleküle des Typus A und y Moleküle des Typus B teilnehmen.

Was die Teilnahme der Partikeln betrifft, sind die Elementarvorgänge meistens sehr einfach. In der Regel resultiert eine Reaktion aus einem Zusammenstoß von zwei, nur ausnahmsweise von drei Molekülen (oder anderen Partikeln). Darum stimmt die Beziehung, die wir für die Abhängigkeit der Reaktionsgeschwindigkeit von den molaren Konzentrationen der Komponenten experimentell festgelegt haben, nicht immer mit unserer Erwartung auf Grund der Gesamtgleichung überein, wo die Summe der Faktoren x und y oft den Wert 3 überschreitet. Dies gilt immer dann, wenn das Schema des Prozesses eine Summe von zwei oder mehreren Teilvorgängen wiedergibt. Die bei dem kinetischen Studium ermittelten Daten beziehen sich nur auf den langsamsten Vorgang, der die Geschwindigkeit des ganzen Prozesses bestimmt. In den früher diskutierten Prozessen mit den Energiediagrammen 2a und 2b (S. 59) wäre es also im ersten Fall die erste, im 2b die zweite Reaktionsstufe, deren Geschwindigkeit als die des ganzen Prozesses gemessen würde.

Durch die kinetische Untersuchung wird vor allem die *Reaktionsordnung* bestimmt. Diese entspricht der Summe der festgestellten Exponenten der veränderlichen Konzentrationen der an dem langsamsten Vorgang teilnehmenden Komponenten (in der erwähnten Form des Guldberg-Waageschen Gesetzes ist es die Summe $x + y$). Eine so definierte Reaktionsordnung wird auch die *Gesamtordnung der Reaktion* genannt. Dagegen wird mit dem Exponenten der Konzentration einer bestimmten Reaktionskomponente die *Ordnung der Reaktion bezüglich dieser Komponente* ausgedrückt (man sagt z. B., daß die Reaktion eine Reaktion *x*-ter Ordnung bezüglich A und *y*-ter Ordnung bezüglich B ist; falls die Reaktionsgeschwindigkeit von der Konzentration einer Komponente nicht abhängt, spricht man von einer nullten Ordnung bezüglich dieser Komponente).

Die Reaktionsordnung ist ein experimentell festgestelltes, makroskopisches Charakteristikum der Reaktion, das von der *Molekularität* der Reaktion zu unterscheiden ist. Diese bringt die Zahl der an dem Elementarprozeß beteiligten Partikeln zum Ausdruck (man spricht von *mono-, bi-* oder *termolekularen Reaktionen)* und für ihre Bestimmung ist die Kenntnis des Reaktionsmechanismus eine Voraussetzung. Verläuft die Reaktion als ein einfacher Prozeß, kann die Reaktionsordnung mit ihrer Molekularität übereinstimmen. In anderen Fällen wird nach der Reaktionsordnung nur die Molekularität des geschwindigkeitsbestimmenden Vorganges — und dies noch mit einem bestimmten Vorbehalt — beurteilt werden können.

Bei der Bestimmung der Reaktionsordnung wird unter exakt definierten Bedingungen die Änderung der Konzentrationen der Ausgangsstoffe (oder der Produkte) in Abhängigkeit von der Zeit gemessen. Eine gute Analytik ist dafür eine unentbehrliche Voraussetzung. Um die Natur der erwähnten Abhängigkeit festzustellen, wird gewöhnlich eine Reihe von Versuchen mit veränderlichen Anfangskonzentrationen der Ausgangsstoffe bei einer bestimmten Temperatur durchgeführt. Man überzeugt sich dann, rechnerisch oder graphisch, ob die so ermittelten Daten einer Reaktion erster oder zweiter (bzw. dritter) Ordnung entsprechen.

Für eine *Reaktion erster Ordnung* gilt die Beziehung

$$\ln \frac{a}{a-x} = kt$$

wo *a* die Anfangskonzentration des Ausgangsstoffes A und *x* seine Konzentration zur Zeit *t* bedeutet. Tragen wir jetzt die von uns gemessenen Werte in einen Graphen ein, in dem ln *a/a−x* die Ordinate, *t* die Abszisse bildet, sollen die erhaltenen Punkte, falls es sich um eine Reaktion erster Ordnung (bezüglich A) handelt, auf einer Geraden liegen, deren Steigung der Geschwindigkeitskonstante *k* für die betreffende Temperatur entspricht. Liegen die Punkte nicht auf einer Geraden, so handelt es sich in dem untersuchten Fall nicht um eine Reaktion erster Ordnung. Dann versucht man, z. B. wieder graphisch, ob die gemessenen Werte nicht besser der Beziehung für *Reaktionen zweiter Ordnung* entsprechen. Die allgemeine Beziehung bei zwei verschiedenen Komponenten (A und B mit Konzentrationen *a* und *b*) ist

$$\frac{1}{a-b} \ln \frac{b(a-x)}{a(b-y)} = kt$$

und bei A = B:

$$\frac{x}{a(a-x)} = kt$$

Die Schlüsse, die man aus der festgestellten Reaktionsordnung auf die Molekularität der geschwindigkeitsbestimmenden Stufe zieht, erfordern jedoch immer größte Vorsicht. Unter Umständen kann z. B. eine monomolekulare Reaktion kinetisch als Reaktion zweiter Ordnung auftreten. Ist in einem zweistufigen Prozeß

$$A + B \underset{k_{-1}}{\overset{k_1}{\rightleftharpoons}} C \overset{k_2}{\longrightarrow} D$$

die zweite, monomolekulare Reaktion geschwindigkeitsbestimmend und ist C ein instabiles Zwischenprodukt, dessen Konzentration in jedem Augenblick der Reaktion nur sehr gering ist, kann man unter der Annahme, daß die Geschwindigkeit der Bildung von C aus A und B der Geschwindigkeit seiner Umwandlung einerseits zu D, andererseits zurück zu A und B, gleich sind (sogenannte *steady state approximation*), folgende zwei Ausdrücke formulieren:

a) Für die Geschwindigkeit der Bildung von D aus C gilt:

$$\frac{d\,[D]}{dt} = k_2\,[C]$$

b) Für die kinetische Beziehung von C zu A und B gilt:

$$k_1[A][B] = k_{-1}[C] + k_2[C]$$

Substituiert man jetzt für [C] aus dem zweiten in den ersten Ausdruck, bekommt man

$$\frac{d\,[D]}{dt} = \frac{k_1 k_2\,[A]\,[B]}{k_{-1} + k_2}$$

wo die Konzentrationen von zwei Komponenten auftreten, also eine Beziehung für die Reaktion zweiter Ordnung. Eine solche Abhängigkeit der Reaktionsgeschwindigkeit von der Konzentration von A und B würde man experimentell feststellen, obwohl der geschwindigkeitsbestimmende Schritt an sich monomolekular ist.

Umgekehrt kann eine Reaktion erster Ordnung an sich bimolekular sein. Ist nämlich in einer Reaktion

$$A + B \longrightarrow C$$

die Konzentration einer Komponente (z. B. von B) unter den Versuchsbedingungen gegenüber der der anderen so groß, daß sie sich während der Reaktion praktisch nicht ändert (wenn z. B. B zugleich das Lösungsmittel ist), kann man in dem Ausdruck für die Reaktionsgeschwindigkeit

$$\frac{d\,[C]}{dt} = k\,[A]\,[B]$$

das Glied [B] durch eine Konstante ersetzen. Die Geschwindigkeit der an sich bimolekularen Reaktion ist hier nur von [A] abhängig, d. h. sie tritt als eine Reaktion erster Ordnung auf. Solche Prozesse werden als pseudomonomolekulare Reaktionen bezeichnet.

Es passiert oft, daß die festgestellte Reaktionsordnung nicht durch eine ganze Zahl ausgedrückt werden kann. Solche Fälle erfordern vom Standpunkt der Beziehungen zum Reaktionsmechanismus eine spezielle Betrachtung (siehe z. B. S. 96).

Weitere wichtige Auskunft über den geschwindigkeitsbestimmenden Schritt der studierten Reaktion kann durch die Bestimmung der Temperaturabhängigkeit der Geschwindigkeitskonstante *k*, d. h. durch kinetische Messungen bei verschiedenen Temperaturen, erhalten werden. Aus der *Arrheniusschen Gleichung*

$$k = A e^{-E_A/RT}$$

folgt, daß durch Auftragen der Logarithmen der Geschwindigkeitskonstanten (ln k) gegen die Kehrwerte der entsprechenden absoluten Temperaturen (1/T) eine Gerade entsteht, deren Steigung mit $-E_A/R$ definiert ist. Daraus kann der Wert der sogenannten *Arrheniusschen Aktivierungsenergie* E_A der untersuchten Reaktion berechnet werden. Die Aktivierungsenergie E_A steht in einer einfachen Beziehung zu der früher erwähnten Aktivierungsenthalpie der Reaktion $\Delta H^{\neq}$ (S. 59):

$$\Delta H^{\neq} = E_A - RT$$

Aus dem Werte der Aktivierungsenergie einer Reaktion bzw. aus ihren Änderungen unter dem Einfluß der Konstitution der Ausgangsstoffe können interessante Schlüsse auf den Charakter der Reaktion gezogen werden.

Aus der Arrheniusschen Gleichung wird weiter der den entropischen Faktor enthaltende *Frequenzfaktor (Häufigkeitsfaktor) A*, der für die Beurteilung des Charakters des Übergangszustandes wichtig ist, bestimmt.

Dagegen können wir von einer kinetischen Untersuchung keine Auskunft über die Existenz und Anzahl instabiler Zwischenprodukte erwarten. Gewöhnlich sind mehrere mechanistische Interpretationen der kinetischen Resultate möglich. Die richtige Interpretation kann dann nur anhand anderer Reaktionsdaten ausgelesen werden.

Wie nützlich die kinetische Analyse bei der Bestimmung des Reaktionsmechanismus sein kann, zeigt das Beispiel der Veresterung von Carbonsäuren, die einmal in Anwesenheit nur katalytischer Mengen von Schwefelsäure, das andere Mal in konzentrierter Schwefelsäure als Medium durchgeführt wurde. In beiden Fällen kann man die Reaktion mit derselben Gesamtgleichung beschreiben.

$$R-\overset{\overset{\textstyle O}{\|}}{C}-OH + HO-R' \;\rightleftharpoons\; R-\overset{\overset{\textstyle O}{\|}}{C}-OR' + H_2O$$

Das kinetische Studium hat jedoch gezeigt, daß es zwischen beiden Veresterungsmethoden Unterschiede gibt, die auf verschiedene Mechanismen zurückzuführen sind. Im ersten Fall geht es um eine Reaktion erster Ordnung bezüglich der Carbonsäure, des Alkohols sowie des saueren Katalysators (H^+). Dieser Befund ist im Einklang mit einem Mechanismus, in dem eine bimolekulare Reaktion des Alkohols mit dem Oxoniumion der Carbonsäure für den geschwindigkeitsbestimmenden Schritt gehalten wird:

$$R'-OH + \underset{R}{\overset{O}{\underset{|}{\overset{\|}{C}}}}-\overset{+}{O}H\;\underset{H}{} \;\rightleftharpoons\; R'-\overset{+}{O}-\underset{R}{\overset{O^-}{\underset{|}{C}}}-\overset{+}{O}H\;\rightleftharpoons\; R'-\overset{+}{O}-\underset{R}{\overset{O}{\underset{|}{\overset{\|}{C}}}} + OH_2$$

Bei der Reaktion in konzentrierter Schwefelsäure wurde der reversible Veresterungsvorgang aus praktischen Gründen von der anderen Seite aufgegriffen; man hat die Hydrolyse der Carbonsäureester in konzentrierter Schwefelsäure kinetisch untersucht. Dabei hat sich überraschenderweise gezeigt, daß die Reaktionsgeschwindigkeit in bestimmten Grenzen unabhängig von der Konzentration von Wasser ist. Daraus kann man schließen, daß auch die Geschwindigkeit der Veresterung in diesem Lösungsmittel unabhängig von der Konzentration von Alkohol ist (d. h. daß die Reaktion nullter Ordnung bezüglich des Alkohols ist). Das bedeutet weiter, daß der

Alkohol an dem geschwindigkeitsbestimmenden Schritt nicht teilnimmt. Dieser Tatsache entspricht am besten ein Schema, in dem eine monomolekulare Dissoziation des Oxoniumions der Carbonsäure die langsamste Stufe darstellt. Das dabei entstehende, instabile Acyliumion A reagiert dann schnell mit dem Alkohol zum (protonierten) Ester:

$$R-\overset{\overset{\displaystyle O}{\|}}{\underset{\underset{\displaystyle H}{}}{C}}-\overset{+}{O}H \;\rightleftharpoons\; R-\overset{+}{C}=O \;+\; OH_2$$

$$A$$

$$R-\overset{+}{C}=O \;+\; HO-R' \;\rightleftharpoons\; R-\overset{\overset{\displaystyle O}{\|}}{\underset{\underset{\displaystyle H}{}}{C}}-\overset{+}{O}-R'$$

Dieser Mechanismus stimmt gut mit der Beobachtung überein, daß die Veresterung in konzentrierter Schwefelsäure im Gegensatz zu den „normalen" Veresterungen durch sterische Hinderung nicht erschwert wird; auch Carbonsäuren mit stark sterisch gehinderten Carboxylgruppen werden glatt verestert. Der Übergangszustand der Dissoziation ist sterisch viel einfacher als der der erstgenannten normalen Veresterung. Eine weitere Stütze war der Nachweis der Anwesenheit der Acyliumionen in Lösungen von Carbonsäuren in konzentrierter Schwefelsäure.

8. Lineare Freie-Energie-Beziehungen

In den dreißiger Jahren hat man bei einer näheren Untersuchung der verfügbar gewordenen kinetischen Daten festgestellt, daß die Geschwindigkeitskonstanten verschiedener Reaktionen in Seitenketten von m- und p-substituierten aromatischen Verbindungen den Dissoziationskonstanten der entsprechenden substituierten Benzoesäuren proportional sind. Hammett (1937, 1938, 1940) hat diese Beobachtung in der folgenden, einfachen Beziehung formuliert.

$$\log k/k_0 = \sigma\,\rho \quad \text{bzw.} \quad \log K/K_0 = \sigma\,\rho$$

In dieser *Hammettschen Gleichung* bedeuten k und k_0 die Geschwindigkeitskonstanten (K und K_0: die Gleichgewichtskonstanten) der Reaktion der substituierten und unsubstituierten aromatischen Verbindung. σ ist die sogenannte *Substituentenkonstante*, die von der Natur und Position (m-, p-) des Substituenten, prinzipiell jedoch nicht von der Art der Reaktion abhängt; sie ist — im Vergleich mit H — ein Maß des Einflusses des Substituenten auf die Reaktivität des Substrates. ρ ist schließlich die *Reaktionskonstante;* diese ist prinzipiell unabhängig von der Natur des Substituenten und ist ein Maß der Empfindlichkeit der betreffenden Reaktion auf polare Substituenteneinflüsse.

Die Substituentenkonstanten σ für einzelne m- bzw. p-ständige Substituenten sind von Hammett aus den Dissoziationskonstanten der entsprechenden Benzoesäuren in Wasser bei 25° C durch arbitrarische Festlegung der ρ-Konstante dieses Prozesses gleich 1,00 berechnet worden. Mit so ermittelten σ-Werten konnte Hammett in 52 verschiedenen aromatischen Reaktionsserien eine Übereinstimmung mit seiner Gleichung mit einer mittleren Abweichung von ±15% erreichen. Einige Autoren benutzten später etwas korrigierte σ-Werte, die den meisten experimentellen Daten angepaßt worden waren; im Prinzip sind allerdings auch diese Konstanten aus der Hammettschen Gleichung abgeleitet worden. Mit solchen modifizierten Substituentenkonstanten (Tab. 5 a) bewies Jaffe (1953) die Gültigkeit der Hammettschen Gleichung in nicht weniger als 371 aromatischen Reaktionen (darunter befanden sich allerdings viele sehr ähnliche Prozesse).

Tabelle 5 a. *Hammettsche Substituentenkonstanten σ*

R	σ_{meta}	σ_{para}	R	σ_{meta}	σ_{para}
$-CH_3$	-0.069	-0.170	$-NH_2$	-0.161	-0.660
$-C(CH_3)_3$	-0.120	-0.197	$-NHCOC_6H_5$	$+0.210$	$+0.078$
$-CF_3$	$+0.415$	$+0.551$	$-COOC_2H_5$	$+0.398$	$+0.522$
$-OH$	-0.002	-0.357	$-COCH_3$	$+0.306$	$+0.516$
$-OCH_3$	$+0.115$	-0.268	$-NO_2$	$+0.710$	$+0.778$
$-O^-$	-0.708	-0.519	$-Br$	$+0.391$	$+0.232$

Für die empirisch abgeleitete Beziehung konnte man auch eine theoretische Begründung finden. Da der Logarithmus einer Geschwindigkeitskonstante bei konstanter Temperatur der freien Aktivierungsenergie der Reaktion und der Logarithmus einer Gleichgewichtskonstante der Veränderung der freien Energie in der reversiblen Reaktion proportional sind, kann man bei dem Hammettschen Ausdruck von einer *linearen Freie-Energie-Beziehung* sprechen.

Die Hammettsche Gleichung hat selbstverständlich viel Interesse und große Hoffnungen erweckt. Mit ihrer Hilfe sollte man auf Grund von kinetischen Messungen einer beliebigen Reaktion an zwei verschiedenen Substraten die Geschwindigkeitskonstanten für alle anderen *m*- und *p*-substituierten Derivate (durch einfaches Einsetzen der σ-Werte in die Gleichung) berechnen können. Der aus den kinetischen Daten ermittelte Wert der Reaktionskonstante ρ ermöglicht dabei, den allgemeinen Charakter der Reaktion zu beurteilen. Ein positiver ρ-Wert bedeutet, daß die Reaktion durch niedrige Elektronendichte am Reaktionszentrum begünstigt wird, ein negativer Wert dagegen weist auf die Förderung der Reaktion durch eine hohe Elektronendichte am Reaktionszentrum hin. So wird die basische Hydrolyse von Estern aromatischer Säuren, bei der die geschwindigkeitsbestimmende Addition von HO^- an die Carbonylgruppe durch eine niedrige Elektronendichte erleichtert wird, durch einen positiven ρ-Wert gekennzeichnet.

$$Ar-C{\overset{O}{\underset{OCH_3}{}}} + HO^- \xrightarrow[25°\,C]{H_2O\text{-}Aceton} Ar-C{\overset{O}{\underset{O^-}{}}} + CH_3OH$$

$$\rho = +\,2.229$$

Stark negative ρ-Werte besitzen dagegen Solvolysen von Benzyl- und Benzhydrylhalogeniden, bei denen die geschwindigkeitsbestimmende Abspaltung des Halogenidions durch eine hohe Elektronenkonzentration am Reaktionszentrum gefördert wird.

$$Ar-\underset{C_6H_5}{CH}-Cl + C_2H_5OH \xrightarrow{25°\,C} Ar-\underset{C_6H_5}{CH}-OC_2H_5 + HCl$$

$$\rho = -\,5.090$$

Bald kamen jedoch auch die Enttäuschungen. Es hat sich gezeigt, daß die Hammettsche Gleichung − trotz vielen übereinstimmenden Beispielen − doch nur einen sehr begrenzten Anwendungsbereich besitzt. Sie gilt nicht für *o*-substituierte Aromaten, offenbar wegen zusätzlichen sterischen Einflüssen der Substituenten, und versagt auch, aus ähnlichen Gründen, bei flexiblen aliphatischen Verbindungen; die σ-Konstante beschreibt also nur den *elektronischen* Einfluß des Substituenten auf die Reaktivität des Substrates. Schwierigkeiten treten auch dort auf, wo die polaren Effekte durch eine Resonanz ergänzt werden. So benötigen gewisse *p*-Substituenten ($-NO_2$, $-CN$, $-COOH$, $-CHO$ usw.) in bestimmten Fällen stark modifizierte σ-Konstanten, weil das Substrat − zum Unterschied von unsubstituierten Aromaten − in einer zusätzlichen Resonanzform (B) vorliegen kann, z. B.:

$$A \qquad\qquad\qquad\qquad B$$

Nicht einmal die für die aromatische Chemie so typischen elektrophilen Substitutionen (Nitrierung, Sulfierung, Halogenierung usw., S. 218) konnten mit den üblichen σ-Konstanten beschrieben werden. Man mußte für diese stark elektronenfördernden Prozesse spezielle Konstantenwerte einführen (Brown, 1958).

All dies ist allerdings wenig überraschend. Mehr überraschend wäre es, wenn sich die Mannigfaltigkeit organischer Reaktionen mit ihrem äußerst komplizierten Zusammenspiel verschiedener polarer, sterischer, Resonanz- und Medium-Effekte durch eine einfache lineare Funktion restlos beschreiben ließe.

Die Idee, eine allgemein gültige mathematische Beschreibung organischer Reaktionen zu finden, ist jedoch nach dem teilweisen Erfolg der Hammettschen Gleichung so verlockend geworden, daß verschiedene Modifikationen und „Ausbesserungen" des Hammettschen Ausdruckes bzw. andere lineare Beziehungen, für die von den Autoren immer breitere Geltungsbereiche beansprucht werden, immer wieder erscheinen[2].

Einer der interessantesten Versuche in dieser Richtung ist vielleicht derjenige von Taft (1956). Er geht aus der vielstudierten und gut bekannten Hydrolyse organischer Ester als Standardreaktion aus und versucht − auf Grund von unterschiedlicher Beeinflussung der basischen und saueren Hydrolyse durch Substituenteneffekte − die polaren, sterischen und Resonanzeffekte quantitativ abzutrennen.

Die Hammettsche σ-Konstante ersetzt Taft durch eine *polare Substituentenkonstante* σ^*, die wie folgt definiert wird:

$$\sigma^* = [\log (k/k_0)_B - \log (k/k_0)_A]/2.48 .$$

Die Indexe *A* und *B* beziehen sich auf sauere bzw. basische Hydrolyse von Estern R—COOR′ und k und k_0 sind die Geschwindigkeitskonstanten für R—COOR′ und CH_3—COOR′ (als Standard) (bzw. für o—X—C_6H_4—COOR′ und o—CH_3—C_6H_4—COOR′ als Standard), wobei das gleiche R′, Lösungsmittel und Temperatur vorausgesetzt werden. Der Faktor 2.48 bringt die σ^*-Konstanten ungefähr auf dieselbe Skala wie bei σ.

---

2 Siehe z. B. den Übersichtsartikel von Wells, 1963.

Dem Mechanismus der basischen bzw. saueren Hydrolyse entsprechend, repräsentiert das Glied $\log(k/k_0)_B$ die Summe von polaren, sterischen und Resonanz-Effekten der Gruppe R (X), $\log(k/k_o)_A$ nur die Summe der letztgenannten zwei Effekte. Für Ester, in denen die Gruppe R mit COOR' in keiner konjugativen Beziehung steht, bleibt in $\log(k/k_0)_A$ jeglicher Resonanzbeitrag aus und dieses Glied wird dann als *sterische Substituentenkonstante (E$_S$)* bezeichnet.

Die Hammettsche Gleichung nimmt in der Taftschen Variante die Form

$$\log(k/k_0) = \sigma^* \rho^*$$

an, wo σ^* für die *polare Substituentenkonstante* und ρ^* für eine der Hammettschen analoge *Reaktionskonstante* steht. In dieser Form und mit der oben erwähnten Deutung der Konstante σ^* konnte die Beziehung auf relativ viele Reaktionen aliphatischer und *o*-substituierter aromatischer Verbindungen mit Erfolg angewendet werden. Eine gute Übereinstimmung ist jedoch auch hier nur dann möglich, wenn in der untersuchten Serie von Reaktionen alle anderen als polare Effekte ungefähr konstant bleiben. Da diese Voraussetzung praktisch selten erfüllt ist, hat auch die Taftsche Gleichung nur eine begrenzte Aussagekraft.

9. Untersuchungsmethoden beim Studium der Reaktionsmechanismen

Die kinetische Analyse ist nur eines unter vielen Mitteln, über die der Organiker beim Studium von Reaktionsmechanismen verfügt. Eine Fülle an Untersuchungsmethoden ist hier sogar nötig, denn eine eindeutige Entscheidung auf Grund einer einzigen Untersuchung ist kaum zulässig. Nur Beobachtungen von verschiedenen Gesichtspunkten erlauben es meistens, den richtigen unter mehreren alternativen Wegen auszuwählen.

Die Untersuchungsmethodik der Reaktionsmechanismen wird aus zahlreichen Beispielen der folgenden Kapitel ersichtlich. An dieser Stelle sei nur eine kurze Übersicht über die wichtigsten Methoden erwähnt.

Für einen mehrstufigen Mechanismus ist die *Isolierung* oder der *Nachweis der vermuteten Zwischenprodukte* eine starke Stütze. Die Isolierung der Zwischenprodukte ist allerdings wegen ihrer Unbeständigkeit unter den gegebenen Reaktionsbedingungen oft eine schwierige Aufgabe. Aus diesem Grunde müssen alle Schlüsse mit größter Vorsicht gezogen werden. Schon öfters wurden die in kleinen Mengen neben dem Hauptprodukt isolierten „Zwischenprodukte" nachträglich als Produkte einer Konkurrenzreaktion erkannt. Man muß sich immer überzeugen, ob die isolierte Verbindung unter den Bedingungen der Reaktion tatsächlich mit der erwarteten Geschwindigkeit zu dem erwarteten Produkt reagiert.

Man kann jedoch auch ohne Isolierung einen Beweis für die Existenz eines vermuteten Zwischenproduktes bringen. Sehr beliebt sind hier verschiedene spektroskopische Methoden, die ohne jeden schädlichen Eingriff in die Reaktionsbedingungen oft sogar eine laufende quantitative Beurteilung erlauben. Ein Beispiel, wo die Infrarot-Spektroskopie zwischen zwei Mechanismen entschied, ist die basisch katalysierte Alkoholyse der Carbonsäureester. Für die Reaktion wurden zwei alternative Mechanismen vorgeschlagen, der eine mit, der andere ohne direkte Teilnahme der Carbonylgruppe des Esters:

(a) $R^2O^- + \overset{\displaystyle O}{\underset{\displaystyle R}{\overset{\|}{C}}}\!\!-OR^1 \;\rightleftharpoons\; R^2O-\overset{\displaystyle O^-}{\underset{\displaystyle R}{C}}\!\!-OR^1 \;\rightleftharpoons\; R^2O-\overset{\displaystyle O}{\underset{\displaystyle R}{\overset{\|}{C}}} + {}^-OR^1$

(b) $R^2O^- + \overset{\displaystyle O}{\underset{\displaystyle R}{\overset{\|}{C}}}\!\!-OR^1 \;\rightleftharpoons\; R^2\overset{\delta-}{O}\cdots\overset{\displaystyle O}{\underset{\displaystyle R}{\overset{\|}{C}}}\cdots\overset{\delta-}{O}R^1 \;\rightleftharpoons\; R^2O-\overset{\displaystyle O}{\underset{\displaystyle R}{\overset{\|}{C}}} + {}^-OR^1$

Es wurde festgestellt (Bender, 1953), daß die Intensität der Carbonylbande der Estergruppe im Infrarot-Spektrum nach Zugabe einer äquivalenten Menge des Alkoholates (in Dibutyläther als Lösungsmittel) stark abnimmt, was einer Abnahme der Carbonyl-Konzentration entspricht. Diese Beobachtung ist nur mit dem ersten Mechanismus (a) in guter Übereinstimmung, wo im Zwischenprodukt keine CO-Gruppe mehr vorliegt.

Eine andere Möglichkeit bietet das „Abfangen" durch Zugabe eines Reagens, das mit dem Zwischenprodukt in einer schnellen Reaktion ein stabiles, gut faßbares und die Konstitution des Zwischenproduktes eindeutig beweisendes Derivat bildet. Eine selbstverständliche Forderung ist hier, daß die zugegebene Komponente die Eigenschaften des reagierenden Systems grundsätzlich nicht ändert. So konnte das vermutete Zwischenprodukt der Claisenschen *p*-Umlagerung der 2,6-disubstituierten Allylphenyläther, 2,6-Dialkyl-2-allylcyclohexadienon (2), in Form seines Adduktes (4) mit Maleinanhydrid, das zu dem Allyläther vor der Reaktion zugegeben worden war, isoliert und die Richtigkeit des vorgeschlagenen Mechanismus, wenigstens was die Teilnahme dieses Zwischenproduktes betrifft, bewiesen werden (Kalberer und Schmid, 1957).

Das Auftreten von (2) bei der Claisenschen Umlagerung wurde übrigens auch direkt bewiesen. Eine Verbindung dieser Struktur (mit $R=CH_3$) wurde auf einem anderen Wege synthetisiert und den Bedingungen der Umlagerung (Erhitzen auf 150° C) unterworfen. Es wurde tatsächlich das entsprechende *p*-Allylphenol (3) gebildet. Daneben konnte auch Allyl-2,6-dimethylphenyläther [(1), $R=CH_3$] isoliert werden, was auf den reversiblen Charakter der ersten Stufe der Umlagerung hinweist (Curtin und Crawford, 1957).

Manchmal ergibt sich Vieles über den Verlauf einer Reaktion schon aus der

Struktur des Produktes, wenn man durch eine überlegte Wahl der Reaktionspartner für eine eindeutige Antwort gesorgt hat. Diese schon klassische Methode könnte man als *Methode des geeigneten Substrates* bezeichnen. Für ein Beispiel können wir auch hier bei der Claisenschen Umlagerung bleiben. Eine der ersten Fragen bei der *o*-Umlagerung der Allylphenyläther war, ob die Allylgruppe mit demselben Kohlenstoffatom an den aromatischen Ring des entstandenen *o*-Allylphenols gebunden ist wie an den Sauerstoff des Allyläthers. Eine andere Möglichkeit war nämlich, daß sie bei der Umlagerung mit ihrem anderen Ende (unter gleichzeitiger Verschiebung der Doppelbindung) an den Benzolring gebunden wird. Diese Frage war bei der (abgesehen von der Doppelbindung) symmetrischen Allylgruppe selbst nicht zu beantworten. Eine interessante Auskunft bot jedoch schon die Umlagerung des homologen Crotylphenyläthers, die zu *o*-(α-Methylallyl)-phenol führte:

Die Crotylgruppe wurde also mit ihrem γ-Kohlenstoffatom zum Ring gebunden. Eine Reihe weiterer Beispiele zeigte, daß diese Inversion der Allylgruppen bei Claisenschen *o*-Umlagerungen ganz üblich ist, und zu ihrer Deutung wurde das schon früher erwähnte cyclische Schema vorgeschlagen.

Der Nachteil der eben beschriebenen Methode liegt darin, daß man gelegentlich zu ganz speziellen Substraten greifen muß. Es besteht dann die Gefahr, daß der festgestellte Mechanismus nicht allgemein gültig ist und daß die Reaktion in einfacheren Fällen anders verläuft.

Eine solche Gefahr schließt die moderne Version dieser Methode, die *Methode der isotopisch markierten Verbindungen,* die die Möglichkeit des einfachen Nachweises und sogar quantitativer Bestimmung mancher Isotopen ausnützt, vollkommen aus. Anstatt gewöhnlicher Ausgangsstoffe werden geeignet markierte Verbindungen eingesetzt, und der Mechanismus der Reaktion wird dann nach der An- oder Abwesenheit bzw. nach der Position des Isotopen im Endprodukt beurteilt. Da die markierten Verbindungen den „normalen" chemisch meist äquivalent sind, werden keine fremden Einflüsse in die studierte Reaktion eingeführt. Aus diesem Grunde, und wegen der extremen Empfindlichkeit der diagnostischen Methoden, können dabei die oft kostbaren markierten Verbindungen mit unmarkiertem Material stark verdünnt werden. Die Vorteile dieser häufig benutzten Methode sollen anhand einiger Beispiele gezeigt werden.

a) Für den Mechanismus der durch starke Mineralsäuren bewirkten Zersetzung von α-Ketocarbonsäuren zu Kohlenmonoxid und der nächstniedrigeren Carbonsäure war es vor allem wichtig festzustellen, aus welcher der beiden Carbonylgruppen das Kohlenmonoxid entsteht. Daher wurde eine mit ^{14}C in der Carboxylgruppe markierte α-Ketocarbonsäure der Zersetzung unterworfen. Nach der Reaktion wurde die gesamte ursprüngliche Radioaktivität im gebildeten CO gefunden. Daraus kann mit Sicherheit geschlossen werden, daß das Kohlenmonoxid von der Carboxylgruppe stammt (Banholzer und Schmid, 1956).

b) Ein Anwendungsbeispiel des Stickstoff-Isotopen ^{15}N ist ein Beitrag zur Aufklärung des komplizierten Mechanismus der Fischerschen Indol-Synthese (Clusius und Weisser, 1952). In überzeugender Weise wird gezeigt, welches der beiden Stickstoffatome des Phenylhydrazins in das Indolmolekül eingebaut wird.

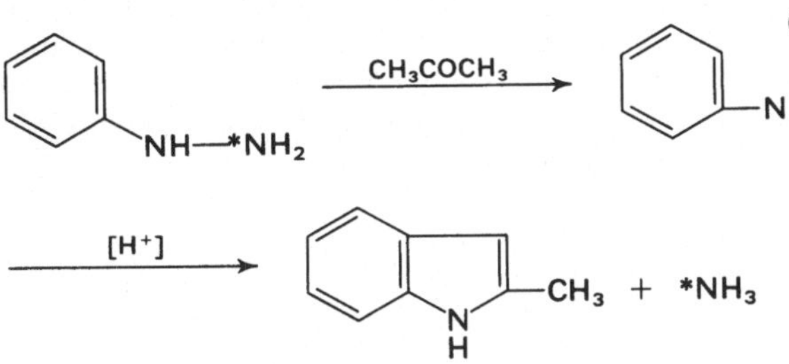

c) Was die Benutzung des Sauerstoff-Isotops ^{18}O für diese Zwecke betrifft, sind die klassischen Arbeiten von Roberts und Urey (1938) über den Mechanismus der Veresterung und der sauren Hydrolyse von Estern zu erwähnen. Mit Hilfe von ^{18}O-markiertem primärem Alkohol bzw. in der Alkoxygruppe markiertem Ester konnte eindeutig bewiesen werden, daß bei dem reversiblen Prozeß die O-Acyl- und nicht die O-Alkyl-Bindung gespalten wird.

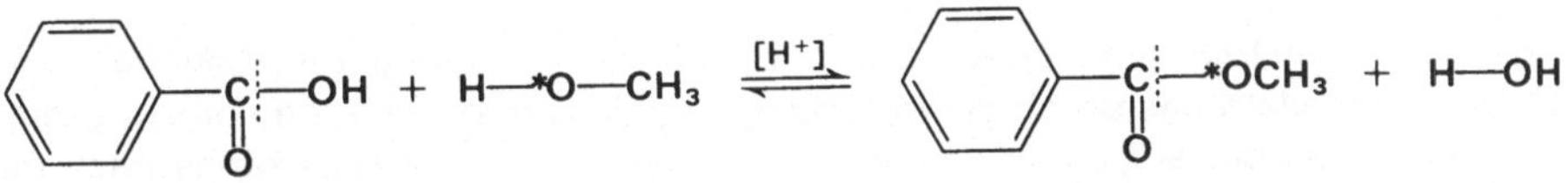

Der Beweis mit dem markierten Material war hier allerdings nicht der einzige. Zum gleichen Schluß führte z. B. die Veresterung von Alkoholen des Allyl-Typus, bei der keine Allyl-Umlagerung beobachtet wurde (S. 123), oder die Tatsache, daß bei der Veresterung optisch aktiver Alkohole die Aktivität (d. h. auch die Konfiguration) erhalten blieb (S. 207). Die Isotopen-Methode leistete jedoch einen unersetzlichen Dienst bei der Beantwortung der schon minutiösen Frage, ob die Carbonylgruppe an dem Prozeß der Veresterung (oder Hydrolyse) direkt teilnimmt (Schema a)[3], oder ob die Reaktion den Charakter einer bimolekularen Substitution hat, bei dem die Carbonylgruppe intakt bleibt (Schema b)[3]. (Wir wissen schon, daß bei der nahe verwandten basischen Alkoholyse von Estern die spektroskopische Evidenz die Frage zugunsten der ersten Alternative beantwortet hat; S. 70).

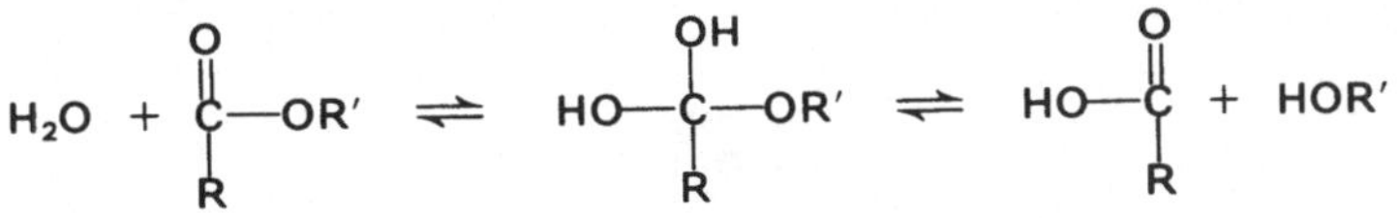

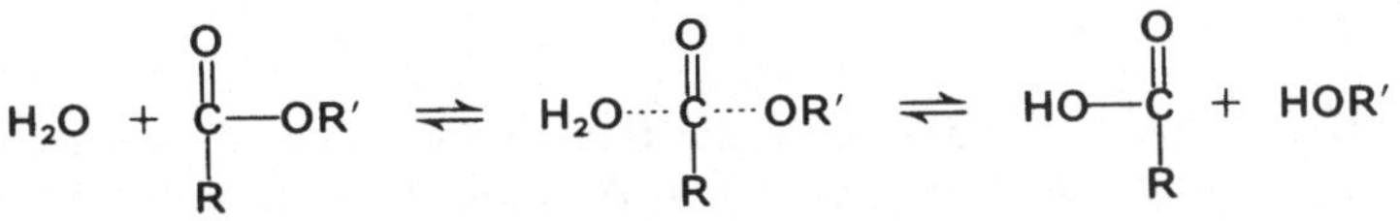

3 Das vereinfachte Schema läßt diesmal die sauere bzw. basische Katalyse außer Betracht.

Der Nachweis für die Gültigkeit der Variante (*a*) konnte mit einem einzigen Experiment erbracht werden (Bender, 1951). Es wurde eine teilweise Hydrolyse von Benzoesäureäthylester mit ^{18}O-markierter Carbonylgruppe durchgeführt und in dem regenerierten Ester wurde der ^{18}O-Gehalt quantitativ bestimmt. Es zeigte sich, daß der Gehalt des Radioisotopen wesentlich abgenommen hat. Während der Hydrolyse mußte also gleichzeitig ein Austausch des ^{18}O-Sauerstoffs gegen das gewöhnliche ^{16}O (aus Wasser) stattfinden. Ein solcher Austausch kann mit dem Schema (*b*) nicht erklärt werden. Leicht verständlich wird er jedoch auf Grund eines erweiterten Schemas (*a*) (ein Transfer von Protonen von einem auf das andere Sauerstoffatom ist hier eine vernünftige Voraussetzung).

d) Isotope haben sich auch beim Studium von Umlagerungen bewährt. Hier muß man sich allerdings durch eine nachträgliche Spaltung des Produktes in geeignete Fragmente oder auf einem anderen Wege von der Lage des Isotops nach der Umlagerung überzeugen. Das folgende Schema zeigt, wie bei der Claisenschen *p*-Umlagerung mit Hilfe einer markierten Allylgruppe ihre Verknüpfung mit dem α-Kohlenstoffatom (infolge einer doppelten Inversion) bewiesen werden konnte.

Eine Demjanow-Umlagerung bei der Reaktion von β-Phenethylamin mit salpetriger Säure konnte nur dank markiertem Ausgangsmaterial entdeckt werden. Das scheinbar einheitliche Reaktionsprodukt erwies sich als ein Gemisch von „normalem" und von umgelagertem β-Phenyläthylalkohol (Clusius, 1954).

e) Sehr gute Dienste erweisen *deuterierte Verbindungen* bei mechanistischen Studien. Der Nachweis von Deuterium in organischen Verbindungen geschieht relativ einfach auf massenspektroskopischem Wege, durch IR-Spektroskopie oder, indirekt, mit Hilfe der protonen-magnetischen Resonanz (aus dem Vergleich mit entsprechenden H-Verbindungen). Besonders die Fragen des sterischen Verlaufs werden mit deuterierten Verbindungen erfolgreich gelöst. Als Beispiel sei der Beweis einer überwiegenden *syn*-Eliminierung (vgl. S. 145) bei der basisch katalysierten Dehydrobromierung eines Norbornylbromids erwähnt (Kwart und Mitarbeiter, 1964).

Eine interessante Anwendung der Wasserstoff-Isotopen haben neuerdings Cornforth (in England) und Arigoni (in der Schweiz) publiziert. Beide haben die optischen Antipoden der Monodeuteromonotritioessigsäure synthetisiert und zum Studium des sterischen Verlaufes einiger wichtiger biochemischer Prozesse benutzt.

Eine weitere Tatsache macht deuterierte organische Verbindungen für mechanistische Untersuchungen attraktiv: Man kann deren *kinetischen Isotopeneffekt* ausnützen.

Alle Verbindungen besitzen bekanntlich auch in ihrem Grundzustand eine bestimmte Energie, die auf die Vibrationen der beteiligten Atome längs ihrer Bindungsachsen zurückzuführen ist. Diese Vibrationsenergie (auch Nullpunktenergie genannt) ist von den Massen der gebundenen Atome abhängig; je größer die Masse, desto langsamer vibriert das Atom und desto kleiner ist die Vibrationsenergie der Bindung (und des ganzen Moleküls). Ersetzt man also in einer Bindung ein Atom durch sein schwereres Isotop, so nimmt die Vibrationsenergie gemäß dem Massenunterschied etwas ab. Besonders markant ist die Abnahme beim Ersetzen von Wasserstoff durch das doppelt so schwere Deuterium. Eine C—D-Bindung ist daher merklich stabiler als eine C—H-Bindung. Falls diese also bei einer Reaktion im geschwindigkeitsbestimmenden Schritt aufgelöst wird, verläuft die Reaktion bei der deuterierten Verbindung langsamer als bei der mit „gewöhnlichem" Wasserstoff. Dieser kinetische Isotopeneffekt wird durch den Quotienten der beiden Geschwindigkeitskonstanten k_H/k_D ausgedrückt. Für Temperaturen um 25° C sind für k_H/k_D oft Werte von 6 bis 8 gefunden worden, was auch den theoretischen Erwartungen entspricht, die bei den Übergangszuständen in beiden Fällen dieselbe freie Energie voraussetzen. Diese Voraussetzung scheint jedoch nicht immer ganz berechtigt zu sein. Manchmal hat nämlich k_H/k_D einen viel kleineren Wert (2 oder sogar noch weniger), was nach Westheimer (1961) einer niedrigeren Energie des Übergangszustandes der deuterierten Verbindung zuzuschreiben ist. Im Übergangszustand einer Reaktion, bei der eine C—H- bzw. eine C—D-Bindung aufgelöst wird, ist H bzw. D meistens zu zwei ungleichen Partnern linear gebunden. Wegen der Ungleichheit der Partner bleibt dann das Wasserstoff- bzw. Deuteriumatom bei symmetrischen Vibrationen nicht ganz unbewegt, wie man sonst bei einem Zentralatom erwarten würde, sondern vibriert mit, und zwar H wieder unterschiedlich von D. Dadurch werden auch die Energien der Übergangszustände unterschiedlich beeinflußt; die des D-Übergangszustandes resultiert aus dieser Vorstellung als die niedrigere.

Ein gutes Beispiel der Ausnützung des Isotopeneffektes bietet die von Reitz schon 1939 studierte Bromierung von Aceton. Diese Reaktion wurde überraschenderweise als nullter Ordnung bezüglich Brom gefunden. Beim Hexadeuteroaceton war die Bromierung bei 25° C 7,7mal langsamer als beim gewöhnlichen Aceton, gleich ob sie durch Säure oder Acetationen katalysiert wurde. Dies bestätigte die Richtigkeit der Vermutung, daß die Enolisierung des Ketons, an der die C—H- bzw. C—D-Bindungen der Methylgruppen beteiligt sind, die geschwindigkeitsbestimmende Stufe ist.

$$H{-}CH_2{-}\overset{\displaystyle O}{\overset{\|}{C}}{-}CH_3 \xrightleftharpoons{\text{langsam}} CH_2{=}\overset{\displaystyle OH}{\underset{}{C}}{-}CH_3$$

$$\xrightarrow[\text{schnell}]{Br_2} Br{-}CH_2{-}\overset{\displaystyle O}{\overset{\|}{C}}{-}CH_3 \;+\; HBr$$

Bei der Nitrierung von Benzol und anderen aromatischen Kohlenwasserstoffen konnte dagegen mit Hilfe von deuterierten und tritiierten Verbindungen kein Isotopeneffekt festgestellt werden (k_H/k_D war ungefähr 1; Melander, 1949). Das hat die Frage, ob im Schema:

die Addition von NO_2^+ an den Kohlenwasserstoff oder die Abspaltung von H^+ aus dem Addukt geschwindigkeitsbestimmend ist, zugunsten des ersten Schrittes beantwortet.

Zum Studium der relativen Reaktivitäten von Substraten oder Reagentien wird häufig die *Methode der konkurrierenden Reaktionen* verwendet. Die relativen Reaktivitäten sind nicht nur schon an und für sich interessant, sondern können auch zur

Aufklärung des Mechanismus der Reaktion und der Substituenteneinflüsse beitragen. Man läßt dabei z. B. ein äquimolekulares Gemisch von zwei Substraten mit einer begrenzten, für eine vollkommene Reaktion mit beiden Substraten nicht genügenden Menge des Reagens reagieren und unterwirft das Produkt einer möglichst genauen Analyse. Aus seiner Zusammensetzung, d. h. aus den Mengen der aus dem einen oder anderen Substrat abgeleiteten Produkten, kann man auf die relativen Reaktivitäten der Substrate schließen. Gewöhnlich werden sie in Form von *relativen Reaktionsgeschwindigkeitskonstanten* (eine Geschwindigkeitskonstante wird dabei gleich 1 gestellt) ausgedrückt. Auf diese Weise wurden z. B. die in Tab. 6 angeführten relativen Geschwindigkeitskonstanten der Nitrierung von Benzolhomologen in verschiedene Stellungen zu Methylgruppen bestimmt[4]. Die Werte erlauben auf einen allgemein beschleunigenden, *o, p*-dirigierenden Einfluß der Methylgruppen zu schließen (Clark und Fairweather, 1969).

Tabelle 6. *Nitrierung von Benzolhomologen mit HNO_3 in Essigsäure (25° C)*

Substrat	Nitrierte Stellung	Relative Geschwindigkeit
Benzol		(1)
Toluol	2	49,2
	3	2,4
	4	69,4
m-Xylol	2	268
	4	1063
o-Xylol	3	61,4
	4	23,3
p-Xylol		54,9

Ähnlich können auch relative Reaktivitäten verschiedener Reagenzien gegenüber demselben Substrat bestimmt werden.

Zum Schluß sei noch auf eine Methode kurz hingewiesen, die zur Entscheidung zwischen einem intra- und intermolekularen Verlauf einer Reaktion wiederholt benutzt wurde. Sie wird als *Methode der gekreuzten Reaktionen* bezeichnet. Worin sie besteht, zeigt am besten ein Beispiel, das wieder der Problematik der Claisenschen Umlagerung der Allylaryläther entnommen ist. Wie schon erwähnt, wandert die Allylgruppe bei einer *p*-Umlagerung in die *p*-Stellung ohne Inversion (S. 74). Für die Entscheidung, wie dies geschieht, war es wichtig zu bestimmen, ob die Allylgruppe während des Prozesses zeitweilig freigesetzt wird oder ob ihre Wanderung in der Weise intramolekular stattfindet, daß die Gruppe in jedem Augenblick der Umlagerung zum Rest des Moleküls gebunden bleibt. Die Antwort brachte ein von Schmid (1953) durchgeführtes Experiment, in dem ein äquimolekulares Gemisch von zwei 2,6-disubstituierten Allylphenyläthern (5) und (6) den Umlagerungsbedingungen unterworfen wurde. Die Substrate unterschieden sich sowohl in ihren Allyl-

---

4 In diesem Zusammenhang werden sie auch *Partialgeschwindigkeitsfaktoren* genannt.

gruppen – in (5) trug die Allylkette in der γ-Stellung das radioaktive ^{14}C-Atom – als auch in dem aromatischen Teil des Moleküls. Dabei wurde der unterschiedliche Substituent in (6) (die Estergruppe) so gewählt, daß eine bequeme Trennung der Produkte (nach durchgeführter Hydrolyse) möglich war. In dieser Weise wurden zwei *p*-Allylphenole isoliert, von denen dasjenige mit der Carboxylgruppe (8), ähnlich wie der Ausgangsester (6), keine Radioaktivität besaß. Der ganze Gehalt an ^{14}C war im 2,6-Dimethyl-4-allylphenol (7) konzentriert.

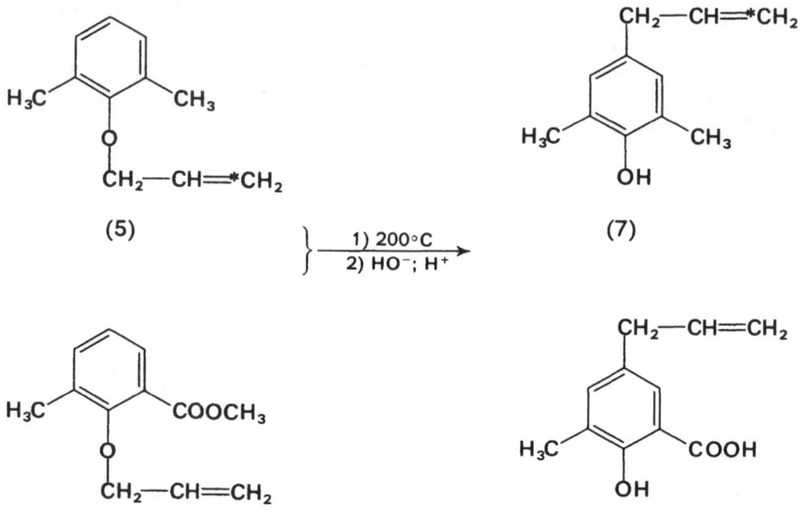

$$\begin{cases} 1)\ 200\,^\circ\mathrm{C} \\ 2)\ HO^-;\ H^+ \end{cases} \longrightarrow$$

(5)   (6)   (7)   (8)

Die Umlagerung beider Allyläther verlief also ganz unabhängig von der anderen Komponente. Sollte die Allylgruppe bei der Reaktion als selbständige Partikel freigesetzt werden, so müßte man die isotopisch markierte Allylkette in beiden Produkten finden. Da dies nicht der Fall ist, muß die Allylumlagerung als streng intramolekularer Vorgang angesehen werden (siehe das Schema mit dem doppelten Umklappen der Allylgruppe, S. 71).

Ergänzende Literatur

Laidler, K. J.: Theories of Chemical Reaction Rates. New York: McGraw-Hill. 1969.
— Chemical Kinetics. New York: McGraw-Hill. 1965.
Huisgen, R.: Zum kinetischen Nachweis reaktiver Zwischenstufen. Angew. Chem. *82*, 783 (1970).
Hammett, L. P.: Physical Organic Chemistry. New York: McGraw-Hill. 1940.
Shorter, J.: The Separation of Polar, Steric and Resonance Effects in Organic Reactions by the Use of Linear Free Energy Relationships. Quart. Rev. *24*, 433 (1970).
Taft, R. W., in: Steric Effects in Organic Chemistry. Kap. 13. New York: J. Wiley and Sons. 1956.

C. Polare Reaktionen

I. Nukleophile Substitution am gesättigten Kohlenstoff

Die meisten Reaktionen am sp^3-hybridisierten Kohlenstoff sind dadurch gekennzeichnet, daß ein Substituent X durch einen Substituenten Y ersetzt wird, wobei der neue Substituent beide für die C—Y-Bindung nötigen Elektronen liefert. Der ersetzte Substituent verläßt natürlich das Molekül mit beiden Elektronen der ursprünglichen σ-Bindung:

$$\bar{Y} + R\text{—}X \longrightarrow Y\text{—}R + \bar{X}$$

Für die neue Bindung muß im Laufe des Substitutionsprozesses ein besetztes Kohlenstofforbital durch Verschiebung der C—X-Bindungselektronen zum X freigesetzt werden. Eine teilweise Verschiebung in dieser Richtung existiert schon im Ausgangszustand des Substrates und ist durch die Polarität der C—X-Bindung ausgedrückt. Diese und jede weitere Polarisation erteilt dem Kohlenstoffatom, an dem die Reaktion stattfindet, eine partielle positive Ladung; seine nukleare Ladung überwiegt die negative Ladung der Elektronenhülle. Vom Standpunkt des Reagens $\bar{Y}$ betrachtet, werden also solche Austauschreaktionen als *nukleophile Substitutionen* bezeichnet.

Das kohlenstoffhaltige Substrat ist meistens ein formal elektroneutrales Molekül, es kann jedoch auch ein Kation mit einer positiven Ladung am Heteroatom X sein. Das nukleophile Reagens ist entweder ein Anion oder ein neutrales, jedoch über ein freies Elektronenpaar verfügendes Molekül. Dies gibt im ganzen vier Kombinationsmöglichkeiten, die die folgenden Beispiele illustrieren sollen.

(1) $R\text{—}Br + {}^-O\text{—}C_2H_5 \longrightarrow R\text{—}O\text{—}C_2H_5 + Br^-$

$R\text{—}O\text{—}SO_2\text{—}R' + {}^-S\text{—}CH_3 \longrightarrow R\text{—}S\text{—}CH_3 + R'\text{—}SO_2\text{—}O^-$

(2) $R\text{—}Br + INR'_3 \longrightarrow R\text{—}\overset{+}{N}R'_3 + Br^-$

$R\text{—}O\text{—}SO_2\text{—}R' + CH_3\text{—}CO\text{—}OH \longrightarrow R\text{—}O\text{—}CO\text{—}CH_3 + R'\text{—}SO_2\text{—}OH$

(3) $R\text{—}\overset{+}{N}R'_3 + HO^- \longrightarrow R\text{—}OH + R'_3NI$

(4) $R\text{—}\overset{+}{N}_2 + H_2O \longrightarrow R\text{—}OH + N_2 + H^+$

Ist das neutrale Nukleophil ein Lösungsmittelmolekül (Wasser, Alkohol, Essigsäure usw.), so spricht man von einer *Solvolyse (Hydrolyse, Alkoholyse, Acidolyse usw.).*

1. Mechanismen der nukleophilen Substitutionen

Mechanistisch gehören nukleophile Substitutionen zu den meiststudierten Reaktionen der Organischen Chemie. Obwohl die heutigen Kenntnisse dieser scheinbar einfachen Prozesse schon ziemlich tief reichen, sind immer noch manche Aspekte unabgeklärt.

Schon die 1928 bis 1935 publizierten Studien von Hughes, Ingold und Mitarbeitern haben zu dem Schluß geführt, daß es keinen einheitlichen allgemeinen Mechanismus für alle nukleophile Substitutionen gibt, sondern daß im Prinzip zwei Mechanismen, meist gleichzeitig und kompetitiv, durchlaufen werden. Dieser mechanistische Dualismus der englischen Schule wird prinzipiell noch heute von den meisten Theoretikern für richtig gehalten. Er kann wie folgt zusammengefaßt werden.

1. Es gibt einen *einstufigen Substitutionsweg*, bei dem die Auflösung der ursprünglichen und die Bildung der neuen kovalenten Bindung gleichzeitig geschehen. Die neue Bindung entsteht in dem Maße, in dem die alte aufgelöst wird. Der Prozeß kann durch folgendes Schema beschrieben werden:

$$\overline{Y} + R\!-\!X \rightleftharpoons Y\cdots R\cdots X \longrightarrow Y\!-\!R + \overline{X} \quad (S_N2)$$

Das mittlere Glied des Schemas stellt den schon früher (S. 57) in einem anderen Zusammenhang erwähnten Übergangszustand mit partiell ausgebildeten Bindungen zwischen X und Kohlenstoff und Kohlenstoff und Y dar. Die Geschwindigkeit einer solchen Reaktion hängt davon ab, wie leicht der Übergangszustand, ausgehend von $\overline{Y}$ und RX, erreicht wird. Da an diesem geschwindigkeitsbestimmenden Prozeß zwei Partikeln teilnehmen, wird dieser Mechanismus als *bimolekulare nukleophile Substitution* (S_N2) bezeichnet.

2. Der alternative Weg ist im Gegensatz zum ersten *zweistufig*. Er besteht aus einer relativ langsamen Heterolyse von RX und einer (relativ zum ersten Schritt) schnellen Reaktion des entstandenen Carboniumions R^+ mit dem Nukleophil.

$$(1) \quad R\!-\!X \rightleftharpoons \overset{\delta+}{R}\cdots\overset{\delta-}{X} \longrightarrow R^+ + \overline{X}^-$$
$$(2) \quad R^+ + \overline{Y} \longrightarrow R\!-\!Y \qquad\qquad (S_N1)$$

Der erste, geschwindigkeitsbestimmende Schritt verläuft unter Teilnehme des Lösungsmittels, das durch Solvatation die zur Heterolyse nötige Energie herabsetzt und die Stabilität des entstehenden Carboniumions erhöht. Bevor es zur vollkommenen Verschiebung der C—X-Bindungselektronen zum X kommt, wird ein Übergangszustand mit einer gestreckten R—X-Bindung erreicht, in dem schon der positive elektrische Charakter von R und der negative von X teilweise entwickelt ist. Der letzte Teil des Schemas (1) soll an dieser Stelle nur den Zustand der vollendeten Heterolyse beschreiben, abgesehen von der gegenseitigen Beziehung und Stellung der Ionen R^+ und X^-. Wie wir bald noch erkennen werden, spielt diese Beziehung bei Substitutionsreaktionen dieses Typs eine wichtige Rolle.

Da an dem geschwindigkeitsbestimmenden Schritt dieses Substitutionsmechanismus (abgesehen von den solvatisierenden Lösungsmittelmolekülen) das Molekül R—X allein teilnimmt, spricht man von einer *monomolekularen nukleophilen Substitution* (S_N1).

Der unterschiedliche Charakter beider Reaktionswege sollte bei einer kinetischen Untersuchung markant zum Ausdruck kommen. Wird bei einer Substitution die Reaktionsgeschwindigkeit proportional der Konzentration sowohl des Substrates als auch des Nukleophils gefunden, so sollte man auf einen S_N2-Prozeß schließen können. Ist dagegen die Geschwindigkeit von der Konzentration und eventuell gar dem Charakter des Nukleophils unabhängig, so sollte es sich um den monomolekularen S_N1-Prozeß handeln. Wie jedoch schon früher erwähnt wurde, kann diese einfache Beziehung zwischen der Molekularität des geschwindigkeitsbestimmenden Prozesses und der kinetischen Charakteristik der Reaktion durch verschiedene Faktoren derart kompliziert werden, daß eine Entscheidung über den Mechanismus anhand kinetischer Daten allein zu Fehlschlüssen führen kann.

Oft wird z. B. beobachtet, daß eine Substitution, die am Anfang die kinetische Charakteristik einer S_N1-Reaktion aufwies, gegen Ende auch von der Konzentration des Nukleophils abhängig wird, also die kinetische Charakteristik einer S_N2-Reaktion übernimmt. Wird zu dem reagierenden System noch ein Salz mit demselben Anion X^- zugegeben, das bei der Substitution aus R—X abgelöst wird (sogenannte *Abgangsgruppe)*, so tritt die Abhängigkeit der Reaktionsgeschwindigkeit von der Konzentration des substituierenden Nukleophils Y^- schon vom Anfang an in Erscheinung.

Die Änderung der kinetischen Charakteristik erklärt sich damit, daß in einer Reaktion, die über ein Carboniumion R^+ verläuft, die Rückbildung von R—X aus den Ionen mit der Substitution selbst prinzipiell konkurrieren kann. Diese Konkurrenz hat besonders dann ihre kinetische Konsequenz, wenn beide Prozesse ($R^+ + X^-$ und $R^+ + Y^-$) ähnliche Geschwindigkeitskonstanten haben. Da die Rückbildung von R—X im Sinne des Massenwirkungsgesetzes (S. 63) durch größere Konzentrationen von X^- (entweder in späteren Stadien der Substitution oder nach Zugabe von X^--Ionen) beschleunigt wird, kann die Geschwindigkeit der Bildung von R—Y soweit herabgesetzt werden, daß diese Teilreaktion zum geschwindigkeitsbestimmenden Schritt des ganzen Substitutionsprozesses wird. Kinetisch folgt dann die über Carboniumionen verlaufende Reaktion der Gleichung für Reaktionen 2. Ordnung,

$$v = k[RX][\overline{Y}]$$

und man würde fälschlicherweise auf einen S_N2-Mechanismus schließen.

Seltener schon verläuft umgekehrt eine S_N2-Reaktion kinetisch wie eine Reaktion 1. Ordnung. Dies kann dann vorkommen, wenn die nukleophile Komponente in einem so großen Überschuß, z. B. zugleich als Lösungsmittel, vorhanden ist, daß sich ihre Konzentration während der Substitution praktisch nicht ändert (S. 65). Solche pseudomonomolekulare Reaktionen sind jedoch dadurch begrenzt, daß eine S_N2-Substitution gewöhnlich ein stärkeres Nukleophil braucht, als es die meisten gebräuchlichen Lösungsmittel sind. Übrigens hat man dann noch die Möglichkeit, einen Teil des nukleophilen Agens durch ein geeignetes, inertes Lösungsmittel zu ersetzen und die Abhängigkeit der Reaktionsgeschwindigkeit von der Konzentration des Nukleophils zu studieren.

Auch in dem ersten diskutierten Fall, wo eine S_N1-Substitution wie eine Reaktion 2. Ordnung verläuft, kann man eben auf Grund des erwähnten Einflusses des zugegebenen Salzes den wahren monomolekularen Charakter erkennen. Im Prinzip kann man immer durch eine gründliche kinetische Analyse wichtige Angaben für die

Entscheidung zwischen S_N1 und S_N2 bekommen. Dies gilt nicht nur für solche Fälle, wo S_N1 oder S_N2 so stark überwiegt, daß der andere Mechanismus praktisch nicht zur Geltung kommt, sondern auch dann, wenn die Geschwindigkeiten von S_N1 und S_N2 nicht allzu verschieden sind. Anhand von einer, obwohl schon komplizierteren Analyse der kinetischen Daten kann sogar der Anteil der beiden Mechanismen an der Gesamtreaktion und ihre Parameter ermittelt werden. Man muß allerdings zusätzlich manche anderen typischen Merkmale, durch die sich die beiden Mechanismen unterscheiden, in Betracht ziehen. Diese werden in den nächsten Paragraphen diskutiert. Vorher ist es jedoch nötig, den Charakter der Carboniumionen, wie sie bei den S_N1-Prozessen auftreten, zu definieren.

2. Carboniumionen

Von den ebenso positiv geladenen Ammonium- und Oxonium- bzw. Sulfoniumionen unterscheiden sich die *Carboniumionen*[1] durch die unvollkommene Schale der Bindungselektronen ihres zentralen Kohlenstoffatoms; diese ist anstatt des sonst energetisch bevorzugten Oktetts nur mit sechs Elektronen besetzt.

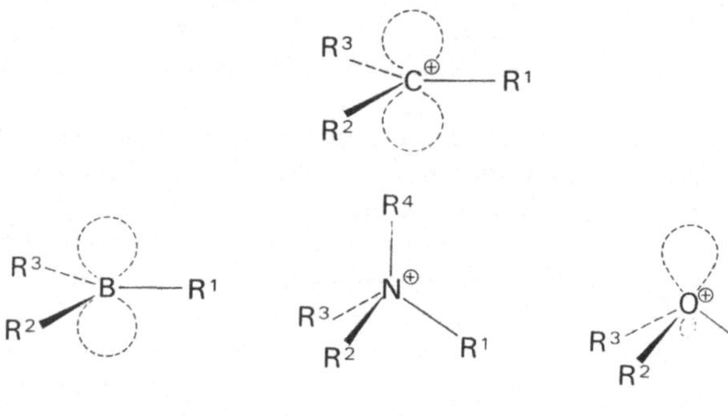

In dieser Hinsicht erinnern die Carboniumionen an Trialkylborane, bei denen das kovalent trisubstituierte Zentralatom auch nur sechs Elektronen in seiner Valenzschale trägt, ohne allerdings dadurch eine positive Ladung zu erreichen.

Aus diesem Vergleich allein kann man schon einige Aussagen über den sterischen Bau der Carboniumionen und deren thermodynamische Stabilität machen. Die Orbitalstruktur sollte eher der des trisubstituierten Bors als der der tetrahedralen Ammonium- und pyramidalen Oxoniumionen gleichen. Man sollte drei besetzte sp^2- und ein unbesetztes p-Orbital erwarten. Die daraus folgende planare Struktur der Carboniumionen wurde tatsächlich, z. B. durch kernmagnetische Resonanzspektroskopie ihrer Lösungen, bestätigt. Bei der Bildung eines Carboniumions durch Heterolyse einer C—X-Bindung geht also die ursprüngliche tetrahedrale sp^3-

---

1 In der deutschen Literatur begegnet man auch dem Ausdruck *Carbeniumionen*. Kohlenstoffhaltige Kationen werden dabei wie protonierte Carbene betrachtet.

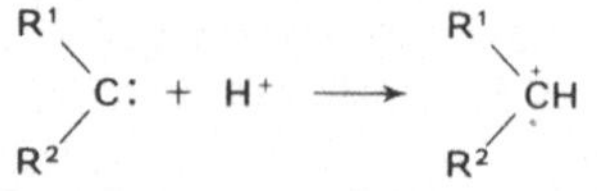

Auch Olah (1972) in den USA benutzt die Bezeichnung Carbeniumionen für positiv geladene Partikeln mit planarem, dreibindigem, elektronendefektivem Zentralkohlenstoffatom und reserviert den Namen Carboniumion für eine andere Art kohlenstoffhaltiger Kationen.

Anordnung in eine planare sp^2 über. Vom sterischen Standpunkt aus gesehen ist dieser Übergang allgemein günstig, denn der ursprüngliche tetrahedrale Bindungswinkel wird (von 109° 28' auf 120°) erweitert und dadurch wird auch der Abstand der drei Substituenten am Zentralatom größer. Wo die begünstigte planare Struktur nicht möglich ist, ist für die Bildung der weniger stabilen Carboniumionen ein beträchtlich höherer Energieaufwand erforderlich. So werden C—X-Bindungen an Brückenköpfen von bicyclischen Systemen gewöhnlich nur ungern solvolysiert, denn eine planare sp^2-Anordnung am C^+ könnte hier nur mit einem starken Anstieg der Ringspannung und der nichtbindenden Wechselwirkungen (im folgenden Beispiel: zwischen den beiden Brückenköpfen) erreicht werden. Es zeigt sich jedoch, daß auch solche Carboniumionen entstehen und daß sie, wenn schon nicht vollkommen planar am C^+, wenigstens stark abgeflacht sind.

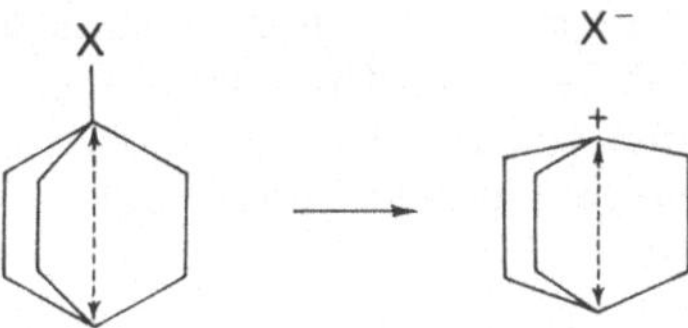

Das Elektronensextett am C^+ mit der überwiegenden positiven Ladung des Kernes macht die Carboniumionen allgemein recht instabil. Eine Vorstellung davon bieten die Energiewerte ihrer Bildung in der Gasphase, wo der Ionisierungsprozeß durch keine intermolekularen Wechselwirkungen beeinflußt wird. Wie man den Photoionisierungsmessungen oder den massenspektrometrischen Daten[2] entnehmen kann, sind für die Bildung eines Carboniumions R^+ aus R—X Energien von 160 bis 230 Kcal/Mol erforderlich.

Diese Vorstellung des Carboniumions als einer energiereichen, äußerst instabilen Partikel kann man jedoch nicht ohne weiteres auf Carboniumionen in Lösungen übertragen. In Lösungen sind alle Partikeln solvatisiert, d. h. durch mehr oder weniger organisierte Hülle von Lösungsmittelmolekülen umgeben. Die Solvathülle bringt den Carboniumionen eine weitgehende Stabilisierung. Da in einer Heterolyse von R—X die elektrisch geladenen Produkte R^+ und X^- durch die Solvatisierung in der Regel viel mehr stabilisiert werden als das Ausgangsmolekül, ist die Ionisierung von R—X in Lösung gegenüber der in Gasphase sehr erleichtert und die dazu nötige Energie beträgt gewöhnlich nur einen Bruchteil (15—30 Kcal/Mol) der oben erwähnten Werte. Anderseits bedeutet das, daß Carboniumionen in Lösungen nur in solvatisierter Form vorliegen (was in üblichen schematischen Darstellungen der Carboniumion-Reaktionen nicht zum Ausdruck kommt) und daß ihre auch dann noch sehr begrenzte Stabilität stark vom Charakter der Solvathülle abhängt. Da das Gleichgewicht des Ionisierungsprozesses

$$R—X \;\rightleftharpoons\; R^+ + \overline{X}^-$$

von den Solvatisierungsenergien beider entstandenen Ionen abhängt, ist der Charakter von X und seine Stabilität als Anion für die Bildung des Carboniumions in Lösung

---

2 Bei der Massenspektrometrie wird z. B. das Molekül durch einen Elektronenstoß, dessen Energie aus dem Potential des nötigen Elektronenstromes ermittelt werden kann, gespalten:

$$R—X + e^- \longrightarrow R^+ + X + 2e$$

sehr wichtig. Sehr stabil sind z. B. komplexe Anionen, wie BX_4^-, SbX_6^- usw., die aus Halogenidionen und Lewisschen Säuren entstehen; mit ihrer Hilfe ist es gelungen, Lösungen von verschiedenen, sogar den wenig stabilen aliphatischen Carboniumionen zu bereiten, indem man das entsprechende Halogenid in einem gut ionisierenden Lösungsmittel in Anwesenheit von BX_3 oder SbX_5 auflöste[3].

Die interne Stabilität eines Ions ist allgemein eine Funktion seiner Ladung und der Oberfläche, an die sie verteilt ist. Je größer die Ladung und je kleiner die Oberfläche (d. h. je größer die Konzentration der Ladung), desto instabiler ist das Ion[4]. Darum gehören kleine, einfache aliphatische Carboniumionen zu den instabilsten. Auf der anderen Seite können größere und kompliziertere Carboniumionen besonders dann gewaltig stabilisiert werden, wenn die positive Ladung durch induktive und konjugative Effekte von dem Zentralkohlenstoffatom auf das gesamte Gerüst des Ions verteilt werden kann. Mit anderen Worten ist ein Carboniumion umso stabiler, je mehr die Elektronenlücke am C^+ durch Wechselwirkungen zwischen seinem unbesetzten p-Orbital und den besetzten Orbitalen seiner Substituenten aufgefüllt wird. So sind z. B. Allyl-Kationen viel stabiler als die entsprechenden gesättigten Alkylionen, denn die Mesomerie verteilt die positive Ladung auf beide Endatome des konjugierten Systems (vgl. auch S. 39).

Praktisch äußert sich die erhöhte Stabilität der Allylkationen in der größeren Bereitschaft der Allylhalogenide und anderen Allylderivate zu solvolytischen (S_N1) Reaktionen. Die Geschwindigkeit dieser Prozesse ist unter vergleichbaren Bedingungen um einige Zehnerpotenzen höher ald die der entsprechenden Alkylderivate.

In ähnlicher Weise werden Benzylkationen durch Teilnahme des aromatischen π-Elektronensystems stabilisiert.

---

3 Sehr geeignet dazu ist die von Olah eingeführte „magische Säure": SbF_5—FSO_3H—SO_2. Sie ist mit Erfolg besonders zum NMR-Studium der Carboniumionen verwendet worden.

4 Auf diesem Prinzip kann die Stabilisierung eines Carboniumions durch Solvatisierung als ein Prozeß verstanden werden, bei dem die positive Ladung von der relativ kleinen Kation-Oberfläche auf die ganze Hülle der solvatisierenden Moleküle hinaus zum Teil übertragen wird.

Wie aus den Grenzstrukturen ersichtlich ist, geht hier jedoch die Stabilisierung des Ions auf Kosten der mesomeren Stabilität des Benzolringes. Das macht die nicht-aromatischen Strukturen energetisch ungünstig und der Anteil jeder einzelnen an der Mesomerie des Benzyliumions ist relativ gering. Das Verhalten von Benzhydryl- und besonders Triphenylmethylderivaten zeigt jedoch, daß der Mesomeriebereich und die damit verbundene Stabilisierung der Carboniumionen durch Teilnahme weiterer Benzolringe noch stark erweitert werden kann. Es waren eben Triphenylmethyl-halogenide, bei denen schon vor 70 Jahren (Walden, 1902; Gomberg, 1902) die Dissoziation einer kovalenten organischen Verbindung zu Ionen in flüssigem SO_2 und anderen nicht-wässrigen Medien konduktometrisch festgestellt wurde.

usw.

Nicht nur sind es mehr mesomere Strukturen als beim Benzyliumion, die für das Triphenylmethylkation geschrieben werden können; jede einzelne von ihnen ist auch wegen einer vollkommeneren Konjugation energetisch günstiger als die nicht-aromatischen Formen beim Benzyl.

Es besteht jedoch ein ernsthafter stereochemischer Einwand gegen die in unserem Schema benutzte planare Formulierung des Triphenylmethylkations: Die *o*-ständigen Wasserstoffatome der drei Benzolringe würden sich bei einer koplanaren Lage der letzteren gegenseitig in ihre van der Waalsschen Sphären eingreifen. Ein konjugatives Überlappen des Orbitales des Zentralatoms mit denen der Ringe ist aber bei größeren Abweichungen von der Koplanarität nicht mehr möglich. Wie dem spektroskopischen Verhalten von Triphenylmethylkation-Lösungen sowie der kristallographischen Röntgenanalyse des kristallinen Triphenylmethylperchlorates zu entnehmen ist, ist hier ein Kompromiß gewählt worden: Das Kation besitzt eine propellerartige Struktur

(1) mit einem Verdrehungswinkel der Benzolringe aus der Ebene von 32°, der ein wirksames Überlappen der betreffenden Orbitale eben noch erlaubt[5].

(1)

Besonders stark ist die Stabilisierung, wenn aus einer nicht-aromatischen Verbindung ein Carboniumion mit einem aromatischen π-Elektronensystem entsteht. Nach der Hückelschen *4n + 2*-Regel (S. 26) ist ein aromatisches System z. B. bei Cycloheptatrienyl-(Tropylium-) (2) und Cyclopropenyl-Kation (3) zu erwarten; diese Ionen gehören tatsächlich zu den stabilsten bekannten Carboniumionen[6].

(2)

(3)

In beiden Ionen ist die Bedingung einer gleichmäßigen Verteilung der positiven Ladung auf alle Ringatome erfüllt (dies ist am besten in Formeln (2a) und (3a) ausgedrückt).

(2a)   (3a)

Ist das C^+-Atom mit keinem π-Elektronensystem konjugiert, so können sich nur induktive oder höchstens hyperkonjugative Effekte als Stabilisierungsmechanismen auswirken. So ist es bei Alkyl-Kationen, die, wie schon kurz erwähnt, allgemein zu den instabilsten Carboniumionen gehören. Es gibt jedoch große Unterschiede in der

---

5 Eine Vorstellung von der Stabilisierung des Triphenylmethylkations bietet die von Winstein (1969) abgeschätzte Geschwindigkeitskonstante seiner Umwandlung in Triphenylmethanol in wäßrigen Lösungen: $k_1 = 10^5$ Sek^{-1}. Für das Benzhydryl-Kation gibt Winstein eine $k_1 = 10^9$ Sek^{-1} an.

6 Für die Bildung von Cycloheptatrienol aus dem mit Wassermolekülen solvatisierten Tropyliumion wird ein $k_1 = 1$ Sek^{-1} angegebenen (Winstein, 1969).

relativen Stabilität der primären, sekundären und tertiären Alkyl-Kationen; die Stabilität nimmt in dieser Reihenfolge stark zu.

Die Stabilisierung der Ionen mit wachsender Zahl der Alkylsubstituenten am C^+ kann entweder dem $+I$-Effekt der Alkylgruppen zugeschrieben oder aber durch Hyperkonjugation im Sinne des folgenden Schemas erklärt werden (vgl. S. 41). Sowohl der induktive als auch der hyperkonjugative Einfluß ist bei tertiären Alkylkationen naturgemäß am stärksten.

Eine merkwürdige Stabilisierung kommt in Cyclopropylcarbinyl-Ionen (5) vor. In diesen überraschend stabilen Ionen (das Triscyclopropylmethylion ist stabiler als das Triphenylmethylion) kann das p-Orbital am C^+ mit den gebeugten Orbitalen der zwei benachbarten C—C-Bindungen des Cyclopropanringes (vgl. S. 13) einigermaßen seitlich überlappen, woraus eine Art konjugativer Stabilisierung resultiert. Verbindungen des Typs (4) solvolysieren um einige Zehnerpotenzen schneller als ähnlich gebaute, jedoch offenkettige Derivate (6).

Das Überlappen im (5) ist allerdings sterisch bedingt; es kann nur in der angedeuteten Konformation, in der die Ebene des Cyclopropanringes senkrecht zur Ebene des C^+ mit seinen Substituenten liegt, zustandekommen. Darum solvolysiert auch die Verbindung (7) (in 50% Äthanol) ohne jede Beschleunigung, ja sogar wesentlich langsamer als (9), denn das entsprechende Carboniumion (8) kann wegen des starren tricyclischen Grundgerüstes die günstige Einstellung der Orbitale nicht erreichen (v. R. Schleyer und Buss, 1969).

(7)   (8) $+ Cl^-$

(9)

Unter Umständen, d. h. bei bestimmten strukturellen und konformationellen Bedingungen, kann ein aliphatisches Carboniumion auch durch eine mit dem Zentralatom nicht-konjugierte Doppelbindung wesentlich stabilisiert werden. So kann man z. B. aus dem Vergleich der Solvolysegeschwindigketein der Homoallyl- und 7-Norbornenylverbindungen mit denen ihrer gesättigten Analogen (die ersteren reagieren um mehrere Zehnerpotenzen schneller) auf eine erhöhte Stabilität der entsprechenden Carboniumionen (10) und (11) als Folge einer Wechselwirkung zwischen dem C^+ und der Doppelbindung „durch den Raum" schließen.

(10)

(11)

Die Problematik dieser und ähnlicher Ionen und ihres in den Formeln (10) und (11) angedeuteten „nicht-klassischen" Charakters wird im Zusammenhang mit den sogenannten Nachbargruppeneffekten (S. 118) diskutiert.

Schließlich muß noch ein wichtiger Stabilisierungsprozeß erwähnt werden, der auch mit der Nachbargruppenbeteiligung an solvolytischen Reaktionen zusammenhängt. Ein instabiles Carboniumion kann nämlich durch Wanderung einer Gruppe von einem benachbarten Kohlenstoffatom zum C^+ in ein anderes, stabileres Ion übergehen. So entstehen bei der Solvolyse von Neopentylderivaten (12) meist nicht Neopentylverbindungen, sondern die vom viel stabileren tertiären Amyl-Kation abgeleiteten Produkte (13).

$$CH_3-\underset{\underset{CH_3}{|}}{\overset{\overset{CH_3}{|}}{C}}-CH_2-X \longrightarrow \overline{X}^- + \left[CH_3-\underset{\underset{CH_3}{|}}{\overset{\overset{CH_3}{|}}{C}}-\overset{+}{C}H_2 \xrightarrow{\quad} CH_3-\underset{\underset{CH_3}{|}}{\overset{+}{C}}-CH_2-CH_3 \right]$$

(12)

$$\downarrow HY$$

$$CH_3-\underset{\underset{CH_3}{|}}{\overset{\overset{Y}{|}}{C}}-CH_2-CH_3 \quad (+ H^+)$$

(13)

Das tertiäre Kation ist aus dem Neopentylion durch Wanderung einer Methyl-gruppe mit den beiden Elektronen der ursprünglichen $C-CH_3$-Bindung an das primäre Carboniumzentrum entstanden. Solche Gerüstumlagerungen sind bei aliphatischen Carboniumionen sehr häufig und gehören zu den typischen Merkmalen der S_N1-Prozesse (S. 246).

3. Sterischer Verlauf der S_N2-Reaktionen

Bei einer bimolekularen Substitution stellen wir uns vor, daß das nukleophile Agens Y mit seinem nichtbindenden Elektronenpaar und manchmal sogar mit einer formalen negativen Ladung aus elektrostatischen Gründen (Abstoßung gleichge-ladener Partikeln) zum Kohlenstoffatom der $C-X$-Bindung von der dem X abge-wandten Seite hinzutritt. So kann auch das Orbital des nichtbindenden Elektronen-paares am $\overline{Y}$ mit dem Hinterlappen des antibindenden Orbitals σ^* von C und X, der sowohl energetisch als auch sterisch leicht erreichbar ist, überlappen und in dieser Weise die neue Bindung $Y-C$ schon während des Auflösens der $C-Y$-Bindung allmählich ausbilden. Im Übergangszustand dieses Prozesses sollte Y, C und X in einer Geraden und die übrigen drei Substituenten des jetzt koordinativ fünfbindig gewordenen Kohlenstoffatoms in einer zu dieser Geraden senkrechten Ebene liegen:

$$Y \text{------} \underset{\underset{R^1}{\diagdown R^3}}{\overset{\overset{R^2}{|}}{C}} \text{------} X$$

Am Schluß des Substitutionsprozesses „klappen" dann die Substituenten am Zentralatom in eine der ursprünglichen entgegengesetzte Konfiguration um.

$$\overline{Y} + \underset{\underset{R^1}{\diagup}R^3}{\overset{\overset{R^2}{\diagdown}}{C}}-X \rightleftharpoons Y \text{······} \underset{\underset{R^1}{|}R^3}{\overset{\overset{R^2}{|}}{C}} \text{······} X \longrightarrow Y-\underset{\underset{R^1}{\diagup}}{\overset{\overset{R^2}{\diagdown}}{C}}\diagdown R^3 + \overline{X}$$

Diese *Inversion* am Zentralatom gehört zu den typischen Merkmalen der S_N2-Reaktionen. Jede S_N2-Substitution wird von einer Inversion begleitet, obwohl dies nicht immer erkennbar sein muß. Leicht kann man sie jedoch bei Substitutionen an optisch aktiven Substraten feststellen (sogenannte Waldensche Umkehrung).

Bei einer Umwandlung von optisch aktivem R—X zu R—Y ist eine Beurteilung der Konfigurationen von Ausgangsmaterial und Produkt anhand der beobachteten optischen Drehung nicht möglich, es sind jedoch Reaktionsfolgen mit einer einzigen S_N2-Substitution ausgearbeitet worden, aus denen der Antipode des Ausgangsmaterials resultiert. So kann z. B. ein optisch aktiver sekundärer Alkohol durch folgende Operationen in seinen Antipoden ohne wesentliche Razemisierung überführt werden.

In der ersten Stufe des Schemas spielt sich die Reaktion am Sauerstoff der alkoholischen Gruppe ab und die Konfiguration am chiralen Kohlenstoffatom bleibt unberührt. Ähnliches gilt für die letzte Stufe: Bei der basischen Hydrolyse des Acetates wird die Carbonylgruppe des Esters (vgl. S. 70) und nicht das chirale Zentrum angegriffen. Es mußte also die nukleophile Substitution der Toluolsulfonyloxy- durch die Acetoxy-Gruppe sein, bei der die am Ende beobachtete Inversion zustande kam.

Hughes und Mitarbeitern (1935) ist es in einem sinnreichen Experiment gelungen, einen direkten Beweis für die Inversion bei S_N2-Reaktionen zu erbringen. Hughes hat die Umsetzung von optisch aktivem 2-Octyljodid mit radioaktiv markierten Jodid-Ionen studiert, also eine Substitution, bei der das substituierende Y mit der Abgangsgruppe X chemisch identisch war. Eine solche Substitution sollte bei der angenommenen Inversion letzten Endes zur vollkommenen Razemisierung führen, denn in jedem Einzelvorgang wird, abgesehen von der Isotopenverschiedenheit, ein Antipode des Ausgangsmaterials gebildet.

Die vorausgesetzte Razemisierung wurde tatsächlich bestätigt und ihre Geschwindigkeit durch Messungen der Abnahme der optischen Drehung des reagierenden Systems in bestimmten Zeitintervallen ermittelt. Gleichzeitig wurde auch die Geschwindigkeit des Austausches des „normalen" gegen das radioaktive Jod, d.h. die Geschwindigkeit des Substitutionsprozesses, gemessen. Die gefundenen Werte der Geschwindigkeitskonstanten der Substitution $[k^{30°}=(3,00\pm0,25)\cdot10^{-5}]$ und der Inversion [berechnet aus der Razemisierungsgeschwindigkeit; $k^{30°}=(2,88\pm0,25)\cdot10^{-5}]$ waren praktisch gleich. Jeder einzelne Substitutionsvorgang hat also eine

Konfigurationsumkehrung mit sich gebracht. Ähnliche Beweise wurden auch für andere S$_N$2-Reaktionen ermittelt.

Inwieweit die erwähnte bipyramidale Geometrie des Übergangszustandes mit X, C und Y in einer Geraden für eine S$_N$2-Reaktion wesentlich ist, haben neuerdings Eschenmoser und Mitarbeiter (1970) an einem überzeugenden Beispiel gezeigt. Die Verbindung (14) gibt mit Basen leicht das entsprechende Anion (15), das sowohl die Eigenschaften eines Nukleophils (das anionische Zentrum —$\overline{\text{CH}}$—SO$_2$Ar) als auch eines Substrates für S$_N$2-Reaktionen (die Methylsulfonatgruppe CH$_3$—O—SO$_2$—) besitzt. Man sollte also eine leichte intramolekulare Reaktion zwischen beiden Gruppen erwarten, denn beide Gruppen können sich leicht bis auf die Distanz einer kovalenten Bindung in einem ungespannten Sechsring annähern. In scheinbarer Übereinstimmung mit dieser Erwartung geht das Anion tatsächlich glatt in das isomere Anion (16) über.

(14)   NaH/Dioxan 17 Std 75°C   (15)   (16)

Wurde die Reaktion jedoch kurz nach dem Start unterbrochen, so fand man neben (16) noch weitere zwei Produkte: (17) und (18).

(14)   NaH/Dioxan 15 min 75°C   (16)   +   (17)   +   (18)

Dieses Ergebnis spricht eher für einen *intermolekularen* Verlauf, bei dem die Methylsulfonatgruppe eines Moleküls das Sulfonanion in einem anderen Molekül alkyliert hat.

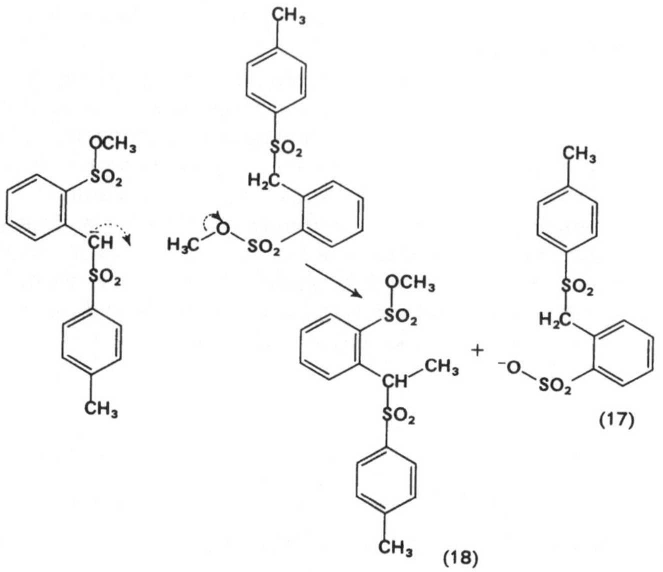

(17)

(18)

Um dies zu beweisen, wurde die Methode der gekreuzten Reaktionen (S. 77) benutzt, indem ein äquimolekulares Gemisch von (14) und seinem hexadeuterierten Analogen (14)-d_6 mit Natriumhydrid behandelt wurde. Im Falle eines intramolekularen Verlaufes sollten nur zwei Produkte, (16) und (16)-d_6, gebildet werden, bei einem intermolekularen Prozeß jedoch zusätzlich noch zwei trideuterierte Verbindungen (16)-d_3 (mit der CD_3-Gruppe einmal am Benzolring, das andere Mal in der α-Stellung der Sulfongruppe).

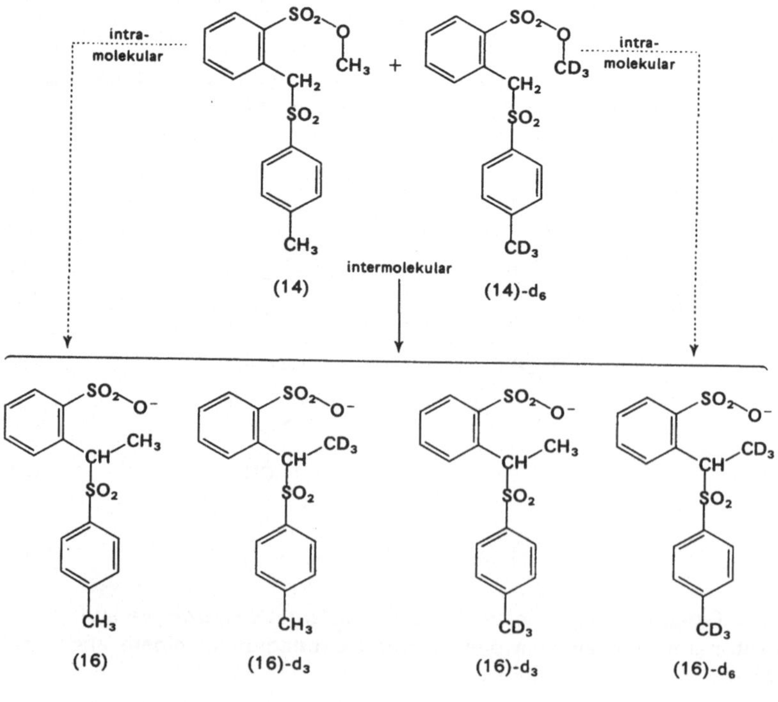

intra-molekular

intra-molekular

(14)

intermolekular

(14)-d_6

(16)   (16)-d_3 (16)-d_3 (16)-d_6

Durch Untersuchung des Gesamtproduktes mittels Massenspektroskopie und kernmagnetischer Resonanz konnte die Anwesenheit von (16), den trideuterierten (16)-d_3 und dem hexadeuterierten (16)-d_6, und zwar in dem für eine intermolekulare Reaktion erwarteten Verhältnis $d_0:d_3:d_6 = 1:2:1$, festgestellt werden. Die Substitution verlief also ausschließlich intermolekular, obwohl sonst intramolekulare Reaktionen gegenüber intermolekularen Prozessen sehr stark begünstigt sind. Eine vernünftige Erklärung dafür ist, daß bei einem intramolekularen Mechanismus die Bedingung des gestreckten Winkels (180°) zwischen Nukleophil, Reaktionszentrum und Abgangsgruppe, die im Übergangszustand einer S_N2-Reaktion verlangt wird, in dem entsprechenden Sechsring-Übergangszustand nicht erfüllt werden kann.

4. Stereochemie der S_N1-Prozesse. Ionenpaare

Bei *monomolekularen Substitutionen* ist die Frage des sterischen Verlaufes weniger eindeutig. Das Endprodukt entsteht hier durch Reaktion des nukleophilen Agens mit dem Carboniumion. Gerade vom Carboniumion, seiner wahren Natur und von der Anordnung seiner unmittelbaren Umgebung haben wir aber in jedem gegebenen Falle eine nur ungenaue Vorstellung. Entscheidenden Einfluß auf den sterischen Verlauf haben vor allem die „Lebensfähigkeit" des Carboniumions und der Umstand, daß im Augenblick der Reaktion mit dem Nukleophil eine Wechselwirkung zwischen Carboniumion und ausgetretener Abgangsgruppe X möglich ist.

Nach einer heute allgemein akzeptierten Vorstellung von Winstein und Mitarbeitern (1954) kann die gegenseitige Beziehung der Ionen R^+ und X^- nach einer vollendeten Ionisierung durch folgende Stadien charakterisiert werden:

a) *Intimes* oder *internes Ionenpaar* (auch *Kontakt-Ionenpaar*); die durch Heterolyse entstandenen Ionen bleiben noch in engem Kontakt und sind von einer gemeinsamen Solvathülle umgeben.

b) *Lösungsmittelgetrenntes* oder *externes Ionenpaar;* ein oder mehrere Lösungsmittelmoleküle haben sich zwischen die zwei Ionen eingeschoben. Nichtsdestoweniger bleiben diese weiterhin im Zustand gegenseitiger elektrostatischer Anziehung. Die Anziehungskraft ist jedoch durch den größeren Abstand und durch die Zerstreuung der Ladung in den Solvathüllen vermindert.

c) Praktisch unabhängige, *vollkommen solvatisierte Ionen,* die als selbständige Partikeln mehr oder weniger den Diffusionsgesetzen gehorchen.

Diese drei Stadien unterscheiden sich thermodynamisch. Die Solvatisierungsenthalpien und -entropien sind in allen drei Fällen verschieden. Welcher der drei Zustände im Einzelfall erreicht wird, hängt von der Konstitution beider Ionen und vom Charakter des Lösungsmittels bei der gegebenen Temperatur ab. Kleinere Ionen (mit einer hohen „lokalen" Konzentration der Ladung) bilden mit dem Lösungsmittel gewöhnlich feste Solvathüllen und existieren darum entweder vollkommen getrennt oder in lösungsmittelgetrennten (externen) Ionenpaaren. Dagegen von größeren Ionen mit gleichmäßig verteilter Ladung werden allgemein nur schwache Wechselwirkungen mit den Lösungsmittelmolekülen ausgeübt und darum auch nur weniger dichte Solvathüllen ausgebildet; es besteht hier eher die Tendenz, Kontakt-Ionenpaare mit einer gemeinsamen Hülle zu bilden. Was den Einfluß des Lösungsmittels betrifft, können stark polare Lösungsmittel durch Ion-Dipol-Anziehungskräfte viel dichtere Solvathüllen ausbilden und mehr zur Trennung von Ionenpaaren beitragen als unpolare Medien, die die elektrostatische Anziehungskraft zweier Ionen als Kontakt-Paar nicht zu überwinden vermögen.

Die Solvathüllen haben ihre, mehr oder weniger veränderliche, für jedes Ionen- und Lösungsmittelsystem jedoch charakteristische Geometrie. Auch wenn diese heute meist noch sehr wenig bekannt ist, kann man kaum daran zweifeln, daß für die gegenseitige Beziehung von Ionen in einem bestimmten Medium neben der Ladungsdichte der Ionen und der Polarität des Lösungsmittels auch durch die Solvatisierung bedingte sterische Faktoren eine wichtige Rolle spielen.

Im Sinne des eben erwähnten mußte das ursprüngliche Ingoldsche Schema der S_N1-Reaktion (S. 80) wie folgt erweitert werden (A bedeutet ein internes, B ein externes Ionenpaar):

$$R\text{—}X \rightleftharpoons \underset{(A)}{R^+X^-} \rightleftharpoons \underset{(B)}{R^+\|X^-} \rightleftharpoons R^+ + X^-$$

$$\downarrow Y^- \qquad \downarrow Y^-$$

$$R\text{—}Y \qquad R\text{—}Y$$

Das Nukleophil $\bar{Y}$ kann nicht nur das „freie", solvatisierte Carboniumion, sondern auch das externe Ionenpaar B angreifen. Letzteres ist besonders bei reaktiveren (weniger stabilen) Carboniumionen und bei solvolytischen Prozessen, also bei Reaktionen mit dem Lösungsmittel, der Fall; zur Überführung des labilen R^+ ins stabile R—Y ist hier nur das Zusammenschrumpfen der Solvathülle erforderlich, wobei dies gewöhnlich wegen der hohen Reaktivität des Carboniumions noch vor der Abtrennung beider Ionen aus dem Ionenpaar geschieht. Dagegen in einem intimen Ionenpaar scheint nur eine Wiedervereinigung der Ionen zu R—X (sogenannte *interne Rückkehr; internal return)* durch einen Angriff der Abgangsgruppe am R^+ möglich zu sein (siehe jedoch über die Ionenpaar-Theorie von Sneen, S. 97).

Die Möglichkeit des nukleophilen Angriffes entweder am „freien" Carboniumion oder am Ionenpaar hat ihre stereochemischen Folgen. Bei einem planaren, „freien" Carboniumion besteht die gleiche Wahrscheinlichkeit eines Angriffes durch $\bar{Y}$ von der einen wie von der anderen Seite seiner Ebene. Aus einem chiralen R—X sollte also bei einer S_N1-Reaktion, im Gegensatz zu den S_N2-Prozessen (Inversion), ein razemisches R—Y entstehen. In einigen Fällen konnte dies tatsächlich bestätigt werden. So lieferten die Solvolysen vom optisch aktiven 1-Phenyläthylchlorid fast vollkommen razemisierte Produkte (Hughes, Ingold und Scott, 1937).

Umfangreiches experimentelles Material zeigt jedoch, daß eine vollkommene Razemisierung bei einer S_N1-Reaktion eigentlich nur selten vorkommt. In den meisten Fällen, besonders wenn es sich um labilere, aliphatische Carboniumionen als Zwischenprodukte handelt, wird eine teilweise Razemisierung von einer Inversion begleitet. Bei der monomolekularen Solvolyse von D-2-Octylbromid in 60% Äthanol-Wasser wurde z. B. nur eine 30—50%ige Abnahme der optischen Aktivität festgestellt, wobei die optisch aktiven Anteile des Produktes L-2-Octanol und L-2-Octyläthyläther waren. Neben dem oben erwähnten Mechanismus, bei dem das Carboniumion von beiden Seiten angegriffen wird, ist also noch ein anderer Weg möglich, dessen Stereochemie derjenigen eines S_N2-Prozesses gleicht. Eine vernünftige Vorstellung ist, daß reaktivere Carboniumionen mit dem Nukleophil schon reagieren, bevor sich die abgetrennte Abgangsgruppe X^- genug weit entfernen konnte (z. B. in einem externen Ionenpaar), so daß ein Angriff des Nukleophils von dieser Seite nicht möglich oder erschwert ist.

$$\bar{Y} \cdots\!\!\rightarrow \overset{R^2}{\underset{R^1\,R^3}{C}}{}^{+} \quad X^- \quad\longrightarrow\quad Y - C \overset{R^2}{\underset{R^1}{\diagdown R^3}} \quad + \quad X^-$$

Die monomolekulare Substitution mit Inversion unterscheidet sich also von dem bimolekularen Mechanismus eigentlich bloß in der zeitlichen Folge der Auflösung und Bildung der Bindungen. Bei einer bimolekularen Reaktion sind beide Prozesse gleichzeitig, hingegen bei S_N1 wird immer zuerst die R—X-Bindung aufgelöst. Die Zeitspanne zwischen dem Auflösen der alten und Bildung der neuen Bindung kann jedoch bei unbeständigen Carboniumionen sehr klein sein. Extrapoliert man den Prozeß der Abkürzung dieses Intervalls gedanklich, so gelangt man zu der S_N2-Substitution als Grenzfall einer S_N1-Reaktion[7].

Wie schon angedeutet, hängt der Anteil der Inversion bei einer S_N1-Reaktion von der Stabilität des Carboniumions ab. Bei sekundären Alkylhalogeniden überwiegt gewöhnlich — wenn die Reaktion überhaupt monomolekular verläuft — die S_N1-Substitution mit Inversion, bei tertiären Derivaten entstehen dagegen infolge der höheren Stabilität von tertiären Carboniumionen überwiegend razemische Produkte und die Inversion beschränkt sich auf bloße 20—30%.

In diesem Zusammenhang verdient noch die Stereochemie der Rückbildung von R—X aus einem internen Ionenpaar (siehe Schema S. 94) eine kurze Erwähnung. Die Existenz der internen Ionenpaare wurde bei einer monomolekularen Solvolyse entdeckt, die von einer schnellen „intramolekularen" Razemisierung des optisch aktiven Ausgangsmaterials begleitet war. Die Bezeichnung „intramolekular" bezieht sich hier auf die Feststellung, daß zugegebene radioaktive Ionen X^- dabei nicht in R—X eingebaut worden sind. Zur Erklärung der festgestellten kinetischen Daten beider Prozesse (Solvolyse und Razemisierung) wurde angenommen, daß sie ein internes Ionenpaar als gemeinsames Zwischenprodukt haben. Dieses wird einerseits weiter in solvatisierte Ionen getrennt, die dann an der Solvolyse teilnehmen, andererseits zum Ausgangsmaterial wiedervereinigt, was mit einer teilweisen Razemisierung verbunden ist (Winstein und Trifan, 1952).

---

7 Siehe weiter den Mechanismusvorschlag von Thornton, S. 97.

Die Razemisierung des optisch aktiven Ausgangsmaterials bei der internen Rückkehr, für die seitdem mehrere Beispiele gefunden worden sind, ist überraschend, wenn man an die bestimmt beträchtlichen Anziehungskräfte zwischen beiden eng beisammen liegenden Ionen denkt. Man könnte vermuten, daß in einem internen Ionenpaar im Prinzip noch die Geometrie des Übergangszustandes der Ionisierung erhalten bleibt, mit X^- an der Seite der ursprünglichen R—X-Bindung. „Treten in einem Reaktionsprozeß zwei Zustände, wie z. B. ein Übergangszustand und ein instabiles Zwischenprodukt, nacheinander auf, die ungefähr die gleiche Energie besitzen, so ist ihr gegenseitiger Übergang (Interconversion) nur mit einer kleinen Reorganisation der Molekularstruktur verbunden." (das sogenannte *Hammondsche Postulat, 1955)*. Diese Anordnung sollte allerdings nur zum R—X mit der erhaltenen ursprünglichen Konfiguration führen. Offenbar sind jedoch die Anziehungskräfte doch nicht stark genug, um eine Rotation der Ebene des Carboniumions zu vermeiden, die seine Wiedervereinigung mit X^- von beiden Seiten ermöglicht. Für letzteres spricht die Tatsache, daß das Ausmaß der Razemisierung bei interner Rückkehr bei tertiären Alkylderivaten viel kleiner ist als bei sekundären: Bei den voluminöseren tertiären Carboniumionen ist mit einer größeren Barriere für die Rotation zu rechnen (Goering und Chang, 1965).

5. Übergangsmechanismen. Versuche um eine einheitliche Deutung der Substitutionsprozesse

Die dualistische Theorie von Hughes und Ingold hat sich vor allem bei extremen Strukturtypen bewährt. Am wenig alkylierten Kohlenstoffatom ist die Substitution von den charakteristischen Erscheinungen einer S_N2-Reaktion (kinetisch: abhängig von der Konzentration sowohl des Substrats als auch des Nukleophils, sterisch: mit Inversion der Konfiguration am C), am hochalkylierten Kohlenstoffatom dagegen von denjenigen einer S_N1-Reaktion (kinetisch: unabhängig von der Konzentration des Nukleophils, sterisch: wenigstens teilweise Razemisierung) begleitet.

Es gibt jedoch viele Fälle, die irgendwo zwischen diesen Strukturextremen liegen, wo auch die Substitutionscharakteristik zwischen derjenigen eines S_N1- und eines S_N2-Prozesses liegt. Kinetisch ist zwar die Geschwindigkeit der Reaktion von der Konzentration des Nukleophils abhängig, aber die Abhängigkeit liegt zwischen der nullten und ersten Ordnung, wobei die Substitution sterisch mehr oder weniger mit Inversion verläuft.

Ein solches „*Borderline*"-Verhalten könnte am einfachsten durch Annahme eines parallelen Verlaufes sowohl der S_N1- als auch der S_N2-Reaktion, die sich in dem betreffenden Fall erfolgreich konkurrenzieren könnten, erklärt werden. Man kann aber auch an einen einzigen, hybriden Mechanismus denken, dessen charakteristische

Zeichen zwischen denen eines S_N1- und eines S_N2-Prozesses liegen würden (Bird, Hughes und Ingold, 1954; Winstein und Mitarbeiter, 1951).

Eine alternative Erklärung hat neuerdings Sneen (1969) anhand von interessanten Beobachtungen vorgeschlagen. Bei der Reaktion von optisch aktiven 2-Octylsulfonaten (Brosylaten und Mesylaten) mit Azidionen in wäßrigem Dioxan (Produkte waren 2-Octanol und 2-Octylazid) konnte er durch einen steigenden Wassergehalt des Mediums die kinetischen und stereochemischen Merkmale des Prozesses von denen einer S_N2-Substitution (unter 25% Wassergehalt in Dioxan) über ein Zwischenstadium mit einem „Übergangsverhalten" in die einer monomolekularen S_N1-Reaktion (bei 75% Wasser) fast kontinuierlich umwandeln. Dieser Kontinuität sollte nach Sneen ein einziger, auch kontinuierlich veränderlicher Mechanismus eher als die Ingoldschen zwei Mechanismen entsprechen. Diesen sieht er in einer reversiblen Ionisierung des Substrates zu einem (sterisch orientierten; internen?) Ionenpaar, das dann durch Angriff des Nukleophils (Azidions oder Wassermoleküls) zu Produkten reagiert.

$$R\text{—}X \underset{k_{-1}}{\overset{k_1}{\rightleftharpoons}} R^+X^- \begin{cases} \xrightarrow[k_s]{H_2O} & R\text{—}OH \\ \xrightarrow[k_N]{N_3^-} & R\text{—}N_3 \end{cases}$$

In dem zweistufigen Schema ist entweder die reversible Ionisierung geschwindigkeitsbestimmend; dann kommt die S_N1-Charakteristik zum Vorschein. Oder aber ist es der folgende Angriff des Nukleophils, der die Geschwindigkeit bestimmt; dann ist die Geschwindigkeitskonstante sowohl von der Konzentration des Substrates als auch des Nukleophils abhängig und die Reaktion verhält sich wie eine S_N2-Substitution. Schließlich können die Geschwindigkeiten beider Stufen vergleichbar sein, was dann zum Übergangsverhalten führt. Die im Ionenpaar beibehaltene Asymmetrie erklärt die beobachtete Inversion der Konfiguration. Beim monomolekularen Verlauf kann jedoch das Ionenpaar zuerst in getrennte Ionen übergehen, wodurch die bei S_N1-Reaktionen übliche Razemisierung erklärt wäre.

Die Notwendigkeit, einen gemeinsamen Mechanismus für mono- und bimolekulare Substitutionen zu postulieren, fühlt auch Thornton (1967, 1968). Sein vereinheitlichender Vorschlag beruht jedoch auf einer der Sneenschen vollkommen entgegengesetzten Vorstellung. Liegt bei Sneen der Unterschied gegenüber der Ingoldschen Theorie darin, daß die bimolekulare Reaktion, ähnlich der S_N1, als ein zweistufiger Prozeß anzusehen ist, so ist es bei Thornton der S_N1-Prozeß, den er unterschiedlich von Ingold definiert. Die S_N1-Substitution wird nicht, wie es die englische Schule behauptet, als monomolekulare Dissoziation von R—X mit einem Übergangszustand:

$$\overset{\delta+}{R}\cdots\overset{\delta-}{X}$$

sondern, wie bei S_N2, als ein Prozeß mit einer direkten Beteiligung des Nukleophils (des nukleophilen Lösungsmittelmoleküls) betrachtet. Die Geometrie des Übergangszustandes der S_N1-Reaktionen ist also grundsätzlich von der der S_N2-Reaktionen nicht verschieden. Der Unterschied liegt nach Thornton hauptsächlich in dem Grade der Bindungsauflösung oder -bildung, wobei beide zugleich entweder größer oder kleiner werden. Bei Prozessen mit der S_N2-Charakteristik ist der Übergangszustand kompakt (tight), d. h. sowohl die substituierende als auch die Abgangsgruppe sind relativ eng an das Zentralatom gebunden (die partiellen Bindungen sind kurz und fest). Bei S_N1-Prozessen dagegen sind die Bindungen zwischen X und R und R und Y nur sehr wenig ausgebildet: Der Übergangszustand ist locker (loose), die „Bindungen" sind länger.

$$Y\cdots R\cdots X \qquad\qquad Y:\cdots\overset{\delta+}{R}\cdots:X$$

„enger" Übergangszustand   „lockerer" Übergangszustand

Welchen Charakter der Übergangszustand haben wird, hängt vor allem von der Selektivität des betreffenden Substrates gegenüber dem Nukleophil ab. Ist diese groß, kann ein starkes Nukleophil den Lösungsmittelmolekülen, auch wenn ihre Konzentration relativ sehr hoch ist, gut konkurrieren und es resultiert eine kinetische S_N2-Charakteristik. Ist die Selektivität des Substrates jedoch klein, so macht es keinen Unterschied zwischen den Lösungsmittelmolekülen und dem Nukleophil Y (auch wenn die ersteren schwächer nukleophil sind) und die Solvolyse (d. h. kinetisch das S_N1-Verhalten) überwiegt dann. Schließlich, bei einer mittleren Selektivität, ist es möglich, daß einige Substratmoleküle mit dem Lösungsmittel, andere wieder mit dem Nukleophil reagieren (ein Borderline-Verhalten). Dabei scheidet Thornton den wahren monomolekularen S_N1-Mechanismus nicht vollkommen aus; unter geeigneten Bedingungen (bei einer sehr niedrigen Nukleophilität des Lösungsmittels und auch der Abgangsgruppe) kann der lockere Übergangszustand zu einem Carboniumion führen.

Beide erwähnten Vorschläge für einen einheitlichen Mechanismus der Substitution sind attraktiv, wobei derjenige von Thornton theoretisch und experimentell besser begründet zu sein scheint (die Stärke seiner Theorie liegt in der leichten Erklärbarkeit von Substituenteneinflüssen). Trotz ihrer Attraktivität wird jedoch unsere künftige Diskussion der nukleophilen Substitution im Sinne der immer noch weithin akzeptierten, mit zahlreichem experimentellem Material fundierten Ingoldschen Theorie weitergeführt werden.

6. Polare Einflüsse. Das Verhältnis S_N1 / S_N2

Die Ingoldschen S_N1- und S_N2-Mechanismen sind als Konkurrenzmechanismen anzusehen, die bei jeder nukleophilen Substitution nebeneinander ablaufen können. Meistens überwiegt jedoch einer von ihnen, oft sogar derart, daß der andere praktisch nicht zur Geltung kommt. Über das Verhältnis S_N1/S_N2 entscheiden in jedem einzelnen Fall viele Faktoren, die zum Zweck unserer Diskussion in polare und sterische eingeteilt werden. Die Einteilung ist allerdings künstlich; in der Tat sind polare und sterische Faktoren untrennbar.

a) Konstitution des Substrates

Aus den Schemen für S_N1 und S_N2 folgt, daß die Substitution in beiden Fällen durch einen positiven induktiven Effekt $+I$ des kohlenstoffhaltigen Restes R erleichtert wird: In beiden Prozessen trägt er zur Polarisierung der Bindung R—X im Sinne der erwarteten heterolytischen Auflösung bei. Dabei kann sich jedoch der $+I$-Effekt viel stärker bei der monomolekularen Substitution als bei der S_N2-Reaktion auswirken. Im letzteren Fall wird nämlich sein Einfluß durch die höhere Symmetrie der Elektronenverteilung im Übergangszustand,

$$\overset{\delta\delta-}{Y}\text{------}\overset{\overset{\displaystyle |}{\delta+}}{\underset{\displaystyle \diagup\!\!\diagdown}{C}}\text{------}\overset{\delta\delta-}{X}$$

teilweise paralysiert. Bei S_N1-Prozessen dagegen fördert der polarisierende Einfluß eindeutig das Erreichen des Übergangszustandes mit der gestreckten C—X-Bindung, wobei die partielle positive Ladung am C durch den +I-Effekt in derselben Weise wie bei Carboniumionen (S. 86) gleichzeitig stabilisiert wird.

Der positive induktive Effekt nimmt in der homologen Reihe unverzweigter primärer Alkylgruppen vom Methyl zu höheren Gliedern etwas zu, beträchtlich stärker wird er jedoch beim Übergang von primären zu sekundären und von sekundären zu tertiären Alkylgruppen.

$$CH_3\!-\; <\; CH_3\!-\!CH_3\!-\; \leqq\; CH_3\!-\!(CH_2)_n\!-\!CH_2\!-$$

$$CH_3\!-\; <\; CH_3\!-\!CH_2\!-\; <\; (CH_3)_2CH\!-\; <\; (CH_3)_3C\!-$$

Dementsprechend nimmt die Geschwindigkeit der monomolekularen Substitution in der Reihe primäres < sekundäres < tertiäres Alkylderivat stark zu (zwischen einer primären und einer tertiären Alkylverbindung kann man einen Unterschied der Geschwindigkeitskonstanten von mehreren Zehnerpotenzen erwarten).

Bei der bimolekularen Substitution wird dagegen die Geschwindigkeit in der erwähnten Reihenfolge eher eine schwach sinkende Tendenz ausweisen, denn der kleine positive Einfluß des zunehmenden +I-Effektes wird hier durch einen ebenfalls wachsenden, ungünstigen sterischen Effekt überkompensiert; die Verzweigung am Zentralatom erschwert das Erreichen des kompliziert gebauten Übergangszustandes.

Das Resultat ist, daß unter Bedingungen, die keinen der beiden Mechanismen ausschließen, d. h. in einem genug ionisierenden Medium und bei einer nicht allzu hohen Konzentration eines nicht allzu starken Nukleophils, primäre Alkylderivate vorwiegend nach S_N2, tertiäre Alkylverbindungen vorwiegend nach S_N1 reagieren. Bei sekundären Derivaten überwiegt dann je nach ihrer Struktur, der Natur des Nukleophils, des Lösungsmittels und der weiteren Reaktionsbedingungen entweder S_N2 oder S_N1 oder, was meistens passiert, die Substitution verläuft gleichzeitig nach beiden Mechanismen. Diese Beziehungen wurden von Ingold graphisch, wie es Abb. 3 zeigt, ausgedrückt.

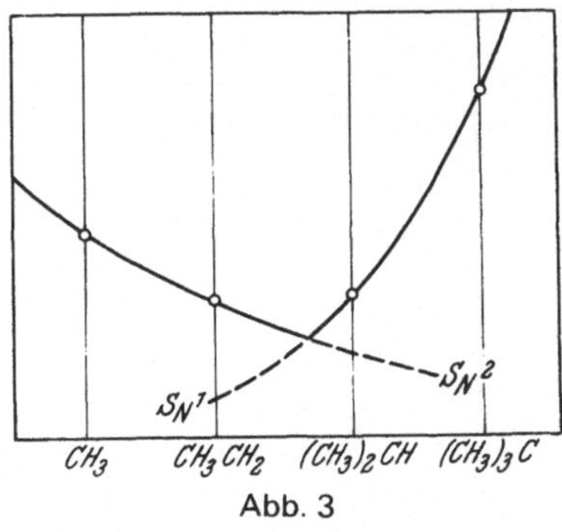

Abb. 3

Der Bereich des Umschlages von S_N2 zu S_N1 oder umgekehrt kann bei einem bestimmten Verbindungstyp durch die Wahl des Nukleophils, des Lösungsmittels und sonstiger Bedingungen in ziemlich breiten Grenzen verschoben werden. Eine hohe Konzentration von starkem Nukleophil in wenig ionisierendem Lösungsmittel führt auch bei sekundären Derivaten ausschließlich zu bimolekularer Reaktion, während eine Substitution mit einem schwachen Nukleophil in stark ionisierendem Medium sogar bei primären Alkylverbindungen einen monomolekularen Verlauf nehmen kann.

Substituenten am Zentralkohlenstoffatom, die infolge ihres induktiven oder konjugativen Effektes zur Stabilisierung des entsprechenden Carboniumions beitragen, erleichtern auch das Erreichen des dem Carboniumion ähnlichen Übergangszustandes der S_N1 und verschieben das Verhältnis S_N1/S_N2 zugunsten des ersteren Mechanismus. Einen solchen Einfluß haben z. B. Phenylgruppen: schon bei primären Benzylhalogeniden setzt sich neben S_N2 die monomolekulare Substitution signifikant durch; bei sekundären α-Methylbenzylhalogeniden (20) und besonders bei Benzhydrylderivaten (21) wird S_N1 schon zum dominierenden Mechanismus (die Geschwindigkeiten der alkalischen Hydrolyse von (20) und (21) in wäßrigen Lösungen sind z. B. in weiten Grenzen von der Hydroxylionen-Konzentration unabhängig). Solches Verhalten kommt bei rein aliphatischen Verbindungen erst den tertiären Alkylhalogeniden zu. Die Reihenfolge (19) < (20) < (21) geht mit der zunehmenden Stabilität der betreffenden Carboniumionen (S. 84, 85) parallel[8].

(19)   (20)   (21)

$S_N2 - S_N1$ $S_N1\,(+\,S_N2)$

Bei Benzylderivaten und Verbindungen ähnlichen Charakters kann die Tendenz zum Reaktionsablauf nach dem S_N1-Mechanismus durch elektronenspendende Substituenten am Benzolring (z. B. RO- oder R_2N-) weiter verstärkt, durch elektronenanziehende Gruppen (z. B. O_2N-) dagegen abgeschwächt werden. Besonders stark wirken sich die Substituenten in p-Stellung (durch konjugativen Einfluß) aus (Tab. 7).

Übergangszustand

8 Der stark beschleunigende Einfluß der Phenylgruppe zeigt sich deutlich beim Vergleich der Solvolysegeschwindigkeiten von (20) und (21): Die Äthanolyse von Benzhydrylchlorid verläuft z. B. 270mal schneller als die von α-Methylbenzylchlorid (Streitwieser, 1956).

Tabelle 7. *Relative Solvolysegeschwindigkeiten p-substituierter Benzylderivate in wäßrigem Aceton (25° C) (Stock und Brown, 1963)*

Substrat	$k_{1(rel)}$ für $X=$		
	CH_3O	H	NO_2
X——⬡——CH_2——O——SO_2——C_7H_7	25 000	1	0,022
X——⬡——$\overset{CH_3}{\underset{CH_3}{C}}$—Cl	3 360	1	0,000257

Sogar beim Triphenylmethylchlorid, das ein Vorbild eines solvolysefreudigen (nach S_N1 reagierenden) Substrates darstellt, konnte durch dreifache *p*-Substitution mit elektronenanziehenden Nitrogruppen ein S_N2-Verlauf erzwungen werden (Miotti und Fava, 1966).

$$k_2 = 1,06 \cdot 10^{-3} \; Mol \cdot Sec^{-1}$$
$$k_1 = 0$$

Der Einfluß einer elektronenspendenden Gruppe ist allerdings am stärksten, wenn diese direkt an das Zentralkohlenstoffatom gebunden ist. Die bekannte Tatsache, daß Acetale und Ketale im Gegensatz zu chemisch inerten Äthern leicht sauer hydrolysiert werden[9], kann dem positiven konjugativen Effekt der zweiten Alkoxygruppe zugeschrieben werden, der die Hydrolyse der C—O(H)R-Bindung fördert, indem er das entstehende Ion stabilisiert:

Aus ähnlichen Gründen verläuft auch die monomolekulare Hydrolyse von α-Halogenäthern sehr leicht.

---

[9] Nach einer älteren Arbeit von Skrabal soll die sauere Hydrolyse des Acetaldehyddiäthylacetals 10^{11} mal schneller verlaufen als die von Diäthyläther unter vergleichbaren Bedingungen.

b) Die Abgangsgruppe

Die Reaktivität eines Substrates bei nukleophilen Substitutionen hängt auch von der Natur der *Abgangsgruppe (leaving group)* X ab. Da sich jedoch die polaren Effekte dieser Gruppe auf beide Mechanismen (S_N1 und S_N2) in gleichem Sinne und ungefähr in gleichem Ausmaß bemerkbar machen, wird das Verhältnis S_N1/S_N2 beim Übergang zu einer anderen Abgangsgruppe gewöhnlich nur wenig beeinflußt. Bei Alkylhalogeniden wurden z. B. bei der Hydrolyse und Alkoholyse sehr ähnliche Beschleunigungsfaktoren sowohl für die S_N1 als auch für die S_N2-Reaktion beim Übergang von Chlor- über Brom- zu Jodderivaten gemessen. In beiden Prozessen reagieren die Bromderivate 25—50mal und die Jodverbindungen 40—200mal schneller als die entsprechenden Alkylchloride (Hughes und Ingold, 1937—1950). Diese Reihenfolge entspricht der Fähigkeit der jeweiligen C—X-Bindung zu der für den Übergangszustand nötigen Streckung. Die Bereitschaft zur Streckung nimmt in der Reihenfolge J > Br > Cl > F ab. Beim kleinen und stark elektronegativen Fluor ist der Widerstand schon so groß, daß bei gesättigten Fluorderivaten die üblichen Substitutionsreaktionen der Alkylhalogenide praktisch unmöglich werden (das relativ noch „reaktive" *tert.* Butylfluorid wird z. B. im 80% wäßrigen Äthanol bei 25° C ungefähr 100 000mal langsamer solvolysiert als *tert.* Butylchlorid).

Die Wahl einer „guten" Abgangsgruppe für nukleophile Umsetzungen hat bekanntlich eine entscheidende Bedeutung. Sehr gut haben sich in dieser Hinsicht verschiedene Alkyl- und Arylsulfonate bewährt, die in ihrer Reaktivität sogar den reaktiven Jodderivaten überlegen sind. Besonders oft werden Methansulfonate (sogenannte Mesylate), *p*-Toluolsulfonate (Tosylate) und *p*-Brombenzolsulfonate (Brosylate) als Substrate für nukleophile Umsetzungen benutzt.

Als beste zur Zeit bekannte Abgangsgruppe gilt die Trifluormethansulfonyloxy-Gruppe (Triflat-Gruppe); Alkyltriflate solvolysieren noch um mehrere Zehnerpotenzen schneller als die hochreaktiven Tosylate (Streitwieser und Mitarbeiter, 1968) [10].

$$CF_3{-}SO_2{-}O{-}CH_2CH_3 \;>\; CH_3{-}C_6H_4{-}SO_2{-}O{-}CH_2CH_3 \;>\; I{-}CH_2CH_3$$

$$k_{rel}\; (\text{EtOH, }25°C):\quad 450\,000 \qquad\qquad 15 \qquad\qquad 1$$

---

10 Die besondere Stellung der Triflat-Gruppe unter den Abgangsgruppen illustriert am besten die Neigung ungesättigter Triflate des Typus (22) zu solvolytischen Prozessen.

$$
\begin{array}{ccc}
\underset{\text{(22)}}{\overset{R}{\underset{R'}{>}}C{=}C\overset{CH_3}{\underset{OSO_2CF_3}{<}}}
& \rightleftharpoons &
\underset{\text{(23)}}{\overset{R}{\underset{R'}{>}}C{=}\overset{CH_3}{C_+}}
\quad + \quad CF_3SO_2O^-
\end{array}
$$

Die dabei auftretenden Vinyl-Kationen (23) werden durch Solvolyse anderer Vinylderivate nur sehr schwer gebildet (gewöhnlich ist eine zusätzliche Stabilisierung des Kations durch weitere Doppelbindung, Cyclopropanring usw. nötig) (Stang und Summerville, 1969).

Relativ schlechte Abgangsgruppen sind dagegen allgemein Carboxylatgruppen in Carbonsäureestern. Eine weitere bedeutende Abnahme der Neigung zu nukleophilen Substitutionen ist bei Alkoholen und Äthern zu beobachten: Ihre Hydroxy- bzw. Alkoxygruppen können praktisch nicht mehr direkt (d. h. als solche) durch andere Substituenten ersetzt werden. Ihre Substitutionen finden erst in saurem Medium, wo sie in Form ihrer Oxoniumsalze vorliegen, statt; die Oxoniumionen sind die eigentlichen Substrate der Substitutionsprozesse. Die Umsetzung von Alkoholen mit Halogenwasserstoffsäuren zu Alkylhalogeniden muß also wie folgt formuliert werden:

$$(1) \quad R\text{—}OH + H^+ \rightleftharpoons R\text{—}\overset{+}{O}H_2$$

$$(2a) \quad X^- + R\text{—}\overset{+}{O}H_2 \longrightarrow X\text{—}R + OH_2 \quad (S_N2)$$

$$(2b) \quad R\text{—}\overset{+}{O}H_2 \longrightarrow R^+ + OH_2$$
$$R^+ + X^- \longrightarrow R\text{—}X \qquad (S_N1)$$

c) Das Nukleophil

Jedes Nukleophil $\bar{Y}$, sei es ein Anion oder eine elektrisch neutrale Partikel mit einem nichtbindenden Elektronenpaar, entspricht der Lewisschen Definition einer Base. Da es sich bei der Basizität um die Reaktivität gegenüber dem Proton, bei der *Nukleophilie* um die Reaktivität gegenüber dem „positiven" Kohlenstoffatom handelt, könnte man bei nukleophilen Agentien eine Parallelität zwischen beiden Eigenschaften erwarten.

Oft ist diese Parallelität tatsächlich, besonders wenn es sich um Partikeln mit demselben nukleophilen Atom (O, S, N usw.) handelt, in groben Linien eingehalten. So nimmt in den Reihen:

$$CH_3CH_2\text{—}O^- > C_6H_5\text{—}O^- > HO^-$$
$$R\text{—}S^- > C_6H_5\text{—}S^-$$

$$R_2\bar{N}H > C_6H_5\text{—}\bar{N}R_2 > N$$

sowohl die Reaktivität bei S_N-Prozessen als auch die Basizität ab. Ebenso oft gibt es jedoch Fälle, wo die Parallelität nicht besteht. Dies ist besonders dann so, wenn Nukleophile mit verschiedenen Zentralatomen verglichen werden. So reagiert das Thiophenolation mit Butylbromid (in Äthanol) mehr als tausendmal schneller als das basischere Phenolation (Quayle und Royals, 1942).

$$C_4H_9\text{—}Br \xrightarrow[C_2H_5OH,\ 25^\circ C]{C_6H_5S^-} \langle \rangle\text{—}S\text{—}C_4H_9 + Br^- \qquad k_2 = 1{,}25 \cdot 10^{-2}$$

$$\xrightarrow[C_2H_5OH,\ 25^\circ C]{C_6H_5O^-} \langle \rangle\text{—}O\text{—}C_4H_9 + Br^- \qquad k_2 = 0{,}99 \cdot 10^{-5}$$

Noch auffallender ist die Diskrepanz zwischen beiden Eigenschaften beim Vergleich von Phenolation und Halogenidionen: Das Bromidion ist z. B. in der S_N-

Reaktion mit Alkylbromiden ungefähr gleich reaktiv wie das um 17 Zehnerpotenzen basischere Phenolation.

Der Grund der Diskrepanz liegt in der doch unterschiedlichen Natur der Reaktionen, die für die Beurteilung der Basizität einerseits und der Nukleophilie anderseits maßgebend sind. Die Reaktion einer Base mit Protonen ist ein typischer Gleichgewichtsprozeß und dementsprechend ist die Basizität, die durch die Gleichgewichtskonstante bestimmt wird, eine thermodynamische Größe. Die Bildung einer festen kovalenten σ-Bindung mit einem Kohlenstoffatom ist dagegen ein kinetisch kontrollierter Prozeß und die danach beurteilte Nukleophilie ist daher eine kinetische Größe.

Bei der Nukleophilie einer Partikel kommen außer der „Verwendbarkeit" ihrer nichtbindenden Elektrone auch andere Faktoren, wie z. B. sterische Effekte, Wechselwirkungen mit Lösungsmolekülen (Solvatisierung) und mit anderen Partikeln (z. B. mit Gegenionen), zum Ausdruck.

Einen Versuch, die Nukleophilie verschiedener Ionen und neutralen Molekülen zu korrelieren, haben 1953 Swain und Scott publiziert. Zur Korrelation der relativen Geschwindigkeitskonstanten von 47 nukleophilen Substitutionen haben sie eine empirische Zweiparameter-Gleichung,

$$\log \frac{k}{k_0} = s \cdot n$$

aufgestellt, in der k die Geschwindigkeitskonstante der Reaktion mit dem betreffenden Nukleophil, k_0 die der Reaktion mit Wasser, s die Substratkonstante und n die nukleophile Konstante bedeutet. Die Konstante s ist für jedes Substrat charakteristisch und für Methylbromid in Wasser als 1,00 definiert; die nukleophile Konstante n ist charakteristisch für jedes Nukleophil und beträgt für Wasser 0,00. Einige typische Werte der so ermittelten nukleophilen Konstanten seien hier angeführt:

H_2O	CH_3COO^-	Cl^-	Br^-	N_3^-	HO^-	$C_6H_5NH_2$	SCN^-	I^-	$S_2O_3^{2-}$
n: 0,00	2,72	3,04	3,89	4,00	4,20	4,49	4,77	5,04	6,34

Wenn auch die nukleophilen Konstanten von Swain und Scott eine Abschätzung der relativen Reaktivitäten verschiedener (bei weitem jedoch nicht aller) nukleophiler Agentien erlauben, wird die Bedeutung des Vorschlages durch die Begrenzung auf wäßrige Medien sehr herabgesetzt. Unterschiedliche Solvatisierungseffekte usw. in anderen Lösungsmitteln können die relativen Reaktivitäten soweit ändern, daß sogar andere Reihenfolgen resultieren.

Die Nukleophilie des substituierenden Agens in dem betreffenden Medium kann einen entscheidenden Einfluß auf den Mechanismus der Substitution ausüben. Dies wird besonders bei Substraten deutlich, die infolge ihrer Konstitution in das Übergangsgebiet S_N1—S_N2 gehören. Stark nukleophile Agentien bewirken in solchen Fällen durch ihre Aggressivität eine vorwiegend bimolekulare Substitution, bei schwach nukleophilen Partikeln überwiegt eher der monomolekulare Mechanismus.

Ein klassisches Beispiel für diese Einflüsse ist die von Gleave, Hughes und Ingold (1935) studierte Zersetzung von Trimethylsulfoniumderivaten (in Äthanol). Während die Zersetzung des Trimethylsulfoniumhydroxyds und -phenolates (stark nukleophiles HO^- und PhO^-) Reaktionen zweiter Ordnung mit verschiedenen Geschwindigkeitskonstanten sind, hat die Zersetzung des entsprechenden Chlorids, Bromids und Carbonats den Charakter einer Reaktion erster Ordnung und in allen drei Fällen ist die Geschwindigkeit gleich (unabhängig von der Natur des Nukleophils).

Umgekehrt kann diese Tatsache als geeignetes Kriterium für die Beurteilung des Reaktionsmechanismus benutzt werden. Sind die Reaktionen eines Substrates mit verschiedenen Nukleophilen unter vergleichbaren Bedingungen gleich schnell, so weist dies auf den monomolekularen Mechanismus hin.

Es kann vorkommen, daß sich bei einer nukleophilen Substitution zwei oder mehrere Nukleophile gleichzeitig um ein Substrat bewerben. Bei S_N2-Prozessen hängt dann das Resultat hauptsächlich von der relativen Nukleophilie der Agentien ab, d. h. das aggressivste von allen wird hauptsächlich oder ausschließlich zum Endprodukt beitragen. Anders ist es bei S_N1-Reaktionen. Hier hängt die Zusammensetzung des Produktes eher von der Aggressivität des intermediär gebildeten Carboniumions ab. Je labiler das Carboniumion ist, desto unempfindlicher ist es auf strukturelle Verschiedenheit der anwesenden nukleophilen Partikeln und desto weniger selektiv reagiert es auch. Stabile Carboniumionen sind dagegen imstande, den nukleophilsten unter den konkurrierenden Reaktionspartnern zu bevorzugen. Dies illustrieren folgende Werte der relativen Geschwindigkeiten der S_N1-Reaktionen von verschiedenen, Carboniumionen bildenden Substraten mit Azidionen (nukleophile Konstante $n = 4,00$) und Wasser ($n = 0,00$) (Swain, Scott und Lohmann, 1953)[11].

Substrat:	$(C_6H_5)_3C$—F	$(C_6H_5)_2CH$—Br	$(CH_3)_3C$—Br
$k_{N_3^-}/k_{H_2O}$ (in H_2O-Aceton)	280 000	170	3,9

d) Lösungsmitteleffekte

Es wurde schon angedeutet, daß der Solvatisierung bei heterolytischen Reaktionen eine wichtige Rolle zukommt. Sie setzt die für Substitutionsprozesse nötige Aktivierungsenergie in flüssiger Phase stark herab, so daß die Reaktionen unter relativ milden Bedingungen ablaufen können. Diese entscheidende Aufgabe der Lösungsmittel wirft natürlich die Frage auf, inwieweit der Reaktionsverlauf von der Art der Solvatisierung und diese wiederum von der Natur des Lösungsmittels abhängt. Es sei gleich gesagt, daß dies eine komplexe Frage ist, deren zahlreiche Aspekte trotz konzentrierten Bemühungen noch nicht abgeklärt worden sind.

Eine allgemeine Lösungsmitteleffekt-Theorie wurde von Hughes und Ingold (1935) auf Grund der Polarität aufgestellt. Sie basierte auf folgenden Vorstellungen:

a) Das Ausmaß der Solvatisierung hängt sowohl von der Natur der zu solvatisierenden Partikel als auch von der des Lösungsmittels ab.

b) Ein polareres Lösungsmittel besitzt für elektrisch geladene (oder dipolare) Partikeln ein größeres Solvatisierungsvermögen als ein weniger polares Solvens.

c) Bei gleichem Lösungsmittel nimmt das Ausmaß der Solvatisierung mit steigender spezifischer Ladung der zu solvatisierenden Partikel zu; umgekehrt bei kleinerer oder zerstreuterer Ladung ist die Solvatisierung schwächer.

---

11 Auf die Reaktivität eines Carboniumions hat nicht nur seine Struktur, sondern auch seine Herkunft einen Einfluß. So sind z. B. Carboniumionen, die durch thermische Zersetzung von Diazoniumionen entstanden sind, viel reaktiver (man spricht von „heißen" Carboniumionen) als dieselben Ionen, die durch Heterolyse einer C-Halogen-Bindung gebildet worden sind.

$$R—\overset{+}{N}{\equiv}NI \xrightarrow{\Delta} R^+ + IN{\equiv}NI$$

Bei den erstgenannten ist natürlich die Selektivität gegenüber Nukleophilen besonders gering.

d) Die Polarität des Lösungsmittels wurde dabei hauptsächlich nach seinem molekularen Dipolmoment beurteilt, wobei auch noch die „Dichte der Abschirmung" des Dipols berücksichtigt wurde; bei der stark dipolaren H—O-Gruppe ist z. B. diese Abschirmung am kleinen Wasserstoffatom sehr „dünn", und darum sind hydroxylhaltige Lösungsmittel (Wasser, niedermolekulare Alkohole) unter die polarsten Lösungsmittel eingereiht worden.

Vorausgesetzt, daß zwischen den Ausgangskomponenten einerseits und dem Übergangszustand anderseits ein Gleichgewicht besteht, sollte nach Hughes und Ingold ein polareres Lösungsmittel die Aktivierungsenergie des Prozesses dann herabsetzen (und so die Reaktion beschleunigen), wenn der Übergangszustand polarer als die Ausgangskomponenten ist, d. h. wenn er eine höhere oder konzentriertere elektrische Ladung besitzt; er sollte dann besser als die Edukte solvatisiert werden. Ist dagegen die Ladung im Übergangszustand kleiner oder zerstreuter, wird der Übergang zu einem polareren Lösungsmittel eine noch bessere Solvatisierung der Edukte relativ zum Übergangszustand mit sich bringen und dadurch die Aktivierungsenergie erhöhen (und die Reaktion verlangsamen).

Wie sich die Wahl eines polareren Mediums auf die Geschwindigkeiten verschiedener Substitutionstypen nach Hughes und Ingold auswirken sollte, zeigt Tab. 8.

Tabelle 8. *Der erwartete Einfluß der erhöhten Polarität des Mediums auf die Geschwindigkeit nukleophiler Substitutionen (Hughes und Ingold, 1935)*

Reaktions-typ	Mechanis-mus	Ladungen im geschwindigkeitsbestimmenden Schritt			Erwarteter Effekt der Polaritäts-änderung
		Ausgangs-komponenten	Übergangs-zustand	Produkte	
1	S_N2	$Y^- + R-X$	$\overset{\delta-}{Y}\cdots R\cdots\overset{\delta-}{X}$	$Y-R+X^-$	Schwache Verlangsamung
	S_N1		$\overset{\delta+}{R}\cdots\overset{\delta-}{X}$		Starke Beschleunigung
2	S_N2	$\overline{Y}+R-X$	$\overset{\delta+}{Y}\cdots R\cdots\overset{\delta-}{X}$	$Y-R+X$	Starke Beschleunigung
	S_N1		$\overset{\delta+}{R}\cdots\overset{\delta-}{X}$		Starke Beschleunigung
3	S_N2	$Y^- + R-\overset{+}{N}R'_3$	$\overset{\delta-}{Y}\cdots R\cdots\overset{\delta+}{N}R'_3$	$Y-R+\overline{N}R'_3$	Starke Verlangsamung
	S_N1		$\overset{\delta+}{R}\cdots\overset{\delta+}{N}R'_3$		Schwache Verlangsamung
4	S_N2	$\overline{Y}+R-\overset{+}{S}R'_2$	$\overset{\delta+}{Y}\cdots R\cdots\overset{\delta+}{S}R'_2$	$Y-R+\overline{S}R'_2$	Schwache Verlangsamung
	S_N1		$\overset{\delta+}{R}\cdots\overset{\delta+}{S}R'_2$		Schwache Verlangsamung

So bewirkt z. B. bei der basischen Solvolyse von primären Alkylhalogeniden in wäßrigem Äthanol (Substitutionstyp 1, Mechanismus S_N2; $Y^- = HO^-$ und $C_2H_5O^-$) ein steigender Wassergehalt des Mediums eine schwache Verlangsamung der Reaktion, weil der Übergangszustand eine gleich große, jedoch zerstreutere negative Ladung besitzt als die Ausgangskomponenten (hier trägt das Nukleophil die ganze Ladung). Dagegen verursacht die Wasserzugabe bei der neutralen Solvolyse von tertiären Halogenderivaten in demselben Medium (Typ 2, Mechanismus S_N1) eine beträchtliche Reaktionsbeschleunigung; der Übergangszustand hat den Charakter eines elektrischen Dipols, das Ausgangsmaterial (bei monomolekularen Mechanismen kommt für den Vergleich der Ladung allerdings nur das Substrat R—X in Frage) ist elektrisch neutral. Auch für Alkylierungen von tertiären Aminen zu quarternären Salzen (Typ 2, Mechanismus S_N2) ist es aus ähnlichen Gründen vorteilhaft, eher ein polareres Medium (Methanol, Äthanol) als ein wenig polares oder unpolares (Äther, Benzol) zu wählen.

Bei bestimmten Substitutionstypen wird also der monomolekulare Prozeß durch die Polarität des Mediums anders als die bimolekulare Reaktion beeinflußt (beim Typ 1 wirkt die Polarität auf S_N1 und S_N2 sogar in entgegengesetzten Richtungen). In solchen Fällen ist es dann oft möglich, das Verhältnis S_N1/S_N2 durch die Wahl des Lösungsmittels in weiten Grenzen zu ändern.

Tabelle 9. *Lösungsmitteleffekte bei S_N-Reaktionen (nach Hughes, Ingold und Mitarbeitern, 1950)*

Typ	Reaktion	Geschwin-digkeits-konstante	Vol.-% H_2O in C_2H_5OH				Erwarteter Effekt
			0	20	40	100	
1	$i\text{-}C_3H_7Br + HO^-$	$10^5 k_2$ (55°)	6,0	4,9	3,0		Schwache Verlangsamung
2	$i\text{-}C_3H_7Br + H_2O$	$10^7 k_1$ (55°)	1,73	23,6	66,7		Starke Beschleunigung
3	$(CH_3)_3S^+ + HO^-$	$10^4 k_2$ (100°)	7240	178	15,1	0,37	Starke Verlangsamung
4	$(CH_3)_3S^+ + (CH_3)_3N$	$10^5 k_2$ (45°)	6,67			0,65	Schwache Verlangsamung

Tabelle 10. *Lösungsmitteleffekte bei Solvolysen von tert. Butylchlorid (25° C)*
(Winstein und Fainberg, 1957)

Lösungsmittel	$10^7 k_1$ (sec^{-1})	ΔH^+ (Kcal/Mol)	ΔS^+ (cal/Mol . deg)
H_2O	$2,7 . 10^5$	23,2	$+12,2$
$HCOOH$	$1,1 . 10^4$	21,0	$-1,9$
CH_3OH	7,2	24,9	$-3,1$
CH_3COOH	2,2	25,8	$-2,5$
C_2H_5OH	1,0	26,1	$-3,2$

Tabelle 11. *Relative Solvolysegeschwindigkeiten von Alkylbromiden in verschiedenen Medien (Streitwieser, 1956)*

Lösungsmittel	Temperatur ($°$ C)	Relative Geschwindigkeitskonstante für			
		CH_3Br	C_2H_5Br	$(CH_3)_2CHBr$	$(CH_3)_3CBr$
C_2H_5OH	55	2,60	1,00	0,725	831
$C_2H_5OH + 20\%\ H_2O$	55	2,51	1,00	1,70	8 600
$C_2H_5OH + 40\%\ H_2O$	55	2,08	1,00	1,78	24 100
$C_2H_5OH + 50\%\ H_2O$	55	1,72	1,00	2,86	48 000
H_2O	50	1,05	1,00	11,6	$1{,}2 \cdot 10^6$
HCOOH	100	0,58	1,00	26,1	10^8

Die Gültigkeit der Theorie von Hughes und Ingold soll mit Angaben der Tab. 9, 10 und 11 dokumentiert werden. Tab. 9 und 11 zeigen den Einfluß der steigenden Polarität des Mediums auf Geschwindigkeiten einiger S_N2- und S_N1-Prozesse, in Tab. 10 sind die S_N1-Solvolysegeschwindigkeitskonstanten von *tert.* Butylchlorid in einigen reinen Lösungsmitteln angegeben.

Neuere Beobachtungen haben jedoch gezeigt, daß die Beurteilung der Solvatisierungsfähigkeit eines Lösungsmittels und seines Einflusses auf nukleophile Reaktionen einzig auf Grund seiner „Polarität" eine zu grobe Vereinfachung der Problematik ist, und haben auf einige andere Faktoren hingewiesen.

Wie die Untersuchungen von Parker und Miller (1961) zum erstenmal eindeutig gezeigt haben, ist vor allem die Frage von Bedeutung, ob das Lösungsmittel mit den zu solvatisierenden Partikeln Wasserstoffbindungen ausbilden kann. Diese spielen neben der Polarität bei nukleophilen Substitutionen eine äußerst wichtige Rolle: Es wurde festgestellt, daß bimolekulare Substitutionen zwischen neutralen Molekülen und anionischen Nukleophilen (Typ 1) in dipolaren aprotischen Lösungsmitteln (d. h. solchen, in denen kein H am O, N oder S gebunden ist; z. B. Dimethylformamid, Dimethylacetamid, N-Methylpyrrolidon, Dimethylsulfoxid, Acetonitril, Aceton usw.) bis um 5—7 Zehnerpotenzen schneller als in protischen Lösungsmitteln (z. B. Wasser, Methanol, Formamid) verlaufen (Tab. 12).

Tabelle 12. *Bimolekulare Substitutionen von Alkylhalogeniden mit anionischen Nukleophilen in protischen und dipolaren aprotischen Lösungsmitteln (nach Angaben von Parker, 1969)*

Reaktion	$\log k_s/k_{MeOH}$						
	H_2O	$HCONH_2$	$HCON(CH_3)_2$	$CH_3CON(CH_3)_2$	CH_3CN	CH_3COCH_3	CH_3NO_2
$CH_3I + Cl^-$	0,05	1,2	5,9	6,4	4,6	6,2	4,2
$CH_3I + NCS^-$	0,2	0,5	2,2	2,5	1,4	2,5	1,3
$C_4H_9Br + N_3^-$	0,8	1,1	3,4	3,9	3,7	3,6	

Die nicht allzu unterschiedlichen Polaritäten der Lösungsmittel konnten dabei keineswegs für diese enormen Geschwindigkeitsdifferenzen verantwortlich gemacht werden. Interessanterweise wurde in dipolaren aprotischen Lösungsmitteln eine umgekehrte Reihenfolge der Nukleophilien von Halogenidionen als in hydroxylhaltigen Medien beobachtet[12]:

$$\text{wäßrige Medien:}\quad I^- > Br^- > Cl^- > F^-$$

$$\text{dipolare aprotische Medien:}\quad F^- > Cl^- > Br^- > I^-$$

Eine plausible Erklärung der beobachteten Unterschiede liegt in der Annahme, daß in protischen Medien das Nukleophil durch Ausbildung von Wasserstoffbindungen mit Lösungsmittelmolekülen stärker als in dipolaren aprotischen Lösungsmitteln solvatisiert wird und daß seine nukleophile Aktivität dadurch herabgesetzt wird (wenigstens einige Moleküle der Solvathülle müssen entfernt werden, bevor eine Reaktion stattfinden kann). Das an sich stark nukleophile F^--Ion wird z. B. in wäßrigen Medien durch Wasserstoffbindung derart gebunden, daß seine Nukleophilie in diesen Systemen die niedrigste unter den Halogenidionen ist. Je größer das Anion und je zerstreuter seine Ladung, desto weniger empfindlich ist seine Solvatisierung auf den Lösungsmitteltyp (vgl. dazu die kleineren Unterschiede der relativen Geschwindigkeitskonstanten für N_3^- und NCS^- als für Cl^- in Tab. 12)[13].

Aber auch diese Auffassung bietet nur ein vereinfachtes Modell der wirklichen Verhältnisse. Zu einem vollkommeneren Bild müßte man neben den diskutierten elektrostatischen (Ion-Dipol- und Dipol-Dipol-) Kräften und den H-Bindungen auch weitere Faktoren berücksichtigen, so etwa die gegenseitige Polarisation der Lösungsmittelmoleküle durch die zu solvatisierenden Teilchen, den Einfluß der gelösten und solvatisierten Partikeln auf die sogenannte *statistische Struktur (structuredness) des Lösungsmittels* und anderes mehr. Dies sind allerdings heute meist noch wenig bekannte und nur schwer zu ermittelnde Faktoren.

e) Katalytische Einflüsse

Die Heterolyse von Alkylhalogeniden zu Carboniumionen kann durch Zugabe von geeigneten Lewisschen Säuren, die die Abspaltung des Halogens in Form eines stabilen Komplexanions ermöglichen, stark begünstigt werden (S. 49, 84).

$$R-X + BX_3 \rightleftharpoons \overset{\delta+}{R}\cdots X\cdots\overset{\delta-}{BX_3} \longrightarrow R^+ + BX_4^-$$

---

12 Die Unterschiede der Nukleophilien sind nicht nur auf Halogenidionen begrenzt. Nach Pearson und Mitarbeitern (1968) wird z. B. die Reihe der nukleophilen Aktivitäten gegenüber Methyljodid

$$I^- > SCN^- \approx CN^- > N_3^- \approx Br^- > Cl^- > CH_3COO^-$$

in protischen Lösungsmitteln zu

$$CN^- > CH_3COO^- > Cl^- \approx Br^- \approx N_3^- > I^- > SNC^-$$

in dipolaren aprotischen Medien.

13 Das Problem wird hier vereinfacht präsentiert. Eine genauere Analyse müßte die Unterschiede bei der Solvatisierung aller Partikeln, besonders auch des Übergangszustandes, in beiden Lösungsmitteltypen berücksichtigen. Die Solvatisierung des Nukleophils bleibt jedoch auch dann der entscheidende Faktor.

Ähnlich wird auch die beschleunigende Wirkung von Ag^+- und Hg^{2+}-Salzen auf einige Substitutionsreaktionen der Alkylhalogenide (z. B. auf die Hydrolyse zu Alkoholen) gedeutet: Durch eine koordinative Bindung des Metallkations zum Halogenatom wird die Heterolyse der C—X-Bindung erleichtert. Der Mechanismus einer solchen katalysierten Substitution ähnelt dann dem eines S_N1-Vorganges.

$$R-X \; + \; Ag^+ \; \rightleftharpoons \; \overset{\delta +}{R}\cdots\cdots X\cdots\cdots\overset{\delta +}{Ag} \; \longrightarrow \; R^+ \; + \; XAg$$

Manche Substitutionen werden ganz ähnlich durch H-Säuren katalysiert. So werden die sonst wenig reaktiven Alkylfluoride relativ leicht in Anwesenheit von Säuren zu Alkoholen hydrolysiert. Die saure Katalyse, die z. B. bei Alkylchloriden ausbleibt, ist auf die Fähigkeit des Fluors, mit Protonen koordinative Bindungen zu bilden, zurückzuführen. Die Hydrolyse des protonierten Alkylfluorids selbst kann dann, je nach dem Charakter des Alkyls, nach S_N1 oder S_N2 verlaufen (Swain und Spalding, 1960)[14].

$$S_N1: \quad C_6H_5CH_2-F \; + \; H^+ \; \rightleftharpoons \; C_6H_5\overset{\delta +}{\overset{+}{C}H_2}\cdots\cdots F\cdots\cdots\overset{\delta +}{H} \; \longrightarrow \; C_6H_5\overset{+}{C}H_2 \; + \; HF$$

$$\downarrow H_2O$$

$$C_6H_5CH_2-OH \qquad (+H^+)$$

$$S_N2: \quad H^+ \; + \; F-CH_3 \; \rightleftharpoons \; H\overset{+}{F}-CH_3 \; \underset{H_2O}{\overset{}{\rightleftharpoons}} \; \overset{\delta +}{HF}\cdots\cdots CH_3\cdots\cdots\overset{\delta +}{OH_2}$$

$$\longrightarrow \; HF \; + \; CH_3-OH \qquad (+H^+)$$

Auch die Solvolysen von Acetalen (Ketalen) und Hemiacetalen (Hemiketalen) sowie diejenigen von einfachen Äthern und Alkoholen beginnen mit einer schnellen, reversiblen, dem eigentlichen Substitutionsprozeß vorgeschalteten Anlagerung eines Protons an das Sauerstoffatom der aufzulösenden Bindung, die aus dem sonst unreaktiven Molekül ein reaktives Oxoniumion (mit einer „guten" Abgangsgruppe) macht (S. 103).

$$(a) \quad R-CH{\overset{OC_2H_5}{\underset{OH}{}}} \; + \; H^+ \; \rightleftharpoons \; R-CH{\overset{OC_2H_5}{\underset{\overset{+}{OH_2}}{}}} \; \rightleftharpoons \; R-CH{=}\overset{+}{O}C_2H_5 \; + \; H_2O$$

$$R-CH{=}\overset{+}{O}C_2H_5 \; + \; C_2H_5OH \; \rightleftharpoons \; R-CH{\overset{OC_2H_5}{\underset{OC_2H_5}{}}} \; + \; H^+$$

$$(b) \quad C_6H_5-O-CH_3 \; + \; HBr \; \rightleftharpoons \; C_6H_5-\underset{H}{\overset{+}{O}}-CH_3 \; + \; Br^- \; \longrightarrow \; C_6H_5-OH \; + \; CH_3-Br$$

---

14 Die Bildung von HF macht aus der Hydrolyse von Alkylfluoriden eine autokatalysierte Reaktion.

f) Salzeffekte

Die Geschwindigkeit der Substitutionsprozesse kann außerdem durch Zugabe von löslichen Elektrolyten zu dem Reaktionsgemisch beeinflußt werden. Oft geht es um eine rein elektrostatische Wirkung, die mit dem stabilisierenden Einfluß der solvatisierenden Moleküle eines polaren Lösungsmittels auf den Übergangszustand der Reaktion verglichen werden kann: Die zugegebenen Ionen werden von einem dipolaren Übergangszustand angezogen und die so entstandene *„Ionenatmosphäre"* trägt zur Stabilisierung der Ladung bei. Ein solcher reaktionsbeschleunigender Einfluß der Ionenstärke des Mediums kommt besonders in wenig polaren Lösungsmitteln und eher bei S_N1 als bei S_N2-Prozessen zur Geltung.

In anderen Fällen greifen die zugegebenen Ionen direkt in den Reaktionsprozeß ein. Bei einer monomolekularen Substitution:

$$R\!-\!X \;\rightleftharpoons\; R^+ + X^- \xrightarrow{\;Y^-\;} R\!-\!Y \quad (+X^-)$$

kann die Zugabe von X^--Ionen unter Umständen die Rückbildung des Ausgangsmaterials gemäß dem Massenwirkungsgesetz wesentlich beschleunigen und dadurch den eigentlichen, zu R—Y führenden Vorgang verlangsamen (S. 81). Ein solcher *Einfluß von „Eigenionen" (common-ion effect)* wurde z. B. bei der Hydrolyse von Benzhydrylhalogeniden in wäßrigem Aceton festgestellt (Benfey, Hughes und Ingold, 1952). Beim Benzhydrylchlorid führte die Zugabe von Chloridionen zur Herabsetzung, diejenige von Bromidionen dagegen zur Erhöhung der Anfangsgeschwindigkeit der Hydrolyse. Beim Benzhydrylbromid war der Einfluß derselben Ionen umgekehrt (Tab. 13).

Tabelle 13. *Hydrolyse von Benzhydrylhalogeniden in Anwesenheit von Halogenid-Ionen (nach Benfey, Hughes und Ingold, 1952)*

Zugesetztes Salz	Anfangsgeschwindigkeiten in 80% Aceton bei 25° C (10^5k ($\sec^{-1}$))	
	$(C_6H_5)_2CH\!-\!Cl$	$(C_6H_5)_2CH\!-\!Br$
—	7,00	153
0,1 M LiCl	6,09	194
0,1 M LiBr	8,16	133

7. Sterische Einflüsse

Am Ende des vorigen Jahrhunderts hat V. Meyer den Begriff der *sterischen Hinderung* in die Organische Chemie eingeführt. Bei einem Studium der Substituenteneinflüsse auf die Veresterung von Benzoesäuren ist er einer auffallenden Reaktionsträgheit der *o,o'*-disubstituierten Säuren begegnet, bei der die negative Beeinflussung der Reaktionsgeschwindigkeit eher auf die Sperrigkeit der *o*-ständigen Gruppen als auf deren chemische Natur zurückzuführen war. Später hat sich gezeigt, daß auch bei anderen Reaktionstypen eine Anhäufung von sperrigen Gruppen in der Nähe des Reaktionszentrums eine Verlangsamung oder sogar ein Ausbleiben der Reaktion zur Folge haben kann.

Der Begriff der sterischen Hinderung wird auch heute noch benutzt, sein Inhalt hat sich jedoch im Laufe der Zeit etwas verändert. Bezogen sich die früheren Vorstellungen eher allein auf den sterischen Bau des Substrates in seinem Ruhezustand, so werden sie heute mit der Geometrie des Übergangszustandes verbunden. Ist diese komplizierter als diejenige der Ausgangsstoffe, so können die bei den Ausgangskomponenten noch unbedeutenden, nichtbindenden Wechselwirkungen im Übergangszustand soweit anwachsen, daß seine Bildung beträchtlich erschwert wird.

Eine solche Situation kann bei bimolekularen nukleophilen Substitutionen vorkommen, wo im Übergangszustand fünf Substituenten am Zentralatom gebunden sind. Ein Beispiel dafür sind die sprichwörtlich trägen Substitutionsreaktionen der Neopentylhalogenide (soweit sie als S_N2 verlaufen). Es kann am Modell gezeigt werden, daß durch Drehen der $X\text{—}CH_2$-Gruppe dieser Verbindungen um die Achse der Bindung mit der *tert.* Butyl-Gruppe keine Konformation erreicht werden kann, die für das Ausbilden des typischen S_N2-Übergangszustandes wirklich günstig wäre. Diese sterische Hinderung verursacht eine Abnahme der Geschwindigkeit der S_N2-Prozesse, im Vergleich mit unverzweigten Alkylhalogeniden, um 5—7 Zehnerpotenzen (Tab. 14).

Tabelle 14. *Relative Geschwindigkeitskonstanten der Umsetzung von Alkylbromiden mit Natriumäthylat in Aethanol (Dostrovsky, Hughes und Ingold, 1946)*

R	CH_3-	CH_3CH_2-	$CH_3CH_2CH_2-$	$(CH_3)_2CHCH_2-$	$(CH_3)_3CCH_2-$
$k_{2(rel)}$	1	$5{,}67 \cdot 10^{-2}$	$1{,}59 \cdot 10^{-2}$	$1{,}69 \cdot 10^{-3}$	$2{,}4 \cdot 10^{-7}$

Daß es sich hier tatsächlich um einen sterischen und nicht um einen polaren Einfluß handelt, ist von Bartlett und Rosen (1942) gezeigt worden. Ein polarer Einfluß sollte auch durch eine eingeschobene Mehrfachbindung zum Reaktionszentrum weitergeleitet werden, was jedoch nicht bestätigt werden konnte: 1-Brom-4,4-dimethyl-2-pentyn wies eine unverminderte Reaktivität, im Vergleich z. B. mit 1-Brom-2-heptyn, auf (Tab. 15).

Tabelle 15. *Geschwindigkeitskonstanten der bimolekularen Reaktion von Alkylbromiden mit KI in Aceton bei 25° C (nach Bartlett und Rosen, 1942)*

Alkylbromid	$k_2 \cdot 10^3$	$k_2/k_{\text{Neopentyl}}$
$CH_3(CH_2)_5CH_2Br$	131	570
$(CH_3)_3C\text{—}CH_2Br$	0,23	1
$CH_3(CH_2)_3C\equiv C\text{—}CH_2Br$	4220	18 300
$(CH_3)_3C\text{—}C\equiv C\text{—}CH_2Br$	5350	23 300

Sterisch begründet ist auch die auffallende Reaktionsträgheit an Brückenköpfen von bi- bzw. polycyclischen Systemen, wie z. B.:

Bei Verbindungen dieser Art kann eine S_N2-Substitution nicht einmal durch drastische Bedingungen erzwungen werden. Das Nukleophil kann hier nämlich nicht an das Reaktionszentrum von der „hinteren" Seite herantreten. Übrigens ist auch die für den Übergangszustand einer S_N2-Reaktion benötigte $sp^3 \rightarrow sp^2$-Rehybridisierung am Brückenkopfkohlenstoff in vollem Ausmaß kaum vorstellbar.

Inwieweit die Reaktionsgeschwindigkeit einer Substitution durch den sterischen Bau des Nukleophils beeinflußt werden kann, zeigt der Vergleich der Alkylierungsgeschwindigkeiten von Triäthylamin und Chinuklidin. Das bicyclische Gerüst des Chinuklidins macht das Stickstoffatom dem Molekül des Alkylhalogenids leicht zugänglich und seine Reaktionen sind daher viel schneller als diejenigen des Triäthylamins, wo die rotierenden Äthylgruppen den Stickstoff von dem Angriff am Kohlenstoffatom des Alkylhalogenids etwas abschirmen. Selbstverständlich äußert sich auch die Stereochemie des Alkylhalogenids selbst deutlich in der Reaktionsgeschwindigkeit: Bei beiden Aminen sinkt diese um zwei Zehnerpotenzen mit jeder Methylsubstitution des Zentralatoms (d. h. beim Übergang von CH_3— zu CH_3CH_2— und zu $(CH_3)_2CH$—) (Tab. 16).

Tabelle 16. *Geschwindigkeitskonstanten der Alkylierung von Triäthylamin und Chinuklidin (in Nitrobenzol bei 25° C) (nach Brown und Eldred, 1949)*

Amin	k_2 ($l \cdot Mol^{-1} sec^{-1}$)		
	CH_3I	CH_3CH_2I	$(CH_3)_2CH$—I
CH_3CH_2, CH_3CH_2—N—CH_2CH_3 (CH_2CH_3)	$3,29 \cdot 10^{-2}$	$1,92 \cdot 10^{-4}$	$1,13 \cdot 10^{-6}$
HC—CH_2—CH_2—N (mit CH_2—CH_2 und CH_2—CH_2)	1,88	$1,87 \cdot 10^{-2}$	$7,97 \cdot 10^{-4}$

Ganz anders ist die Situation bei monomolekularen Substitutionen, wo es im Übergangszustand infolge der Streckung der C—X-Bindung und Änderung der Bindungswinkel am Zentralkohlenstoffatom zu einer Auflockerung der sterischen Verhältnisse kommt. Anstatt der sterischen Hinderung begegnet man hier eher einer *sterisch bedingten Beschleunigung*. Sperrige Gruppen am Zentralatom unterliegen im aufgelockerten Übergangszustand den nichtbindenden Wechselwirkungen weniger als im Ausgangszustand, wodurch die Differenz der freien Enthalpien der beiden Zustände herabgesetzt wird. Die aus Angaben von Hughes (1951) zusammengestellte Tab. 17 zeigt z. B., daß das stark verzweigte *tris-tert*. Butylmethylchlorid in 80% Äthanol 600mal schneller solvolysiert als *tert*. Butylchlorid.

Tabelle 17. *Relative Geschwindigkeitskonstanten der Solvolyse von tert. Alkylchloriden in 80% Aethanol bei 25° C (nach Hughes, 1951)*

Alkylchlorid	$k_{rel.}$	Alkylchlorid	$k_{rel.}$
$(CH_3)_3C—Cl$	1	$[(CH_3)_2CH]_2C(CH_3)—Cl$	14
$(CH_3)_3C—C(CH_3)_2Cl$	1,2	$(CH_3)_3C—C(CH_2CH_3)_2Cl$	48
$(CH_3CH_2)_3C—Cl$	2,8	$[(CH_3)_3C]_3C—Cl$	600

Aber selbst bei *tert.* Butylhalogeniden und anderen „einfachen" *tert.* Alkylderivaten sind es neben den früher besprochenen polaren Faktoren bestimmt auch sterische Einflüsse, die für die Begünstigung der S_N1-Prozesse verantwortlich sind.

Einen interessanten Fall einer sterisch bedingten Reaktionsbeschleunigung stellt die von v. R. Schleyer und Mitarbeiter (1967) beschriebene Acetolyse von 3-Nor-1-adamantylmethyl-tosylat (24) zu 1-Adamantyl-acetat (25) dar. Die zum Neopentyltypus gehörende Verbindung (24) solvolysiert 17,000mal schneller als Neopentyltosylat selbst.

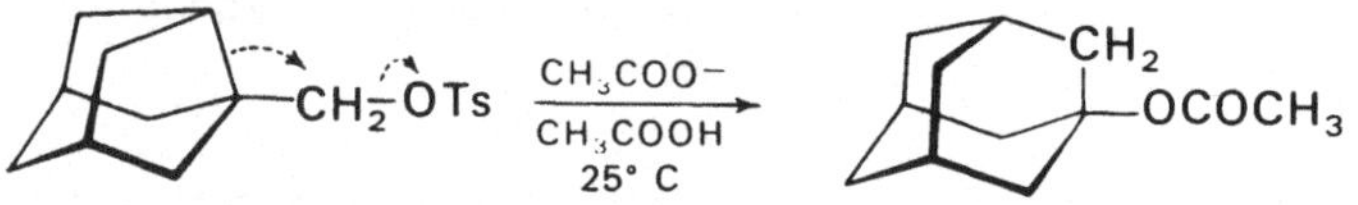

(24) (25)

Der Grund der ungewohnt hohen Reaktivität ist hier die Ringspannungsenergie, die bei der Umlagerung des gespannten Gerüstes des Ausgangsmaterials zum äußerst stabilen, spannungsfreien Adamantansystem bei der Solvolyse freigesetzt wird. Ähnliche Reaktionsbeschleunigung durch Ringentspannung ist auch bei Solvolysen von Cyclobutylmethylderivaten beobachtet worden (z. B. Dauben und Mitarbeiter, 1968).

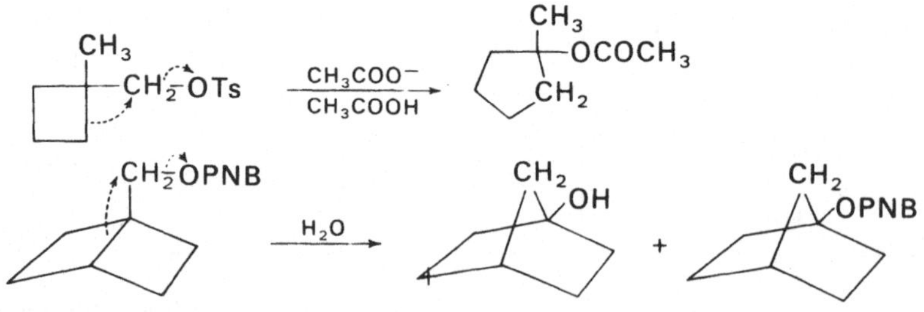

(PNB = p-Nitrobenzoyl) $K/K_{neopentyl\text{-}OPNB}: 7 \cdot 10^6$

8. Substitutionen unter Beibehaltung der Konfiguration

Neben den Substitutionen mit Inversion am Reaktionszentrum (alle S_N2 und manche S_N1-Prozesse) und mit Razemisierung (S_N1) sind auch solche bekannt, bei denen das Produkt die Konfiguration des Ausgangsmaterials beibehält. Ein klassisches

Beispiel ist die von Cowdrey, Hughes und Ingold (1937) untersuchte Hydrolyse von optisch aktivem Natrium-α-brompropionat. Mit starker (1 N) Lauge ging das D-Salz in einer Reaktion zweiter Ordnung in die L-Milchsäure über; die Hydrolyse war also — wie eine typische S_N2-Reaktion — unter Inversion am α-Kohlenstoffatom abgelaufen. Wurde jedoch die Hydrolyse mit verdünnter (N/16) Natronlauge durchgeführt, so verlief sie kinetisch wie eine Reaktion 1. Ordnung und es resultierte, unter Erhaltung der Konfiguration am α-C, optisch reine D-Milchsäure.

Zur Erklärung dieser *Retention der Konfiguration* haben die Autoren eine Wechselwirkung zwischen dem Carboxylation und dem positiv geladenen Kohlenstoffatom eines intermediär entstandenen Carboniumions vermutet. Eine solche Wechselwirkung müßte die ursprüngliche pyramidale Anordnung am α-C bis zum Augenblick der weiteren Reaktion mit dem Nukleophil stabilisieren.

Eine andere Erklärung brachten bald darauf Winstein und Lucas (1939). Nach ihrer Meinung war die beibehaltene Konfiguration bei dem monomolekularen Prozeß das Ergebnis zweier aufeinanderfolgender Inversionen. Die erste findet bei einem intramolekularen „S_N2-ähnlichen" Angriff des Carboxylations am α-C-Atom des Substrates statt, die zweite geschieht bei der darauffolgenden Hydrolyse des so gebildeten α-Laktons[15].

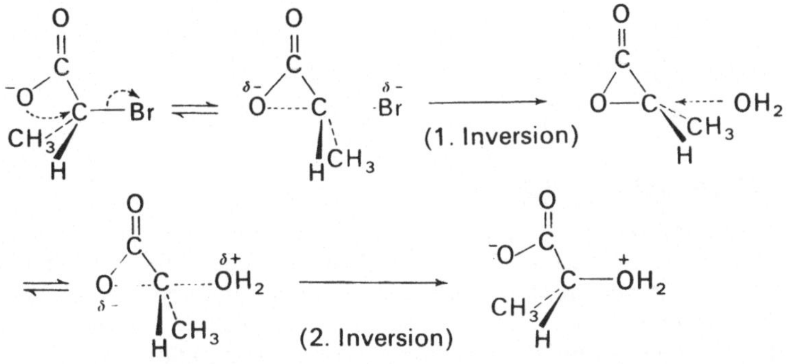

Mit Hilfe der Vorstellung der *doppelten Inversion* haben Winstein und Lucas auch die stereospezifisch[16] unter Erhaltung der Konfiguration verlaufende Umsetzung von diastereomeren 3-Brom-2-butanolen mit Bromwasserstoffsäure zu den entsprechenden 2,3-Dibrombutanen erklärt.

---

15 Das Carboxylation muß mit dem „äußeren" Nukleophil konkurrieren. Darum kommt der intramolekulare Verlauf nur in verdünnter Lauge zur Geltung.

16 Als *stereospezifisch* wird eine Reaktion dann bezeichnet, wenn zwischen dem Ausgangsstoff und dem Produkt eine bestimmte stereochemische Beziehung besteht. Diese Beziehung kann z. B. die einer Retention oder einer Inversion sein. So ist eine S_N2-Reaktion stereospezifisch, da ein einziges, am Reaktionszentrum invertiertes Produkt gebildet wird. Eine S_N1-Substitution, bei der aus einem optisch aktiven Substrat ein razemisches Produkt resultiert, ist es dagegen nicht.

Oft wird bei organischen Reaktionen auch die Bezeichnung *stereoselektiv* benutzt. Zum Unterschied von einem stereospezifischen Prozeß zeichnet sich eine stereoselektive Reaktion durch eine bevorzugte, von der Stereochemie des Ausgangsstoffes unabhängige Bildung eines der mehreren, a priori möglichen, isomeren Produkte aus. Als Beispiel können manche Solvolysen von Cyclohexanderivaten dienen, die meistens stereoselektiv zu einem äquatorialen Produkt führen, unabhängig davon, ob man von einem äquatorialen oder axialen Substrat ausgeht (Zimmerman und Mitarbeiter, 1959).

$$CH_3\!-\!\underset{\underset{\displaystyle OH}{|}}{CH}\!-\!\underset{\underset{\displaystyle Br}{|}}{CH}\!-\!CH_3 \xrightarrow{\ HBr\ } CH_3\!-\!\underset{\underset{\displaystyle Br}{|}}{CH}\!-\!\underset{\underset{\displaystyle Br}{|}}{CH}\!-\!CH_3$$

D,L-erythro-..................................... meso-
D,L-threo-..................................... D,L-

Die Rolle des „intramolekularen Nukleophils" übernimmt hier das am $C_{(3)}$ gebundene Bromatom: sein Angriff am $C_{(2)}$ des protonierten Substrates produziert zuerst ein instabiles cyclisches *Bromoniumion.* Im zweiten Schritt wird dann dieses, wieder mit Inversion, durch Angriff von Br^- an einem der beiden Kohlenstoffatome ($C_{(2)}$ oder $C_{(3)}$) geöffnet. In unserem Schema ist die Beteiligung des benachbarten Bromatoms am Beispiel des D-*erythro*-3-Brom-2-butanols demonstriert. In diesem Falle führt der Angriff des Bromidions sowohl am $C_{(2)}$ als auch am $C_{(3)}$ zu demselben Endprodukt, d. h. zu *meso*-2,3-Dibrombutan.

a) Nachbargruppenbeteiligung

Die erwähnten zwei Beispiele stehen in der heutigen chemischen Literatur nicht vereinzelt da. Eine bunte Reihe von weiteren Reaktionen ist bekannt, wo ein benachbartes Atom oder eine benachbarte Gruppe mit ihren nichtbindenden Elektronen vorübergehend in den Verlauf der Substitution eingreift. Eine solche *Nachbargruppenbeteiligung (neighbouring-group participation)* ist nicht nur an der Struktur der Produkte, sondern auch an der Reaktionsgeschwindigkeit erkennbar: Allgemein ist eine unter Teilnahme der Nachbargruppe verlaufende Reaktion viel schneller als diejenige eines ähnlichen Substrates, das keine derartige Gruppe trägt oder dessen Gruppe für die intramolekulare Beteiligung sterisch ungünstig situiert ist (man spricht von einer *anchimeren Beschleunigung*).

So ist z. B. unter Beteiligung der *Acetoxygruppe* verlaufende Acetolyse von *trans*-2-Acetoxycyclohexyl-p-toluolsulfonat 670mal schneller als die des *cis*-Isomeren, bei dem die sterische Vorbedingung der Nachbargruppenbeteiligung nicht erfüllt ist. Beide Isomeren geben dasselbe Produkt, *trans*-1,2-Diacetoxycyclohexan, die *trans*-Verbindung also mit Retention der Konfiguration. Die β-ständige Acetoxygruppe beteiligt sich wahrscheinlich an dem Prozeß in einem Fünfring-Mechanismus (Winstein und Mitarbeiter, 1948).

Auch bei einigen anderen Gruppen scheint der Fünfring-Mechanismus für die Beteiligung besonders günstig zu sein. Bei der Solvolyse von ω-Chloralkylketonen (80% Alkohol, Ag^+-Katalyse) weist die Reihe der relativen Geschwindigkeitskonstanten ein auffallendes Maximum bei γ-Chlorbutyrophenon auf, offenbar weil hier die *Carbonylgruppe* mit ihrem Sauerstoff (genau gesagt: mit dessen nichtbindenden Elektronen) befähigt ist, einen Fünfring-Übergangszustand auszubilden und so zur Ablösung des Chloridions beizutragen (Parto und Serve, 1965).

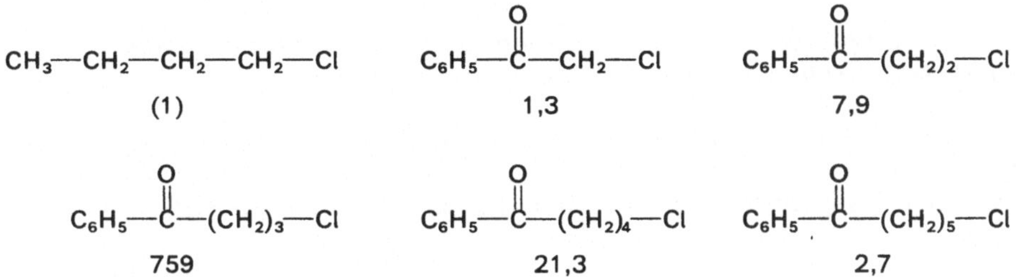

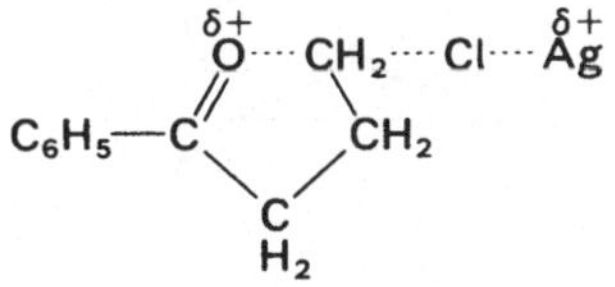

$$CH_3\!-\!CH_2\!-\!CH_2\!-\!CH_2\!-\!Cl \qquad C_6H_5\!-\!\overset{\displaystyle O}{\overset{\|}{C}}\!-\!CH_2\!-\!Cl \qquad C_6H_5\!-\!\overset{\displaystyle O}{\overset{\|}{C}}\!-\!(CH_2)_2\!-\!Cl$$

$$(1) \qquad\qquad\qquad 1{,}3 \qquad\qquad\qquad 7{,}9$$

$$C_6H_5\!-\!\overset{\displaystyle O}{\overset{\|}{C}}\!-\!(CH_2)_3\!-\!Cl \qquad C_6H_5\!-\!\overset{\displaystyle O}{\overset{\|}{C}}\!-\!(CH_2)_4\!-\!Cl \qquad C_6H_5\!-\!\overset{\displaystyle O}{\overset{\|}{C}}\!-\!(CH_2)_5\!-\!Cl$$

$$759 \qquad\qquad\qquad 21{,}3 \qquad\qquad\qquad 2{,}7$$

$$C_6H_5\!-\!C\underset{\underset{\displaystyle H_2}{\displaystyle C}}{\overset{\overset{\displaystyle \overset{\delta+}{O}\cdots CH_2 \cdots Cl \cdots \overset{\delta+}{Ag}}{}}{\diagup\diagdown}}CH_2$$

Bei dem nächsthöheren Glied ist die Beteiligung der Carbonylgruppe schon viel schwächer und beim übernächsten Keton der Reihe ist eine Nachbargruppenbeteiligung kaum mehr nachzuweisen.

Eindeutig ist das Auftreten eines fünfgliedrigen (und sechsgliedrigen) cyclischen Zwischenproduktes bei der Beteiligung von *Alkoxygruppen* an Solvolyseprozessen nachgewiesen worden. Wie das folgende Schema zeigt, entsteht durch Acetolyse von isomeren Methoxypentyl-*p*-brombenzolsulfonaten (26) und (27) in beiden

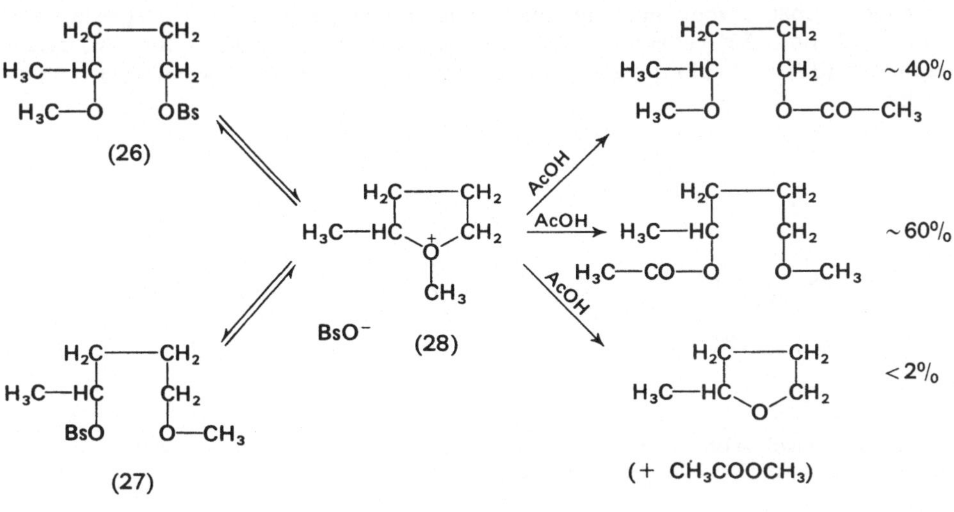

Fällen das gleiche Gemisch von Produkten, die von einem gemeinsamen cyclischen Oxoniumion (28) abgeleitet werden können (Allred und Winstein, 1967) [17].

Auch die Kinetik der Solvolyse von (26) und (27) weist auf eine Nachbargruppenbeteiligung hin; die Reaktion ist 4,000mal schneller als die Acetolyse von Butyl-*p*-brombenzolsulfonat unter vergleichbaren Bedingungen.

Außer der schon erwähnten Nachbargruppen sind es auch Chlor-, Jod-, Alkylthio-, Amid- und andere Gruppen, deren Teilnahme an solvolytischen Prozessen bestätigt worden ist.

b) Beteiligung von σ- und π-Elektronen der Kohlenstoffbindungen. Nichtklassische Ionen

Im Jahre 1939 beschäftigten sich Nevell, de Salas und Wilson mit der Frage, warum Camphenhydrochlorid (29) bei seiner Umlagerung in aprotischen Medien ausschließlich Isobornylchlorid (30) und nicht das stabilere Bornylchlorid (31) bildet.

Die ausschließliche Bildung von Isobornylchlorid war auf Grund der geläufigen Vorstellungen über Carboniumionen unerklärbar. Sollte nämlich die Umlagerung *via* Ionen (32) und (33) verlaufen, müßte man aus dem am C^+ planaren Ion (33) beide Isomeren (30) und (31) erwarten, wobei das letztere im Gleichgewicht überwiegen sollte.

---

17 Die Solvolyse ist von einer starken Isomerisierung (26)⇌(27) begleitet, was sich auf den Ionenpaar-Charakter des Zwischenproduktes (28) zurückführen läßt.

Nevell, de Salas und Wilson gaben eine interessante Erklärung: Anstatt der beiden Ionen (32) und (33) würde bei der Umlagerung ein einziges, mesomeres Ion (34) gebildet, dessen überbrückte Struktur (mit „*Halbbindungen*" zwischen $C_{(2)}$, $C_{(6)}$ und $C_{(1)}$) den Angriff des Nukleophils von der *endo*-Seite verhinderte.

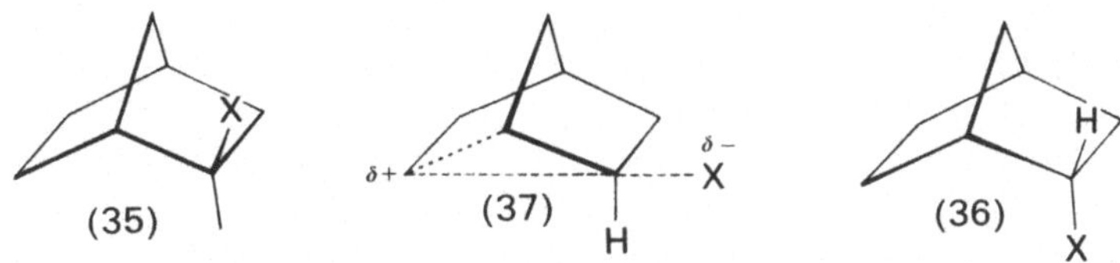

Die Vorstellung des *überbrückten, nichtklassischen Carboniumions* wurde später von Winstein und Mitarbeitern übernommen und weiter entwickelt. Die Tatsache, daß *exo*-2-Norbornylderivate (35) allgemein viel schneller solvolysiert werden als die entsprechenden *endo*-Isomeren (36), wurde als Beweis für die Existenz einer Überbrückung schon im Übergangszustand bei Solvolysen von *exo*-Verbindungen (37) herangezogen. Mit anderen Worten: Es wurde eine Beteiligung der σ-Elektronen der $C_{(1)}$—$C_{(6)}$-Bindung des Norbornylsystems am Solvolyseprozeß vermutet (Winstein und Trifan, 1949). Eine solche Beteiligung ist allerdings bei den *endo*-Isomeren aus sterischen Gründen nicht möglich.

Nichtklassische Carboniumionen und ihnen ähnliche, überbrückte Strukturen wurden auch bei Solvolysen einiger anderer Verbindungstypen postuliert. So hat Cram (1949) das stereochemische Ergebnis der Acetolyse von isomeren 3-Phenyl-2-butyl-*p*-toluolsulfonaten (die Solvolyse von L-*threo*-Isomer lieferte z. B. stereospezifisch D,L-*threo*-Acetat) durch die intermediäre Bildung eines überbrückten *Phenoniumions* (38) erklärt.

Von den bisher erwähnten überbrückten Ionen unterscheiden sich die Phenoniumionen allerdings dadurch, daß die Überbrückung hier durch zwei normale σ-Bindungen
erfolgt, wobei die positive Ladung von der Seitenkette in den Sechsring übertragen
wurde. Die Spannung in dem so gebildeten Cyclopropanring und die Neigung zur
Rückbildung des aromatischen π-Elektronensystems machen die Phenoniumionen
sehr reaktiv gegenüber nukleophilen Reagentien; aus denselben Gründen ist die
Reaktivität an den beiden überbrückten C-Atomen der ursprünglichen Seitenkette
am größten, obwohl sie keine formelle positive Ladung tragen.

Auch π-Elektronen aliphatischer C=C-Doppelbindungen können offenbar an
Solvolysen beteiligt werden, vorausgesetzt, daß der Abstand der Doppelbindung
vom Reaktionszentrum ein Überlappen der betreffenden Orbitale erlaubt. Die ersten
Hinweise auf einen solchen Doppelbindung-Nachbargruppeneffekt kamen aus der
Steroidchemie, wo bei Solvolysen der Cholesterylderivate (39) eine Retention der
Konfiguration (42), Bildung von Isocholesterylderivaten (43) und eine Beschleunigung der Solvolyse gegenüber der der Cyclohexylderivate festgestellt wurde (Shoppee,
1946; Winstein und Adams, 1948). Alle diese Tatsachen konnten wieder durch Annahme eines überbrückten Übergangszustandes (40) und Ions (41) befriedigend
erklärt werden.

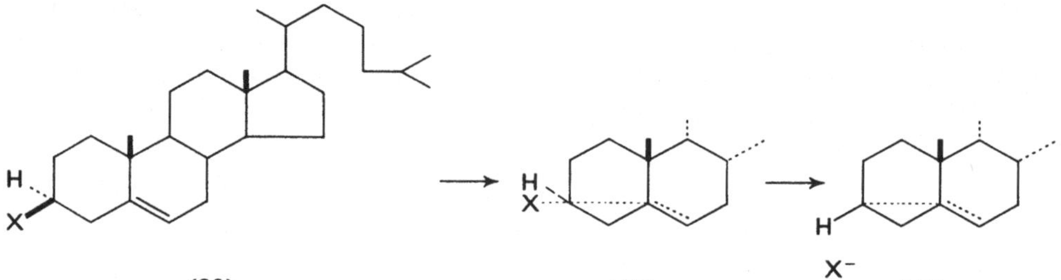

(39)   (40)   (41)

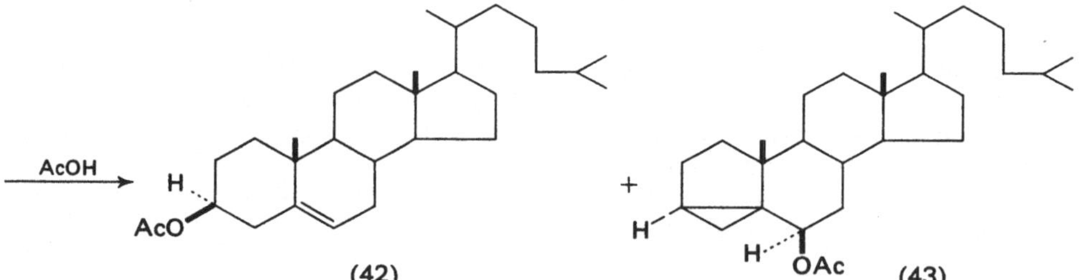

(42)   (43)

Weitere überzeugende Beispiele lieferten die monomolekularen Umsetzungen
der Norbornenylderivate (44) und (45). Beide solvolysieren um mehrere Zehner-

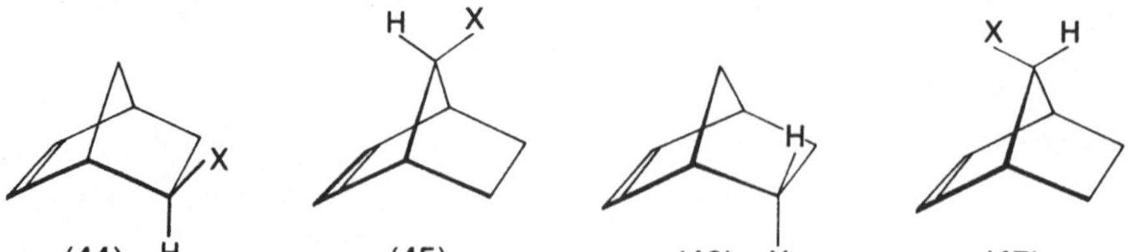

(44)   (45)   (46)   (47)

potenzen schneller als ihre Epimeren (46) und (47), bei denen eine Beteiligung der π-Elektronen an der Ionisierung der C—X-Bindung nicht möglich ist.

Neben der Beschleunigung sprechen auch wieder die Produkte der Solvolysen von (44) und (45) für eine Überbrückung in den intermediär entstehenden Carboniumionen (Winstein und Mitarbeiter, 1950; Winstein, Woodward und Mitarbeiter, 1956).

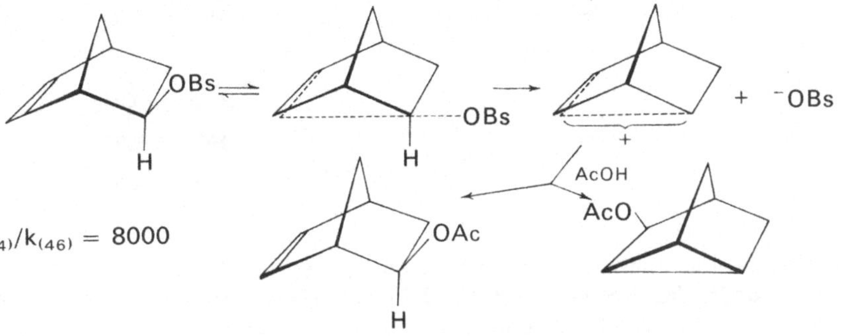

$k_{(44)}/k_{(46)} = 8000$

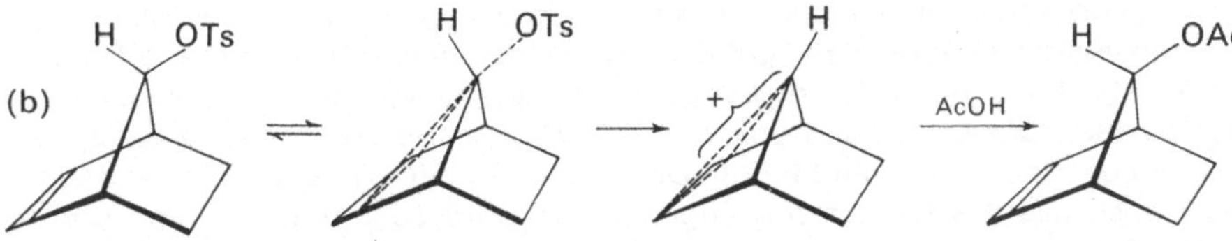

$k_{(45)}/k_{(47)} = 10^{11}$

Die beteiligte Doppelbindung muß nicht unbedingt in einem Ring liegen. Auch Solvolysen von einfachen acyclischen Homoallylderivaten (48) lassen auf einen Nachbargruppeneffekt der Doppelbindung *via* nichtklassisches Ion (49) schließen (Roberts und Mitarbeiter, 1951, 1964)[18, 19].

---

18 Dieselben Produkte entstehen auch aus Cyclopropylmethyl- (50) und Cyclobutyl-Derivaten (51).

(50)   (51)

19 Da die Desaminierung von α-^{14}C-markierten 3-Butenylamin mit salpetriger Säure, bei der auch ein Carboniumion als Zwischenprodukt postuliert wird, in einer fast vollkommenen Streuung des radioaktiven Isotopen auf alle vier Stellungen der Produkte resultierte, haben Renk und Roberts (1961) das intermediäre Ion als ein System von zwei schnell alternierenden „Bicyclobutonium"-Strukturen (49a) und (49b) beschrieben.

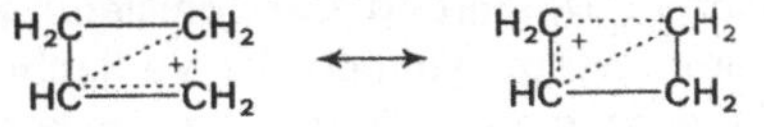

(49a)   (49b)

Wie attraktiv und überzeugend die Vorstellung der nichtklassischen Ionen auch sein mag, ist doch das Konzept seit 1960 in den USA zum Gegenstand scharfer Kritik seitens H. C. Browns geworden. Seine Einwände richten sich einerseits gegen die — seiner Meinung nach unbegründete — Annahme der Halbbindungen bei einer stabilen Partikel, wie sie die solvatisierten Carboniumionen (im Vergleich z. B. mit Übergangszuständen) im allgemeinen sind, anderseits gegen die in der Formulierung der nichtklassischen Ionen inbegriffene Resonanzstabilisierung. Diese soll mit der für die Entstehung der Überbrückung nötigen Verschiebung der Atomkerne nicht vereinbar sein. Die Entfernung von $C_{(2)}$ und $C_{(6)}$ im Norbornylsystem beträgt z. B. 2,5 Å und der Energieaufwand für die Umorganisation des Gerüstes, die in dem entsprechenden nichtklassischen Ion angenommen wird ($C_{(2)}$ und $C_{(1)}$ sind dort von $C_{(6)}$ gleich entfernt), sei eher mit der Vorstellung eines energiereichen Übergangszustandes zwischen klassischen Ionen (52) und (53) als mit der einer resonanzstabilisierten Partikel vereinbar.

Das nichtklassische Ion von Winstein wird also von H. C. Brown durch ein alternierendes System von zwei klassischen Ionen ersetzt, die der Struktur der Endprodukte entsprechen. Die Tatsachen, daß im 2-Norbornylsystem die *exo*-Derivate viel schneller solvolysiert werden als ihre *endo*-Isomeren, wird nicht einer Beschleunigung durch Beteiligung der σ-Elektronen bei den *exo*-Verbindungen, sondern eher einer sterischen Hinderung der Ionisierung bei *endo*-Derivaten zugeschrieben. In den letzteren bringt nämlich die Verflachung der Konfiguration am $C_{(2)}$, die den $sp^3 \rightarrow sp^2$-Übergang bei der Ionisierung kennzeichnet, die Abgangsgruppe X den Substituenten am $C_{(6)}$ (Wasserstoffatom im einfachsten Fall) zu nahe.

Als Stütze für seine Erklärung der hohen k_{exo}/k_{endo}-Verhältnisse führt Brown z. B. die Hydrolyse von (54) und (55) (in 80% Aceton) an, die bei dem *exo*-Isomeren 4,300mal schneller verläuft. Eine sterische Hinderung der Ionisierung bei (55) ist hier gut vorstellbar, eine σ-Beteiligung bei (54) kommt dagegen kaum in Frage (Brown und Mitarbeiter, 1967).

$$X = -OCO-C_6H_4-NO_2(p)$$

Ähnlich wird auch die beobachtete stereospezifische Bildung von *exo*-Produkten eher durch sterische Hinderung des Angriffes am Carboniumion von der *endo*-Seite her als durch eine Überbrückung im Ion erklärt.

Browns Kritik hat eine heftige Reaktion der Verteidiger der nichtklassischen Ionen hervorgerufen. Weitere Stützen für die Theorie sind gebracht worden. So hat z. B. die Methode der kernmagnetischen Resonanz die Existenz der überbrückten Ionen (Phenonium-, Norbornyl-, Norbornenylion) in stark ionisierenden, jedoch nicht-nukleophilen Medien (z. B. in SO_2—SbF_5—FSO_2OH) bei tiefen Temperaturen eindeutig bewiesen (v. R. Schleyer und Mitarbeiter, 1964; Olah und Mitarbeiter, 1965). Die Gegner der nichtklassischen Ionen wenden jedoch ein, daß dies noch kein Beweis für die Teilnahme solcher Ionen an organischen Reaktionen in üblichen Medien ist. Argumente und Gegenargumente werden von beiden Seiten gebracht und der Kampf um die Wahrheit geht weiter. Die heutige Situation ist noch nicht ganz übersichtlich, sie deutet jedoch eine künftige Annäherung der beiden Stellungnahmen an: In bestimmten Fällen sind es wahrscheinlich doch überbrückte, nichtklassische Ionen, in anderen wieder äquilibrierende klassische Ionen, die als Zwischenprodukte bei Umsetzungen der diskutierten Systeme auftreten. Es ist sogar vorstellbar, daß bei bestimmten Strukturtypen die Solvolyse gleichzeitig teilweise über klassische, teilweise über nichtklassische Ionen verläuft.

9. Substitutionsreaktionen bei Allylderivaten. $S_N 2'$-Mechanismus

Nukleophile Substitutionen an Allylderivaten führen oft zu „umgelagerten" Produkten, in denen der neue Substituent nicht zu dem ursprünglichen Kohlenstoffatom, sondern an das andere Ende der Allyltriade gebunden ist:

$$-\overset{|}{\underset{X}{C}}-\overset{|}{C}=\overset{|}{C}- \quad \xrightarrow{Y} \quad -\overset{|}{C}=\overset{|}{C}-\overset{|}{\underset{Y}{C}}-$$

Grundsätzlich lassen sich bei Allylsubstitutionen drei Fälle unterscheiden. Entweder führt die Reaktion ausschließlich zum „normalen" Produkt (mit Y am ursprünglichen Substitutionsort), oder es entsteht „normales" neben „anomalem" Produkt, oder aber das „anomale" Derivat ist das einzige Reaktionsprodukt.

Die Substitution ohne Umlagerung findet gewöhnlich bei Reaktionen von primären Allylderivaten mit starken Nukleophilen statt. In einer S_N2-Reaktion greift hier das Reagens das die Abgangsgruppe tragende Kohlenstoffatom an.

$$R-CH=CH-CH_2-Br \quad \begin{array}{l} \xrightarrow{C_2H_5O^-} R-CH=CH-CH_2-OC_2H_5 \\ \xrightarrow{CH_3COO^-} R-CH=CH-CH_2-O-CO-CH_3 \\ \xrightarrow{(CH_3)_2NH} R-CH=CH-CH_2-N(CH_3)_2 \end{array}$$

Solvolysen von sekundären und tertiären Allylverbindungen dagegen liefern immer ein Gemisch von normalem und anomalem Produkt. Bei der monomolekularen Reaktion wird das mesomere Allyl-Kation gebildet, das den Charakter eines *ambidenten Elektrophils* (gegenüber nukleophilen Partikeln, z. B. Lösungsmittelmolekülen) aufweist; es kann an beiden Enden reagieren.

$$-\overset{|}{\underset{X}{\overset{|\alpha}{C}}}-\overset{|}{C}=\overset{|\gamma}{C}- \quad \rightleftharpoons \quad \bar{X} + \quad -\underset{+}{\underbrace{\overset{|}{C}{\cdots}\overset{|}{C}{\cdots}\overset{|}{C}}}- \quad \langle HY \qquad \nearrow \;\; -\overset{|\alpha}{\underset{Y}{C}}-\overset{|}{C}=\overset{|}{C}- \qquad + \; H^+ \;\; \searrow \;\; -\overset{|}{C}=\overset{|}{C}-\overset{|\gamma}{\underset{Y}{C}}-$$

Da die Bildung von resonanzstabilisierten Allyl-Kationen allgemein stark begünstigt ist, finden Substitutionen mit partieller Umlagerung auch bei primären Allylderivaten statt, vorausgesetzt, daß die Reaktion in einem stark ionisierenden und dabei schwach nukleophilen Medium erfolgt.

Zu dieser Gruppe gehören auch die *Isomerisierungen* der Allylhalogenide, Allylester und Allylalkohole. Sie haben alle den Charakter eines reversiblen Prozesses; die Lage des Gleichgewichts ist dabei durch die Konstitution des Allylgerüstes gegeben. Bei Paaren von primären und sekundären bzw. primären und tertiären Allylderivaten überwiegt gewöhnlich das primäre Isomere bei weitem.

$$R-\overset{|}{\underset{Br}{C}H}-CH=CH_2 \quad \rightleftharpoons \quad R-CH=CH-CH_2-Br$$

$$R-\overset{R'}{\underset{OH}{\overset{|}{C}}}-CH=CH_2 \quad \overset{[H^+]}{\rightleftharpoons} \quad R-\overset{R'}{\overset{|}{C}}=CH-CH_2-OH$$

Allylbromide isomerisieren gewöhnlich schon bei Raumtemperatur, etwas beständiger sind die isomeren Allylchloride. Wesentlich schwieriger ist die Isomerisierung der Allylester der Carbonsäuren, und bei Allylalkoholen ist ein saurer Katalysator schon unentbehrlich (eigentlich isomerisiert das Oxoniumion und nicht der freie Alkohol).

Die ausschließlich zu anomalen Produkten führenden Allylsubstitutionen sind relativ selten. Vom mechanistischen Standpunkt aus handelt es sich um zwei verschiedene Reaktionstypen. Der eine Typus kann durch die Reaktion der Allylalkohole mit Thionylchlorid illustriert werden, wo in stark verdünnten ätherischen Lösungen nur das anomale Allylchlorid gebildet wird.

$$C_6H_5-CH{=}CH-CH_2-OH \xrightarrow[Et_2O]{SOCl_2} C_6H_5-\underset{\underset{Cl}{|}}{CH}-CH{=}CH_2$$

$$(+\ SO_2\ +\ HCl)$$

Der erste Schritt dabei ist die Bildung des entsprechenden Chlorosulfits (56), welches dann (nach einer älteren Vorstellung von Roberts, Young und Winstein, 1942) über einen cyclischen Übergangszustand in Allylchlorid und SO_2 zerfällt.

$$(56)$$

Die Ergebnisse neuerer Studien sprechen jedoch eher dafür, daß die Zersetzung des Chlorosulfits über ein sterisch orientiertes Ionenpaar erfolgt (Sharman, Caserio und Mitarbeiter, 1958; Goering und Mitarbeiter, 1955).

Wird die Reaktion des allylischen Alkohols mit Thionylchlorid ohne Lösungsmittel oder in einer konzentrierten Lösung durchgeführt, entsteht auch das normale Produkt und zwar durch einen bimolekularen Angriff des Cl^--Ions am C_α des Chlorosulfitmoleküls. Diese Reaktion überwiegt dann vollkommen in Anwesenheit von tertiären Basen.

Der andere Mechanismus mit ausschließlicher Umlagerung wird als *anomale bimolekulare Substitution* S_N2' bezeichnet. Das Nukleophil greift aus sterischen Gründen anstatt am C_α das γ-Kohlenstoffatom des Allylsystems an, wobei eine synchrone Bildung und Auflösung der σ-Bindungen und Verschiebung der Doppelbindung stattfindet.

$$\bar{Y}\ +\ \underset{/}{\overset{\backslash}{C}}{=}C-C-X \rightleftharpoons Y{\cdots}C{\cdots}C{\cdots}C{\cdots}X \longrightarrow Y-C-C{=}C\underset{\backslash}{\overset{/}{}}\ +\ \bar{X}$$

Reaktionen, die nach diesem Mechanismus verlaufen, sind selten. Von den wenigen, sicher bewiesenen Fällen soll die als Reaktion 2. Ordnung verlaufende Umsetzung von α-*tert.* Butylallylchlorid mit Natriumäthylat als Beispiel dienen. Das Reagens tritt hier an das sterisch ungehinderte C_γ heran (de la Mare und Mitarbeiter, 1958).

$$CH_3-\underset{\underset{CH_3}{|}}{\overset{\overset{CH_3}{|}}{C}}-\underset{\underset{Cl}{|}}{CH}-CH{=}CH_2\ +\ C_2H_5O^- \longrightarrow CH_3-\underset{\underset{CH_3}{|}}{\overset{\overset{CH_3}{|}}{C}}-CH{=}CH-CH_2-OC_2H_5$$

$$\sim 100\%$$

Auch Reaktionen sekundärer Allylhalogenide mit sekundären Aminen geben anomale Produkte, z. B.:

$$CH_3-\underset{\underset{Cl}{|}}{CH}-CH=CH_2 \;+\; (CH_3)_2NH \;\longrightarrow\; CH_3-CH=CH-CH_2-N(CH_3)_2$$

82—95%

Nach Young und Mitarbeiter (1951—1957) handelt es sich hier jedoch eher um eine Reaktion vom oben erwähnten cyclischen Typus:

10. S_Ni-Mechanismus

Aus den Umsetzungen von Alkoholen mit Thionylchlorid resultieren gelegentlich Chloride mit erhaltener ursprünglicher Konfiguration des Reaktionszentrums. Dies wurde durch eine intramolekulare Reorganisation *(intramolekulare Substitution, S_Ni)* im intermediär gebildeten Chlorosulfit erklärt.

Die sterischen Forderungen des Übergangszustandes einer S_N2-Reaktion (S. 89) schließen jedoch einen cyclischen, synchronen Mechanismus aus. Es ist eher anzunehmen, daß die Reaktion über ein Ionenpaar verläuft (Boozer und Lewis, 1953).

Ergänzende Literatur

Ingold, C. K.: Structure and Mechanism in Organic Chemistry. Ithaca - New York: Cornell University Press. 1953.

Streitwieser, A., jr.: Solvolytic Displacement Reactions at Saturated Carbon Atoms. Chem. Revs. *56*, 571 (1956); New York: McGraw-Hill. 1962.

Bunton, C. A.: Nucleophilic Substitution at a Saturated Carbon Atom. New York: Elsevier Publishing Co. 1963.

Thornton, E. R.: Solvolysis Mechanisms. New York: The Ronald Press Co. 1964.

Bethell, D., Gold V.: Carbonium Ions. An Introduction. London - New York: Academic Press. 1967.

Olah, G. A., v. R. Schleyer, P.: Carbonium Ions I. Interscience Publishers. 1968.

Szwarc, M.: Ions and Ion Pairs. Accounts Chem. Res. *2*, 87 (1969).

Hückel, W.: Kryptoionen-Reaktionen. Liebigs Ann. *711*, 1 (1968).

Olah, G. A., Pittman, C. U.: Adv. Phys. Org. Chem. *4*, 305 (1966).

Winstein, S.: Non-Classical Ions and Homoaromaticity. Quart. Rev. *23*, 141 (1969).

Bartlett, P. D.: Non-Classical Ions. New York: Benjamin. 1966.

Amis, E. S.: Solvent Effects on Reaction Rates and Mechanisms. New York: Academic Press. 1966.

Capon, B.: Neighbouring Group Participation. Quart. Rev. *18*, 45 (1964).

II. Elektrophile Substitution am gesättigten Kohlenstoff

Bei bestimmten Verbindungstypen kann der Substituent am sp^3-hybridisierten Kohlenstoffatom durch ein elektrophiles Reagens ersetzt werden.

$$R\!-\!\!M \ + \ E^+ \ \longrightarrow \ R\!-\!\!E \ + \ M^+$$

Im Gegensatz zu nukleophilen Substitutionen sorgt hier für die Elektronen der neuen Bindung das Kohlenstoffatom selbst, das bei der Spaltung der Bindung R—M beide Bindungselektronen behält. Die dazu erforderliche Polarisierungsrichtung

$$R\longleftarrow M$$

beschränkt die Auswahl der Substrate praktisch nur auf verschiedene C-Säuren (M=H) und metallorganische Verbindungen (M=Metall, Halogenmetallgruppe usw.).

In einer Parallele zu den S_N-Reaktionen unterscheidet man auch bei elektrophilen Substitutionen zwischen mono- und bimolekularen Prozessen.

Eine *monomolekulare elektrophile Substitution (S_E1)* ist ein zweistufiger Prozeß, dessen Geschwindigkeit durch die Dissoziation des Substrates zum Carbanion R^- und Kation M^+ bestimmt wird. Das Carbanion reagiert dann schnell mit dem Elektrophil zum Produkt.

$$R\!-\!\!M \ \underset{\longleftarrow}{\overset{\text{langsam}}{\longrightarrow}} \ R^- \ + \ M^+$$
$$R^- \ + \ E^+ \ \longrightarrow \ R\!-\!\!E \qquad (S_E1)$$

Als Beispiel einer Reaktion, die nach diesem Schema verläuft, kann die Zersetzung von Alkylquecksilberdihalogeniden (sie entstehen im Reaktionsgemisch aus Alkylquecksilberhalogeniden durch Anlagerung eines Halogenidions) durch Säuren dienen:

$$R\!-\!\!HgX_2^- \ \underset{\longleftarrow}{\overset{\text{langsam}}{\longrightarrow}} \ R^- \ + \ HgX_2$$
$$R^- \ + \ H_3O^+ \ \longrightarrow \ R\!-\!\!H \ + \ H_2O$$

Die erste Stufe (die Bildung des Carbanions) muß jedoch nicht immer ein an sich monomolekularer Prozeß sein. Bei Epimerisierung, isotopischem Austausch von Wasserstoff und anderen Reaktionen der C-Säuren erfolgt die Protonabspaltung oft erst durch Einwirkung einer Base, also in einem bimolekularen Prozeß. Da jedoch die Geschwindigkeit des Substitutionsprozesses (Ersatz von H durch E) wieder nur von der Konzentration des Substrates, nicht jedoch von der des Elektrophils abhängt, wird auch hier die Bezeichnung S_E1 behalten.

$$R\!-\!\!H \ + \ \bar{B} \ \underset{\longleftarrow}{\overset{}{\longrightarrow}} \ R^- \ + \ HB$$
$$R^- \ + \ E^+ \ \longrightarrow \ R\!-\!\!E$$

Als *bimolekulare elektrophile Substitutionen (S_E2)* werden dagegen solche Prozesse bezeichnet, bei denen die Substitutionsgeschwindigkeit sowohl von der Konzentration des Substrates als auch von der des Elektrophils abhängt. Die Substitution erfolgt in einer einzigen Stufe.

$$E^+ \;+\; R{-\!\!-}A \;\longrightarrow\; E{-\!\!-}R \;+\; A^+ \qquad (S_E2)$$

Der S_E2-Mechanismus wurde bei elektrisch ungeladenen Organoquecksilber- und anderen Organometall-Verbindungen festgestellt, in denen die Kohlenstoff-Metall-Bindung einen mehr oder weniger kovalenten Charakter besitzt. (Ein nicht allzu hohes Ionisierungsvermögen des Lösungsmittels ist dabei oft eine zusätzliche Bedingung.) Nach dem bimolekularen Schema verläuft z. B. der Ersatz der Halogenquecksilbergruppe durch Brom.

$$R{-\!\!-}HgBr \;+\; Br_2 \;\longrightarrow\; R{-\!\!-}Br \;+\; HgBr_2$$

1. Carbanionen[1]

Die wahrscheinlichste Form der in monomolekularen Prozessen als Zwischenprodukte auftretenden Carbanionen ist eine äußerst rasch invertierende Pyramide mit den zwei nicht-bindenden Elektronen in einem sp^3-Orbital. Das Umklappen der Pyramide muß hier noch viel leichter erfolgen als beim dreibindigen Stickstoff (S. 31).

Diese Vorstellung bezieht sich auf „gesättigte" Systeme. Bei konjugativ stabilisierten Carbanionen, wie z. B. bei Allyl-Carbanionen oder Carbanionen, die aus Carbonylverbindungen durch Abspaltung eines α-ständigen Wasserstoffatoms als Proton gebildet werden, kommt eher eine sp^2-Hybridisierung des Carbanion-Kohlenstoffs in Frage, die ein Überlappen seines p-Orbitals, z. B. mit einem benachbarten π-System, ermöglicht.

Alle Carbanionen sind stark nukleophil (starke Basen) und als allein stehende Partikeln kaum vorstellbar. In schwach ionisierenden Lösungsmitteln liegen sie in intimen Ionenpaaren vor, in gut ionisierenden Medien binden sie eine Solvathülle fest an sich.

Wie schon erwähnt, werden Carbanionen meistens aus C-Säuren und aus verschiedenen metallorganischen Verbindungen gebildet. Viel seltener, jedoch keineswegs weniger interessant, sind Fälle, in denen ein carbanionisches Zwischenprodukt durch asymmetrische Spaltung einer C—C—, C—N— bzw. C—O-Bindung ent-

---

1 Siehe auch S. 48.

steht. Zum ersten Typus gehört z. B. die Amid-Spaltung von Ketonen und von tert. Carbinolen (Bergstrom und Fernelius, 1937; Cram und Mitarbeiter, 1959).

$$Ar{-}\underset{O}{\overset{|}{C}}{-}R \xrightarrow{NaNH_2} Ar{-}\underset{\underset{O^-}{|}}{\overset{NH_2}{\overset{|}{C}}}{-}R \longrightarrow Ar{-}\underset{O}{\overset{NH_2}{\overset{|}{C}}} + R^- \xdashrightarrow{BH} R{-}H$$

$$C_6H_5{-}\underset{CH_3}{\overset{OH}{\overset{|}{C}}}{-}R \xrightarrow{R_2NK} C_6H_5{-}\underset{CH_3}{\overset{O^-}{\overset{|}{C}}}{-}R \longrightarrow C_6H_5{-}\underset{CH_3}{\overset{O}{\overset{|}{C}}} + R^- \xdashrightarrow{BH} R{-}H$$

Eine *stickstoffhaltige* Abgangsgruppe wird bei der Bildung carbanionischer Zwischenprodukte (a) der Wolff-Kishner-Reduktion von Ketonhydrazonen zu Kohlenwasserstoffen und (b) der basischen Zersetzung der N-Acyl-N'-tosylhydrazine zu Aldehyden (nach McFadyen und Stevens) abgespalten (Cram, 1965).

$$R{-}\underset{}{\overset{R'}{\overset{|}{C}}}{=}\bar{N}{-}\bar{N}H_2 \xrightleftharpoons{B} R{-}\overset{R'}{\overset{|}{C}}{=}\bar{N}{-}\underline{\bar{N}}H \xrightleftharpoons{BH} R{-}\overset{R'}{\overset{|}{C}}H{-}\bar{N}{=}\bar{N}H \xrightleftharpoons{B}$$

(a)

$$\rightleftharpoons R{-}\overset{R'}{\overset{|}{C}}H{-}\bar{N}{=}N \longrightarrow |N{\equiv}N| + R{-}\overset{R'}{\overset{|}{\underline{C}}}H \xrightarrow{BH} R{-}CH_2{-}R'$$

$$Ar{-}\underset{\underset{B\curlyvee H}{}}{\overset{O}{\overset{||}{C}}}{-}\bar{N}{-}\bar{N}H{-}SO_2Ar \longrightarrow Ar{-}\overset{O}{\overset{||}{C}}{-}\bar{N}{=}\bar{N}H + Ar{-}SO_2^-$$

(b)

$$\Big\downarrow B$$

$$Ar{-}CH{=}O \xleftarrow{HB} Ar{-}\underline{C}{=}O + |N{\equiv}N|$$

Ein Beispiel für die Bildung eines Carbanions durch Abtrennung einer *sauerstoffhaltigen* Gruppe ist die Spaltung von Alkylbenzyläthern beim Erhitzen mit einem Alkalidialkylamid im entsprechenden sek. Amin als Lösungsmittel (Cram, Kingsbury und Langemann, 1959)[2].

$$C_6H_5{-}\overset{R_2\bar{N}\curlyvee H}{CH}{-}O{-}\underset{C_6H_5}{\overset{CH_3}{\overset{|}{C}}}{-}C_2H_5 \longrightarrow C_6H_5{-}CH{=}O + \underset{C_6H_5}{\overset{CH_3}{\overset{|}{C}}}{-}C_2H_5 \xrightarrow{R_2NH} H\underset{C_6H_5}{\overset{CH_3}{\overset{|}{C}}}{-}C_2H_5$$

---

2 In Abwesenheit des Amins, welches hier als Protonendonor wirkt, resultieren Umlagerungsprodukte (S. 263).

2. Sterischer Ablauf der S$_E$1-Reaktionen

Wie man den Studien von Letsinger (1950), Cram und Mitarbeitern (1962, 1963, 1965), Winstein und Traylor (1955, 1956), Hughes, Ingold und Mitarbeitern (1958 bis 1961), Jensen und Mitarbeitern (1959, 1960) sowie anderen Autoren entnehmen kann, sind bei elektrophilen Substitutionen an chiralen Zentren sowohl Razemisierung, Inversion als auch Retention der Konfiguration möglich.

Bei *monomolekularen Prozessen* tritt eine *Razemisierung* besonders in gut ionisierenden Lösungsmitteln zum Vorschein. In solchen Medien liegen die gebildeten Carbanionen in lösungsmittelgetrennten Ionenpaaren oder sogar als freie solvatisierte Ionen vor. Bei resonanzstabilisierten, planaren Carbanionen kann die Reaktion mit dem Elektrophil von beiden Seiten ihrer Ebene stattfinden, bei pyramidalen Carbanionen entsteht ein razemisches Produkt wegen dem schnellen Umklappen der Pyramide noch vor der Reaktion mit dem Elektrophil.

In schwach ionisierenden Medien, wo das Carbanion vielmehr in intimen Ionenpaaren vorliegt, wird oft eine (gewöhnlich nur teilweise) *Retention* der ursprünglichen Konfiguration des Reaktionszentrums beobachtet. Zur Deutung dieses stereochemischen Resultates wird eine Art Vier-Zentren-Reaktion mit einem cyclischen Übergangszustand angenommen. So wurde z. B. für den basenkatalysierten isotopischen Wasserstoffaustausch bei C-Säuren u. a. der folgende Mechanismus vorgeschlagen (Cram, 1963, 1965)[3, 4].

$$\text{C}^-\text{K}^+ + \text{DOR} \rightleftharpoons \text{C}\cdots\text{O}\!-\!\text{R} \rightleftharpoons \text{C}\!-\!\text{D} + \text{KOR}$$

Eine *Inversion* kann bei S$_E$1-Reaktionen in gut ionisierenden protischen Lösungsmitteln (z. B. in Alkoholen) vorkommen. Sie wird auf die Bildung von asymmetrisch solvatisierten Carbanionen zurückgeführt (Cram, 1965).

$$\text{C}\!-\!\text{D} + \text{NR}_3 \rightleftharpoons \text{ROH}\cdots\text{C}\cdots\text{DNR}_3 \longrightarrow \text{RO}^- + \text{H}\!-\!\text{C}$$

Gleichzeitig wird jedoch das Carbanion meistens auch symmetrisch (z. B. mit je einem Alkoholmolekül beiderseits seiner Ebene) solvatisiert, so daß die Inversion von einer Razemisierung begleitet wird.

3. Sterischer Ablauf der S$_E$2-Reaktionen

Zum Unterschied von den S$_N$2-Reaktionen verlaufen bimolekulare elektrophile Substitutionen meistens unter *Konfigurationserhaltung* (Winstein und Traylor, 1955, 1956; Hughes, Ingold und Mitarbeiter, 1958—1961; Jensen und Mitarbeiter, 1959, 1960).

---

3 Cram und Gosser (1963, 1964) unterscheiden bei carbanionischen Reaktionen mit einer teilweisen Retention sogar unter mehreren ähnlichen Mechanismen.

4 Eine andere Erklärung finden Cram und Wingrove (1962, 1963) für die oft beobachtete Erhaltung der Konfiguration in Substitutionsreaktionen der α-Sulfonylcarbanionen. Sie glauben, daß die negativen Sauerstoffatome der Sulfonylgruppe hier für eine elektrostatische Barriere der Inversion sorgen.

$$\text{C}_2\text{H}_5\text{—}\overset{*}{\underset{|}{\text{CH}}}\text{—HgBr} \quad\xrightarrow{\text{Br}_2\text{ in Pyridin}}\quad \text{C}_2\text{H}_5\text{—}\overset{\text{CH}_3}{\overset{|}{\underset{}{\overset{*}{\text{CH}}}}}\text{—Br} \quad (+\ \text{HgBr}_2)$$

$$\text{C}_2\text{H}_5\text{—}\overset{\text{CH}_3}{\overset{|}{\overset{*}{\text{CH}}}}\text{—HgBr} \quad\xrightarrow{\text{Mg}}\quad \text{C}_2\text{H}_5\text{—}\overset{\text{CH}_3}{\overset{|}{\overset{*}{\text{CH}}}}\text{—Hg—}\overset{\text{CH}_3}{\overset{|}{\overset{*}{\text{CH}}}}\text{—C}_2\text{H}_5$$

$$(+\ \text{MgBr}_2\ +\ \text{Hg})$$

$$\xrightarrow{{}^{*}\text{HgBr}_2}\quad \text{C}_2\text{H}_5\text{—}\overset{\text{CH}_3}{\overset{|}{\overset{*}{\text{CH}}}}\text{—}^{*}\text{HgBr} \quad (+\ \text{HgBr}_2)$$

Zwei verschiedene Mechanismen, einer mit einem „offenen" (a), der andere mit einem „geschlossenen" Übergangszustand (b), sind zur Erklärung dieses Resultates vorgeschlagen worden.

(a) Offener Übergangszustand:

$$\text{>C—HgX} + \text{E}^+ \longrightarrow \text{>C}\overset{\overset{\delta+}{\text{E}}}{\underset{\underset{\delta+}{\text{HgX}}}{\cdots}} \longrightarrow \text{>C—E} + \overset{+}{\text{HgX}}$$

(b) Geschlossener Übergangszustand:

$$\text{>C—HgX} + \text{ENu} \longrightarrow \text{>C}\overset{\text{E}}{\underset{\underset{|}{\underset{\text{X}}{\text{Hg}}}}{\cdots}}\text{Nu} \longrightarrow \text{>C—E} + \text{Hg(X)Nu}$$

Der Mechanismus mit dem geschlossenen Übergangszustand, an dem auch der nukleophile Teil des Reagens direkt teilnimmt, scheint häufiger vorzukommen als der mit dem offenen Übergangszustand. Der letztgenannte Verlauf wird z. B. bei der Reaktion von Organoquecksilberverbindungen mit protonierter Essigsäure vermutet (Winstein und Traylor, 1955).

$$\text{>C—HgX} + \text{CH}_3\text{—}\overset{\overset{+}{\text{OH}}}{\overset{\|}{\text{C}}}\text{—OH} \longrightarrow \text{>C}\overset{\overset{+}{\text{H—O}}=\overset{\overset{\text{OH}}{|}}{\text{C}}\text{—CH}_3}{\underset{\text{HgX}}{\cdots}} \longrightarrow \text{>C—H} + \text{Hg}\overset{\text{OCOCH}_3}{\underset{\text{X}}{<}}$$

$$+\text{H}^+$$

In letzter Zeit ist jedoch bei S_E2-Reaktionen auch die *Inversion* vereinzelt beobachtet worden. 4-*tert*.Butylcyclohexyllithium reagiert zwar mit CO_2 oder bei Protonierung unter 97% bzw. 95% Konfigurationserhaltung, mit molekularen Halogenen (Cl_2, Br_2, I_2) in Pentan entstehen jedoch überwiegend axiale Halogenderivate, d. h. Produkte einer Inversion am Reaktionszentrum (Glaze und Mitarbeiter, 1969; s. a. Applequist und Chmurny, 1967).

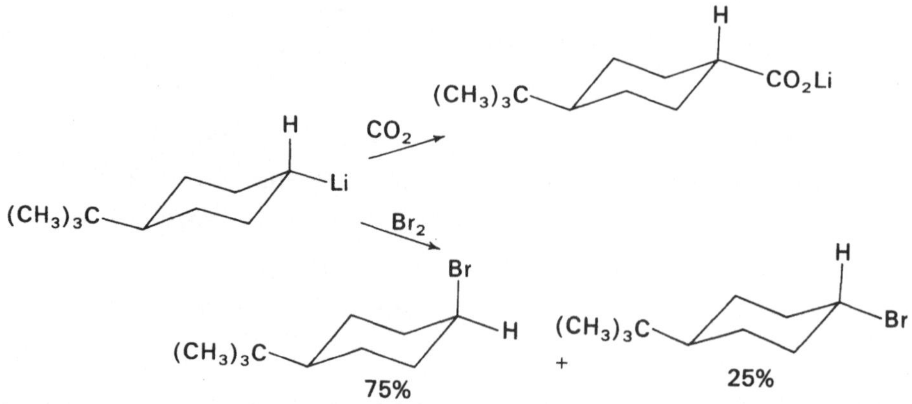

Ein anderes Beispiel brachten Brown und Lane (1971), die aus der Bromierung von *tris*-2-Norbornylboran in Anwesenheit von Natriummethylat nur das thermodynamisch benachteiligte *endo*-2-Norbornylbromid in hoher Ausbeute isolieren konnten.

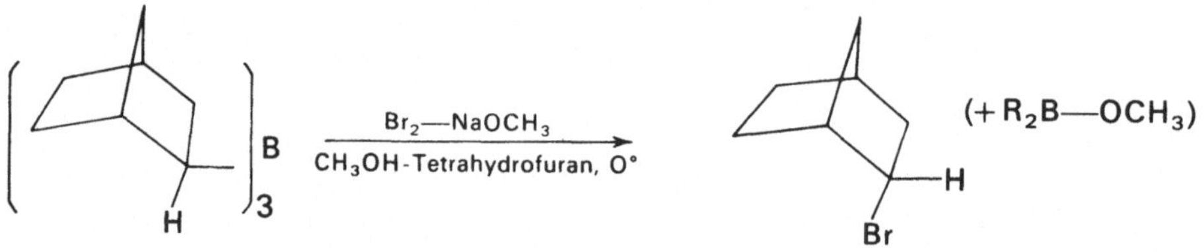

Die Autoren erklären dieses Resultat mit einem Angriff des Halogenmoleküls von der Rückseite des $C_{(2)}$-Atoms, wobei ein dem S_N2-Übergangszustand ähnlicher „linearer" Übergangszustand vorausgesetzt wird. Dem S_E2-Prozeß ist dabei eine Anlagerung des Methylations an das elektrophile Boratom vorgeschaltet.

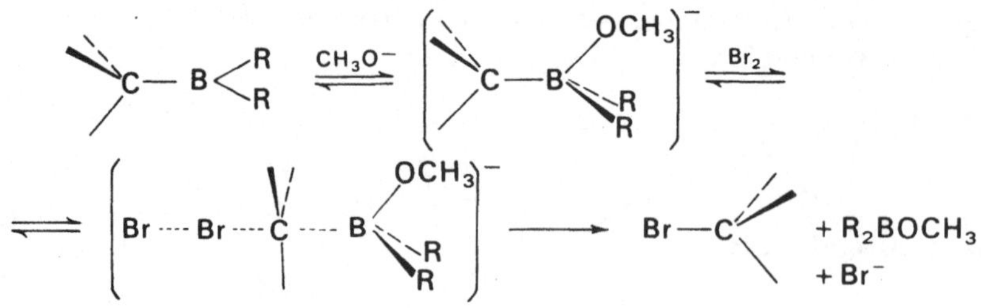

4. Substituenteneffekte

Da die Stabilität der Carbanionen stark konstitutionsabhängig ist (S. 48), weisen auch alle S_E1-Prozesse, deren Übergangszustände einen Carbanion-ähnlichen Charakter besitzen, eine hohe Empfindlichkeit gegenüber verschiedenen Struktur-

und Substituenteneinflüssen auf. Besonders merkbar sind dabei polare und Resonanz-Effekte.

Ganz anders ist die Situation bei S_E2-Reaktionen. Hier trägt das Zentral-kohlenstoffatom im Übergangszustand keine oder nur eine geringe Ladung und daher werden diese Prozesse nur wenig von polaren Substituenteneffekten beeinflußt. Die Sperrigkeit des Übergangszustandes und seine spezifischen stereochemischen Ansprüche bringen jedoch sterische Faktoren stark zum Vorschein.

5. Konkurrenz zwischen S_E1 und S_E2

Zum Unterschied von nukleophilen Substitutionen, wo ein gleichzeitiger Ablauf nach den S_N1- und S_N2-Mechanismen kein Ausnahmefall ist, existieren nur wenige Angaben über eine solche simultane mechanistische Dualität der elektrophilen Prozesse. Dodd, Ingold und Johnson (1969) glauben, einen gleichzeitigen S_E1- und S_E2-Ablauf bei der Umsetzung von 4-Pyridiomethylquecksilberchlorid (1) in wäßriger Perchlorsäure in Anwesenheit von Cl^--Ionen beobachtet zu haben. Das eigentliche Substrat des Substitutionsprozesses, in dem die Quecksilbergruppe durch ein Proton unter Bildung von (4) ersetzt wird, ist das Zwitterion (2), das in einer vorverschobenen Gleichgewichtsreaktion durch Cl^--Anlagerung an (1) entsteht.

Dieses Schema ist in Übereinstimmung mit der beobachteten Abhängigkeit der Reaktionsgeschwindigkeit von der Cl^--Konzentration und ihrer weitgehenden Unabhängigkeit von der Säurekonzentration. Eine weitere Stütze für den Mechanismus ist die Verlangsamung der Reaktion durch Zugabe von $HgCl_2$, die im Sinne des Massenwirkungsgesetzes im geschwindigkeitsbestimmenden Schritt des ganzen Prozesses gegen die Dissoziation von (2) zu (3) wirkt.

Ein interessantes Resultat brachte die Zugabe von $^{203}HgCl_2$: Es zeigte sich, daß der Quecksilberaustausch im Ausgangsmaterial (1) bzw. in (2) schneller ist, als es der Verlangsamung der Bildung von (4) (durch die Rückbildung von (2) aus (3) und Quecksilberchlorid) entspräche. Neben der Reaktion (3)+$HgCl_2$ → (2) muß also ein direkter Austausch zwischen (1) oder (2) und $^{203}HgCl_2$ erfolgen. Dodd, Ingold und Johnson vermuten, daß es eine S_E2-Substitution am (2) als Substrat ist, die für den „zusätzlichen" Hg-Austausch verantwortlich ist. Nach ihnen findet also am (2) gleichzeitig eine S_E1- und eine S_E2-Reaktion statt.

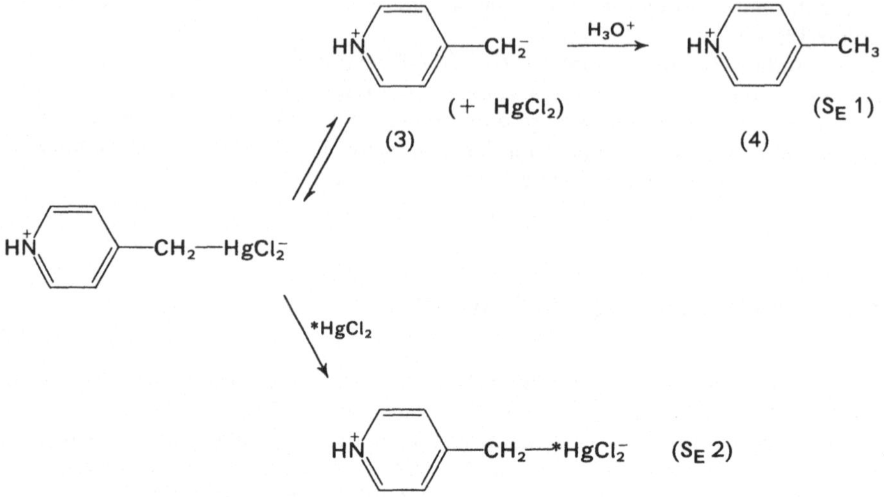

$$HN^+\!\!-\!\!\langle\text{pyridin}\rangle\!\!-CH_2^- \xrightarrow{H_3O^+} HN^+\!\!-\!\!\langle\text{pyridin}\rangle\!\!-CH_3$$

(+ HgCl$_2$)

(3)   (S_E 1)   (4)

$$HN^+\!\!-\!\!\langle\text{pyridin}\rangle\!\!-CH_2\!\!-HgCl_2^-$$

*HgCl$_2$

$$HN^+\!\!-\!\!\langle\text{pyridin}\rangle\!\!-CH_2\!\!-\!^*HgCl_2^- \qquad (S_E\ 2)$$

Ergänzende Literatur

Cram, D. J.: Fundamentals of Carbanion Chemistry. New York: Academic Press. 1965.

III. Polare Eliminierungen

Bei den meisten olefinbildenden Eliminierungsreaktionen wird ein elektronegativer Substituent X, der an ein Kohlenstoffatom gebunden ist, und ein Wasserstoffatom von einem benachbarten Kohlenstoff abgespalten. Dabei erfolgt die Eliminierung von HX entweder ohne jede Teilnahme weiterer Reaktionspartner (a), oder aber unter dem Einfluß von Basen oder Lösungsmittelmolekülen (b).

$$\text{(a)} \qquad H-\overset{|}{\underset{|}{C}}-\overset{|}{\underset{|}{C}}-X \quad \longrightarrow \quad HX + \;\overset{\diagdown}{\underset{\diagup}{C}}=\overset{\diagup}{\underset{\diagdown}{C}}$$

$$\text{(b)} \quad \bar{B} + H-\overset{|}{\underset{|}{C}}-\overset{|}{\underset{|}{C}}-X \quad \longrightarrow \quad BH + \;\overset{\diagdown}{\underset{\diagup}{C}}=\overset{\diagup}{\underset{\diagdown}{C} } + \bar{X}$$

Eine kleinere Gruppe bilden Eliminierungsreaktionen vicinal disubstituierter Verbindungen. In diesem Fall wird die Doppelbindung durch Abspaltung von zwei benachbarten (von H verschiedenen) Substituenten gebildet (c). Die Abspaltung muß von einem geeigneten Reaktionspartner ausgelöst werden.

$$\text{(c)} \quad M + X-\overset{|}{\underset{|}{C}}-\overset{|}{\underset{|}{C}}-Y \quad \longrightarrow \quad MXY + \;\overset{\diagdown}{\underset{\diagup}{C}}=\overset{\diagup}{\underset{\diagdown}{C}}$$

Zu den HX-Eliminierungen, die ohne Teilnahme anderer Reaktionspartner stattfinden (a), gehören z. B. pyrolytische Zersetzungen der Carbonsäureester, Xanthogenate und Aminoxide. Zum Auslösen der intramolekular verlaufenden Eliminierung ist hier nur das Erreichen einer bestimmten, durch die Struktur des Substrates bedingten Temperatur (meist zwischen 150 und 500° C) notwendig.

(a)
$$H-\overset{|}{\underset{|}{C}}-\overset{|}{\underset{|}{C}}-O-\overset{O}{\overset{\|}{C}}-R \longrightarrow \!\!\!\underset{/}{\overset{\backslash}{C}}{=}\overset{/}{\underset{\backslash}{C}} + HO-\overset{O}{\overset{\|}{C}}-R$$

$$H-\overset{|}{\underset{|}{C}}-\overset{|}{\underset{|}{C}}-O-\overset{S}{\overset{\|}{C}}-SCH_3 \longrightarrow \!\!\!\underset{/}{\overset{\backslash}{C}}{=}\overset{/}{\underset{\backslash}{C}} + O{=}C{=}S + HS-CH_3$$

$$H-\overset{|}{\underset{|}{C}}-\overset{|}{\underset{|}{C}}-\overset{R}{\underset{\underset{O}{|}}{N}}{\backslash R} \longrightarrow \!\!\!\underset{/}{\overset{\backslash}{C}}{=}\overset{/}{\underset{\backslash}{C}} + HO-\overset{R}{\underset{R}{N}}$$

Die pyrolytischen Eliminierungen zeichnen sich durch einige gemeinsame Merkmale, die von denen anderer Eliminierungen verschieden sind, aus und werden am Ende dieses Kapitels separat behandelt.

In die Gruppe (b) gehören vor allem die gut bekannten Eliminierungen der Alkylhalogenide, Alkylsulfate und -sulfonate und die Zersetzungen der Ammonium- und Sulfoniumverbindungen. Meistens finden diese Reaktionen in Anwesenheit eines basischen Agens statt.

(b)
$$RO^- + H-\overset{|}{\underset{|}{C}}-\overset{|}{\underset{|}{C}}-Br \longrightarrow ROH + \!\!\!\underset{/}{\overset{\backslash}{C}}{=}\overset{/}{\underset{\backslash}{C}} + Br^-$$

$$HO^- + H-\overset{|}{\underset{|}{C}}-\overset{|}{\underset{|}{C}}-OSO_2R \longrightarrow H_2O + \!\!\!\underset{/}{\overset{\backslash}{C}}{=}\overset{/}{\underset{\backslash}{C}} + R-SO_2O^-$$

$$HO^- + H-\overset{|}{\underset{|}{C}}-\overset{|}{\underset{|}{C}}-\overset{+}{N}(CH_3)_3 \longrightarrow H_2O + \!\!\!\underset{/}{\overset{\backslash}{C}}{=}\overset{/}{\underset{\backslash}{C}} + \bar{N}(CH_3)_3$$

$$HO^- + H-\overset{|}{\underset{|}{C}}-\overset{|}{\underset{|}{C}}-\overset{+}{S}(CH_3)_2 \longrightarrow H_2O + \!\!\!\underset{/}{\overset{\backslash}{C}}{=}\overset{/}{\underset{\backslash}{C}} + S(CH_3)_2$$

Charakteristische Vertreter der Gruppe (c) sind die durch Zink, Magnesium oder Iodid-Ionen erzielten Eliminierungen der 1,2-Dihalogenderivate und der β-Halogenäther und -ester.

(c)
$$Zn: + Br-\overset{|}{\underset{|}{C}}-\overset{|}{\underset{|}{C}}-X \longrightarrow \!\!\!\underset{/}{\overset{\backslash}{C}}{=}\overset{/}{\underset{\backslash}{C}} + Zn^{2+}Br^-X^-$$

$$[X = Halogen; \; OR; \; OCOR]$$

$$I^- + Br-\overset{|}{\underset{|}{C}}-\overset{|}{\underset{|}{C}}-Br \longrightarrow [IBr] + \!\!\!\underset{/}{\overset{\backslash}{C}}{=}\overset{/}{\underset{\backslash}{C}} + Br^-$$

Die letzten zwei Kategorien (b und c) mit ihren typischen Merkmalen heterolytischer Reaktionen werden im folgenden einer eingehenderen Analyse unterworfen.

1. Dehydrohalogenierungen. Zersetzung der „Onium"-Verbindungen

Auch ohne jede tiefere Analyse könnte kaum ein Zweifel am heterolytischen Charakter der Dehydrohalogenierung von Alkylhalogeniden und der Eliminierungen von Alkylsulfonaten und „Onium"-Verbindungen (Ammonium-, Sulfoniumverbindungen) bestehen. Schon auf Grund der summaren Gleichung kann man vermuten, daß die austretende Gruppe X *mit* dem Elektronenpaar der Bindung C_α—X, der Wasserstoff dagegen *ohne* die Elektronen der Bindung C_β—H (d. h. als Proton) abgespalten wird[1].

Aus elektrisch neutralen Molekülen der Alkylhalogenide und Alkylsulfonate tritt der Substituent X als Anion aus, bei positiv geladenen „Onium"-Ionen wird durch Mitnahme der ursprünglichen Bindungselektronen die Ladung am Stickstoff oder Schwefel neutralisiert. Als Partikel Y (Schema b) kann jede Base (im Sinne von Lewis) fungieren.

$$\bar{Y} + H-\overset{|}{\underset{|}{C}}-\overset{|}{\underset{|}{C}}-X \longrightarrow HY + {>}C{=}C{<} + \bar{X}$$

$$\bar{Y}: \quad RO^-; \ R-COO^- \ \text{usw.}; \ R_3\bar{N}; \ H_2\overset{.}{O}; \ R-\bar{O}H \ \text{usw.}$$

$$X: \quad \text{Halogen}; \ R-SO_2-O-; \ R_3N-; \ R_2S- \ \text{usw.}$$

Diesen Reagentien sind wir im Zusammenhang mit denselben Substraten schon bei nukleophilen Substitutionen begegnet. Tatsächlich haben nukleophile Substitutionen und die hier zu behandelnden Eliminierungen viele gemeinsame Merkmale und konkurrenzieren sich immer. Welchen Verlauf die Reaktion vorwiegend nimmt, hängt von der Struktur des Substrates, der Natur des Reagens und von den Reaktionsbedingungen ab. Ein bekanntes Beispiel ist die Reaktion von Alkylhalogeniden mit Alkoholationen, die — je nach Reaktionspartner und Versuchsbedingungen — sowohl zur Darstellung von Äthern als auch von Olefinen benutzt werden kann.

$$H-\overset{|}{\underset{|}{C}}-\overset{|}{\underset{|}{C}}-X \ \xrightarrow{\ RO^-\ } \ \begin{array}{l} \overset{S_N}{\nearrow} \ H-\overset{|}{\underset{|}{C}}-\overset{|}{\underset{|}{C}}-OR + X^- \\[2ex] \underset{E}{\searrow} \ ROH + {>}C{=}C{<} + X^- \end{array}$$

Die Ähnlichkeit der äußeren Merkmale hat ihren Grund in einer engen Verwandtschaft der Mechanismen beider Reaktionstypen.

---

1 In unseren mechanistischen Betrachtungen wird das X-tragende Kohlenstoffatom als C_α, das benachbarte Kohlenstoffatom der C—H-Bindung als C_β bezeichnet.

a) Monomolekulare Eliminierung (E1)

Wie die Substitutionsreaktionen, können auch Eliminierungen entweder *monomolekular* oder *bimolekular* verlaufen.

Am ähnlichsten sind die Mechanismen der nukleophilen Substitution und der Eliminierung bei monomolekularem Verlauf. Gemeinsam ist hier sogar der geschwindigkeitsbestimmende Schritt, nämlich die unter Teilnahme von Lösungsmittelmolekülen stattfindende Heterolyse der C_α—X-Bindung.

Das so entstandene instabile Carboniumion wird entweder in schneller Reaktion von einer nukleophilen Partikel Y mit dem Endresultat eines S_N1-Prozesses abgefangen oder aber es wird, so im E1-Prozeß, durch eine (ebenso schnelle) Abspaltung des β-ständigen Wasserstoffatoms (als Proton) „neutralisiert". Dabei übernimmt eine möglichst schwach nukleophile Partikel Y, sehr oft ein Lösungsmittelmolekül, die Rolle des Wasserstoffakzeptors.

Wegen der gemeinsamen ersten Stufe sind auch die meisten typischen Eigenschaften beider Reaktionen gleich. Z. B. sind es bei Alkylhalogeniden vorwiegend sekundäre, tertiäre und α-arylsubstituierte Derivate, die wegen der erleichterten Ionisierbarkeit ihrer C—X-Bindungen in polaren, gut solvatisierenden Medien sowohl der S_N1 als auch der E1 unterliegen. Wie bei der S_N1 ist auch bei der E1 die Reaktionsgeschwindigkeit innerhalb bestimmter Grenzen unabhängig von der Konzentration einer zugesetzten Base (eines Nukleophils). Sowohl S_N1 als auch E1 sind oft von Umlagerungen des intermediär gebildeten Carboniumions begleitet.

Aus unserem Schema für S_N1 und E1 folgt weiter, daß das Verhältnis der beiden Konkurrenzreaktionen (S_N1/E1) vom Kohlenstoffgerüst des Substrates, nicht aber von der Natur der Abgangsgruppe X abhängen sollte. Für die *Zusammensetzung* des Produktes müßte es gleichgültig sein, aus welcher Verbindung das Carboniumion entstanden ist, wenn auch die Natur der C—X-Bindung für die *Reaktionsgeschwindigkeit* des ganzen Prozesses maßgebend bleibt. Diese rein logische Forderung konnte tatsächlich experimentell bestätigt werden: Auch bei großen Geschwindigkeitsdifferenzen von Solvolysen sonst gleich gebauter Cl-, Br-, I- und R_2S^+-Derivate blieb der prozentuale Anteil an gebildetem Olefin im allgemeinen konstant (Tab. 18).

Tabelle 18. *Einfluß der Abgangsgruppe auf die Geschwindigkeitskonstante k_1 der monomolekularen Gesamtreaktion und auf das Verhältnis k_{E1}/k_1 bei Solvolysen von R−X (Hughes, Ingold und Mitarbeiter, 1948)*

Lösungsmittel	Temperatur	R	X	$10^5 k_1$	k_{E1}/k_1
60% C_2H_5OH	100,0°	C_6H_{13} — CH — CH_3	Cl	0,805	0,13
			Br	26,8	0,14
80% C_2H_5OH	25,2°	CH_3 — CH_3—C— — C_2H_5	Cl	1,50	0,333
			Br	58,3	0,262
			I	174	0,260

Die bestehenden kleineren Unterschiede in den Werten von k_{E1}/k_1 zwischen den einzelnen Halogeniden sind auf die nur annähernd gültige Vereinfachung der wirklichen Zustände in unserem Schema zurückzuführen. Die schwerste Verletzung der Realität liegt in der Darstellung des Carboniumions als einer vollkommen selbständigen Partikel. Abgesehen von einer Solvathülle, die in unserem Schema nicht wiedergegeben ist, reagieren die Carboniumionen oft noch bevor das Anion der Abgangsgruppe vollkommen entfernt worden ist (vgl. S. 93) so daß die Natur dieser Gruppe mehr oder weniger maßgebend werden kann.[2]

Gewöhnlich jedoch ist der Anteil des Olefins im Gesamtprodukt der monomolekularen Reaktion relativ klein, so daß Eliminierungen unter Bedingungen, die den monomolekularen Verlauf begünstigen, keine präparative Bedeutung zukommt.

b) Bimolekulare Eliminierung (E 2)

Bei bimolekularen Eliminierungen ist außer dem Substratmolekül auch die Base $\bar{Y}$ am Aufbau des Übergangszustandes beteiligt, was kinetisch (im Idealfall) in der Gleichung

$$-\frac{dS}{dt} = k\,[S][Y]$$

zum Ausdruck kommt.

Zur Erklärung des Verlaufes einer bimolekularen Eliminierung soll uns das erwähnte Beispiel der Reaktion zwischen Alkylhalogenid und Alkoholat-Ion dienen. Wie schon gesagt, beobachtet man hier sowohl Substitution als auch Eliminierung. Die Substitution ist unter diesen Bedingungen durch nukleophilen Angriff des Alkoholat-Ions am C_α charakterisiert (vgl. S. 89). Die Bildung der neuen RO—C-Bindung und die Auflösung der ursprünglichen C—X-Bindung erfolgen gleichzeitig.

---

2 Außerdem macht unser vereinfachtes Schema keine genauere Aussage über die Art und Weise der Wasserstoffabspaltung. Hier erlauben die verfügbaren Daten noch keine endgültige Vorstellung.

$$RO^- + \quad -\underset{|}{\overset{|}{C}}-X \quad \rightleftharpoons \quad RO\cdots\overset{\delta-}{\underset{}{C}}\cdots\overset{\delta-}{X} \quad \longrightarrow \quad RO-\underset{|}{\overset{|}{C}}- + X^-$$

Für die Eliminierungsreaktion, an der dieselben Reaktionspartner beteiligt sind und die dieselbe kinetische Charakteristik aufweist, wird ein Schema angenommen, in dem das Nukleophil diesmal das Wasserstoffatom am C_β angreift.

$$RO^- + H-\underset{|}{\overset{|}{C}}-\underset{|}{\overset{|}{C}}-X \quad \rightleftharpoons \quad RO\cdots\overset{\delta-}{C}=\overset{}{C}\cdots\overset{\delta-}{X} \quad \longrightarrow \quad ROH + C{=}C + X^-$$

Wie bei S_N2-Reaktionen wird also bei der E2-Eliminierung eine synchrone Bildung und Auflösung der Bindungen vorausgesetzt. Im Gegensatz zu E1 ist hier jedoch der Übergangszustand von dem der Substitution verschieden; an der Elektronenverschiebung ist eine größere Anzahl von Atomen beteiligt.

Die Gültigkeit des einstufigen, synchronen Reaktionsmechanismus für bimolekulare Eliminierungen stützt sich auf verschiedene sinnreich gewählte Experimente. Eine wichtige Stütze brachte hier z. B. der kinetische Isotopeneffekt (S. 75). Ist bei der E2-Eliminierung die Heterolyse der $H—C_\beta$-Bindung wirklich am geschwindigkeitsbestimmenden Schritt beteiligt, wie es unser Schema (zum Unterschied vom Schema der E1-Reaktion) will, dann sollten β-deuterierte Verbindungen um einiges langsamer eliminieren als ihre nichtdeuterierten Analogen. Es wurde tatsächlich festgestellt, daß z. B. 2-Brom-1,1,1,3,3,3-hexadeuteropropan mit Natriumäthylat in Äthanol fast 7mal langsamer eliminiert als das nichtdeuterierte 2-Brompropan. Ein ähnliches Verhältnis der Geschwindigkeitskonstanten k_H/k_D wurde bei Zersetzungen der in der Äthylgruppe deuterierten und nichtdeuterierten Äthyltrimethylammoniumderivate gefunden (Shiner und Mitarbeiter, 1952, 1958).

$$CD_3-\underset{\overset{|}{Br}}{\overset{|}{C}}-CD_3 \quad \xrightarrow[C_2H_5OH]{C_2H_5O^-} \quad CD_2{=}CH-CD_3 \qquad (+\ C_2H_5OD\ +\ Br^-)$$

$$k_H/k_D = 6{,}7$$

$$CD_3-CH_2-\overset{+}{N}(CH_3)_3 \quad \xrightarrow[HOCH_2CH_2OH]{HO^-} \quad CD_2{=}CH_2 \qquad (+\ (CH_3)_3\bar{N}\ +\ HOD)$$

$$k_H/k_D = 5{,}5{-}6{,}5$$

Ein interessantes Experiment mit einer deuterierten Verbindung wurde von Hauser und Mitarbeitern beschrieben (1952). Eine Reaktion von 2,2-Dideutero-n-octylbromid mit Natriumamid in flüssigem Ammoniak, die zu 2-Deutero-1-octen führte, wurde unterbrochen, als erst nur ein Teil des Materials umgesetzt war, und der Deuteriumgehalt des regenerierten Octylbromids wurde bestimmt; er war derselbe wie vor der Reaktion. Das Ausgangsmaterial verlor also ein D-Atom nur dann, wenn zugleich das Halogenatom abgespalten wurde.

$$C_6H_{13}-CD_2-CH_2-Br \quad \xrightarrow[NH_3(l)]{NaNH_2} \quad C_6H_{13}-CD{=}CH_2 \qquad (+\ NH_2D\ +\ Br^-)$$

Dieses Resultat konnte als ein Beweis des einstufigen, synchronen Mechanismus dienen. Wäre nämlich der Verlauf zweistufig, d. h. würde in der ersten Stufe zuerst ein H (oder, in unserem Fall, ein D) durch die Base abgespalten, so müßte wegen Reversibilität eines solchen Prozesses ein Teil des Deuteriums im regenerierten Bromderivat durch Wasserstoff (aus dem Medium) ersetzt worden sein.

$$R\text{---}CD_2\text{---}CH_2\text{---}Br \underset{NH_2D}{\overset{NH_2^-}{\rightleftharpoons}} R\text{---}\bar{C}D\text{---}CH_2\text{---}Br \underset{NH_2^-}{\overset{NH_3}{\rightleftharpoons}} R\text{---}CHD\text{---}CH_2\text{---}Br$$

Vor einigen Jahren wurde von Winstein und Parker (Winstein, Parker und Mitarbeiter, 1968, 1970; Parker, 1971) die Auffassung publiziert, daß es neben dem soeben diskutierten Mechanismus der E2-Eliminierung, bei dem die Base am β-ständigen Wasserstoffatom angreift, noch einen anderen E2-Prozeß gebe, wo der Angriff der Base, ähnlich wie bei S_N2-Substitutionen, am α-Kohlenstoffatom erfolgt. Wie bei der S_N2, tritt dabei die Base an das C_α von der der Abgangsgruppe X entgegengesetzten Seite heran, der Übergangszustand der Eliminierung ist jedoch von dem der bimolekularen Substitution deutlich verschieden: Die Doppelbindung zwischen C_α und C_β ist in ihm schon stark entwickelt, die Bindungen $H\text{---}C_\beta$, $C_\alpha\text{---}B$ und $C_\alpha\text{---}X$ sind locker.

Ob der eine oder der andere E2-Mechanismus (sie werden als E2H und E2C bezeichnet) oder sogar ein dazwischen liegender Übergangsmechanismus eintritt, soll nach Winstein und Parker unter anderem vom Charakter der Base B im gegebenen Lösungsmittel abhängen. Den E2C-Mechanismus sollen besonders Reagentien fördern, die eine starke C-, jedoch eine schwache H-Affinität besitzen, so z. B. Halogenidionen und andere „schwache Basen" in dipolaren aprotischen Lösungsmitteln.

Die Einstellung der Fachleute zum E2C-Mechanismus ist heute eher zurückhaltend. Er wird kritisiert unter anderem wegen Mangel an „treibender Kraft" für eine solche Eliminierung und wegen Schwierigkeiten, in die man gerät, wenn man sich das für die Ausbildung der Doppelbindung nötige Überlappen der p-Orbitale am C_α und C_β vorzustellen versucht.

c) Der E1cB-Mechanismus

Außer dem E1- und E2-Mechanismus gibt es noch einige weniger geläufige Mechanismen, die das Bild der heterolytischen Eliminierungsprozesse vollständig machen. Vor allem ist es ein zweistufiger, bimolekularer Prozeß, der eben in dem oben diskutierten Beispiel des deuterierten Octylbromids ausgeschlossen werden konnte: Eine durch Base ausgelöste Abspaltung des β-ständigen Wasserstoffatoms mit nachfolgendem Zerfall des so entstandenen Carbanions in Olefin und X^-.

(1) $\bar{B}$ + H—C—C—X $\rightleftharpoons$ $\overset{\delta-}{B}\cdots H\cdots C—C\overset{\delta-}{—}X$ $\rightleftharpoons$ BH + $|C—C—X$

(2) $|C—C—X$ $\rightleftharpoons$ $C=C$ + X⁻   (E 1cB)

Dieser Mechanismus wird als E1cB bezeichnet, denn er kann als ein *monomolekularer Zerfall* (E1) *der konjugierten Base* (conjugate base, cB) des ursprünglichen Substrates betrachtet werden. Nach dem Prinzip der mikroskopischen Reversibilität (S. 60) sollte dieser Mechanismus (wie auch alle anderen) nur dann zum Vorschein kommen, wo auch der umgekehrte Prozeß prinzipiell möglich ist. Dem zweiten Teil des Schemas (2) ist zu entnehmen, daß es nicht zu oft sein wird; bestimmt dann nicht, wenn einfache Olefine gebildet werden sollten, denn diese sind durch elektrophile Additionen zu ihrer Doppelbindung gekennzeichnet und nicht durch nukleophile, wie es die Gleichung (2) in der Richtung von rechts nach links fordert (H. M. R. Hoffmann, 1967). Dagegen findet dieser Mechanismus höchstwahrscheinlich bei Eliminierungen statt, die zu α,β-ungesättigten Carbonylverbindungen und dergleichen führen. Im folgenden Beispiel einer Aldolkondensation mit anschließender Wasserabspaltung konnte das Anion, das dem Carbanion im Schema der E1cB entspricht, dank seiner spektralen Eigenschaften nachgewiesen werden (Schwenker, 1965).

Auch die basische Hydrolyse der Arylester der Cyanessigsäure und der Malonsäure verläuft sehr wahrscheinlich wie eine E1cB-Eliminierung mit anschließender Addition von Wasser an das intermediär gebildete Keten. Dieser ungewöhnliche Hydrolysemechanismus (vgl. dazu S. 206) ist durch die bekannte Azidität von Malonestern und Cyanessigestern bedingt (Bruice und Holmquist, 1968).

Wenn wir zu unserem „allgemeinen" Substrat zurückkehren und die Eliminierungen vom Standpunkt des zeitlichen Verlaufes der Auflösung von $H—C_\beta$ und $C_\alpha—X$ betrachten, können wir jetzt unter drei Mechanismen unterscheiden:

E1, wo $C_\alpha—X$ zuerst aufgelöst wird,

E1cB, wo $H—C_\beta$ zuerst aufgelöst wird, und

E2, wo beide Bindungen gleichzeitig aufgelöst werden.

Dabei zeigen neue Ergebnisse immer deutlicher, daß diese Einteilung zu schematisch und unvollkommen ist und daß es wahrscheinlich eine mehr oder weniger kontinuierliche Reihe von Übergangsmechanismen zwischen E1 einerseits und E1cB anderseits gibt. So unterscheidet man z. B. bei *E2-Mechanismen*

a) *E1-ähnliche bimolekulare Eliminierungen*, in deren Übergangszustand die Bindung $C_\alpha—X$ mehr heterolysiert ist als die Bindung $H—C_\beta$ und die dadurch, auch bei erhaltenem bimolekularem Charakter, dem E1-Mechanismus nahestehen:

b) *wahre synchrone E2-Reaktionen* mit dem schon erwähnten Übergangszustand:

c) *E1cB-ähnliche bimolekulare E2-Eliminierungen*, wo im Übergangszustand wieder die $H—C_\beta$-Bindung mehr als $C_\alpha—X$ heterolysiert ist:

Auf der anderen Seite wurde die Meinung geäußert, daß in *monomolekularen Eliminierungen* das β-ständige Wasserstoffatom schon während der $C_\alpha—X$-Ionisierung an ein Lösungsmittelmolekül durch eine Wasserstoffbindung gebunden ist und daß diese Bindung die Ionisierung beschleunigt, also eine Vorstellung, die der über bimolekulare E2-Prozesse nahesteht (Shiner, 1953, 1954).

In einigen Fällen wurden noch weitere Eliminierungsmechanismen festgestellt, so etwa die α',β-Eliminierung, die bei Ammoniumverbindungen unter Einwirkung extrem starker Basen (Organometallen) in Äther stattfindet (Wittig, 1956).

d) *Sterischer Ablauf der E1- und E2-Eliminierungen*

Beginnen wir mit der *bimolekularen Eliminierung E2*, wo die Situation des sterischen Ablaufes am übersichtlichsten ist.

Die Theorie von Hughes und Ingold (1948) fordert für den Übergangszustand einer E2-Eliminierung eine anti-periplanare Anordnung der austretenden Atome (H und X) und der zwei Kohlenstoffatome, in der alle vier Atome in einer Ebene liegen. Da H und X an den entgegengesetzten Seiten der C_α—C_β-Achse liegen, spricht man von einer *trans-* oder *anti-Eliminierung*.[3]

Die Theorie fußt auf Beobachtungen an stereoisomeren Paaren, wo dasjenige Isomere, bei dem eine solche Anordnung vorlag oder ohne weiteres zu erreichen war, leicht eliminierte, während beim anderen gar keine oder eine viel langsamere Eliminierung stattfand. So gibt *cis*-1,2-Dichlorcyclohexan, dessen Wasserstoffatom am $C_{(1)}$ bzw. am $C_{(2)}$ die für eine *anti*-Eliminierung günstige Position zum Halogen am benachbarten Kohlenstoffatom einnehmen kann, beim Erhitzen mit Base (Chinolin) in glatter Eliminierung 1-Chlorcyclohexen. *Trans*-1,2-Dichlorcyclohexan reagiert dagegen mit Chinolin nur langsam und ergibt, neben einem Anteil von 1-Chlorcyclohexen, 1,3-Cyclohexadien. Die Eliminierung ist also in diesem Fall hauptsächlich gegen die benachbarten Methylengruppen gerichtet. In der zwar thermodynamisch ungünstigen, im Konformationsgleichgewicht des Cyclohexanderivates jedoch vorhandenen Form mit axialer Stellung der Chloratome (vgl. S. 11) besitzt immer eines der beiden Wasserstoffatome dieser Methylengruppen die erforderte *anti*-Stellung zum Cl-Atom (Stevens und Grummit, 1952).

Bei der thermischen Zersetzung von N,N-Dimethyl-*cis*-octahydroindolium-hydroxid wird diejenige C—N-Bindung gespalten, die den Stickstoff mit dem Sechsring verknüpft, wobei gleichzeitig die zu ihr beinahe *anti*-periplanar liegende H—C-Bindung des entfernten Brückenkopfes aufgelöst wird.

---

3 In unseren weiteren Betrachtungen werden wir von der *anti*- bzw. *syn*-Nomenklatur Gebrauch machen und die *cis, trans*-Nomenklatur für die Bezeichnung der stereoisomeren Olefine bzw. cyclischen Derivate reservieren.

Beim *trans*-Isomeren, wo kein *anti*-periplanares Wasserstoffatom am Brückenkopf zur Verfügung steht, wird bei der Eliminierung die andere C—N-Bindung gespalten (King und Mitarbeiter, 1953, 1958).

Bei isomeren (*erythro*- und *threo*-)1,2-Diphenylpropylhalogeniden und -ammoniumhydroxiden entstand durch basische Eliminierung immer nur das nach dem *anti*-Mechanismus zu erwartende Isomere des Olefins (Cram, Greene und DePuy, 1956).

Die *anti*-periplanare Konformation ist für E2-Eliminierungen günstig, weil a) die freiwerdenden Orbitale am C_α und C_β in dieser Konformation für die Ausbildung eines π-Orbitals richtig orientiert sind und b) weil die allmählich freiwerdenden Elektronen der H—C_β-Bindung das entstehende π-Orbital von der der Elektronenladung am X entfernteren Seite auffüllen können.

Die *Stereochemie des Übergangszustandes* einer synchronen E2-Eliminierung sollte schon weitgehend derjenigen des resultierenden Olefins gleichen, d. h. das Grundskelett der beiden C-Atome mit ihren vier Substituenten sollte schon „abgeflacht" sein.

Der *anti*-periplanare Mechanismus ist jedoch nicht der einzige bei bimolekularen Eliminierungen. Es wurde z. B. wiederholt festgestellt, daß bei Bornan- und Norbornanderivaten, wo das vollkommen starre Grundgerüst eine wahre *anti*-periplanare Stellung von $H—C_\beta$ und $C_\alpha—X$ nicht gestattet (der dihedrale Winkel beträgt nur etwa 120°), eine *syn-Eliminierung* bevorzugt wird. So wird aus dem monodeuterierten exo-Norbornylbromid durch tert. Hexylat das *cis*-liegende Deuterium bevorzugt abgespalten (Kwart und Mitarbeiter, 1964).

Eine ausgesprochene Neigung zu bimolekularen *syn*-Eliminierungen haben auch Halogenderivate, Arylsulfonate und Ammoniumderivate von Cycloparaffinen mittlerer Ringgröße (z. B. Cyclodecylderivate), wo von einer Starrheit des Gerüstets kaum die Rede sein kann (Sicher und Mitarbeiter, 1966; Traynham und Mitarbeiter, 1967; Coke, 1967). Aber auch bei acyclischen Verbindungen mit vollkommen freier Drehbarkeit um die C—C-Achse wurden neulich mit Hilfe von D-Markierung und anderen Kriterien unter geeigneten Bedingungen *syn*-Eliminierungen nachgewiesen (gewöhnlich verlaufen sie parallel zu einer *anti*-Eliminierung) (Sicher und Mitarbeiter, 1967; Sicher, 1972). Geeignet für den *syn*-Mechanismus sind offenbar starke Basen in schwach solvatisierenden Medien.

Es scheint also, daß die *syn*-Eliminierung einen der zwei grundlegenden sterischen Mechanismen der E2-Rektionen vorstellt. Die meisten Eliminierungen, bei denen dieser Verlauf feststeht, sind von E1cB-ähnlichem Charakter, d. h. die Auflösung der $H—C_\beta$-Bindung ist im Übergangszustand fortgeschrittener als die der $C_\alpha—X$-Bindung. Wenn wir uns jetzt eine *syn*-planare Anordnung von $H—C_\beta—C_\alpha—X$ vorstellen, können die unter dem Einfluß der Base freiwerdenden Elektronen der $H—C_\beta$-Bindung wieder von der elektrostatisch günstigeren *anti*-Seite zum Auflösen der $C_\alpha—X$-Bindung und Ausbilden der Doppelbindung beitragen (vgl. dazu Ingold, 1962).

Die sterischen Verhältnisse bei *monomolekularen Eliminierungen* erinnern an die Problematik des sterischen Verlaufes monomolekularer nukleophiler Substitutionen (S. 93). Auch hier ist die Stabilität des primär gebildeten Carboniumions maßgebend.

Ist das Carboniumion so stabil, daß das Proton erst dann abgespalten wird, wenn sich die Abgangsgruppe X (durch Solvatisierung beider Partikeln) schon außerhalb der Wirkungssphäre des Kations befindet und die Substituenten am positiv geladenen Kohlenstoffatom eine planare Anordnung erreicht haben, so nimmt das Ion noch vor der H-Abspaltung die thermodynamisch günstigste Konformation ein (im folgenden Schema bedeuten S kleinere und L größere Substituenten). Dabei ist die ursprüngliche Konfiguration am C_α selbstverständlich gleichgültig. Die im planaren Carboniumion vorliegende Konformation ist dann für die Struktur des Eliminierungsproduktes verantwortlich. Isomere Substrate A und B sollten daher zu derselben Mischung von Olefinen C und D (mit überwiegendem D) führen.

Oft reagieren jedoch die Carboniumionen noch unter dem Einfluß der ausgetretenen Abgangsgruppe ohne vorhergehende Konformationsänderungen weiter (z. B. in Form eines Ionenpaares, S. 93). Damit gleicht der sterische Verlauf und das Endresultat dem einer E2-Eliminierung.

e) Orientierung bei Eliminierungsreaktionen

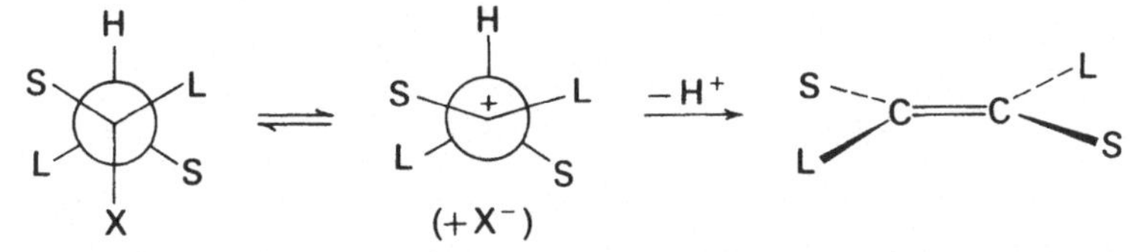

Liegt der Substituent X nicht am Ende einer Kohlenstoffkette, so kann die Abspaltung von HX prinzipiell in zwei oder sogar drei verschiedenen Richtungen erfolgen.

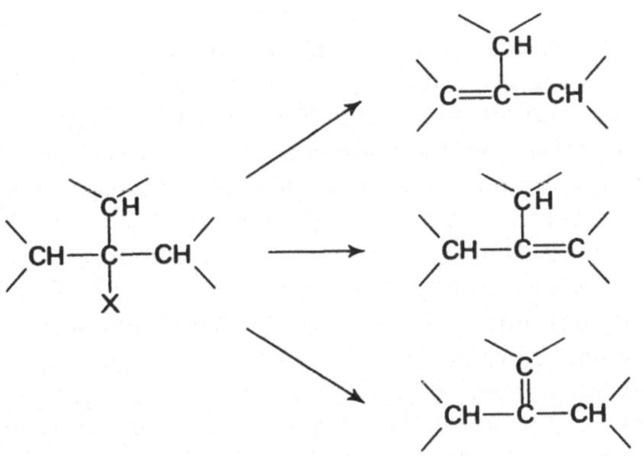

Gewöhnlich wird aber unter den gewählten Bedingungen bei einem unsymmetrisch gebauten Substrat eine der möglichen Abspaltungsrichtungen bevorzugt. Eine Voraussage über die bevorzugte Richtung der Eliminierung erlauben zwei alte empirische Regeln.

Die *Saytzeffsche Regel* (1875) bezieht sich auf Dehydrohalogenierungen sekundärer und tertiärer Alkylhalogenide. Laut ihr entsteht bei solchen Reaktionen vorwiegend das höchst alkylierte Äthylen, also z. B. aus 2-Brombutan hauptsächlich 2-Buten.

$$CH_3—CH(Br)—CH_2—CH_3 \xrightarrow{HO^-} CH_3—CH{=}CH—CH_3 \; + \; CH_2{=}CH—CH_2—CH_3$$

$$\sim 80\% \qquad\qquad \sim 20\%$$

Gemäß der *Hofmannschen Regel* (1851) entstehen bei der Zersetzung von quartären, primäre Alkylgruppen tragenden Ammoniumbasen dagegen die am wenigsten alkylierten Äthylene. Aus Dimethyläthylpropylammoniumhydroxid entsteht also Äthylen, nicht etwa Propylen, usw.

10*

$$\underset{\substack{H_3C \quad CH_2-CH_2-CH_3 \\ \overset{+}{N} \\ H_3C \quad CH_2-CH_2-CH_3}}{} \xrightarrow[\Delta]{HO^-} \underset{\substack{H_3C \quad CH_2=CH_2 \\ \bar{N} \\ H_3C \quad CH_2-CH_2-CH_3}}{} + H_2O$$

Aber auch bei Zersetzungen von Alkyltrimethylammoniumhydroxiden, die eine sekundäre oder tertiäre Alkylgruppe besitzen, wird das Prinzip des am wenigsten substituierten Äthylens beibehalten.

$$\underset{\substack{CH_3 \\ R-CH_2-\overset{|}{\underset{|}{C}}-CH_3 \\ ^+N(CH_3)_3}}{} \xrightarrow[\Delta]{HO^-} \underset{\substack{CH_3 \\ R-CH_2-\overset{|}{C}=CH_2}}{} \left(+ \underset{\substack{CH_3 \\ R-CH=\overset{|}{C}-CH_3}}{} \right)$$
$$+ \bar{N}(CH_3)_3 + H_2O$$

Ammoniumbasen eliminieren also in der den Alkylhalogeniden entgegengesetzten Richtung. Es existieren zwei Theorien (eine „polare" und eine „sterische"), die den scheinbaren Widerspruch der beiden Regeln zu erklären versuchen.

Das laut der Saytzeffschen Regel entstehende, höchst alkylierte Olefin stellt das thermodynamisch günstige Produkt dar, zu dessen Stabilität die Alkylgruppen mit ihrem Hyperkonjugationseffekt beitragen (S. 41). Dieser Effekt kann im Übergangszustand einer synchronen E2-Eliminierung, wo der für die Hyperkonjugation notwendige ungesättigte Charakter schon teilweise erscheint, zur Geltung kommen. Verzweigung am C_β wie auch am C_α erleichtert also die Eliminierung.

Bei der Hofmannschen Zersetzung der quartären Ammoniumbasen sind die Bedingungen (starke Base, schwer dissoziierbare $C-N^+$-Bindung) eher für eine E1cB-ähnliche E2-Eliminierung erfüllt. Im Gegensatz zu dem vorigen, vollkommen synchronen Verlauf ist hier im Übergangszustand der ungesättigte Charakter nicht so ausgebildet, also die hyperkonjugativen Effekte können sich nicht auswirken. Dagegen wird für die Orientierung die relative „Acidität" der einzelnen β-ständigen Wasserstoffatome maßgebend. Da Alkylgruppen durch ihren $+I$-Effekt diese Acidität herabsetzen, greift die Base am liebsten an einer Methylgruppe bzw. am Wasserstoffatom des am wenigsten verzweigten C_β an.

Nach der soeben erklärten Theorie von Hughes und Ingold sind also für die Saytzeffsche Eliminierung hyperkonjugative und für die Hoffmannsche Orientierung induktive Effekte verantwortlich, die durch die unterschiedlichen Übergangszustände jeweils zur Geltung kommen.

Eine andere Erklärung brachte auf Grund interessanter Experimente Brown (1956). Er stellte sich die Frage, ob sich bei einem hochverzweigten Saytzeffschen Übergangszustand neben dem günstigen hyperkonjugativen Einfluß der Alkylgruppen auch gleichzeitig eine ungünstige sterische Hinderung nicht auswirken könnte, die die Bildung des erwähnten Übergangszustandes erschweren würde. Er konnte tatsächlich feststellen, daß bei genug Raum beanspruchenden Gruppen R am C_β, bei einer großen Abgangsgruppe X, bei einer sperrigen Base B oder besonders bei Kombination dieser sterischen Elemente die Eliminierung entgegen der Saytzeffschen Regel in Richtung des am wenigsten alkylierten Olefins (also im Sinne der Hofmannschen Regel) verschoben wird. Einige Resultate sind in den folgenden zwei Tabellen zusammengestellt. (Eine „Hofmannsche" Eliminierung ist also nicht unbedingt nur auf „Onium"-Verbindungen beschränkt, sondern kann unter Umständen auch bei Alkylhalogeniden usw. vorkommen.)

Tabelle 19. *Sterische Faktoren bei der Orientierung der E2-Prozesse*

Substrat	Base	Sterischer Faktor[*]	Anteil von 1-Olefin im Produkt
$CH_3-CH_2-\underset{\underset{Br}{\mid}}{\overset{\overset{CH_3}{\mid}}{C}}-CH_3$	(Pyridin)		25%
	(2,6-Dimethylpyridin)	B	44,5%
$CH_3-\underset{\underset{CH_3}{\mid}}{\overset{\overset{CH_3}{\mid}}{C}}-CH_2-\underset{\underset{Br}{\mid}}{\overset{\overset{CH_3}{\mid}}{C}}-CH_3$	(2,6-Dimethylpyridin)	R, B	81,5%
$CH_3-\underset{\underset{CH_3}{\mid}}{\overset{\overset{CH_3}{\mid}}{C}}-CH_2-\underset{\underset{N^+(CH_3)_3}{\mid}}{\overset{\overset{CH_3}{\mid}}{C}}-CH_3$	(2,6-Dimethylpyridin)	R, X, B	99%

[*] R ... großer Substituent am C_β; X ... große Abgangsgruppe; B ... voluminöse Base.

Tabelle 20. *Dehydrobromierung von tert. Amylbromid. Einfluß der Basengröße auf die Zusammensetzung des Produktes*

Base	$CH_3-CH=C\overset{CH_3}{\underset{CH_3}{}}$ (Saytzeff)	$CH_3-CH_2-C\overset{CH_2}{\underset{CH_3}{}}$ (Hofmann)
$CH_3CH_2-O^-$	70%	30%
$\overset{CH_3}{\underset{CH_3}{}}CH-O^-$	27,5%	72,5%
$CH_3-\underset{\underset{CH_2CH_3}{\mid}}{\overset{\overset{CH_3}{\mid}}{C}}-O^-$	22,5%	77,5%
$CH_3CH_2-\underset{\underset{CH_3CH_2}{\mid}}{\overset{\overset{CH_3CH_2}{\mid}}{C}}-O^-$	11,5%	88,5%

Nach Brown ist also für eine Hofmannsche Orientierung nicht der $+I$-Effekt, sondern sterische Effekte verantwortlich. Der Übergangszustand, der zu einem terminalen (oder wenig substituierten) Olefin führt, ist sterisch viel günstiger als der Saytzeffsche Übergangszustand.

Die sterische Theorie von Brown wurde trotz den überzeugenden Beispielen kritisiert und wird von manchen Forschern als allgemein gültige Theorie abgelehnt. Es wird besonders damit argumentiert, daß die studierten Beispiele eigentlich atypische Grenzfälle darstellen, aus denen man keine Verallgemeinerungen *per analogiam* machen dürfe (Banthorpe, 1963)[4].

Es wurden tatsächlich Beispiele gefunden, wo eine Hofmannsche Eliminierung auch bei Abwesenheit etlicher sterischer Faktoren stattgefunden hat (z. B. Dehydrofluorierung von 2-Fluorpentan; Saunders und Mitarbeiter, 1965).

$$CH_3-CH_2-CH_2-\underset{\underset{F}{|}}{CH}-CH_3 \quad \xrightarrow{C_2H_5O^-} \quad CH_3-CH_2-CH_2-CH=CH_2$$
$$82\%$$

Bei *monomolekularen Eliminierungen* ist die Reaktion fast immer, oft im Gegensatz zu bimolekularen Eliminierungen derselben Substrate, im Sinne der Saytzeffschen Regel (also zum höchst alkylierten Olefin) orientiert. So entsteht durch Zersetzung von Dimethyl-tert.amylsulfoniumäthoxylat das terminale Olefin (E2, Hofmannsche Orientierung), durch Zersetzung des entsprechenden Jodids in Äthanol (monomolekulare Eliminierung) dagegen hauptsächlich das verzweigte Trimethyläthylen (Saytzeffsche Orientierung) (Hughes und Ingold, 1948).

Dies hängt mit dem früher diskutierten Charakter der E1-Prozesse zusammen, aus dem man auf thermodynamisch kontrollierte Endprodukte schließen kann.

f) Das Verhältnis von Eliminierung zu Substitution

Allgemein gilt, daß bei derselben Verbindung der Anteil der Eliminierung an der Gesamtreaktion bei einem bimolekularen Prozeß größer ist als bei einem monomolekularen. Bei einer monomolekularen Reaktion ist die Ausbeute an Olefin gewöhnlich gering. Für die Darstellung von Olefinen aus Alkylhalogeniden werden also möglichst konzentrierte Lösungen starker Basen (Hydroxide, Alkoholate), mit denen die Reak-

---

4 Ein oft auftauchendes Problem bei mechanistischen Studien: Inwieweit sind die Informationen, die man nur mit Hilfe von geeigneten, speziell aufgebauten Substraten erreichen kann, auch auf einfache Fälle übertragbar?

tion bimolekular verläuft, günstig sein. Wichtig ist auch die Natur des Lösungsmittels: nicht zu polare Lösungsmittel sind aus folgenden Gründen den stark polaren überlegen:

a) Stark polare (stark solvatisierende) Medien unterstützen eine monomolekulare Reaktion mehr als eine bimolekulare.

b) der Übergang zu einem polareren Lösungsmittel setzt die Geschwindigkeit sowohl der E2 als auch der S_N2 herab, die der E2 jedoch relativ in größerem Ausmaß (d. h. der Anteil der E2 an der Gesamtreaktion wird herabgesetzt). Die Ursache dieses ungünstigen Einflusses der polaren Lösungsmittel auf die Geschwindigkeit der S_N2 beruht, wie schon früher erklärt (S. 106), auf der Zerstreuung der Ladung im Übergangszustand (relativ zu dem Anfangsstadium des reagierenden Systems):

$$\bar{Y}^- + \;\;\overset{}{\underset{}{>}}C\!\!-\!\!X \;\rightleftharpoons\; \overset{\delta-}{Y}\cdots\cdots C\cdots\cdots\overset{\delta-}{X} \longrightarrow \text{Produkte}$$

Bei einer bimolekularen Eliminierung ist die Ladungszerstreuung und darum auch der ungünstige Einfluß des polaren Lösungsmittels noch größer.

$$\bar{B}^- + \;H\!\!-\!\!C\!\!-\!\!C\!\!-\!\!X \;\rightleftharpoons\; \overset{\delta-}{B}\cdots\cdots H\cdots\cdots C\!\!=\!\!C\cdots\overset{\delta-}{X} \longrightarrow \text{Produkte}$$

Eine kurze Erwähung verdienen in diesem Zusammenhang *polare aprotische* Medien. In diesen Medien, die keine Wasserstoffbindung mit der Base ausbilden können, ist die Aktivität der Base zur β-H-Abspaltung viel größer, als wenn diese von Wasser- oder Alkoholmolekülen solvatisiert ist. Die Affinität der „nackten" Base zum β-Wasserstoffatom ist dabei viel größer als zum C_α, was den Anteil der Eliminierung verhältnismäßig zur S_N2 vergrößert. Nach Meerwein steigt z. B. die Geschwindigkeit einer mit CH_3O^- ausgelösten Eliminierung in verschiedenen Lösungsmitteln in der Reihe

$$CH_3\!\!-\!\!OH < (CH_3)_2N\!\!-\!\!CHO \sim CH_3\!\!-\!\!CN \ll CH_3\!\!-\!\!CO\!\!-\!\!CH_3 \ll \text{Dioxan}$$

Die durch Wasserstoffbindungen unverminderte Aktivität der Base erklärt auch, warum verschiedene aprotische Basen (Pyridin, Collidin, Äthyldiisopropylamin u. a.) zugleich als Medien für präparative Eliminierungen mit Erfolg benutzt werden.

In aprotischen polaren Medien können auch einige normalerweise unbasische Partikeln als effektive Basen in Eliminierungsprozessen auftreten. So hat sich z. B. das Fluoridion (als LiF) im Dimethylformamid in manchen Dehydrohalogenierungen bewährt.

Das Verhältnis E/S_N ist weiter von der *Temperatur* abhängig. Da die Aktivierungsenergien bei Eliminierungsprozessen deutlich höher liegen als bei Substitutionen, hat eine Erhöhung der Temperatur einen größeren Einfluß auf die Geschwindigkeit der Eliminierung als die der Substitution. Für die Darstellung von Olefinen sind also höhere Temperaturen günstig.

2. Dehydratation von Alkoholen

Die durch Säuren katalysierte Dehydratation der Alkohole ist eigentlich eine eliminierende Spaltung der entsprechenden Oxoniumionen, die durch Protonierung der Alkohole entstanden sind. Höchstwahrscheinlich handelt es sich dabei um einen E1-Prozeß.

Die ganze Reaktionsfolge ist reversibel, von rechts nach links gilt das Schema für säurekatalysierte Hydratation von Olefinen. Für einen E1-Mechanismus spricht hier die bei E1-Reaktionen übliche Reihenfolge der Reaktivitäten

$$\text{tert.} \; > \; \text{sek.} \; > \; \text{prim.}$$

und die für Carboniumionen-Mechanismen charakteristischen Skelettumlagerungen. Die Zusammensetzung des olefinischen Produktes entspricht der Saytzeffschen Regel, was jedoch keinen Beweis für E1 bietet, denn unter den üblichen Reaktionsbedingungen einer sauren Dehydratation müßte man ohnehin das themodynamisch stabilste Produkt erwarten.

Gegen den streng monomolekularen Mechanismus könnte man einwenden, daß bei alicyclischen Alkoholen die entsprechenden Stereoisomere nur qualitativ, nicht aber quantitativ gleiche Resultate geben. So liefern die beiden (*cis-* und *trans-*) 2-*tert*. Butylcyclohexanole mit Phosphorsäure oder *p*-Toluolsulfonsäure vorwiegend 1-*tert*. Butylcyclohexen, die Zusammensetzung des Rohproduktes ist jedoch in beiden Fällen verschieden. Bei einem Carboniumion als Zwischenprodukt sollte dagegen das Resultat vom Strukturunterschied zwischen den Ausgangsstoffen unabhängig sein (Goering und Mitarbeiter, 1956).

Die Tatsache, daß das *cis*-Isomere mit der *anti*-periplanaren Anordnung der Bindungen H—C—C—OH bevorzugt eliminiert, könnte als ein Symptom eines E2- oder eines E2-ähnlichen Mechanismus betrachtet werden. Es ist jedoch auch vorstellbar, daß die unterschiedliche Reaktivität auf die in der Ionisierungsstufe bevorzugte axiale Konformation der OH-Gruppe des *cis*-Isomeren zurückzuführen ist.

Ein Carboniumionen-Mechanismus wurde auch für die sogenannte *Hibbertsche Dehydratation* von Alkoholen beim Erhitzen mit Jod vorgeschlagen.

Ebenso scheint die technisch wichtige Dehydratation von Alkoholen an festen Katalysatoren, z. B. am Al_2O_3, einen carboniumionen-ähnlichen Mechanismus zu befolgen.

Die zu β-Eliminierungen benutzten Kontaktkatalysatoren sind polare Verbindungen (Oxide, Salze) mit kationischen und anionischen Zentren an ihrer Oberfläche. An einer Eliminierung von HX (X= Halogen, OH usw.) beteiligen sich offenbar Zentren beider Art, indem sie zuerst mit dem Substrat spezifisch im Sinne der folgenden Abbildung koordinieren.

Die darauffolgende HX-Abspaltung kann je nach dem zeitlichen Ablauf der Auflösung der $H-C_\beta$ und der $C_\alpha-X$-Bindung einer E1, E1cB oder einer E2-Reaktion gleichen. Allgemein wird jedoch angenommen, daß meistens zuerst die schwächere der beiden Bindungen, d. h. die $C_\alpha-X$-Bindung, aufgelöst wird, wodurch der Prozeß einen E1-ähnlichen Charakter erreicht (Noller und Mitarbeiter, 1971).

3. Dehalogenierung vicinaler Dihalogenderivate

Die olefinbildende Dehalogenierung vicinaler Dihalogenderivate mit Metallen (z. B. Zink oder Magnesium) ist eine heterogene Reaktion, die jedoch viel Ähnlichkeit mit den schon diskutierten Eliminierungen in homogenen Medien ausweist. Die Metalloberfläche, an der sich die Reaktion abspielt, liefert die für den ganzen Prozeß nötigen zwei Elektronen, die zum Auflösen der Bindungen und Bildung der Doppelbindung Anlaß geben. Sehr wahrscheinlich geht es um einen zweistufigen Prozeß mit einem Carbanion (A) als Zwischenprodukt (also um einen E1cB-Prozeß). Die Stereospezifität der Reaktion, die wenigstens bei den einfachen Dihalogenparaffinen festgestellt werden konnte (die Struktur des Produktes entspricht einer *anti*-Eliminierung) spricht jedoch dafür, daß *anti*-periplanar-ähnliche Strukturen bei dem Aufbau des Übergangszustandes auftreten müssen.

Neuerdings wurden jedoch auch Beispiele einer reinen *syn*-Eliminierung, und zwar wieder bei Cycloalkanderivaten mit mittelgroßen Ringen (bei 1,2-Dibromcyclodecan und 1,2-Dibromcyclododecan; Sicher und Mitarbeiter, 1968) gefunden (vgl. S. 145).

Zur Dehalogenierung vicinaler Dihalogenide werden auch Jodidionen verwendet, die die Rolle des Elektronendonators in dem, diesmal einstufigen, Prozeß übernehmen.

Daß die Reaktion sterisch als eine *anti*-Eliminierung verläuft, illustriert am deutlichsten das Beispiel der isomeren 2,3-Dibrombutane. Aus dem *erythro*-Derivat (1) entsteht nur *trans*-2-Buten, aus dem (racemischen) *threo*-Isomeren (2) ausschließlich *cis*-2-Buten (Winstein und Mitarbeiter, 1939).

Die Bedeutung einer *anti*-periplanaren Anordnung für diese Reaktion zeigt indirekt das von Barton und Mitarbeitern (1950, 1951) studierte Beispiel eines steroiden Dibromids (erste Formel im folgenden Schema), in dem die beiden C—Br-Bindungen in einer diäquatorialen Stellung fixiert sind. Da die *anti*-periplanare Anordnung von zwei benachbarten Substituenten an einem Cyclohexanring eine diaxiale Stellung erfordert, hat die Einwirkung von Jodidionen zu keiner Eliminierung geführt. Bei einem isomeren Dibromid (im zweiten Teil unseres Schemas) mit axialen C—Br-Bindungen verlief dagegen die Eliminierung vollkommen glatt (rechts im Schema sind die Teilkonformationsformeln der beiden Verbindungen angedeutet).

C_6H_5COO ... $\xrightarrow[\text{225 Min., 28° C}]{\text{NaI-Aceton}}$ keine Reaktion

C_6H_5COO ... $\xrightarrow[\text{225 Min., 5° C}]{\text{NaI-Aceton}}$

C_6H_5COO ... 70%

4. Bildung von Arynen

Es wurde festgestellt, daß bestimmte aromatische Substitutionen eigentlich als Eliminierungen mit nachfolgender Addition verlaufen. Den instabilen Zwischenprodukten (d. h. Produkten der Eliminierung) wurden Strukturen zugeschrieben, die im aromatischen Ring neben den üblichen sechs noch zwei zusätzliche π-Elektronen aufweisen. Sie werden als *Dehydro-Kohlenwasserstoffe* (Dehydrobenzol, 1,2-Dehydronaphthalin usw.) oder auch *Aryne* (Benzyn, 1,2-Naphthalyn) bezeichnet (Roberts, 1953; Wittig, 1957; Huisgen, 1959).

Die Formulierung dieser unbeständigen Partikeln mit einer Dreifachbindung ist selbstverständlich rein formal, eine wahre *sp*-Anordnung an den beteiligten C-Atomen ist im Sechsring des Benzols nicht möglich. Eher handelt es sich um eine sp^2-Anordnung (wie bei den übrigen Benzol-Kohlenstoffatomen) mit zwei einfach besetzten sp^2-Orbitalen,

bzw. um eine ähnliche dipolare Struktur mit beiden Elektronen in einem der sp^2-Orbitale.

Aromatische Dehydroverbindungen werden meistens aus Halogenderivaten mit extrem starken Basen (Organometallen in Äther, Alkaliamiden in flüssigem Ammoniak) in einem E1cB-Prozeß gebildet. Die Base wird dann oft, gewöhnlich in beiden möglichen Richtungen, addiert. Als Beispiel soll die Reaktion von 1-Fluornaphthalin mit Phenyllithium und (nachträglich) mit Kohlendioxid dienen (Huisgen, 1954).

Die Existenz der metastabilen Dehydrobenzole konnte auch durch ihr Abfangen in Form von Diels-Alder-Additionsprodukten mit Furan bewiesen werden (Wittig und Pohmer, 1955).

Neulich ist es sogar gelungen, einen Dehydrobenzol-Metall-Komplex zu isolieren (Gowling und Mitarbeiter, 1968).

5. Fragmentierungen

In der fast unübersehbaren Menge des organisch-chemischen experimentellen Materials findet man eine bedeutsame Anzahl interessanter Reaktionen, die als eine Art „erweiterter" Eliminierungen betrachtet werden können und die als *Fragmentierungen* bezeichnet werden (Grob, 1960, 1967). Sie sind durch eine Aufspaltung des Substratmoleküls in drei Teile (zwei davon gewöhnlich mit ungesättigtem Charakter) gekennzeichnet und werden durch folgendes allgemeines Schema repräsentiert:

$$\overset{\shortmid}{a}{=\!\!=}b{-}c{-}d{-}X \longrightarrow a{=\!\!=}b \ + \ c{=\!\!=}d \ + \ \bar{X}$$

In diesem Schema bedeuten *a* bis *d* Atome, die zur Bildung einer Mehrfachbindung fähig sind, *a* dazu noch mit dem Charakter eines Elektronendonors, und *X* ist ein elektronegatives Atom (z. B. Halogen) oder eine elektronegative Gruppe ($-OSO_2R$, $-NR_3$ usw.), die im Fragmentierungsprozeß mit den Bindungselektronen abgespalten wird. Besser sollen dies einige Beispiele veranschaulichen.

$$(C_6H_5)_2\underset{OH}{C}{-}CH_2{-}\underset{OH}{C}(C_6H_5)_2 \quad \xrightarrow[180\,^\circ C]{KHSO_4} \quad (C_6H_5)_2\underset{OH}{C}{-}CH_2{-}\underset{\substack{\overset{+}{O}H_2 \\ A}}{C}(C_6H_5)_2 \qquad (1)$$

$$\longrightarrow \quad (C_6H_5)_2\underset{O{-}H}{C}{-}CH_2{-}\overset{+}{C}(C_6H_5)_2 \quad \longrightarrow \quad (C_6H_5)_2C{=\!\!=}O \ + \ CH_2{=\!\!=}C(C_6H_5)_2 \\ + \ H^+$$

[English und Brutcher, 1952]

$$\bar{O}{-}\underset{\substack{\shortparallel \\ O}}{C}{-}\underset{\substack{\shortmid \\ C{-}CH_3 \\ \shortparallel \\ O}}{\overset{CH_3}{C}}{-}CH_2{-}\overset{+}{N}H(C_2H_5)_2 \longrightarrow O{=\!\!=}C{=\!\!=}O \ + \ \underset{\substack{C{-}CH_3 \\ \shortparallel \\ O}}{\overset{CH_3}{C}}{=\!\!=}CH_2 \ + \ \bar{N}H(C_2H_5)_2 \quad (2)$$

[Szantay und Rohaly, 1963]

$$\underset{\substack{\diagdown \\ CH_2{-}CH_2}}{\overset{\substack{CH_2{-}CH_2 \diagup \\ }}{\bar{N}}}{-}CH_2{-}CH_2{-}C{-}Br \quad \xrightarrow{C_2H_5OH{-}H_2O} \quad CH_2{=\!\!=}N\underset{\substack{\diagdown \\ CH_2{-}CH_2}}{\overset{\substack{CH_2{-}CH_2 \diagup \\ }}{}}C{=\!\!=}CH_2 \ + \ Br^- \quad (3)$$

[Grob und Mitarbeiter, 1965]

$$(4)$$

[Grob und Mitarbeiter, 1963]

In den letzten zwei Beispielen sind die beiden resultierenden ungesättigten Fragmente in einem Molekül enthalten. In Schemen (2), (3) und (4) sollen die Pfeile die Richtung der Elektronenverschiebung und auch den synchronen, einstufigen Charakter der Fragmentierung zeigen. Die säurekatalysierte Zersetzung des 1,3-Diols in (1) ist sehr wahrscheinlich eine zweistufige Reaktion, in der zuerst die Bindung $C\!-\!O^+H_2$ aufgelöst wird, bevor es zur Spaltung der anderen Bindungen kommt.

Typisch für synchrone Fragmentierungen ist eine starke Beschleunigung der Heterolyse der Bindung *d—X* durch Beteiligung der Elektronen am *a*. Diese Beschleunigung kommt zum Vorschein bei einem kinetischen Vergleich der Fragmentierungsreaktion mit der Heterolyse einer analogen Verbindung, bei der kein Fragmentierungsprozeß erfolgen kann. So ist die solvolytische Fragmentierung von 4-Brom-chinuklidin (Schema (3)) unter gleichen Bedingungen mehr als 50 000mal schneller als die Solvolyse von analog gebautem 4-Brom-bicyclo(2,2,2)octan; die Reaktion führt hier selbstverständlich auch zu einem prinzipiell anderen Resultat (nur zur Substitution).

Was den sterischen Verlauf der Fragmentierungen anbelangt, scheint eine *anti*-periplanare Anordnung von *b—c—d—X* einerseits und *a—b—c* mit dem Elektronenpaar am *a* anderseits die Spaltung zu begünstigen, was z. B. eben beim 4-Brom-chinuklidin gut erfüllt ist:

6. Cyclische Eliminierungen

Am Anfang dieses Kapitels ist eine Gruppe von Eliminierungsreaktionen erwähnt worden, die unter pyrolytischen Bedingungen ohne jede Teilnahme weiterer Reaktionspartner verlaufen. Die präparative Bedeutung solcher Pyrolysen von Carbonsäureestern, Xanthogenaten (sogenannte *Tschugaeffsche Reaktion*) und Aminoxiden (*Copesche Spaltung*) liegt in den hohen Ausbeuten an reinem Olefin, die diese Reaktionen bieten.

Am Beispiel verschiedener alicyclischer Substrate konnte gezeigt werden, daß die erwähnten Pyrolysen am leichtesten oder nur dann stattfinden, wenn eine *cis*-Anordnung des Wasserstoffatoms am C_β und der austretenden Gruppe am C_α vorliegt. So entsteht durch Pyrolyse von *trans*-2-Acetoxycyclohexan-1-carbonsäure-ester der konjugierte 1-Cyclohexen-1-carbonsäureester, aus dem *cis*-Isomeren wird jedoch 2-Cyclohexen-1-carbonsäureester gebildet (Bailey und Baylouny, 1959). Im letzteren Fall hat das Wasserstoffatom am $C_{(1)}$ nicht die für eine *syn*-Eliminierung nötige Stellung und die Abspaltung von Essigsäure wird daher in der anderen möglichen Richtung, d. h. zu der $C_{(3)}$-Methylengruppe orientiert, wo allerdings eines der beiden Wasserstoffatome die Bedingung einer *cis*-Anordnung zur Acetoxygruppe erfüllt.

Einen ähnlichen Unterschied im Verhalten bei der Pyrolyse haben Hueckel und Mitarbeiter (1940) bei isomeren *trans*-Decalyl-1-xanthogenaten festgestellt. Beide im folgenden Schema angeführte Isomere wurden zu $\Delta^{1,2}$- und $\Delta^{1,9}$-Octalin zersetzt, das Wasserstoffatom am Brückenkopf wurde jedoch bei demjenigen der zwei Xanthate bevorzugt abgespalten, wo es in *cis*-Stellung zur Xanthogenatgruppe stand.

Auch bei der Copeschen thermischen Zersetzung von Neomenthyldimethylaminoxid wird eines der beiden Wasserstoffatome der Methylengruppe eher als das ungünstig orientierte H der ebenfalls β-ständigen CH-Gruppe eliminiert (Cope und Acton, 1958).

Neulich haben Studien an deuterierten Verbindungen die Gültigkeit der *syn*-Eliminierung auch bei offenkettigen Substraten bewiesen. Skell und Hall (1964) haben die isomeren *erythro*- und *threo*-3-Deuterobutyl-2-acetate pyrolysiert und in den resultierenden Gemischen von 1-Buten und 2-Butenen (*cis*- und *trans*-) den Deuteriumgehalt im *cis*- und im *trans*-2-Buten bestimmt. Es hat sich gezeigt, daß z. B. aus dem *erythro*-Derivat entstandenes *cis*-2-Buten kein Deuterium enthielt, das *trans*-2-Buten dagegen monodeuteriert war (bei den 2-Butenen aus dem *threo*-Derivat war es gerade umgekehrt). Diese Produkte müssen aus den zwei angegebenen ekliptischen Konformationen des Ausgangsmaterials unter Annahme einer *syn*-Eliminierung abgeleitet werden.

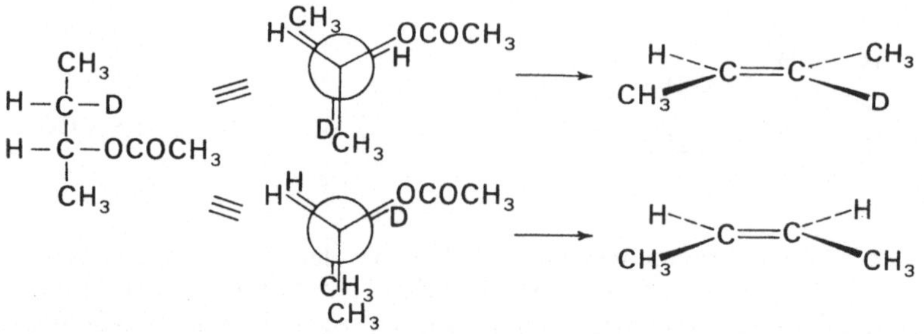

Zur Deutung dieser Tatsachen zwingt sich die Vorstellung eines cyclischen synchronen Verlaufes auf. Dabei sind es bei der Ester- und Xanthogenat-Pyrolyse sechs, bei der Zersetzung von Aminoxiden fünf Zentren, die an dem cyclischen Übergangszustand teilnehmen.

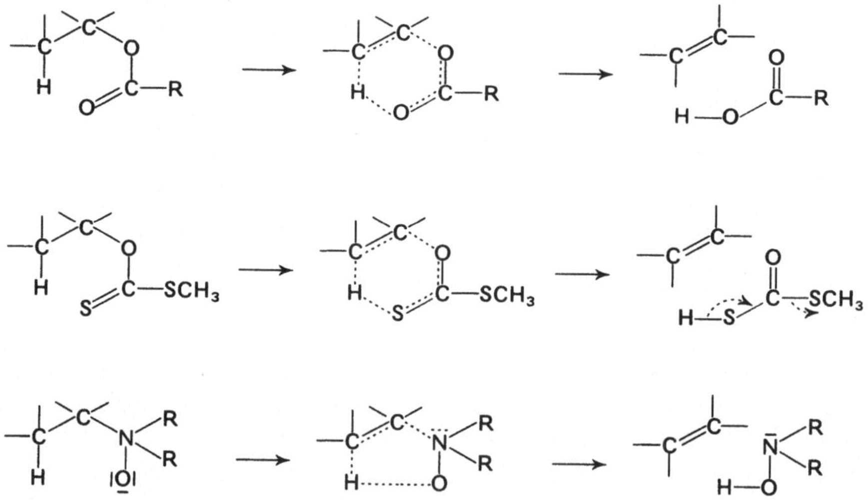

Obwohl eine Anzahl von verschieden modifizierten Vorschlägen für die Feinstruktur der Übergangszustände publiziert wurde, bleibt die Natur des Elektronenverschubes in cyclischen Eliminierungen weiterhin unbestimmt.

Ergänzende Literatur

Ingold, C. K.: Structure and Mechanism in Organic Chemistry. Ithaca-New York: Cornell University Press. 1953.
— Proc. Chem. Soc. (London) *1962*, 265.
Banthorpe, D. V.: Elimination Reactions. Amsterdam: Elsevier. 1963.
Bethell, D., Gold, V.: Carbonium Ions. An Introduction. London-New York: Academic Press. 1967.
Hoffmann, R. W.: Dehydrobenzene and Cycloalkynes. Weinheim: Verlag Chemie. 1967.
Sicher, J.: Der *syn*- und *anti*-koplanare Ablauf bimolekularer olefin-bildender Eliminierungen. Angew. Chem. *84,* 177 (1972).

IV. Polare Additionen an ungesättigte Systeme

1. Elektrophile Additionen an C=C-Doppelbindungen

Ein Angriff an den sp^2-hybridisierten Kohlenstoffatomen einer C=C-Doppelbindung kann nur senkrecht zu der Ebene, in der die Kohlenstoffatome mit ihren Substituenten liegen, erfolgen. Da eben in dieser Richtung die π-Elektronenladung der Doppelbindung konzentriert ist, ist die Annäherung eines positiv geladenen (elektrophilen) Reagens an die Doppelbindung eher zu erwarten als diejenige einer negativ geladenen (nukleophilen) Partikel, die von der gleichwertigen Ladung der π-Elektronen abgestoßen werden würde. Darum haben auch die meisten heterolytisch (polar) verlaufenden Additionen an isolierte C=C-Doppelbindungen den Charakter *elektrophiler Reaktionen*. Eine *nukleophile Addition* kann dagegen erst dann erfolgen, wenn die π-Elektronenladung der Doppelbindung durch elektronenanziehende Substitutionen weitgehend delokalisiert und abgeschwächt worden ist.

a) Addition von Säuren

Schließen wir vorläufig eine synchrone Anlagerung an beide sp^2-Kohlenstoffatome aus, so ist bei Additionen von Halogenwasserstoffen und anderen starken Säuren an isolierte Doppelbindungen auf Grund der oben erwähnten Überlegung ein Primärangriff durch den elektropositiven Wasserstoff zu vermuten.

Das so gebildete Carboniumion würde dann mit dem Anion X^- zum Endprodukt der Anlagerung weiterreagieren. Diese Reaktionsstufe wäre mit der zweiten Stufe der monomolekularen Substitutionen (S. 80) identisch und man kann erwarten, daß sie auch hier den schnellen Teil des Prozesses darstellen würde[1].

Viele Befunde sprechen für einen solchen, zweistufigen, elektrophilen Mechanismus. Eine Stütze für den elektrophilen Charakter der Anlagerung ist die Tatsache, daß polare Effekte, die die Elektronenladung der Doppelbindung erhöhen, die Additionen von HX erleichtern, und umgekehrt. So addieren höhere und besonders höher alkylierte Olefine dank dem elektronenspendenden +I- und dem hyperkonjugativen Effekt der Alkylgruppen viel leichter als Äthylen selbst. Bei 3,3,3-Trifluorpropen mit einem starken elektronenanziehenden —I-Effekt der Trifluormethylgruppe findet dagegen eine Anlagerung nur unter forcierenden Bedingungen statt.

$$CH_3\!\!\diagdown\!\!C{=}CH_2 \;>\; CH_3{-}CH{=}CH_2 \;>\; CH_2{=}CH_2 \;>\; CH_2{=}CH{-}CF_3$$

---

1 In unserem Schema wird die Stereochemie der Addition vorläufig nicht berücksichtigt.

Bei unsymmetrischen Olefinen erfolgt dabei die Anlagerung des Wasserstoffs zu demjenigen Kohlenstoffatom, an dem auf Grund von polaren Effekten eine höhere Konzentration der Elektronen zu erwarten ist. Bei Monoalkyläthylenen polarisiert z. B. sowohl der $+I$- als auch der hyperkonjugative Effekt der Alkylgruppe die π-Elektronenladung in der Richtung zum Endkohlenstoffatom.

$$CH_3 \longrightarrow CH{=}CH_2 \qquad\qquad H{-}CH_2{-}CH{=}CH_2$$

Im Einklang damit werden hier durch Addition von Halogenwasserstoffen 2-Halogenderivate gebildet, denn die Reaktion beginnt mit einer Anlagerung des Wasserstoffs an das negativere Endkohlenstoffatom.

$$R{-}CH{=}CH_2 \xrightarrow{\ HX\ } R{-}\overset{+}{C}H{-}CH_3 \ +\ X^- \longrightarrow R{-}\underset{X}{\overset{|}{C}H}{-}CH_3$$

Bei 3,3,3-Trifluorpropen ist dagegen die π-Elektronenladung eher am Zentralkohlenstoffatom konzentriert und darum addiert hier auch der Halogenwasserstoff „umgekehrt" (Henne und Kaye, 1950). Ähnliches gilt für die Anlagerung an die Doppelbindung des Trimethylvinylammonium-Kations (Schmidt, 1891).

$$CF_3 \longleftarrow CH{=}CH_2 \xrightarrow{\ HCl\ } CF_3{-}CH_2{-}CH_2{-}Cl$$

$$(CH_3)_3\overset{+}{N} \longleftarrow CH{=}CH_2 \xrightarrow{\ HI\ } (CH_3)_3\overset{+}{N}{-}CH_2{-}CH_2{-}I$$

Dasselbe Prinzip wird auch bei der Addition von HX an α,β-ungesättigte Carbonylverbindungen befolgt; die Anlagerung von X an das C kann dem $-I$-Effekt der Carbonylgruppe zugeschrieben werden. Wie noch später eingehend besprochen wird, wirkt hier jedoch im gleichen Sinne auch eine konjugative Ladungsverschiebung (S. 212)

$$CH_2{=}CH \longrightarrow C\underset{Y}{\overset{\displaystyle \overset{O}{\|}}{<}} \xrightarrow{\ HX\ } X{-}CH_2{-}CH_2{-}C\underset{Y}{\overset{\displaystyle \overset{O}{\|}}{<}}$$

Entgegengesetzten Orientierungseinflüssen zweier polarer Effekte — eines negativen induktiven und eines positiven konjugativen — begegnet man bei Vinylhalogeniden. Der Konjugationseffekt scheint jedoch vorzuwiegen, denn die Addition von Halogenwasserstoffen führt hier überwiegend zu 1,1-Dihalogenderivaten.

$$\overset{-I}{CH_2}{=}\underset{+T}{CH} \longrightarrow \bar{Y}I \xrightarrow{\ HX\ } CH_3{-}CH\overset{\diagup Y}{\diagdown X}$$

Auch bei Allylhalogeniden ist es der hyperkonjugative, elektronenspendende Effekt der Methylengruppe, und nicht der entgegengesetzte $-I$-Effekt der ganzen Chlormethylgruppe, der über die Orientierung der Addition entscheidet.

$$Cl \leftarrow CH \xleftarrow{} CH \overset{-I}{=\!=} CH_2 \xrightarrow{\;HCl\;} Cl-CH_2-CH-CH_3$$

In diesem Zusammenhang sei an die bekannte *Markownikoffsche Regel* erinnert (1870), laut der bei Additionen von Halogenwasserstoffen an Olefine das Halogen an dem an Wasserstoff ärmeren Kohlenstoffatom angelagert wird. Die heutige Erklärung der Orientierung durch polare Effekte der Substituenten verleiht der alten empirischen Regel eine theoretische Basis und schließt zugleich auch diejenigen Fälle ein, wo die Regel nicht gestimmt hat (z. B. Additionen an α,β-ungesättigte Carbonylverbindungen).

Die eben erwähnten Orientierungsgesetzmäßigkeiten können auch mit Hinsicht auf einen carboniumionen-ähnlichen Übergangszustand erklärt werden: Die Anlagerung von Wasserstoff wird so orientiert, daß die entstehende positive Ladung am besten stabilisiert wird. Bei terminalen Olefinen addiert also der Wasserstoff an das Endkohlenstoffatom, denn das so gebildete sekundäre Carboniumion und auch der diesem Carboniumion ähnliche Übergangszustand ist durch den $+I$-Effekt von zwei Alkylgruppen besser stabilisiert als das primäre Carboniumion (und der entsprechende Übergangszustand), das durch eine umgekehrte Anlagerung entstehen würde (s. über Stabilität von Carboniumionen, S. 87). Ähnlich wird auch die Bildung eines tertiären vor der eines sekundären oder sogar primären Carboniumions bevorzugt.

$$R-CH=\!=CH_2 \; + \; HX \begin{cases} \nearrow & R\longrightarrow \overset{+}{C}H \longleftarrow CH_3 \; + \; X^- \\ \searrow & R-CH_2 \longrightarrow \overset{+}{C}H_2 \; + \; X^- \end{cases}$$

Für einen zweistufigen Additionsmechanismus von HX mit der intermediären Bildung eines Carboniumions sprechen auch die oft beobachteten Umlagerungen der Kohlenstoffkette, die die Additionen begleiten. Diese Umlagerungen sind für Carboniumionen insofern typisch, daß sie als wichtiges Kriterium eines Carboniumionenmechanismus dienen können. Allerdings muß man dabei immer die Möglichkeit einer nachträglichen Umlagerung des primär entstandenen, wahren Produktes der untersuchten Reaktion ausschließen können. Für die HX-Additionen konnten z. B. Ecke, Cook und Whitmore (1950) zeigen, daß durch Anlagerung von Jodwasserstoff an *tert*. Butyläthylen ein Gemisch von ungefähr gleichen Teilen des „normalen" (1) und des umgelagerten Produktes (2) unter Bedingungen entsteht, bei denen eine Isomerisierung von (1) zu (2) nicht stattfindet.

$$CH_3-\underset{\underset{CH_3}{|}}{\overset{\overset{CH_3}{|}}{C}}-CH=\!=CH_2 \xrightarrow{\;HI\;} CH_3-\underset{\underset{CH_3}{|}}{\overset{\overset{CH_3}{|}}{C}}-\overset{+}{C}H-CH_3 \xrightarrow{\;I^-\;} CH_3-\underset{\underset{H_3C}{|}}{\overset{\overset{CH_3}{|}}{C}}-\overset{|}{C}H-CH_3 \quad (1)$$

$$\Big\downarrow$$

$$CH_3-\underset{\underset{CH_3}{|}}{\overset{\overset{CH_3}{|}}{\underset{+}{C}}}-\overset{|}{C}H-CH_3 \xrightarrow{\;I^-\;} CH_3-\underset{\underset{|}{|}}{\overset{\overset{CH_3}{|}}{C}}-\underset{\underset{CH_3}{|}}{C}H-CH_3 \quad (2)$$

Es gibt noch eine weitere Stütze für den zweistufigen Mechanismus der HX-Additionen. Wird nämlich die Reaktion in einem polaren, genug nukleophilen Medium (wie z. B. in Wasser, Alkoholen, Essigsäure usw.) durchgeführt, können die Lösungsmittelmoleküle mit dem gewöhnlich nur schwach nukleophilen Anion der Säure X^- im zweiten Schritt der Addition erfolgreich konkurrieren und es resultieren dann, teilweise oder ausschließlich, Produkte der Addition des Lösungsmittels (man spricht von säurekatalysierten Hydratationen, Additionen von Alkoholen usw.).

[S—OH = HOH, ROH, RCOOH usw.]

Es gibt jedoch auch Tatsachen, die mit unserer Vorstellung nicht übereinstimmen. So ergaben kinetische Messungen der Addition von Halogenwasserstoffen an Olefine in schwach ionisierenden Medien (Pentan, Nitromethan, Essigsäure), daß die Reaktion eher zweiter als erster Ordnung bezüglich der Säure HX ist.

$$-\frac{d\,[\text{Olefin}]}{dt} = k_3\,[\text{Olefin}]\,[\text{HX}]^2$$

Additionen in solchen Medien verlaufen oft stereospezifisch als *anti*-Anlagerungen (Hammond und Collins, 1960; Hammond und Nevitt, 1954). Auch dies widerspricht unserer Vorstellung eines Carboniumionen-Mechanismus, denn die Reaktion eines Carboniumions mit X^- sollte entweder unstereospezifisch zu einem Gemisch von *syn*- und *anti*-Addukt, oder, falls das Carboniumion im Augenblick der Reaktion mit X^- in einem Ionenpaar vorliegt, eher zu einem *syn*- als zu einem *anti*-Addukt führen.

Die *anti*-Addition muß also einen anderen als den ursprünglich vorgeschlagenen Mechanismus befolgen. Hammond und Collins versuchten, die *anti*-Addition und ihre Kinetik durch Annahme eines synchronen Angriffes des Elektrophils und des Nukleophils von entgegengesetzten Seiten der Doppelbindungsebene zu erklären (vgl. dazu auch Fahey und Monahan, 1967).

Diese Vorstellung stellt eine gewisse Parallele zu dem Mechanismus der bimolekularen Eliminierung dar, wo eine *anti*-periplanare Geometrie im Übergangszustand aus stereochemischen Gründen bevorzugt wird (S. 142). Es gibt allerdings auch andere, ebenso schwer zu beweisende Vorschläge, wie die beobachtete *anti*-Addition zu deuten sei.

Was die Kinetik der HX-Additionen in nicht-ionisierenden Medien allein betrifft, wurde die höhere Ordnung bezüglich HX von einigen Autoren eher einer Beteiligung des zweiten HX-Moleküls an der Auflösung der H—X-Bindung in dem attackierenden Molekül zugeschrieben (das zweite Molekül soll in dem nicht-ionisierenden Medium die Proton-Übertragung erleichtern) (Latrémouille und Eastham, 1967; Pocker und Stevens, 1969).

Bei bestimmten starren cyclischen Systemen (Norbornen, Acenaphthylen) ist wieder eine ausgesprochene Tendenz zu *syn*-Additionen festgestellt worden (Kwart und Nyce, 1964; Dewar und Fahey, 1962).

Es bleibt vorläufig unklar, ob dieses stereochemische Resultat der Addition nur auf die erwähnten Strukturen begrenzt ist oder ob ihm eine allgemeinere Geltung zukommt[2]. Ein schneller Zusammenbruch eines intimen Carbonium-Halogenid-Ionenpaares unmittelbar nach seiner Entstehung im ersten Schritt der Addition scheint allerdings eine plausible Erklärung der *syn*-Addition zu sein.

____

2 Neuere Studien der HX-Additionen in wenig ionisierenden Lösungsmitteln bei tiefen Temperaturen deuten eher darauf hin, daß die *syn*-Anlagerung eine größere Verbreitung hat als oben angegeben (Berlin und Mitarbeiter, 1970).

Es scheint also, daß wir bei den Additionen von Säuren an Olefine mehrere Mechanismen unterscheiden müssen. Sie können vielleicht folgendermaßen zusammengefaßt werden (vgl. auch Fahey und Monahan, 1967):

1. *In gut ionisierenden Medien:* Bimolekularer Mechanismus mit der geschwindigkeitsbestimmenden Bildung eines Carboniumions. Dieses reagiert dann (eventuell nach Umlagerung) mit dem Anion der Säure oder mit einem anderen Nukleophil. Die Addition ist mehr oder weniger unstereospezifisch.

2. *In schwach ionisierenden Medien:* a) Bimolekularer Mechanismus mit der geschwindigkeitsbestimmenden Bildung eines intimen Carbonium-Halogenid-Ionenpaares. Das Ionenpaar schrumpft dann entweder zum *syn*-Addukt zusammen oder aber es kann eine *anti*-Anlagerung eines anderen Anions bzw. Nukleophils erfolgen (die *syn*-Seite ist von dem Halogenid-Ion abgeschirmt).

b) Termolekularer Mechanismus mit einer synchronen *anti*-Anlagerung des Elektrophils und des Nukleophils:

Die erwähnten polaren Mechanismen werden nicht von Additionen von Bromwasserstoff befolgt, falls sie in Anwesenheit von Peroxiden ablaufen. Sie haben einen homolytischen Charakter und werden an einer anderen Stelle besprochen (S. 312).

b) Addition von Halogenen

Auch die polare Addition von Halogenen an isolierte C=C-Doppelbindungen erfolgt allgemein wie ein zweistufiger Prozeß, der durch den geschwindigkeitsbestimmenden, elektrophilen Angriff des polarisierten Halogenmoleküls an der Doppelbindung ausgelöst wird. Die zweite, schnelle Stufe ist dann die Reaktion des so entstandenen Kations mit dem Halogenidion als Nukleophil[3].

---

3 Das Schema berücksichtigt wieder nicht die Stereochemie des Prozesses.

Für den heterolytischen, elektrophilen Charakter der Addition gibt es wieder mehrere Stützen:

a) Elektronenspendende Substituenten an der Doppelbindung erleichtern die Addition. Alkylierte Olefine reagieren schneller (Tetramethyläthylen fast 10^6mal) als Äthylen selbst (Tab. 21) (Dubois und Mourier, 1963).

Tabelle 21. *Relative Geschwindigkeitskonstanten der Addition von Brom an Olefine (in Methanol in Anwesenheit von NaBr; 25° C)*

Olefin	$CH_2{=}CH_2$	$C_2H_5{-}CH{=}CH_2$	$\begin{matrix}CH_3 \\ \diagdown \\ \quad C{=}C \\ H \qquad\qquad H\end{matrix}\ C_2H_5$	$\begin{matrix}CH_3 \qquad\qquad CH_3 \\ \diagdown \qquad\quad \\ C{=}C \\ H \qquad\quad C_2H_5\end{matrix}$	$\begin{matrix}CH_3 \qquad\qquad CH_3 \\ \diagdown \qquad\quad \\ C{=}C \\ CH_3 \qquad\quad CH_3\end{matrix}$
$k_{rel.}$	1,0	97	$4{,}2 \cdot 10^3$	$1{,}2 \cdot 10^5$	$9{,}3 \cdot 10^5$

b) Die Reaktivität des Agens steigt mit seiner Polarität bzw. Polarisierbarkeit und mit der steigenden Elektrophilie des entsprechenden Kations X^+. So wird Jod viel langsamer addiert als das polarisierte Jodbrom I-Br, in dem dem Jodatom eine positive Teilladung zukommt; dieses Reagens addiert jedoch immer noch etwas langsamer als Brom, denn bei positivem Brom Br^+ ist wieder die elektrophile Aggressivität höher als bei I^+ usw. (Tab. 22) (White und Robertson, 1939).

Tabelle 22. *Relative Geschwindigkeiten der Addition von Halogenen an Olefine*

Halogen	I_2	I—Br	Br_2	I—Cl	Br—Cl
Rel. Geschwindigkeit	1	$3 \cdot 10^3$	10^4	10^5	$4 \cdot 10^6$

c) Die Addition von Halogenen wird unter anderem von Metallhalogeniden, z. B. von FeX_3, wahrscheinlich durch einen Polarisierungsmechanismus, katalysiert.

$$\overset{\delta+}{Cl}{-}\overset{\delta-}{Cl}\cdots\cdots FeCl_3$$

Eine Addition von Chlor oder Brom an Äthylen in Gasphase findet in paraffinierten Gefäßen nicht statt. Offenbar fehlt hier der polarisierende Einfluß der Gefäßwände (Norrish, 1923; Steward und Edlund, 1923).

d) Die Geschwindigkeit der Addition steigt beim Übergang von nichtpolaren zu polaren Lösungsmitteln (Robertson und Mitarbeiter, 1939; Buckles, Miller und Thurmaier, 1967).

e) Der elektrophile Teil des addierenden Agens wird zu demjenigen der beiden Kohlenstoffatome der Doppelbindung orientiert, wo man auf Grund von polaren Effekten der Substituenten eine erhöhte Konzentration der Elektronenladung vermutet (z. B. Ingold und Smith, 1931).

$$CH_3\longrightarrow CH{=}CH_2 \quad\xrightarrow{\ ICl\ }\quad CH_3{-}\underset{\underset{Cl}{|}}{CH}{-}CH_2{-}I \qquad 69\%$$

$$CH_3\longrightarrow CH{=}CH\longrightarrow COOH \quad\xrightarrow{\ ICl\ }\quad CH_3{-}\underset{\underset{Cl}{|}}{CH}{-}\underset{\underset{I}{|}}{C}{-}COOH \qquad 92\%$$

Ähnlich ist es bei der Addition der unterchlorigen und unterbromigen Säure, wo die Rolle der elektrophilen Spezies dem Halogen zukommt, z. B.:

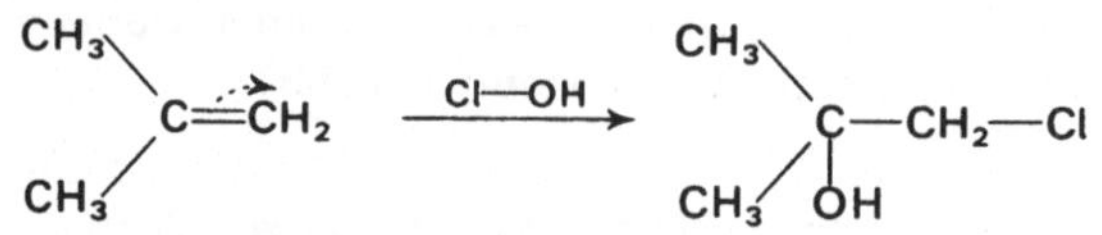

Für den zweistufigen Mechanismus der Halogenaddition spricht u. a. die Tatsache, daß bei Anwesenheit anderer Nukleophile im Reaktionsgemisch diese in dem Endprodukt aufscheinen können.

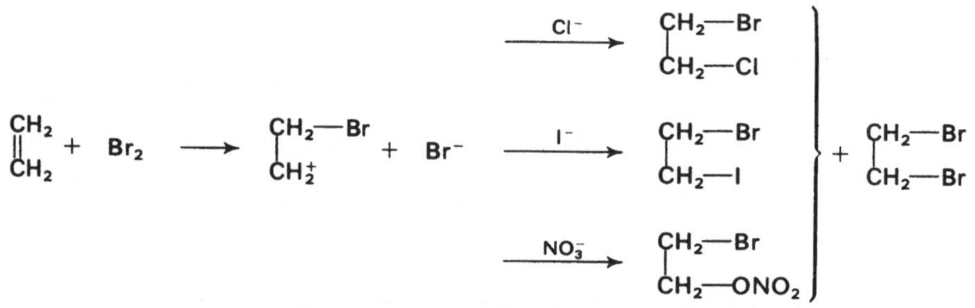

Noch leichter werden allerdings solche „fremden" Nukleophile in den Additionsprozeß hineingezogen, wenn sie im Substratmolekül selbst als Nachbargruppen vorliegen (z. B. Tarbell und Bartlett, 1937; Winstein und Goodman, 1954; Woodward und Mitarbeiter, 1958).

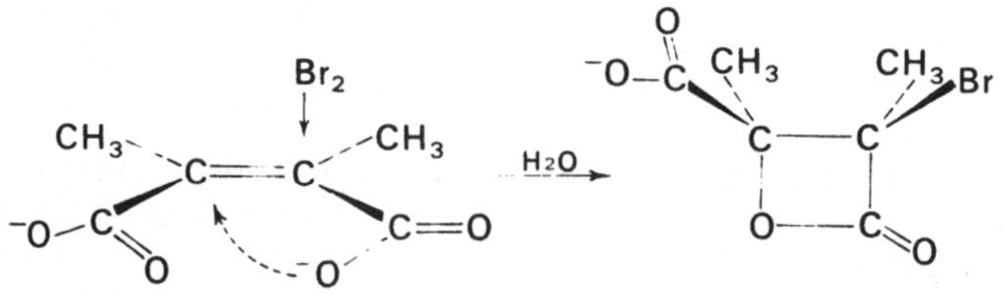

[Tarbell und Bartlett, 1937]

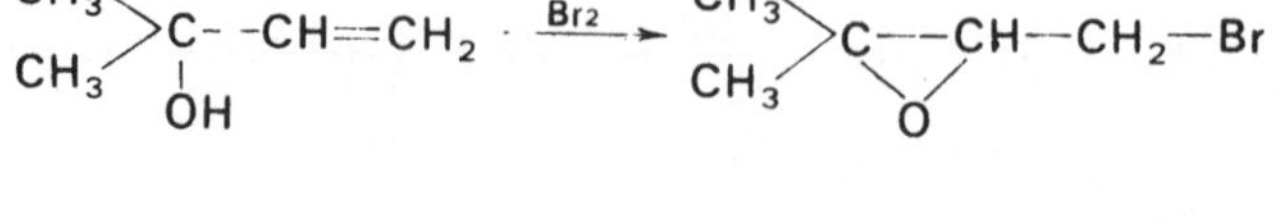

[Winstein und Goodman, 1954]

[Woodward und Mitarbeiter, 1958]

   Auch die für Carboniumionen typischen Umlagerungen sind bei Halogenadditionen beobachtet worden. Eines der ältesten bekannten Beispiele ist die Addition
von Brom an α-Pinen, die unter anderen Produkten zu 2,6-Dibromcamphan führt
(Wallach, 1891).

Manche Halogenadditionen werden von einer Substitution als Konkurrenzreaktion
begleitet, die unter Umständen — besonders bei verzweigten Olefinen — sogar zur
Hauptreaktion werden kann. So gibt Isobuten mit Chlor hauptsächlich Methallyl-
chlorid und nur wenig 1,2-Dichlorderivat.

87%   6%

   Reeve und Mitarbeiter (1952) konnten mit Hilfe von isotopisch markiertem
Isobuten zeigen, daß die Substitution nicht das Resultat eines direkten Angriffes
von Chlor an einer der Methylgruppen war, sondern daß sie im ersten Schritt als eine
Addition an die Doppelbindung verlief.

Der Carboniumionen-Mechanismus der Addition erhielt durch diesen Befund eine weitere Stütze, denn eine Protoneliminierung gehört bei Carboniumionen zu den typischen Stabilisierungsprozessen.

Kinetisch weisen die Halogenadditionen meistens die Charakteristik der Reaktionen zweiter Ordnung auf. Zugesetzte Halogenidionen haben auf die Reaktionsgeschwindigkeit gewöhnlich keinen großen Einfluß.

$$-\frac{d\,[\text{Olefin}]}{dt} = k_2\,[\text{Olefin}]\,[X_2]$$

Dementsprechend sollte die Bildung des Carboniumions die geschwindigkeitsbestimmende Stufe sein.

Neuerdings wurde bei Bromadditionen die Existenz von Ladungstransfer-Komplexen zwischen Brom und dem Olefin bewiesen. Diese sollen in einem vorgeschalteten Gleichgewicht gebildet werden, wobei für den wahren geschwindigkeitsbestimmenden Schritt ihre Ionisierung gehalten wird (Dubois und Mitarbeiter, 1968).

An der Ionisierung kann eventuell ein weiteres Halogenmolekül teilnehmen, was die in nicht-polaren Lösungsmitteln manchmal beobachtete zweite Ordnung der Reaktion bezüglich des Halogens befriedigend erklärt (Heublein und Mitarbeiter, 1968, 1969).

Der Carboniumionen-Mechanismus sollte aus Gründen, die wir schon bei der HX-Anlagerung diskutiert haben, unstereospezifisch zu Gemischen von *syn*- und *anti*-Addukten führen. In der Tat überwiegen jedoch wieder meistens stark die Produkte der *anti*-Addition (z. B. Lucas und Gould, 1941; Bartlett, 1935; Alt und Barton, 1954).

[Lucas und Gould, 1941]

[Bartlett, 1935]

88%   12%

[Alt und Barton, 1954]

Ein synchroner Angriff zweier Halogenmoleküle von entgegengesetzten Seiten der Doppelbindungsebene (vgl. S. 164). kommt allgemein nicht in Frage, denn meistens ist die *anti*-Anlagerung bei Reaktionen erster Ordnung bezüglich des Halogens festgestellt worden. Eine interessante Erklärung brachten Roberts und Kimball (1937), indem sie die Vorstellung des üblichen Carboniumions als Zwischenproduktes der Addition durch ein „*Halogenoniumion"* *(Chloronium-, Bromonium-, Iodoniumion)* ersetzt haben.

Dieses Ion sollte im zweiten Schritt der Addition durch einen S_N2-ähnlichen Angriff des Anions X^- von der entgegengesetzten Seite zu der X-Brücke das Produkt (oder: die Produkte) der *anti*-Addition geben.

Diese Vorstellung ist heute von den meisten Autoren in einer „unsymmetrischen" Variante übernommen worden: Man stellt sich vor, daß im Zwischenprodukt der Addition die Bindung des Halogenatoms mit einem der beiden Kohlenstoffatome mehr als die mit dem anderen ausgebildet ist (z. B. De la Mare, 1966). Damit wird auch die beobachtete Stereoselektivität (Markownikoffsche Orientierung, S. 167) der Halogenaddition berücksichtigt.

Das unsymmetrische Halogenoniumion stellt einen Übergang zwischen dem symmetrischen überbrückten Ion von Roberts und Kimball und dem „offenen" Carboniumion dar. Das Ausmaß der Überbrückung ist offenbar nicht immer gleich: Es nimmt von Chlor über Brom zu Jod zu und mit carboniumionen-stabilisierenden Konstitutionseinflüssen ab. So scheint bei der Addition von Chlor an 2-Butene (*cis*- und *trans*-) die cyclische Chloronium-Form des Zwischenproduktes das hochstereospezifische Resultat besser zu erklären, bei 1-Phenylpropen wird dagegen — dank der Stabilisierung der positiven Ladung am $C_{(1)}$ durch die Phenylgruppe — eher die Carboniumion-Form bevorzugt (Fahey und Schubert, 1965).

Auch die Natur des Lösungsmittels spielt hier eine wichtige Rolle. In polaren Medien wird die offene Carboniumion-Form besser als die überbrückte stabilisiert (Heublein, 1965, 1966).

An der Existenz der Halogenoniumionen ist heute kaum zu zweifeln. Oft kommt sie in Form von Nachbargruppenbeteiligung zum Vorschein. So ist die Bildung von 2-Jod-3-chlorpropanol (6) bei der Einwirkung von unterchloriger Säure auf Allyljodid (neben den „normalen" Additionsprodukten (4) und (5)) ein Beweis für das Iodoniumion (3) (De la Mare und Mitarbeiter, 1962, 1963).

$$CH_2{=}CH{-}CH_2{-}I \xrightarrow{\text{HOCl}} CH_2{-}CH{-}CH_2$$

(3)

$$CH_2{-}CH{-}CH_2 \qquad CH_2{-}CH{-}CH_2 \qquad CH_2{-}CH{-}CH_2$$

(4)   22%   (5)   30%   (6)   48%

Auch Molekülorbital-Berechnungen deuten darauf hin, daß das überbrückte Halogenoniumion im Vergleich mit dem entsprechenden offenen Carboniumion gegebenenfalls stabiler sein kann. Unabhängig von den experimentellen Befunden folgt aus den Berechnungen die beobachtete Reihenfolge der steigenden Fähigkeit der Halogene, Halogenoniumionen zu bilden (Bach und Henneike, 1970)[4]:

$$F^+ \; < \; Cl^+ \; < \; Br^+$$

Die in einem früheren Schema dargelegte Reaktion von Brom mit 2-Cholesten (S. 171) hat einen weiteren interessanten Aspekt. Sie ist ein Beispiel einer *anti*-Anlagerung an ein starres Cyclohexenderivat und zeigt, daß von den beiden *a priori* möglichen *trans*-Dibromiden dasjenige mit axialen C—Br-Bindungen ganz vorwiegend entsteht. Dies stimmt gut mit unserer Vorstellung, daß der Angriff an einer Doppelbindung senkrecht zur Ebene der doppelt gebundenen Atome (hier: senkrecht zur Ringebene) erfolgt, überein[5].

Neben *anti*-Additionen sind jedoch auch Beispiele von *syn*-Anlagerungen der Halogene bekannt. Meistens handelt es sich um dieselben Substrate (Norbornen, Acenaphthylen usw.) wie bei der *syn*-Addition von HX. Es scheint jedoch, daß bei Chlor eine allgemeinere Neigung zu dieser Stereochemie als bei Brom und Jod vorliegt (Buckles und Knaak, 1960, beschreiben z. B. eine teilweise *syn*-Addition von Chlor an *cis*-Stilben). Und wenn man die Resultate der wenigen, erst neulich beschriebenen Fluoradditionen an Olefine (unter tiefen Temperaturen) verallge-

---

4 Es gab mehrere Versuche, die Addition von Halogenwasserstoffen und anderer Säuren auf ähnliche Weise, d. h. mit symmetrisch oder unsymmetrisch überbrückten Ionen als Zwischenprodukten zu deuten.

Die bisher publizierten, mit verschiedenen Approximationen belasteten Molekülorbital-Berechnungen haben jedoch keine eindeutige Antwort geben können, ob diese Form der Carboniumionen stabiler wäre als die klassische offene (Hoffmann, 1964; Yonezawa und Mitarbeiter, 1968; Sustmann, Williams, Dewar, Allen und v. R. Schleyer, 1969; Bach und Henneike, 1970).

5 In diesem Zusammenhang ist es vielleicht nicht ganz uninteressant, an die bevorzugte *Eliminierung* aus dem diaxialen Dibromderivat (S. 154) zu erinnern.

meinern darf, so ist die *syn*-Addition bei diesem Halogen sogar der charakteristische sterische Verlauf (Merritt und Mitarbeiter, 1966, 1967).

$$H\!\!\diagdown C\!\!=\!\!C\diagup CH_3 \xrightarrow[\text{CFCl}_3,\ -78\,^\circ C]{F_2} C_6H_5\text{---}CH\text{---}CH\text{---}CH_3$$

D,L-threo: $69^0/_0$ (syn-Addition)

D,L-erythro: $31^0/_0$ (anti-Addition)

Die stereochemischen Unterschiede spiegeln die große Unterschiedlichkeit der Elemente, die wir hier nebeneinander zu behandeln versuchen, wider. Es scheint, daß die „leichten" Halogene bei den Additionen eher Vierzentren-Übergangszustände des Typs (7) ausbilden, die dann entweder direkt zu *syn*-Addukten oder zu β-Halogen-carboniumionen zusammenschrumpfen, die „schweren" Halogene dagegen eher zu mehr oder weniger symmetrischen Halogenoniumionen (9) und den entsprechenden Übergangszuständen (8) neigen [6].

Die Unterschiedlichkeit der Halogene kommt übrigens auch in der unterschiedlichen Stabilität der Addukte zum Vorschein. Bei Jod ist die Addition schon eine ausgesprochen reversible Reaktion, deren Gleichgewicht eher an der Seite der Ausgangskomponenten liegt.

c) Elektrophile Additionen anderer Nichtmetalle

Eine elektrophile Addition von *Sauerstoff* an die C=C-Doppelbindung liegt in der Bildung von Epoxiden aus Olefinen und *organischen Persäuren* vor.

---

6 Werden die Halogenoniumionen über intermediäre Ladungstransfer-Komplexe (vgl. S. 170) gebildet, so werden auch die Unterschiede zwischen den einzelnen Halogenen verständlich. Bei Ladungstransfer-Komplexen besteht die Bindung einerseits aus dem überlappenden π-Orbital der Doppelbindung mit einem unbesetzten Orbital des Komplexpartners, anderseits in der Rückbindung durch das Überlappen eines besetzten d-Orbitals des Partners mit dem *anti*-bindenden π^*-Orbital der Doppelbindung (S. 50). Die Fähigkeit der Ausbildung einer solchen $d\rightarrow\pi^*$-Rückbindung ist allerdings am größten bei Jod und nimmt über Brom zu Chlor ab, um bei Fluor ganz auszubleiben (Banthorpe, 1970).

Der elektrophile Charakter der Reaktion ist durch ein eigehendes Studium der Substituenteneinflüsse sowohl beim Substrat als auch bei der Persäure bestätigt worden (z. B. Swern, 1947). Den bekannten Tatsachen scheint am besten der folgende Mechanismus (Lynch und Pausacker, 1955) zu entsprechen, obwohl auch andere Vorschläge publiziert worden sind (Azman und Mitarbeiter, 1969).

Auch bei der *Ozonisierung* geht es um eine Addition des elektrophilen Sauerstoffs. Das Studium des Mechanismus war hier dadurch erschwert, daß die faßbaren Ozonide schon sekundäre Produkte sind; die Primärprodukte sind hier wegen ihrer Instabilität einer direkten Untersuchung praktisch unzugänglich. Auf Grund von umfangreichen Arbeiten konnte Criegee und Mitarbeiter (1954) das folgende Schema für die Ozonanlagerung vorschlagen:

Die Struktur des Primärproduktes wird entweder wie (10), (11) oder − neulich von Story und Mitarbeitern (1971) − wie (12) formuliert.

(10)   (11)   (12)

Im Jahre 1949 hat Kharasch und Buess die Addition von *Arylsulfenylhalogeniden* an Olefine, die meistens kristalline β-Halogenalkylarylsulfide bietet, zur Charakterisierung der Olefine vorgeschlagen.

Seitdem wurde die Reaktion zum Gegenstand eingehender mechanistischer Studien. Es wurde sichergestellt, daß sie mit einem elektrophilen Angriff des undissoziierten Moleküls R—S—X an der Doppelbindung beginnt. Zugesetzte X^--Ionen hatten einen schwach beschleunigenden Einfluß; wäre Ar—S$^+$ das wahre elektrophile Agens, so müßte eine Zugabe von X^- durch eine ungünstige Verschiebung des Ionisierungsgleichgewichts Ar—S—X $\rightleftharpoons$ Ar—S$^+$ + X$^-$ die Additionsgeschwindigkeit herabsetzen. Das Zwischenprodukt ist sehr wahrscheinlich ein Episulfoniumion (die Addition ist spezifisch *anti*).

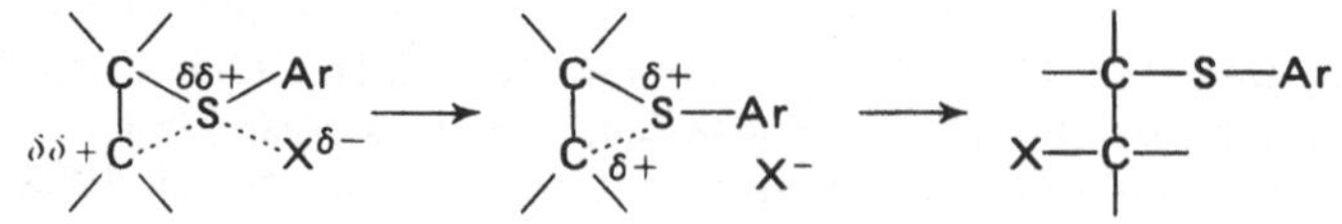

Relativ wenig untersucht wurde dagegen die Addition von *Dirhodan (SCN)₂*. Auch hier scheint ein elektrophiler Mechanismus vorzuliegen, obwohl die Reaktion unter Umständen auch radikalisch verlaufen kann (De la Mare, 1966).

Auch die meisten Additionen von *stickstoffhaltigen* Partikeln an isolierte Doppelbindungen sind noch nicht vollkommen mechanistisch abgeklärt worden. Nur bei der Addition von *Nitrosylchlorid* weist der Einfluß polarer Substituenteneffekte, die Lösungsmittelabhängigkeit sowie andere Tatsachen eindeutig auf einen elektrophilen Mechanismus hin (siehe z. B. Beier und Mitarbeiter, 1964).

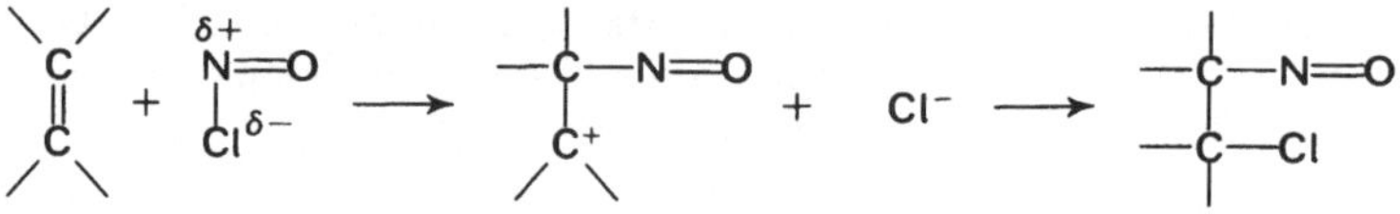

Da Lewissche Säuren ohne Einfluß auf die Reaktionsgeschwindigkeit bleiben, ist das wahre elektrophile Reagens wahrscheinlich das undissoziierte Nitrosylchlorid selbst und nicht etwa das Nitrosyliumion NO$^+$. Auch bei *Nitrylacetat (Acetylnitrat,* O_2N—O—COCH$_3$) besteht eine gute Evidenz für einen polaren, elektrophilen Mechanismus der Addition.

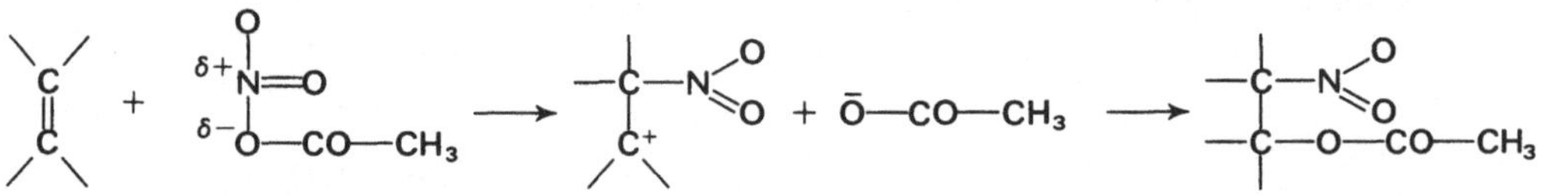

Bei Additionen von *Nitrylchlorid* NO$_2$Cl, *Stickstofftetroxid* N$_2$O$_4$ sowie *Stickstoffpentoxid* N$_2$O$_5$ sind mechanistische Unterlagen sehr unvollkommen. Ein radikalischer Verlauf kann in diesen Fällen nicht ausgeschlossen werden.

Von den Additionen anderer Elemente der V. Gruppe sei noch die Anlagerung von *Phosphortrichlorid* und *Arsentrichlorid* an Olefine erwähnt. Beide Reaktionen finden in Anwesenheit von Lewisschen Säuren statt und es besteht ein guter Grund zu glauben, daß es sich um elektrophile Additionen handelt (Jungermann und Bride, 1961; Green und Price, 1921).

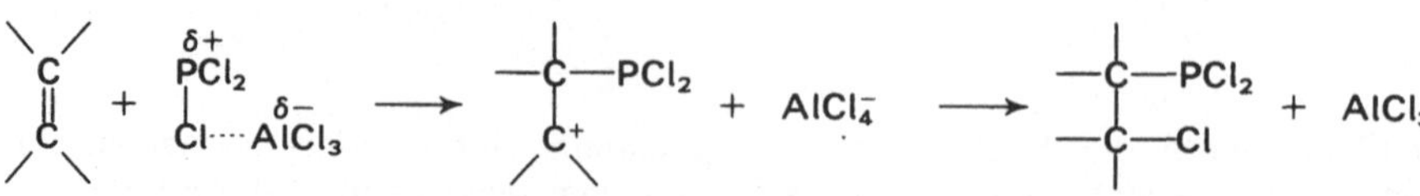

d) Elektrophile Kohlenstoffadditionen

Die im Zusammenhang mit S_N1-Reaktionen diskutierte hohe Reaktivität der Carboniumionen gegenüber nukleophilen Agentien, die ihre Elektronenlücke auffüllen können, erstreckt sich auch auf kohlenstoffhaltige Doppelbindungen als Elektronenspender: Carboniumionen addieren leicht an olefinische Systeme. Das Eigentümliche dieser Additionen allerdings ist, daß dadurch wieder Carboniumionen entstehen.

$$(a)$$

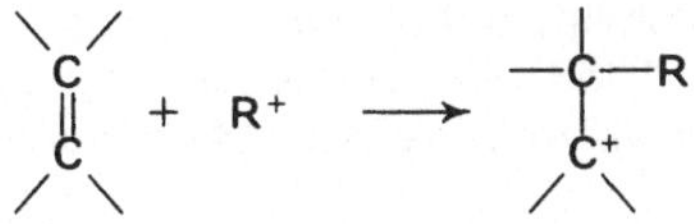

Das neugebildete Carboniumion kann verschiedenartig weiterreagieren. Es kann z. B. mit einem Nukleophil X ein stabiles Additionsprodukt bilden, oder aber spaltet es ein Proton ab und bildet ein Olefin.

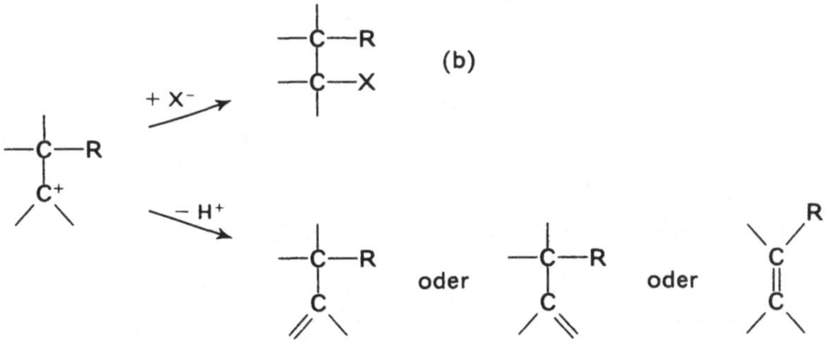

$$(b)$$

$$(c)$$

Ist das Olefin der Gleichung (a) noch vorhanden, so kann das entstandene Carboniumion mit ihm additiv weiterreagieren.

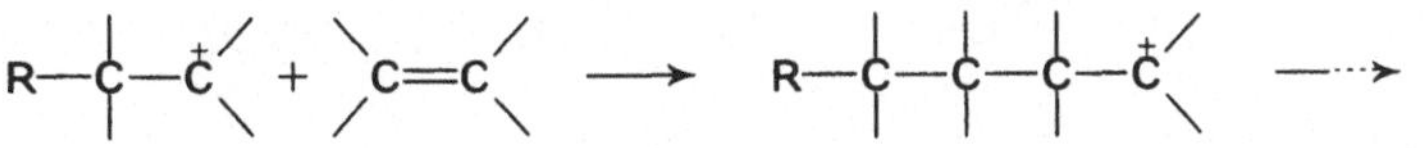

$$(d)$$

Auf diese Weise werden bei säurekatalysierten Polymerisationen aus Olefinen hochmolekulare, langkettige Verbindungen vorbereitet. Die Aufgabe der Säure dabei ist, durch Protonenanlagerung an das Olefinmolekül das erste Carboniumion herzustellen, das den Kettenaufbau starten kann. Die Kette wächst dann so lange, bis das Carboniumion z. B. durch einen Zusammenstoß mit einem nukleophilen Teilchen „vernichtet" wird.

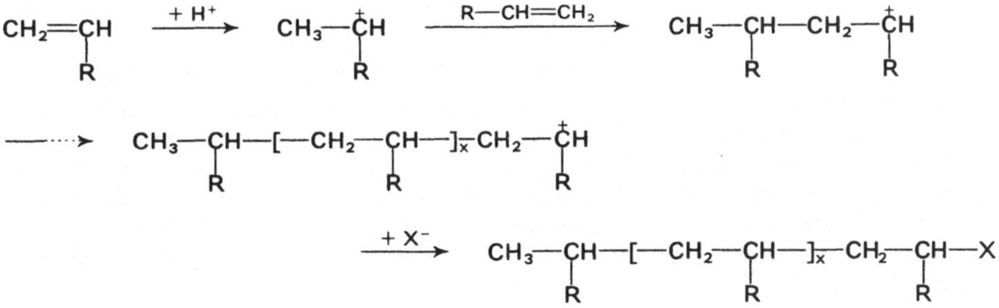

Sollen möglichst hochmolekulare Polymere entstehen, so darf die Zahl der „Kettenkeime" nicht allzu hoch sein und die Konzentration und die Nukleophilie der Partikeln, die mit der Säure zugesetzt werden, soll so niedrig wie möglich gehalten werden.

Eine große Bedeutung scheint den elektrophilen Olefinalkylierungen in der Biochemie zuzukommen. Es wird vermutet — und die Richtigkeit der Vermutung ist heute schon weitgehend bewiesen worden —, daß das Kohlenstoffgerüst von Terpenen und Terpenoiden aus C_5-Einheiten auf diese Weise entsteht. Unser Schema zeigt, wie man sich die Bildung von Geranylpyrophosphat (16) aus Mevalonsäure-5-pyrophosphat (13) vorstellt (Cornforth, 1968). Für die kettenbildende Stufe wird die Addition des Kations (15) an Isopentenylpyrophosphat (14) gehalten.

$$(13) \qquad (14) \qquad (15) \qquad (16)$$

Auch bei biochemischen Umwandlungen der offenkettigen zu (poly)cyclischen Terpenoiden kommt der Carboniumion-Anlagerung eine Schlüsselposition zu. Es wurde festgestellt, daß bei der enzymatischen Umwandlung von Squalen zu Lanosterol (19) eine säurekatalysierte, synchrone, polyolefinische Cyclisierung von 2,3-Oxidosqualen (17) stattfindet. Das intermediär gebildete Carboniumion (18) wird durch eine Reihe von 1,2-Verschiebungen von Wasserstoff und Methylgruppen in das Endprodukt übergeführt (Corey und Mitarbeiter, 1966; Van Tamelen und Mitarbeiter, 1966).

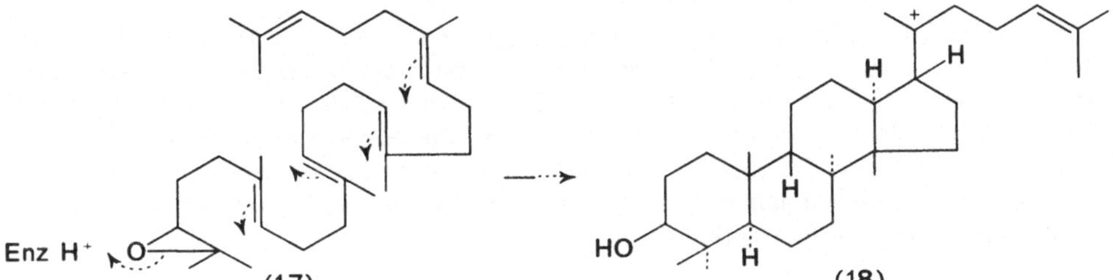

Die Stereospezifität der (17)→(18)-Cyclisierung wurde dem Enzym zugeschrieben, das bei Oxidosqualen die nötige zusammengefaltete Konformation erzwingen sollte. Neulich haben jedoch Johnson und Mitarbeiter (1968, 1970) bewiesen, daß solche synchrone elektrophile Polyadditionen auch *„in vitro"* (d. h. ohne Enzyme) stereospezifisch ablaufen.

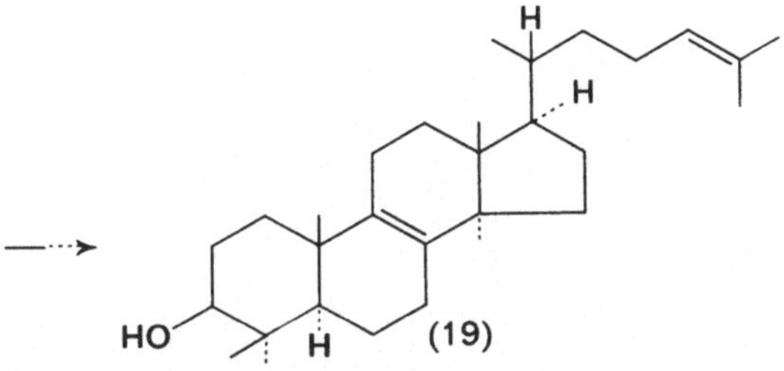

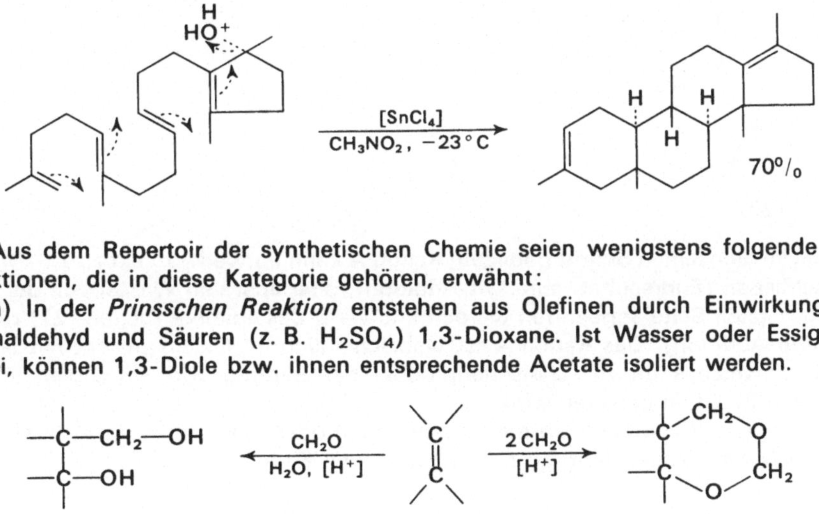

Aus dem Repertoir der synthetischen Chemie seien wenigstens folgende zwei Reaktionen, die in diese Kategorie gehören, erwähnt:

a) In der *Prinsschen Reaktion* entstehen aus Olefinen durch Einwirkung von Formaldehyd und Säuren (z. B. H_2SO_4) 1,3-Dioxane. Ist Wasser oder Essigsäure dabei, können 1,3-Diole bzw. ihnen entsprechende Acetate isoliert werden.

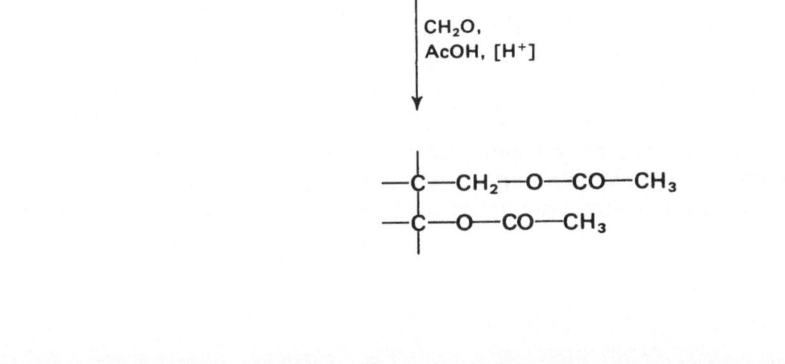

Der Mechanismus (oder vielleicht Mechanismen?) der Prinsschen Reaktion ist noch nicht endgültig abgeklärt worden, alle bisher publizierten Vorschläge sind jedoch darin einig, daß die Addition am elektrophilen Kohlenstoff des protonierten Formaldehydmoleküls beginnt. Das Studium der Stereochemie der Produkte ergab in einigen Fällen das Zeugnis für eine *anti-*, in anderen Fällen wieder für eine *syn-*Anlagerung. Am besten scheint die bekannten Tatsachen das Schema von Smissman und Mitarbeitern (1965) zu erklären.

$$CH_2{=}O \; + \; H^+ \; \rightleftharpoons \; CH_2{=}\overset{+}{O}H \; \leftrightarrow \; \overset{+}{C}H_2{-}OH \; \overset{CH_2O}{\rightleftharpoons} \; \overset{+}{C}H_2{-}O{-}CH_2{-}OH$$

(20)

(21)

(22)

Das im langsamen Schritt gebildete Kation *A* kann entweder direkt zu 1,3-Dioxan (20) schließen (Endresultat: eine *syn-*Addition), oder aber von Wasser von der entgegengesetzten Seite angegriffen werden und *via B* das epimere Dioxan (21) bieten (eine *anti-*Addition). Das Kation *A* ist wahrscheinlich im Gleichgewicht mit einem Kation *C*, welches für das Zwischenprodukt der Bildung von 1,3-Diolen in der Prinsschen Reaktion gehalten wird.

b) *Acylierung von Olefinen* mit Acylchloriden oder -anhydriden in Anwesenheit von Lewisschen Säuren führt zu α,β-ungesättigten Ketonen.

Die Reaktion wird oft als eine Addition von RCOX an die Doppelbindung mit einer nachfolgenden Eliminierung von HX aus dem so entstandenen β-Halogenketon gedeutet; β-Halogenketone gehen tatsächlich unter den Bedingungen der Acylierung in α,β-ungesättigte Ketone über. Die Eliminierung von HX muß jedoch über das Kation (23), d. h. das primäre Additionsprodukt von Acyliumion RCO^+ an das Olefin, verlaufen, so daß die Vorstellung einer vollendeten Addition für die Bildung der ungesättigten Ketone überflüssig erscheint[7].

(23)

e) Hydroborierung von Olefinen

Borane reagieren mit Olefinen zu Mono-, Di- und Trialkylboranen, wobei Bor an das weniger substitutierte Kohlenstoffatom der Doppelbindung angelagert wird.

$$R—CH═CH_2 \; + \; BH_3 \longrightarrow R—CH_2—CH_2—BH_2$$

$$\xrightarrow{R—CH═CH_2} (R—CH_2—CH_2)_2BH \xrightarrow{R—CH═CH_2} (R—CH_2—CH_2)_3B$$

Wie Brown und seine Schule in zahlreichen Arbeiten gezeigt hat[8], bietet die Boran-Addition an Olefine manche synthetische Ausnützung, z. B. eine indirekte „anti-Markownikoffsche" Hydratation von Olefinen, an.

---

7 Für eine eingehendere Information siehe die Monographie über Friedel-Crafts-Reaktionen von Olah (1963).

8 Siehe z. B. seine Monographie über Hydroborierung (1962) und einige seiner neueren Arbeiten (1968).

Die Orientierung der Addition, die beobachteten Substituenteneinflüsse sowie die Stereochemie der Reaktion (eine *syn*-Anlagerung ist festgestellt worden) veranlaßten Brown, den folgenden polaren Vierzentren-Mechanismus vorzuschlagen.

Auch *AlH₃* und *komplexe Aluminiumhydride* addieren an $C=C$-Doppelbindungen, die bisher bekannten Tatsachen erlauben jedoch nicht eindeutig auf einen polaren Mechanismus zu schließen.

f) Addition von Metallionen

Die Anlagerung von *Quecksilber (II)-Salzen* organischer Säuren an Olefine fängt wahrscheinlich mit einem elektrophilen Angriff des Quecksilberions an der $C=C$-Doppelbindung an. Für das so entstandene Zwischenprodukt der Addition wird öfters eine symmetrische oder unsymmetrische *Merkurinium-Formel* (24) geschrieben (Lucas, Hepner und Winstein, 1939; Bach und Henneike, 1970).

(24)

Für den zweistufigen Verlauf spricht unter anderem die Tatsache, daß das Lösungsmittel, falls es nukleophile Eigenschaften besitzt, an der Reaktion teilnehmen kann.

Auch die erst neulich definitiv festgestellte überwiegende *anti*-Anlagerung bei diesen *Oxymerkurierungen*[9] unterstützt unsere Vorstellung von dem zweistufigen Reaktionsverlauf (Waters, 1969). Der genaue Mechanismus ist jedoch, teilweise wegen verschiedenen komplizierenden Nebenreaktionen, noch nicht endgültig abgeklärt.

Neben den Quecksilbersalzen besitzen auch einige andere *Metallsalze*, so z. B. die Salze von Ag^+, Pt^{2+}, Pd^{2+} u. a. m., die Fähigkeit, mit Olefinen additiv zu reagieren. Gewöhnlich wird jedoch nur die erste Stufe der Anlagerung und diese sozusagen nur „halbwegs" verwirklicht: Bei dem elektrophilen Angriff des Metallions entsteht eine Komplexverbindung, die keine vollkommene Auflösung, sondern nur eine Perturbation der $C=C$-Doppelbindung zufolge hat (S. 50). Der zweite, nukleophile Schritt der Addition bleibt dann aus.

---

9 Siehe auch das Referat von Chatt (1951).

Die Wasserlöslichkeit mancher solcher Metallkomplexe weist auf ihren Salz-
charakter hin. Dabei bleibt auch der ungesättigte Charakter der Olefinkomponente
teilweise behalten.

2. Additionen an dreifache C≡C-Bindungen

Die π-Elektronen einer dreifachen C≡C-Bindung sind fester an die Kohlenstoff-
Atomkerne als diejenigen einer Doppelbindung gebunden, was eine niedrigere
Additionsfreudigkeit der Acetylene im Vergleich mit Olefinen zufolge hat. Das Bild
der Additionen ist hier jedoch umso mannigfaltiger, da neben elektrophilen auch
nukleophile Anlagerungen an der Dreifachbindung üblich sind.

Am bekanntesten unter den *elektrophilen Additionen* ist wahrscheinlich die
säurekatalysierte Hydratation von Acetylenen zu Carbonylverbindungen, die durch
Auflösen des Kohlenwasserstoffes in einer starken Säure und nachträgliche
Behandlung mit Wasser realisiert werden kann. Die Addition von Wasser verläuft
nach der Markownikoffschen Regel: Aus monosubstituierten Acetylenen entstehen
Methylketone:

$$R-C\equiv CH \xrightarrow[\text{2. } H_2O]{\text{1. } H_2SO_4} R-\underset{OH}{C}=CH_2 \rightleftharpoons R-\underset{O}{\overset{\|}{C}}-CH_3$$

Kinetische Studien der Hydratation in wäßrigen Säuren ergaben eine Abhängigkeit der Reaktionsgeschwindigkeit von der Konzentration an $H_3O^\cdot$ (sogenannte
allgemeine saure Katalyse). Das bedeutet, daß H_3O^+ und nicht nur etwa H^+ oder
die Säure HX an dem langsamen Schritt der Hydratation teilnimmt. Dies bringt das
folgende Schema (Bott und Mitarbeiter, 1965) zum Ausdruck.

$$R-C\equiv CH + H_3O^+ \longrightarrow R-\overset{+}{C}=CH_2 \longrightarrow R-\underset{^+OH_2}{C}=CH_2$$
$$ H_2O$$

$$\xrightarrow{+ H_2O} H_3O^+ + R-\underset{OH}{C}=CH_2 \rightleftharpoons R-\underset{O}{\overset{\|}{C}}-CH_3$$

Die Irreversibilität der ersten Stufe wurde mit tritiiertem Phenylacetylen
$C_6H_5C\equiv CT$ bewiesen; in dem aus einer vorzeitig unterbrochenen Hydratation
regenerierten Kohlenwasserstoff wurde kein T→H-Austausch festgestellt.

Im Gegensatz zu der Hydratation sind die für die Herstellung von Alkenylestern
und -äthern wichtigen *Additionen von Carbonsäuren* bzw. *Alkoholen* an Acetylene
meistens nukleophile Reaktionen.

$$R-C\equiv CH \quad\begin{cases} \xrightarrow{R'COOH} R-\underset{O-CO-R'}{C}=CH_2 \\ \\ \xrightarrow{R'-OH} R-\underset{O-R'}{C}=CH_2 \end{cases}$$

Ein interessantes Beispiel einer Carbonsäure-Anlagerung, welches trotz seiner
strukturellen Eigenartigkeit eine breitere Bedeutung für das Verständnis der An-

lagerungen dieser Art haben könnte, ist die Isomerisierung von Tolan-2,2'-dicarbonsäure (25) zu dem ungesättigten Lakton (27). Die Geschwindigkeit der Isomerisierung wurde in wässrigen Pufferlösungen proportional der Konzentration des Monoanions (26) gefunden. Daraus schließen Letsinger und Mitarbeiter (1965) auf einen nukleophilen Angriff der Carboxylatgruppe $-COO^-$ an der dreifachen Bindung, wobei der freien $-COOH$-Gruppe eine intramolekulare Katalyse zugeschrieben wird.

Die Hydratation von Acetylenen sowie die Anlagerung von Carbonsäuren, Alkoholen und Halogenwasserstoffen werden von Metallionen, besonders von Quecksilber(II)-Salzen, stark katalysiert. Nach Hennion, Vogt und Nieuwland (1936) besteht die Hg(II)-Katalyse in einer primären Oxymerkurierung der Dreifachbindung (vgl. S. 182). Im folgenden Schritt wird der Katalysator wieder regeneriert:

$$HgX_2 \; + \; H_2O \; \rightleftharpoons \; Hg(OH)X \; + \; HX$$

$$R-C{\equiv}CH \; + \; Hg(OH)X \; \longrightarrow \; R-\underset{OH}{C}{=}CH-HgX \; \xrightarrow{HX} \; R-\underset{OH}{C}{=}CH_2 \; + \; HgX_2$$

3. Elektrophile Additionen an konjugierte Diene

Bei Additionen an konjugierte Systeme von Kohlenstoff-Doppelbindungen wird die Situation dadurch kompliziert, daß sowohl für den elektrophilen Angriff als auch für die folgende Anlagerung des Nukleophils zwei oder sogar mehrere Angriffsstellen zu erwägen sind.

So kommt bei einer Addition von Halogenwasserstoffen an Isopren auch beim

Einhalten der Markownikoffschen Orientierung für die Protonanlagerung prinzipiell sowohl der Kohlenstoff $C_{(1)}$ als auch $C_{(4)}$ in Frage.

$$HX + CH_2=\!\!\!\overset{\displaystyle CH_3}{\underset{}{C}}\!\!\!-CH=CH_2 \longrightarrow
\begin{cases}
CH_3-\overset{\displaystyle CH_3}{\underset{+}{C}}-CH=CH_2 & (a)\\[2ex]
CH_2=\!\!\!\overset{\displaystyle CH_3}{\underset{}{C}}\!\!\!-\underset{+}{CH}-CH_3 & (b)
\end{cases} + \; X^-$$

Die so gebildeten allylischen Carboniumionen sind mit zwei weiteren Formen mesomer, so daß wir *a priori* vier isomere Halogenderivate als Produkte der Addition erwarten können.

$$(a)\quad
\begin{aligned}
&CH_3-\underset{+}{\overset{\displaystyle CH_3}{C}}-CH=CH_2\\
&\updownarrow\\
&CH_3-\overset{\displaystyle CH_3}{C}=CH-\underset{+}{CH_2}
\end{aligned}
\quad + \; X^- \;\rightleftharpoons\;
\begin{aligned}
&CH_3-\overset{\displaystyle CH_3}{\underset{\displaystyle X}{C}}-CH=CH_2 \quad (28)\\[3ex]
&CH_3-\overset{\displaystyle CH_3}{C}=CH-CH_2-X \quad (29)
\end{aligned}$$

$$(b)\quad
\begin{aligned}
&CH_2=\overset{\displaystyle CH_3}{C}-\underset{+}{CH}-CH_3\\
&\updownarrow\\
&\underset{+}{CH_2}-\overset{\displaystyle CH_3}{C}=CH-CH_3
\end{aligned}
\quad + \; X^- \;\rightleftharpoons\;
\begin{aligned}
&CH_2=\overset{\displaystyle CH_3}{C}-\overset{}{\underset{\displaystyle X}{CH}}-CH_3 \quad (30)\\[3ex]
&X-CH_2-\overset{\displaystyle CH_3}{C}=CH-CH_3 \quad (31)
\end{aligned}$$

In der Tat entstehen jedoch nur Chloride und Bromide der Art (28) und (29), d. h. die Produkte der primären Protonanlagerung am Kohlenstoffatom $C_{(1)}$. Den Grund dafür sieht man in dem $+I$- und hyperkonjugativen Effekt der Methylgruppe, die durch Konzentration der π-Elektronenladung am $C_{(1)}$ die Nukleophilie dieses Kohlenstoffatoms erhöhen.

Ob im Endprodukt der Addition das Halogenderivat (28) (Produkt der *1,2-Addition*) oder die Verbindung (29) (Produkt der *1,4-Addition*) überwiegt, hängt weitgehend von der Reversibilität der zweiten Reaktionsstufe ab. Diese ist allgemein beträchtlich hoch, denn sowohl (28) als auch (29) gehören in die Gruppe der Allylhalogenide und ihre Ionisierung wird durch die bei der Bildung der mesomeren Allyl-Kationen freiwerdende Resonanzenergie sehr erleichtert. Werden also keine speziellen Maßnahmen zur Unterdrückung der Äquilibrierung getroffen, so ist das

Hauptprodukt das thermodynamisch stabilere Isomere (29). Die höhere Stabilität von (29) gegenüber (28) beruht auf der Hyperkonjugation seiner Doppelbindung mit drei Alkylgruppen. Wird jedoch die nachträgliche Äquilibrierung erschwert (z. B. durch die Wahl eines schwach ionisierenden Mediums und tiefe Temperaturen), bleibt die Addition unter kinetischer Kontrolle und im Produkt überwiegt das schneller gebildete Isomere (28) (Ultée, 1948).

Manchmal wird eines der möglichen Additionsprodukte durch eine echte Konjugation stabilisiert. Ein Beispiel dazu bietet die Addition von Halogenwasserstoffen an 1-Phenyl-1,3-butadien, wo als Hauptprodukt 3-Chlor- bzw. 3-Brom-1-phenyl-1-buten (32) entsteht (Muskat und Huggins, 1934). Dieses Isomere ist vor allem das Resultat einer $C_{(4)}$-Protonierung, die offenbar durch den positiven konjugativen Effekt der Phenylgruppe gefördert wird.

Von den beiden möglichen Halogenderivaten, die von diesem mesomeren Carboniumion abgeleitet werden können, entsteht fast ausschließlich dasjenige, in dem die allylische Doppelbindung mit dem aromatischen System konjugiert ist. In diesem Falle ist also das kinetisch favorisierte 1,2-Addukt zugleich das thermodynamisch stabilere.

Ähnliche Überlegungen gelten auch für andere Additionen an konjugierte Systeme. Entsteht z. B. durch Einwirkung von einem Mol Brom auf Isopren ein Gemisch von 3,4-Dibrom-3-methyl-1-buten (33) und 1,4-Dibrom-2-methyl-2-buten (34), in dem das letztere Isomere überwiegt (Staudinger und Mitarbeiter, 1922), so ist dieses Resultat a) durch den primären elektrophilen Angriff von Brom am $C_{(1)}$ und b) durch eine höhere Stabilität des 1,4-Dibromderivates infolge einer effektiven Hyperkonjugation zu deuten.

4. Additionen an polare Mehrfachbindungen

a) Allgemeines

Die π-Elektronenladung der mehrfachen Bindungen zwischen Kohlenstoff einerseits und Stickstoff oder Sauerstoff anderseits hat ihren Schwerpunkt auf der Seite des Heteroatoms, was dem Kohlenstoffatom eine partielle positive Ladung erteilt.

Diese Polarität hat allerdings weitgehende chemische Konsequenzen. Lassen bei Olefinen die mehr oder weniger symmetrisch verteilten π-Elektronen nur einen elektrophilen (oder einen radikalischen) Angriff zu, so sind für Carbonylverbindungen und ihre stickstoffhaltigen Derivate *nukleophile Reaktionen* an ihrem positiven Kohlenstoffatom typisch. Meistens wird dabei an das Heteroatom der Mehrfachbindung ein Proton addiert, so daß die ganze Addition allgemein wie folgt zusammengefaßt werden kann.

Als Nukleophil wirkt entweder das undissoziierte Molekül HY selbst (a), oder aber greift erst das entsprechende Anion Y^- (b) an. Da im letzteren Fall zum Freistellen des Anions eine Base nötig ist, die in dem Additionsprozeß wieder regeneriert wird, spricht man hier von einer *basenkatalysierten Addition*.

Es gibt jedoch noch eine dritte Art der Anlagerung von HY: Dem nukleophilen Angriff am C geht eine Protonierung des Heteroatoms der Mehrfachbindung voraus. Diese verstärkt wesentlich den positiven Charakter des Kohlenstoffs und dadurch auch seine Affinität zum Nukleophil (dies kann wieder HY oder Y^- sein) (c). Schließlich wird das Proton wieder regeneriert (eine *säurekatalysierte Addition*).

$$\text{C=O} + HA \;\rightleftharpoons\; \left[\;\text{C=}\overset{+}{\text{O}}\text{H} \;\longleftrightarrow\; \overset{+}{\text{C}}\text{—OH}\;\right] + A^-$$

$$\left[\;\text{C=}\overset{+}{\text{O}}\text{H} \;\longleftrightarrow\; \overset{+}{\text{C}}\text{—OH}\;\right] + HY \;\rightleftharpoons\; \text{C}\underset{\overset{+}{Y}H}{\overset{OH}{}} \;\underset{H^+}{\overset{A^-}{\rightleftharpoons}}\; \text{C}\underset{Y}{\overset{OH}{}}$$

oder:
$$HY + A^- \;\rightleftharpoons\; HA + Y^-$$

$$\left[\;\text{C=}\overset{+}{\text{O}}\text{H} \;\longleftrightarrow\; \overset{+}{\text{C}}\text{—OH}\;\right] + Y^- \;\rightleftharpoons\; \text{C}\underset{Y}{\overset{OH}{}}$$

Bei der säurekatalysierten Addition könnte man den nukleophilen Charakter des Prozesses bestreiten, denn der erste Angriff an der Doppelbindung (die Protonierung) ist hier eindeutig elektrophil. Die Zuordnung zu elektrophilen Additionen wäre hier jedoch rein formell, denn die Tatsache ist, daß die typischen elektrophilen Additionen, wie wir sie aus der Chemie der Olefine kennen, bei Carbonylverbindungen und ihren stickstoffhaltigen Derivaten ausbleiben (und *vice versa*).

Einen weiteren wesentlichen Unterschied gegenüber olefinischen Additionen stellt hier der in unseren Schemen schon angedeutete, *reversible Charakter* der Additionen dar. Dieser ist einerseits durch die leichte polare Spaltung der O—H- bzw. N—H-Bindungen, verglichen mit der schwierigen Spaltung von C—H, bedingt, anderseits wird durch die Beteiligung der unbesetzten Elektronen des Heteroatoms die Wiederabspaltung von Y erleichtert.

$$\text{C}\underset{Y}{\overset{\overset{..}{\text{O}}H}{}} \;\rightleftharpoons\; \text{C=}\overset{+}{\text{O}}\text{H} + \bar{Y}^-$$

$$\text{C}\underset{Y}{\overset{\overset{..}{\text{O}}|^-}{}} \;\rightleftharpoons\; \text{C=O} + \bar{Y}^-$$

Verfügt in dem Additionsprodukt das addierte Y auch über ein nichtbindendes Elektronenpaar, so kann dieses umgekehrt eine Abspaltung der das Heteroatom der ursprünglichen Doppelbindung enthaltenden Gruppe bewirken, besonders wenn dies durch eine zusätzliche Protonierung des Heteroatoms erleichtert wird.

$$\text{C}\underset{Y}{\overset{OH}{}} + H^+ \;\rightleftharpoons\; \text{C}\underset{Y}{\overset{\overset{+}{\text{O}}H_2}{}} \;\rightleftharpoons\; \text{C=Y} + H_2O$$
$$\text{A}$$

Solche Folgereaktionen finden z. B. bei der Umsetzung von Aldehyden und Ketonen mit primären Aminen, Hydroxylamin, Hydrazin usw., statt. Das primär gebildete Additionsprodukt spaltet in einer säurekatalysierten Reaktion Wasser ab und es entstehen – nach einer Deprotonierung – ungesättigte stickstoffhaltige Derivate (Imine, Oxime, Hydrazone).

$$\begin{array}{c}\diagdown\\[-4pt]\diagup\end{array}\!C\!\begin{array}{c}\overset{\bar{O}H}{\diagup}\\[-2pt]\diagdown\\[-2pt]\bar{N}H\!-\!R\end{array} + HB \;\rightleftharpoons\; \begin{array}{c}\diagdown\\[-4pt]\diagup\end{array}\!C\!\begin{array}{c}\overset{+}{O}H_2\\[-2pt]\diagdown\\[-2pt]\bar{N}H\!-\!R\end{array} \;(+\,\bar{B})\;\rightleftharpoons\; \begin{array}{c}\diagdown\\[-4pt]\diagup\end{array}\!C\!=\!\overset{+}{N}H\!-\!R + H_2O$$

(A)

$$\begin{array}{c}\diagdown\\[-4pt]\diagup\end{array}\!C\!=\!\overset{+}{N}H\!-\!R + \bar{B} \;\rightleftharpoons\; \begin{array}{c}\diagdown\\[-4pt]\diagup\end{array}\!C\!=\!\bar{N}\!-\!R + HB$$

[R = Alkyl; Aryl; OH; NHR]

Eine Deprotonierung des Kations *A* zu einem stabilen Derivat ist jedoch nicht immer möglich oder energetisch günstig. In solchen Fällen wird das Kation eher von einem Nukleophil, gewöhnlich einem Lösungsmittelmolekül, angegriffen und so in ein stabiles Endprodukt übergeführt. Ein Beispiel davon ist die Bildung von Acetalen (Ketalen) aus Aldehyden (Ketonen) in Anwesenheit von starken Säuren. Der Abspaltung von Wasser aus dem protonierten primären Additionsprodukt (Halbacetal, Halbketal) folgt die Reaktion mit einem zweiten Alkoholmolekül.

$$\begin{array}{c}\diagdown\\[-4pt]\diagup\end{array}\!C\!\begin{array}{c}\overset{OH}{\diagup}\\[-2pt]\diagdown\\[-2pt]OR\end{array} \underset{B}{\overset{HB}{\rightleftharpoons}} \begin{array}{c}\diagdown\\[-4pt]\diagup\end{array}\!C\!\begin{array}{c}\overset{+}{O}H_2\\[-2pt]\diagdown\\[-2pt]OR\end{array} \underset{+\,H_2O}{\overset{-\,H_2O}{\rightleftharpoons}} \begin{array}{c}\diagdown\\[-4pt]\diagup\end{array}\!C\!=\!\overset{+}{O}R \;\longleftrightarrow\; \begin{array}{c}\diagdown\\[-4pt]\diagup\end{array}\!\overset{+}{C}\!-\!OR$$

$$\underset{-\,ROH}{\overset{+\,ROH}{\rightleftharpoons}} \begin{array}{c}\diagdown\\[-4pt]\diagup\end{array}\!C\!\begin{array}{c}\overset{OR}{\diagup}\\[-2pt]\diagdown\\[-2pt]\overset{+}{\underset{H}{O}}R\end{array} \underset{HB}{\overset{B}{\rightleftharpoons}} \begin{array}{c}\diagdown\\[-4pt]\diagup\end{array}\!C\!\begin{array}{c}\overset{OR}{\diagup}\\[-2pt]\diagdown\\[-2pt]OR\end{array}$$

Durch solche und manche andere Folgereaktionen werden die Additionen an heterogene Mehrfachbindungen meist zu mechanistisch recht komplizierten Prozessen, und dies ist auch der Grund, warum manche von ihnen trotz der außerordentlichen Bedeutung, die ihnen sowohl in der synthetischen Chemie als auch in der Biochemie zukommt, noch nicht vollkommen abgeklärt worden sind.

b) Reaktivität der heterogenen Mehrfachbindungen

Die Reaktivität der mehrfachen Heterobindungen in Additionsreaktionen wird sowohl durch polare als auch sterische Faktoren bestimmt. Betrachten wir nur die Additionsreaktion selbst (d. h. ohne Berücksichtigung der Folgereaktionen), so wirken alle diejenigen Faktoren günstig, die die positive Ladung am Kohlenstoffatom verstärken. Elektronenanziehende Substituenten, wie z. B. die Trichlormethylgruppe im Chloral oder die α-Ketogruppe in Alkylglyoxalen, erleichtern beträchtlich die nukleophile Addition. Das Gleichgewicht der Reaktion solcher Verbindungen mit Wasser, Alkoholen usw. liegt praktisch vollkommen auf der Seite der Addukte (Hydrate, Halbacetale); diese lassen sich nur schwer in die Carbonylverbindungen überführen.

$$Cl_3C \leftarrow CH{=}O \ + \ R{-}OH \ \rightleftharpoons \ Cl_3C{-}CH\langle^{OH}_{OR}$$

$$R{-}\underset{O}{\overset{\|}{C}} \leftarrow CH{=}O \ + \ H_2O \ \rightleftharpoons \ R{-}\underset{O}{\overset{\|}{C}}{-}CH\langle^{OH}_{OH}$$

Ein Beispiel eines ungünstigen polaren Effektes findet man dagegen bei Carbonsäuren und ihren Derivaten, deren Carbonylgruppen im Vergleich mit denen der Aldehyde und Ketone gegenüber nukleophilen Agentien weniger reaktiv sind. Dies kann mit dem konjugativen + M-Effekt des anderen Heteroatoms erklärt werden, der die Elektronenladung der Carbonylgruppe erhöht und gegen die Ausbildung einer positiven Ladung am Kohlenstoffatom wirkt.

$$R{-}C\overset{\bar{O}|}{\underset{\overset{|}{O}{-}R'}{}} \quad \longleftrightarrow \quad R{-}C\overset{\bar{O}|^-}{\underset{\overset{+}{O}{-}R'}{}}$$

Auch die im Vergleich mit Aldehyden niedrigere Reaktivität der Ketone hat ihre polare Begründung: Der ungünstige, elektronenspendende + I-Effekt (a) und hyperkonjugative Effekt (b) der Alkylgruppen ist bei Ketonen, wo zwei solche Gruppen vorliegen, stärker.

$$(a) \quad \underset{O}{\overset{H_3C \searrow \ \swarrow CH_3}{\underset{\|}{C}}} \qquad (b) \quad \underset{O}{\overset{H{-}H_2C \searrow \ \swarrow CH_2{-}H}{\underset{\|}{C}}}$$

Allerdings spielen hier auch sterische Faktoren eine wichtige Rolle. Die Addition ist durch einen Übergang vom planaren, dreibindigen sp^2-Kohlenstoff zum tetrahedralen, vierbindigen sp^3-C gekennzeichnet; im Übergangszustand der Reaktion kann also die Sperrigkeit der Substituenten zum Ausdruck kommen. Die Reaktivität gegenüber nukleophilen Reagentien nimmt vom Formaldehyd über höhere Aldehyde zu Ketonen ab und hört bei hochverzweigten Ketonen praktisch auf (diese werden nur von kleinen und äußerst aggressiven Nukleophilen angegriffen).

$$CH_2{=}O \ > \ CH_3{-}CH{=}O \ > \ CH_3{-}\underset{O}{\overset{\|}{C}}{-}CH_3 \ \gg$$

$$\underset{H_3C}{\overset{H_3C}{\diagdown}}CH{-}\underset{O}{\overset{\|}{C}}{-}CH\underset{CH_3}{\overset{CH_3}{\diagup}} \quad \gg \quad CH_3{-}\underset{H_3C}{\overset{CH_3}{\underset{|}{\overset{|}{C}}}}{-}\underset{O}{\overset{\|}{C}}{-}\underset{CH_3}{\overset{CH_3}{\underset{|}{\overset{|}{C}}}}{-}CH_3$$

Ein interessantes Beispiel sterischer Beeinflussung der Addition findet man bei cyklischen Ketonen. Unter diesen Verbindungen zeichnet sich Cyclohexanon durch eine deutlich erhöhte Reaktivität gegenüber Nukleophilen aus. Die spannungsfreie Sesselkonformation des Cyclohexanringes (S. 9) kann nämlich nur dann erreicht werden, wenn alle sechs Kohlenstoffatome tetrahedral sind, also nicht im Cyclohexanon selbst; sein Ring ist wegen der exocyclischen $C{=}O$-Bindung am flachen sp^2-C etwas gespannt. Bei einer Addition an diese Doppelbindung wird bei dem $sp^2{\to}sp^3$-Übergang diese Spannungsenergie freigesetzt, was den Übergangszustand der Addition gegenüber dem Ausgangszustand bevorzugt. Anders ist die Situation beim Cyclopentanon, wo bei einem $sp^2{\to}sp^3$-Übergang kein Energiegewinn erzielt wird: Der Ring bleibt nach wie vor ungefähr planar und gespannt. Die nichtbindenden Wechselwirkungen sind bei einem Addukt sogar größer als bei Cyclopentanon selbst, was sich allerdings negativ auf das Gleichgewicht der Addition auswirkt. Auch beim Cycloheptanon und den nächsthöheren Cyclanonen bringt eine Addition an die Carbonylgruppe eine Erschwerung der sterischen Verhältnisse. Bei kleinem und hochgespanntem Cyclopropanon ist dagegen eine Addition wieder energetisch stark gefördert, denn die Ringspannung bei einem sp^2-hybridisierten Kohlenstoffatom (mit dem normalen Bindungswinkel von 120°) ist hier größer als die mit allen sp^3-hybridisierten C-Atomen (Bindungswinkel: 109° 28'). Darum liegt auch Cyclopropanon in der feuchten Erdatmosphäre praktisch nur als Hydrat vor (Brown, Fletcher und Johannesen, 1951).

c) Reaktionen der Aldehyde und Ketone

Für die Additionen von schwachen sauerstoffhaltigen Säuren, wie *Wasser, Alkoholen, Hydroperoxiden* usw., an Aldehyde und Ketone gelten alle drei oben erwähnten allgemeinen Mechanismen: Neben der basen- und säurekatalysierten Reaktion ist hier auch, dank der eben noch reichenden Nukleophilie des Sauerstoffs in den undissoziierten Molekülen dieser Reagentien und der relativ hohen Elektrophilie der Carbonylgruppe (besonders bei Aldehyden), die unkatalysierte Addition möglich. Wie jedoch neuere Untersuchungen gezeigt haben, sind diese „unkatalysierten" Additionen eigentlich auch katalysierte Prozesse, bei denen sich an dem Übergangszustand mehr als nur ein Molekül des Reagens beteiligt. Vieles weist auf einen sogenannten „*Push-Pull*"-Mechanismus hin. So wird für die „unkatalysierte" Hydratation von Acetaldehyd auf Grund von kinetischen Daten ein synchroner Mechanismus mit dem Übergangszustand (1) vorgeschlagen, an dem sogar drei Wassermoleküle teilnehmen (Kurz und Coburn, 1967)[10].

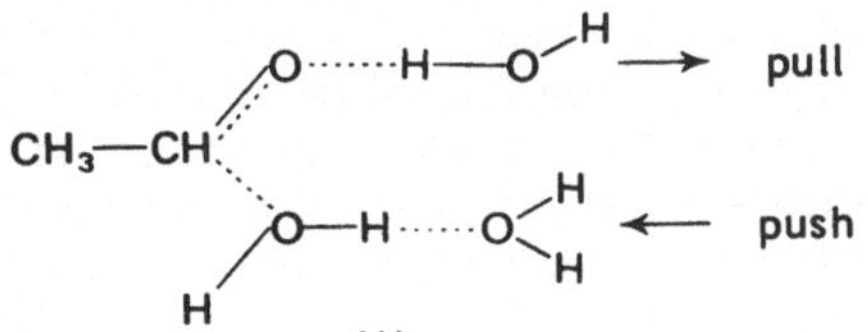

---

10 Bell und Mitarbeiter (1968) sind dagegen der Auffassung, daß sich die Wassermoleküle an dem Hydratationsprozeß stufenweise, wie etwa im folgenden Schema, beteiligen.

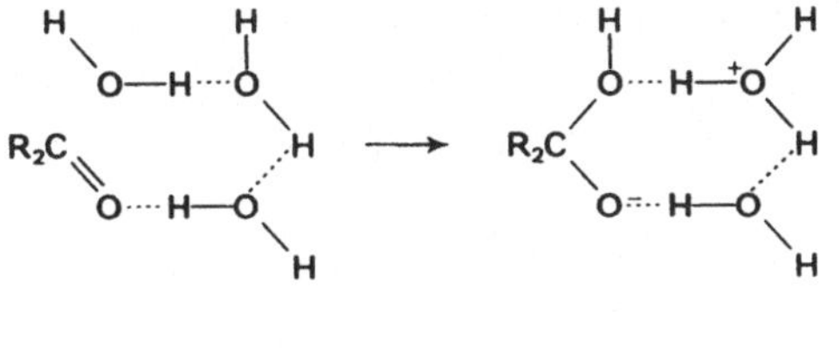

Wie schon im allgemeinen Teil kurz erwähnt, ist die Hydratation von Carbonylverbindungen stark konstitutionsabhängig. Formaldehyd ist in wässrigen Lösungen fast vollkommen, Acetaldehyd ungefähr zur Hälfte und Aceton fast gar nicht hydratisiert. Daraus folgt jedoch nicht, daß beim Aceton keine Wasseraddition stattfindet; die Wasserabspaltung aus dem Addukt ist nur viel schneller. Dies haben Cohn und Urey (1938) mit Hilfe von ^{18}O-enthaltendem Wasser bewiesen: In sauren oder basischen Lösungen kam es beim Aceton zu einem schnellen $^{16}O \rightarrow {}^{18}O$-Austausch, der nur über das entsprechende Hydrat zustandekommen konnte. Ohne Katalyse war jedoch der Austausch nur langsam.

Ähnlich wie die „unkatalysierte" Hydratation, ist offenbar auch die „unkatalysierte" Addition von *Alkoholen* an Aldehyde und Ketone ein synchroner „*Push-Pull*"-Prozeß, an dem mehrere Reagensmoleküle beteiligt sind. Zum Studium des Mechanismus ist hier die Mutarotation von Zuckern besonders gut geeignet. Diese Änderung der optischen Rotation bei Zuckerlösungen beruht bekanntlich auf einer Epimerisierung am Halbacetal-Kohlenstoff der cyclischen Formen der Zuckermoleküle, die über die offene Hydroxyaldehyd-Form verläuft. Die Addition von Alkohol an die Carbonylgruppe ist hier also in beiden Richtungen vertreten und die Kinetik des Prozesses kann bequem polarimetrisch bestimmt werden.

In wäßrigen Lösungen wird die Mutarotation sowohl von Säuren als auch von Basen beschleunigt, sie verläuft jedoch auch in Wasser allein (ohne jeden zusätzlichen Katalysator). Anders ist es jedoch z. B. in Benzol: In diesem Lösungsmittel wurde bei Tetramethylglukose (2) nur eine äußerst kleine Mutarotationsgeschwindigkeit festgestellt, die noch auf katalytische Wirkung von Spurenverunreinigungen zurückzuführen war. Eine Zugabe von Phenol (als Säure) oder Pyridin (als Base) hat das kinetische Bild kaum verändert, wurden jedoch zugleich beide Reagentien zugesetzt, so kam es zu einer starken Beschleunigung der Mutarotation. Die Reaktion erfordert also für ihren Übergangszustand sowohl eine Säure als auch eine Base, was das folgende Schema zum Ausdruck bringt (Lowry und Faulkner, 1925; Swain und Brown, 1952).

(2)   (R = CH₃)

Bei der „unkatalysierten" Reaktion in Wasser übernehmen die Wassermoleküle sowohl die Aufgabe der Säure als auch der Base.

Auf Grund von dieser Vorstellung kamen Swain und Brown zur Überzeugung, daß 2-Hydroxypyridin, in dessen Molekül sowohl die sauere ($-OH$) als auch die basische ($=N-$) Funktion und zwar in einer solchen Kombination enthalten sind, die eine synchrone Protonübertragung ermöglicht, ein idealer Katalysator für die Mutarotation sein müßte.

Die Erwartung wurde bestätigt: Die katalytische Wirksamkeit von 2-Hydroxypyridin war in Benzol um mehr als drei Zehnerpotenzen höher als diejenige eines gleichkonzentrierten, äquimolekularen Gemisches von Phenol und Pyridin[11].

Die weitere Umsetzung der Halbacetale (Halbketale) zu Acetalen (Ketalen) und deren Hydrolyse können als S_N1-Reaktionen der protonierten Formen dieser Verbindungen betrachtet werden (S. 189). Viele Studien sind besonders an Glykosiden und cyclischen Acetalen durchgeführt worden (siehe z. B. die Abhandlung von Cordes, 1967). Ketale können wegen der ungünstigen Lage des Additionsgleichgewichts bei Ketonen gewöhnlich nicht auf diese Weise hergestellt werden. Mit Erfolg wird hier die Umsetzung mit Orthoestern benutzt:

$$\text{C=O} + HC(OC_2H_5)_3 \xrightarrow{H^+} \text{C}(OC_2H_5)_2 + HC\!\!\begin{array}{c}O\\OC_2H_5\end{array}$$

Im Gegensatz zu früheren mechanistischen Vorstellungen über diese Reaktion ist jetzt festgestellt worden, daß der Reaktionsverlauf eigentlich der Acetalbildung ähnlich ist und daß der Orthoester nur als Alkoholspender und Wasserabfänger dient (Scheeren und Mitarbeiter, 1969).

$$HC(OC_2H_5)_3 + H^+ \rightleftharpoons C_2H_5OH + C_2H_5\overset{+}{O}\!\!=\!\!CH\!-\!OC_2H_5$$

$$R_2C\!=\!O + C_2H_5OH + H^+ \rightleftharpoons R_2C\!\!\begin{array}{c}\overset{+}{O}H_2\\OC_2H_5\end{array} \rightleftharpoons R_2\overset{+}{C}\!\!=\!\!OC_2H_5 + H_2O$$

$$C_2H_5\overset{+}{O}\!\!=\!\!CH\!-\!OC_2H_5 + H_2O \longrightarrow (C_2H_5O)_2CH\!-\!OH \longrightarrow HC\!\!\begin{array}{c}O\\OC_2H_5\end{array} + C_2H_5OH$$
$$+H^+$$

$$R_2C\!\!=\!\!\overset{+}{O}C_2H_5 + C_2H_5OH \longrightarrow R_2C\!\!\begin{array}{c}OC_2H_5\\OC_2H_5\end{array} + H^+$$

---

11 Neuerdings sind auch andere Systeme dieser Art studiert worden (Rony, 1968; Kergomard und Renard, 1968).

Schwefelwasserstoff und *Thiole* werden an Aldehyde und Ketone leichter addiert als Wasser oder Alkohole. Das Gleichgewicht liegt hier sogar bei Ketonen auf der Seite der Addukte: Halbthioketale sind oft faßbare Verbindungen und Thioketale — zum Unterschied von Ketalen — können in derselben Weise (d. h. direkt aus Thiolen und der Carbonylkomponente in Anwesenheit von Säure) wie die Aldehyddderivate hergestellt werden. In stark sauren Lösungen verläuft die Addition der Thiole an die Carbonylgruppe langsamer als in neutralem pH-Bereich, was auf einen geschwindigkeitsbestimmenden Angriff des Thiolat-Ions hinweist (z. B. Ratner und Clarke, 1937).

Die Reaktionen der Carbonylverbindungen mit *stickstoffhaltigen Basen* (Aminen, Hydroxylamin, Hydrazin, Semicarbazid usw.) zu Iminen, Oximen, Hydrazonen, Semicarbazonen usw. sind säurekatalysierte Prozesse, kinetisch je erster Ordnung bezüglich der Base, der Carbonylkomponente und der Säure. Trotz der sauren Katalyse sind hier — ähnlich wie bei der Addition von Thiolen — allzu niedrige pH-Werte des Reaktionsmilieus ungünstig. Bei der Semicarbazon-Bildung steigt zwar die Reaktionsgeschwindigkeit bis zu pH 3–4, bei weiter zunehmender Acidität nimmt sie jedoch wieder rasch ab (Conant und Bartlett, 1932; Abb. 4). Eine ähnliche pH-Abhängigkeit der Reaktionsgeschwindigkeit wurde auch für die Oxim-Bildung festgestellt.

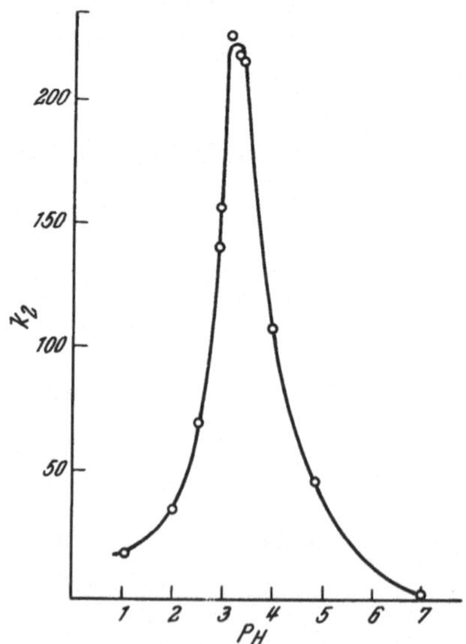

Abb. 4. Geschwindigkeit der Reaktion von Furfural mit Semicarbazid in 0,5 M Phosphat-, Citrat- und Acetat-Puffer

Diesen Tatsachen entspricht gut der folgende, im Prinzip schon 1908 von Barrett und Lapworth vorgeschlagene Mechanismus, in dem der geschwindigkeitsbestimmende Schritt die Addition der *freien Base* an die *protonierte* Carbonylgruppe ist (siehe auch Swain und Worosz, 1965). Steigt nun die Säurekonzentration über eine bestimmte Grenze, wird die Base größtenteils in ihre konjugierte Säure, die für die Addition inaktiv ist, übergeführt, was im Sinne des Massenwirkungsgesetzes eine Verlangsamung der Reaktion zur Folge hat.

$$R{-}\bar{N}H_2 \;+\; {>}C{=}O \;+\; HA \;\underset{\text{}}{\overset{\text{langsam}}{\rightleftharpoons}}\; R{-}NH_2 \cdots {>}C{=}O \cdots HA$$

$$\rightleftharpoons\; R{-}\overset{+}{N}H_2{-}\overset{|}{\underset{|}{C}}{-}OH \;+\; A^- \;\rightleftharpoons\; R{-}NH{-}\overset{|}{\underset{|}{C}}{-}\overset{+}{O}H_2 \;+\; A^-$$

$$\rightleftharpoons\; R{-}\overset{+}{N}H{=}C{<} \;+\; H_2O \;+\; A^- \;\rightleftharpoons\; R{-}N{=}C{<} \;+\; H_2O \;+\; HA$$

Einer anderen Meinung ist jedoch Jencks (1959, 1960). Er hält für den langsamen Schritt der Oxim- und Semicarbazonbildung eine säurekatalysierte Abspaltung von Wasser aus dem primären Addukt; die Addition der Base an die Carbonylverbindung selbst soll ein unkatalysierter, relativ schneller Vorgang sein.

$$>C{=}O \;+\; NH_2{-}R \;\rightleftharpoons\; \overset{OH}{\underset{NHR}{>C<}} \;\xrightarrow{\;H^+\ (\text{langsam})\;}\; >C{=}NR \;+\; H_2O$$

Eine Stütze für die schnelle, unkatalysierte Addition sieht er in seiner Beobachtung, daß die typische UV-Absorption der Carbonylverbindungen in Hydroxylamin-Lösungen auch bei solchen pH rasch verschwunden ist, bei denen noch keine Oximbildung festgestellt werden konnte.

Die Bildung von Cyanhydrinen durch Addition von *Cyanwasserstoff* an Aldehyde oder Ketone wird bekannterweise durch kleine Mengen an Basen stark beschleunigt.

Das effektive Nukleophil ist also offenbar das Cyanidion (Lapworth, 1903, 1904).

$$HCN \;+\; \bar{B} \;\rightleftharpoons\; CN^- \;+\; HB$$

$$>C{=}O \;+\; CN^- \;\underset{\text{}}{\overset{\text{langsam}}{\rightleftharpoons}}\; \overset{O^-}{\underset{CN}{>C<}} \;\underset{B}{\overset{HB}{\rightleftharpoons}}\; \overset{OH}{\underset{CN}{>C<}}$$

Auch bei Additionen von anderen *kohlenstoffhaltigen Substanzen*, wie z. B. bei der *Aldol-, Perkinschen* und *Claisenschen Kondensation* sowie bei Reaktionen der Aldehyde und Ketone mit *metallorganischen Verbindungen* handelt es sich im Prinzip um einen nukleophilen Angriff einer mehr oder weniger ausgeprägt anionoiden Partikel an der Carbonylgruppe des Substrates.

Für die *Aldolisierung* von Acetaldehyd,

$$2\,CH_3{-}CH{=}O \;\longrightarrow\; CH_3{-}\underset{OH}{\overset{|}{C}H}{-}CH_2{-}CH{=}O$$

wurde in alkalischen wäßrigen Medien der folgende kinetische Ausdruck abgeleitet (Bell, 1937, 1941):

$$v = k_2 \, [CH_3CH{=}O] \, [HO^-]$$

Die Reaktion ist also nur erster und nicht etwa zweiter Ordnung bezüglich Acetaldehyd, wie man es nach dem Summenschema erwarten möchte. Nur ein Aldehydmolekül, dabei jedoch auch ein Hydroxylion, nimmt am Übergangszustand des langsamen Schrittes teil. Daraus kann man schließen, daß die Bildung des Anions A geschwindigkeitsbestimmend ist.

$$HO^- + CH_3{-}CH{=}O \;\xrightleftharpoons{\text{langsam}}\; H_2O + [\bar{C}H_2{-}CH{=}O \longleftrightarrow CH_2{=}CH{-}O^-]$$

A

Dieses Anion muß dann in einer schnellen Reaktion mit dem zweiten Acetaldehydmolekül zum Aldol-Anion B zusammentreten. Der letzte Schritt im ganzen Prozeß ist dann eine Protonübertragung zwischen B und Wasser, bei der das Hydroxylion regeneriert wird.

B

Die für Acetaldehyd ermittelte Kinetik hat jedoch keine allgemeine Geltung. Bei anderen Carbonylverbindungen, besonders bei der Aldolisierung zwischen zwei Ketonmolekülen, wurde oft die nach der Summengleichung erwartete Kinetik zweiter Ordnung bezüglich der Carbonylkomponente festgestellt. Dabei gilt der oben erwähnte Mechanismus im Prinzip auch hier, allerdings mit dem Unterschied, daß die Addition des kohlenstoffhaltigen Anions *(A)* an das zweite Molekül der Carbonylkomponente die Rolle des langsamsten Schrittes übernommen hat. Der Grund für diesen Wechsel der geschwindigkeitsbestimmenden Stufen ist in der niedrigeren Reaktivität des ketonischen Carbonyls (S. 190) zu suchen.

Die Aldolkondensationen können auch mit Säuren katalysiert werden. Nach Ingold (1953) entsteht hier die neue C—C-Bindung in einer elektrophilen Anlagerung der protonierten Carbonylkomponente an die Doppelbindung des enolisierten zweiten Aldehyd- bzw. Ketonmoleküls[12].

$$CH_3{-}CH{=}O + HA \;\rightleftharpoons\; [CH_3{-}CH{=}\overset{+}{O}H \longleftrightarrow CH_3{-}\overset{+}{C}H{-}OH] + A^-$$

$$\rightleftharpoons HA + CH_2{=}CH{-}OH$$

---

12 Es ist nur eine Frage der Auffassung, welchen der beiden kohlenstoffhaltigen Partner man für das Substrat und welchen für das „Reagens" hält. Man könnte ebensogut von einem *nukleophilen* Angriff des Enols am protonierten Aldehydmolekül, so wie es die Pfeile im letzten Teil unseres Schemas andeuten, sprechen. Umgekehrt wird wieder die basische Aldolisierung auch als eine *elektrophile* Addition des positiven Kohlenstoffs der einen Carbonylkomponente (als Reagens) an die elektronenreiche Doppelbindung des Enolations A (als Substrat) definiert (Toromanoff, 1962).

Eine ähnliche Aufgabe wie bei der Aldolisierung hat der basische Katalysator bei der *Claisenschen Kondensation* von Carbonsäureestern mit Aldehyden zu α,β-ungesättigten Estern:

$$C_2H_5O^- + CH_3-\overset{O}{\underset{OC_2H_5}{C}} \;\rightleftharpoons\; C_2H_5OH + CH_2{=}\overset{O^-}{\underset{OC_2H_5}{C}}$$

$$C_6H_5-CH{=}O \;+\; CH_2{=}C\!\!\begin{smallmatrix}O^-\\OC_2H_5\end{smallmatrix} \;\rightleftharpoons\; C_6H_5-\underset{CH_2-C(=O)OC_2H_5}{CH-O^-} \;\xrightarrow{C_2H_5OH}$$

$$C_6H_5-\underset{CH_2-C(=O)OC_2H_5}{CH-OH} \quad (+\; C_2H_5O^-) \quad \xrightarrow{-\,H_2O}\; C_6H_5-CH{=}CH-\overset{O}{\underset{OC_2H_5}{C}}$$

Bei der *Perkinschen Synthese* von α,β-ungesättigten Säuren aus (aromatischen) Aldehyden und Carbonsäureanhydriden ist die Base das entsprechende Carboxylation, das meistens als Natriumsalz der Säure zugesetzt wird (Breslow und Hauser, 1939)[13].

$$CH_3-\overset{O}{\underset{O^-}{C}} + CH_3-\overset{O}{C}-O-\overset{O}{C}-CH_3 \;\rightleftharpoons\; CH_3-\overset{O}{\underset{OH}{C}} + CH_2{=}\overset{O^-}{C}-O-\overset{O}{C}-CH_3$$

$$C_6H_5-CH{=}O \;+\; CH_2{=}C(O^-)-O-C(=O)-CH_3 \;\rightleftharpoons\; C_6H_5-\underset{CH_2-C(=O)-O-C(=O)-CH_3}{CH-O^-}$$

$$\xrightarrow{(CH_3CO)_2O}\; C_6H_5-\underset{CH_2-C(=O)-O-C(=O)-CH_3}{CH-OH} \;\longrightarrow\; C_6H_5-CH{=}CH-\overset{O}{\underset{OH}{C}}$$

$$(+\; CH_2{=}\overset{O^-}{C}-O-CO-CH_3) \qquad +\; CH_3-COOH$$

---

13 Unser Schema, wie auch die meisten vorhergehenden Schemen in diesem Paragraphen, ist nur ein vereinfachtes Bild eines komplizierten und noch nicht vollkommen abgeklärten Prozesses.

Auch bei der *Mannichschen Reaktion* ist die Anlagerung eines Carbanions an eine Carbonylgruppe die grundlegende Stufe.

$$R-\underset{\underset{O}{\parallel}}{C}-CH_3 \; + \; CH_2{=}O \; + \; HNR_2' \; \longrightarrow \; R-\underset{\underset{O}{\parallel}}{C}-CH_2-CH_2-NR_2' \; + \; H_2O$$

Die einfache Summengleichung repräsentiert wieder einen komplizierten Prozeß, der entweder mit einer Imin-Bildung *(a)* oder mit einer Aldolkondensation *(b)* beginnen kann. Die Rolle der Base in beiden Schemen übernimmt das Amin.

(a) $\quad CH_2{=}O \; + \; HNR_2' \; \rightleftharpoons \; CH_2\!\!\begin{smallmatrix}\nearrow OH\\ \searrow NR_2'\end{smallmatrix} \; \rightleftharpoons \; CH_2{=}\overset{+}{N}R_2' \; + \; HO^-$

$$R-\underset{\underset{O}{\parallel}}{C}-CH_3 \; + \; HO^- \; \rightleftharpoons \; [R-\underset{\underset{O}{\parallel}}{C}-\bar{C}H_2 \longleftrightarrow R-\underset{\underset{O_-}{\parallel}}{C}{=}CH_2] \; + \; H_2O$$

$$R-\underset{\underset{O_{\cdot}^{\cdot}}{\parallel}}{C}{=}CH_2 \quad CH_2{=}\overset{+}{N}R_2' \; \rightleftharpoons \; R-\underset{\underset{O}{\parallel}}{C}-CH_2-CH_2-\bar{N}R_2'$$

(b) $\quad R-\underset{\underset{O}{\parallel}}{C}-CH_3 \; + \; \bar{B} \; \rightleftharpoons \; [R-\underset{\underset{O}{\parallel}}{C}-\bar{C}H_2 \longleftrightarrow R-\underset{\underset{O_-}{\parallel}}{C}{=}CH_2] \; + \; HB$

$$R-\underset{\underset{O_{\cdot}^{\cdot}}{\parallel}}{C}{=}CH_2 \quad CH_2{=}O \; \rightleftharpoons \; R-\underset{\underset{O}{\parallel}}{C}-CH_2-CH_2-O^-$$

$$\underset{B}{\overset{BH}{\rightleftharpoons}} \; R-\underset{\underset{O}{\parallel}}{C}-CH_2-CH_2-OH \; \underset{HB}{\overset{B}{\rightleftharpoons}} \; R-\underset{\underset{O}{\parallel}}{C}-\bar{C}H-CH_2-OH$$

$$R-\underset{\underset{O^-}{\parallel}}{C}{=}CH-CH_2-OH$$

$$R-\underset{\underset{O_{\cdot}^{\cdot}}{\parallel}}{C}{=}CH-CH_2-OH \quad HB \; \rightleftharpoons \; R-\underset{\underset{O}{\parallel}}{C}-CH{=}CH_2 \; + \; H_2O \; + \; B$$

$$R-\underset{\underset{O}{\parallel}}{C}-CH{=}CH_2 \quad \bar{N}HR_2' \; \rightleftharpoons \; R-\underset{\underset{O_-}{\parallel}}{C}{=}CH-CH_2-\overset{+}{N}HR_2'$$

$$\rightleftharpoons\rightleftharpoons \; R-\underset{\underset{O}{\parallel}}{C}-CH_2-CH_2-NR_2'$$

In allen erwähnten Beispielen der Carbanion-Bildung war die Protonabspaltung durch die benachbarte Carbonylgruppe, die das entstehende Anion mesomer stabilisiert, bedingt (darum finden die Kondensationen immer am C_α der Carbonylverbindungen statt).

$$\bar{B} \quad H-CH_2-\underset{\underset{R}{|}}{C}{=}O \; \rightleftharpoons \; BH \; + \; [\bar{C}H_2-\underset{\underset{R}{|}}{C}{=}O \longleftrightarrow CH_2{=}\underset{\underset{R}{|}}{C}-O^-]$$

Ebenso ist die Addition von *Organometallverbindungen* an Aldehyde und Ketone im Prinzip durch einen nukleophilen Angriff einer negativ geladenen kohlenstoffhaltigen Partikel am positiven Kohlenstoffatom der Carbonylgruppe gekennzeichnet. Die früheren einfachen Vorstellungen, bei denen mit „freien" Alkylcarbanionen disponiert wurde, haben sich jedoch als unrichtig erwiesen. In nicht-ionisierenden Medien, die für diese Reaktionen gewöhnlich gebraucht werden (meistens sind es Äthern), hat die C-Metall-Bindung eher einen kovalenten Charakter und die Addition an die Carbonylgruppe ist als eine Reaktion zu formulieren, bei der zuerst ein Komplex der Carbonylkomponente mit dem undissoziierten Reagens gebildet wird. In diesem Komplex wird das Metall an den Sauerstoff der CO-Gruppe koordinativ gebunden. In dem von Swain und Boyles (1951) vorgeschlagenen Mechanismus der Grignardschen Reaktion reagiert ein solcher Komplex mit einem zweiten Molekül des Grignard-Reagens im Sinne des folgenden Schemas (siehe auch neuere Arbeiten von Ashby und Mitarbeitern, 1967).

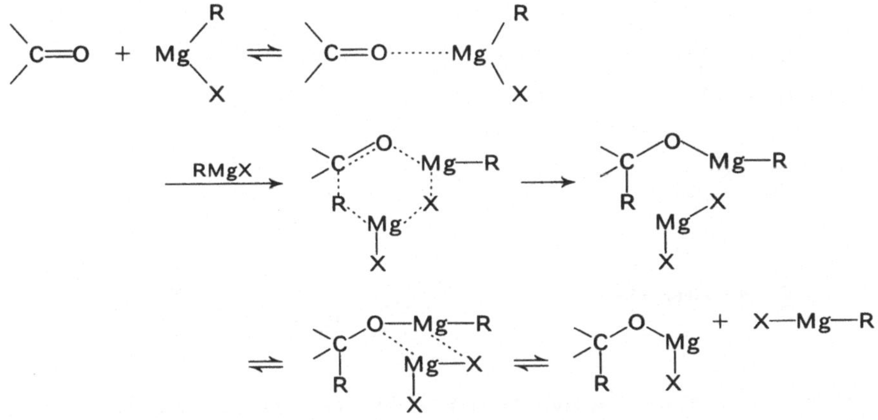

In der Tat ist das Bild der Grignardschen Reaktion noch komplizierter. Das Grignard-Reagens ist schon vor der Reaktion mit Lösungsmittelmolekülen koordiniert und dazu noch befindet es sich in einem Gleichgewicht mit dem entsprechenden Dialkylmagnesium, das auch mit der Carbonylverbindung reagieren kann.

$$2\,RMgX \;\rightleftharpoons\; R_2Mg \;+\; MgX_2$$

Was die letztgenannte Addition des Dialkylmagnesiums an CO-Verbindungen betrifft, wurde von House und Oliver (1968) ein Vierzentren-Mechanismus mit einem komplex pentakoordinierten Mg-Atom vorgeschlagen.

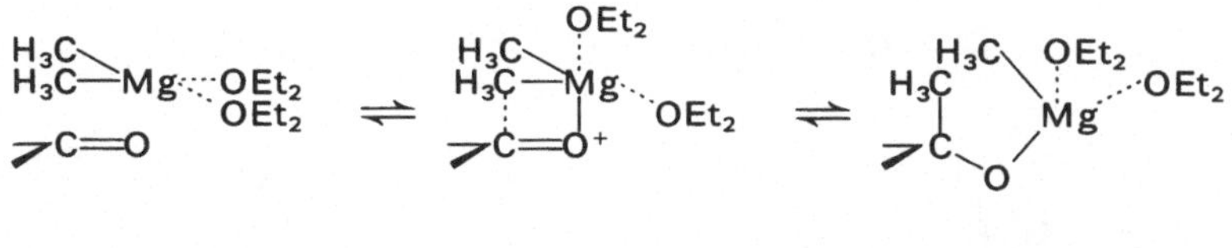

Eine Gruppe für sich bilden die Reaktionen der Aldehyde und Ketone mit verschiedenen *Ylid-Verbindungen*, d. h. mit Substanzen, in denen ein Carbanion-Kohlenstoff direkt an ein positiv geladenes Heteroatom gebunden ist. Am bekanntesten sind vielleicht die synthetisch hochgeschätzten Reaktionen der *phosphorhaltigen Ylide*

(sogenannte *Wittigsche Reaktion;* (a)) und ihrer *schwefelhaltigen Analogen* (b) (Corey und Chaykovsky, 1962, 1965).

(a) $\diagdown$C=O + $\bar{C}H_2$—$\overset{+}{P}(C_6H_5)_3$ ⟶ $\diagdown$C=CH$_2$ + O=P(C$_6$H$_5$)$_3$

(b) $\diagdown$C=O + $\bar{C}H_2$—$\overset{+}{S}(CH_3)_2$ ⟶ $\diagdown$C—CH$_2$ + S(CH$_3$)$_2$ (Epoxid mit O)

Der erste Angriff in beiden Reaktionen ist vom Carbanion-Ende der Ylid-Verbindung gegen den Carbonyl-Kohlenstoff gerichtet. Die so entstandenen Addukte mit zwitterionischem Charakter (*A* bzw. *B*) gehen dann in intramolekularen cyclischen Prozessen in die Endprodukte über.

(a)   Reaktionsschema: $>$C=O + $\bar{C}H_2$—$\overset{+}{P}R_3$ ⟶ Addukt (A) mit O$^-$ und $^+PR_3$ ⟶ cyclisches Intermediat mit O—PR$_3$

(A)

⟶ $\diagdown$C=CH$_2$ + O=PR$_3$

(b) $>$C=O + $\bar{C}H_2$—$\overset{+}{S}R_2$ ⟶ Addukt (B) mit O$^-$ und CH$_2$—$\overset{+}{S}R_2$ ⟶ Epoxid + SR$_2$

(B)

An die Addition von Organometallen (siehe oben) erinnert die *Reduktion* von Aldehyden und Ketonen *mit Metallhydriden* (meistens werden komplexe Metallhydride, wie LiAlH$_4$ oder NaBH$_4$, benutzt). Der nukleophile Charakter der Reaktion ist schon aus der Natur des Reagens zu erraten, dessen aktive Komponente das Hydridanion darstellt. Ähnlich wie bei den Organometallen die Alkylanionen, liegt jedoch dieses bei der Reduktion nicht „frei" vor, sondern es handelt sich vielmehr um seine direkte Übertragung vom Reagens an das Kohlenstoffatom des Carbonyls. Der folgende Mechanismus, der für die Reduktion mit AlH$_3$ vorgeschlagen wurde, betont die wichtige Rolle der Koordination des Metalls mit dem Carbonylsauerstoff (Ayres und Sawdaye, 1967). Aus unterschiedlichen stereochemischen Resultaten bei der LiAlH$_4$-Reduktion sollte man jedoch bei komplexen Hydriden (sie sind z. B. wie Li$^+$AlH$_4^-$ zu formulieren) auf einen anderen Übergangszustand schließen.

Ähnlich wie bei der AlH$_3$-Reduktion wird auch für die *Meerwein-Ponndorfsche Reduktion* von Carbonylverbindungen zu Alkoholen (mit Aluminiumisopropylat in Isopropanol) eine cyclische Hydridübertragung an die Carbonylgruppe, diesmal von einem kohlenstoffhaltigen Partner, angenommen (Woodward und Mitarbeiter, 1945).

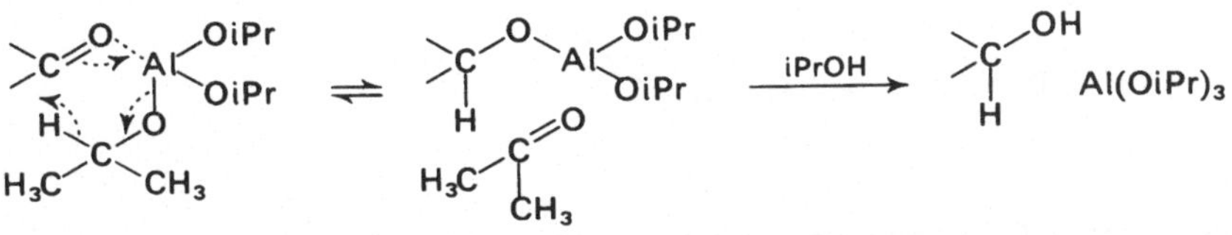

Die Hydridübertragung allein ist hier streng reversibel; in umgekehrter Richtung beschreibt der erste Teil des Schemas die *Oppenauersche Oxidation* von Alkoholen mit Aceton (oder anderen Ketonen) in Anwesenheit von Aluminiumalkoholaten.

Bei *Metall-Reduktionen* der Carbonylverbindungen (mit Zn, Sn, Mg, Na usw.) wird nach Brewster (1954) das Kohlenstoffatom des Carbonyls des an der Metalloberfläche adsorbierten Substrates von Elektronen des elementaren Metalles angegriffen.

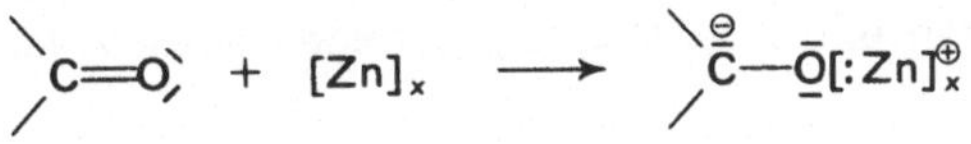

In protischen Medien (in Säuren, Wasser, Alkoholen) wird das an die Metalloberfläche immer noch gebundene Zwischenprodukt zum Alkoholatanion bzw. zum Alkohol selbst protoniert und desorbiert.

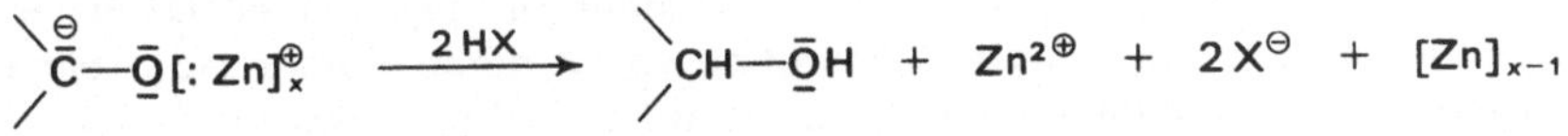

In Abwesenheit von Protonenspendern (z. B. bei Reduktionen in Äther, Benzol usw.) kann das Zwischenprodukt an ein gelöstes Aldehyd- bzw. Ketonmolekül addiert werden, wodurch das entsprechende Pinakolanion entsteht.

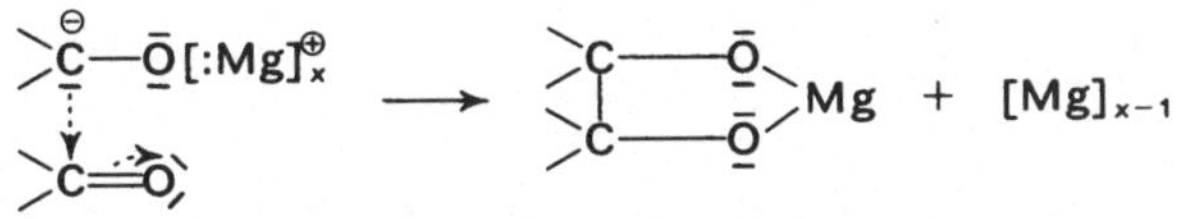

d) Reaktionen der Carbonsäuren und ihrer Derivate

Es ist schon erwähnt worden, daß die Reaktivität der Carbonylgruppe der Carbonsäuren und ihrer Derivate durch die polaren, hauptsächlich konjugativen Einflüsse des anderen Heteroatoms wesentlich herabgesetzt wird.

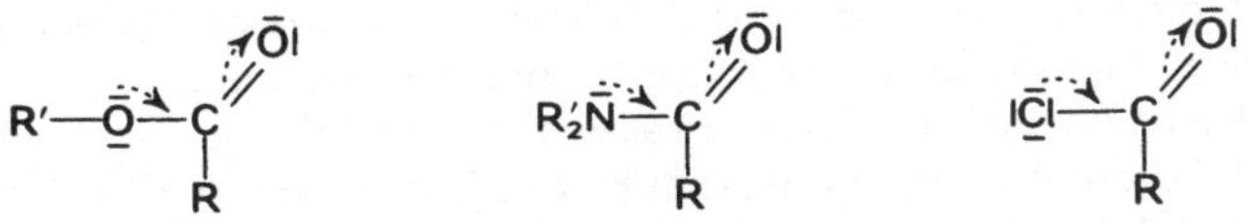

Die Reaktivität gegenüber Nukleophilen ist in dieser Gruppe allgemein noch viel niedriger als bei Ketonen. Dabei treten allerdings innerhalb der Gruppe große Unterschiede unter den einzelnen Derivaten auf. Sehr unreaktiv gegenüber Nukleophilen sind Salze der Carbonsäuren, denn das Carboxylation wird durch eine vollkommen symmetrische Resonanz weitgehend stabilisiert.

Die meisten Reaktionspartner der Carbonsäuren und ihrer Derivate haben wir schon bei den nukleophilen Reaktionen der Aldehyde und Ketone kennen gelernt. Auch die Additionsvorgänge sind meistens ähnlich, d. h. es handelt sich im Prinzip wieder um *basen-, säure-* sowie *„unkatalysierte" Prozesse.* Bei säurekatalysierten Additionen sind hier allerdings — durch die Anwesenheit des zusätzlichen Heteroatoms — breitere Möglichkeiten der Protonierung gegeben, die bei mechanistischen Überlegungen immer besonders erwogen werden müssen. Die primären Additionsprodukte sind hier allgemein noch viel labiler als bei Aldehyd- und Ketonadditionen, so daß sich an die Anlagerung immer eine Folgereaktion anschließt. Die meisten Reaktionen der Carbonsäuren und ihrer Derivate befolgen einen *Addition-Eliminierungsmechanismus.*

Im Prinzip kann man sich jedoch — wenigstens bei bestimmten Derivaten der Carbonsäuren — auch eine direkte Substitution von X durch Y ohne jede Teilnahme der Carbonylgruppe vorstellen. Solche Substitution könnte sowohl als eine S_N2-Reaktion *(a)* als auch als ein zweistufiger S_N1-Prozeß *(b)* verlaufen.

In der Tat sind solche direkte Substitutionen selten und nur auf Substrate begrenzt, in denen X eine besonders „gute" Abgangsgruppe (S. 102) darstellt oder in eine solche unter den Reaktionsbedingungen (durch Protonierung, Bindung an Lewissche Säuren) überführt werden kann.

Von der Vielfalt der Reaktionen dieser Verbindungsklasse können im Folgenden nur ausgewählte repräsentative Beispiele besprochen werden.

Bei der Reaktion von *Carbonsäureestern* mit *metallorganischen Verbindungen* spaltet das labile primäre Additionsprodukt ein Alkoxy-Anion ab und geht so in ein Keton über, das dann meistens mit dem überschüssigen Organometall weiterreagiert (S. 199). Die Dissoziation der an sich sehr festen C—OR-Bindung (vgl. dazu S. 101) ist allerdings im Addukt *A* durch das konjugierte, negativ geladene Sauerstoffatom enorm erleichtert.

A

Eine Eliminierung des Alkoxy-Anions aus dem primären Addukt findet auch bei der *Claisenschen Kondensation* von Estern mit Ketonen oder von zwei Estermolekülen statt. Die so entstandenen β-Dicarbonylverbindungen sind relativ starke Säuren und werden durch die vorhandene Base in ihre, durch Mesomerie stabilisierte, Anione überführt.

Den Reaktionen von Estern mit metallorganischen Verbindungen stehen wieder ihre *Reduktionen mit Metallhydriden* und die sogenannte *Bouveault-Blancsche Reduktion* (mit Natrium in Alkoholen) nahe. In beiden Fällen läuft die Reaktion über das Stadium des entsprechenden Aldehyds.

Eine enge Analogie mit den Additionsreaktionen der Aldehyde und Ketone besteht in verschiedenen *funktionellen Umwandlungen* der Carbonsäurederivate. Im Prinzip sind alle diese Addition-Eliminierungsprozesse auch hier reversibel. So entspricht das Schema der Aminolyse von Estern im umgekehrten Sinne der Alkoholyse von Amiden usw.

Sogar die alkalische Hydrolyse der Carbonsäureester und anderer Säurederivate ist an sich reversibel, nur wird die dabei entstehende Carbonsäure durch eine folgende Deprotonierung in das nichtreaktive Carboxylation übergeführt und so aus dem Gleichgewicht entfernt.

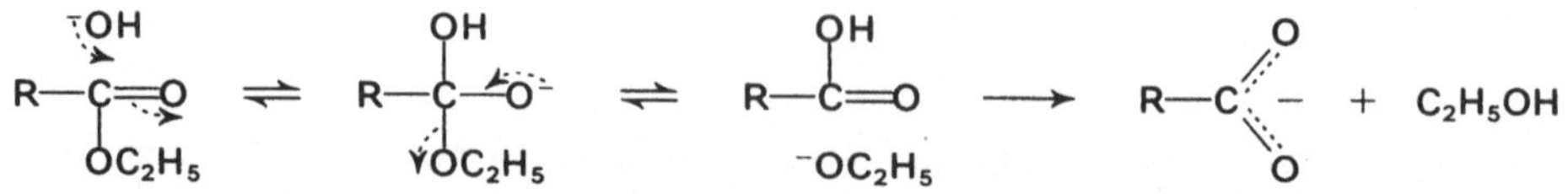

Von vielen, dem Mechanismus der *basischen Esterhydrolyse* gewidmeten Arbeiten sei an die schon früher zitierte sinnreiche Studie von Bender (1951) erinnert, die zwischen dem erwähnten Addition-Eliminierungsmechanismus und der S_N2-Alternative, d. h. zwischen den Übergangszuständen (3) und (4), zugunsten des ersten eindeutig entscheiden konnte (S. 71).

Bei der verwandten *basenkatalysierten Alkoholyse* von Carbonsäureestern ist es sogar gelungen, den Addition-Eliminierungsmechanismus in Spezialfällen durch Isolierung des Additionsproduktes zu stützen. Bei der basenkatalysierten Alkoholyse von Äthyltrifluoracetat hat z. B. die stark elektronegative CF_3-Gruppe zur Stabilisierung des primären Adduktes beigetragen (Bender, 1953).

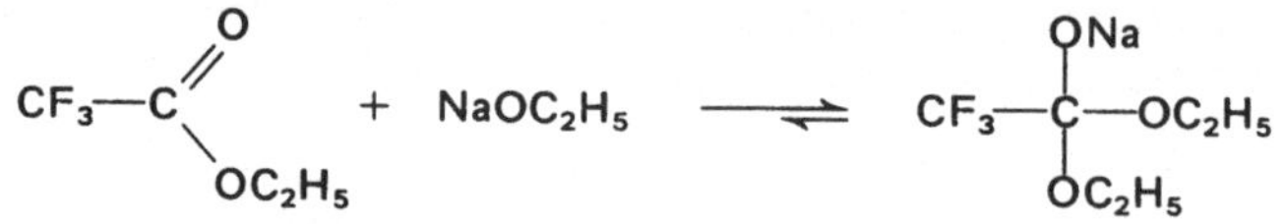

Ein anderes Beispiel für ein konstitutionsstabilisiertes Addukt bietet Äthylenglykol-monotrichloracetat (5), das weitgehend in Form eines cyclischen Hemiorthoesters vorliegt (Meerwein und Soenke, 1931).

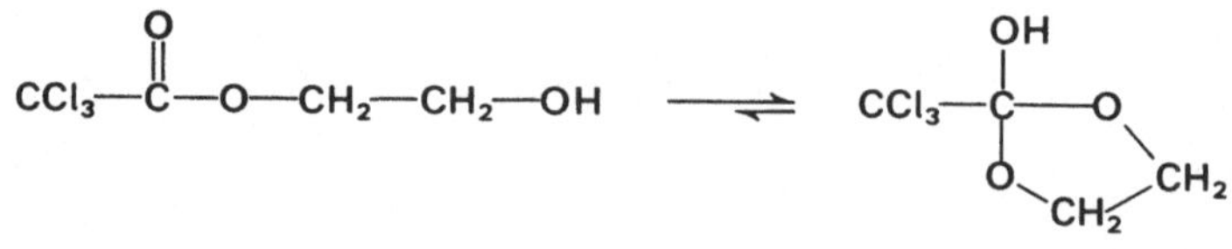

Hier gibt es gleich zwei Gründe für die erhöhte Stabilität des Adduktes: Den Einfluß der elektronegativen CCl_3-Gruppe und den Entropiefaktor, der mit dem Vorhandensein des Nukleophils (der OH-Gruppe) in demselben Molekül in einer günstigen Entfernung von der Carbonylgruppe zusammenhängt.

Der soeben diskutierte Mechanismus der basischen Estersolvolysen ist jedoch nicht der einzige, den diese Reaktionen befolgen. Bei bestimmten Typen von Estern muß man aus den Solvolyseprodukten an eine O-Alkyl- anstatt der üblichen O-Acyl-Spaltung schließen. So entsteht durch Hydrolyse des optisch aktiven, sauren

α,γ-Dimethylallylphthalats (6) in schwach alkalischem Medium der razemische α,γ-Dimethylallylalkohol, was auf eine vorübergehende Bildung des entsprechenden allylischen Kations, also auf einen S_N1-Mechanismus, hinweist (Kenyon und Mitarbeiter, 1936).

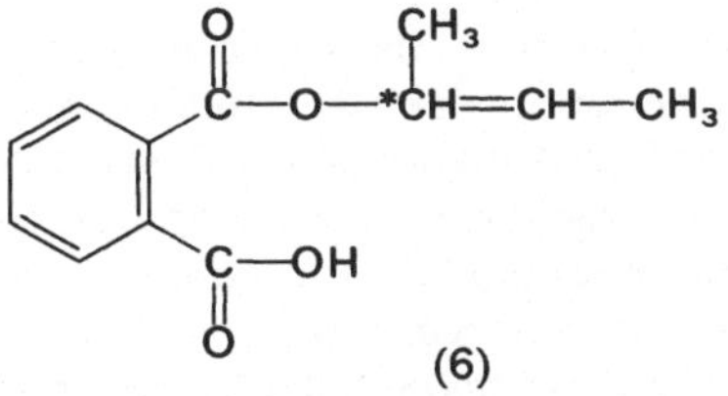

(6)

Wurde jedoch die Hydrolyse von (6) in konzentrierter alkoholischer Lauge durchgeführt, so behielt der entstandene allylische Alkohol die optische Aktivität. Die Reaktion verlief wieder nach dem üblichen Schema mit einer O-Acyl-Spaltung.

Beide Reaktionswege konkurrenzieren sich offenbar. Bei Anwesenheit von stark nukleophilen OH$^-$-Ionen in wenig ionisierendem Medium (Alkohol) überwiegt die Addition des Nukleophils an das Carbonyl und es erfolgt eine O-Acyl-Spaltung; ist jedoch die OH$^-$-Konzentration nur gering und das Medium (Wasser) stark ionisierend, wird wieder die Heterolyse des Esters zum mesomeriestabilisierten allylischen Kation und dem Carboxylation der schnellere Vorgang.

Die O-Alkyl-Spaltungen bei Ester-Solvolysen sind jedoch nicht nur auf S_N1-Prozesse begrenzt. Sie können auch in Anwesenheit eines starken Nukleophils als eine S_N2-Reaktion am Alkyl der Alkoxygruppe stattfinden.

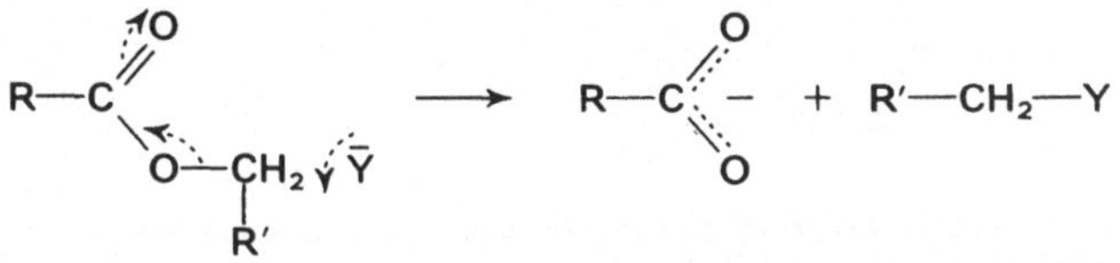

Daß eine solche O-Alkyl-Spaltung ganz allgemein, also ohne jegliche konstitutionelle Vorbedingungen, neben der üblichen O-Acyl-Spaltung, obwohl gewöhnlich nur in geringem Ausmaß, auftritt, zeigten Bunnett und Mitarbeiter (1950) in einem genial einfachen Experiment. Sie erhitzten einen durchaus „normalen" Ester — das Methylbenzoat — in Methanol in Anwesenheit von Natriummethylat. Die unter solchen Bedingungen übliche, schnelle Alkoholyse mit dem Addition-Eliminierungsmechanismus (O-Acyl-Spaltung) führte bei diesen Reaktionspartnern wieder zum Ausgangsmaterial, welches auf diese Weise für eine mögliche, bestimmt langsamere O-Alkyl-Spaltung, erhalten blieb. Nach einer längeren Zeitperiode konnten tatsächlich Dimethyläther und Natriumbenzoat als Produkte einer O-Alkyl-Spaltung in guter Ausbeute isoliert werden.

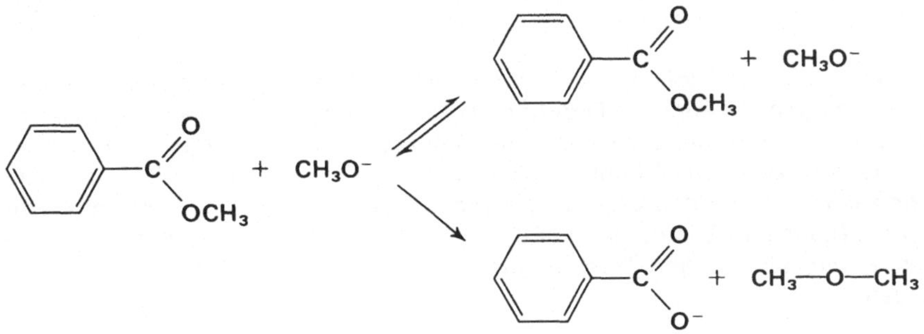

　　Das Bild der basenkatalysierten Esterumwandlungen muß noch mit dem neulich entdeckten E1cB-Mechanismus (vgl. S. 140) ergänzt werden, nach dem z. B. die Hydrolyse von Arylestern der Cyanessigsäure verläuft. In schwach basischem pH-Bereich werden diese Ester nach dem üblichen Addition-Eliminierungsmechanismus hydrolysiert (kinetisch ist die Hydrolyse erster Ordnung bezüglich Ester und Base), wird jedoch eine bestimmte pH-Grenze überschritten, so wird die Geschwindigkeit der Hydrolyse von der Konzentration der OH^--Ionen unabhängig (in dem Sinne, daß eine weitere Zunahme der Konzentration keine Beschleunigung mehr hervorruft). Bei Estern der α,α-Dimethylcyanessigsäure wurde dagegen eine solche Änderung der Kinetik nicht beobachtet. Eine plausible Erklärung des kinetischen Verhaltens bei unsubstituierten Cyanessigestern ist, daß diese in stark basischen Medien in Form ihrer Anionen A vorliegen und daß der geschwindigkeitsbestimmende Schritt der „Hydrolyse" die Bildung des entsprechenden Ketens aus diesen Anionen ist (Bruice und Holmquist, 1968).

$$N\equiv C-CH_2-C(=O)-O-C_6H_4-NO_2 \; + \; HO^- \; \rightleftharpoons \; [N\equiv C-CH\cdots C(=O)\cdots O-C_6H_4-NO_2]^{\;A}$$

$$\xrightarrow{\text{langsam}} \; N\equiv C-CH=C=O \; \xrightarrow{H_2O} \; N\equiv C-CH_2-C(=O)-OH$$

$$+ \; {}^-O-C_6H_4-NO_2$$

　　Was die *säurekatalysierten Solvolysen* von Estern und anderen Carbonsäurederivaten betrifft, wird z. B. für die saure Esterhydrolyse das folgende Schema, in dem die nukleophile Addition von Wasser an das protonierte Estermolekül geschwindigkeitsbestimmend ist, angenommen (Bender, 1960).

$$H_2O \; + \; \underset{R}{C}(=\overset{+}{O}H)-OC_2H_5 \; \underset{\text{langsam}}{\rightleftharpoons} \; H_2\overset{+}{O}-\underset{R}{\overset{OH}{C}}-OC_2H_5$$

$$\underset{-\,H^+ + H^+}{\rightleftharpoons} \; HO-\underset{R}{\overset{OH}{C}}-\overset{+}{O}(H)C_2H_5 \; \rightleftharpoons \; HO-\underset{R}{C}(=\overset{+}{O}H) \; + \; HOC_2H_5$$

　　Die erst neulich gründlich untersuchte Kinetik der säurekatalysierten Hydrolyse unter Bedingungen, die auch die Ordnung der Reaktion bezüglich Wasser festzustellen erlaubten, haben gezeigt, daß am Übergangszustand des langsamen Schrittes mindestens zwei Wassermoleküle beteiligt sind. Zur Deutung der Rolle des zweiten Wassermoleküls sind für den Übergangszustand Strukturen (7) bzw. (8) vorgeschlagen worden (Lane und Mitarbeiter, 1968). Besonders attraktiv ist die zweite, cyclische Alternative, wo alle nötigen Protonübertragungen in einem einzigen Schritt vollbracht werden.

(7)   (8)

Ähnlich wie bei den basenkatalysierten Solvolysen, ist auch in säurekatalysierten Umwandlungen neben der O-Acyl-Spaltung eine O-Alkyl-Spaltung möglich. Sie wird besonders bei *tert.* Alkyl-, Allyl- und Benzhydrylestern beobachtet. Die Heterolyse einer O-Alkyl-Bindung ist bei einem protonierten Estermolekül sogar viel leichter als bei dem neutralen Substrat der basischen Solvolysen.

In der entgegengesetzten Richtung beschreiben die Schemen für Hydrolyse die *Veresterung von Carbonsäuren* mit Alkoholen. Bei primären und den meisten sekundären Alkoholen verläuft die Veresterung nach dem bimolekularen Schema mit einer O-Acyl-Spaltung. Dagegen werden tertiäre und einige sekundäre Alkohole nach dem S_N1-Schema mit einer geschwindigkeitsbestimmenden O-Alkyl-Spaltung verestert.

Sterisch gehinderte Carbonsäuren, wie 2,6-disubstituierte Benzoesäuren, können nach Newman (1941) in einem zweistufigen Prozeß glatt verestert werden, der im Auflösen der Säure in konzentrierter Schwefelsäure und einer nachträglichen Zugabe von Alkohol besteht. Ähnlich können auch sterisch gehinderte Ester durch Auflösen in Schwefelsäure und Zugabe von Wasser zu der entstandenen Lösung leicht verseift werden. Es wurde festgestellt, daß diese Art Veresterung (Hydrolyse) über das entsprechende *Acyliumion A* verläuft (vgl. S. 66).

(A)

Somit ist ein Beispiel des früher allgemein erwähnten S_N1-Substitutionsprozesses bei Carbonsäurereaktionen (S. 202) gegeben. Die Unempfindlichkeit dieser Veresterung (Hydrolyse) gegenüber sterischer Hinderung (es wird eigentlich eher eine sterische Beschleunigung beobachtet) hängt mit der Vereinfachung der sterischen Verhältnisse im Übergangszustand des langsamen Schrittes zusammen.

Unserer unvollständigen und vereinfachten Übersicht nach kann also die Carbonsäureester-Hydrolyse allgemein mindestens auf sieben verschiedene Arten erfolgen. Ähnliche mechanistische Mannigfaltigkeit besteht auch bei anderen funktionellen Umwandlungen in dieser Verbindungsgruppe. Dies zeigt nur wieder, wie trügerisch eine einfache Summengleichung für die Abschätzung des Reaktionsverlaufes sein kann.

Im Zusammenhang mit der Veresterung und Esterhydrolyse, die beide zu den meist studierten organischen Reaktionen gehören, soll zum Schluß noch der *Einfluß von polaren und sterischen Faktoren* auf die Reaktivität der Carbonylgruppe kurz besprochen werden.

Polare Einflüsse machen sich besonders bei basenkatalysierten Reaktionen des Carbonyls, z. B. bei der basischen Esterhydrolyse merkbar. Man kann sie gut bei Estern der *m*- und *p*-substituierten Benzoesäuren verfolgen, wo — in Übereinstimmung mit dem Addition-Eliminierungsmechanismus — elektronenanziehende Substituenten einen beschleunigenden Einfluß ausüben und elektronenspendende Substituenten die Reaktion am Carbonyl erschweren und ihre Geschwindigkeit herabsetzen (Tab. 23; nach Ingold und Nathan, 1936).

Tabelle 23. *Geschwindigkeitskonstanten der alkalischen Hydrolyse von p-substituierten Äthylbenzoaten* X—C$_6$H$_4$—COOC$_2$H$_5$ *(85% Äthanol, 25° C) (Ingold und Nathan, 1936)*

X	k.10^5	E	X	k.10^5	E
NH$_2$	1,27	20,0	Cl	237	16,8
OCH$_3$	11,5	18,65	Br	289	16,8
CH$_3$	25,1	18,2	I	278	16,7
H	55,0	17,7	NO$_2$	5670	14,5

Tab. 24 zeigt wieder, wie stark sich die *sterischen Einflüsse* bei Veresterung von aliphatischen Carbonsäuren auswirken können. Die Reaktion wird besonders durch Verzweigung der Kette am C$_\alpha$ und C$_\beta$ gehindert (Loening, Garrett und Newman, 1952).

Die sterische Hinderung bei *o,o'*-disubstituierten aromatischen Säuren ist schon erwähnt worden (S. 66 und 207); diese werden nur mit größten Schwierigkeiten verestert und ihre Derivate schwierig solvolysiert. Deutlich zeigt es das Beispiel von 2,6-Dimethylterephthalsäureäthylester, bei welchem durch wäßrig-alkoholische Lauge nur die ungehinderte Estergruppe verseift wird (Dvoretzky und Richter, 1953).

Tabelle 24. *Relative Geschwindigkeitskonstanten der Veresterung von aliphatischen Carbonsäuren (Äthanol, 0,005 M HCl, 40° C) (Loening, Garrett und Newman, 1952)*

Carbonsäure	$k_{rel.}$	Carbonsäure	$k_{rel.}$
CH_3-COOH	1	$CH_3-\overset{\overset{\displaystyle CH_3}{\vert}}{\underset{\underset{\displaystyle CH_3}{\vert}}{C}}-CH_2-COOH$	0,0234
CH_3-CH_2-COOH	0,84	$CH_3-\underset{\underset{\displaystyle CH_3-CH_2}{\vert}}{CH}-COOH$	0,099
$CH_3-CH_2-CH_2-COOH$	0,33	$CH_3-\overset{\overset{\displaystyle CH_3}{\vert}}{C}-\underset{\underset{\displaystyle CH_3}{\vert}}{CH}-COOH$	0,000618
$CH_3-\overset{\overset{\displaystyle CH_3}{\vert}}{\underset{\underset{\displaystyle CH_3}{\vert}}{C}}-COOH$	0,037	$CH_3-\overset{\overset{\displaystyle CH_3}{\vert}}{\underset{\underset{\displaystyle CH_3}{\vert}}{C}}-\overset{\overset{\displaystyle CH_3}{\vert}}{\underset{\underset{\displaystyle CH_3}{\vert}}{C}}-COOH$	0,000128
$CH_3-\overset{\overset{\displaystyle CH_3}{\vert}}{CH}-CH_2-COOH$	0,117	$CH_3-\overset{\overset{\displaystyle CH_3}{\vert}}{CH}-\underset{\underset{\displaystyle CH_3-CH-CH_3}{\vert}}{CH}-COOH$	zu langsam

Nichtbindende Wechselwirkungen mit beiden *o*-Substituenten zwingen die ungefähr planare Estergruppe aus der Ebene des Benzolringes in eine senkrechte Stellung zur letzteren. Da der Angriff am Carbonyl aber senkrecht zu dessen Ebene erfolgen muß, stehen dem Reagens die Substituenten von beiden Seiten im Wege.

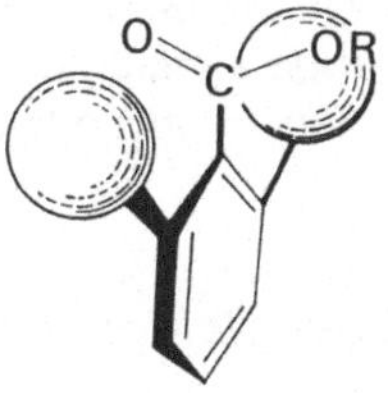

Eine interessante Ausnahme unter den 2,6-disubstituierten aromatischen Säurederivaten machen die Ester von 6-substituierten 2-Acetylbenzoesäuren (10) und (11), bei denen die Einführung des Substituenten in die 6-Stellung anstatt einer starken Verlangsamung eine deutliche Beschleunigung der alkalischen Hydrolyse zufolge hat.

(9)   (10)   (11)

$k_{rel.}$ 1   1,4   7,4

(HO$^-$/H$_2$O-Dioxan, 30 °C)

Das atypische Verhalten deutet hier auf einen von der üblichen Hydrolyse unterschiedlichen Mechanismus hin. Es wird vermutet, daß das Nukleophil (OH$^-$) bei den o-Acetylbenzoesäureestern nicht an der Estergruppe, sondern am Carbonyl der Acetylgruppe angreift und daß erst das so gebildete Anion (A) die Esterhydrolyse auf einem intramolekularen, cyclischen Wege vollbringt (Newman und Leegwater, 1968).

Das Schema erklärt gut den beschleunigenden Einfluß des Substituenten in der 6-Stellung: Er orientiert die Estergruppe senkrecht zur Benzolebene, was in diesem Falle den intramolekularen nukleophilen Angriff erleichtert.

e) Additionen an polare C=C-Doppelbindungen

In der bisherigen Diskussion der Additionsmechanismen sind die Gründe erklärt worden, warum eine unpolare, kohlenstoffhaltige Mehrfachbindung von elektrophilen Partikeln angegriffen wird und warum dagegen stark polare C=O- und C=N-Bindungen eher zu nukleophilen Additionen neigen. Es bleibt nun noch das Verhalten von solchen C=C- bzw. C≡C-Bindungen zu besprechen, deren π-Elektronenladung durch Substitution wesentlich polarisiert ist.

α) Elektronenreiche Mehrfachbindungen. Enoläther und Enamine

Für das chemische Verhalten polarer Mehrfachbindungen ist entscheidend, ob der Substituent einen elektronenspendenden oder einen elektronenanziehenden Einfluß ausübt.

Ist eine $C=C$-Doppelbindung mit einem Heteroatom substituiert, welches über ein nichtbindendes, konjugationsfähiges Elektronenpaar verfügt, wie z. B. in Enoläthern oder Enaminen, so erhöht der positive Konjugationseffekt dieses Atomes die Elektronenladung der Doppelbindung (man spricht von *elektronenreichen Doppelbindungen* bei solchen Verbindungen) und verschiebt sie zugleich teilweise zum β-ständigen Kohlenstoffatom.

Infolgedessen sind solche Systeme durch *elektrophile Additionen* zu ihrem C_β-Kohlenstoffatom charakterisiert. So ist die *Hydrolyse von Enoläthern und Enaminen* ein säurekatalysierter Prozeß, der mit der Protonierung des β-ständigen Kohlenstoffatoms der Doppelbindung beginnt (Fueno und Mitarbeiter, 1968; Maas und Mitarbeiter, 1965, 1967).

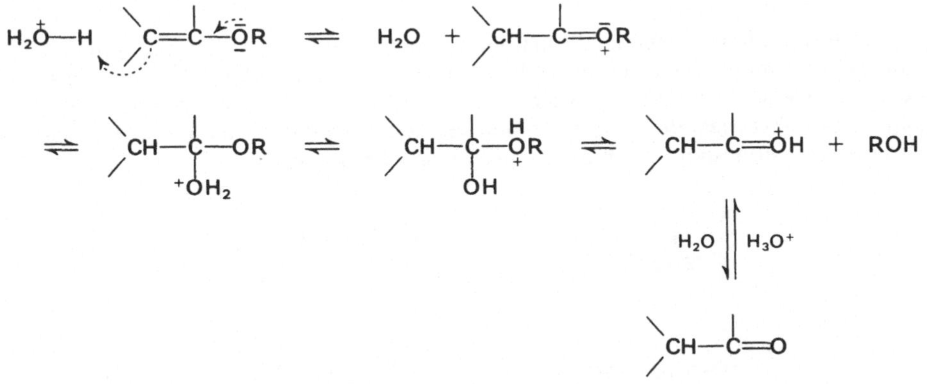

Der nukleophile Charakter der *Enamine* (d. h. ihre Neigung zu Reaktionen mit Elektrophilen) kommt in ihren *Alkylierungen und Acylierungen* besonders deutlich zum Ausdruck. Diese von Stork (1954) entdeckten Reaktionen finden vielseitige Anwendung bei der Synthese von verschiedenen Carbonyl- und Dicarbonylverbindungen[14].

---

14 Als besonders reaktiv haben sich die in unserem Schema angeführten Pyrrolidinoenamine bewährt. Einerseits stellt die Fünfringkette nur minimale sterische Ansprüche im Übergangszustand der Alkylierung bzw. Acylierung, andererseits ist die exocyclische $C=N$-Bindung in dem entstehenden Immoniumion *(C)* aus ähnlichen Gründen wie die $C=O$-Bindung im Cyclopentanon sterisch gefördert (S. 191).

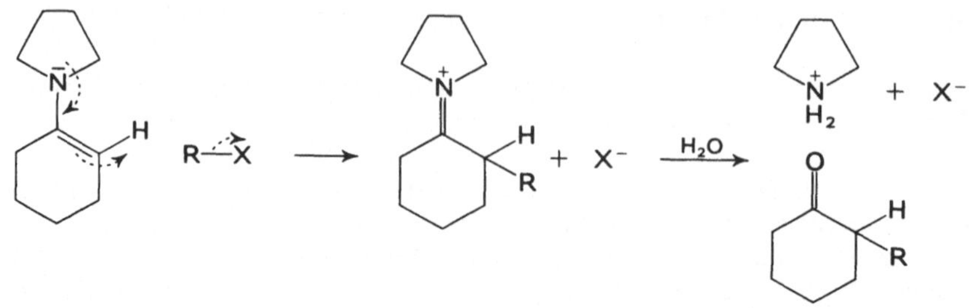

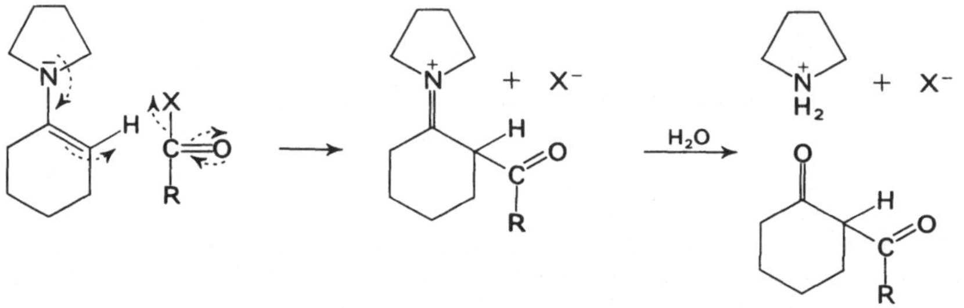

β) Elektronenarme Mehrfachbindungen. α, β-Ungesättigte Carbonylverbindungen und verwandte Systeme

Ein elektronenanziehender Substituent entzieht der Mehrfachbindung einen Teil ihrer π-Elektronenladung (es entsteht eine *elektronenarme Mehrfachbindung*) und polarisiert sie so, daß das β-ständige Kohlenstoffatom jetzt eine positive Teilladung trägt. Die bekanntesten Beispiele einer solchen Polarisation sind α,β-ungesättigte Carbonylverbindungen und ihre stickstoffhaltige Analogen.

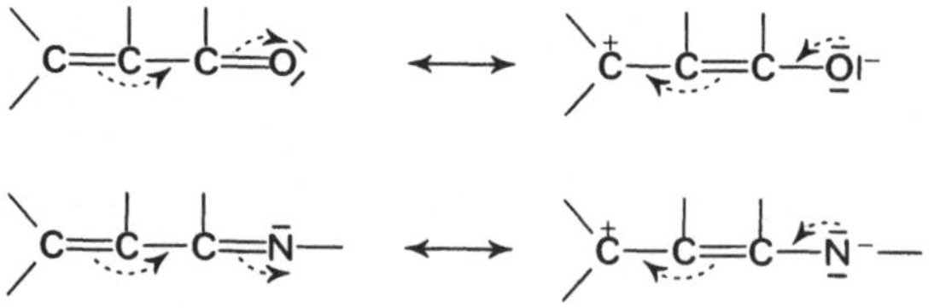

Solche Systeme neigen dann zu *nukleophilen Angriffen* am C_β ihrer Mehrfachbindungen. Da jedoch die Carbonyl-, Imino- bzw. Nitril-Gruppe auch von Nukleophilen angreifbar sind, können sich prinzipiell die Anlagerungen an die kohlenstoffhaltige und an die heterogene Mehrfachbindung konkurrenzieren.

Meistens handelt es sich um eine Anlagerung von HY ($\bar{Y}$ ist dabei das Nukleophil). Numeriert man die Atome des konjugierten Systems vom Heteroatom an, so kann die Addition an C=O, C=N oder C≡N als eine *1,2-Addition,* die Anlagerung an die kohlenstoffhaltige Bindung als eine *1,4-Addition* bezeichnet werden. Im letzteren Fall wird nämlich durch den Angriff von $\bar{Y}$ am C_β ($C_{(4)}$ des konjugierten Systems) ein mesomeres Anion (*A*) gebildet, das auch am Heteroatom protoniert werden kann.

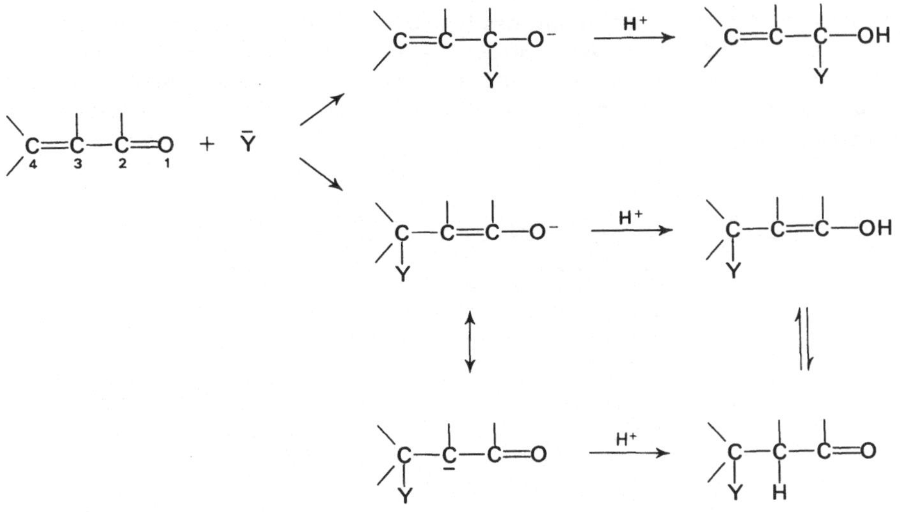

(A)

Das so entstandene Enol (Enamin) isomerisiert dann zur Carbonyl(Imino)- Verbindung.

Im folgenden Schema sind einige Beispiele nukleophiler Additionen an α,β-ungesättigte Systeme zusammengefaßt. Man sieht, daß die 1,4-Addition gewöhnlich bevorzugt wird.

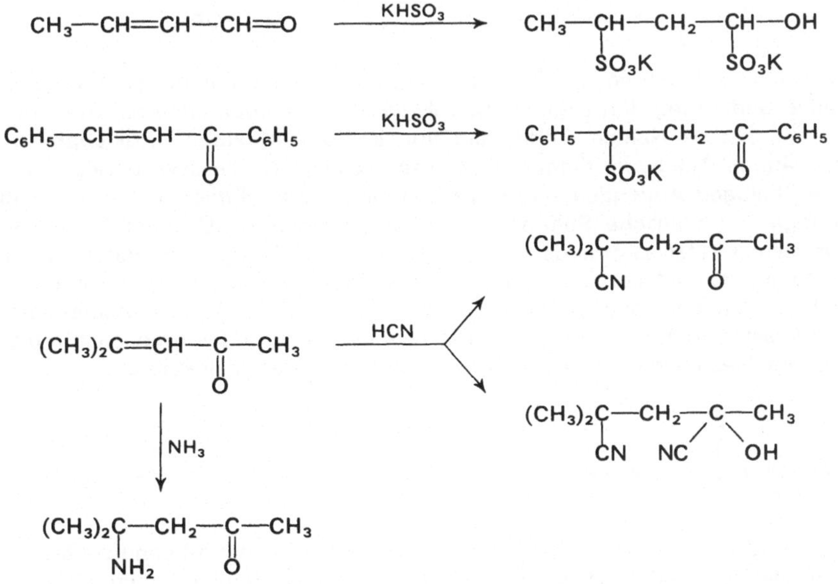

Wie die Carbonyladditionen, sind auch die Additionen an α,β-ungesättigte Verbindungen grundsätzlich reversible, sowohl basen- als auch säurekatalysierte Prozesse. So kann die Wasser- oder Alkoholanlagerung an α,β-ungesättigte Carbonylverbindungen a) entweder als eine basenkatalysierte Reaktion mit dem ge-

schwindigkeitsbestimmenden Angriff des Hydroxyl-, bzw. Alkoholations am C_β, oder
b) in saurem Medium als eine Addition des Wasser-, bzw. Alkoholmoleküls an das am
Carbonyl protonierte Substrat verlaufen. In umgekehrter Richtung beschreiben die
folgenden Schemen die Eliminierung von Wasser bzw. Alkohol aus β-substituierten
Carbonylderivaten [15].

Unter den Additionen an α,β-ungesättigte Systeme kommt eine besondere
präparative Bedeutung den sogenannten *Michaelschen Additionen* zu. Gewöhnlich
werden mit diesem Namen Additionen von kohlenstoffhaltigen Nukleophilen an
α,β-ungesättigte Aldehyde, Ketone, Carbonsäureestern, Nitrile usw. bezeichnet. Die
kohlenstoffhaltigen Addenden sind dabei Ketone, Estern, Nitrile, aliphatische Nitro-
verbindungen, aliphatische Sulfone u.m.a., allgemein also „C-Säuren", die durch
einen basischen Katalysator in das entsprechende Anion übergeführt werden können;
dieses ist dann das nukleophile Agens in dem Anlagerungsprozeß. Sehr leicht entstehen solche Anionen aus β-Dicarbonylverbindungen (z. B. aus Acetessigester,
Malonsäureester, Acetylaceton usw.): Die negative Ladung des Anions ist in diesen
Fällen durch Mesomerie auf das ganze konjugierte System delokalisiert.

Darum sind auch diese und ihnen verwandte Verbindungen oft benutzte Kompon-
ponenten der Michaelschen Additionen. Das folgende Schema zeigt eine durch
Natriumäthylat ausgelöste Addition von Malonester an Äthylcrotonat.

Die Anlagerung einfacher Ketone an α,β-ungesättigte Verbindungen wird oft mit sekundären Aminen (Diäthylamin, Piperidin) katalysiert. Wahrscheinlich verläuft dann die Reaktion über das entsprechende Enamin.

Bei der Reaktion α,β-ungesättigter Carbonylderivate mit *Grignard-Verbindungen* und anderen Organometallen hängt das Resultat (1,2- oder 1,4-Addition) stark von der Konstitution beider Komponenten ab. Für die 1,4-Addition ist hier neben einem „offenen" (12) auch ein cyclischer Übergangszustand (13) vorgeschlagen worden.

$$(12) \qquad (13)$$

Neben den nukleophilen Additionen sind bei α,β-ungesättigten Verbindungen auch Additionen von *elektrophilen Agentien,* wie von Halogenen oder unterhalogenigen Säuren, bekannt. Wegen der Verschiebung der negativen Ladung zum Heteroatom haben diese Anlagerungen meistens eine „anti-Markownikoffsche" Orientierung.

$$
\begin{array}{ccc}
 & \xrightarrow{Br_2} & CH_3-\underset{Br}{CH}-\underset{Br}{CH}-COOH \\[2ex]
CH_3-CH{=}CH-COOH & & \\[2ex]
 & \xrightarrow{HOCl} & CH_3-\underset{OH}{CH}-\underset{Cl}{CH}-COOH
\end{array}
$$

Unter anderen Typen elektronenarmer $C{=}C$-Bindungen sind diejenigen der *Nitroalkene* den α,β-ungesättigten Carbonylverbindungen am ähnlichsten. Ihre ausgesprochene Tendenz zu nukleophilen Additionen ist sowohl dem $-I$- als auch dem $-M$-Effekt der Nitrogruppe zu verdanken.

Bei α,β-*ungesättigten Sulfonen* kann dagegen die Elektrophilie der Doppelbindung nur dem starken $-I$-Effekt der Sulfongruppe zugeschrieben werden.

Eine bestimmte Elektrophilie, die sich allerdings nur gegenüber den stärksten Nukleophilen äußert, wird der $C{=}C$-Doppelbindung schon durch Arylsubstituenten verliehen (z. B. Ziegler und Mitarbeiter, 1929).

Eine überraschend hohe Reaktivität gegenüber nukleophilen Agentien besitzen polyfluorierte Olefine; sie addieren sogar die nur schwach nukleophilen Halogenid-ionen (England und Mitarbeiter, 1960; Miller und Mitarbeiter, 1960).

Der Anlagerung des Fluoridions folgt offenbar eine Neutralisation des entstandenen Carbanions durch das im Reaktionsgemisch vorhandene Wasser.

$$CF_3—\overline{C}FCl + H_2O \longrightarrow CF_3—CHFCl + HO^-$$

Zur Deutung dieser auffallenden Elektrophilie sind neben dem $-I$-Effekt der Fluoratome auch andere Mechanismen, so z. B. eine hyperkonjugative Stabilisierung des entstehenden Anions, vorgeschlagen worden.

Aber sogar unsubstituierte Olefine, z. B. Äthylen selbst, können neuerdings zur Anlagerung von Nukleophilen gezwungen werden. Die Addition ist allerdings indirekt: Das Olefin wird zuerst in einen π-Komplex mit einem Übergangsmetallion übergeführt, wodurch die π-Elektronendichte seiner Doppelbindung stark herabgesetzt wird (Palumbo und Mitarbeiter, 1969).

Ergänzende Literatur

De la Mare, P. B. D., Bolton, R.: Electrophilic Additions to Unsaturated Systems. Amsterdam: Elsevier. 1966.

Fahey, R. C.: Stereochemistry of Electrophilic Addition to Olefins and Acetylenes. Topics in Stereochemistry *3*, 237 (1968).

Traylor, T. G.: Additions to Strained Olefins. Accounts Chem. Res. *2*, 152 (1969).

Banthorpe, D. V.: π-Complexes as Reaction Intermediates. Chem. Revs. *70*, 295 (1970).

Jencks, W. P.: Mechanism and Catalysis of Simple Carbonyl Group Reactions. Progr. Phys. Org. Chem. *2*, 63 (1964).

Cordes, E. H.: Mechanism and Catalysis for the Hydrolysis of Acetals, Ketals, and Ortho Esters. Progr. Phys. Org. Chem. *4*, 1 (1967).

Bender, M. L.: Mechanism of Catalysis of Nucleophilic Reactions of Carboxylic Acid Derivatives. Chem. Revs. *60*, 53 (1960).

Lowe, P. A.: Reactive Intermediates in Organic Synthesis. I. Ylides. Chemistry and Industry *1970*, 1070.

V. Polare aromatische Substitutionen

1. Elektrophile aromatische Substitution

Den Anlaß zur Betrachtung von aromatischen Verbindungen als selbständige Verbindungsklasse gab ihr auffallendes chemisches Verhalten. Obwohl sie formell, d. h. ihrem niedrigen H/C-Verhältnis nach, „ungesättigt" waren, neigten sie nicht, wie die Olefine, zu Additionsreaktionen, sondern es waren bei ihnen vielmehr bestimmte Substitutionsreaktionen festzustellen. Wie schon besprochen (S. 23), konnte dieses Verhalten später als Folge einer besonders hohen Resonanzstabilisierung (Delokalisierung) der cyclischen π-Systeme erklärt werden. Auf der anderen Seite hat die Eigenartigkeit des aromatischen Bindungssystems den Substitutionsreaktionen dieser Verbindungen einen spezifischen Charakter eingeprägt, so daß auch sie mit Recht selbständig behandelt werden.

Die meisten typischen aromatischen Substitutionen, bei denen Wasserstoffatome des Ringsystems ersetzt werden (Nitrierung, Sulfonierung, Halogenierungen, Alkylierung, Acylierung, Kopplungsreaktionen von Diazoniumverbindungen usw.) verlaufen in flüssiger Phase bei relativ niedrigen Temperaturen. Das Milieu ist entweder an sich stark polar (wie bei der Nitrierung, Sulfonierung oder den Kopplungsreaktionen), oder aber werden ionisierungsfördernde Zusatzstoffe zugegeben (wie z. B. bei Halogenierungen, Alkylierungen oder Acylierungen), die eine Beschleunigung der Substitution hervorrufen. Bestrahlung der Reaktionsgemische mit kurzwelligem Licht bleibt dagegen ohne Einfluß auf die Reaktionsgeschwindigkeit.

Einige Substitutionen mit ähnlichem Endresultat wie bei Aromaten können auch bei nichtaromatischen Systemen, z. B. bei gesättigten Kohlenwasserstoffen, realisiert werden. Die Bedingungen für solche Umsetzungen bei Paraffinen sind jedoch von denen der aromatischen Verbindungen völlig verschieden; sie zeugen dabei für einen radikalischen Mechanismus. So findet die Nitrierung von Paraffinen erst bei erhöhten Temperaturen zwischen gasförmigen Komponenten statt, die Halogenierungen werden durch Bestrahlung katalysiert und verlaufen mit den typischen Merkmalen der Kettenreaktionen usw. Wird ein Benzolhomolog unter solchen Bedingungen (erhöhte Temperatur, Bestrahlung) halogeniert, so tritt das Halogen nur in die Seitenkette ein; führt man jedoch die Halogenierung in flüssiger Phase bei niedrigen Temperaturen und in Anwesenheit von Eisen (III)-Halogeniden durch, so erfolgt nur eine Substitution am Benzolring und die Seitenkette bleibt intakt.

Schon diese makroskopischen Charakteristika allein deuten auf einen polaren Mechanismus der aromatischen Substitution hin. Für die meisten Substitutionen sind weiter Beweise eines *elektrophilen Charakters* des substituierenden Agens erbracht worden. Denken wir an die Elektronenstruktur der Aromaten mit ihrer hohen Konzentration der π-Elektronen oberhalb und unterhalb der Ringebene, von wo sie allein angreifbar sind, so sind Reaktionen mit elektronenmangelnden, elektrophilen Partikeln keineswegs überraschend.

a) Mechanismus

Zur Kenntnis des Mechanismus aromatischer elektrophiler Substitutionen hat ihr kinetisches Studium bedeutsam beigetragen. Ein klassisches Beispiel davon ist die Lösung der Frage des Nitrierungsmechanismus.

Nitrierungen werden meistens mit Gemischen von Salpeter- und Schwefelsäure (sogenannten Nitriersäuren) durchgeführt. Ein kinetisches Studium der Nitrierung in diesem Medium (d. h. mit Schwefelsäure als Lösungsmittel) ergab, daß es sich um eine Reaktion erster Ordnung bezüglich des Aromaten und der Salpetersäure handelt (Hughes, Ingold und Reed, 1950):

$$v = k_2[ArH][HNO_3]$$

Die Geschwindigkeit der Nitrierung in Schwefelsäure wird also von einem Prozeß bestimmt, in dem das aromatische Molekül entweder von Salpetersäure selbst, oder aber von einer Partikel angegriffen wird, die aus der Säure in einer schnellen Gleichgewichtsreaktion entsteht. Da in H_2SO_4 eine konstante Konzentration an gebundenen H^+-Ionen vorliegt, ist eine Teilnahme dieser an dem Übergangszustand des langsamen Schrittes oder in der vorgeschobenen Gleichgewichtsreaktion nicht ausgeschlossen.

Zu einer anderen, interessanten kinetischen Beziehung führte jedoch das Studium der Nitrierung in organischen Lösungsmitteln, z. B. in Essigsäure oder Nitromethan. Es hat sich gezeigt, daß in diesen Medien die kinetische Charakteristik der Reaktion von der Konstitution der aromatischen Komponente stark abhängt. Bei leicht substituierbaren Benzolhomologen (Toluol, Äthylbenzol, *p*-Xylol, Mesitylen) war die Nitrierungsgeschwindigkeit in allen Fällen gleich und unabhängig von der Konzentration des Substrates (die Reaktion war nullter Ordnung bezüglich des Kohlenwasserstoffs). Da die Salpetersäure in allen Experimenten in einem praktisch konstanten Überschuß benutzt wurde, wurde der kinetische Ausdruck für die Reaktionsgeschwindigkeit auf

$$v = k$$

reduziert.

Eine Abhängigkeit der Reaktionsgeschwindigkeit von der Konzentration des Aromaten erschien jedoch bei Verbindungen, bei denen aromatische Substitutionen allgemein langsam verlaufen (z. B. bei isomeren Dichlorbenzolen oder bei Äthylbenzoat):

$$v = k_1[ArH]$$

Im ersten Fall (reaktive Aromaten) nahm also die aromatische Verbindung an dem langsamen Schritt, dessen Geschwindigkeit kinetisch ermittelt wurde, nicht teil. Dies kann nur bedeuten, daß der Angriff des Nitrierungsmittels an dem Aromaten bedeutend schneller war als eine andere, wahrscheinlich mit der Bildung des wahren Nitrierungsmittels verbundene Reaktion. Scheiden wir die Protonierung der Salpetersäure als einen unmeßbar schnellen Vorgang aus, so bleibt die Heterolyse der protonierten Säure zum Nitroniumion und Wasser eine mögliche Erklärung des kinetischen Verhaltens:

$$2\,HNO_3 \;\underset{\text{schnell}}{\rightleftharpoons}\; H_2\overset{+}{O}NO_2 \;+\; NO_3^-$$

$$H_2\overset{+}{O}NO_2 \;\underset{\text{langsam}}{\rightleftharpoons}\; H_2O \;+\; {}^+NO_2$$

Das so gebildete Nitroniumion scheint das eigentliche Nitrierungsmittel zu sein. Seine Bildung in organischen Lösungsmitteln ist viel langsamer als in Schwefelsäure, so daß es von leicht nitrierbaren Aromaten schneller verbraucht als gebildet wird; seine Bildung durch Heterolyse der protonierten Salpetersäure bestimmt die Geschwindigkeit des ganzen Nitrierungsprozesses. Bei wenig reaktiven Aromaten ist jedoch der Angriff des Nitroniumions am aromatischen Substrat noch langsamer als die NO_2^+-Bildung und die Reaktionsgeschwindigkeit wird wieder, ähnlich wie bei Nitrierungen in Schwefelsäure, von der Konzentration der aromatischen Komponente abhängig.

In Übereinstimmung mit dieser Vorstellung wird die Nitrierungsgeschwindigkeit in organischen Lösungen durch Zugabe von anorganischen Nitraten spezifisch herabgesetzt. Im Sinne des Massenwirkungsgesetzes bewirkt die Erhöhung der NO_3^--Konzentration eine Abnahme der Konzentration der protonierten Salpetersäure, wodurch wieder die NO_2^+-Bildung verlangsamt wird. Dagegen durch Zugabe von Schwefelsäure wird die Nitrierung – wieder in guter Übereinstimmung mit unserem Schema – beschleunigt (Hughes, Ingold und Reed, 1950).

Für die Existenz des Nitroniumions und seine Aufgabe als eigentliches Nitrierungsagens gibt es noch weitere unabhängige Beweise. Am überzeugendsten wirken die von Olah und Mitarbeitern (1956, 1961) isolierten stabilen Nitroniumsalze (z. B. $NO_2^+ BF_4^-$), in denen das linear angeordnete Nitronium $O{=}N^+{=}O$ spektroskopisch bewiesen werden konnte. Diese Salze erwiesen sich als besonders wirksame Nitrierungsmittel.

$$ArH \;+\; NO_2^+ BF_4^- \;\longrightarrow\; Ar{-}NO_2 \;+\; HF \;+\; BF_3$$

Für die Nitrierung selbst, d. h. für die Reaktion des Nitroniumions mit dem Aromaten, war die Wahl zwischen zwei mechanistischen Varianten:

a) Einem einstufigen Prozeß mit einer synchronen Auflösung der H—C-Bindung und Bildung der C—NO_2-Bindung:

Übergangszustand (a)

b) Einem zweistufigen Prozeß, in dem zuerst durch eine Addition des Nitroniumions an das aromatische Molekül ein positiv geladenes Zwischenprodukt entsteht. Dieses spaltet dann in der zweiten Stufe ein Proton ab und regeneriert so das aromatische π-Elektronensystem (das folgende Schema verzichtet vorläufig auf die Übergangszustände beider Stufen).

Zwischenprodukt

Einen wichtigen Beitrag zur Lösung der Frage nach dem ein- oder zweistufigen Mechanismus erbrachte in einer kurzen Studie Melander (1949). Er nitrierte (in Schwefelsäure) Benzol und Toluol, in denen ein kleiner Anteil der H-Atome des Ringes durch Tritium ersetzt worden war, und untersuchte das T/H-Verhältnis in den Nitrierungsprodukten. Es zeigte sich, daß dieses unverändert blieb. Tritium wurde also in relativ gleichem Ausmaß wie Wasserstoff durch Nitrogruppen ersetzt. Wäre die Nitrierung ein einstufiger Prozeß (siehe die oben erwähnte Alternative a), so müßte ein kinetischer Isotopeneffekt zum Vorschein kommen, denn im Übergangszustand wäre hier die C—H- bzw. C—T-Bindung teilweise aufgelöst und es ist bekannt, daß eine C—T-Bindung wegen des Unterschiedes in den Nullpunktenergien 5- bis 30mal langsamer aufgelöst wird als eine C—H-Bindung. Die Tatsache, daß es während der Nitrierung zu keiner Anreicherung an T im Reaktionsprodukt kam, schließt also den einstufigen Mechanismus aus.

Für die Nitrierung kommt danach der zweistufige Mechanismus (Alternative b) in Frage, wobei sich noch eine weitere Aussage aus den Resultaten von Melander ergibt: Da das Auflösen der C—H-, bzw. C—T-Bindung nicht in dem geschwindigkeitsbestimmenden Schritt stattfindet, muß die Addition des Nitroniumions der langsame der beiden Schritte sein.

b) σ-Komplexe

Es gibt allerdings auch andere Stützen für den zweistufigen Mechanismus der Nitrierung und anderer elektrophiler aromatischer Substitutionen. So haben Brown und Brady (1952) auf die Parallelität der relativen Geschwindigkeiten der Halogenierung einer Reihe aromatischer Verbindungen einerseits und der Stabilität ihrer Komplexe mit HCl—AlCl$_3$, bzw. HF—BF$_3$ anderseits, aufmerksam gemacht. Diese Komplexe, die bei tiefen Temperaturen langsam aus den Komponenten entstehen, sind tiefgefärbt, leiten elektrischen Strom und, falls sie mit DCl—AlCl$_3$ gebildet worden sind, führen beim Zersetzen zum Austausch von H durch D. Daher wurden folgende Strukturen für sie vorgeschlagen.

Die erwähnte Parallelität zwischen der Reaktivität der Aromaten in elektrophilen Substitutionsprozessen und der Stabilität dieser σ-*Komplexe* deutet darauf hin, daß bei aromatischen Substitutionen Addukte dieser Art aus dem Elektrophil und dem Substrat, also vollkommen im Sinne des oben diskutierten zweistufigen Mechanismus, als Zwischenprodukte entstehen. Übrigens gelang es Olah und Kuhn (1958), einige

solche Komplexe in fester Form zu isolieren und zu beweisen, daß diese tatsächlich
Zwischenprodukte elektrophiler Substitutionen sind.

Bei den σ-Komplexen geht es allerdings um metastabile Zwischenprodukte mit
relativ hohen freien Enthalpien. Das hochstabilisierte aromatische System des Ausgangsstoffes ist in ihnen zerstört und es bleibt nur eine wesentlich kleinere Resonanzstabilisierung übrig. Ihre Bildung aus den Komponenten ist also ein endergonischer
Prozeß mit einer beträchtlichen Aktivierungsenthalpie. Im Sinne des Hammondschen
Postulates (1955) (S. 96) soll der Übergangszustand eines solchen Prozesses eher
dem Produkt (d. h. dem σ-Komplex) als den Ausgangskomponenten gleichen. Das folgende erweiterte Schema der elektrophilen Substitution von Bavin und Dewar (1956)
enthält solche Übergangszustände bei der Bildung und Zersetzung des Zwischenproduktes.

Im Übergangszustand des ersten, langsamen Schrittes ist die π-Elektronenladung
des Ringes schon teilweise in der Richtung zum angreifenden Elektrophil verschoben,
die Bindung mit dem Elektrophil (E^+) ist jedoch schwächer und gestreckter als die
C—H-Bindung des zu ersetzenden Wasserstoffs und auch ein Teil des aromatischen
Charakters des Systems bleibt noch erhalten. Der Übergangszustand des zweiten
Schrittes ist dagegen durch eine schwache und gestreckte C—H-Bindung gekennzeichnet; der im Zwischenprodukt zerstörte aromatische Charakter beginnt sich wieder
auszubilden. Auch in diesem Schritt ist der Übergangszustand dem Zwischenprodukt
ähnlich, denn die Zersetzung des σ-Komplexes unter Rückbildung des aromatischen

Systems ist ein exergonischer Prozeß und in solchen ist nach Hammond der Übergangszustand dem Ausgangsstoff, d. h. hier eben dem Zwischenpunkt der Substitution, ähnlicher als den Produkten.

c) π-Komplexe

Nach einer älteren Vorstellung von Dewar (1949) tritt bei aromatischen Substitutionen das Elektrophil mit dem π-Elektronensystem des Substrates zuerst zu einem π-Komplex zusammen. Zum Unterschied von den oben diskutierten Zwischenprodukten (σ-Komplexen) ist in einem solchen π-Komplex das Elektrophil noch an keinem bestimmten Kohlenstoffatom des Ringes fixiert und das aromatische Elektronensystem ist nur leicht perturbiert (bleibt im wesentlichen erhalten). Ein ähnlicher π-Komplex sollte in dem Substitutionsprozeß auch beim Ablösen von H^+ aus dem Zwischenprodukt auftreten.

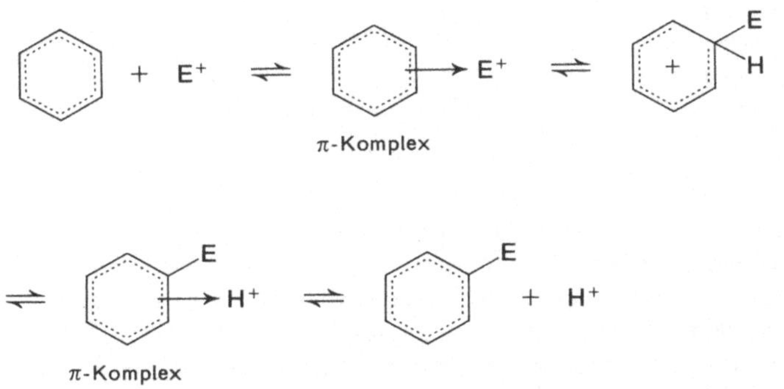

Die Existenz solcher π-Komplexe zwischen verschiedenen Elektrophilen (z. B. H^+, Ag^+, Halogenen usw.) und Aromaten scheint heute bewiesen zu sein (siehe z. B. Brown und Brady, 1952, oder die Übersicht von Banthorpe, 1970). Offen bleibt jedoch die Frage ihrer Teilnahme an elektrophilen Substitutionen, wie sie Dewar vorgeschlagen hat. Es ist nicht ausgeschlossen, obwohl wieder gar nicht eindeutig bewiesen, daß in *einigen* Substitutionen unlokalisierte π-Komplexe eine Vorstufe auf dem Weg von freien Komponenten zum Zwischenprodukt darstellen. Nach der ursprünglichen Auffassung von Dewar sollte jedoch die Bildung der π-Komplexe sogar der geschwindigkeitsbestimmende Schritt der ganzen Substitution sein. Diese Behauptung ist heutzutage wenigstens in ihrer allgemeinen Formulierung nicht mehr zutreffend. Es ist kaum vorstellbar, daß diese labilen Komplexe, die in einem schnellen Gleichgewicht mit ihren Komponenten stehen, den Übergangszuständen in Reaktionen gleichen sollen, die sich allgemein durch beträchtliche Aktivierungsenergien auszeichnen. Es ist auch von Brown und Brady (1952) gezeigt worden, daß die π-Komplexe von Alkylbenzolen mit HCl, deren Lösungen beim Einleiten von HCl in die Kohlenwasserstoffe entstehen, nur relativ kleine Unterschiede ihrer Stabilitäten aufweisen, was im krassen Kontrast zu den bekanntlich großen Reaktivitätsdifferenzen bei Benzol und seinen Homologen in elektrophilen Substitutionen steht. Eine gute Übereinstimmung gab es dagegen, wie schon erwähnt, zwischen der Reaktivität (in Halogenierung) und den ebenfalls stark variierenden Stabilitäten der lokalisierten H^+-Additionskomplexe (σ-Komplexe). In unserer aus der Arbeit von Brown und Brady übernommenen Tabelle sind die relativen Stabilitäten der π—H^+-Komplexe als relative Basizitäten der Kohlenwasserstoffe gegenüber HCl, die der σ-Komplexe als relative Basizitäten gegenüber $HF + BF_3$ angegeben.

Tabelle 25. *Relative Basizitäten und Reaktivitäten aromatischer Kohlenwasserstoffe (p-Xylol = 1,00)*

Kohlenwasserstoff	Relative Basizität (HCl)	Relative Basizität (HF—BF$_3$)	Relative Reaktivität (Halogenierung)
Benzol	0,61		0,0005
Toluol	0,92	0,01	0,157
Äthylbenzol	1,06		0,13
Isopropylbenzol	1,24		0,080
t-Butylbenzol	1,36		0,050
p-Xylol	1,00	1,00	1,00
o-Xylol	1,13	2	2,1
m-Xylol	1,26	20	200
1,2,4-Trimethylbenzol	1,36	40	340
1,2,3-Trimethylbenzol	1,46	(ca. 40)	400
1,3,5-Trimethylbenzol	1,59	2 800	80 000
1,2,4,5-Tetramethylbenzol		120	1 400
1,2,3,4-Tetramethylbenzol	1,63	170	2 000
1,2,3,5-Tetramethylbenzol	1,67	5 600	240 000
Pentamethylbenzol		8 700	360 000
Hexamethylbenzol		89 000	

Vor einigen Jahren ließen Olah, Kuhn und Flood (1961) das alte Konzept der geschwindigkeitsbestimmenden π-Komplexbildung zwischen dem Elektrophil und dem aromatischen Substrat wieder aufleben. Bei Nitrierungen von Benzol und Homologen mit hochreaktivem Nitroniumfluoroborat (in Tetramethylensulfon als Lösungsmittel) stellten diese Autoren unter den Aromaten überraschenderweise nur ganz geringe Reaktivitätsunterschiede fest, die gut mit den oben erwähnten π-Komplex-, jedoch nicht mit den σ-Komplexstabilitäten dieser Kohlenwasserstoffe korreliert werden konnten. Die Verteilung der Stellungsisomeren in den Produkten war dabei dieselbe wie z. B. bei der Nitrierung in Schwefelsäure, wo sich die üblichen großen Reaktivitätsunterschiede unter den Homologen wieder deutlich zeigten. Daraus schlossen die Autoren, daß bei besonders aggresiven Elektrophilen die Bildung „orientierter π-Komplexe" geschwindigkeitsbestimmend ist:

Ob die Beobachtungen von Olah und Mitarbeiter richtig interpretiert worden sind und, wenn ja, ob es sich um eine allgemeinere Erscheinung handelt, bleibt zur Zeit offen.

d) Reversibilität elektrophiler Substitutionen

Im Prinzip sind alle elektrophilen Substitutionen reversibel, nur ist die Rückreaktion meistens unbedeutend langsam.

Erstens liegt die an sich keineswegs niedrige Elektrophilie von H^+-Ionen gewöhnlich doch tief unter der elektrophilen Aggressivität der üblichen aromatischen Substitutionsmittel (NO_2^+, $R—CO^+$, Cl^+ usw.). Dazu kommt noch oft ein ungünstiger Substituenteneffekt von X, der das substituierte aromatische Molekül im Vergleich mit dem unsubstituierten gegen alle elektrophilen Angriffe desaktiviert (siehe weiter unten).

Es gibt jedoch einige Ausnahmen. Vor allem ist es der sogenannte *Wasserstoffaustausch,* der zwischen Aromaten und starken Säuren stattfindet. Einen eindeutigen Beweis für diese vollkommen „symmetrische" Reaktion haben Ingold, Raisin und Wilson (1934, 1936) mit Deuteriumsulfat gebracht: Beim Schütteln mit D_2SO_4 wurde Benzol deuteriert, wobei die Geschwindigkeit des Isotopenaustausches proportional der Säurestärke war.

Eine andere, auch praktisch reversible, aromatische Substitution ist die *Sulfonierung.* Aus der präparativen Chemie ist gut bekannt, daß aromatische Sulfonsäuren mit verdünnter Schwefelsäure „hydrolysiert" werden, wobei ihre Sulfongruppe durch Wasserstoff ersetzt wird. Diese oft benutzte Reaktion stellt also einen der Sulfonierung entgegengesetzten Vorgang dar. Was den Mechanismus der Sulfonierung selbst betrifft, konnte überzeugend genug gezeigt werden, daß das eigentliche Substitutionsagens sowohl in Schwefelsäure als auch bei Sulfonierungen mit Oleum das monomere Schwefeltrioxid ist. Dieses formal ungeladene Agens besitzt eine partielle positive Ladung am Schwefel infolge der Polarität der $S—O$-Bindungen; dazu verfügt der Schwefel noch über unbesetzte *d*-Orbitale, die mit den aromatischen π-Orbitalen überlappen können. Die Kombination beider Faktoren macht SO_3 zu einem hervorragenden Elektrophil. Nach Brand und Mitarbeitern (1950, 1952, 1959) verläuft die Sulfonierung nach dem folgenden Schema.

$$ArH + SO_3 \rightleftharpoons \overset{+}{Ar}\diagdown_{SO_3^-}^{H}$$

$$\overset{+}{Ar}\diagdown_{SO_3^-}^{H} + H_3SO_4^+ \rightleftharpoons \overset{+}{Ar}\diagdown_{SO_3H}^{H} + H_2SO_4 \xrightarrow{\text{langsam}} Ar—SO_3H + H_3SO_4^+$$

Die praktisch vollkommene Reversibilität der Sulfonierung hat ihre Begründung einerseits in der Tatsache, daß SO_3 bei seiner hohen Elektrophilie zugleich eine gute Abgangsgruppe für die Rückreaktion darstellt, anderseits wird auch der nach außen neutrale, dipolare σ-Komplex aus SO_3 und dem Aromaten durch innere Kompensation der positiven Kernladung energieärmer als die positiv geladenen Zwischenprodukte anderer Substitutionsreaktionen, was ihn allerdings von beiden Seiten leicht erreichbar macht.

Es wurde übrigens festgestellt, daß die Sulfonierung bei bestimmten Aromaten mit einem deutlichen kinetischen Isotopeneffekt verläuft. Das in p-Stellung tritiirte Brombenzol wird fast zweimal langsamer zu p-Brombenzolsulfonsäure sulfoniert als das unmarkierte Brombenzol. Wenigstens in einigen Fällen wird also die Geschwindigkeit vom zweiten Schritt (Ablösung von H^+) bestimmt (Berglund-Larsson und Mitarbeiter, 1953).

Auf die Reversibilität der Sulfonierung ist auch die Temperaturabhängigkeit des Resultates bei der Sulfonierung von Naphthalin zurückzuführen.

Die bei tieferen Temperaturen entstehende Naphthalin-1-sulfonsäure stellt das kinetische Produkt dar. Die Sulfonierung in die 2-Stellung ist viel langsamer, jedoch Naphthalin-2-sulfonsäure ist von den beiden Stellungsisomeren das stabilere. Die Reversibilität der Reaktion macht es möglich, daß bei höheren Temperaturen alle Naphthalin-1-sulfonsäure über Naphthalin in das stabilere Isomere übergeht.

e) Einzelne Substitutionen

Die Mechanismen der *Nitrierung, Sulfonierung* und des *Wasserstoffaustausches* sind bereits behandelt worden. Es sei noch erwähnt, daß unter Umständen neben dem Nitroniumion auch die protonierte Salpetersäure selbst das Nitrierungsagens sein kann. Der Nomenklatur der englischen Schule nach wird $H_2O^+NO_2$ als *Überträger* des Nitroniumions bezeichnet.

Solche Überträger spielen offenbar bei *Halogenierungen* eine wichtige Rolle. Das aktivste Elektrophil sollte hier das positiv geladene Halogen X^+ sein, seine direkte Teilnahme an Halogenierungen ist jedoch bisher noch nicht eindeutig bewiesen worden. Dagegen gibt es kinetische und andere Hinweise auf eine direkte Reaktion des Aromaten mit molekularem Halogen, oder, in wäßrigen Lösungen, mit protonierten bzw. unprotonierten unterhalogenigen Säuren.

Die bei Halogenierungen in nicht-polaren Medien oft als Katalysatoren benutzten Metallhalogenide, wie $AlCl_3$ oder $FeBr_3$, erleichtern offenbar die Heterolyse des Halogenmoleküls durch Komplexbildung.

Bei den *Friedel-Craftsschen Alkylierungen* und *Acylierungen* mit Alkyl- bzw. Acylhalogeniden in Anwesenheit von Aluminiumhalogeniden wird das aromatische Substrat von einem, durch Koordinierung des organischen mit dem anorganischen Halogenid entstandenen, kationoiden Reagens angegriffen. Im Mechanismus der *Acylierung* wird meistens das Acyliumion für das wahre Elektrophil gehalten, das durch Dissoziation des Koordinationskomplexes entsteht.

$$RCOX + AlX_3 \rightleftharpoons RCOX \cdot AlX_3$$

$$RCOX \cdot AlX_3 \rightleftharpoons R\overset{+}{C}O + AlX_4^-$$

Die Existenz von Acyliumionen unter den der Acylierung nahestehenden Bedingungen wurde eindeutig bewiesen. Es sind dissoziierte Acyliumfluoroborate, -chloroantimonate und -perchlorate hergestellt worden, die sich als kräftige Acylierungsmittel erwiesen (Burton und Praill, 1950—1953).

$$CH_3CO^+BF_4^- \qquad C_6H_5CO^+SbCl_6^- \qquad CH_3CO^+ClO_4^-$$

Einige Autoren sind wieder der Auffassung, daß das substituierende Agens die Koordinationsverbindung $RCOX \cdot AlX_3$ selbst ist. Die Mehrzahl der experimentellen Angaben weist jedoch eher auf den Acyliumion-Mechanismus hin.

Dagegen scheint die Vorstellung der Koordinationsverbindung als wahres elektrophiles Reagens bei *Alkylierungen* (besonders bei Alkylierungen mit primären Alkylhalogeniden) vollkommen berechtigt zu sein. Die einfachen aliphatischen Alkyl-Kationen sind allzu energiereich, um unter den Alkylierungsbedingungen frei zu existieren. Es ist z. B. von Brown und Jungk (1955) gezeigt worden, daß beim Methylieren von Toluol mit Methylbromid mehr *m*-Xylol als mit Methyljodid entsteht; sollte das freie Methyl-Kation das wahre Elektrophil sein, so müßte die Orientierung von der Natur der CH_3^+-Quelle unabhängig sein. Wahrscheinlich ist also die Alkylierung eine S_N2-ähnliche Substitution am Kohlenstoff der Koordinationsverbindung:

$$CH_3X + AlX_3 \rightleftharpoons CH_3X \cdot AlX_3$$

Eindeutig ist die Frage des kationischen Charakters des Reagens bei *Kopplungsreaktionen* aromatischer Verbindungen (Phenolen, Aminen) *mit Diazoniumsalzen*. Für die in schwach basischen Medien verlaufende Azo-Kopplung von Phenolen wurde die folgende kinetische Beziehung gefunden (Wistar und Bartlett, 1941):

$$v = k_2[ArN_2^+][ArO^-]$$

Für Kopplungsreaktionen von aromatischen Aminen wurde eine analoge Beziehung ermittelt, in der anstelle des Phenolations das unprotonierte Amin steht:

$$v = k_2[ArN_2^+][ArNR_2]$$

Auch hier ist die Addition des Diazoniumions an das Phenolation bzw. Aminmolekül der langsame Schritt des ganzen Prozesses. Die Tatsache, daß die Azo-Kopplung nur bei den leicht substituierbaren Phenolen und Aminen stattfindet, ist der niedrigen Elektrophilie der Diazoniumionen zuzuschreiben.

f) Vergleich der aromatischen Substitution mit elektrophilen Additionen an Olefine

Nach einer näheren Betrachtung der Mechanismen von elektrophilen aromatischen Substitutionen und olefinischen Additionsreaktionen scheint der Unterschied im chemischen Verhalten zwischen Aromaten und Olefinen nicht mehr so kraß zu sein. Beide Verbindungsklassen werden von *elektrophilen Partikeln* angegriffen, wobei der erste Schritt in beiden Fällen die Bildung eines *metastabilen kationischen Adduktes* ist. Unterschiedlich ist nur der darauffolgende Stabilisierungsvorgang. Aliphatische Carboniumionen neigen eher zu einer schnellen Reaktion mit einem Nukleophil, wodurch der Additionsprozeß an die Doppelbindung vollendet wird. Dagegen wird bei aromatischen Kationen die Regenerierung des aromatischen Elektronensystems durch Eliminierung eines Protons (oder eines anderen Kations) stark bevorzugt und das Gesamtresultat ist eine Substitution.

Daß es sich bei der elektrophilen Addition und Substitution um verwandte Prozesse handelt, dokumentieren an beiden Seiten zahlreiche Übergangsfälle. Die

Substitution von Olefinen mit Acylchloriden in Anwesenheit von Lewisschen Säuren, die die Merkmale der aromatischen Friedel-Craftsschen Acylierung trägt, ist schon früher (S. 180) erwähnt worden. Die Eliminierung anstatt Addition im zweiten Schritt des Prozesses ist hier – ähnlich wie bei aromatischen Substitutionen – durch die Bildung eines konjugierten Systems· gefördert.

Auf der anderen Seite sind auch Beispiele von *elektrophilen Additionen an aromatische Systeme* bekannt. Abgesehen davon, daß Benzol selbst unter forcierenden Bedingungen drei Moleküle Chlor addiert, sind es besonders mehrkernige annelierte Kohlenwasserstoffe, bei denen man oft verschiedenen Additionen begegnet. So entsteht aus Anthracen durch Addition eines Elektrophils in die 9-Stellung ein weitgehend stabilisiertes Kation des Benzhydryl-Typus mit zwei intakten und überdies konjugierten Benzolringen. Dieses Carboniumion ist gegenüber dem aromatischen System des Ausgangsmaterials energetisch weniger benachteiligt als z. B. ein σ-Komplex des Benzols gegenüber Benzol selbst. Die Tendenz zur Rückkehr zum ursprünglichen Anthracen-System ist nur gering, und der Prozeß endet in einer 9,10-Addition.

Die begrenzte Stabilität dieser 9,10-Addukte kommt jedoch bei erhöhten Temperaturen zum Vorschein: Unter Eliminierung gehen sie doch in 9-substituierte Anthracene über.

g) Substituenteneffekte. Reaktivität und Orientierung

Schon im vorigen Jahrhundert ist erkannt worden, daß die Substituenten in aromatischen Verbindungen ihrem Einfluß auf weitere Substitutionen nach in zwei Gruppen eingeteilt werden können. Die einen (sogenannte Substituenten 1. Klasse) dirigieren jede weitere Substitution – unabhängig von der Natur des neu eintretenden Substituenten – überwiegend in o- und p-Stellungen, die anderen (Substituenten 2. Klasse) überwiegend in m-Stellungen des Benzolringes. Dabei verlaufen Substitutionen an Aromaten, die einen oder mehrere Substituenten 1. Klasse enthalten, in der Regel viel leichter als beim unsubstituierten Grundkörper, bei den m-dirigierenden Substituenten ist dagegen jede weitere Substitution im Vergleich mit dem unsubstituierten Kohlenwasserstoff deutlich erschwert. Diese Substitutionseinflüsse auf die Reaktivität und Orientierung bei elektrophilen aromatischen Substitutionen können nun auf Grund der Stabilisierung der entsprechenden Übergangszustände befriedigend erklärt werden.

Laut unserer früheren Diskussion scheint der σ-Komplex für die meisten aromatischen elektrophilen Substitutionen ein gutes Modell des Übergangszustandes zu sein. Nach dem Hammondschen Postulat gilt dies sowohl für den Fall, wo der Angriff des Elektrophils der langsamste Schritt ist, als auch für Reaktionen, deren Geschwindigkeit von der folgenden Abspaltung von H^+ bestimmt wird. Eine Analyse der Substituenteneinflüsse auf die Stabilitäten der σ-Komplexe sollte also eine Aussage über die relativen Stabilitäten der Übergangszustände der Substitutionen an den einzelnen Stellen gestatten. Diejenigen Substituenten, die den entsprechenden positiv geladenen σ-Komplex der Reaktion zu stabilisieren vermögen, sollten die Substitution erleichtern, und *vice versa*.

Einen stabilisierenden Einfluß sollten Substituenten mit einem positiven induktiven Effekt ($+I$) ausüben. Ein Vergleich der Substitutionsgeschwindigkeiten von Benzol und seinen Alkylhomologen weist tatsächlich auf einen beschleunigenden Effekt der Alkylgruppen hin. Wird z. B. ein Gemisch von Benzol und Toluol mit einer kleinen Menge von Salpetersäure nitriert, die nur zur Substitution eines kleinen Anteils des Kohlenwasserstoffgemisches ausreicht (Methode der konkurrierenden Reaktionen, S. 76; Ingold und Shaw, 1927), so ergibt sich aus dem Mol-Verhältnis von Nitrotoluolen zu Nitrobenzol im Produkt der Reaktion für Toluol eine 24,5mal größere Reaktivität als für Benzol (Ingold, Lapworth und Mitarbeiter, 1931).

Aus der Vertretung von o-, m- und p-Nitrotoluol in diesem Experiment kann man weiter sogenannte *Teilgeschwindigkeitsfaktoren (partial rate factors; o_f, m_f, p_f)* als Maß der Reaktivität der einzelnen Stellungen in Toluol im Vergleich zur Reaktivität einer einzigen Stellung in Benzol auf Grund folgender Beziehungen berechnen:

$$o_f = 3\,k_o/k_H$$

$$m_f = 3\,k_m/k_H$$

$$p_f = 6\,k_p/k_H$$

Das Verhältnis k_x/k_H bedeutet die relative Geschwindigkeit der Bildung des betreffenden (o-, m-, p-) Substitutionsproduktes im Vergleich mit der Substitutionsgeschwindigkeit beim Benzol; es ergibt sich direkt aus den molaren Mengen der einzelnen Produkte bei der Konkurrenz-Substitution. Da es bei Toluol und anderen monosubstituierten Benzolderivaten je zwei o- und m- und nur eine p-Stellung gibt, bei Benzol dagegen sechs gleiche Stellungen für die Substitution zur Verfügung stehen, muß das Verhältnis k_x/k_H in den ersten zwei Fällen mit einem Faktor von 3, im letzten von 6 multipliziert werden.

In unserem Fall der kompetitiven Nitrierung von Benzol und Toluol wurden für Toluol folgende Teilgeschwindigkeitsfaktoren ermittelt:

$o_f = 42$; $m_f = 2,5$; $p_f = 58$

Die Alkylgruppe hat also die Substitution in alle drei Stellungen, wenn auch nicht in gleichem Ausmaß, erleichtert. Dies ist in Übereinstimmung mit dem erwarteten Einfluß des elektronenspendenden $+I$-Effektes, der sich in den positiv geladenen σ-Komplexen der Reaktion (1), (2) und (3) stabilisierend auswirken sollte.

(1)   (2)   (3)

Da der induktive Effekt mit der Entfernung abnimmt, sollte er sich am stärksten bei der Substitution in die o-Stellungen und am schwächsten bei der p-Stellung auswirken. Dies ist jedoch nicht die festgestellte Reihenfolge: Nicht nur die o-Stellungen, sondern auch die p-Stellung ist den m-Stellungen in der Substitutionsfähigkeit stark überlegen. Für das Verständnis dieses o,p-dirigierenden Einflusses der Alkylgruppe müssen wir nicht die oben erwähnten Hybridstrukturen (1)—(3), sondern die zu ihnen beitragenden Grenzformeln näher untersuchen.

o :

(1 a)   (1 b)   (1 c)

m :

(2 a)   (2 b)   (2 c)

p :

(3 a)   (3 b)   (3 c)

Unter den Grenzformeln für die o- und p-Komplexe finden wir je eine Struktur (1b) bzw. (3b), in der der induktive Effekt der Methylgruppe die positive Ladung am Kohlenstoffatom, mit dem das Alkyl unmittelbar verbunden ist, stabilisieren kann; eine solche Stabilisierung ist allerdings am effektivsten. Unter den Grenzformeln des σ-Komplexes der m-Substitution befindet sich dagegen keine solche Struktur.

Die erhöhte Reaktivität und die *o,p*-Orientierung der Substitution von Benzolhomologen kann jedoch allein auf Grund des $+I$-Effektes der Alkylgruppen nicht vollkommen erklärt werden. Es scheint, daß neben dem induktiven auch der hyperkonjugative Effekt der Alkylgruppen zur Geltung kommt, indem er spezifisch die σ-Komplexe und die entsprechenden Übergangszustände der *o*- und *p*-Substitutionen stabilisiert:

(1 b)　　　　　　(1 d)

(3 b)　　　　　　(3 d)

Für die *m*-Substitution kann dagegen keine, der 1 d bzw. 3 d ähnliche, Struktur geschrieben werden.

Viel stärker als bei Alkylgruppen ist natürlich der günstige $+I$-Einfluß bei solchen Substituenten, die eine formale negative Ladung tragen. Neben einem mächtigen $+I$-Effekt besteht hier die Möglichkeit einer konjugativen (also nicht nur hyperkonjugativen, wie bei Alkylgruppen) Stabilisierung des Übergangszustandes der *o*- und *p*-Substitution. Diese konjugative Stabilisierung ist stark, denn sie führt zu elektrisch neutralen Strukturen (4b) bzw. (5b).

(4 a)　　　　　(4 b)　　　　　(5 a)　　　　　(5 b)

Diese Kombination zweier günstiger Faktoren ($+I$, $+M$) macht das Phenolation, besonders aber seine *p*-Stellung, sehr reaktiv; es reagiert z. B. spielend leicht mit den nur schwach elektrophilen Diazoniumionen, und von reaktiveren Elektrophilen wird es gewöhnlich gleich mehrfach substituiert.

Eine mit dem aromatischen System direkt verbundene positive Ladung mit einem $-I$-Effekt sollte dagegen die Bildung des an sich schon positiv geladenen σ-Komplexes (und des ihm ähnlichen Übergangszustandes einer $S_E Ar$-Reaktion) erheblich erschweren. Eine nähere Untersuchung der entsprechenden Grenzformeln der einzelnen σ-Komplexe läßt dann auf eine besondere Benachteiligung der *o*- und *p*-

Stellungen schließen; Strukturen (6b) und (8b) mit vicinal situierten positiven Ladungen sind nämlich energetisch sehr ungünstig.

o: (6 a)   (6 b)   (6 c)

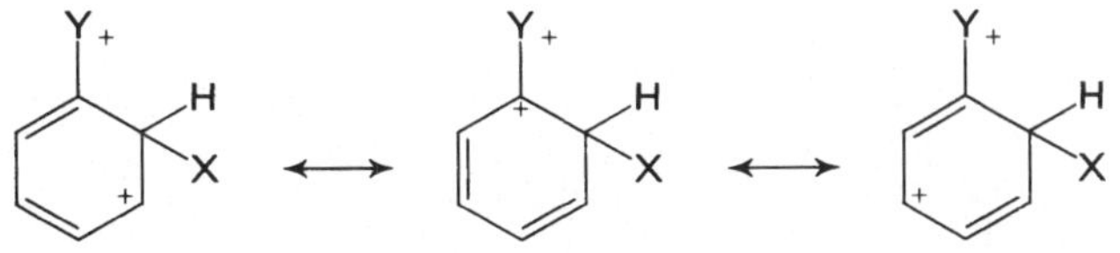

m: (7 a)   (7 b)   (7 c)

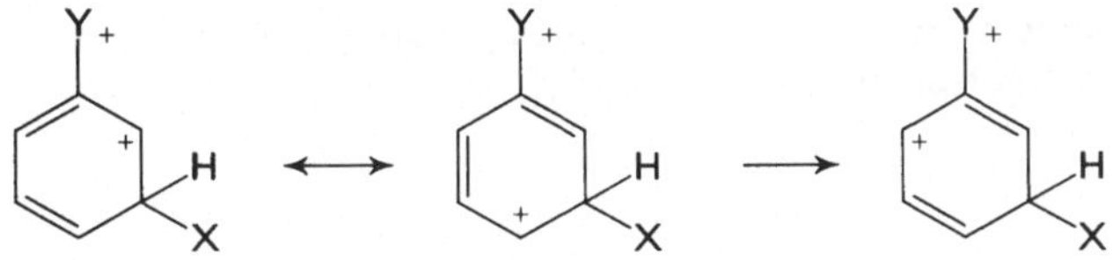

p: (8 a)   (8 b)   (8 c)

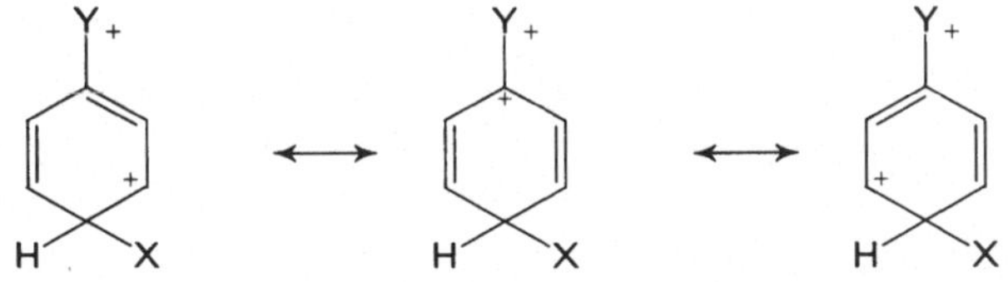

Erwartungsgemäß wird das Trimethylanilinium- und das Dimethylphenylsulfoniumion nur schwierig und vorwiegend in *m*-Stellungen substituiert (Brickman und Ridd, 1965; Gilow und Walker, 1965).

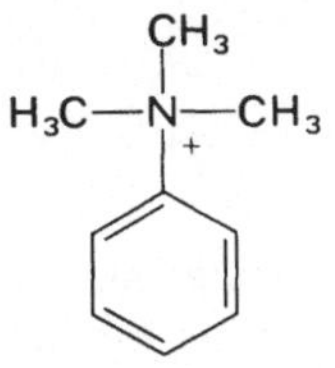

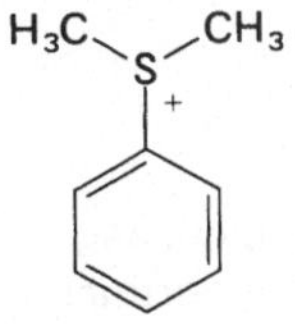

Nitrierung: o—   4%
               m—   87%   90%
               p—   11%   6%

Ähnlich, d. h. desaktivierend und *m*-dirigierend, wirken auch andere Substituenten mit einem −*I*-Effekt: die Nitro-, Sulfonyl-, Sulfonsäure-, Carbonyl-, Imino-, Nitrilgruppe und andere mehr. Alle diese Gruppen besitzen einen mehr oder weniger ausgeprägten Dipolcharakter, der entweder mit einer semipolaren Bindung oder wenigstens mit einer polaren Mehrfachbindung zusammenhängt. In allen Fällen ist die Gruppe mit dem positiven Ende ihres Dipols an den Benzolring gebunden.

Bei den meisten Gruppen dieser Art ist der $-I$-Effekt mit einem für die Substitution ebenfalls ungünstigen, konjugativen $-M$-Effekt kombiniert. Dieser erhöht die freie Enthalpie aller drei σ-Komplexe und macht besonders die der o- und p-Substitution energetisch ungünstig.

Infolge dieser beiden negativen Effekte erwies sich z. B. Äthylbenzoat bei einer Nitrierung fast dreihundertmal weniger reaktiv als Benzol. Dabei war die Verteilung der isomeren Nitrobenzoate 68,3% m-, 28,3% o- und nur 3,3% p- (Ingold, 1953).

Eine interessante Gruppe bilden Substituenten, bei denen ein negativer induktiver mit einem positiven konjugativen Effekt $(-I, +M)$ verbunden ist. Solche Kombination kommt dort vor, wo ein Heteroatom mit einem nichtbindenden Elektronenpaar (N, O, Halogen) direkt am Benzolring gebunden ist; die Gruppe ist zwar elektronegativ, das Elektronenpaar kann jedoch an einer Konjugation mit dem π-Elektronensystem des aromatischen Ringes teilnehmen. Bei der entgegengesetzten Wirkung beider Effekte auf die Stabilisierung des Übergangszustandes einer Substitution hängt das Resultat in jedem einzelnen Fall von ihrer relativen Stärke ab. Die meisten Substituenten dieser Art dirigieren jedoch, unabhängig von ihrem beschleunigenden oder verlangsamenden Gesamteffekt, in o- und p-Stellungen.

Bei Halogenen ist der konjugative Effekt relativ schwach, der $-I$-Effekt dagegen verhältnismäßig stark; darum verlaufen Substitutionen bei Halogenbenzolen auch bei einer überwiegenden *o,p*-Orientierung langsamer als bei Benzol selbst. Bei Alkoxy- und besonders bei Aminogruppen überwiegt dagegen der konjugative $+M$-Effekt stark; Strukturen (9b) bzw. (10b) mit der positiven Ladung am Heteroatom tragen bestimmt zur Stabilität der Komplexe und der Übergangszustände der Substitutionen viel bei. Das Resultat ist eine starke Beschleunigung der Substitution, besonders in *o*- und *p*-Stellungen.

(9 a)   (9 b)   (10 a)   (10 b)

Viel weniger reaktiv sind dagegen z. B. N-Acylderivate aromatischer Amine. In diesen Verbindungen ist das Elektronenpaar am Stickstoff an der Mesomerie der Amidgruppe beteiligt und wird dadurch der Konjugation mit dem Ring teilweise entzogen.

h) Sterische Effekte

Neben den polaren Effekten, die von dem reagierenden aromatischen System so empfindlich widerspiegelt werden, wirkt sich auf den Reaktionsverlauf auch die Sperrigkeit der Substituenten aus. Viele Beispiele zeigen, daß bei Nitrierungen, Halogenierungen und Sulfierungen der Anteil des *o*-Isomeren im Reaktionsprodukt mit steigender Sperrigkeit des dirigierenden Substituenten und des substituierenden Agens abnimmt. So ist z. B. der Anteil des *o*-Derivates bei der Nitrierung von Toluol und Äthylbenzol zwar fast gleich hoch (57% bzw. 55%), sinkt jedoch bei Isopropylbenzol auf 14% und bei *tert.* Butylbenzol auf 12%, in beiden Fällen zugunsten des *p*-Nitroderivates (Ingold, 1953). Die auf älteren Angaben von Holleman (1925) beruhende Tab. 26 zeigt wieder die Abnahme des *o*-Anteiles bei der Substitution von Chlorbenzol mit immer voluminöseren Substitutionsmitteln. In diesen Fällen kann jedoch das Resultat nur teilweise den sterischen Faktoren zugeschrieben werden.

Tabelle 26. *Zusammensetzung der Monosubstitutionsprodukte des Chlorbenzols*

Isomer	Substitution durch			
	Cl	NO$_2$	Br	SO$_3$H
o –	39%	30%	11%	0%
p –	55%	70%	87%	100%

Umgekehrt sind auch Beispiele einer erhöhten, sterisch bedingten *o*-Substitution bekannt. So wird z. B. der außergewöhnlich hohe Anteil des *o*-Produktes bei der Reaktion des Phenolations mit Formaldehyd der intermediären Bildung eines Komplexes zugeschrieben, in dem das Elektrophil (CH$_2$O) in der Nähe der *o*-Stellungen fixiert wird (Peer, 1959, 1960).

Eine sterisch bedingte Reaktionsbeschleunigung ist bei der Protodesilylierung von 2,6-Dimethyl-1-trimethylsilylbenzol (und anderen Verbindungen dieser Art) beobachtet worden. In wäßrig-methanolischer Perchlorsäure bei 50° C ist der Austausch der Trimethylsilylgruppe für Wasserstoff 3,530mal schneller als bei Trimethylsilylbenzol selbst und ungefähr zehnmal schneller als aus dem üblichen beschleunigenden polaren Einfluß der Methylgruppen berechnet. Die sperrige Trimethylsilylgruppe, die nur mit Not für sich genug Raum zwischen den beiden *o*-Substituenten findet, tritt in dem *sp*³-ähnlichen Übergangszustand der H-Substitution aus der Ebene des Ringes und der *o*-Methylgruppen, wodurch allerdings die nichtbindenden Wechselwirkungen bedeutend reduziert werden (Eaborn und Moore, 1959).

i) Reaktivität bei mehrkernigen und heterocyclischen Aromaten

Aromatische Ringe als „Substituenten" haben im allgemeinen einen aktivierenden Einfluß auf die Reaktivität bei elektrophilen Substitutionen. Dies illustrieren die folgenden, bei der Nitrierung mit $HNO_3/(CH_3CO)_2O$ ermittelten Teilgeschwindigkeitsfaktoren[1] (Dewar, Mole und Warford, 1956).

Bei heterocyclischen Aromaten könnte man von einem „inneren Substituenteneffekt" sprechen. Die Möglichkeit einer konjugativen Beteiligung des nichtbindenden Elektronenpaares des Heteroatoms an der Stabilisierung der Übergangszustände

---

1 Die Teilgeschwindigkeitsfaktoren sind von der Art der Substitution abhängig, bei der sie bestimmt werden. So sind z. B. die Werte für *o*- bzw. *p*-Chlorierung von Biphenyl in Essigsäure (249 bzw. 780) von den für die Nitrierung angegebenen Werten verschieden (Norman und Taylor, 1965).

ruft bei Pyrrol, Thiophen und Furan eine erhöhte Reaktivität gegenüber elektrophilen Agentien hervor. Besonders stark wird die α-Substitution gefördert.

Elektrophile Substitutionen verlaufen hier um einige Zehnerpotenzen schneller als bei Benzolderivaten, wobei allerdings große Reaktivitätsunterschiede unter den einzelnen Fünfringen bestehen (z. B. Linda und Marino, 1967).

Im Gegensatz zu den fünfgliedrigen Heterocyclen ist der aromatische Ring von Pyridin nur schwer mit elektrophilen Agentien angreifbar. Sein doppelt gebundenes Stickstoffatom hat keine Möglichkeit, die im Übergangszustand der Substitution entstehende positive Ladung zu delokalisieren. Im Gegenteil, es wirkt — z. B. der Nitrogruppe am Benzolring ähnlich — stark desaktivierend.

2. Nukleophile aromatische Substitution

Bei bestimmten Typen aromatischer Verbindungen begegnet man Substitutionsreaktionen, bei denen ein am aromatischen Ring gebundener Substituent durch Einwirkung eines *nukleophilen* Reagens ersetzt wird.

In der Regel handelt es sich um di- oder polysubstituierte Aromate, die außer der zu ersetzenden Gruppe eine oder sogar mehrere aktivierende Gruppen tragen. Bestimmte Substituenten können jedoch auch ohne Beteiligung aktivierender Gruppen durch starke Nukleophile, allerdings nur unter drastischen Bedingungen, ersetzt werden.

Das Reagens ist meistens ein starkes Nukleophil (HO^-, RO^-, RS^-, NH_2^-, CN^-, RNH_2, R_2NH usw.), aber auch nur schwach nukleophile Partikeln (CH_3COO^-, Halogenidionen) können unter Umständen die Substitution auslösen. Bunt ist auch die Reihe der Abgangsgruppen. Manche der nukleophilen aromatischen Substitutionen, die zusammen mit den elektrophilen und radikalischen Reaktionen die Mannigfaltigkeit der Wechselwirkungen des aromatischen Systems mit anderen Elektronensystemen illustrieren, haben eine große präparative Bedeutung.

Es gibt auch Reaktionen, in denen – ähnlich wie bei elektrophilen Substitutionen – ein am aromatischen Ring gebundener Wasserstoff, diesmal jedoch durch eine nukleophile Gruppe, ersetzt wird. Er wird hier allerdings als Hydridanion abgespalten.

In einer formalen Parallele zu nukleophilen Substitutionen am gesättigten Kohlenstoff begegnet man bei aromatischen nukleophilen Substitutionen sowohl einem *bimolekularen (S$_N$2Ar)* als auch einem *monomolekularen Mechanismus (S$_N$1Ar)*.

a) Der S$_N$2Ar-Mechanismus

Am häufigsten ist der bimolekulare Mechanismus. Die nukleophilen Substitutionen sind kinetisch meistens Reaktionen zweiter Ordnung (je erster Ordnung bezüglich des Aromaten und des Nukleophils) und die Reaktionsgeschwindigkeit ist von der Nukleophilie des Reagens abhängig (vgl. S. 103). Tab. 27 (nach Bunnett und Zahler, 1951) zeigt, daß z. B. 2,4-Dinitrochlorbenzol unter vergleichbaren Bedingungen mit dem stark nukleophilen Äthoxid-Ion um drei Zehnerpotenzen schneller reagiert als mit dem nur schwach neukleophilen Anilin.

Tabelle 27. *Geschwindigkeitskonstanten der Substitutionen von 2,4-Dinitrochlorbenzol (in Äthanol bei 25° C)*

Reagens	$C_2H_5O^-$	⬡NH	$C_6H_5-O^-$	$C_6H_5-NH_2$
k_2 $(I.Mol^{-1}.sec^{-1})$	4,95	0,92	0,90	0,0085

Sehr charakteristisch für bimolekulare Substitution dieser Art ist die Tatsache, daß sie durch Substituenten gefördert werden, die eine negative Ladung vom Reaktionszentrum an sich heranziehen können. Oft wird z. B. die nukleophile Substitution durch Nitrogruppen in *o*- bzw. *p*-Stellung zu dem zu ersetzenden Substituenten erleichtert. Aus der Diskussion der elektrophilen Substitution erinnern wir uns daran, daß die Nitrogruppe eben den *o*- und *p*-Stellungen die Elektronenladung am stärksten entzieht. Die Nitrogruppe fördert also die nukleophile Substitution eben in Stellungen, in denen sie die elektrophile Substitution erschwert, und zwar offenbar durch denselben konjugativen Effekt.

Die Tatsache, daß die nukleophile Substitution durch elektronenanziehende Substituenten gefördert wird, unterscheidet diesen Reaktionstyp von der S_N2 am gesättigten Kohlenstoff; dort sind es umgekehrt elektronenspendende Substituenten (mit einem $+I$- bzw. $+M$-Effekt), die einen beschleunigenden Einfluß ausüben. Der Unterschied ist durch die Teilnahme der aromatischen π-Elektronen an dem S_N2Ar-Prozeß zu erklären.

Nach einer allgemein akzeptierten Vorstellung von Bunnett (siehe Bunnett und Zahler, 1951; Bunnett, 1958) ist die bimolekulare aromatische nukleophile Substitution (wieder zum Unterschied von S_N2) ein *zweistufiger Prozeß*, in dem zuerst ein metastabiles, negativ geladenes Zwischenprodukt vom Typ (11) gebildet wird. Das aromatische System wird dann im nächsten Schritt durch Abspaltung des ursprünglichen Substituenten X (als $\bar{X}$) wiedergebildet:

(11)

Elektronenanziehende Substituenten, besonders diejenigen mit einem $-M$-Effekt, können das negativ geladene Zwischenprodukt, vor allem von *o*- oder *p*-Stellungen aus, stabilisieren.

Dem Hammondschen Postulat (S. 96) entsprechend sollte der Übergangszustand des geschwindigkeitsbestimmenden Schrittes (sei es der erste oder der
zweite Schritt des Prozesses) eher dem Zwischenprodukt als dem Ausgangsmaterial
oder dem Produkt gleichen. Darum setzen diejenigen Substituenten, die das Zwischenprodukt stabilisieren, auch die Aktivierungsenergie der Reaktion herab.

Ist die konjugative Stabilisierung, z. B. infolge von zwei oder drei o,p-stehenden
Nitrogruppen, genügend groß, so kann (11) zu einem isolierbaren Zwischenprodukt
werden. Sehr interessant in dieser Beziehung ist das von Meisenheimer schon vor
siebzig Jahren (1902) beschriebene Experiment, in dem der Autor aus der Reaktion
von 2,4,6-Trinitroanisol (12) mit Kaliumäthylat dasselbe Additionsprodukt (13)
wie aus der Reaktion von 2,4,6-Trinitrophenethol (14) mit Kaliummethylat isolieren
konnte. Beim Ansäuern gab dieses Salz ein Gemisch von den beiden Trinitroäthern
(12) und (14).

An dieser Stelle sollte die prinzipielle Reversibilität der bimolekularen nukleophilen
aromatischen Substitutionen betont werden. Diese für den Mechanismus charakteristische Eigenschaft bleibt bei einer makroskopischen Beurteilung der Reaktion meist
verborgen, denn das Gleichgewicht ist gewöhnlich ganz zu einer Seite verschoben.
Eine Schätzung, in welcher Richtung sich die Reaktion begeben wird, erlaubt der
Vergleich der nukleophilen Aktivitäten der zu ersetzenden Gruppe und des eintretenden Substituenten. So kann man z. B. im System

das Gleichgewicht vollkommen auf der Seite des p-Nitrophenethols erwarten, denn
das Chloridion ist im Vergleich zum Äthoxidanion nur ein sehr schwaches Nukleophil.

Relativ stabile Zwischenprodukte des von Meisenheimer isolierten Typs sind
hauptsächlich dann zu erwarten, wenn die Nukleophilie beider Anionen nicht allzu
verschieden und dabei ziemlich hoch ist (wie oben bei den Alkoholatanionen). Neuerdings konnten jedoch auch weniger stabile *Meisenheimersche Komplexe* mit Hilfe der
Technik der nuklearmagnetischen Resonanzspektroskopie nachgewiesen und näher
studiert werden (Servis, 1965, 1967; siehe auch das Referat von Buncel, Norris und
Russell, 1968). Mit dieser Technik ist es auch Servis (1965) gelungen, einen tieferen
Einblick in den Verlauf der Substitutionen zu erreichen. Er konnte zeigen, daß bei der
Reaktion zwischen (12) und Methoxidionen nicht direkt das 1,1-Dimethoxyderivat

(16), sondern zuerst das instabile 3-Addukt (15) gebildet wird. Die Substitution hat also, wenigstens in bestimmten Fällen, einen komplizierteren Verlauf, als bisher behauptet.

(12)   (15)   (16)

α) Katalyse

In bestimmten Fällen wurde bei S_N2Ar-Reaktionen auch Katalyse festgestellt. So beobachteten Bunnett und Randall (1958), daß die Umsetzung von 2,4-Dinitrofluorbenzol mit N-Methylanilin in Äthanol durch Acetationen beschleunigt wird. Die kinetischen Daten sprachen dafür, daß mindestens ein Teil der Reaktion über das deprotonierte Zwischenprodukt (17) verläuft.

(17)

Später haben Pietra und Vitali (1966, 1968) gefunden, daß die Reaktion von 2,4-Dinitrofluorbenzol mit sekundären Aminen (in ihrem Fall war es Piperidin) auch von Phenolen, besonders stark jedoch von 2-Pyridon, katalysiert wurde. Daraus schlossen sie auf eine bifunktionelle Katalyse im Sinne des folgenden Schemas:

β) Konstitutionseinflüsse

Für die Reaktivität der Halogenderivate bei S_N2Ar-Reaktionen gilt eine umgekehrte Reihenfolge als bei Substitutionen am gesättigten Kohlenstoff: Am reaktivsten sind hier die Fluor-, am wenigsten reaktiv die Jodverbindungen. So wurden in der Umsetzung von 4-Nitro-1-halogenbenzolen mit Natriumäthylat folgende relativen Geschwindigkeitskonstanten (bei 91° C) festgestellt (Bevan, 1951).

$$F : Cl : Br : I = 3100 : 13,6 : 11,8 : 1$$

Der auffallend große Unterschied im Verhalten von aromatischen Fluorderivaten in S_N2Ar-Reaktionen und von aliphatischen Fluorverbindungen in S_N2-Substitutionen kann als Folge der hohen Polarität, jedoch schwachen Polarisierbarkeit der C—F-Bindung erklärt werden. Bei S_N2-Prozessen ist die begrenzte Polarisierbarkeit für die niedrige Reaktivität verantwortlich. In aromatischen nukleophilen Substitutionen ist dagegen eher die Polarität der C—F-Bindung maßgebend, die den nukleophilen Angriff am Kohlenstoff wesentlich erleichtern kann.

Nach Bunnett und Zahler ist die Reihenfolge der Abgangsgruppen nach ihren Beweglichkeiten in S_N2Ar-Reaktionen wie folgt:

$$—F > —NO_2 > —Cl, —Br, —I > —N_3 > —OSO_2R > —\overset{+}{N}R_3$$
$$> —OAr > —OR > —SR, —SAr > —SO_2R > —NR_2$$

Wie schon erwähnt, ist bei aromatischen nukleophilen Substitutionen die Nitrogruppe der üblichste aktivierende Substituent. Aus den wenigen beschriebenen Beispielen scheint jedoch eine o- bzw. p-stehende Diazoniumgruppe einen mindestens gleich starken beschleunigenden Einfluß wie die Nitrogruppe auszuüben. In 1-Nitro-2-naphthalindiazoniumchlorid, wo beide diskutierten Gruppen in einer gegenseitigen o-Stellung vorliegen, wurde bei der Umsetzung mit Kaliumthiocyanat die Nitro- und nicht etwa die Diazoniumgruppe ersetzt, was auf eine Überlegenheit der letzteren im Aktivierungsvermögen (in der Stabilisierung des Übergangszustandes) hindeuten könnte (Burawoy und Mitarbeiter, 1954).

Aber auch manche andere o- bzw. p-Substituenten können die S_N2Ar-Substitution erleichtern. Bunnett und Zahler haben sie nach ihrem abnehmenden aktivierenden Einfluß in folgende Reihe eingeordnet. Bei den letzten Gliedern dieser Reihenfolge ist der aktivierende Einfluß allerdings nur sehr schwach.

$$—\overset{+}{N}_2 > \overset{+}{N}= > —NO, —NO_2, =N > —SO_2R, —\overset{+}{N}R_3, —CF_3, —COR, —CN$$
$$> —COOH, —SO_3^-, —Cl, —Br, —I, —COO^-, —C_6H_5$$

γ) Lösungsmitteleffekte

Die Lösungsmittelabhängigkeit der Geschwindigkeiten von S_N2Ar-Reaktionen erinnert an die S_N2-Substitutionen am gesättigten Kohlenstoff. Bei einem anionischen Nukleophil und elektroneutralen aromatischen Substrat ist auch hier die negative Ladung im Übergangszustand zerstreuter als im Ausgangszustand des Systems und ein Wechsel vom unpolaren zum polaren Lösungsmittel bedeutet — im Sinne der Hughes-Ingoldschen Lösungsmitteltheorie (S. 105) — eine schwache Verlangsamung der Reaktion. Dies gilt jedoch, wieder ähnlich wie bei S_N2-Reaktionen, nur für *protische* polare Lösungsmittel (z. B. Methanol). In *aprotischen* polaren Medien (z. B. Dimethylsulfoxid, Dimethylacetamid, Aceton, Tetramethylensulfon, Acetonitril, Nitromethan) verlaufen manche S_N2Ar-Substitutionen bis 10^5mal schneller als in Methanol (Miller und Parker, 1961). In aprotischen polaren Lösungsmitteln wird das anionische Nukleophil viel weniger stark, der Übergangszustand der Substitution dagegen etwas besser solvatisiert als in protischen Medien, wodurch die Differenz der freien Enthalpien des Übergangszustandes und des Ausgangssystems (d. h. die freie Aktivierungsenthalpie der Reaktion) herabgesetzt wird.

b) Der S_N1Ar-Mechanismus

Viel seltener als die S_N2Ar- ist die monomolekulare Substitution. Dieser Mechanismus wird z. B. den Zersetzungen von Diazoniumsalzen in wäßrigen und alkoholischen Lösungen, bei denen Phenole, Aryläther bzw. aromatische Halogenderivate entstehen, zugeschrieben.

$$\text{Ar}-\text{N}_2^+\text{X}^- \quad \begin{cases} \xrightarrow{\text{H}_2\text{O}} & \text{Ar}-\text{OH} + \text{N}_2 + \text{HX} \\ & (+ \ \text{Ar}-\text{X} + \text{N}_2) \\ \xrightarrow{\text{CH}_3\text{OH}} & \text{Ar}-\text{OCH}_3 + \text{N}_2 + \text{HX} \end{cases}$$

Kinetisch sind diese Reaktionen Zersetzungen erster Ordnung. Noch wichtiger als dieses Charakteristikum sind für die Beurteilung des Mechanismus die Substituenteneinflüsse: Im Gegensatz zu S_N2Ar-Reaktionen wird die Zersetzung durch elektronenanziehende Substituenten allgemein verlangsamt, durch elektronenspendende Substituenten in *m*-Stellung dagegen beschleunigt. Dies deutet auf eine geschwindigkeitsbestimmende Heterolyse des Diazoniumions zu molekularem Stickstoff und dem Arylkation hin.

$$\text{Ar}-\overset{+}{\text{N}}\equiv\text{NI} \xrightarrow{\ \text{langsam}\ } \text{Ar}^+ + \text{IN}\equiv\text{NI}$$

Das hochreaktive Arylkation reagiert dann schnell mit einem Lösungsmittelmolekül oder z. B. mit dem Gegenion des ursprünglichen Diazoniumsalzes, zum Endprodukt der Substitution.

In einem scheinbaren Widerspruch zu diesem Mechanismus ist der beschleunigende Einfluß der elektronenspendenden Substituenten nur auf die *m*-Stellung begrenzt; *p*-situierte Substituenten dieser Art, z. B. Alkoxygruppen, verlangsamen die Zersetzung ähnlich wie elektronenanziehende Gruppen. Dieses Phänomen kann jedoch mit einer konjugativen Stabilisierung des Diazoniumions befriedigend erklärt werden:

Um einen tieferen Einblick in den Mechanismus der Diazoniumion-Zersetzungen bemüht sich Lewis und Mitarbeiter. Auf Grund von kinetischen Messungen und Produktanalyse der Zersetzung von Benzoldiazoniumionen in wäßriger Thiocyanatlösung schloß er auf die Existenz eines reaktiven, vom Arylkation jedoch verschiedenen Zwischenproduktes (18), welches nicht nur schnell mit Wasser oder Thiocyanationen reagiert, sondern auch in das ursprüngliche Diazoniumion zurückverwandelt werden kann (Lewis und Cooper, 1962).

(18)

Diese Vermutung hofft Lewis auch in seinen folgenden Arbeiten bestätigt zu haben, denn aus unvollständigen Zersetzungen von α-^{15}N-markierten Diazoniumsalzen konnte er das Ausgangsmaterial mit einem kleinen Gehalt an umgelagerten Diazoniumionen zurückgewinnen (Insole und Lewis, 1963; Lewis und Insole, 1964; Lewis und Holliday, 1966).

Lewis hält jedoch das spirocyclische Zwischenprodukt nicht für das einzige bei den Zersetzungen; ein Teil der Reaktion soll immerhin über das Arylkation verlaufen. Die Richtigkeit seiner Vorstellungen ist heute noch schwer zu beurteilen; die allgemeine Stellungnahme dazu ist immer noch eher zurückhaltend.

c) Andere nukleophile aromatische Substitutionen

Einen von den bisher besprochenen Substitutionen unterschiedlichen Charakter hat der von Bisulfitionen katalysierte Austausch von HO- für H_2N-Gruppe (oder umgekehrt) bei Naphthalinderivaten (und anderen mehrkernigen Aromaten). Nach Rieche und Seeboth (1960) befolgt diese *Bucherersche Reaktion* einen *Addition-Eliminierungsmechanismus*, bei dem sich das Bisulfition zuerst an den substituierten Ring des Naphthalins anlagert. Dadurch verliert dieser Ring vorübergehend seinen aromatischen Charakter und die gebildete Carbonylgruppe kann in üblicher Weise mit Ammoniak zum entsprechenden Ketimin reagieren. Nachher wird HSO_3^- wieder abgespalten, wodurch das aromatische System regeneriert wird. Der ganze Prozeß ist vollkommen reversibel.

Umgekehrt sind auch aromatische Reaktionen mit einem *Eliminierung-Additions-mechanismus* bekannt. Dies sind die schon früher erwähnten, über Dehydrobenzole (Aryne) verlaufenden Substitutionen (S. 155), an die hier nur mit einem beinahe klassischen Beispiel (Sauer, Huisgen und Hauser, 1958) erinnert sei.

[X = Cl, Br, I]

~30%

~70%

Ergänzende Literatur

Elektrophile aromatische Substitution

Ingold, C. K.: Structure and Mechanism in Organic Chemistry. Ithaca-New York: Cornell University Press. 1953.
Norman, R. O. C., Taylor, R.: Electrophilic Substitution in Benzenoid Compounds. Amsterdam: Elsevier. 1965.
Ridd, J. H.: Aromaticity. London: The Chemical Society. 1967.
Stock, L. M.: Aromatic Substitution Reactions. Englewood Cliffs, N. J.: Prentice Hall. 1968.
Banthorpe, D. V.: π-Complexes As Reaction Intermediates. Chem. Revs. *70*, 295 (1970).
Cerfontain, H.: Mechanistic Aspects in Aromatic Sulfonation and Desulfonation. New York: J. Wiley and Sons. 1968.
Katritzky, A. R., Johnson, C. D.: Angew. Chem. *6*, 608 (1967).

Nukleophile aromatische Substitution

Bunnett, J. F., Zahler, R. E.: Aromatic Nucleophilic Substitution Reactions. Chem. Revs. *49*, 273 (1951).
Bunnett, J. F.: Mechanism and Reactivity in Aromatic Nucleophilic Substitution Reactions. Quart. Rev. *12*, 1 (1958).
Buncel, E., Norris, A. R., Russell, K. E.: Quart. Rev. *22*, 123 (1968).

VI. Polare Umlagerungen

Bei organischen Reaktionen resultieren oft Produkte, deren Struktur von der der Ausgangsstoffe wesentlich verschieden ist und durch eine Umorganisierung des Grundgerüstes während des Prozesses erklärt werden muß. Bei einigen Reaktionstypen werden solche Umlagerungen erst von bestimmten Strukturelementen des Substrates zum Vorschein gebracht. So sind z. B. Umlagerungen des Kohlenstoffgerüstes bei monomolekularen Solvolysen nicht immer feststellbar, obwohl sie prinzipiell bei jeder Carboniumion-Reaktion stattfinden können. Bei anderen Reaktionen, wie z. B. bei der Curtiusschen Zersetzung der Säureazide, ist wieder die Gerüstumlagerung ein allgemeines, an keine weiteren Konstitutionsbedingungen gebundenes Merkmal.

Aus systematischen Gründen werden an dieser Stelle nur einige repräsentative *polare Umlagerungen* behandelt. Diese werden von einem kationoiden bzw. anionoiden Zentrum der umzulagernden Partikel ausgelöst, wobei die betreffenden Bindungen auf eine heterolytische Art gebildet bzw. aufgelöst werden. Es gibt auch Umlagerungen, bei denen Radikale auftreten, und weiter synchrone cyclische Reaktionen, bei denen eine Zuordnung zu dem polaren oder radikalischen Grundtypus gegenstandslos ist. Diese werden noch später separat diskutiert.

Alle Umlagerungen im engeren Sinne des Wortes sind intramolekulare synchrone (konzertierte) Prozesse und als solche folgen sie den von Woodward und Hoffmann (1965) entdeckten Regeln der Erhaltung der Orbitalsymmetrie (S. 357).

1. Carboniumion-Umlagerungen

Die heutige Kenntnis der Carboniumion-Umlagerungen ist mit dem Studium der nukleophilen Substitution sowie der Additions- und Eliminierungsprozesse untrennbar verbunden. In unserer Diskussion dieser Reaktionen ist auch die Neigung der Carboniumionen zur Umlagerung als ihre typische Eigenschaft und das Vorhandensein von umgelagerten Produkten als ein Symptom der Teilnahme von Carboniumionen am Reaktionsverlauf erwähnt worden. Noch näher an das Thema der Carboniumion-Umlagerungen kamen wir bei der Behandlung der Nachbargruppeneffekte bei Solvolysen und der Frage der nichtklassischen Ionen (S. 118), als wir an die Möglichkeit einer Wechselwirkung zwischen den σ-Elektronen einer benachbarten C—C-Bindung und dem Orbitalsystem eines kationischen Kohlenstoffatoms hinwiesen.

a) Wagner-Meerwein-Umlagerung

Zu den einfachsten gesättigten Verbindungen, bei denen Substitutions- und Eliminierungsreaktionen von Umlagerungen begleitet werden, gehören Neopentylderivate. So entsteht durch Einwirkung von Bromwasserstoff auf Neopentylalkohol ein Gemisch von isomeren Bromderivaten, in dem *tert.* Amylbromid überwiegt (Whitmore und Rothrock, 1932).

Auch das auf einem anderen Weg (durch Bromierung von Neopentan) hergestellte Neopentylbromid neigt zur Umlagerung: Beim Erhitzen in wäßrigem Äthanol liefert es ein Gemisch von *tert.* Amylalkohol, *tert.* Amyläthyläther und 2-Methyl-2-buten; alle drei Produkte haben dasselbe „umgelagerte" Kohlenstoffgerüst. In wasserfreiem Alkohol in Anwesenheit von Natriumäthylat entsteht jedoch — ohne Umlagerung — Neopentyläthyläther (Dostrovsky und Hughes, 1946).

Ein anderes, wohlbekanntes Beispiel einer Umlagerung dieser Art ist die säurekatalysierte Dehydratisierung von Pinacolylalkohol zu 2,3-Dimethyl-2-buten (Zelinsky und Zelikov, 1901).

Viel studiert wurden Umlagerungen dieses Typus in der Reihe der bicyclischen Terpenoide. Camphen (1) addiert in alkoholischer Lösung Chlorwasserstoff unter Umlagerung und ergibt Isobornylchlorid (3). In Äther bei tiefen Temperaturen verläuft die Anlagerung ohne Umlagerung, das gebildete Camphenhydrochlorid (2) ist jedoch labil und lagert in ionisierenden Medien leicht zu Isobornylchlorid um (vgl. auch S. 118). Auch die Dehydrochlorierung von Isobornylchlorid ist mit Umlagerung verbunden: Durch Einwirkung von Anilin oder schon beim Kochen in Wasser wird Camphen gebildet (Meerwein und van Emster, 1920, 1922).

Die wichtigsten Regelmäßigkeiten dieser durch eine 1,2-Verschiebung einer Alkyl-gruppe charakterisierten Umlagerungen sind schon in den klassischen Arbeiten von Wagner (1899) und Meerwein (1920, 1922) entdeckt worden. Meerwein hat unter anderem gezeigt, daß die Umlagerung von Camphenhydrochlorid zu Isobornylchlorid eine Reaktion erster Ordnung ist und daß ihre Geschwindigkeit dem Ionisierungs-vermögen des Milieus proportional ist (Meerwein und van Emster, 1922). Eine ähnliche Charakteristik gilt für die erwähnte Solvolyse von Neopentylbromid in wäßrigem Äthanol: Die Reaktion ist kinetisch erster Ordnung, ist – in bestimmten Grenzen – unempfindlich gegenüber Hydroxylionen (sie beschleunigen sie nicht), und ein Über-gang von 70% zu 50% Äthanol, d. h. eine Erhöhung der Ionisierungskraft des Mediums, hat eine mehrfache Steigerung der Reaktionsgeschwindigkeit zur Folge. Die zu Neo-pentyläthyläther führende Reaktion mit Natriumäthylat in absolutem Alkohol ist da-gegen eine Reaktion zweiter Ordnung (Dostrovsky und Hughes, 1946).

Diese und manche anderen Beispiele zeigen, daß bei Substitutions- und Elimi-nierungsreaktionen gesättigter Alkylhalogenide, Alkohole und ihrer verschiedenen Ester eine Umlagerung nur dann stattfindet, wenn ein Carboniumion-Mechanismus vorliegt. Die Skelettumwandlung erfolgt allerdings nur dann, wenn sie energetisch günstig ist (Dostrovsky, Hughes und Ingold, 1946).

Im System Isobornylchlorid—Camphen $((3) \rightarrow (1))$ kommt es bei der Umlagerung zu einer Inversion am Kohlenstoffatom $C_{(2)}$; die neue C—C-Bindung entsteht an der der C—Cl-Bindung entgegengesetzten Seite. Eine ähnliche Stereochemie hat die Umlagerung von Camphenhydrochlorid zu Isobornylchlorid. Eine Inversion findet nicht nur am C-Atom der ursprünglichen C—Cl-Bindung, sondern auch an der neuen Stelle der Cl-Assoziation statt. Sollte man also im Schema der Wagner-Meerwein-Umlagerung

$$R-\underset{②}{\overset{|}{C}}-\underset{①}{\overset{|}{C}}-X \quad \longrightarrow \quad Y-\underset{②}{\overset{|}{C}}-\underset{①}{\overset{|}{C}}-R$$

auch die bekannten stereochemischen Tatsachen zum Ausdruck bringen, so würde dies, wenigstens für die meisten Fälle, folgendermaßen aussehen:

Im Hinblick auf die zeitliche Reihenfolge der mit den Pfeilen bezeichneten Teil-änderungen ist besonders die Frage schwerwiegend, ob die Verschiebung der Gruppe R (mit den beiden Bindungselektronen) erst nach dem Auflösen der Bin-dung $C_{(1)}$—X bzw. nachdem die Entfernung zwischen $C_{(1)}$ und X diejenige des Solvolyse-Übergangszustandes erreicht hat, stattfindet, oder ob sich die neue R—$C_{(1)}$-Bindung schon früher auszubilden beginnt.

Eine wertvolle Information kann man hier von kinetischen Messungen erwarten. Im ersten Fall sollte die Geschwindigkeit des ganzen Prozesses durch die Wanderung von R unbeeinflußt bleiben; sie wäre allein durch die Geschwindigkeit der mono-molekularen Dissoziation von $C_{(1)}$—X gegeben und diese sollte mit derjenigen von analogen, jedoch nicht umlagernden Verbindungen vergleichbar groß sein. Sollte jedoch die neue Bindung R—$C_{(1)}$ simultan mit dem Auflösen der Bindung $C_{(1)}$—X entstehen, so sollte sich die Teilnahme der R—$C_{(2)}$-Bindungselektronen an der

Dissoziation von $C_{(1)}$—X beschleunigend auswirken, so daß beim Vergleich mit analogen, jedoch nicht umlagernden Verbindungen eine Beschleunigung der Solvolyse festzustellen wäre.

In der Tat begegnet man bei Wagner-Meerwein-Umlagerungen beiden erwähnten Typen der zeitlichen Abhängigkeit. Die Solvolyse von Neopentylbromid ist ein Beispiel des ersterwähnten Typs. Die Solvolysegeschwindigkeit dieser Verbindung in wäßriger Ameisensäure ($k_1 = 1{,}53.10^{-6}$ sec^{-1}) ist mit der von Äthylbromid in demselben Lösungsmittel ($k_1 = 2{,}7.10^{-6}$ sec^{-1}) vergleichbar und wird also von der migrierenden Methylgruppe nicht wesentlich beeinflußt. Daraus kann man schließen, daß die Verschiebung erst dann stattfindet, wenn das Neopentylcarboniumion (oder wenigstens der ihm entsprechende Übergangszustand) erreicht worden ist. Die treibende Kraft der nachfolgenden, schnellen Umlagerung ist dabei der Gewinn an Energie, der sich aus einer besseren hyperkonjugativen Stabilisierung und kleineren nichtbindenden Wechselwirkungen im *tert.* Amylkation im Vergleich zum Neopentyl-Ion ergibt.

Dagegen sind die Reaktionen im Camphen-Isobornylchlorid-System ein Beispiel von Umlagerungen mit einer Zeitabhängigkeit des zweiterwähnten Typs. Die Solvolyse von Isobornylchlorid in 80% Äthanol bei 80° C ($k_1 = 1{,}4.10^{-2}$ sec^{-1}) verläuft um fünf Zehnerpotenzen schneller als die monomolekulare Solvolyse des sekundären Isopropylchlorids ($k_1 = 5.10^{-7}$ sec^{-1}). Dabei reagiert Bornylchlorid (4), das sich von Isobornylchlorid nur durch die Konfiguration am Cl-tragenden Kohlenstoffatom unterscheidet, ungefähr gleich schnell wie Isopropylchlorid ($k_1 = 1{,}5.10^{-7}$ sec^{-1}) (Brown, Hughes und Ingold, 1951).

Der auffallende Unterschied der Solvolysegeschwindigkeiten der isomeren Halogenderivate kann im Sinne des oben erwähnten Schemas des stereochemischen Verlaufes der Umlagerung erklärt werden. Bei Isobornylchlorid kann die migrierende $C_{(6)}$-Gruppe durch Beteiligung ihrer σ-Elektronen die $C_{(2)}$—Cl-Dissoziation beschleunigen. Bei Bornylchlorid ist dagegen ein solcher simultaner Prozeß aus stereochemischen Gründen nicht möglich[1].

---

1 Die Deutung der kinetischen Unterschiede zwischen Isobornyl- und Bornylchlorid auf Grund der Bildung eines resonanzstabilisierten nichtklassischen Ions aus Isobornylchlorid einerseits (Winstein und Mitarbeiter) und der sterisch gehinderter Ionisierung bei Bornylchlorid anderseits (Brown und Mitarbeiter) ist bereits an einer anderen Stelle diskutiert worden (S. 118).

Der Mechanismus einer synartetisch beschleunigten Solvolyse mit Umlagerung operiert also mit der Vorstellung, daß die migrierende kohlenstoffhaltige Gruppe während des ganzen Prozesses an das Molekül gebunden bleibt. Dies ist auch für die ohne Beschleunigung verlaufenden Umlagerungen auf verschiedenen Wegen (z. B. durch isotopische Markierung) bestätigt worden.

b) Pinacolin-Umlagerung

Zu den am längsten bekannten Umlagerungen gehört die *Pinacolin-Umlagerung*. Ihre Bezeichnung wurde vom Trivialnamen des Methyl-*tert.* butylketons, das durch Einwirkung von Schwefelsäure auf 2,3-Dimethyl-2,3-butandiol entsteht, abgeleitet (Fittig, 1859).

$$CH_3-\underset{\underset{OH}{|}}{\underset{|}{\overset{\overset{CH_3}{|}}{C}}}-\underset{\underset{OH}{|}}{\overset{\overset{CH_3}{|}}{C}}-CH_3 \xrightarrow{[H^+]} CH_3-\underset{\underset{O}{\|}}{C}-\underset{\underset{CH_3}{|}}{\overset{\overset{CH_3}{|}}{C}}-CH_3 \quad (+\ H_2O)$$

Ähnliche 1,2-Verschiebungen von Alkyl- bzw. Arylgruppen sind bei vielen ditertiären, sekundär-tertiären sowie disekundären Glykolen beobachtet worden, so z. B.:

$$C_6H_5-\underset{\underset{OH}{|}}{CH}-\underset{\underset{OH}{|}}{CH}-C_6H_5 \xrightarrow{[H^+]} O{=}CH-CH\overset{\diagup C_6H_5}{\diagdown C_6H_5} \quad (+\ H_2O)$$

Die Aufgabe der Säure bei diesen Umlagerungen ist die Bildung des Oxoniumions (5), an dessen monomolekulare Dissoziation dann die Skelettumlagerung gebunden ist.

$$\underset{\underset{HO}{|}}{\overset{\overset{R}{|}}{C}}-\underset{\underset{OH}{|}}{C} \underset{H^+}{\rightleftharpoons} \underset{\underset{H-O}{|}}{\overset{\overset{R}{|}}{C}}\cdots\underset{\underset{\overset{+}{O}H_2}{|}}{C} \longrightarrow \underset{\underset{H^+\ O}{|}}{\overset{\overset{R}{|}}{C}}-\underset{\underset{H_2O}{|}}{C}$$

$$(5)$$

Das in (5) durch Pfeile angedeutete Schema der Elektronenverschiebungen ist eigentlich nur ein Spezialfall des allgemeinen Schemas der Wagner-Meerwein-Umlagerung (S. 248). Es gibt viele experimentelle Stützen für diesen Mechanismus. Es wurde z. B. festgestellt, daß die Migrierung der kohlenstoffhaltigen Gruppe immer zu demjenigen der beiden Glykol-Kohlenstoffatome stattfindet, bei dem die $C-{}^+OH_2$-Dissoziation durch positive induktive oder konjugative Effekte der Substituenten gefördert wird. Bei symmetrisch substituierten aromatischen Glykolen vom Typus (6)

$$\underset{\underset{\overset{O}{|}}{H}}{\overset{\overset{Ar^1}{\diagdown}}{\underset{\overset{\diagup}{Ar^2}}{C}}}-\underset{\underset{\overset{O}{|}}{H}}{\overset{\overset{Ar^1}{\diagup}}{\underset{\diagdown Ar^2}{C}}}$$

$$(6)$$

migrieren vorzugsweise diejenigen Arylgruppen, bei denen am mit Glykolkohlenstoff verbundenen C eine höhere Elektronenladung vorliegt (wie z. B. in *p*-Anisyl) (Bachmann und Mitarbeiter, 1932–1934). Dies stimmt mit dem vorgeschlagenen Schema auch dann überein, wenn wir – wie oben bei der Wagner-Meerwein-Umlagerung – beide Möglichkeiten des zeitlichen Verlaufes der Dissoziation und der Wanderung zulassen.

Was den sterischen Verlauf betrifft, konnte hier eine ähnliche Abhängigkeit vom sterischen Bau des Substrates wie bei der Wagner-Meerwein-Umlagerung beobachtet werden. Die Pinacolin-Umlagerung findet meistens nur dann unbehindert statt, wenn die neue R—C-Bindung von der der C—O$^+$H$_2$-Bindung entgegengesetzten Seite entstehen kann. Ein Beispiel dafür ist die Umlagerung bei stereoisomeren 1,2-Dimethyl-1,2-cyclohexandiolen. Das *cis*-Isomere (7), in dessen Sesselform eine der Methylgruppen und eine der OH-Gruppen gegeneinander antiperiplanar orientiert sind, gibt beim Kochen mit 20% Schwefelsäure in hoher Ausbaute 2,2-Dimethylcyclohexanon. Beim *trans*-Isomeren (8) ist dagegen die sterische Bedingung einer antiperiplanaren Stellung von OH und CH$_3$ nicht erfüllt, dafür befindet sich in einer solchen Stellung zu OH eine der benachbarten Methylengruppen des Cyclohexanringes. Und es ist tatsächlich diese Methylengruppe, die beim Erhitzen von (8) mit verdünnter Schwefelsäure migriert, denn das Produkt ist hier 1-Methyl-1-acetyl-cyclopentan (Bartlett und Poeckel, 1937).

c) Demjanov-Umlagerung. Wolffsche Umlagerung

In dieselbe Kategorie wie die zwei vorangegangenen Umlagerungen gehören auch die beim Diazotieren primärer aliphatischer Amine beobachteten Umlagerungen. Eines der ersten studierten Beispiele auf diesem Gebiet ist die Reaktion von Aminomethylcyclobutan mit salpetriger Säure (Demjanov und Luschnikov, 1903). Neben „normalen" Produkten (Cyclobutylcarbinol und Methylencyclobutan) sind hier zwei Produkte einer skeletalen Umlagerung (Cyclopentanol und Cyclopenten) isoliert worden.

Der Mechanismus der Demjanov-Umlagerung geht vom allgemeinen Schema der Diazotierung aus. Zum Unterschied von aromatischen Diazoniumderivaten sind aliphatische Diazoniumionen unbeständig und zerfallen leicht zu Stickstoff und Carboniumionen, die sich dann durch Reaktion mit Nukleophilen oder durch Protoneliminierung stabilisieren.

$$R\!-\!NH_2 \xrightarrow{\ HNO_2\ } R\!-\!NH\!-\!N\!\!=\!\!O \rightleftharpoons R\!-\!N\!\!=\!\!N\!-\!OH$$

$$\xrightarrow[(-H_2O)]{H^+} R\!-\!\overset{+}{N}\!\!\equiv\!\!NI \longrightarrow IN\!\!\equiv\!\!NI + R^+ \longrightarrow R\!-\!OH$$

$$\downarrow$$

Olefin

Die Umlagerung kann entweder im entstandenen Carboniumion (Schema *a*) oder aber — wie es einige Autoren für bestimmte Fälle vermuten — schon während des Zerfalles des Diazoniumions, also in einem konzertierten Prozeß (Schema *b*), stattfinden.

(a)

(b)

Eine gewisse Verwandtschaft mit der Demjanov-Umlagerung besteht bei der *Wolffschen Umlagerung* von Diazoketonen. Diese Verbindungen spalten bekannterweise bei Bestrahlung oder in Anwesenheit von Ag^+-Ionen Stickstoff ab und bilden Ketene, die dann, je nach Reaktionsbedingungen, in Form von Carbonsäuren, Estern oder Amiden gefaßt werden. Die Ähnlichkeit mit der Demjanov-Umlagerung ist aus dem folgenden Schema ersichtlich.

$$O\!\!=\!\!C\!-\!CH\!-\!\overset{+}{N}\!\!\equiv\!\!NI \longrightarrow O\!\!=\!\!C\!\!=\!\!CH\!-\!R + IN\!\!\equiv\!\!NI$$

Dieser Vorstellung entsprechend bleibt bei der Umlagerung der Diazoketone die ursprüngliche Konfiguration der migrierenden Gruppe erhalten. Der Beweis wurde durch Überführung von *cis*-2-Phenyl-1-cyclohexancarbonsäure in die homologe 2-Phenyl-cyclohexylessigsäure und durch deren oxidativen Abbau zur *cis*-Ausgangssäure erbracht (Gutsche, 1948).

d) *Wasserstoffverschiebung*

Ähnlich wie kohlenstoffhaltige Gruppen können auch benachbarte Wasserstoffatome bei Carboniumion-Reaktionen zum positiv geladenen Kohlenstoff migrieren. Schon vor hundert Jahren ist eine solche Wasserstoffwanderung von Linnemann (1872) bei der Umsetzung von Isobutylhalogeniden mit Silberacetat beobachtet worden: Neben Isobutylen entstand unerwarteterweise *tert.* Butylacetat.

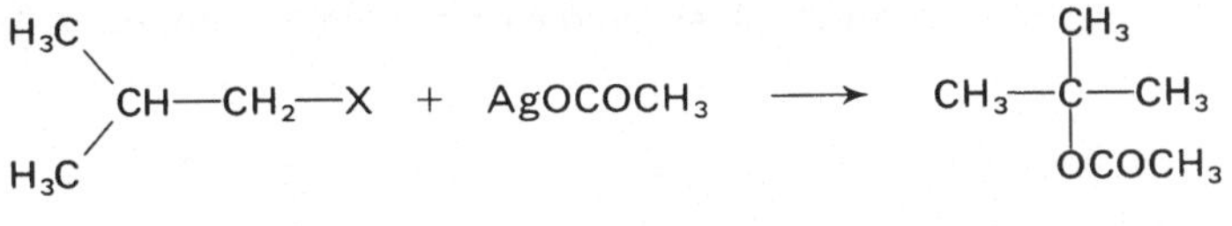

$$H_3C{\searrow}CH-CH_2-X \; + \; AgOCOCH_3 \; \longrightarrow \; CH_3-\underset{\underset{OCOCH_3}{|}}{\overset{\overset{CH_3}{|}}{C}}-CH_3$$

Später wurde festgestellt, daß es sich um eine allgemeine Erscheinung handelt. Das Ausmaß der H-Verschiebung ist allerdings von Fall zu Fall verschieden; einmal begleiten die Produkte dieser Verschiebung nur in kleinen Mengen die Produkte der normalen Reaktion oder einer Alkylverschiebung, das andere Mal bilden sie wieder das Hauptprodukt.

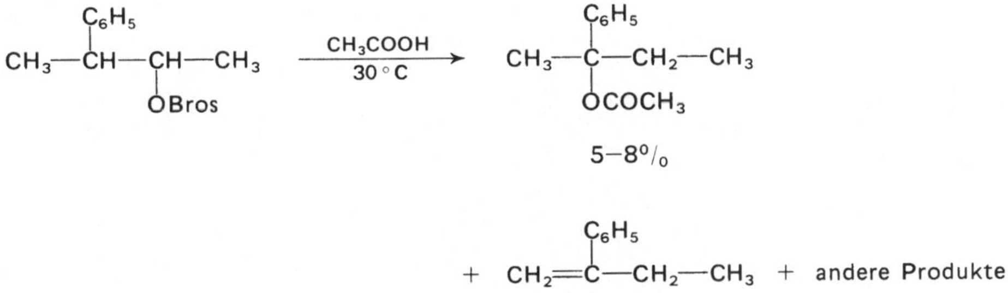

$$CH_3-\underset{\underset{OBros}{|}}{\overset{\overset{C_6H_5}{|}}{CH}}-CH-CH_3 \quad \xrightarrow[\text{30 °C}]{CH_3COOH} \quad CH_3-\underset{\underset{OCOCH_3}{|}}{\overset{\overset{C_6H_5}{|}}{C}}-CH_2-CH_3$$

$$5-8\%$$

$$+ \quad CH_2{=}\underset{}{\overset{\overset{C_6H_5}{|}}{C}}-CH_2-CH_3 \quad + \quad \text{andere Produkte}$$

$$\sim 0,5\%$$

[Cram, 1952]

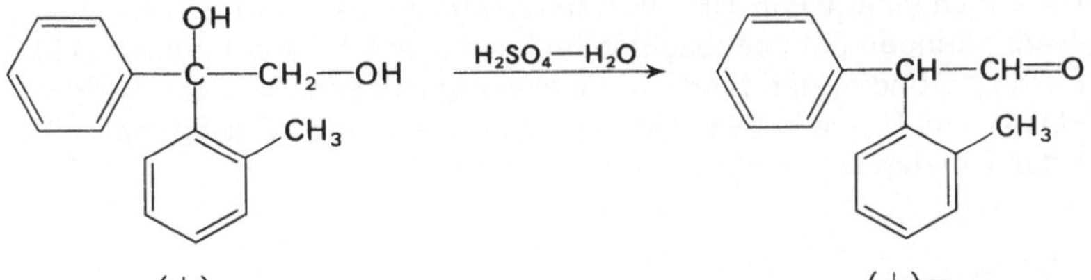

[Mislow und Siegel, 1952]

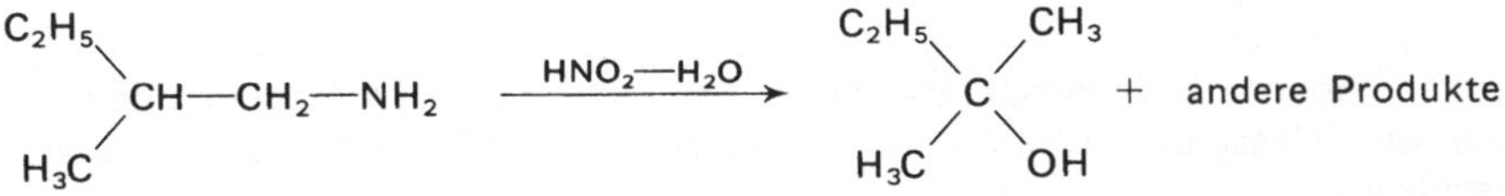

$$C_2H_5{\searrow}CH-CH_2-NH_2 \quad \xrightarrow{HNO_2-H_2O} \quad \underset{H_3C}{\overset{C_2H_5}{\diagdown}}\underset{\diagup\;\diagdown}{C}\overset{CH_3}{\diagup}\;OH \quad + \quad \text{andere Produkte}$$

$$70\%$$

[Kirmse und Arold, 1970]

In einer Analogie zur Wagner-Meerwein- und ähnlichen Umlagerungen, wo mit der migrierenden Gruppe auch die beiden Elektronen der ursprünglichen σ-Bindung auf das benachbarte positive Zentrum übertragen werden, spricht man hier von Hydrid-Verschiebungen. Diese Bezeichnung scheint jedoch insofern unglücklich zu sein, als sie eine der natürlichen Polarität entgegengesetzte Polarisierung der H—C-Bindung und diese sogar in der unmittelbaren Nachbarschaft eines positiv geladenen Kohlenstoffatoms verlangt. Es ist zu vermuten, daß sich der nachweisbar intramolekulare Vorgang eher durch einen umgekehrten Elektronenfluß vollzieht.

Als Bedingung für das Erreichen des Übergangszustandes stellt der intramolekulare Mechanismus eine Koplanarität der H—C-Bindung und des freien p-Orbitals am positiv geladenen C-Atom; das über das H-Zentrum hinausreichende $\sigma_{p,s}$-Orbital der H—C-Bindung kann so durch Überlappen mit dem p-Orbital die Bildung des neuen $\sigma_{p,s}$-Orbitals auslösen.

Im scheinbaren Widerspruch zu dieser Behauptung wurden bei einigen Umsetzungen von 2-Adamantylderivaten (9) Wasserstoffverschiebungen unter Bildung von 1-Adamantylverbindungen (11) beobachtet. Im 2-Adamantyl-Carboniumion (10) ist dabei die geometrische Bedingung für die Verschiebung nicht erfüllt: Der dihedrale Winkel des p-Orbitals am $C_{(2)}$ mit dem Orbital der $C_{(1)}$—H-Bindung beträgt 90° und ist damit für das Überlappen so ungünstig wie möglich.

(9)   (10)   (11)

Neulich haben v. R. Schleyer, McKervey und Keizer (1970) tatsächlich bewiesen, daß hier die Wasserstoffwanderung ausnahmsweise auf einem *intermolekularen* Weg geschieht.

Der oben skizzierte cyclische Mechanismus der 1,2-Verschiebungen paßt allerdings nicht für sogenannte *transannulare Wasserstoffverschiebungen*, die z. B. bei mittelgroßen Ringsystemen beobachtet worden sind. So hat Urech und Prelog (1957) das aus einem ^{14}C-markierten Cyclodecyltosylat durch Solvolyse in Essigsäure erhaltene Gemisch von *cis*- und *trans*-Cyclodecen auf ^{14}C-Verteilung in der Kohlenstoffkette untersucht und dabei festgestellt, daß die Doppelbindung nicht nur an den mit $C_{(1)}$ direkt benachbarten Kohlenstoffatomen, sondern ein großer Teil davon unter einer 1,5- bzw. 1,6-Wasserstoffverschiebung entstanden ist. Eine ähnliche H-Wanderung zwischen zwei nicht direkt gebundenen Kohlenstoffatomen wurde bei der Solvolyse von Norbornylderivaten zwischen $C_{(6)}$ und $C_{(2)}$ (eine 1,3-Verschiebung) neben der früher schon besprochenen Wagner-Meerwein-Umlagerung nachgewiesen (Roberts und Lee, 1951; Roberts, Lee und Saunders, 1954).

Sogar in offenkettigen Verbindungen sind H-Verschiebungen dieser Art (1,3- bis 1,6-Verschiebungen) in kleinem Ausmaß beobachtet worden. Im allgemeinen kommen sie jedoch meistens in cyclischen Gerüsten vor, in denen eine günstige Konformation ein Überlappen des unbesetzten *p*-Orbitals des Carboniumion-Kohlenstoffs mit dem σ-Orbital einer C—H-Bindung ermöglicht. Diese sterische Bedingung ist z. B. in der bevorzugten Konformation des Cyclodecyl-Kations zwischen $C_{(1)}$ und $C_{(5)}$ ausgezeichnet erfüllt.

Der einzig mögliche Weg für die Bindungselektronen, in das unbesetzte *p*-Orbital zu gelangen, ist bei transannualen H-Verschiebungen die direkte Passage über das kleine Wasserstoffatom. Die Bezeichnung als Hydrid-Verschiebung ist hier also einigermaßen berechtigt und eher verständlich: Das positive Carboniumion-Zentrum wirkt hier aus einer von der der 1,2-Verschiebung vollkommen unterschiedlichen Stellung und kann eine „umgekehrte" Polarisierung der H—C-Bindung leicht hervorrufen.

2. Umlagerungen zu elektronendefektivem Stickstoff und Sauerstoff

Manche gemeinsamen Eigenschaften mit den soeben diskutierten Carboniumion-Umlagerungen weisen die Umlagerungen stickstoffhaltiger Carbonsäure- und Ketonderivate auf.

Beim *Hofmannschen Abbau der Säureamide,* bei dem aus primären Carbonsäureamiden durch Einwirkung von alkalischen Hypochlorit- bzw. Hypobromitlösungen um ein Kohlenstoffatom ärmere primäre Amine entstehen, wurde als faßbares Zwischenprodukt das entsprechende Isocyanat festgestellt.

$$O{=}\underset{\underset{\displaystyle NH_2}{|}}{\overset{\overset{\displaystyle R}{|}}{C}} \quad\xrightarrow{\ BrO^-\ }\quad O{=}C{=}N{-}R \quad\xrightarrow[\ [HO^-]\ ]{\ H_2O\ }\quad O{=}C{=}O \ + \ H_2N{-}R$$

Das Isocyanat ist jedoch nicht das erste Zwischenprodukt auf dem Wege vom Amid zum Amin; dies scheint das N-Halogenamid zu sein. In einigen Fällen gelang es sogar, ein weiteres, labiles Zwischenprodukt, nämlich das Alkalisalz des N-Halogenamids, zu isolieren. Diese Salze zersetzen sich mehr oder weniger spontan zu Isocyanaten. Das Schema des Hofmannschen Abbaus kann somit folgendermaßen erweitert werden:

$$O{=}\overset{\overset{\displaystyle R}{|}}{C}{-}\bar{N}H_2 \quad\xrightarrow{\ XO^-\ }\quad O{=}\overset{\overset{\displaystyle R}{|}}{C}{-}\bar{N}H{-}X \quad\longrightarrow\quad O{=}\overset{\overset{\displaystyle R}{|}}{C}{-}\underset{=}{\bar{N}}{-}X$$

$$+ \ HO^- \qquad\qquad\qquad + \ H_2O$$

$$\longrightarrow\quad O{=}C{=}\bar{N}{-}R \ + \ X^-$$

Die eigentliche Umlagerung, d. h. die Wanderung der Gruppe R vom Kohlenstoff zum Stickstoff, findet also im Stadium des N-Halogenamid-Anions statt. Die kohlenstoffhaltige Gruppe verschiebt sich vom Carbonyl zum Stickstoffatom mit beiden Elektronen der ursprünglichen R—C-Bindung. Die Bildung der neuen R—N-Bindung und das Ablösen des Halogens als Anion geschieht intramolekular und sehr wahrscheinlich auf eine konzertierte Weise (Hauser und Kantor, 1950; Wright, 1968).

$$O{=}\overset{\overset{\displaystyle R}{|}}{C}{\cdots}\bar{N}{\cdots}X \quad\longrightarrow\quad O{=}C{=}\bar{N}{-}R \ + \ X^-$$

Die Tatsache, daß die migrierende Gruppe beim Abbau ihre ursprüngliche Konfiguration behält, ist eine der Stützen des vorgeschlagenen Mechanismus (siehe z. B. Noyes und Potter, 1912, 1915).

Einen ähnlichen Verlauf, wenigstens was das entscheidende Stadium des Umlagerungsprozesses betrifft, hat die *Curtiussche Spaltung der Säureazide*, die in aprotischen Medien (z. B. beim Erhitzen in Benzol) zu Isocyanaten führt. Wie beim Hofmannschen Amid-Abbau wird die Verschiebung einer R-Gruppe durch eine defektive Elektronenhülle am benachbarten Stickstoffatom, die hier bei der Abspaltung von molekularem Stickstoff entsteht, ausgelöst und durch die Möglichkeit einer gleichzeitigen Auffüllung des am Kohlenstoffatom der Carbonylgruppe freiwerdenden Orbitals unterstützt.

$$O{=}\overset{\overset{\displaystyle R}{|}}{C}{\cdots}\underset{\ominus}{\bar{N}}{-}\overset{\oplus}{N}{\equiv}NI \quad\xrightarrow{\ \Delta\ }\quad O{=}C{=}\bar{N}{-}R \ + \ IN{\equiv}NI$$

Der intramolekulare Charakter der Reaktion ist von Bell (1934) an der Zersetzung des optisch aktiven 2'-Methyl-6'-nitro-diphenyl-2-carbonsäureazids demonstriert worden. Das entstandene Isocyanat gab nach Hydrolyse ein optisch aktives 2-Aminoderivat. Die sterische Bedingung für eine Atropisomerie (S. 15) blieb hier also während des ganzen Prozesses erhalten.

Mit beiden diskutierten Umlagerungen eng verwandt ist der *Lossensche Abbau der O-acylierten Hydroxamsäuren,* der in alkalischen wäßrigen Medien zu primären Aminen führt. Zwischenprodukte sind hier wieder Isocyanate.

Auch bei *stickstoffhaltigen Ketonderivaten* sind Umlagerungen vom Kohlenstoff zum Stickstoff bekannt. So entstehen bei der *Schmidtschen Reaktion* aus Ketonen durch Einwirkung von Stickstoffwasserstoffsäure und starken Säuren N-Alkyl-carbonsäureamide:

Für diese synthetisch geschätzte Umlagerung ist das folgende Schema, das selbstverständlich auch der beobachteten saueren Katalyse Rechnung trägt, vorgeschlagen worden (Smith, 1948).

$$(12)$$

Das N-Alkyl- bzw. Arylnitriliumion (12) wird intermediär auch bei der *Beckmannschen Umlagerung der Ketoxime* (und ihrer Derivate) gebildet. Auch diese Reaktion ist säurekatalysiert.

$$R_2C{=}N{-}OX \;\rightleftharpoons\; R_2C{=}\overset{+}{N}{-}\overset{H}{O}X \;\longrightarrow\; R{-}C{\equiv}\overset{+}{N}{-}R' \;+\; XOH$$

$$(12)$$

$$\downarrow\; +\,H_2O{-}H^+$$

$$R{-}\underset{\underset{O}{\|}}{C}{-}NH{-}R'$$

$$[X = H \;;\; R''SO_2 \;;\; R''CO \quad u.\,a.]$$

Die Bildung des Nitriliumions wurde neuerdings spektroskopisch nachgewiesen (Gregory und Mitarbeiter, 1969). Was die Stereochemie der Beckmannschen Umlagerung betrifft, wandert von den beiden R-Gruppen diejenige zum Stickstoff, die sich in einer *anti*-Stellung zur OH-Gruppe des Oxims befindet (Meisenheimer, 1921, 1926). Dies deutet auf einen konzertierten, antiperiplanaren Verlauf hin.

Die Umlagerungen vom Kohlenstoff zum Stickstoff haben ihre Sauerstoff-Analogie in der *Baeyer-Villigerschen Reaktion*, bei der aus Aldehyden bzw. Ketonen durch Einwirkung von Persäuren Ameisensäure- bzw. höhere Carbonsäureestern entstehen.

$$R_2C{=}O \;+\; H_2O_2 \;\xrightarrow{\;H^+\;}\; R{-}\underset{\underset{O{-}R'}{|}}{\overset{\overset{O}{\|}}{C}} \;+\; H_2O$$

Experimente mit ^{18}O-markierten Ketonen haben gezeigt, daß die Carbonylgruppe des Ketons unverändert im Endprodukt erscheint (v. E. Doering und Dorfmann, 1953).

$$(C_6H_5){-}\underset{\underset{*O}{\|}}{C}{-}(C_6H_5) \;\xrightarrow[\;H^+\;]{\;H_2O_2\;}\; (C_6H_5){-}\underset{\underset{*O}{\|}}{C}{-}O{-}(C_6H_5)$$

Die R-Gruppe migriert also zu einem aus der Peroxygruppe stammenden Sauerstoffatom. Dem entspricht das folgende Schema, das die entscheidende Rolle des elektronendefektiven Sauerstoffatoms bei dieser Umlagerung zum Ausdruck bringt.

$$R_2C{=}O \;\underset{}{\overset{H^+}{\rightleftharpoons}}\; R_2C{=}\overset{+}{O}H \;\overset{H_2O_2}{\rightleftharpoons}\; R_2\underset{\underset{OH}{|}}{\overset{\overset{+O{-}OH}{|}}{C}} \;\rightleftharpoons\; R_2\underset{\underset{O{-}H}{|}}{\overset{\overset{O{-}\overset{+}{O}H_2}{|}}{C}}$$

$$\longrightarrow\; R{-}\underset{\underset{O}{\|}}{\overset{\overset{O{-}R'}{|}}{C}} \;+\; H_2O \;+\; H^+$$

3. Prototrope Isomerisierungen in ungesättigten Systemen

Bei ungesättigten Systemen begegnet man oft Isomerisierungen, die in einer Verschiebung eines Wasserstoffatoms und einer Doppelbindung in einer Triade bestehen.

Die drei Kettenglieder können entweder nur Kohlenstoffatome, oder aber verschiedene Kombinationen von Kohlenstoff- mit Heteroatomen (O, N, S) oder sogar nur Heteroatome sein. Im ersten Fall handelt es sich um die Isomerisierung von Olefinen (a), als Beispiele von Isomerisierungen in „gemischten" Systemen seien die von N-Alkyliminen (b) (mit einem Heteroatom in der Mitte), die Keto-Enol (c) und Ketimin-Enamin-Isomerie (d) (ein Heteroatom am Ende der Triade) und die Wasserstoffübertragung in Amidinen (e), Amiden (f) und Carbonsäuren (g) (Heteroatome an beiden Enden) erwähnt. Die *aci*-Nitro-Nitro-Isomerisierung der Nitroparaffine (h) repräsentiert eine Triade mit einem Kohlenstoff- und zwei nebeneinander liegenden Heteroatomen und die Isomerisierung von Triazenen (i) bringt schließlich ein Beispiel eines nur aus Heteroatomen bestehenden Systems.

Alle diese Isomerisierungen sind durch heterolytische Dissoziation der H—C-, H—N- bzw. H—O-Bindungen bedingt. Darauf weist die beobachtete basische Katalyse (siehe weiter) und die Tatsache, daß die Beweglichkeit in den Gleichgewichtssystemen mit der steigenden Ionisierungskraft des Mediums zunimmt, hin. Allgemein werden sie als *prototrope Verschiebungen* bezeichnet. Die durch Abspaltung eines Protons entstehenden Anionen sind in allen erwähnten Fällen mesomeriestabilisiert:

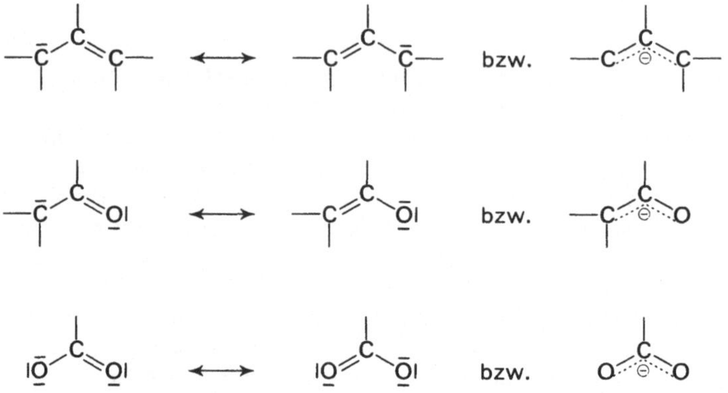

bzw.

bzw.

bzw.

Die Stabilitäten der einzelnen Anionen sind allerdings sehr unterschiedlich. Ein Allyl-Anion ist z. B. viel weniger stabilisiert als ein Carboxylat-Anion, in dem die negative Ladung überwiegend auf beide elektronegativen Sauerstoffatome vollkommen symmetrisch verteilt ist. Je stabiler das Anion ist, desto leichter erfolgt die Protonabspaltung aus den entsprechenden „konjugierten Säuren" und desto größer ist auch die Beweglichkeit in dem isomeren System.

Bei Triaden mit zwei Endheteroatomen ist diese Beweglichkeit auch wegen der Neigung des Stickstoffs und Sauerstoffs zur Teilnahme an Wasserstoffbindungen (S. 43) allgemein so hoch, daß die Isomerisierung in Lösung oder in flüssigem Zustand der Verbindungen oft spontan erfolgt und die Isolierung der beiden Isomeren unter gewöhnlichen Bedingungen unmöglich macht. Die prototrope Verschiebung muß in solchen Fällen nicht immer zu chemisch unterschiedlichen Isomeren führen; bei Carbonsäuren, symmetrischen Amidinen u. a. entstehen durch Protonverschiebung identische Strukturen. In anderen Fällen, wie z. B. bei der Keto-Enol-Isomerisierung, sind dagegen die Isomeren (bei dieser Art beweglicher Isomerie werden sie als *Tautomere* bezeichnet) oft individuell isolierbar – die Beweglichkeit des Systems ist hier schon etwas niedriger. Bei der basisch katalysierten Isomerisierung von Olefinen stellen schließlich die Isomeren (hier spricht man nicht mehr von Tautomeren) unter gewöhnlichen Bedingungen stabile Verbindungen dar, deren gegenseitige Umwandlung nur durch nacheinanderfolgende Einwirkung einer starken Base und eines Protonenspenders erzielt werden kann.

Prototrope Verschiebungen können auch von Säuren katalysiert werden. In der Tat ist zur Vollbringung der Isomerisierung immer eine Zusammenwirkung von Base und Säure erforderlich, und der mechanistische Unterschied in einzelnen Fällen liegt eigentlich nur in der chronologischen Reihenfolge der Teilnahme von Base und Säure am Isomerisierungsprozeß. Von diesem Standpunkt aus kommen prinzipiell zwei mechanistische Möglichkeiten in Betracht:

a) *Der zweistufige Prozeß*. Bei der basenkatalysierten Isomerisierung wird zuerst durch Abspaltung des Protons das mesomere Anion gebildet. Dieses wird dann in der zweiten Stufe wieder protoniert. Gewöhnlich ist die erste Stufe geschwindigkeitsbestimmend.

b) *Der einstufige, synchrone Prozeß*, in dem die Bildung und das Auflösen von Bindungen gleichzeitig und ohne jede intermediäre Bildung eines mesomeren Anions erfolgen.

Als ein termomolekularer Prozeß ist dieser Verlauf *a priori* weniger wahrscheinlich als der zweistufige Mechanismus. Seine Chancen können jedoch durch Wasserstoffbindungen zwischen dem Substrat und Lösungsmittel, das die Aufgabe des H-Donors übernimmt, stark gesteigert werden. Im allgemeinen ist jedoch der zweistufige Verlauf doch häufiger.

a) Die Ingoldsche Tautomeren-Regel

Wird eine prototrope Isomerisierung unter Bedingungen durchgeführt, die das Erreichen eines thermodynamischen Gleichgewichts gestatten, so überwiegt natürlich im Endprodukt das thermodynamisch stabilere Tautomere. Interessant sind jedoch die Erfahrungen bei zweistufigen Isomerisierungen, in denen das Endergebnis *kinetisch* kontrolliert wird: Hier wird nämlich überwiegend das weniger stabile der beiden Tautomeren gebildet. So wird beim vorsichtigen Ansäuern von Lösungen der Alkalisalze primärer Nitroalkane die thermodynamisch labilere *aci*-Form freigesetzt, die erst dann allmählich in die Nitroverbindung übergeht.

Ähnlich ist es bei der Keto-Enol-Isomerisierung: Beim Ansäuern der Enolation-Lösungen wird zuerst das meistens weniger stabile Enol gebildet.

$$R\text{---}CH\text{===}\overset{\cdot\cdot}{C}\overset{O}{\underset{R'}{\diagup}} \quad\overset{schnell}{\rightleftharpoons}\quad R\text{---}CH\text{==}C\overset{OH}{\underset{R'}{\diagup}}$$

$$+ \ CH_3COOH \quad\overset{langsam}{\rightleftharpoons}\quad R\text{---}CH_2\text{---}C\overset{O}{\underset{R'}{\diagup}} \quad + \ CH_3COO^-$$

Hierher gehört auch die einigermaßen überraschende Möglichkeit, in α,β-ungesättigten Carbonsäuren und ihren Derivaten durch Behandlung mit starken Basen und Ansäuern die Doppelbindung aus der ursprünglichen Konjugation in die isolierte β,γ-Stellung zu verschieben. Das mesomere Anion wird hier zu dem thermodynamisch labileren β,γ-Derivat schneller als zum konjugierten protoniert.

$$R\text{---}CH\text{:::}CH\text{:::}CH\text{---}C\text{≡}N \quad\overset{schnell}{\rightleftharpoons}\quad R\text{---}CH\text{==}CH\text{---}CH_2\text{---}C\text{≡}N$$

$$\underset{+ \ HB}{\overset{\ominus}{}} \quad\overset{langsam}{\rightleftharpoons}\quad R\text{---}CH_2\text{---}CH\text{==}CH\text{---}C\text{≡}N \quad + \ \bar{B}$$

Diese Beobachtungen hat Ingold (1953) in der folgenden Regel zusammengefaßt: „Wird ein mesomeres Anion schwach ionisierender Tautomeren von stark unterschiedlichen Stabilitäten protoniert, so wird am schnellsten das thermodynamisch instabilste Tautomere gebildet." Die Regel erklärt allerdings nicht, warum es so ist. Etwas verständlicher werden die Tatsachen mit Anwendung des Hammondschen Postulats (S. 96): Die Neutralisierung des Anions ist ein stark exothermer Prozeß und ihr Übergangszustand wird darum ohne jede Reorganisation der mesomeren Elektronenstruktur bald an der Reaktionskoordinate erreicht. Für die Kinetik ist also eher die Struktur des Anions als die der isomeren Produkte maßgebend. Das Anion wird natürlich vorwiegend an seinem negativeren Ende, also eher am O oder N als am C, protoniert, was meistens zu dem weniger stabilen der möglichen Tautomeren führt.

b) Enolisierung

Von den zahlreichen, dem Studium dieses wichtigen Prozesses gewidmeten Arbeiten sei der von Hsü, Ingold und Wilson (1938) durchgeführte Beweis des zweistufigen Mechanismus mit der geschwindigkeitsbestimmenden Deprotonierung kurz beschrieben. Die Aufgabe war, festzustellen, ob die Enolisierungsgeschwindigkeit der Geschwindigkeit der Ionisierung der $H\text{---}C_\alpha$-Bindung gleich ist. Die Enolisierungsgeschwindigkeit konnte indirekt ermittelt werden: Entweder als Geschwindigkeit der Halogenierung der Carbonylverbindung, die, wie schon früher festgestellt, durch die Geschwindigkeit der (langsameren) Enolisierung gegeben ist (S. 76), oder — bei optisch aktiven Carbonylverbindungen mit chiralem C_α — als Geschwindigkeit der Razemisierung, die über das Enol erfolgt. Für die Bestimmung der Ionisierungsgeschwindigkeit am C_α wurde von den Autoren die Geschwindigkeit des Deuteriumaustausches, der in Anwesenheit von D_2O stattfindet, gewählt. Alle drei Prozesse wurden am optisch aktiven Keton (13) kinetisch verfolgt. Bei allen wurde im Rahmen der Fehlergrenzen die gleiche Geschwindigkeit gefunden. Dies bedeutet, daß alle drei dieselbe geschwindigkeitsbestimmende Stufe haben, und diese muß die Protonabspaltung von C_α sein.

(13)

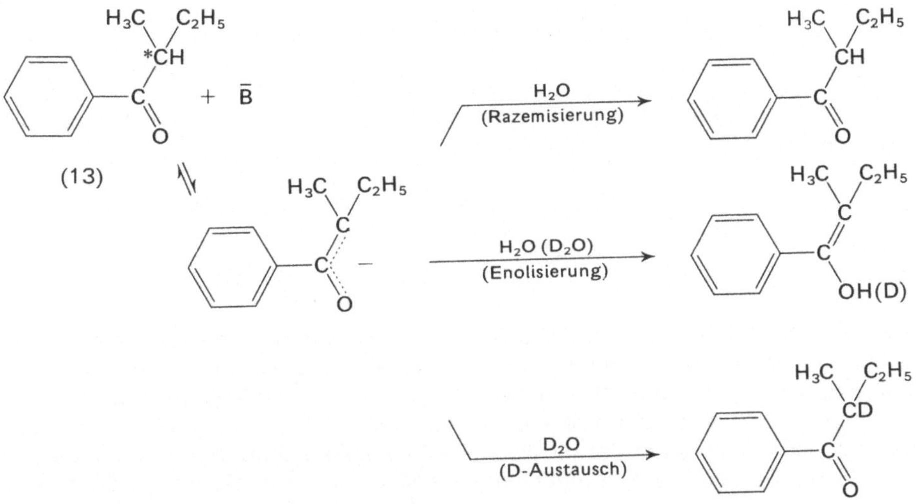
H₃C
C₂H₅
*CH
C
O
+ B̄
C
H₂O
(Razemisierung)
CH
H₂O (D₂O)
(Enolisierung)
OH(D)
D₂O
(D-Austausch)
CD

4. Umlagerungen in Carbanionen

Bei den Carboniumion-Umlagerungen konnten wir verfolgen, wie diese instabilen Partikeln dazu neigen, sich durch intramolekulare Verschiebungen in stabilere Strukturen umzuwandeln. Eine ähnliche Neigung, die möglichst stabile Struktur auch um den Preis einer intramolekularen Umgruppierung zu erreichen, besteht auch bei Carbanionen.

Eine besonders hohe Stabilisierung ist dann zu erwarten, wenn durch eine Umlagerung die negative Ladung vom Kohlenstoff auf ein elektronegativeres Atom, z. B. auf Sauerstoff übergeht, d. h. wenn sich z. B. ein Carbanion in ein Alkoholatanion umgruppiert. Eine solche Umlagerung tritt bei der Einwirkung von starken Basen auf Äther, besonders auf Benzyl- und Benzhydryläther, ein und ist als *Wittigsche Umlagerung* bekannt (Schoerigen, 1924—1926; Wittig und Loehmann, 1942).

(1)

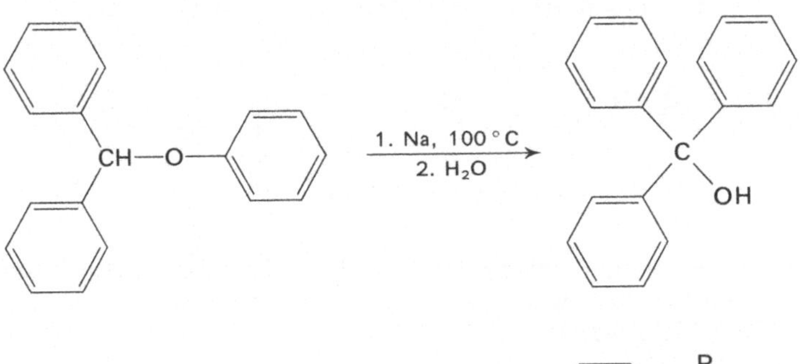
CH—O
1. Na, 100 °C
2. H₂O
C
OH

(2)

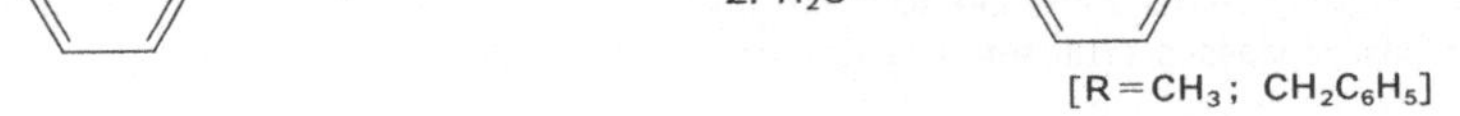
CH₂—O—R
1. C₆H₅Li/Et₂O
2. H₂O
R
CH—OH

[R = CH_3; $CH_2C_6H_5$]

Was den Mechanismus dieser Umlagerung betrifft, die schematisch wie folgt zusammengefaßt werden kann:

$$-\underset{|}{\overset{|}{C}}-\overset{\diagup O\diagdown}{}R \longrightarrow -\underset{|}{\overset{|\bar{O}|}{C}}-R$$

muß die verlockende und in der Literatur wiederholt erscheinende Vorstellung eines intramolekularen S_N2-Prozesses, wie etwa:

$$-\underset{|}{C}\overset{\hat{O}}{\cdots\cdots}R$$

aus stereochemischen Gründen abgelehnt werden. Die für einen S_N2-Übergangszustand nötige lineare Anordnung des Nukleophils (in unserem Fall: des negativen Kohlenstoffatoms) mit dem Reaktionszentrum (R) und der Abgangsgruppe (O) ist hier unmöglich (vgl. S. 89). Die Vorstellung eines intramolekularen S_N2-Mechanismus entspricht auch nicht der meist beobachteten Retention der Konfiguration der wandernden Gruppe (bei S_N2 müßte eine Inversion erfolgen) (Cram und Mitarbeiter, 1959 und auch andere Autoren).

Es ist vielmehr anzunehmen, daß während der Umlagerung die negative Ladung des Anions *via* Sauerstoff zum Teil auf die Gruppe R übertragen wird und daß der Übergangszustand nicht unähnlich demjenigen einer Anlagerung von R⁻ an eine Carbonylgruppe ist[2].

$$\overset{\diagdown}{\underset{\diagup}{C}}\!-\!O \underset{\diagdown R}{} \;\rightleftharpoons\; \overset{\diagdown}{\underset{\diagup}{C}}\!=\!\overset{\ast}{O} \underset{R}{} \;\longrightarrow\; \overset{\diagdown}{\underset{\diagup}{C}}\!-\!O^- \underset{R}{}$$

Dagegen findet Schoellkopf (1970) in seinen Beobachtungen dieser Umlagerung eher Stützen dafür, daß sich die Gruppe R als Radikal (über ein Radikalpaar (14)) verschiebt. Ein solcher Prozeß ist zum Unterschied von dem oben abgelehnten S_N2-Mechanismus erlaubt, sollte jedoch zur Inversion am migrierenden Kohlenstoff führen. Um die beobachtete überwiegende Retention zu erklären, vermutet der Autor eine Rotation des R-Radikals im Radikalpaar um 180°.

$$C_6H_5\!-\!\overset{}{C}H\!-\!\bar{O}\!-\!R \longrightarrow \left[C_6H_5\!-\!\overset{\bullet}{C}H\!-\!\bar{O}| \atop \underset{\bullet}{R}\right] \longrightarrow C_6H_5\!-\!\underset{R}{C}H\!-\!\bar{O}|$$

$$(14)$$

Bei der *Stevensschen Umlagerung* wird durch Einwirkung von Basen eine Alkylgruppe vom quarternären Stickstoff auf ein benachbartes Kohlenstoffatom übertragen (Stevens, 1928, 1930, 1932).

---

2 Eine vollkommene Abspaltung von R⁻ unter Bildung der Carbonylverbindung und eine Wiedervereinigung beider Partikeln zum Produkt entspräche jedoch nicht dem intramolekularen Charakter des Prozesses (Hauser und Kantor, 1951).

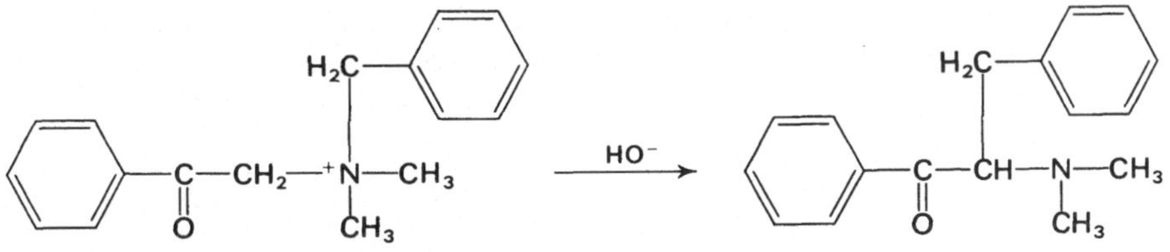

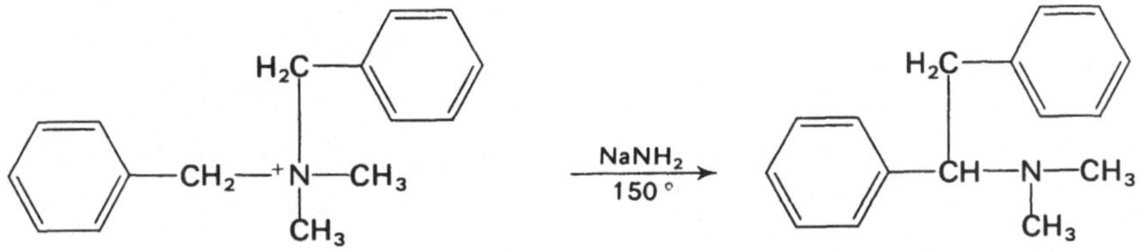

Der energetische Profit der Umlagerung ist auch hier leicht ersichtlich: Ein Zwitterion mit einer negativen Ladung am Kohlenstoff wandelt sich in ein stabiles, neutrales Molekül um.

Bei der Umsetzung von Dibenzyldimethylammoniumjodid mit ^{14}C-markiertem Benzyllithium als Base wurde in das Umlagerungsprodukt keine ^{14}C-enthaltende Benzylgruppe eingebaut (Grovenstein und Wentworth, 1967). Auch bei einem früheren Experiment von Johnstone und Stevens (1955) mit zwei nebeneinander verlaufenden Umlagerungen wurde keine intermolekulare Benzyl-Übertragung von einem Substrat auf das andere festgestellt. Die Umlagerung ist also intramolekular. Ähnlich wie bei der Wittigschen Umlagerung behält auch hier die migrierende Gruppe ihre Konfiguration (Brewster und Kline, 1952).

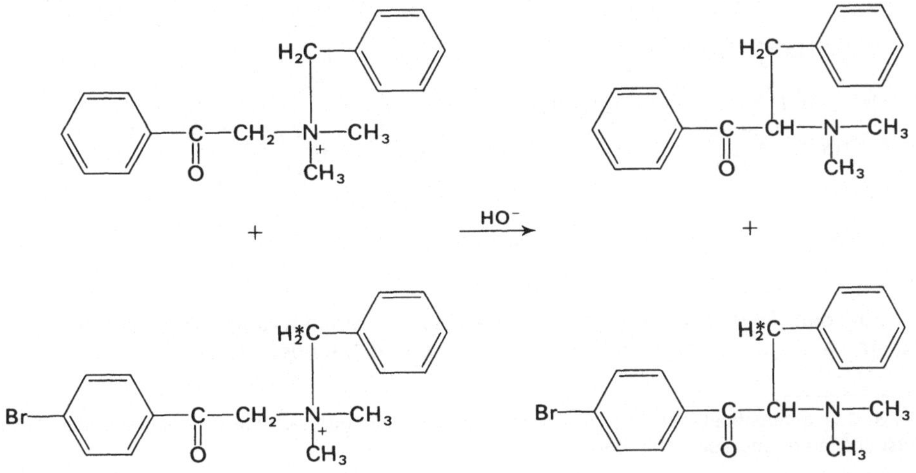

Nach Stevens verläuft die Umlagerung über ein Benzylanion-Immoniumion-Ionenpaar (15), das sich schnell zum Endprodukt reorganisiert.

(15)

Somit liegt dieser Vorschlag demjenigen für die Wittigsche Umlagerung vorgeschlagenen polaren Schema ziemlich nahe. Auch hier wird jedoch neuerdings ein Radikalpaar-Mechanismus vermutet (Schoellkopf, 1970).

Die Stevenssche Umlagerung der quaternären Benzyl- und Benzhydrylammoniumionen wird von einer anderen Umlagerung begleitet, die unter Umständen, besonders wenn als Base Alkaliamide in flüssigem Ammoniak benutzt werden, zur Hauptreaktion werden kann[3]. An dieser als *Sommeletsche Umlagerung* genannten Reaktion nimmt das aromatische System teil, indem eine Dialkylaminomethyl-(α-Benzyl-)Gruppe in seine *o*-Stellung wandert (Sommelet, 1937; Wittig und Mitarbeiter, 1948; Kantor und Hauser, 1951).

Für den Mechanismus der Sommeletschen Umlagerung wird das folgende Schema allgemein akzeptiert (siehe z. B. Pine und Sanchez, 1969).

---

3 Das unterschiedliche Ergebnis wird hauptsächlich der niedrigen Temperatur bei dieser Versuchsanordnung zugeschrieben.

Eine elektrophile 1,2-Verschiebung in einem vollkommen *kohlenstoffhaltigen System* wurde von Grovenstein (1957) und Zimmermann und Smentowski (1957) bei 2,2,2-Triphenyläthylnatrium (und später auch bei anderen Organometallen dieses Typs) entdeckt. Das sehr labile Organometall lagert sich schnell in das mesomerie-stabilisierte 1,1,2-Triphenyläthylnatrium um.

Durch Einwirkung von Hydroxyl- bzw. Alkoholationen auf α-Halogenketone entsteht in einer von Favorskii zum erstenmal beobachteten Umlagerungsreaktion Salze bzw. Ester von Carbonsäuren z. B.:

Die Umlagerung erfolgt auf zwei sich konkurenzierenden Wegen:
a) Über ein Cyclopropanon-Zwischenprodukt (16), welches dann durch den

Angriff eines weiteren Basemoleküls unter Ringöffnung das Carbonsäurederivat bildet. Der Cyclopropanring kann auf zwei Stellen gespaltet werden, was die oft beobachtete Bildung von zwei isomeren Produkten befriedigend erklärt[4].

Eine Stütze für diesen Mechanismus brachte Loftfield (1950, 1951, 1954) mit in 2-Stellung ^{14}C-markiertem 2-Chlorcyclohexanon. Der mit einer Alkoholatlösung entstandene Cyclopentancarbonsäureester enthielt das ^{14}C gleichmäßig in 1- und 2-Stellung, wie es nur die Spaltung des symmetrischen Zwischenproduktes ermöglicht. Allgemein scheint dies der favorisierte Mechanismus der Favorskii-Umlagerung zu sein (siehe z. B. Bordwell und Mitarbeiter, 1967—1969).

---

4 Hier bestehen keine stereochemischen Einwände gegen die zum Cyclopropanonderivat führende intramolekulare S_N2-Reaktion. Da die Abgangsgruppe nicht ein Glied des Dreiringes ist, kann die Geometrie eines S_N2-Übergangszustandes ohne Schwierigkeiten erreicht werden.

b) Die Umlagerung kann jedoch auch durch einen Angriff der Base an der Carbonylgruppe des α-Halogenketons ausgelöst werden (sogenannte *Semibenzil-Umlagerung*).

Dieser Mechanismus tritt besonders dann ein, wenn die für die Cyclopropan-Bildung wichtige Protonabspaltung von der α'-Stellung des Halogenketons erschwert ist. So wurde die Semibenzil-Umlagerung bei 1-Bromo-bicyclo[3.3.1]-nonan-9-on nachgewiesen, wo das starre sattelförmige Gerüst eine mesomere Stabilisierung des entsprechenden Anions nicht erlaubt (das durch H-Abspaltung freigesetzte Orbital am $C_{(5)}$ liegt nicht koplanar zum π-Orbital der Carbonylgruppe, oder, anders gesagt: die Bildung des Enolations wäre hier gegen die Bredtsche Regel, S. 20) (Cope und Graham, 1951).

Als das bicyclische Gerüst durch Ersatz eines der Sechsringe durch einen Achtring gelockert wurde, kam neben der Semibenzil-Umlagerung wieder der Cyclopropanon-Mechanismus zum Vorschein (Warnhoff und Mitarbeiter, 1968). Die Entscheidung zwischen beiden Mechanismen konnte bei optisch aktiven bicyclischen Bromketonen durch gleichzeitiges Verfolgen der optischen Aktivität und des Deuterium-Austausches getroffen werden: Die Semibenzil-Umlagerung erfolgt mit Retention der Aktivität und ohne Deuteriumaustausch, dagegen bei dem symmetrischen Cyclopropanon-Mechanismus geht die optische Aktivität verloren und es findet ein D-Austausch statt.

Zu den elektrophilen, wenn schon nicht mehr zu den Carbanion-Umlagerungen zählt auch die bei α-Diketonen beobachtete, von Hydroxylionen katalysierte *Benzilsäure-Umlagerung*.

Das Hydroxylion addiert an eine der Carbonylgruppen, wodurch eine Wanderung der an demselben Kohlenstoff gebundenen Gruppe R zum Kohlenstoffatom des anderen Carbonyls ausgelöst wird (Westheimer, 1936; Roberts und Urey, 1938).

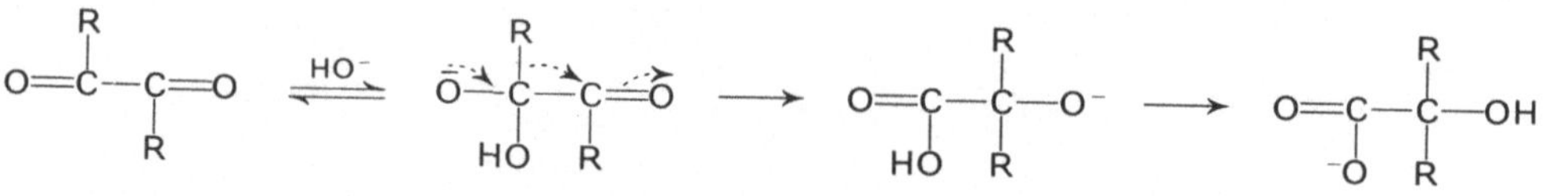

5. Aromatische Umlagerungen

In der aromatischen Chemie begegnet man einer ganzen Reihe von Isomerisierungsreaktionen, bei denen entweder ein am Ring gebundener Substituent seine Stellung ändert, oder ein Atom oder eine Gruppe von einem stickstoff- bzw. sauerstoffhaltigen Substituenten in den aromatischen Kern wandert.

Ein Beispiel für die Reaktion des erstgenannten Typs ist die Sulfonierung von Durol, die unter Verschiebung einer der Methylgruppen im Benzolring erfolgt.

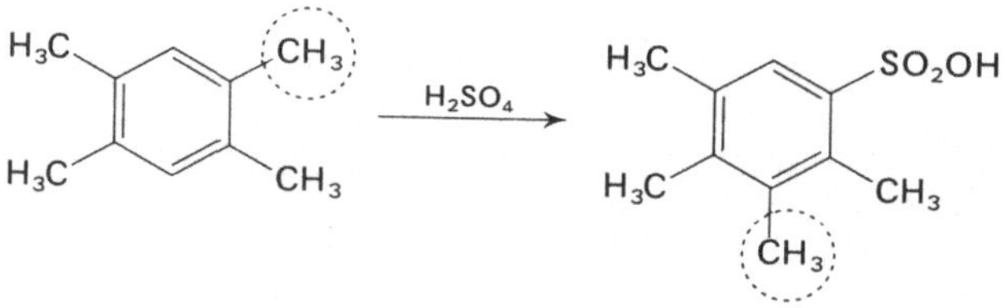

Zahlreich sind die Isomerisierungen des zweiten Typs. Zur Illustration sei hier wenigstens an folgende Beispiele erinnert.

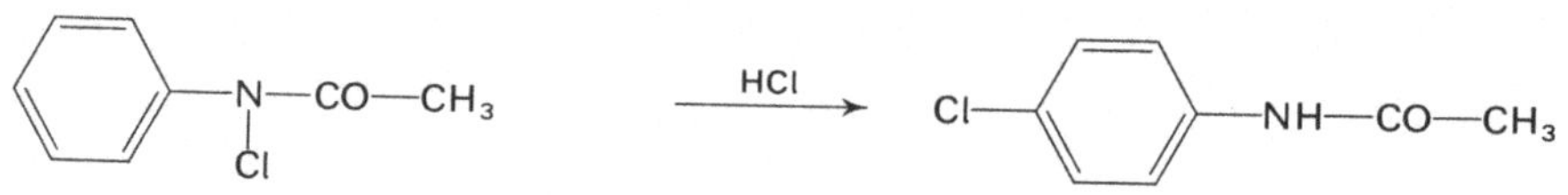

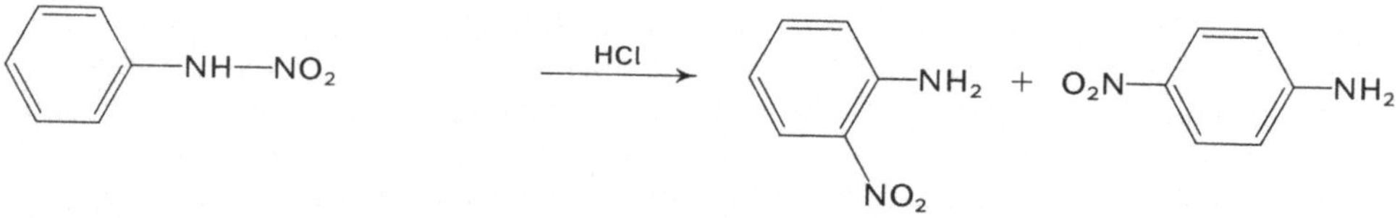

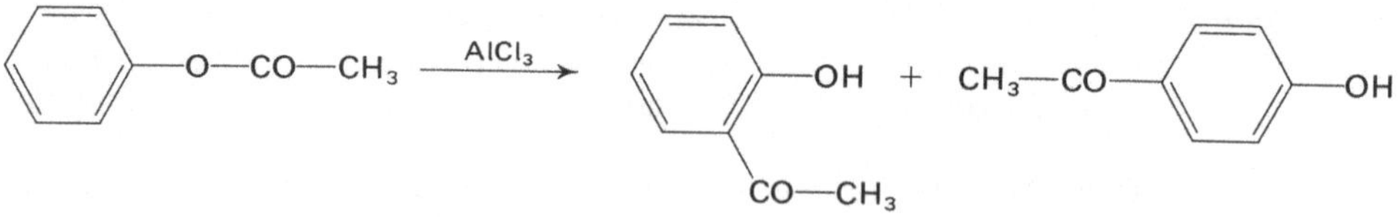

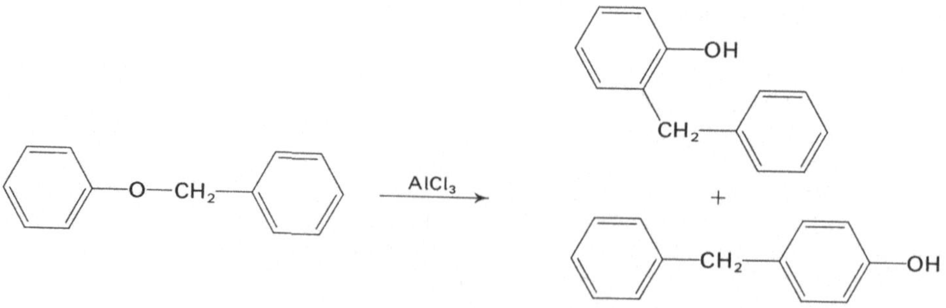

Obwohl alle derartigen Isomerisierungen als Umlagerungen bezeichnet werden, hat in manchen Fällen eine nähere Untersuchung des Reaktionsmechanismus gezeigt, daß es sich nicht um wahre intramolekulare Umlagerungen, sondern um mehrstufige intermolekulare Prozesse handelt: Durch Einwirkung des Katalysators wird die migrierende Gruppe zuerst in Form eines Substitutionsagens abgespalten, welches dann den Aromaten an einer anderen Stelle wieder angreift. Dabei muß allerdings der Angriff nicht unbedingt an demselben, bei der Spaltung entstandenen aromatischen Molekül erfolgen. Einen solchen Verlauf hat z. B. die im oberen Schema erwähnte Isomerisierung von N-Chloraniliden (sogenannte *Orton-Umlagerung*). Mit Chlorwasserstoff als Katalysator wurde bei dieser Isomerisierung eine vorübergehende Bildung von elementarem Chlor festgestellt, was zusammen mit anderen bekannten Tatsachen zum folgenden Mechanismus führte (Orton und Jones, 1909).

$$
C_6H_5{-}N(Cl){-}CO{-}R \ + \ HCl \ \longrightarrow \ C_6H_5{-}NH{-}CO{-}R \ + \ Cl_2
$$

$$
\longrightarrow \ Cl{-}C_6H_4{-}NH{-}CO{-}R \ + \ HCl
$$

Beim Vergleich der Produkte der „Umlagerung" und einer direkten Chlorierung des Anilids wurden in verschiedenen Lösungsmitteln ungefähr gleiche *o/p*-Isomerenverhältnisse festgestellt. Weitere Stützen für den intermolekularen Mechanismus der Orton-Umlagerung war die Beobachtung, daß N-Chloranilide in Anwesenheit katalytischer Mengen von HCl als Chlorierungsmittel auf zugesetzte, leicht halogenierbare Phenole wirken, und weiter, daß in Anwesenheit von Bromwasserstoff aus N-Chloraniliden unter anderem *p*-Bromanilide entstehen (Bildung von Br—Cl).

Eine andere Isomerisierung, die ebenfalls nicht wie eine wahre Umlagerung intramolekular verläuft, ist die *Diazoamino-Aminoazo-Isomerisierung*, die gewöhnlich beim Erhitzen der Diazoaminoverbindung mit dem Hydrochlorid des entsprechenden aromatischen Amins erfolgt.

$$
C_6H_5{-}N{=}N{-}NH{-}C_6H_5 \ \xrightarrow[\;40\,°C\;]{C_6H_5NH_3^+Cl^-} \ C_6H_5{-}N{=}N{-}C_6H_4{-}NH_2
$$

In einer Diskussion des Mechanismus dieser „Umlagerung" werden von Hughes und Ingold (1952) zwei ältere Vorschläge zitiert. Der eine sieht die Isomerisierung wie einen zweistufigen Prozeß mit einer Dissoziation der Diazoaminoverbindung zum Amin und dem Diazoniumion (a), der andere versucht die Rolle des zugesetzten Amins in einem einstufigen, bimolekularen Vorgang auszudrücken (b).

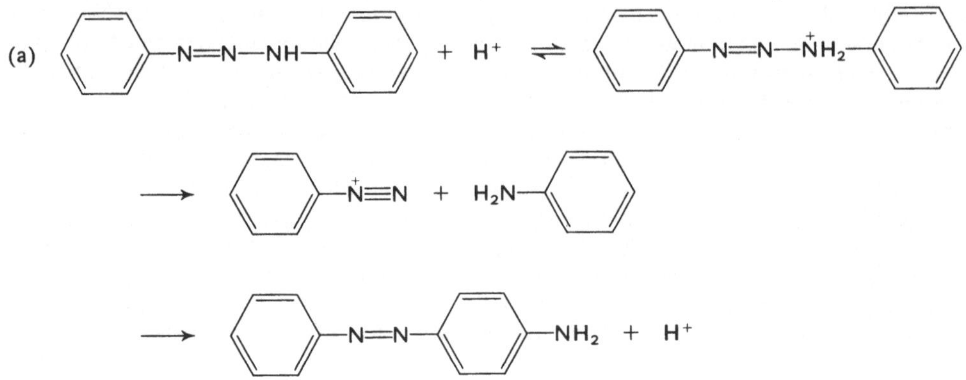

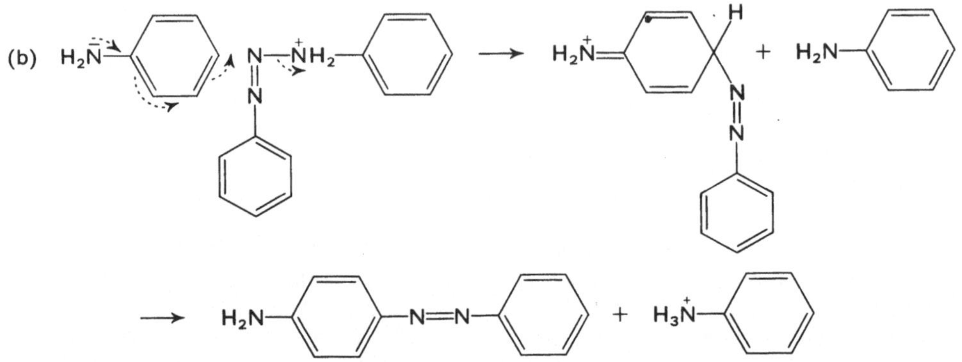

Auf einen intermolekularen Verlauf deutet z. B. die Bildung von *p*-Dimethyl-
aminoazobenzol aus Diazoaminobenzol in Anwesenheit von Dimethylanilin.

Auch die als *Fischer-Hepp-Umlagerung* bekannte Isomerisierung von N-Nitroso-
N-alkylanilinen wurde lange für einen intermolekularen Prozeß gehalten. Die Reaktion verläuft am besten bei der katalytischen Einwirkung von Halogenwasserstoffen
und darum wurde eine intermediäre Bildung von Nitrosylhalogeniden vermutet (z. B.
Hughes und Ingold, 1952). Für einen intermolekularen Mechanismus sprach auch die
beobachtete Übertragung der Nitrosogruppe auf andere, zugesetzte Amine.

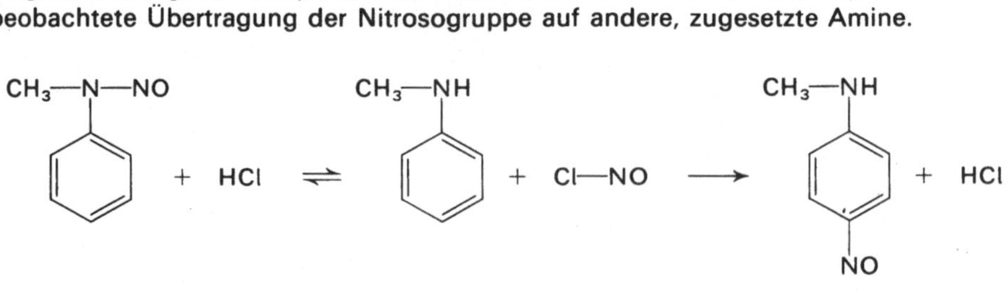

Neulich haben jedoch Morgan und Williams (1970) auf Grund von einer sorg-
fältigen kinetischen Untersuchung der Reaktion in wäßriger Salzsäure und von anderen
Beobachtungen einen intramolekularen Mechanismus vorgeschlagen. Neben dem
kinetischen Beweismaterial, das z. B. jede direkte Teilnahme von Cl^--Ionen am
Prozeß ausschließt, deutete auf einen intramolekularen Verlauf besonders die Tatsache hin, daß die Umlagerung auch in Anwesenheit von Harnstoff, der jede frei-

gesetzte salpetrige Säure oder Nitrosylchlorid abgefangen hätte, ungestört erfolgte. Die früher festgestellte Transnitrosierung (von leicht nitrosierbaren Aromaten) soll der nitrosierenden Wirkung der N-Nitrosamine selbst zugeschrieben werden.

Unter den *wahren aromatischen Umlagerungen* (mit einem intramolekularen Verlauf) zeichnen sich manche wieder durch sauere Katalyse aus. Eine sinnreiche, auf Molekülorbital-Kalkulationen beruhende Theorie dieser Prozesse brachte Dewar (1945, 1949).

In einer Parallele zur elektrophilen aromatischen Substitution setzt Dewar bei den Umlagerungen eine Protonierung des Aromaten zu einem Benzenoniumion (d. h. dem bei der S_EAr erwähnten σ-Komplex, S. 221) voraus.

Die zu wandernde Gruppe X wird jetzt unter Wiederherstellung des aromatischen Systems vom ursprünglichen Kohlenstoffatom als X^+ freigesetzt und zugleich intramolekular in die Sphäre der aromatischen π-Orbitale (oberhalb bzw. unterhalb der Ringebene) übertragen. Hier tritt X^+ mit den π-Elektronen eine dative, kovalente, jedoch bewegliche Bindung ein. Die Gruppe kann sich nun oberhalb der Elektronenwolke um den Ring herum bewegen, wobei das π-System eine Art „Elektronengeleise" (electronic railroad; Dewar) darstellt. Diese Situation (17a) wird schematisch wie in (17b) dargestellt.

(17a)

(17b)

In einer bestimmten Stellung — oft ist es gleich die *o*-Stellung — endet die Wanderung von X mit dem Übergang zu einem, mit dem ursprünglichen isomeren, Benzenoniumion. Anschließend wird noch das Proton, das die Umlagerung hervorgerufen hat, abgespalten. Das Bild des ganzen Prozesses sieht also ungefähr wie folgt aus:

Die Dewarsche Vorstellung erklärt z. B. die erwähnte Jacobsen-Umlagerung (S. 270). Anstatt mit einem Proton wird hier die Verschiebung durch $^+SO_3H$ ausgelöst.

Auch die *Umlagerungen vom Stickstoff in den aromatischen Kern,* insofern für sie ein intramolekularer Verlauf nachgewiesen worden ist[5], können mit den Begriffen der Dewarschen Theorie erklärt werden.

Bei der säure-katalysierten *Isomerisierung von Alkylaryläthern* zu ringalkylierten Phenolen wandert die Alkylgruppe unter Erhaltung der Konfiguration am migrierenden Kohlenstoffatom. Dieses stereochemische Charakteristikum wird in dem Dewarschen Schema, in dem die migrierende Gruppe während des ganzen Prozesses kovalent gebunden bleibt, respektiert. Neben dem intramolekularen Verlauf kann es jedoch unter Umständen auch zu einer vollständigen Spaltung des protonierten Äthers zu Phenol und dem entsprechenden Alkyl-Kation kommen, das dann, selbstverständlich unter Razemisierung, das Phenol am Ring alkyliert.

---

5 Eine überwiegende Bildung von *o*-Isomeren und ein erhöhtes *o/p*-Verhältnis im Vergleich mit einer direkten Substitution wird unter anderem als ein Zeichen eines intramolekularen Verlaufes betrachtet.

Sehr gut hat sich die Dewarsche Theorie bei der *Benzidin-Umlagerung* bewährt. Bei dieser säure-katalysierten Umlagerung von Hydrazobenzolen entstehen neben Benzidin (18) auch das isomere Diphenylin (19), *p*- (20) und *o*-Semidin (21).

(18)   (19)

(20)   (21)

Nach Dewar findet die Umlagerung am monoprotonierten Hydrazobenzol (22) statt. Die wandernde Gruppe X (siehe oben) ist in diesem Fall das positiv geladene Fragment (23) (im Vergleich mit dem anderen Spaltstück, dem Anilin, fehlen ihm zwei Elektronen).

(22)   (23)

Kation (23) wirkt als ein starkes Elektrophil und bildet mit dem naheliegenden Anilin einen π-Komplex. In der Tat werden (23) und Anilin nie vollkommen freigesetzt, sondern der π-Komplex entsteht simultan mit dem Auflösen der N—N-Bindung. Im Komplex sind beide Benzolringe sandwich-artig angeordnet, wodurch sich ihre *p*-Stellungen in einer für die Bildung der C—C-Bindung günstigen Lage befinden. Beim „Auseinanderfalten" des Komplexes — dieses wird durch die Addition eines zweiten Protons ausgelöst — entsteht dann Benzidin, ohne daß sich beide aromatischen Teile während der Umlagerung je vollkommen getrennt haben.

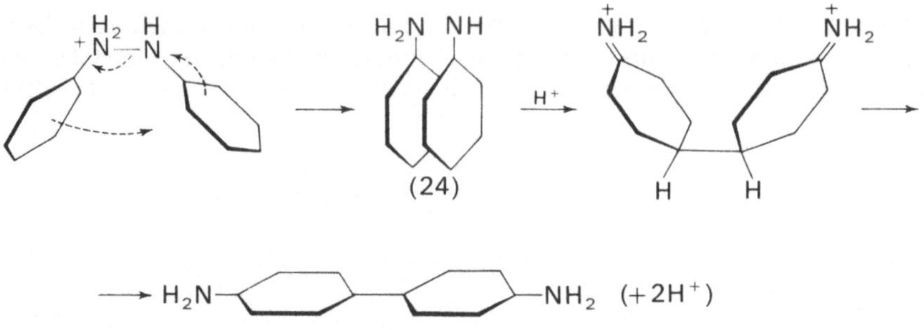

$$\longrightarrow \; H_2N-\bigcirc-\bigcirc-NH_2 \quad (+2H^+)$$

Eine gegenseitige Verdrehung der Ringe im Komplex (24) um 60°, 120° bzw. 180° erklärt dann die Bildung von *o*-Semidin, Diphenylin bzw. *p*-Semidin.

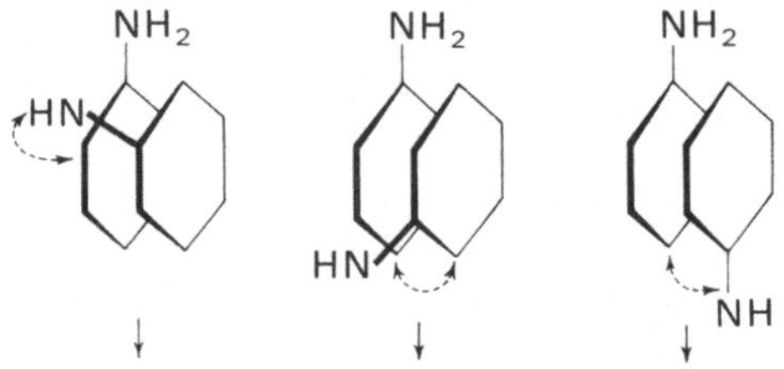

Die Vorstellung des sandwich-artigen Komplexes wurde auch auf Umlagerungen von anderen Systemen, in denen zwei aromatische Ringe durch eine zweigliedrige Kette verbunden sind, übertragen (Dewar und Hart, 1970).

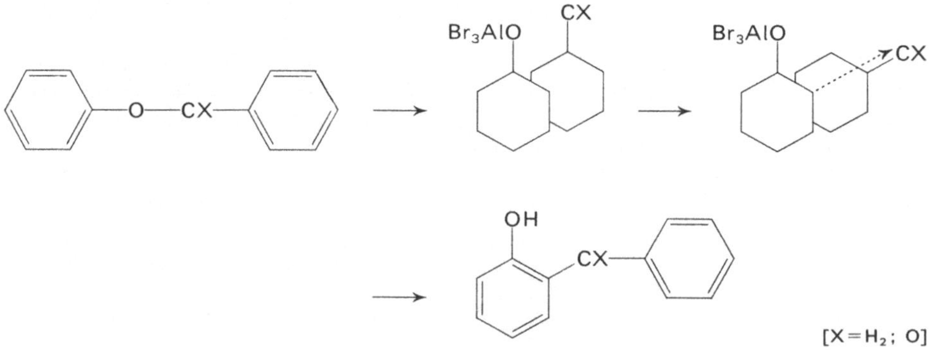

$$[X=H_2; \; O]$$

Ergänzende Literatur

De Mayo, P.: Molecular Rearrangements, Band I, II. New York: Interscience Publishers. 1963, 1964.
Olah, G. A., v. R. Schleyer, P.: Carbonium Ions, Band II. New York: Interscience Publishers. 1970.
Collins, C. J.: Pinacolic Rearrangement. Quart. Rev. *14*, 357 (1960).
Schöllkopf, U.: Neuere Ergebnisse der Carbanionchemie. Angew. Chem. *82*, 795 (1970).
Cram, D. J.: Fundamentals of Carbanion Chemistry. New York: Academic Press. 1965.
Johnson, A. W.: Ylid Chemistry. New York: Academic Press. 1966.

D. Radikalische Reaktionen

Bei radikalischen (homolytischen) Reaktionen werden σ-Bindungen symmetrisch so aufgelöst, daß bei jedem der Bindungspartner ein Elektron der Bindung bleibt.

$$\text{(a)} \quad X\!-\!Y \longrightarrow X\bullet + \bullet Y$$

Auch neue Bindungen werden in solchen Prozessen in dem Sinne symmetrisch aufgebaut, daß beide Partner zu der entstehenden Bindung mit je einem Elektron beitragen. Am deutlichsten ist dies bei einer Kombination von zwei Partikeln mit einer ungeraden Anzahl von Elektronen (Atomen oder Radikalen) (b). Die neue σ-Bindung kann jedoch auch zwischen einem Radikal (Atom) und einem Molekül mit lauter gepaarten Elektronen entstehen, in diesem Falle allerdings unter gleichzeitiger Spaltung einer σ-, bzw. einer π-Bindung des letztgenannten Partners (c, d).

$$\text{(b)} \quad X\bullet + \bullet Z \longrightarrow X\!-\!Z$$

$$\text{(c)} \quad X\bullet + A\!-\!B \longrightarrow X\!-\!A + \bullet B$$

$$\text{(d)} \quad X\bullet + A\!=\!B \longrightarrow X\!-\!A\!-\!B\bullet$$

Zu radikalischen Prozessen gehören die meisten Reaktionen in der Gasphase. Für eine polare Spaltung von kovalenten Bindungen sind diese Milieus äußerst ungünstig (S. 83). In flüssiger Phase erfolgen homolytische Reaktionen vor allem in Lösungsmitteln mit niedrigen Ionisierungsvermögen (in Kohlenwasserstoffen, Tetrachlormethan, Schwefelkohlenstoff usw.), es sind jedoch auch radikalische Reaktionen in polaren (z. B. wäßrigen) Medien bekannt. Zum Unterschied von polaren Reaktionen, wo die zur Spaltung der festen kovalenten Bindung nötige Energie durch Solvatation wesentlich herabgesetzt wird (S. 83), spielt in der Energetik radikalischer Prozesse die Solvatation prinzipiell keine entscheidende Rolle. Darum sind auch für radikalische Reaktionen erhöhte Temperaturen und verschiedene Bestrahlungen, die für die erforderliche Energiezufuhr sorgen müssen, charakteristisch. Anderseits hat ein Wechsel des Lösungsmittels gewöhnlich einen viel kleineren Einfluß auf den Reaktionsverlauf als bei heterolytischen Prozessen.

Im Gegensatz zu heterolytischen Reaktionen, die an polaren und leicht polarisierbaren Bindungen stattfinden, erfolgt die Homolyse eher an nichtpolaren oder wenig polaren Bindungen. Häufig ist der Angriffspunkt homolytischer Prozesse die gesättigte, für heterolytische Angriffe inerte Kohlenwasserstoffkette, dagegen bleiben verschiedene polare funktionelle Gruppen, die Zentren allerlei polaren Prozesse sind, bei radikalischen Reaktionen meist unberührt[1].

Ein weiteres Charakteristikum radikalischer Prozesse ist ihre kettenartige Natur. Meistens geht es um Komplexe von nacheinanderfolgenden, sich zyklisch wiederholenden Teilreaktionen, die durch eine Übertragung der Radikalenergie von einem Glied der Reaktionskette auf das nächste charakterisiert sind.

Radikalischen Reaktionen begegnet man sowohl bei gesättigten als auch bei ungesättigten und aromatischen Verbindungen. Vom Standpunkt der Reaktionstypen besteht eine Paralelle zu polaren Prozessen: Auch hier unterscheidet man unter Substitutions- und Additionsreaktionen, Eliminierungen und Umlagerungen.

1. Radikale

Die Anfänge der radikalischen organischen Chemie gehen auf die Entdeckung des Triphenylmethyls im Jahr 1900 zurück. Gomberg hat damals festgestellt, daß das farblose, kristalline Hexaphenyläthan, das er aus Triphenylmethylchlorid mittels pulverisierten Silbers in Benzol dargestellt hatte, in unpolaren Lösungsmitteln gelbe Lösungen bildet, die eine überraschende Reaktivität auswiesen. Mit Sauerstoff, Jod oder Stickstoffmonoxid kam es zu schnellen Reaktionen, deren Produkte jedoch nicht Derivate von Hexaphenyläthan, sondern Triphenylmethylderivate waren. Gomberg vermutete, daß sein Hexaphenyläthan in Lösung in zwei gleiche Triphenylmethyl-Partikeln mit einem dreibindigen, elektrisch neutralen Zentralkohlenstoffatom dissoziierte. In Begriffen der heutigen Elektronentheorie handelt es sich um einen Kohlenstoff, der anstatt eines vollständigen Oktetts nur über sieben Elektronen in der äußeren Schale verfügt.

$$(C_6H_5)_3C\!-\!C(C_6H_5)_3 \;\rightleftharpoons\; 2\,(C_6H_5)_3C\bullet \quad
\begin{cases}
\xrightarrow{\;O_2\;} & (C_6H_5)_3C\!-\!O\!-\!O\!-\!C(C_6H_5)_3 \\[4pt]
\xrightarrow{\;I_2\;} & 2\,(C_6H_5)_3C\!-\!I \\[4pt]
\xrightarrow{\;2\,NO\;} & 2\,(C_6H_5)_3C\!-\!N\!=\!O
\end{cases}$$

Die vermutete homolytische Dissoziation wurde durch genaue Molekulargewichtsbestimmungen des Hexaphenyläthans in Lösungen (es wurden niedrigere Werte als berechnet gefunden) und später besonders durch die Bestimmung der magnetischen Suszeptibilität (das ungepaarte Elektron erteilt dem Radikal paramagnetische Eigenschaften) bewiesen. Es zeigte sich jedoch, daß das von Konzentration, Temperatur und Lösungsmittel abhängige Dissoziationsgleichgewicht immer stark an der Seite des Hexaphenyläthans liegt.

1910 gelang es aber Schenk und Mitarbeitern, durch Einführung von Phenylsubstituenten in die *p*-Stellungen aller Phenylgruppen des Hexaphenyläthans eine überwiegende Dissoziation zu *tris-p*-Diphenylylradikalen (1) zu erzielen. In diesem

---

1 Alle diese Verallgemeinerungen haben allerdings nur eine begrenzte Gültigkeit. Es gibt viele Beispiele, wo die äußerlichen Unterschiede zwischen radikalischen und polaren Prozessen verwischt sind (siehe z. B. S. 338).

System kann man auf Grund von paramagnetischen Eigenschaften und Farbe auf freie Radikale sogar im festen Zustand schließen.

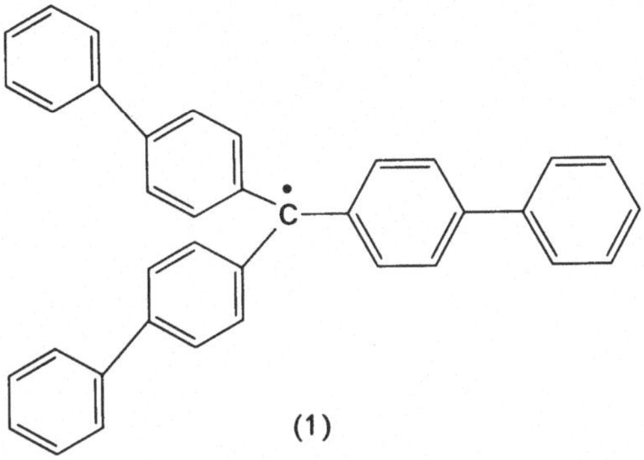

(1)

Dagegen bewirkte schon ein teilweiser Ersatz der Phenylgruppen des Hexaphenyl- äthans durch Alkylgruppen eine deutliche Abnahme der Neigung zur Dissoziation. 2,2,3,3-Tetraphenylbutan (zwei Phenylgruppen durch Methylgruppen ersetzt) dissoziiert z. B. wesentlich weniger als Hexaphenyläthan; die dabei gebildeten α,α-Diphenyläthylradikale sind auch unbeständig und disproportionieren gleich zu Diphenyläthylen und Diphenyläthan (Ziegler und Mitarbeiter, 1942).

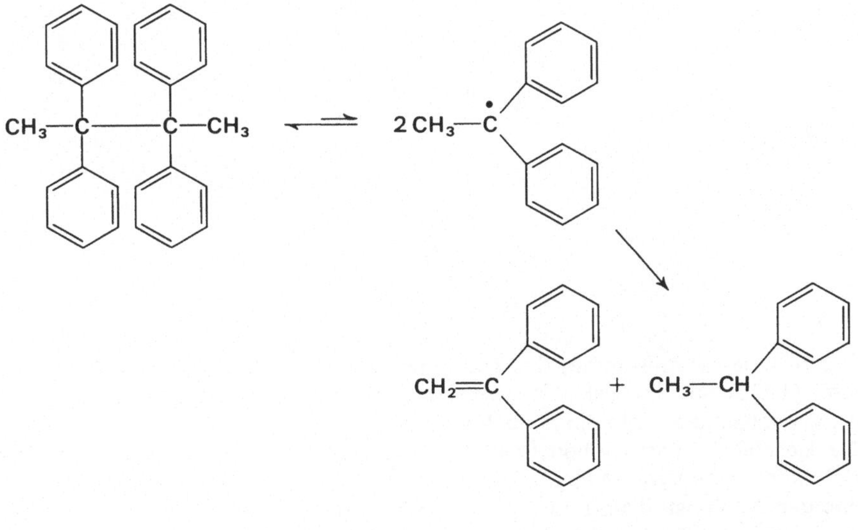

Die Neigung einer C—C-Bindung zur homolytischen Dissoziation und die Stabilität der entstehenden Radikale nehmen also mit der zunehmenden Kompliziert- heit des am zentralen Radikalkohlenstoff gebundenen aromatischen Systems zu. Das Radikal ist umso stabiler, je größer die Möglichkeiten der Delokalisierung seiner Einelektronlücke innerhalb des Moleküls sind.

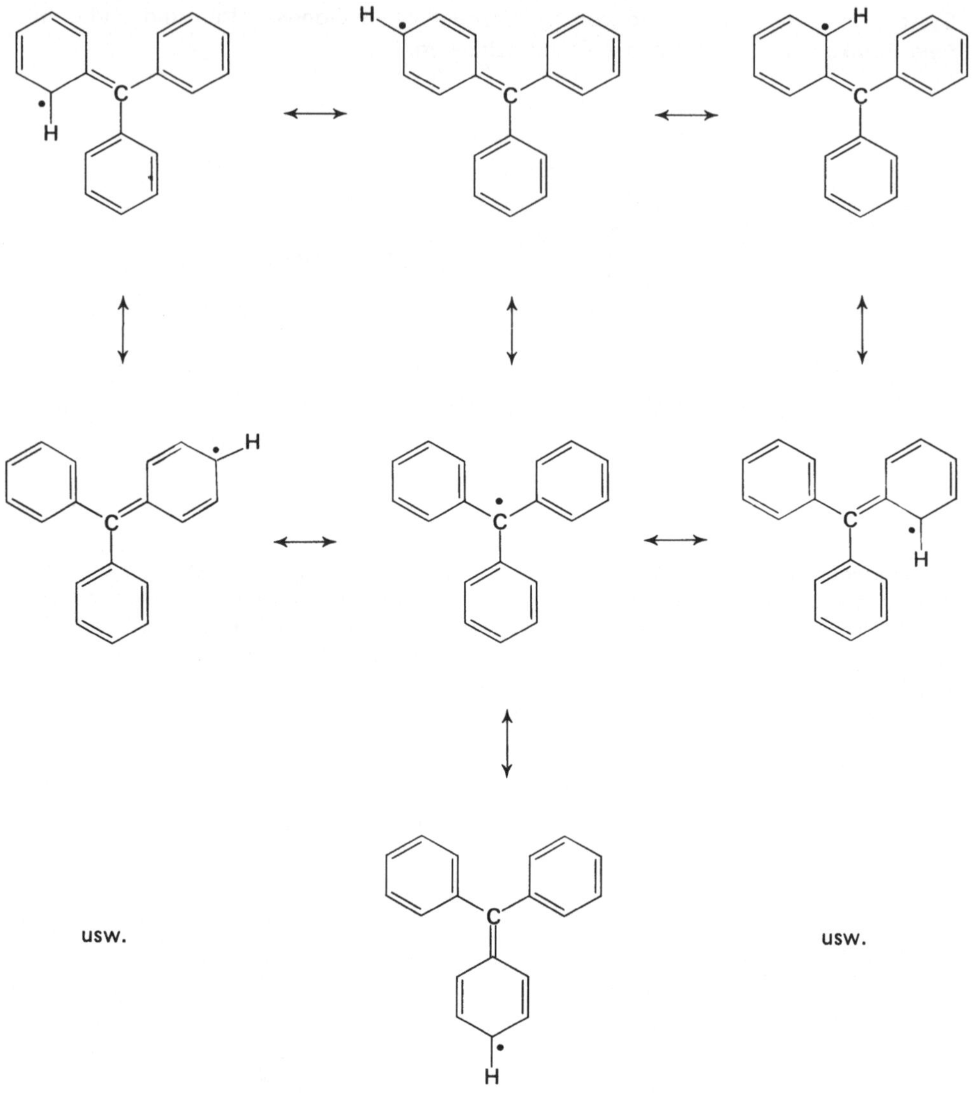

Die Resonanzstabilisierung des Triphenylmethylradikals wurde von Pauling und Wheland (1933) auf 38 Kcal/Mol geschätzt. Bei *tris-p*-Diphenylylmethylradikal (1) ist die Resonanzenergie allerdings noch viel höher.

Die Geschichte des Triphenylmethylradikals hat noch eine andere interessante Seite. So konzentriert war man am Anfang auf den neuen Verbindungstypus mit dem dreibindigen Kohlenstoff und so natürlich schien die Formel von Hexaphenyläthan für das Dimere des Triphenylmethyls zu sein, daß — das widersprechende UV-Spektrum unbeachtet — eine falsche Struktur für die undissoziierte Verbindung vorgeschlagen wurde. Merkwürdigerweise wurde diese in den folgenden 60 Jahren ohne jeden Zweifel allgemein akzeptiert, bis Lankamp, Nauta und MacLean (1968) überzeugende Beweise dafür gebracht haben, daß es sich nicht um Hexaphenyläthan, sondern um die Struktur (2) handelt.

(2)

Ähnlich sind auch Dimere von manchen anderen Triarylmethylradikalen zu formulieren, dagegen scheint die alte Formulierung bei dimeren Diarylmethylen (als Tetraaryläthane) — wenigstens in bestimmten Fällen — doch richtig zu sein.

Struktur (2) und ihr ähnliche bringen eine einfache Erklärung für die sonst schwer zu deutende Beobachtung, daß bei *p*-substituierten Triphenylmethylradikalen das Dissoziationsgleichgewicht für das Radikal viel günstiger liegt als bei den entsprechenden unsubstituierten Systemen (Selwood und Dobres, 1950; Lankamp und Nauta, 1968). Die Dissoziation wird nicht nur durch die Resonanzstabilität des Radikals, sondern auch indirekt durch die Möglichkeit seiner Dimerisierung bestimmt und diese ist bei den *p*-substituierten Radikalen mit Rücksicht auf die Formel (2) erschwert oder sogar unmöglich.

Seit den ersten Entdeckungen von Gomberg und Schlenk wurde die Reihe der bekannten stabilen Radikale um zahlreiche interessante Beispiele erweitert. Von den kohlenstoffhaltigen Radikalen sei wenigstens noch das tiefgefärbte Pentaphenylcyclopentadienyl (3) (Müller und Müller-Rodloff, 1936) und das blaugrüne Radikal (4), das aus Pyren durch Reduktion mit einem Äquivalent Natrium in Äthanol-Äther entsteht (Neunhöffer und Woggon, 1956), erwähnt. Beide Radikale sind offenbar auch im festen Zustande monomer (für beide können zahlreiche Resonanzstrukturen geschrieben werden).

(3)   (4)

Das elektronendefizitäre Zentrum eines Radikals muß jedoch nicht immer ein Kohlenstoffatom sein. Von *stickstoffhaltigen Radikalen* ist am längsten das Diphenyl-amidylradikal (5) bekannt, das durch thermische Dissoziation von Tetraphenylhydrazin in nichtionisierenden Medien entsteht (Wieland, 1911).

(5)

Ein noch vollkommeneres stickstoffhaltiges Radikal ist das substituierte Pyrryl-radikal (6), welches von Kuhn und Kainer (1953) durch Oxidation von Tetraphenyl-pyrrol mit Bleioxid (in Benzol oder Toluol) hergestellt wurde (seine Lösungen sind rot).

(6)

usw.

Monomer sowohl in Lösungen als auch im festen Zustand ist das dunkelviolette 1,1-Diphenyl-2-pikrylhydrazyl (7) (Müller, Müller-Rodloff und Bunge, 1935). Die Verbindung ist praktisch unbegrenzt haltbar und wird oft beim Studium der Radikal-reaktionen als Indikator der Anwesenheit von Radikalen (seine Lösungen werden durch Radikale entfärbt) benutzt. Seine Abneigung zur Dimerisierung hat neben der elektronischen auch eine bedeutende sterische Begründung.

(7)

Durch Oxidation von 2,4,6-Tri-tert. butylphenol in Äther oder Benzol entstehen tief blaugefärbte Lösungen des *Phenoxylradikals* (8) (Müller und Ley, 1954). Sein aromatisches System ist im Vergleich zu anderen freien Radikalen sehr einfach und die Resonanzstabilisierung daher nur mäßig. Seine monomere Stabilität wird jedoch durch die sperrigen tert. Butylgruppen, die die übliche Dimerisierung erschweren, wesentlich erhöht.

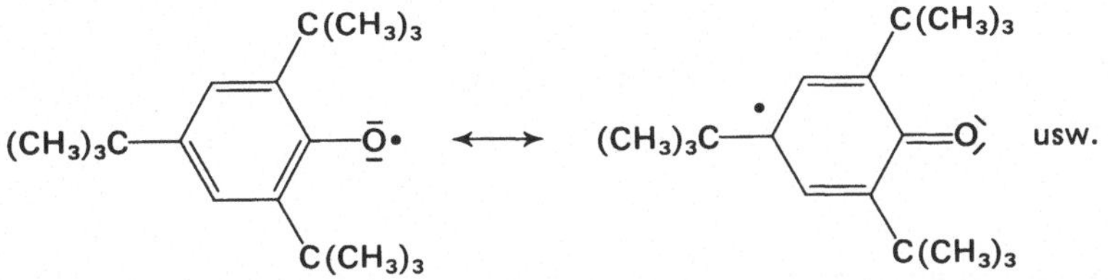

(8)

2. Alkylradikale

Die in den dreißiger Jahren von einer Reihe von Forschern unternommenen Studien bestimmter pyrolytischer und photochemischer Prozesse haben gezeigt, daß die oben erwähnten freien Radikale, die in relativ langen Zeitintervallen selbständig existieren können, nur Spezialfälle in der Gruppe der Partikeln mit einer ungeraden Elektronenzahl sind und daß unter bestimmten Umständen auch viel einfachere Teilchen dieser Art gebildet werden. Es wurde z. B. festgestellt, daß beim thermischen oder photochemischen Zerfall einiger aliphatischer Verbindungstypen einfache Alkyl- radikale entstehen. Da eine Resonanzstabilisierung wie bei aromatischen Radikalen bei Alkylradikalen nicht möglich ist, handelt es sich allgemein um äußerst unbestän- dige, hochreaktive Zwischenprodukte, deren Halbwertszeiten selbst in den günstigsten Fällen auf bloße Bruchteile von einer Sekunde begrenzt sind[2]. So gelang es Paneth und Mitarbeitern (1929, 1931), die Bildung von Methyl- und Äthylradikalen bei der thermischen Zersetzung der entsprechenden Bleitetraalkyle nur so zu beweisen, daß das mit einem inerten Trägergas (H_2, N_2) stark verdünnte Zersetzungsprodukt über einen Blei-, Zink- oder Antimonspiegel an der Wand der Zersetzungsröhre in einer unmittelbaren Nähe der Thermolyse geleitet wurde. Der Spiegel wurde aufgelöst, und in einer gekühlten Vorlage wurden die entsprechenden Metallalkyle nachgewiesen.

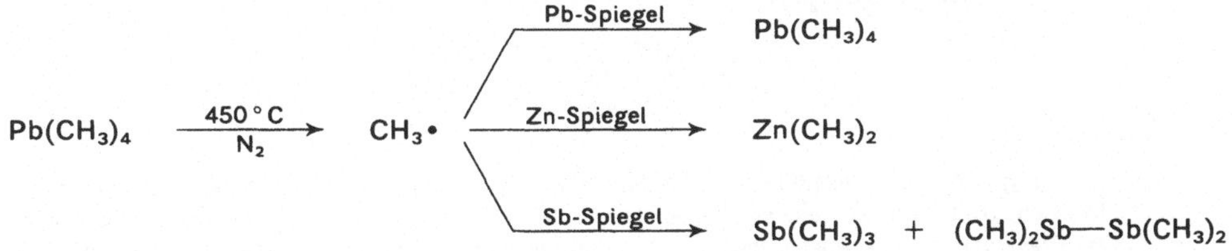

---

2 Mit Hilfe von Panethschen Spiegeln (siehe weiter unten) ist z. B. die Lebensdauer des Methylradikals auf 0,01 Sec. bestimmt worden.

Auf diese Weise konnte auch die Bildung von Methylradikalen bei der Thermolyse von Azomethan (Leermakers, 1933) und bei der UV-Bestrahlung von Aceton (Pearson, 1934, 1935) bewiesen werden.

$$CH_3—N{=}N—CH_3 \quad \xrightarrow{475°C} \quad 2\,CH_3{\cdot} \; + \; N_2 \quad \cdots\!\!\rightarrow \quad CH_3—CH_3 \; + \; N_2$$

$$CH_3—\underset{\underset{O}{\|}}{C}—CH_3 \quad \xrightarrow{h\nu} \quad CH_3—\underset{\underset{O}{\|}}{C}{\cdot} \; + \; {\cdot}CH_3 \quad \cdots\!\!\rightarrow \quad CO \; + \; CH_3—CH_3$$

Dagegen gelang es nicht, höhere Alkylradikale aus der Zersetzung von Organometallen oder anderen organischen Verbindungen nachzuweisen. Wie Rice und Mitarbeiter (1931, 1932) durch das Studium der Thermolyse verschiedener Verbindungstypen bei Temperaturen um 800° C zeigen konnten, sind höhere Alkylradikale noch unbeständiger als Methyl- und Äthylradikale und zerfallen, wenigstens bei so hohen Temperaturen, in die einfachen Radikale ($CH_3{\cdot}$, $CH_3CH_2{\cdot}$) und Olefine, z. B.:

$$CH_3{\cdot}{-}CH_2{-}CH_2{\cdot} \quad \longrightarrow \quad CH_3{\cdot} \; + \; CH_2{=}CH_2$$

Neuerdings ermöglichte jedoch die Methode der Elektronenspin-Resonanz[3] auch die Existenz höherer Alkylradikale bei tiefen Temperaturen eindeutig nachzuweisen (siehe dazu z. B. Krusic und Kochi, 1968, 1969; Greatorcx und Kemp, 1969).

$$CH_3CH_2CH_2CH_2—\underset{\underset{O{-}O}{\|}}{C}\underset{\underset{\|}{\underset{O}{}}}{{-}C}{-}CH_2CH_2CH_2CH_3 \quad \xrightarrow[-\,75°C]{h\nu}$$

$$2\,CH_3CH_2CH_2CH_2{-}\underset{\underset{O{\cdot}}{\diagdown}}{\overset{\overset{O}{\|}}{C}} \quad \longrightarrow \quad 2\,CH_3CH_2CH_2CH_2{\cdot} \; + \; 2\,CO_2$$

---

3 Das „ungerade" Elektron eines Radikals mit seinem ungepaarten Spin besitzt ein magnetisches Moment und kann auf ein starkes äußeres magnetisches Feld (mit einer Spininversion) reagieren. Wasserstoff, Kohlenstoffisotop ^{13}C und andere, beim Aufbau des Radikals beteiligte, Elemente besitzen nukleare magnetische Momente, die alle das magnetische Moment des Elektrons beeinflussen. Diese Wechselwirkungen äußern sich in der Antwort auf das magnetische Feld und bieten die Möglichkeit zur Aufnahme von „Spektren", aus denen die Struktur des Radikals erkannt werden kann. Für eine nähere Information über die ESR-Methode siehe z. B. das Buch von Ingram (1959) oder die Zusammenfassung von Morton (1964).

3. Geometrie des radikalischen Kohlenstoffs

Eine der vielen interessanten Fragen der Radikalchemie ist die nach der Geometrie des dreibindigen, mit sieben äußeren Elektronen ausgerüsteten Radikalkohlenstoffatoms: Ist sie planar wie in Carboniumionen oder pyramidal wie in Carbanionen? Oder liegt sie irgendwo zwischen diesen beiden Extremen, d. h. handelt es sich um eine flache Pyramide?

Carbanion— C
(sp³-Struktur)

Radikal—C
(sp³-sp²-Struktur)

Carboniumion—C
(sp²-Struktur)

Das vorliegende Beweismaterial scheint die carbanionähnliche pyramidale *sp³*-Anordnung auszuscheiden, erlaubt jedoch keine definitive Entscheidung zwischen einem vollkommen planaren *sp²*-Gerüst und einer flachen Pyramide. Manche Kriterien, die sich bei der Bestimmung der Geometrie der beiden *ionischen* Formen des dreibindigen Kohlenstoffs gut bewährt haben, sind hier viel weniger aufschlußreich. Eine sehr begrenzte Aussagekraft haben z. B. die stereochemischen Resultate der Radikalreaktionen, die an einem chiralen Zentrum stattfinden. So kann man aus dem Befund, daß bei der Chlorierung von optisch aktivem 1-Chlor-2-methylbutan das razemische 1,2-Dichlorid entsteht (Brown, Kharasch und Chao, 1940), mit der gleichen Berechtigung sowohl auf eine planare Anordnung des intermediär entstehenden Radikals als auch auf ein schnelles Umklappen eines pyramidalen Gerüstes schließen. Ein solches Umklappen sollte hier sehr leicht, noch leichter als beim pyramidalen dreibindigen Stickstoff, erfolgen [4].

4 Ein anderes stereochemisches Ergebnis bietet übrigens die Bromierung von dem analogen, optisch aktiven 1-Brom-2-methylbutan. Hier bleibt in dem 1,2-Dibromid die ursprüngliche Konfiguration am $C_{(2)}$ erhalten. Skell und Mitarbeiter (1963) erklären dieses Resultat mit einem überbrückten Radikal:

Eine bessere Aussage über die pyramidale oder planare Geometrie des Radikal-kohlenstoffs ist vom Vergleich der Stabilitäten der Brückenkopfradikale mit denjenigen der acyclischen Radikale zu erwarten. Wird von Radikalen allgemein eine planare Anordnung bevorzugt, so sollten diejenigen Brückenkopfradikale, bei denen die Planarität nicht ohne erhebliche Bindungswinkeldeformation erreichbar ist, instabiler als ihre offenkettigen Analogen sein (vgl. mit der Stabilität der Brückenkopf-Carbo-niumionen, S. 83). Die thermische Zersetzung von 1-Apocamphancarbonylperoxid (9) verläuft langsamer als bei acyclischen Diacylperoxiden und liefert ein Radikal, das zum Unterschied von aliphatischen tertiären Radikalen aus CCl_4 ein Chloratom abzu-spalten vermag (Kharasch, Engelmann und Urry, 1943). Die herabgesetzte Stabilität des Apocamphylradikals scheint dem starren bicyclischen Gerüst zuzuschreiben zu sein, welches die sonst präferierte planare Anordnung am dreibindigen C nicht ge-stattet.

Nach Chick und Ong (1969) ist auch das aus vollkommen ungespannten Adamantylderivaten entstehende 1-Adamantylradikal (10) — offenbar aus den oben erwähnten Gründen — weniger stabil als das offenkettige *tert*. Butylradikal.

Am überzeugendsten weisen die Elektronenspin-Resonanzspektren auf die bevor-zugte planare Anordnung der kohlenstoffhaltigen Radikale hin (Morton, 1964).

4. Bildung von Radikalen

Es gibt drei Hauptwege, auf denen Radikale aus diamagnetischen Molekeln ent-stehen können: Thermische Spaltung, Bestrahlung und oxidativ-reduktive chemische Prozesse.

a) Thermische Spaltung

Homolytische Spaltung kovalenter Bindungen erfolgt bei genügend hohen Tem-peraturen bei allen organischen Verbindungen, die in ihnen vorkommenden Bindungs-typen unterscheiden sich allerdings mitunter beträchtlich in ihren Wärmestabilitäten. In erster Annäherung kann die relative Wärmestabilität nach den Bindungsdissoziations-energien (S. 30, 33) beurteilt werden. Eine C_{sp^3}—C_{sp^3}-Bindung mit einer durchschnittlichen Dissoziationsenergie von 83 Kcal/Mol wird thermisch bedeutend leichter gespalten als eine C_{sp^3}—H (98 Kcal/Mol) oder eine O—H-Bindung (111 Kcal/Mol). Darum sind es z. B. bei Kohlenwasserstoffen die C—C-Bindungen, die bei höheren Temperaturen (beim Cracken) zuerst aufgelöst werden. Die Homolyse erfolgt jedoch erst bei Temperaturen von 350—550° C.

Für die praktische Durchführung von Radikalreaktionen werden oft *Initiatoren* benutzt, welche thermisch (oder durch Bestrahlung) leicht in Radikale zerfallen; diese leiten dann die gewünschte Radikalreaktion ein. Bei solchen Verbindungen muß allerdings die Aktivierungsenergie des Zerfalles (die Dissoziationsenergie der aufzulösenden Bindung) viel kleiner als die oben erwähnten Werte sein, damit die Homolyse schon bei niedrigeren Temperaturen erfolgen kann. In der Regel liegen die Aktivierungsenergien des Zerfalles bei den üblichen Initiatoren zwischen 30 und 40 Kcal/Mol, was Halbwertszeiten von 1 Stunde schon bei Temperaturen zwischen 80° und 150° C zu erreichen erlaubt. Sehr geeignet als Initiatoren sind organische Peroxidverbindungen (Dialkyl- und Diacylperoxide sowie Percarbonsäureester) mit der relativ sehr labilen O—O-Bindung. Die Aktivierungsenergien ihres Zerfalles überschreiten nie den Wert von 40 Kcal/Mol, dabei sind sie bei niedrigen Temperaturen praktisch unbegrenzt haltbar (die Halbwertszeit von Di-*tert*.butylperoxid bei 60° C ist immer noch 11 Jahre, bei 180° C jedoch nur 35 Sekunden; Pryor und Mitarbeiter, 1964).

$$CH_3\!-\!\underset{\underset{CH_3}{|}}{\overset{\overset{CH_3}{|}}{C}}\!-\!O\!-\!O\!-\!\underset{\underset{CH_3}{|}}{\overset{\overset{CH_3}{|}}{C}}\!-\!CH_3 \qquad C_6H_5\!-\!\overset{\overset{O}{\|}}{C}\!-\!O\!-\!O\!-\!\underset{\underset{CH_3}{|}}{\overset{\overset{CH_3}{|}}{C}}\!-\!CH_3 \qquad C_6H_5\!-\!\overset{\overset{O}{\|}}{C}\!-\!O\!-\!O\!-\!\overset{\overset{O}{\|}}{C}\!-\!C_6H_5$$

37 Kcal/Mol   34 Kcal/Mol   30 Kcal/Mol

Bei so stark endergonischen Reaktionen, wie es die Thermolysen nur sind, sollte im Sinne des Hammondschen Postulates der Übergangszustand eher dem Produkt als dem Ausgangsmaterial gleichen (vgl. S. 96), d. h. er sollte schon einen gewissen Radikalcharakter aufweisen und die Stabilität der entstehenden Radikale sollte sich in der Aktivierungsenergie widerspiegeln.

Der Übergangszustand der Thermolyse von Dialkylperoxiden, in dem nur die O—O-Bindung gestreckt ist,

$$R\!-\!O\!-\!O\!-\!R \;\underset{}{\overset{\Delta}{\rightleftharpoons}}\; R\!-\!O\cdots O\!-\!R \;\longrightarrow\; R\!-\!O\bullet \;+\; \bullet O\!-\!R$$

hat offenbar einen anderen Charakter als bei der Thermolyse von Diacylperoxiden und Percarbonsäureestern, wo neben der Peroxidbindung auch andere Bindungen beteiligt zu sein scheinen.

$$R\!-\!\overset{\overset{O}{\|}}{C}\!-\!O\!-\!O\!-\!\overset{\overset{O}{\|}}{C}\!-\!R \;\overset{\Delta}{\rightleftharpoons}\; R\cdots\overset{\overset{O}{\|}}{C}\!=\!O\cdots\cdots O\!-\!\overset{\overset{O}{\|}}{C}\!-\!R$$

$$\longrightarrow\; R\bullet \;+\; CO_2 \;+\; \bullet O\!-\!\overset{\overset{O}{\|}}{C}\!-\!R$$

$$R\!-\!\overset{\overset{O}{\|}}{C}\!-\!O\!-\!O\!-\!R' \;\overset{\Delta}{\rightleftharpoons}\; R\cdots\overset{\overset{O}{\|}}{C}\!=\!O\cdots\cdots O\!-\!R'$$

$$\longrightarrow\; R\bullet \;+\; CO_2 \;+\; \bullet O\!-\!R'$$

Einen überzeugenden Beweis für die Beteiligung der R—C(O)-Bindung am Übergangszustand der Thermolyse von Percarbonsäureestern haben Bartlett und Hiatt (1958) gebracht: Die Stabilität der Percarbonsäure-*tert*.butylester (bei 60° C) nahm mit steigender Stabilität des Radikals R˙ ab.

$$CH_3-\overset{O}{\overset{\|}{C}}-O-OBu^\gamma \qquad C_6H_5-\overset{O}{\overset{\|}{C}}-O-OBu^\gamma \qquad C_6H_5-CH_2-\overset{O}{\overset{\|}{C}}-O-OBu^\gamma$$

$$5 \cdot 10^5 \text{ Min.} \qquad\qquad 3 \cdot 10^5 \text{ Min.} \qquad\qquad 1{,}7 \cdot 10^3 \text{ Min.}$$

(T/2 :)

$$(C_6H_5)_2CH-\overset{O}{\overset{\|}{C}}-O-OBu^\gamma \qquad\qquad (C_6H_5)_3C-\overset{O}{\overset{\|}{C}}-O-OBu^\gamma$$

$$26 \text{ Min.} \qquad\qquad\qquad 6 \text{ Min.}$$

Bei Thermolysen in der Gasphase wird das Schicksal der gebildeten Radikale durch Kombination, Disproportionierung oder durch β-Spaltung beendet.

$$CH_3-\overset{O}{\underset{CH_3}{\overset{\|}{C}}}-CH_3 \xrightarrow{\beta\text{-Spaltung}} CH_3-\overset{O}{\underset{CH_3}{\overset{\|}{C}}} + {}\cdot CH_3 \xrightarrow{\text{Kombination}} CH_3-CH_3$$

$$2\,CH_3-CH_2-O\cdot \xrightarrow{\text{Disproportionierung}} CH_3-CH=O + CH_3-CH_2-OH$$

Erfolgt die Zersetzung in flüssiger Phase, so können die Radikale leicht durch Zusammenstöße mit Lösungsmittelmolekeln (oder anderen Molekeln) „neutralisiert" werden. Dabei entsteht allerdings ein neues Radikal.

$$CH_3\cdot + H-R \longrightarrow CH_4 + {}\cdot R$$

Außerdem werden in flüssiger Phase oft Produkte einer in Gasphase nicht beobachteten Art von Radikalkombination gefunden. So entstehen bei der Zersetzung von Diacetylperoxid in Lösung (in Toluol) neben CO_2, CH_4 und C_2H_6 auch beträchtliche Mengen von Methylacetat, das bei der Thermolyse in der Gasphase nur in Spuren vorkommt. Es wird angenommen, daß dieses Produkt aus einem *Radikalpaar im Lösungsmittelkäfig* gebildet wird, bevor sich die durch Homolyse gebildeten Radikale voneinander entfernen konnten (Noyes, 1950, 1954, 1961)[5].

$$CH_3-\overset{O}{\overset{\|}{C}}-O-O-\overset{O}{\overset{\|}{C}}-CH_3 \rightleftharpoons \left[CH_3-\overset{O}{\overset{\|}{C}} \quad \overset{\cdot O}{C}-CH_3\right] \longrightarrow 2\,CH_3-\overset{O}{C}_{O\cdot}$$

$$\downarrow \qquad\qquad\qquad\qquad \downarrow$$

$$CH_3-\overset{O}{\overset{\|}{C}}-O-CH_3 + CO_2 \qquad 2\,CH_3\cdot + 2\,CO_2$$

$$\downarrow$$

$$CH_3-CH_3$$

---

5 Vgl. mit der Theorie der intimen Ionenpaare der heterolytischen Chemie (S. 93).

Neben Peroxiden werden verschiedene Azoverbindungen wegen der niedrigen Werte der Aktivierungsenergien ihrer Thermolyse als geeignete Initiatoren verwendet. Der Grund ihrer leichten Homolyse liegt in der energetisch besonders begünstigten Bildung des stabilen N_2-Moleküls. Die Aktivierungsenergie der Zersetzung des meist benutzten Azo-*bis*-isobutyronitrils (11) beträgt nur 31 Kcal/Mol (in Benzol), was einer Halbwertszeit von 17 Stunden bei 60° C und 1,3 Stunden bei 80° C entspricht.

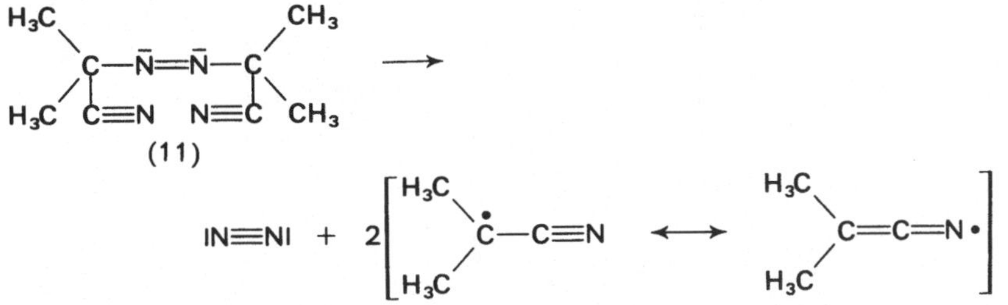

$$\begin{array}{c}
H_3C\diagdown\quad\quad\quad CH_3 \\
\quad C\!-\!\bar{N}\!=\!\bar{N}\!-\!C \\
H_3C\diagup\; C\!\equiv\!N\quad N\!\equiv\!C\diagdown CH_3 \\
(11)
\end{array}\longrightarrow$$

$$|N\!\equiv\!N| \;+\; 2\left[\begin{array}{c}H_3C\diagdown\\ \quad\overset{\displaystyle\cdot}{C}\!-\!C\!\equiv\!N\\ H_3C\diagup\end{array}\longleftrightarrow\begin{array}{c}H_3C\diagdown\\ \quad C\!=\!C\!=\!N\cdot\\ H_3C\diagup\end{array}\right]$$

Auch in dieser Verbindungsgruppe nimmt die Aktivierungsenergie mit der steigenden Stabilität der entstehenden Radikale ab, was auf einen Übergangszustand vom Typ (12) hinweist.

$$R\!-\!N\!=\!N\!-\!R \;\rightleftharpoons\; R\cdots N\!\equiv\!N\cdots R \;\longrightarrow\; R\cdot \;+\; N\!\equiv\!N \;+\; \cdot R$$

$$(12)$$

b) Lichtabsorption. Photolyse

Bei den meisten polyatomaren Molekeln sind neben dem Grundzustand mehrere metastabile elektronische Zustände denkbar. Das Molekül kann sie durch Absorption bestimmter Lichtquanten aus dem sichtbaren oder ultravioletten Bereich erreichen. Durch die absorbierte Energie wird ein Elektron des polyatomaren Systems von einem im Grundzustand besetzten in ein im Grundzustand unbesetztes, energiereicheres Orbital übertragen. Bei diesem Transfer behält das Elektron seinen ursprünglichen Spin. Zwei im Grundzustand gepaarte Elektronen befinden sich nun in verschiedenen Orbitalen, aber ihr Spin ist noch immer entgegengesetzt. Solche Zustände werden als *Singlettzustände* bezeichnet und nach steigendem Energiegehalt mit Symbolen $S_1, S_2, \ldots S_n$ (der Grundzustand ist S_o) beschrieben [6]. Der Prozeß der elektronischen Anregung durch das Lichtquantum ist so schnell, daß nur das Elektron betroffen wird; die Atomkerne haben nicht genug Zeit, ihre gegenseitige Lage und ihre Momente zu ändern. Darum ist die Anregung selbst mit keiner chemischen Reaktion verbunden.

Die Desaktivierung der energiereichen Singlettzustände kann auf verschiedenen Wegen erfolgen. Die angeregte Partikel kann z. B. einen Teil der Energie strahlungslos intramolekular in Vibrationsenergie umwandeln (*interne Konversion;* Übergang $S_n\!\rightarrow\!S_{n-x}$) oder auf eine andere Partikel beim Zusammenstoß übergeben. Vom niedrigsten angeregten Singlettzustand S_1 kann unter Umständen die Energie auch in Form von *Fluoreszenz* ausgestrahlt werden (Übergang $S_1\!\rightarrow\!S_o$; siehe Abb. 5). Alle diese Prozesse erfolgen äußerst schnell ($<10^{-8}$ Sek.), was allgemein nur wenig Raum für chemische Reaktionen übrig läßt.

---

6 Der Ausdruck kommt aus der Spektroskopie, wo die Multiplizität einer Radikel mit $2S+1$ gegeben wird. S bedeutet dabei den Gesamtspin aller Elektronen. Sind diese alle gepaart, ist $S=0$ (die Zahl der $+1/2$-Spine gleicht der der $-1/2$-Spine) und die Partikel wird als Singlett bezeichnet. Wird jedoch der Spin eines Elektrons als Folge der Lichtabsorption umgekehrt, ist $S=1/2+1/2=1$ und die Multiplizität gleich 3, d. h. es handelt sich um ein Triplett.

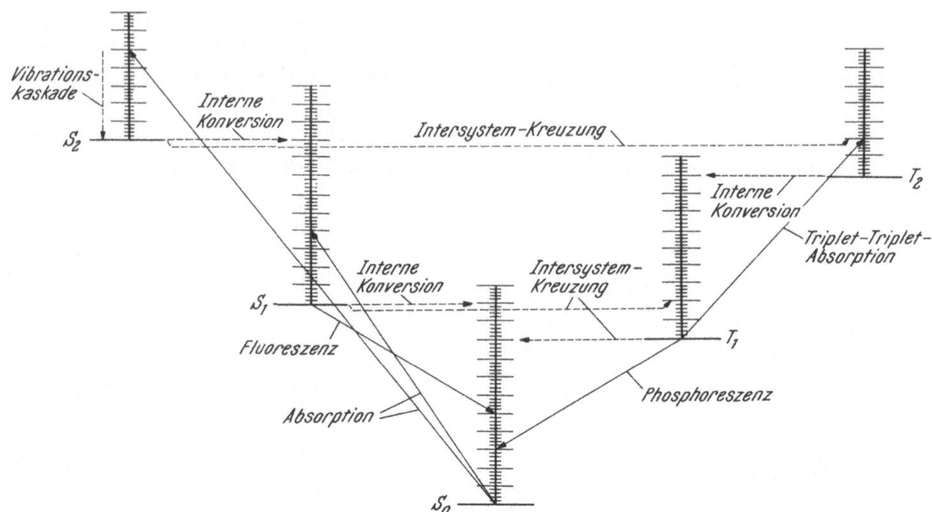

Abb. 5. Elektronische Übergänge eines Moleküls. Volle Linien bedeuten Emission bzw. Absorption der Strahlung; unterbrochene Linien bedeuten strahlungslose Übergänge (Hammond und Turro, 1963)

Das Molekül im Singlettzustand kann jedoch auch durch eine Umkehr des Spins des angeregten Elektrons in einen *Triplettzustand* geraten[6]. Diese Zustandsänderung ist mit keinem Energieverlust verbunden, bietet jedoch weitere Desaktivierungsmöglichkeiten. Außer dem Quenching (d. h. der Energieübergabe an andere Partikeln) und der internen Konversion besteht bei Erfüllung bestimmter Strukturvorbedingungen die Möglichkeit, vom niedrigsten Triplettzustand T_1 den Grundzustand S_o unter Ausstrahlung der Energiedifferenz zwischen den beiden Zuständen zu erreichen. Diese Ausstrahlung geschieht in Form von *Phosphoreszenz* und ist im Vergleich zum $S_1 \rightarrow S_o$-Übergang durch Fluoreszenz viel langsamer (10^{-4}—10^{-3} Sek.). Der Grund für den relativ langsamen $T_1 \rightarrow S_o$-Übergang liegt in der hier nötigen Spinumkehr. Dies ist auch der Grund, warum der niedrigste Triplettzustand T_1, obwohl von allen angeregten Zuständen am energieärmsten (Triplettzustände sind im allgemeinen energieärmer als Singlettzustände), am leichtesten chemischen Reaktionen unterliegt: Die elektronische Anregung bleibt in diesem Zustand lange genug erhalten, um einen chemischen Prozeß zu erlauben. Chemische Desaktivierung von Partikeln im T_1-Zustand ist darum das Wesen der meisten photochemischen Prozesse.

Der für photochemische Reaktionen erwünschte T_1-Zustand muß jedoch nicht immer durch die erwähnte direkte Absorption eines Lichtquantums und die nachfolgenden Transformationen erreicht werden. Die Anregungsenergie kann auch von einem *Sensibilisator* auf das Substrat übertragen werden. Ein Sensibilisator kann die Photoreaktion bereits bei Bestrahlung des Reaktionsgemisches mit einem Licht von längerer Wellenlänge (d. h. von niedrigerer Energie) einleiten, als welches vom Substrat direkt absorbiert werden kann. Dieses Phänomen beruht auf unterschiedlichen energetischen Differenzen zwischen den S_1- und T_1-Zuständen bei dem Substrat und dem Sensibilisator. Butadien, das erst im ultravioletten Bereich bei 2300 Å absorbiert (Abb. 6), kann mit Hilfe von Benzophenon (Absorption bei 3450 Å) in den für chemische Reaktionen nötigen T_1-Zustand durch eine Energieübertragung gebracht werden, denn sein T_1 liegt an der Energieskala unter dem T_1-Zustand des Sensibilisators (Hammond und Moore, 1959; Hammond und Turro, 1963).

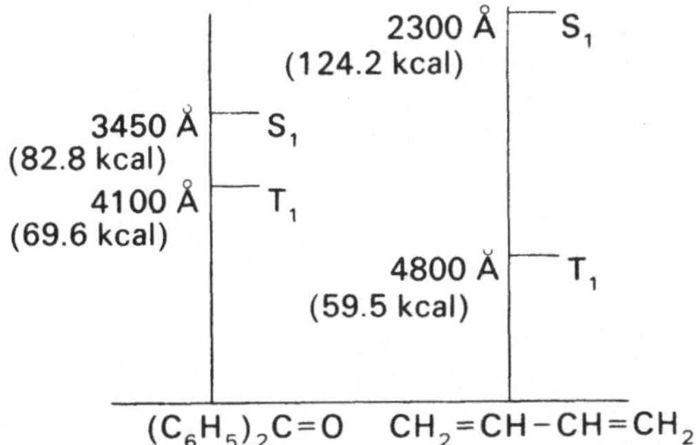

Abb. 6. Anregungsenergien von Benzophenon und Butadien. (Nach Hammond und Turro, 1963)

Wenden wir uns jetzt der zu Radikalen führenden *Photolyse* zu. Die früher erwähnte Spaltung von Peroxyderivaten und Azoverbindungen kann auch photolytisch bei Raumtemperaturen erzielt werden.

$$R-\overset{O}{\overset{\|}{C}}-O-O-\overset{O}{\overset{\|}{C}}-R \xrightarrow{h\nu} 2\,R-\overset{O}{\overset{\|}{C}}-O\bullet \longrightarrow 2\,R\bullet + 2\,CO_2$$

$$R-N{=}N-R \xrightarrow{h\nu} 2\,R\bullet + N_2$$

Radikale entstehen auch bei der Photolyse von Aldehyden und Ketonen (in der Gasphase)[7].

$$R-CH{=}O \xrightarrow{h\nu} R\bullet + \bullet CH{=}O$$

$$R-\underset{O}{\overset{|}{C}}-R' \xrightarrow{h\nu} R\bullet + R'-\underset{O}{\overset{|}{C}}\bullet \longrightarrow R' + CO$$

Alle Carbonylverbindungen weisen eine schwache Absorption im Bereich von 3200 Å auf, die der Anregung eines nichtbindenden Elektrons am Sauerstoff (*n*-Niveau) in das antibindende π-Orbital der Carbonylgruppe (π^*-Niveau) entspricht. Die Carbonylgruppe erreicht durch diesen $n \to \pi^*$-Übergang einen „teilweise radikalischen" Charakter (sie ähnelt einem Alkoxyradikal).

<hr>

7 Ist jedoch in der Carbonylverbindung ein γ-ständiges Wasserstoffatom vorhanden, so hat die Photolyse einen unterschiedlichen Verlauf (sogenannte Norrishsche Spaltung 2. Typs, S. 332).

Die Ähnlichkeit des angeregten Carbonyls mit Alkoxyradikalen äußert sich unter anderem in seiner Fähigkeit, anderen Molekülen ein Wasserstoffatom zu entreißen. Dadurch werden allerdings Radikale gebildet:

$$(C_6H_5)_2C{=}O \xrightarrow[n \to \pi^*]{h\nu} (C_6H_5)_2C{=}O^*$$

$$(C_6H_5)_2C{=}O^* + R{-}H \longrightarrow (C_6H_5)_2\overset{\bullet}{C}{-}OH + R\bullet$$

$$2\,(C_6H_5)_2\overset{\bullet}{C}{-}OH \longrightarrow (C_6H_5)_2\underset{\underset{\textstyle OH}{|}}{\overset{\overset{\textstyle OH}{|}}{C}}{-}C(C_6H_5)_2$$

$$(C_6H_5)_2\overset{\bullet}{C}{-}OH + R\bullet \longrightarrow (C_6H_5)_2\underset{\underset{\textstyle R}{|}}{C}{-}OH$$

$$2\,R\bullet \longrightarrow R{-}R$$

c) Oxidative und reduktive Bildungsweisen der Radikale

Bei der Elektrolyse von Carbonsäuresalzen entstehen aus Carboxylationen durch Abgabe eines Elektrons an der Anode labile Carbonyloxyradikale, die weiter zu CO_2 und Alkylradikalen zerfallen. Das Endprodukt dieser Kolbeschen Elektrosynthese wird durch Kombination der entstandenen Radikale gebildet.

$$R{-}\overset{\overset{\textstyle O}{\|}}{C}{-}\bar{O}| \xrightarrow[-\,e]{\text{Anode}} R{-}\overset{\overset{\textstyle O}{\|}}{C}{-}\bar{O}\bullet \longrightarrow R\bullet + CO_2$$

$$2\,R\bullet \longrightarrow R{-}R \qquad R\bullet + \bullet\bar{O}{-}\overset{\overset{\textstyle O}{\|}}{C}{-}R \longrightarrow R{-}\bar{O}{-}\overset{\overset{\textstyle O}{\|}}{C}{-}R$$

Auf einem reduktiven Weg werden Hydroxyradikale im *Fentonschen Reagens* gebildet. Ähnlich entstehen durch Reduktion mit Metallsalzen aus Dialkylperoxiden Alkoxyradikale[8].

$$Fe^{2+} + H{-}O{-}O{-}H \longrightarrow Fe^{3+} + HO^- + \bullet OH$$

$$M^{n+} + R{-}O{-}O{-}R \longrightarrow M^{(n+1)+} + R{-}O^- + \bullet O{-}R$$

d) Molekular induzierte Homolyse

Nicht selten wird die Homolyse einer Substanz durch Anwesenheit einer anderen, nichtradikalischen Komponente wesentlich beschleunigt. So werden in einem Gemisch von Styrol mit Iod bei 25° C Radikale etwa 10^6mal schneller als durch Homolyse von Iod selbst gebildet (Fraenkel und Bartlett, 1959). Auf Grund von kinetischen

---

8 Siehe das Referat von Uri (1952).

Daten, die für die Reaktion eine zweite Ordnung in Styrol und erste Ordnung in Iod ausweisen, kommen die folgenden Radikale in Erwägung.

$$I_2 \;+\; 2\,C_6H_5\text{—}CH\text{=}CH_2 \;\longrightarrow\; 2\,C_6H_5\text{—}\overset{\bullet}{C}H\text{—}CH_2I$$

Wie in diesem Falle, handelt es sich bei der *induzierten Homolyse* gewöhnlich um eine Wechselwirkung zwischen einer zur Radikalbildung neigenden Verbindung und einem Olefin bzw. einem Acetylen (Walling und Mitarbeiter, 1965).

$$(CH_3)_3C\text{—}O\text{—}Cl \;+\; CH_2\text{=}CH\text{—}C_6H_5 \;\longrightarrow\; (CH_3)_3C\text{—}O\bullet \;+\; Cl\text{—}CH_2\text{—}\overset{\bullet}{C}H\text{—}C_6H_5$$

Das Wesen der molekular-induzierten Homolyse, bei der auch das Polarisationsvermögen des Mediums eine Rolle spielt, ist noch nicht eindeutig geklärt worden. Es scheint jedoch, daß die Herabsetzung der Aktivierungsenergie für die Radikalbildung hier auf einem ähnlichen Wege erreicht wird wie bei heterolytischen Prozessen durch Solvatation.

5. Reaktionen kohlenstoffhaltiger Radikale

Das unvollständige Elektronengebilde des Zentralkohlenstoffatoms erteilt den Radikalen, falls sie nicht durch eine weitgehende Resonanz stabilisiert sind, die für sie typische Instabilität, die sich durch interne Umwandlungen sowie durch hohe Aggressivität gegenüber anderen Partikeln äußert. Die Reaktionen der Radikale können in folgende Typen eingeteilt werden.

1. *Kombination* von Radikalen:

$$\text{(a)} \quad R\bullet \;+\; \bullet R' \;\longrightarrow\; R\text{—}R'$$

Sie ist die Umkehrung der homolytischen Dissoziation, bei der Radikale durch thermische und photochemische Prozesse entstehen. Bei der Vereinigung der Radikale wird allerdings eine Energiemenge freigesetzt, die der Dissoziationsenergie der so entstehenden σ-Bindung gleicht oder sogar noch höher ist. Soll also der Zusammenstoß zweier Radikale zu ihrer Kombination führen, muß für die Abfuhr der freiwerdenden Energie gesorgt werden. Diese kann z. B. an einen dritten Körper (z. B. beim Zusammenstoß an der Wand des Reaktionsgefäßes) abgegeben werden oder, bei komplizierteren Strukturen, durch eine interne Verteilung auf das ganze Bindungssystem (Umwandlung in Vibrationsenergie mehrerer Bindungen) unschädlich gemacht werden. Die Kombination zweier Radikale ist einer der Wege, die zum Abbruch einer Kettenreaktion führen.

Das Symbol $R\cdot$ muß nicht immer nur ein kohlenstoffhaltiges Radikal sein. Die Kombination eines Radikals zu einem stabilen Molekül kann auch z. B. mit Halogenatomen, mit Stickstoffmonoxid, mit heteroatomaren Radikalen usw. erfolgen.

$$R\bullet \;+\; I\bullet \;\longrightarrow\; R\text{—}I$$

$$R\bullet \;+\; \bullet\bar{N}\text{=}\overset{.}{O} \;\longrightarrow\; R\text{—}\bar{N}\text{=}\overset{.}{O}$$

$$R\bullet \;+\; \bullet O\text{—}CO\text{—}R' \;\longrightarrow\; R\text{—}O\text{—}CO\text{—}R'$$

2. Bei einer *Disproportionierung* zwischen zwei Radikalen entsteht ein gesättigter und ein ungesättigter Kohlenwasserstoff.

$$\text{(b)} \quad 2\,R{-}CH_2{-}CH_2{\cdot} \quad \longrightarrow \quad R{-}CH_2{-}CH_3 \;+\; R{-}CH{=}CH_2$$

Manche Autoren schließen aus ähnlichen Arrheniusschen Faktoren (siehe S. 66) und anderen Ähnlichkeiten darauf, daß die Kombination und die Disproportionierung ähnliche Übergangszustände haben müssen (Bradlex und Rabinovitch, 1962; Kerr und Trotman-Dickenson, 1961)[9].

Kombinations-
übergangszustand

Disproportionierungs-
übergangszustand

Auch die Disproportionierung ist eine häufige Abbruchreaktion. Bei der Pyrrolyse von Kohlenwasserstoffen ist sie zum großen Teil für die Bildung von olefinischen Produkten verantwortlich.

3. Ein *Zerfall des Radikals* zu einem stabilen Molekül und einem neuen Radikal erfolgt z. B. bei höheren Alkylradikalen. Wie schon angedeutet (S. 284), sind diese bei höheren Temperaturen unbeständig und zerfallen zu einem Olefin und einem einfachen Alkyl-, meistens zu Methylradikal.

$$\text{(c1)} \quad R{-}CH{\cdot}{\cdots}CH_2{\cdots}R' \quad \longrightarrow \quad R{-}CH{=}CH_2 \;+\; {\cdot}R'$$

In diese Kategorie gehört auch der Zerfall von Acyloxyradikalen, die primär bei der Dissoziation von Diacylperoxiden, durch Elektrooxidation von Carboxylationen und aus Bleitetraacylaten entstehen. Sie spalten leicht ein Kohlendioxidmolekül ab und gehen in Alkylradikale über.

$$\text{(c2)} \quad R{\cdots}C{\cdots}O{\cdot} \quad \longrightarrow \quad R{\cdot} \;+\; O{=}C{=}O$$

Für homolytische Prozesse, bei denen ein solcher Radikalzerfall stattfindet, ist es wichtig, daß dabei die aktive Radikalpartikel nicht verloren geht.

4. Durch *Addition* eines Radikals an eine mehrfache Bindung wird ebenfalls ein neues Radikalzentrum gebildet.

$$\text{(d)} \quad R{\cdot} \;+\; {>}C{=}C{<} \quad \longrightarrow \quad R{-}C{-}C{\cdot}$$

Die Addition kann auch an nicht-kohlenstoffhaltige Mehrfachbindungen, z. B. an molekularen Sauerstoff, erfolgen.

---

9 Andere wieder vertreten die Meinung, daß beide Reaktionen unterschiedliche Übergangszustände ionischen Charakters (!) durchlaufen (z. B. Benson, 1964).

$$R\cdot + O{=}O \longrightarrow R{-}O{-}O\cdot$$

Umgekehrt kann auch eine nicht-kohlenstoffhaltige radikalische Partikel (z. B. ein Halogenatom) an eine $C{=}C$-Doppelbindung addiert werden.

$$Cl\cdot + \; \diagdown C{=}C \diagup \; \longrightarrow \; Cl{-}\underset{|}{\overset{|}{C}}{-}C\cdot$$

Der letztgenannte Additionstyp stellt einen der möglichen Wege für die Bildung kohlenstoffhaltiger Radikale dar.

5. Bei einer *metathetischen Reaktion* zwischen einem Radikal und einem „gesättigten" Molekül entnimmt das Radikal dem Molekül ein Wasserstoffatom oder ein anderes Atom und geht selbst in ein stabiles Molekül über, allerdings unter gleichzeitiger Bildung eines neuen Radikals:

$$(e) \quad R\cdot + H{-}R' \longrightarrow R{-}H + \cdot R'$$

Reaktionen dieses Typs bilden wichtige Kettenglieder in mehrstufigen homolytischen Prozessen, wo sie auch als *Radikaltransfer-Reaktionen* bezeichnet werden (sie übertragen die Radikalform in die nächste Stufe). Ersetzen wir in unserem Schema $R\cdot$ z. B. durch ein Halogenatom, so beschreibt es eine weitere Weise, nach der kohlenstoffhaltige Radikale bei homolytischen Prozessen gebildet werden.

$$Cl\cdot + H{-}R \longrightarrow Cl{-}H + \cdot R$$

6. Teilreaktionen radikalischer Prozesse

Es ist schon erwähnt worden, daß die meisten radikalischen Umwandlungen komplizierte Prozesse sind, in denen sich bestimmte Teilreaktionen oft wiederholen. Dabei knüpft eine Teilreaktion an die andere wie die Glieder in einer Kette an. Für solche *Kettenreaktionen* sind drei Stadien charakteristisch: Der Start, die Kettenfortpflanzung und der Kettenabbruch.

Als *Startreaktion (Initiation)* wird in einer Kettenreaktion die homolytische Bildung von Radikalen bzw. freien Atomen durch Spaltung kovalenter Bindungen bezeichnet. Die nötige Energie wird in Form von Wärme oder Licht zugeführt. Manchmal nimmt an einer solchen Teilreaktion schon eine der Hauptreaktionskomponenten teil. Ein Beispiel dafür ist die radikalische Chlorierung, bei welcher die Homolyse des Halogenmoleküls die Startreaktion darstellt:

$$Cl{-}Cl \xrightarrow{\;h\nu\;} 2\,Cl\cdot$$

Manchmal entstehen die zum Starten einer Kettenreaktion nötigen Radikale aus zugesetzten labilen Verbindungen, die bei erhöhten Temperaturen oder durch Bestrahlung leicht einer homolytischen Spaltung unterliegen. Zu solchen *Initiatoren* gehören vor allem verschiedene Peroxy- und Azoverbindungen (S. 287).

Die in der Startreaktion gebildeten Radikale (Atome) rufen dann eine Reihe von leicht verlaufenden Reaktionen hervor, die als *Kettenfortpflanzung (Propagation)* bezeichnet werden. Es handelt sich meistens um einen Zyklus von zwei oder drei Teilreaktionen, durch die einerseits die Endprodukte entstehen, anderseits die Reproduktion des Radikals für den nächsten Zyklus zustande kommt. So entsteht im Propagationsstadium der Halogenierung von Paraffinen zuerst durch die Reaktion eines Halogenatoms mit einem Paraffinmolekül ein Molekül Halogenwasserstoff und das entsprechende Alkylradikal; dieses bildet dann in der folgenden Teilreaktion mit einem Halogenmolekül ein Molekül Alkylhalogenid und das für die Wiederholung des Zyklus nötige Halogenatom.

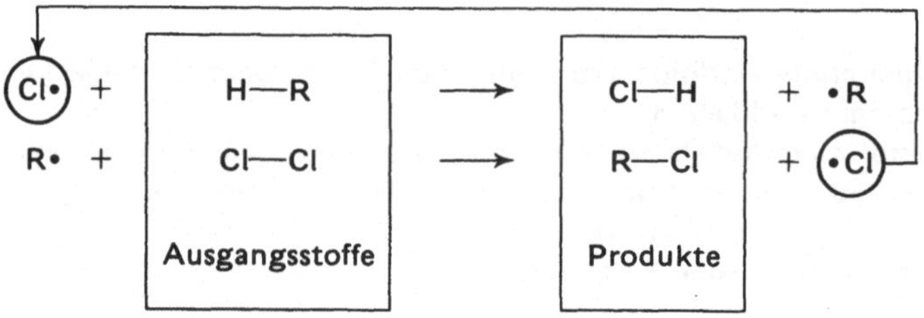

$$\text{Cl}\cdot + \begin{array}{c} \text{H—R} \\ \text{Cl—Cl} \\ \textbf{Ausgangsstoffe} \end{array} \longrightarrow \begin{array}{c} \text{Cl—H} \\ \text{R—Cl} \\ \textbf{Produkte} \end{array} + \begin{array}{c} \cdot\text{R} \\ \cdot\text{Cl} \end{array}$$

Die Teilreaktionen einer Kettenfortpflanzung gehören in die Gruppe der Radikalumwandlungen, die im vorigen Absatz als metathetische (oder Transfer-) Reaktionen (Typ e) bezeichnet wurden. Bei homolytischen Prozessen an mehrfachen Bindungen kommen Additionsreaktionen (Typ d) zur Geltung. Als Beispiel sei die radikalische Addition von Bromwasserstoff an Olefine erwähnt.

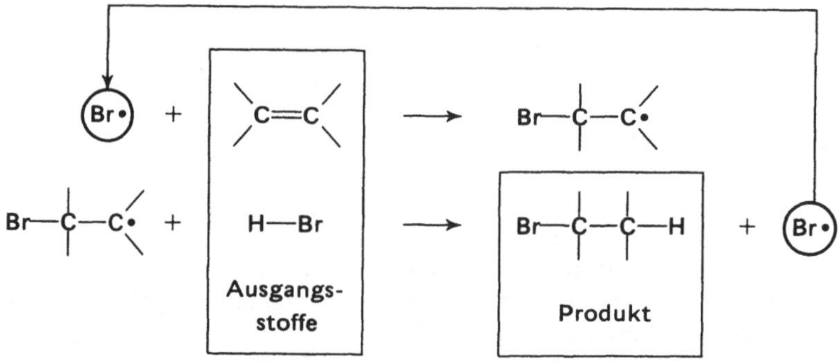

$$\text{Br}\cdot + \text{C}=\text{C} \longrightarrow \text{Br—C—C}\cdot$$
$$\text{Br—C—C}\cdot + \begin{array}{c} \text{H—Br} \\ \textbf{Ausgangs-} \\ \textbf{stoffe} \end{array} \longrightarrow \begin{array}{c} \text{Br—C—C—H} \\ \textbf{Produkt} \end{array} + \text{Br}\cdot$$

Der *Kettenabbruch* erfolgt durch den Eingriff einer Reaktion in den Propagationszyklus, die die zur Kettenfortpflanzung nötigen Radikale in inerte Partikeln umwandelt. Eine solche Reaktion ist z. B. die Kombination zweier Radikale (Typ a) oder die Disproportionierung (Typ b); durch beide werden aus Radikalen inaktive Moleküle gebildet. Manchmal greift ein „fremdes" Molekül in den Zyklus ein, das zwar mit dem Radikal des Fortpflanzungszyklus ein neues Radikal bildet, dieses jedoch (z. B. wegen seiner herabgesetzten Reaktivität) nicht als Fortpflanzungsradikal dienen kann.

Wird die Kettenreaktion nicht durch einen vorzeitigen Abbruch unterbrochen, so wiederholt sich der Fortpflanzungszyklus oft bis mehrtausendmal; einem in der Startreaktion entstandenen Radikal können also mehrere Tausend Molekeln des Reaktionsproduktes entsprechen. Das bedeutet praktisch, daß für einen befriedigenden Verlauf einer Kettenreaktion oft eine kurzfristige Bestrahlung bzw. Zusatz von einer relativ sehr kleinen Menge eines geeigneten Initiators genügt. Umgekehrt können relativ sehr kleine Mengen von Verbindungen, die mit Radikalen zu inaktiven

Partikeln reagieren, den Verlauf einer Kettenreaktion verhindern (sogenannte *Inhibitoren*). Die Initiation und Inhibition radikalischer Kettenreaktionen durch Spurenmengen von Beimengungen gehören zu den charakteristischsten Merkmalen dieser Prozesse.

Das Studium der Mechanismen radikalischer Prozesse ist im allgemeinen viel schwieriger als bei polaren Reaktionen. Neben der prinzipiellen Kompliziertheit der Prozesse liegt der Grund hauptsächlich bei der schweren Kontrollierbarkeit der Teilreaktionen. Die niedrige Selektivität der Radikale als attackierender Partikeln hat auch oft einen uneinheitlichen Verlauf mit schwer analysierbaren Produktgemischen zufolge. Die hohe Radikalreaktivität begrenzt die Möglichkeit eines mechanistischen Studiums auf Grund von konstitutionellen Einflüssen. Ähnliches gilt für die Lösungsmitteleinflüsse, die bei radikalischen Prozessen eine weniger ausgeprägte Rolle spielen als bei polaren Reaktionen.

Schwierig ist auch das kinetische Studium radikalischer Prozesse und die Interpretation der gewonnenen Daten in Begriffen der Reaktionsmechanismen. Große experimentelle Schwierigkeiten verursacht die Tatsache, daß schon die kleinsten Mengen von Fremdkörpern, z. B. Spuren von Verunreinigungen in den benutzten Chemikalien, Anwesenheit von Luftsauerstoff usw., einen weitgehenden Einfluß auf den Reaktionsverlauf ausüben können. Gewöhnlich ist es auch schwierig, durch chemische Analyse der Produkte die nötige Information über die Natur der kinetisch untersuchten Teilreaktionen zu bekommen. Dies gilt vor allem für die wichtigen Start- und Abbruchstadien, die im Gesamtumfang der Kettenreaktion nur einen winzigen Anteil darstellen und deren Spuren darum in dem Reaktionsprodukt nur schwer zu verfolgen sind.

Bei photochemischen Prozessen wird unter anderem die *Quantenausbeute* Φ bestimmt. Φ bedeutet die Zahl der Mole des Produktes per Mol der eingestrahlten Photone. Zur Bestimmung der Geschwindigkeitskonstanten wird hier die sinnreiche Methode des rotierenden Sektors von Gomer und Kistiakowsky (1951) benutzt. Das den Radikalprozeß initiierende Licht wird dem reagierenden System über einen Sektor in einer rotierenden Scheibe zugeführt. Einer Bestrahlungsperiode folgt also eine dunkle Periode, in der nur Fortpflanzungs- und Abbruchreaktionen erfolgen. Durch das Verhältnis der Sektorfläche zu der der restlichen Scheibe sowie durch die Geschwindigkeit des Rotierens kann die Dauer der hellen und dunklen Perioden beliebig geändert werden. Die dadurch erzielten Änderungen der Gesamtgeschwindigkeit des untersuchten Prozesses erlauben die Geschwindigkeitskonstanten seiner Teilreaktionen zu bestimmen[10].

I. Radikalische Substitutionen

Zu radikalischen Substitutionen gehören die meisten typischen Reaktionen der paraffinischen Kohlenwasserstoffkette. Am besten untersucht ist die Halogenierung. Darum wird ihr im folgenden viel Raum gewidmet, wobei allerdings auch manche Gesetzmäßigkeiten radikalischer Substitutionen im allgemeinen erläutert werden sollen.

---

10 Eine eingehendere Beschreibung der Methode des rotierenden Sektors findet der Leser z. B. in dem schon zitierten Buch von Pryor.

1. Halogenierung

Im Dunklen findet zwischen Paraffinen und Chlor keine Reaktion statt, dagegen löst schon eine kurze Bestrahlung eine unter Umständen bis explosionsartige Chlorierung aus. Einen ähnlichen Effekt hat die Zugabe von radikalbildenden Stoffen: 0,002 Molprozent Tetraäthylblei leitet bei 120° C eine Reaktion zwischen Chlor und Äthan ein, die sonst bei dieser Temperatur unmeßbar langsam ist (Vaughan und Rust, 1940). Einen hemmenden Einfluß haben dagegen schon die kleinsten Sauerstoffmengen.

Auch die Bromierung von gesättigten Kohlenwasserstoffen hat den Charakter einer radikalischen Kettenreaktion. Sie wird durch Bestrahlung, Zugabe von Diacylperoxiden usw. initiiert, dagegen durch Sauerstoff inhibiert. Eine Iodierung findet bei Paraffinen bekannterweise nicht statt. Die Reaktion mit elementarem Fluor ist dagegen schon im Dunkeln so heftig, daß neben einer Wasserstoffsubstitution auch tiefere Strukturänderungen (Spaltung der Kohlenstoffkette) resultieren. Ihre Verfolgung ist daher schwierig, gelingt jedoch beim starken Verdünnen des Halogens mit einem inerten Gas.

Für die Halogenierung wird der folgende Mechanismus allgemein angenommen:

$$\text{(a)} \quad X_2 \longrightarrow 2\,X\bullet$$

$$\text{(b)} \quad X\bullet + H\!\!-\!\!R \longrightarrow X\!\!-\!\!H + R\bullet$$

$$\text{(c)} \quad R\bullet + X\!\!-\!\!X \longrightarrow \ + X\bullet$$

Die letzten zwei Teilreaktionen stellen den Kern der Kettenfortpflanzung dar. Neben diesem Schema wurde ursprünglich auch eine durch Reaktionen d und e dargestellte Alternative erwogen, laut der das Halogenatom nicht den Wasserstoff, sondern den Kohlenstoff der C—H-Bindung angreifen sollte.

$$\text{(d)} \quad X\bullet + R\!\!-\!\!H \longrightarrow X\!\!-\!\!R + H\bullet$$

$$\text{(e)} \quad H\bullet + X\!\!-\!\!X \longrightarrow H\!\!-\!\!X + X\bullet$$

Diese Vorstellung entspricht jedoch weder der Stereochemie noch anderen Tatsachen der Halogenierungsreaktionen und mußte bald abgelehnt werden. Alle bekannten Fakten der Radikalchemie sprechen dafür, daß ein Radikal oder ein freies Atom bevorzugt die an der Peripherie des Moleküls liegenden Atome (meistens Wasserstoffatome), so wie es die Teilreaktion b widergibt, angreift.

a) Energetik der Halogenierungsprozesse

Für die Energetik der Halogenierung sind sowohl die Dissoziationsenergien der aufzulösenden und entstehenden Bindungen in den beiden Fortpflanzungsreaktionen als auch die mit der Umgestaltung der planaren (oder fast planaren) Radikalzentren zu tetrahedralen sp^3-Formen und *vice versa* erforderliche Energie entscheidend.

Aus den Dissoziationsenergien der beteiligten Bindungen können für die *Chlorierung* folgende Werte der Reaktionswärmen der beiden Fortpflanzungsreaktionen approximativ berechnet werden. Beide Teilreaktionen sind demnach exotherm (die erste allerdings nur schwach) (Pryor, 1966).

$$\Delta H \text{ (Kcal/Mol)}$$

$$Cl\bullet + CH_4 \longrightarrow ClH + CH_3\bullet \qquad -1$$

$$CH_3\bullet + Cl_2 \longrightarrow CH_3Cl + Cl\bullet \qquad -23$$

Die Bindungsdissoziationsenergie von Cl_2 beträgt jedoch 58 Kcal/Mol und erklärt die nötige Licht- bzw. Wärmezufuhr für den Start. Einmal gestartet, erreicht die Kette Längen bis zu 10^6 Cyclen.

Eine ähnliche Kalkulation bei der homolytischen *Bromierung* von Methan ergibt nur die zweite Reaktion als exotherm. Die Gesamtbilanz ist jedoch immer noch günstig.

$$\Delta H \text{ (Kcal/Mol)}$$

$$Br\bullet + CH_4 \longrightarrow BrH + CH_3\bullet \qquad +15$$

$$CH_3\bullet + Br_2 \longrightarrow CH_3Br + Br\bullet \qquad -21$$

Darum sind auch bei Bromierungen etwas höhere Temperaturen als beim Chlorieren üblich. Auch die Dissoziationsenergie der Br—Br-Bindung ist ziemlich hoch (45 Kcal/Mol) und erfordert für den Start eine beträchtliche Energiezufuhr.

Für eine supponierte *Iodierung* resultiert aus den entsprechenden Bindungsdissoziationsenergien eine negative Wärmebilanz. Die Wasserstoffabspaltung durch das Iodatom ist stark endotherm und der Energiebedarf wird nur teilweise von der nächsten Stufe gedeckt. Die Dissoziationsenergie der I—I-Bindung beträgt 35,6 Kcal/Mol.

$$\Delta H \text{ (Kcal/Mol)}$$

$$I\bullet + CH_4 \longrightarrow IH + CH_3\bullet \qquad +33$$

$$CH_3\bullet + I_2 \longrightarrow CH_3I + I\bullet \qquad -18$$

Stark exotherm sind dagegen beide Fortpflanzungsreaktionen der *Fluorierung*.

$$\Delta H \text{ (Kcal/Mol)}$$

$$F\bullet + CH_4 \longrightarrow FH + CH_3\bullet \qquad -32$$

$$CH_3\bullet + F_2 \longrightarrow CH_3F + F\bullet \qquad -70$$

Da die Fluorierung schon im Dunkeln bei tiefen Temperaturen abläuft, wird für die Startreaktion unter solchen Bedingungen die folgende molekular induzierte Homolyse erwogen (Pryor, 1966). (Die Dissoziationsenergie der F—F-Bindung beträgt 37 Kcal/Mol.)

$$\Delta H \text{ (Kcal/Mol)}$$

$$F_2 + CH_4 \longrightarrow HF + F\bullet + CH_3\bullet \qquad +5$$

b) Der Übergangszustand

War es bei der nukleophilen Substitution möglich, aus der Beibehaltung oder Inversion der Konfiguration am Reaktionszentrum Schlüsse auf die Geometrie des Übergangszustandes zu machen, so bleibt die Möglichkeit eines solchen stereochemischen Beweises bei der radikalischen Substitution fast vollkommen aus: Der Angriff des Halogens oder eines anderen radikalischen Substitutionsagens erfolgt an dem peripheren Wasserstoffatom.

Trotz dieser und manchen anderen Beweisschwierigkeiten wird von den meisten Autoren für die radikalische Halogenierung und andere radikalische Substitutionen ein *linearer Übergangszustand* (ähnlich wie bei S_N2-Reaktionen) angenommen.

$$X\bullet \; + \; H{-}R \; \longrightarrow \; X\cdots H\cdots R \; \longrightarrow \; X{-}H \; + \; \bullet R$$

Einerseits konnte berechnet werden, daß der energieärmste Zustand bei der Reaktion eines freien Wasserstoffatoms mit einem Wasserstoffmolekül bei der linearen Anordnung der drei Atomkerne liegt (Eyring und Polanyi, 1931).

$$H\bullet \; + \; H{-}H \; \longrightarrow \; H\cdots H\cdots H \; \longrightarrow \; H{-}H \; + \; \bullet H$$

Auf der anderen Seite wurden Beweise kinetischer Natur, obwohl nicht für die Halogenierung selbst, erbracht. So hat Pryor mit Pickering (1962) und mit Guard (1964) gezeigt, daß bei der Reaktion der Disulfide mit Radikalen:

$$X\bullet \; + \; R{-}S{-}S{-}R \; \longrightarrow \; X{-}S{-}R \; + \; \bullet S{-}R$$

die Geschwindigkeitskonstanten mit der steigenden Sperrigkeit der Gruppe R (von Methyl zu *tert.* Butyl) abnehmen. Eine ähnliche, obwohl viel ausgeprägtere Geschwindigkeitsabnahme wurde bei nukleophilen Substitutionen dieser Verbindungen beobachtet, wobei für die letzteren Reaktionen ein linearer Übergangszustand sichergestellt werden konnte. Dies macht die Vorstellung eines linearen Übergangszustandes auch bei der radikalischen Substitution wahrscheinlich.

Was die Bildung und Auflösung der Bindungen im Übergangszustand der Halogenierungen betrifft, ist ihr Ausmaß nicht immer gleich. Nach dem schon früher zitierten Hammondschen Postulat (S. 96) sollte bei der Substitution mit dem reaktiven Chloratom der Übergangszustand den Ausgangsstoffen gleichen, d. h. die Auflösung der H—C-Bindung sollte nur wenig fortgeschritten sein. Das weniger reaktive Bromatom sollte dagegen zu einem produktähnlichen Übergangszustand führen, in dem die H—C-Bindung weitgehend aufgelöst ist und der radikalische Charakter des Kohlenstoffrestes schon deutlich zum Ausdruck kommt.

$$Cl\bullet\cdots H{-}R \qquad\qquad Br{-}H\cdots\bullet R$$

c) Stereochemie der radikalischen Halogenierung

Die zum razemischen Produkt führende Chlorierung von optisch aktivem 1-Chlor-2-methylbutan (Brown, Kharasch und Chao, 1940) ist schon erwähnt worden (S. 285). Ähnlich unstereospezifisch sind auch die meisten anderen bisher untersuchten Halogenierungen.

Der Grund der sterischen Uneinheitlichkeit liegt bei der planaren oder flach pyramidalen, jedoch leicht umklappbaren Geometrie des intermediär entstehenden Radikals.

Die Bildung von razemischen Produkten schließt den alternativen Mechanismus $d+e$ (S. 298) der Halogenierung aus. Demnach müßte nämlich der Angriff des Chloratoms am C-Atom über einen S_N2-ähnlichen Übergangszustand stereospezifisch zur Inversion führen.

In einigen Fällen wurde jedoch bei Halogenierungen über eine wenigstens teilweise Stereospezifität berichtet. So fanden Fredricks und Tedder (1959), daß bei Halogenierungen von 2-Halogenbutanen in der Gasphase *erythro*-2,3-Dihalogenderivate etwas leichter als die entsprechenden *threo*-Isomere gebildet werden[1]. Die Autoren schrieben dieses Resultat einer bevorzugten Konformation des gebildeten Radikals zu, in der die nachfolgende Reaktion mit Cl_2 hauptsächlich von der dem schon vorhandenen Halogenatom entgegengesetzten Seite erfolgt.

Eine andere Erklärung bietet die Vorstellung eines *überbrückten Radikals,* welches die Form mit *trans*-situierten Methylgruppen bevorzugt annehmen würde. Seine Reaktion mit dem Halogenmolekül sollte nur zum *erythro*-Produkt führen.

---

1 Die Reaktion führte allerdings zu *allen* möglichen Stellungsisomeren, also auch zu 1,2- und 2,4-Dihalogenbutanen.

Eine hohe Stereospezifität wurde bei der Halogenierung von Norbornan festgestellt. Molekulares Chlor und Brom geben ungefähr 70% *exo*- und nur 20–25% *endo*-2-Halogenderivat und mit Sulfurylchlorid wurden sogar 95% *exo*-2-Chlornorbornan gebildet (Kooyman und Vegter, 1958).

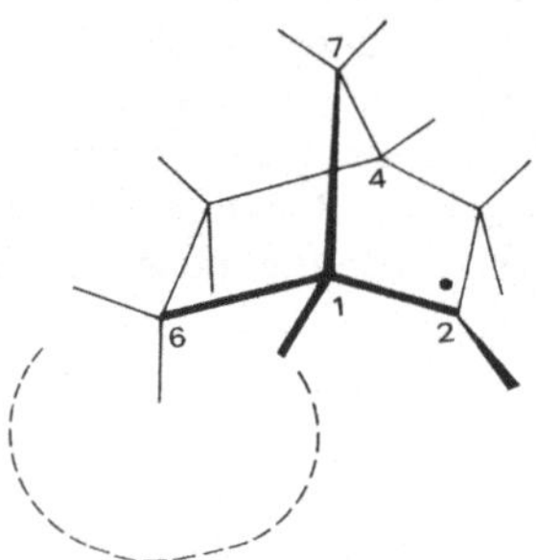

Die einfachste Erklärung geht aus der Stereochemie des starren 2-Norbornylradikals aus. Eine planare Anordnung am radikalischen $C_{(2)}$ vorausgesetzt, bietet es viel größere Möglichkeiten für Reaktionen von der *exo*-Seite; seine *endo*-Seite am $C_{(2)}$ wird besonders von der Methylengruppe der 6-Stellung stark abgeschirmt. Die unterschiedliche Reaktivität der beiden Seiten wird bei sperrigen Partnern wie SO_2Cl_2 oder PCl_5 besonders deutlich[2].

Im allgemeinen verlaufen jedoch homolytische Halogenierungen sterisch uneinheitlich. In dieser Hinsicht kann man eine Parallele mit der monomolekularen nukleophilen Substitution ziehen, wo die oft vorkommende sterische Uneinheitlichkeit des Produktes auch mit der Bildung eines Zwischenproduktes mit dreibindigem Kohlenstoff zusammenhängt.

d) Selektivität. Substituenteneffekte

Radikalische Halogenierungen (sowie auch andere radikalische Substitutionen) sind auch wenig regiospezifisch[3]. Zum Unterschied von polaren Substitutionen, bei denen das Reaktionszentrum meist eindeutig durch die Polarität und Polarisierbarkeit einer bestimmten Bindung gegeben ist, ist für radikalische Substitutionsreaktionen

---

2 Eine andere bemerkenswerte Tatsache bei der Halogenierung von Norbornan ist die niedrige Reaktivität der 7-Stellung (7-Chlornorbornan wird nur in Mengen von 2–5% gebildet). Kooyman und Vegter schreiben sie dem reduzierten Bindungswinkel $\sphericalangle C_{1,7,4}$ zu; die Bildung des 7-Norbornylradikals muß mit einer weiteren Zunahme der Ringspannung verbunden sein.

3 Bei einer regiospezifischen Reaktion wird im Substrat von mehreren möglichen Reaktionsstellen eine bestimmte bevorzugt.

allgemein die Möglichkeit des Angriffes an mehreren Stellen des kohlenstoffhaltigen Moleküls charakteristisch. Tab. 28 zeigt z. B., daß bei der Chlorierung der Paraffine bei 300° C alle theoretisch möglichen Monochlorderivate gebildet werden (Hass, McBee und Weber, 1936).

Tabelle 28. *Relative Mengen der isomeren Monochlorderivate in Chlorierungsprodukten von Paraffinen (bei 300° C)*

Kohlenwasserstoff	Monochlorderivat							
	1—Cl—		2—Cl—		3—Cl—		4—Cl—	
	gefunden	berechnet	gefunden	berechnet	gefunden	berechnet	gefunden	berechnet
CH_3—CH_2—CH_3	48	48	52	52				
CH_3—CH_2—CH_2—CH_3	32	32	68	68				
$(CH_3)_2CH$—CH_3	67	67	33	33				
CH_3—$(CH_2)_3$—CH_3	23,8	23,5	48,8	51	27,4	25,5		
$(CH_3)_2CH$—CH_2—CH_3	33,5	30	22	22	28	33	16,5	15

Die in Tab. 28 angegebenen relativen Mengen der Monochlorderivate entsprechen jedoch nicht einer rein statistischen Verteilung. Wären z. B. bei Butan alle Wasserstoffatome gleich „substituierbar", müßte das Verhältnis von 1-Chlor- zu 2-Chlorbutan gleich 6:4 sein. Bei Isobutan sollte dieses Verhältnis sogar den Wert von 9:1 erreichen, denn bei neun primären Wasserstoffatomen steht hier nur ein tertiäres Wasserstoffatom der 2-Stellung zur Verfügung. In allen Fällen war das gefundene Verhältnis viel günstiger für sekundäre und tertiäre Halogenderivate. Hass, McBee und Weber haben daraus auf die folgende Reihenfolge der abnehmenden Reaktivität zum atomaren Chlor:

$$\text{—C—H} \quad > \quad \text{C} \quad > \quad \text{—C—H}$$

geschlossen und für die angegebenen Bedingungen (300° C) die relativen Reaktivitäten des primären, sekundären und tertiären Wasserstoffatoms gegenüber atomarem Chlor als

$$1 : 3{,}25 : 4{,}43$$

berechnet. Werden diese Zahlen für einen bestimmten Kohlenwasserstoff durch die Zahl der entsprechenden Wasserstoffatome der betreffenden Art multipliziert und das resultierende Verhältnis in Prozenten ausgedrückt, so gelangt man zu den „berechneten" Werten unserer Tabelle. Die gute Übereinstimmung dieser mit den gefundenen Werten zeigt, daß das Verhältnis der Reaktivitäten von primärem, sekundärem und tertiärem Wasserstoff in den einzelnen Fällen ohne größere Abweichungen konstant bleibt[4]. Es ändert sich jedoch mit der Temperatur: Bei

---

4 Sonst ist die allgemeine Übereinstimmung nicht überraschend, denn die Beziehung wurde eben aus den angegebenen experimentellen Daten abgeleitet.

niedrigeren Temperaturen sind die Unterschiede größer, bei hohen Temperaturen werden sie verwischt. Die relative Reaktivität der H—C-Bindungen ist weiter stark von der Natur des Halogens abhängig: Die größten Unterschiede sind bei Bromierungen, die kleinsten bei Fluorierungen (Tab. 29; Anson, Fredricks und Tedder, 1959).

Tabelle 29. *Relative Reaktivitäten der H—C-Bindungen mit Halogenatomen (27° C)*

Halogen	Relative Reaktivität der H—C in		
	CH_3—	—CH_2—	—CH—
F·	1	1,2	1,4
Cl·	1	3,9	5,1
Br·	1	82	1600

Die Selektivität der Halogenatome nimmt also mit ihrer steigenden Reaktivität ab. Ähnliches gilt auch ganz allgemein für Radikale. Die Aktivierungsenergie der Reaktion eines stark reaktiven Halogens (Radikals) ist relativ niedrig, was ein baldiges Erreichen des Übergangszustandes auf der Reaktionskoordinate bedeutet. Die Struktur des Übergangszustandes ist in diesem Falle der der Ausgangsstoffe ähnlich; die Bindungsänderungen sind noch nicht sehr fortgeschritten und darum wird auch die Stabilität des Übergangszustandes nur wenig von der Natur der aufzulösenden H—C-Bindung des Substrates bestimmt. Bei einem relativ wenig reaktiven Atom (Radikal) ist es umgekehrt: Der Übergangszustand ist dem Produkt ähnlich und seine Stabilität wird von der Stärke der H—C-Bindung bzw. der Stabilität des entstehenden kohlenstoffhaltigen Radikals mitbestimmt.

Die relative Reaktivität der H—C-Bindungen ändert sich markant beim Eintritt eines Substituenten in die Kohlenwasserstoffkette. Im allgemeinen verlangsamen negative Substituenten die Halogenierung in ihrer Umgebung (siehe z. B. Fredricks und Tedder, 1960; Tedder, 1960).

Rel. Reaktivität:	CH_3—CH_2—CH_2—CH_2—F			
Fluorierung (20° C):	1	1	0,8	<0,3
Chlorierung (78° C):	1	3,7	1,7	0,9
Bromierung (146° C):	1	82	9	10

$$CH_3\text{---}CH_2\text{---}CH_2\text{---}C\!\!\underset{\diagdown Cl}{\overset{\diagup O}{}}$$

Chlorierung:	1	3	0,2

Die Deutung der *Substituenteneffekte* ist bei radikalischen Reaktionen schwieriger als bei polaren Prozessen. Geht man jedoch von einem grundsätzlich elektrophilen Charakter der Radikale (Halogenatome) aus, so kann die Herabsetzung der Reaktivität in der Nähe eines elektronegativen Substituenten als Folge seines negativen induktiven Effektes erklärt werden.

Bei Reaktionen der weniger reaktiven Radikale, bei denen die Struktur des Übergangszustandes der der Produkte gleicht, kann der Einfluß des Substituenten auf die Reaktionsgeschwindigkeit nach seinem zu erwartenden stabilisierenden bzw. destabilisierenden Einfluß auf das entstehende Radikal beurteilt werden. Da z. B. Phenylgruppen bekannterweise radikalstabilisierend wirken, sollte ihre Einführung in eine Paraffinkette die Substitution in der α-Stellung (falls der Übergangszustand dem Produkte ähnlich ist) beschleunigen. Aus dem Vergleich der folgenden zwei Reihen von relativen Reaktivitäten gegenüber Brom (bei 40° C) ist ein solcher Einfluß der Phenylgruppe klar ersichtlich (Russell und DeBoer, 1963; Fettis, Knox und Trotman-Dickenson, 1960).

CH_4	$CH_3{-}CH_3$	$(CH_3)_2CH_2$	$(CH_3)_3CH$
$7 \cdot 10^{-4}$	1	$2,2 \cdot 10^2$	$1,9 \cdot 10^4$

CH_4	$C_6H_5{-}CH_3$	$(C_6H_5)_2CH_2$	$(C_6H_5)_3CH$
$7 \cdot 10^{-4}$	$6,4 \cdot 10^4$	$6,5 \cdot 10^5$	$1,1 \cdot 10^6$

Es ist nicht ausgeschlossen, daß auch die bei der Bromierung von Butylfluorid beobachtete relativ hohe Reaktivität der α-Methylengruppe (siehe oben) auf eine konjugative Stabilisierung des produktähnlichen Übergangszustandes zurückzuführen ist.

$$Br\bullet + H{-}\underset{\underset{C_3H_7}{|}}{C}H{-}F \;\rightleftharpoons\; Br\cdots H\cdots\underset{\underset{C_3H_7}{|}}{C}H{=}F \;\longrightarrow\; BrH + C_3H_7{-}CH\overset{\bullet}{=}F$$

In der letzten Zeit versuchen einige Autoren die immer deutlicher werdenden polaren Effekte bei radikalischen Substitutionen durch einen „teilweise ionischen" Charakter des Übergangszustandes zu erklären. Little und Mitarbeiter (1969) formulieren z. B. den Übergangszustand der Chlorierung als ein Resonanzhybrid, an dem sich auch die Carboniumionform des kohlenstoffhaltigen Partners beteiligt.

$$R{-}H + \bullet X \longrightarrow [R\cdots H\cdots X\bullet \longleftrightarrow R^+H\bullet X^- \longleftrightarrow R\bullet H^+X^-]$$

$$\longrightarrow R\bullet + HX$$

e) Lösungsmitteleffekte

Obwohl die Halogenierungen in der Gasphase und in flüssiger Phase prinzipiell denselben Charakter besitzen, sind manchmal Unterschiede in der Selektivität der Reaktion in verschiedenen Medien merkbar.

Die Selektivität der Chlorierung in flüssiger Phase wird oft geringer als in der Gasphase gefunden. Dies wird einem „Käfigeffekt" des Lösungsmittels zugeschrieben, dessen Moleküle das Chloratom so lange in der Nähe einer bestimmten Stelle des Substratmoleküls „aufhalten", bis es zur Reaktion kommt, obwohl es in dem Substrat reaktivere Stellen gibt.

Anderseits kann ein Lösungsmittel die Selektivität der Halogenierung auch erhöhen. Dies ist der Fall, wenn das Halogenatom mit dem Lösungsmittel zu einem geräumigeren Komplex zusammentritt (Russell, 1958). So erreicht das sonst wenig selektive Chloratom in Schwefelkohlenstoff oder in Benzol, mit denen es komplexiert, eine beachtenswerte Selektivität.

$$CH_3-\overset{\overset{\displaystyle CH_3}{|}}{CH}-\overset{\overset{\displaystyle CH_3}{|}}{CH}-CH_3 \xrightarrow[h\nu]{Cl_2} CH_3-\overset{\overset{\displaystyle CH_3}{|}}{CH}-\overset{\overset{\displaystyle CH_3}{|}}{CH}-\overset{\underset{\displaystyle Cl}{|}}{CH_2} + CH_3-\overset{\overset{\displaystyle CH_3}{|}}{CH}-\overset{\overset{\overset{\displaystyle CH_3}{|}}{}}{\underset{\underset{\displaystyle Cl}{|}}{C}}-CH_3$$

CCl_4:	60%	40%
C_6H_6:	10%	90%
CS_2:	5%	95%

2. Halogenierung mit N-Halogensuccinimiden

Halogenderivate des Allyl- bzw. Benzyltypus können aus den entsprechenden Kohlenwasserstoffen mittels der hochselektiven N-Halogensuccinimide gewonnen werden. Die Reaktion wird meistens mit Dibenzoylperoxid gestartet.

Ein neueres Studium der Reaktion ergab, daß das chlorierende bzw. bromierende Agens das Halogen selbst ist, wobei das N-Halogenimid nur ein Speicher ist, aus dem es in winzigen Konzentrationen freigesetzt wird. Die niedrigen momentanen Konzentrationen sind es, die für die hohe Selektivität dieser Halogenierungen verantwortlich sind (Goldfinger, 1953; McGrath und Tedder, 1961).

$$Br\bullet + H-R \longrightarrow BrH + R\bullet$$

$$R\bullet + Br_2 \longrightarrow R-Br + Br\bullet$$

3. Substitutionsreaktionen des Sulfurylchlorids

Chlorierung einer Paraffinkette kann auch mit Sulfurylchlorid durchgeführt werden. Die Reaktion erfolgt in Tetrachlormethan oder ohne Lösungsmittel, oft schon bei Zimmertemperatur.

$$(33\%)$$

$$CH_3\!-\!CH_2\!-\!CH_2\!-\!CH_3 \quad\xrightarrow[25\,°C]{CCl_4}\quad CH_3\!-\!CH_2\!-\!CH_2\!-\!CH_2\!-\!Cl$$
$$+\ SO_2Cl_2 \qquad\qquad\qquad CH_3\!-\!CH_2\!-\!\underset{\underset{Cl\ (67\%)}{|}}{CH}\!-\!CH_3 \qquad +\ SO_2\ +\ HCl$$

Kharasch und Mitarbeiter (1939, 1940) haben bewiesen, daß die Reaktion von Dibenzoylperoxid katalysiert wird, und haben für diesen Fall den folgenden Mechanismus vorgeschlagen.

$$(C_6H_5COO)_2 \quad\xrightarrow{h\nu}\quad C_6H_5\!\bullet\ +\ CO_2\ +\ C_6H_5COO\bullet$$

$$C_6H_5\bullet\ +\ SO_2Cl_2 \quad\longrightarrow\quad C_6H_5Cl\ +\ \bullet SO_2Cl$$

$$\bullet SO_2Cl \quad\longrightarrow\quad SO_2\ +\ Cl\bullet$$
$$Cl\bullet\ +\ HR \quad\longrightarrow\quad ClH\ +\ R\bullet$$
$$R\bullet\ +\ SO_2Cl_2 \quad\longrightarrow\quad R\!-\!Cl\ +\ \bullet SO_2Cl$$

Mit Sulfurylchlorid kann jedoch auch die Chlorsulfonylgruppe $-SO_2Cl$ in das Paraffinmolekül eingeführt werden. Diese Reaktion erfolgt bei Bestrahlung in Anwesenheit von Pyridin oder Chinolin. Nach Waters (1948) kommen dabei unter anderem folgende Reaktionen, in denen Sulfurylchlorid als Quelle von SO_2 und Cl_2 dient, zur Geltung:

$$R\bullet\ +\ SO_2 \quad\longrightarrow\quad R\!-\!SO_2\bullet$$

$$R\!-\!SO_2\bullet\ +\ Cl_2 \quad\longrightarrow\quad R\!-\!SO_2Cl\ +\ \bullet Cl$$

4. Oxidation am gesättigten Kohlenstoff

Molekularer Sauerstoff ist paramagnetisch, was auf die Anwesenheit von zwei ungepaarten Elektronen paralellen Spins im O_2-Molekül hindeutet. Danach sollte sich Sauerstoff wie ein Diradikal verhalten. Die diradikalische Triplettstruktur des Sauerstoffmoleküls erklärt vor allem seine besondere Affinität zu Radikalen, die sich u. a. durch seinen inhibierenden Einfluß auf radikalische Kettenreaktionen äußert: Er fängt alle für die Fortpflanzung nötigen Radikale ab.

$$R\bullet + O_2 \longrightarrow R{-}O{-}O\bullet \longrightarrow \text{weitere Produkte}$$

Die Reaktion der Radikale mit molekularem Sauerstoff ist aber auch eine wichtige Teilreaktion in der *Autoxidation* organischer Verbindungen. Dies ist eine relativ langsame, oft spontane Oxidation mit O_2, die besonders bei Verbindungen mit labilen, zu Homolyse neigenden H—C-Bindungen beobachtet wird. Vor allem werden durch diese Oxidation allylische und benzylische H—C-Bindungen betroffen. Wohlbekannt ist das Beispiel des Cyclohexens (und mancher anderen Olefine), dessen ältere, an der Luft und am Tageslicht aufbewahrten Proben das entsprechende allylische Hydroperoxid enthalten.

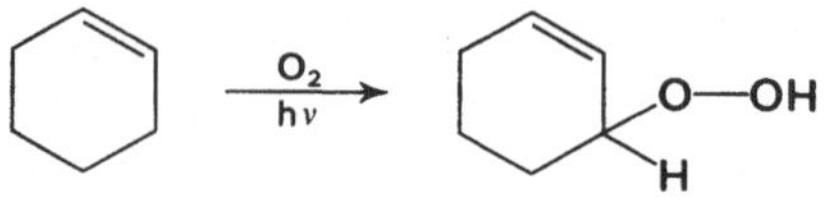

Ähnlich erfolgt auch die Autoxidation von ungesättigten Glyceriden (das „Trocknen" von Ölen), von natürlichem Kautschuk und anderen ungesättigten Stoffen. Die Autoxidation wird jedoch auch als präparative Methode der organischen Chemie (z. B. zur Herstellung von Cumenhydroperoxid) benutzt.

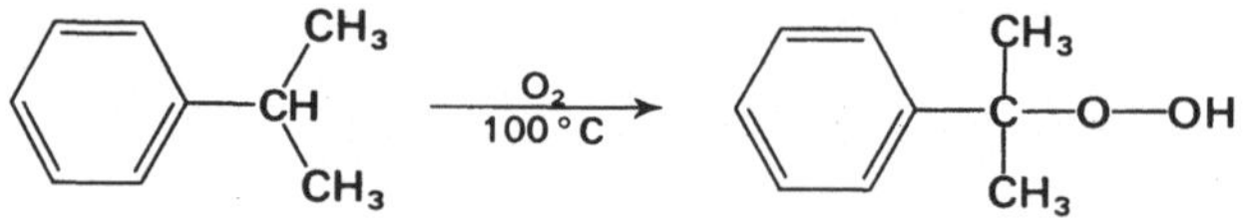

Die Autoxidationen sind Kettenreaktionen mit dem folgenden Fortpflanzungszyklus:

$$R\bullet + O_2 \longrightarrow R{-}O{-}O\bullet$$

$$R{-}O{-}O\bullet + H{-}R \longrightarrow R{-}O{-}OH + R\bullet$$

Manchmal wird das Primärprodukt weiter umgewandelt. So ist das Endprodukt der Autoxidation von Aldehyden die entsprechende Carbonsäure und nicht die Persäure, obwohl diese während des Prozesses als Zwischenprodukt auftritt.

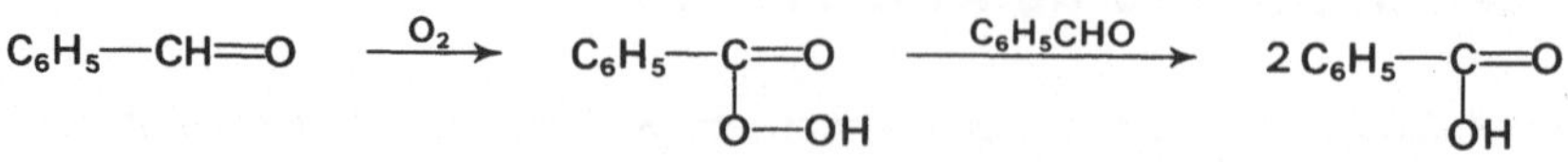

Oft resultieren aus der Autoxidation anstatt Hydroperoxiden die entsprechenden Alkohole. Ihre Bildung kann durch Homolyse der ursprünglich entstandenen Peroxide erklärt werden.

$$R\text{—}O\text{—}O\text{—}R \longrightarrow 2\,R\text{—}O\bullet$$

$$R\bullet + O_2 \longrightarrow R\text{—}O\text{—}O\bullet$$

$$R\text{—}O\text{—}OH \longrightarrow R\text{—}O\bullet + \bullet OH$$

$$R\text{—}O\bullet + HR \longrightarrow R\text{—}OH + R\bullet$$

Bei Oxidationen von gesättigten und ungesättigten Kohlenwasserstoffketten sowie von Alkoholen und anderen Verbindungstypen mit Cr^{VI}, Mn^{VII} und V^{V} kommen dagegen offenbar keine organischen Radikale vor[5].

Das intensive Studium radikalischer Prozesse in den letzten Dekaden hat eine bedeutsame Bereicherung der präparativen Methodik gebracht. Ein schönes Beispiel dafür ist die Lösung der im Zusammenhang mit der Synthese von Aldosteron studierten Oxidation der angularen Methylgruppen des Steroidskelettes. Es gelang in einem neuartigen, sinnreich gewählten intramolekularen Oxidationsprozeß, diese chemisch äußerst inerten Gruppen zu funktionalisieren (Cainelli, Mihailovic, Arigoni und Jeger, 1959; Meystre, Heusler, Kalvoda, Wieland, Anner und Wettsein, 1962).

Die Schlüsselreaktion bei diesem oxidativen Ringschluß ist eine intramolekulare Wasserstoffübertragung von der 18-Methylgruppe an das sterisch günstig situierte Alkoxyradikal.

---

5 Über den Mechanismus dieser Oxidationen siehe z. B. die Übersicht von Waters (1958) und die neueren, in der Serie von Capon, Perkins und Rees zitierten Arbeiten (1965–1970).

II. Radikalische Additionen

1. Allgemeines

Das unvollkommene Elektronenoktett verleiht den Radikalen einen elektrophilen Charakter, der sich unter anderem durch ihre Neigung zu Additionsreaktionen an π-Bindungen äußert.

Ein typisches Merkmal der radikalischen Additionen im Vergleich mit den polaren Prozessen ist wieder ihr kettenartiger Verlauf. Bei einer 1:1-Addition von XY an ein Olefin ist der Fortpflanzungsmechanismus durch Teilreaktionen *a* und *b* gegeben.

(a) $X\cdot + \;>\!C\!=\!C\!<\; \longrightarrow X\!-\!C\!-\!C\cdot$

(1)

(b) $X\!-\!C\!-\!C\cdot + X\!-\!Y \longrightarrow X\!-\!C\!-\!C\!-\!Y + X\cdot$

Das intermediär gebildete kohlenstoffhaltige Radikal (1) kann jedoch, anstatt mit einem XY-Molekül zu reagieren, auch an ein weiteres Olefinmolekül addieren.

(c) $X\!-\!C\!-\!C\cdot + \;>\!C\!=\!C\!<\; \longrightarrow X\!-\!C\!-\!C\!-\!C\!-\!C\cdot$

(2)

Das so gebildete Radikal (2) kann mit einem weiteren Olefinmolekül reagieren usw., wodurch eine immer längere Kohlenstoffkette entsteht. Dies geht gewöhnlich so lange, bis das Radikal mit einem XY oder einem anderen vorhandenen Molekül zusammenstößt.

(d) $X\!-\!\left[C\!-\!C\right]_n\!C\!-\!C\cdot + XY \longrightarrow X\!-\!\left[C\!-\!C\right]_n\!C\!-\!C\!-\!Y + X\cdot$

(3)

Das dabei freiwerdende Radikal (Atom) $X\cdot$ kann dann eine weitere ähnliche Kette starten. Ist im Produkt (3) die Zahl der sich wiederholenden Einheiten n hoch, so haben die Endgruppen X und Y keinen entscheidenden Einfluß auf den physikalischen und chemischen Charakter der Verbindung. Ihre Eigenschaften sind prinzipiell durch den Charakter der Baueinheiten und die Kettenlänge gegeben. Darum spricht man, obwohl nicht ganz korrekt, von einem *Polymeren* der ungesättigten Ausgangsverbindung. Die Teilreaktionen *a, c* und *d* bieten ein allgemeines Bild der radikalischen Polymerisation der Olefine dar.

Kommt jedoch in (3) die zweigliedrige Einheit nur einige Male vor ($n = 1, 2, 3, 4\ldots$), so wird es als *Telomer* des Ausgangsolefins bezeichnet. Der Einfluß der Endgruppen eines Telomeren auf seine Eigenschaften ist nie ganz ohne Bedeutung und kommt besonders bei niedrigeren Gliedern zur Geltung. Die Telomerisierung ist eine unerwünschte Nebenreaktion sowohl bei homolytischen Polymerisierungen, in denen eine möglichst lange Kohlenstoffkette das Ziel ist, als auch bei homolytischen Additionen des Typs $a + b$, wo umgekehrt das Addukt von XY mit einem einzigen Olefinmolekül hergestellt werden soll. Es gibt jedoch auch Beispiele von präparativ gezielten Telomerisierungen.

Ob die homolytische Reaktion zwischen XY und einer ungesättigten Verbindung als eine 1:1-Addition oder eher als eine Polymerisierung (bzw. Telomerisierung) verläuft, ergibt sich aus dem Verhältnis der Geschwindigkeiten der Teilreaktionen b und c bzw. d unter den gegebenen Bedingungen. Neben der Natur der beiden Reaktionspartner ist hier auch ihr Molekularverhältnis im Reaktionsgemisch maßgebend. Eine hohe relative Konzentration von XY schafft im allgemeinen günstige Bedingungen für die Bildung des 1:1-Adduktes; die Bildung von längeren Kohlenstoffketten wird durch zahlreiche Zusammenstöße der kohlenstoffhaltigen Radikale mit XY-Molekülen unwahrscheinlich. Ist dagegen die Konzentration von XY sehr niedrig, so ist die Wahrscheinlichkeit eines Zusammenstoßes zwischen einem Radikal (1) oder (2) und XY gering, und die Bedingungen sind eher für eine Polymerisation günstig (die XY-Komponente wirkt hier eher nur als Initiator).

Es gibt noch eine weitere Möglichkeit für die „Stabilisierung" des durch Addition von X· an eine Doppelbindung entstandenen Radikals (1): Sein Rückzerfall in die Komponenten.

$$(e) \qquad X-\overset{|}{\underset{|}{C}}-C\cdot \longrightarrow X\cdot + {\searrow}C={C}{\nearrow}$$

Diese Reaktion ist insofern interessant, daß dabei eine *cis-trans*-Isomerisierung der ungesättigten Verbindung erfolgen kann.

$$C_6H_5{\searrow}C=C{\nearrow}C_6H_5 \quad + \quad Br\cdot \quad \rightleftharpoons \quad C_6H_5{\searrow}\cdot C - C\cdots Br{\nearrow}C_6H_5$$

$$\longleftrightarrow \quad H{\searrow}\cdot C - C\cdots Br \quad \rightleftharpoons \quad H{\searrow}C=C{\nearrow}C_6H_5 \quad + \quad Br\cdot$$

2. Orientierung bei radikalischen Additionen

Bei Verbindungen vom Typus (4) erfolgt die Addition, unabhängig von der Natur der Gruppe R, überwiegend am endständigen Kohlenstoffatom:

$$R-CH{=}CH_2 \quad + \quad X\cdot \quad \longrightarrow \quad R-\overset{\cdot}{C}H-CH_2-X$$

$$(4) \qquad\qquad\qquad\qquad\qquad\qquad\qquad (5)$$

$$[R{=}CH_3,\ Cl,\ F,\ COOCH_3,\ CF_3,\ CN]$$

Der polare Charakter der in unserem Schema angegebenen Gruppen ist so verschieden, daß die Gründe für diese Selektivität eher bei sterischen Faktoren zu suchen sind. Das Kohlenstoffatom der Methylengruppe ist für das Radikal zweifellos am zugänglichsten. Eine Stütze für die sterische Deutung ist die Tatsache, daß die Addition zu terminalen Olefinen viel leichter als zu Doppelbindungen innerhalb einer Kohlenstoffkette erfolgt.

Haszeldine (1953) hat jedoch gezeigt, daß die Addition unter Umständen auch gegen die auf sterischen Faktoren beruhende Voraussage verlaufen kann. Bei 1,1-Difluorpropen erfolgt die Addition von $CF_3\cdot$, $CCl_3\cdot$ oder $Br\cdot$ an das zentrale Kohlenstoffatom, obwohl die kleinen Fluoratome keine wesentliche sterische Hinderung der $C_{(1)}$-Addition hervorrufen können.

$$CH_3-CH{=}CF_2 \xrightarrow{CF_3I} CH_3-\underset{\underset{CF_3}{|}}{CH}-CF_2\cdot \longrightarrow CH_3-\underset{\underset{CF_3}{|}}{CH}-CF_2I$$

Um diese Differenzen abzuklären, müssen wir doch die polaren Einflüsse in Betracht ziehen. Die übliche Anlagerung an das Endkohlenstoffatom ist in den meisten Fällen im Einklang mit der zu erwartenden höheren relativen Stabilität des sekundären Radikals (5) im Vergleich zu dem durch die umgekehrte Addition abgeleiteten primären Radikal (6).

$$R-\underset{\underset{\bullet}{}}{CH}-CH_2-X \qquad\qquad R-\underset{\underset{X}{|}}{CH}-CH_2\cdot$$
$$(5) \qquad\qquad\qquad\qquad (6)$$

Bei Additionen an 1,1-Difluorpropen wird dagegen offenbar das „primäre" Radikal durch konjugative Effekte der beiden Fluoratome besser als das sekundäre Radikal stabilisiert.

$$R-\underset{\underset{CF_3}{|}}{CH}-\overset{\overset{F}{|}}{C}{\cdot}{\cdots}F \longleftrightarrow R-\underset{\underset{CF_3}{|}}{CH}-\overset{\overset{F}{|}}{C}-F$$

Die Deutung der Selektivität durch relative Stabilitäten der radikalischen Zwischenprodukte ist allerdings nur dann begründet, wenn der Übergangszustand den Produkten (d. h. eben den Radikalen) gleicht. Dies ist nur bei Additionen von weniger reaktiven Radikalen der Fall.

3. Radikalische Addition des Bromwasserstoffes

Wie Kharasch und Mayo (1933) festgestellt haben, erfolgt die Anlagerung von Bromwasserstoff an Allylbromid je nach den Versuchsbedingungen in zwei Richtungen. Sorgfältig gereinigte Komponenten reagieren im Dunkeln unter Luftausschluß langsam zu 1,2-Dibrompropan, während in Anwesenheit von Peroxiden am Licht eine rasche Addition unter Bildung von 1,3-Dibrompropan stattfindet.

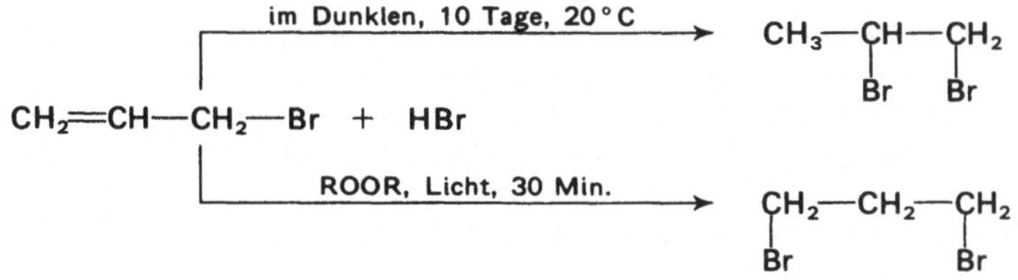

$$CH_2{=}CH{-}CH_2{-}Br \;+\; HBr$$

im Dunklen, 10 Tage, 20 °C $\longrightarrow$ $CH_3{-}\underset{Br}{CH}{-}\underset{Br}{CH_2}$

ROOR, Licht, 30 Min. $\longrightarrow$ $\underset{Br}{CH_2}{-}CH_2{-}\underset{Br}{CH_2}$

Die schnelle „abnormale" (*anti*-Markownikoffsche) Addition zu 1,3-Dibrompropan wird durch Hydrochinon, Diphenylamin, Thiophenole und andere Inhibitoren radikalischer Reaktionen verhindert. Kharasch und Mitarbeiter (1937) haben diese Addition für eine radikalische Kettenreaktion erklärt. Für die mit Dibenzoylperoxid katalysierte Addition wurde das folgende Schema vorgeschlagen.

$$C_6H_5{-}CO{-}O{-}O{-}CO{-}C_6H_5 \longrightarrow C_6H_5{\cdot} + CO_2 + C_6H_5{-}CO{-}O{\cdot}$$

$$C_6H_5{\cdot} + HBr \longrightarrow C_6H_6 + Br{\cdot}$$

$$C_6H_5{-}CO{-}O{\cdot} + HBr \longrightarrow C_6H_5{-}CO{-}OH + Br{\cdot}$$

$$Br{\cdot} + CH_2{=}CH{-}CH_2{-}Br \longrightarrow Br{-}CH_2{-}\overset{\bullet}{CH}{-}CH_2{-}Br$$

$$Br{-}CH_2{-}\overset{\bullet}{CH}{-}CH_2{-}Br + HBr \longrightarrow Br{-}CH_2{-}CH_2{-}CH_2{-}Br + Br{\cdot}$$

Die peroxidkatalysierte Anlagerung von Bromwasserstoff erfolgt auch bei anderen Substraten meist gegen die Markownikoffsche Regel, d. h. das Bromatom addiert an das weniger substituierte Kohlenstoffatom der Doppelbindung. Das vorliegende experimentelle Material deutet auf eine bevorzugte *anti*-Addition (besonders bei tiefen Temperaturen) hin. Aus *cis*-2-Buten entsteht durch Anlagerung von DBr bei −78° bis −60° C *threo*-, aus *trans*-2-Buten *erythro*-3-Deutero-2-brombutan (Skell und Allen, 1959).

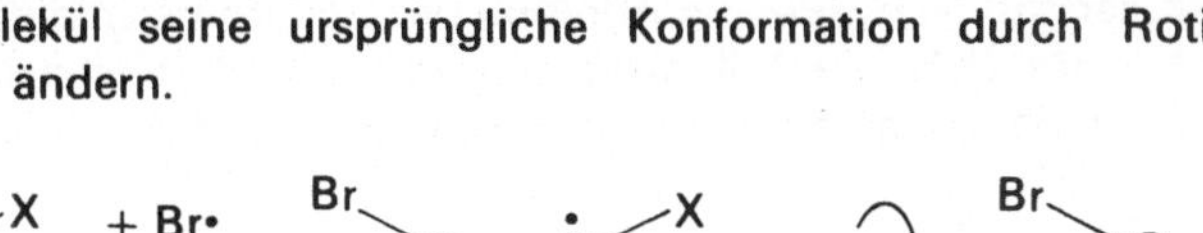

Bei höheren Temperaturen und niedrigeren HBr-Konzentrationen verliert die Addition an ihrer Stereospezifität, wahrscheinlich dadurch, daß das intermediär gebildete Radikal dann bessere Chancen hat, noch vor dem Zusammenstoß mit einem HBr-Molekül seine ursprüngliche Konformation durch Rotieren um die C—C-Achse zu ändern.

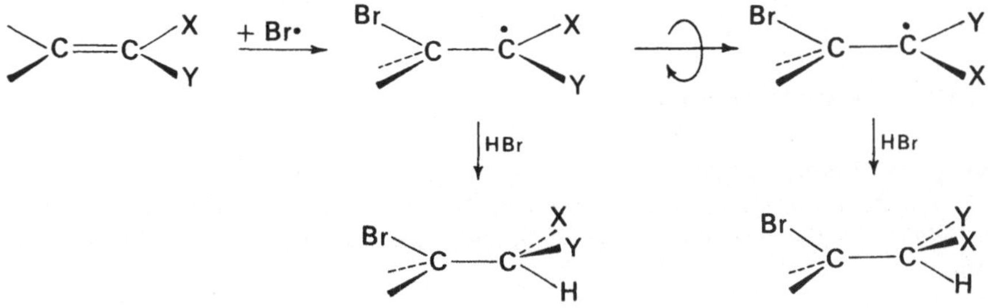

Nach einer anderen Vorstellung liegt das intermediär gebildete Radikal überwiegend in einer überbrückten Form (7) vor, die sich im Gleichgewicht mit der offenen Form befindet. Längere Verweilzeiten vor einem Zusammenstoß und höhere Temperaturen bieten Raum für Konformationsänderungen des Radikals, die auch beim Einhalten der *anti*-Addition in jede Einzelreaktion zu einem sterisch unspezifischen Resultat führen (siehe z. B. Goering und Larsen, 1959).

Wie bei polaren Additionen, wurde auch bei der radikalischen Addition an das 2-Norbornensystem eine offenbar sterisch bedingte *syn*-Addition beobachtet (Le Bel, 1960).

Bei anderen Halogenwasserstoffen kann eine radikalische Kettenreaktion wegen dem endothermen Charakter einer der zwei Fortpflanzungsreaktionen nicht hervorgerufen werden. Beim Chlorwasserstoff scheitert sie an der endothermen Wasserstoffübertragung. Die Addition von Cl· selbst ist stark exotherm (Walling, 1957).

$$\Delta H$$

$$Cl\bullet \;+\; CH_2{=}CH_2 \;\longrightarrow\; Cl{-}CH_2{-}CH_2\bullet \qquad -26\ Kcal/Mol$$

$$Cl{-}CH_2{-}CH_2\bullet \;+\; HCl \;\longrightarrow\; Cl{-}CH_2{-}CH_3 \;+\; Cl\bullet \;+\; 5\ Kcal/Mol$$

Beim Jodwasserstoff ist wieder die Addition des Jodatoms an die Doppelbindung energetisch ungünstig ($\Delta H = +7$ Kcal/Mol) und verhindert eine radikalische HI-Anlagerung, obwohl der nächste Schritt stark exotherm ist ($\Delta H = -27$ Kcal/Mol).

4. Addition von Halogenen

Die unter Bestrahlung erfolgenden Additionen von Chlor und Brom verlaufen als radikalische Kettenreaktionen. Als Beispiel sei die Addition von Chlor an Tetrachloräthylen und die ebenso industriell ausgenützte Addition von Chlor an Benzol erwähnt.

$$Cl_2C\!\!=\!\!CCl_2 \;+\; Cl_2 \;\xrightarrow{\;h\nu\;}\; Cl_3C\!-\!CCl_3$$

$$C_6H_6 \;+\; 3\,Cl_2 \;\xrightarrow{\;h\nu\;}\; C_6H_6Cl_6$$

Additionen dieser Art sind durch sehr lange Reaktionsketten charakterisiert, werden aber leicht durch Spuren von Sauerstoff inhibiert. Worauf der inhibierende Einfluß des Sauerstoffs beruht, zeigt das folgende Schema.

Wird also die kettenartige Addition in Abwesenheit von O_2 durch ein einziges Halogenatom ausgelöst, das in jedem folgenden Zyklus wiedergebildet wird, so werden für die Addition in Anwesenheit von Sauerstoff gleich zwei freie Halogenatome verbraucht, ohne daß dabei ein für die Kettenfortpflanzung nötiges Radikal (Atom) gebildet wird; darüber hinaus wird das inhibierende Sauerstoffmolekül für eine weitere Inhibition freigesetzt.

5. Radikalische Addition von Thiolen

Neben der nukleophilen Addition von Merkaptanen und Thiophenolen an elektronenarme Doppelbindungen von α,β-ungesättigten Carbonylverbindungen (S. 212) ist auch ihre radikalische Addition an Olefine bekannt. Diese durch Peroxide ausgelöste Reaktion hat meistens eine *anti*-Markownikoffsche Orientierung.

$$R\!-\!SH \;+\; \bullet OR' \;\longrightarrow\; R\!-\!S\bullet \;+\; HO\!-\!R'$$

$$R\!-\!S\bullet \;+\; CH_2\!\!=\!\!CH\!-\!R'' \;\longrightarrow\; R\!-\!S\!-\!CH_2\!-\!\overset{\bullet}{C}H\!-\!R''$$

$$R\!-\!S\!-\!CH_2\!-\!\overset{\bullet}{C}H\!-\!R'' \;+\; R\!-\!SH \;\longrightarrow\; R\!-\!S\!-\!CH_2\!-\!CH_2\!-\!R'' \;+\; R\!-\!S\bullet$$

Die Thiyl-Radikale sind ausgesprochen elektrophil: Besonders schnell ist ihre Addition an elektronenreiche Doppelbindungen (in Styrol, Vinyläthern usw.) (Walling und Helmreich, 1959)[1].

---

1 Nähere Information bringt die Monographie über die Mechanismen der Reaktionen schwefelhaltiger Verbindungen von Pryor (1962).

6. Addition von Polyhalogenmethanen

Einen interessanten Typus unter den radikalischen Additionen bilden die von Kharasch und Mitarbeitern (1946, 1947) zum ersten Mal beschriebenen Reaktionen der Olefine mit Tri- und Tetrahalogenmethanen. Die Addition erfolgt nach Thermolyse in Anwesenheit von Peroxiden oder nach einer Bestrahlung.

$$R-CH{=}CH_2 \ + \ CBr_4 \quad \xrightarrow[\text{oder } h\nu]{(CH_3COO)_2} \quad R-\underset{Br}{CH}-CH_2-CBr_3$$

$$+ \ CHBr_3 \quad \xrightarrow{\text{analogisch}} \quad R-\underset{Br}{CH}-CH_2-CHBr_2$$

$$+ \ CHCl_3 \quad \xrightarrow{\text{analogisch}} \quad R-CH_2-CH_2-CCl_3$$

Ähnlich reagieren auch gemischte Tetrahalogenmethane, z. B. Trichlorbrom-, Trichlorjod- und Trifluorjodmethan (Kharasch, 1949; Haszeldine, 1953, 1970).

$$CH_3-CH{=}CH_2 \ + \ CF_3I \quad \xrightarrow{200^\circ} \quad CH_3-\underset{I}{CH}-CH_2-CF_3$$

Es wurde sogar eine Addition an eine innerhalb der Kette liegende Doppelbindung beobachtet. Neben den 1:1-Addukten entstehen gewöhnlich größere oder kleinere Mengen von Telomeren.

$$X-\underset{R}{[CH}-CH_2]_n-CX_3$$

Die Bildung der Telomeren kann durch einen Überschuß an der Polyhalogenmethan-Komponente unterdrückt werden. Wie groß der Überschuß sein muß, hängt unter anderem von der Transferfähigkeit des Polyhalogenmethans ab. Bei Tetrabrommethan, wo die Transferreaktion zwischen CBr_4 und dem Addukt-Radikal leicht erfolgt, genügt oft ein 2-4-molarer Überschuß, bei Tetrachlormethan ist es jedoch eine hundertmolare Menge, die zum praktischen Ausscheiden der Telomerisierung nötig ist. Dabei ist bei leicht polymerisierbaren Olefinen die Tendenz zur Bildung von Telomeren größer (Kharasch, Jensen und Urry, 1947; Kharasch, Reinmuth und Urry, 1947).

Der Mechanismus der Addition soll am Beispiel von Trichlorbrommethan erläutert werden.

$$CCl_3Br \quad \xrightarrow{h\nu} \quad CCl_3\bullet \ + \ Br\bullet$$

$$\text{oder:} \quad CCl_3Br \ + \ \bullet OR' \quad \longrightarrow \quad CCl_3\bullet \ + \ Br-O-R'$$

$$CCl_3\bullet \ + \ CH_2{=}CH-R \quad \longrightarrow \quad CCl_3-CH_2-\overset{\bullet}{C}H-R$$

$$CCl_3-CH_2-\overset{\bullet}{C}H-R \ + \ CCl_3Br \quad \longrightarrow \quad CCl_3-CH_2-\underset{Br}{CH}-R \ + \ CCl_3\bullet$$

Bei der mit Dibenzoylperoxid initiierten Reaktion zwischen CCl_4 und Cyclohexen gelang es, ein Spaltstück des Initiators in Form von 2-Chlor-1-cyclohexylbenzoat (8) zu isolieren (Kooyman und Farenhorst, 1951). Auf Grund dieses Befundes und anderer Tatsachen wurde für die Initiierung der folgende Mechanismus vorgeschlagen:

$$C_6H_5-CO-O-O-CO-C_6H_5 \longrightarrow C_6H_5\bullet + CO_2 + C_6H_5-CO-O\bullet$$

(8)

Bei derselben Reaktion wurde auch Dicyclohexenyl (10) isoliert. Diese Verbindung ist offenbar das Produkt der Dimerisierung des Cyclohexenylradikals (9), das durch eine Nebenreaktion von Cyclohexen mit Trichlormethylradikalen entstanden ist. Das Cyclohexenylradikal ist als ein Radikal des Allyl-Typus relativ stabil und zur Fortpflanzung der Kettenreaktion ungeeignet. Seine Kombinationsreaktion (eigentlich schon seine Bildung) stellt den Abbruch der Kettenreaktion dar.

(9)   (10)

Die Addition von Tetrachlormethan an Cyclohexen ist eine der wenigen Kettenreaktionen, wo es gelungen ist, durch Analyse der Produkte eine Auskunft über den Mechanismus der Initiierung und der Abbruchreaktion zu gewinnen.

7. Addition von Alkoholen und Aldehyden an Olefine

Die Bestrahlung von Alkohol-Olefin-Gemischen oder ihr Erhitzen in Anwesenheit von Peroxiden kann prinzipiell zu zwei verschiedenen Additionsreaktionen führen (*a*, *b*).

$$>CH-\overset{|}{C}-O-CHR_2 \quad (a)$$

$$>C=C< \; + \; R_2CH-OH$$

$$>CH-\underset{\overset{|}{O}H}{\overset{|}{C}}-CR_2 \quad (b)$$

Die für die Addition *a* erforderliche Homolyse der H—O-Bindung der Alkohol-komponente ist jedoch energetisch weniger günstig als die einer H—C-Bindung in *b* (vgl. S. 286). Darum wird die letztere Addition öfter beobachtet. Je nach Reak-tionskomponenten und Bedingungen entstehen neben 1:1-Addukten auch ver-änderliche Mengen an Telomeren (Urry und Mitarbeiter, 1953, 1954).

$$C_6H_{13}-CH=CH_2 \; + \; \underset{\overset{|}{O}H}{CH_2}-CH_3 \quad \xrightarrow[30-35\,°C]{h\nu} \quad C_6H_{13}-CH_2-CH_2-\underset{\overset{|}{O}H}{CH}-CH_3$$

$$28\%$$

$$+ \; CH_3-OH \quad \xrightarrow[30-35\,°C]{h\nu} \quad C_6H_{13}-CH_2-CH_2-CH_2-OH$$

$$16\%$$

Die Addition kann mit Vorteil in Anwesenheit von Photosensibilisatoren, z. B. von Benzophenon, durchgeführt werden (Schenck, Koltzenburg und Grossmann, 1957).

$$\underset{H_3C}{\overset{H_3C}{>}}CH-OH \; + \; \underset{CH-COOH}{\overset{CH-COOH}{|}} \quad \xrightarrow[h\nu]{(C_6H_5)_2C=O} \quad (+ \; H_2O)$$

Benzophenon wird dabei zu Benzpinakol (13) reduziert. Es wird angenommen, daß das durch Lichtabsorption angeregte Ketonmolekül zuerst mit einem Alkohol-molekül unter Wasserstoffübertragung zu einem Benzhydrol- (11) und einem Alkoholradikal (12) reagiert.

$$(C_6H_5)_2C=O \quad \xrightarrow{h\nu} \quad (C_6H_5)_2C=O^*$$

$$(C_6H_5)_2C=O^* \; + \; (CH_3)_2CH-OH \quad \longrightarrow \quad (C_6H_5)_2\overset{\bullet}{C}-OH \; + \; (CH_3)_2\overset{\bullet}{C}-OH$$

$$(11) \qquad\qquad (12)$$

Die Benzhydrolradikale (11) sind relativ stabil und führen zu keiner Kettenfort-pflanzung; ihr Schicksal wird mit ihrer Kombination zu Benzpinakol abgeschlossen.

$$2\,(C_6H_5)_2\overset{\bullet}{C}-OH \longrightarrow (C_6H_5)_2\overset{\overset{\displaystyle OH}{|}}{C}-\overset{\underset{\displaystyle OH}{|}}{C}(C_6H_5)_2$$

$$(13)$$

Die Alkoholradikale (12) sind dagegen allgemein sehr reaktiv und starten den kettenartigen Additionsprozeß.

$$(CH_3)_2\overset{\bullet}{C}-OH + \;\;C{=}C\;\; \longrightarrow (CH_3)_2\overset{\underset{\displaystyle OH}{|}}{C}-\overset{|}{C}-\overset{\bullet}{C}$$

$$(CH_3)_2\overset{\underset{\displaystyle OH}{|}}{C}-\overset{|}{C}-\overset{\bullet}{C} + \overset{|}{C}H(CH_3)_2 \longrightarrow (CH_3)_2\overset{\underset{\displaystyle OH}{|}}{C}-\overset{|}{C}-\overset{|}{C}H + (CH_3)_2\overset{\bullet}{C}-OH$$

Ähnlich wie Alkohole, reagieren unter radikalischen Bedingungen mit ungesättigten Verbindungen auch Aldehyde. Es wird dabei die H—C-Bindung der Aldehydgruppe homolytisch gespalten. Produkte der Addition sind – oft in sehr guten Ausbeuten – Ketone. Zur Unterdrückung der Telomerisierung ist ein Überschuß an Aldehyd erforderlich (Kharasch, Urry und Kuderna, 1949; Huang, 1956).

$$C_6H_{13}-CH{=}CH_2 + H-\overset{\underset{\displaystyle O}{\|}}{C}-CH_3 \overset{h\nu}{\longrightarrow} C_6H_{13}-CH_2-CH_2-\overset{\underset{\displaystyle O}{\|}}{C}-CH_3$$

$$64\%$$

$$C_3H_7-\overset{\underset{\displaystyle O}{\|}}{C}-H + CH_3-CH{=}CH-COOH \overset{h\nu}{\longrightarrow} C_3H_7-\overset{\underset{\displaystyle O}{\|}}{C}-\overset{\overset{\displaystyle CH_3}{|}}{C}H-CH_2-COOH$$

$$83\%$$

Auch Ketone, Carbonsäuren und ihre Ester addieren, allerdings nur wenn sie ein α-ständiges H-Atom zur Carbonylgruppe besitzen, bei Bestrahlung oder durch Einwirkung von Peroxiden bei erhöhten Temperaturen an Olefine.

Alle diese Additionen zeigen deutlich, wie inert polare Gruppen (alkoholische Gruppen, Carbonylgruppen) unter radikalischen Bedingungen sind. Ihre Anwesenheit äußert sich jedoch durch einen stabilisierenden Einfluß auf radikalische Zentren in ihrer unmittelbaren Nachbarschaft, wodurch auch die Bildung solcher Radikale gefördert wird.

8. Radikalische Polymerisation

Eine besondere Aufmerksamkeit ist der radikalischen Polymerisation wegen ihrer praktischen Bedeutung gewidmet worden. Das Prinzip der radikalischen Polymerisation wurde schon kurz besprochen (S. 310). An dieser Stelle sollen noch die einzelnen Stadien des Prozesses näher untersucht werden.

Das erste, kinetisch durch eine Induktionsperiode gekennzeichnete Stadium ist die Initiierung. Durch Wärme- oder Strahlungsenergie, meistens jedoch durch Einwirkung von Zerfallsprodukten geeigneter Initiatoren, werden aus den Monomeren Radikale vom Typus (14) gebildet.

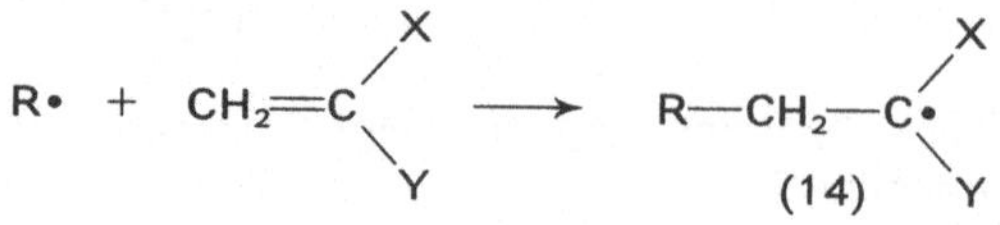

$$R\cdot \; + \; CH_2{=}C\langle^X_Y \longrightarrow R{-}CH_2{-}\overset{X}{\underset{Y}{C}}\cdot \qquad (14)$$

Solche Radikale sind meistens sehr reaktiv und neigen dazu, mit den Monomermolekülen neue Radikale dieses Typus mit wachsender Kohlenstoffkette zu bilden (Propagation).

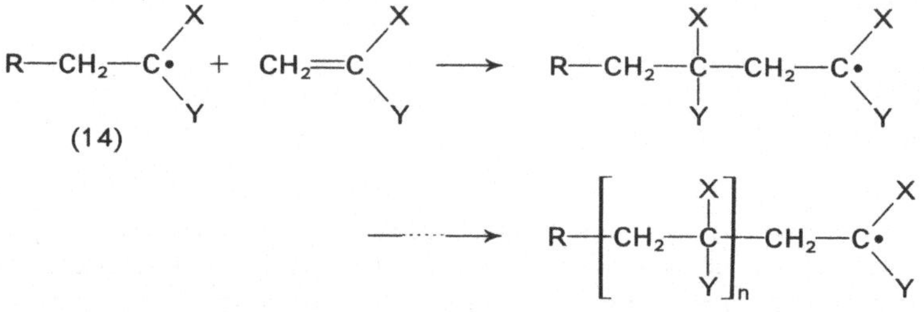

$$R{-}CH_2{-}\overset{X}{\underset{Y}{C}}\cdot \; + \; CH_2{=}C\langle^X_Y \longrightarrow R{-}CH_2{-}\overset{X}{\underset{Y}{C}}{-}CH_2{-}\overset{X}{\underset{Y}{C}}\cdot$$

$$(14)$$

$$\longrightarrow R{\left[CH_2{-}\overset{X}{\underset{Y}{C}}\right]}_n{-}CH_2{-}\overset{X}{\underset{Y}{C}}\cdot$$

Das Anwachsen der Kohlenstoffkette wird praktisch nie bis zum vollkommenen Verbrauch des Monomeren fortgesetzt. Gewöhnlich wird es viel früher auf eine der folgenden Weisen unterbrochen:

a) Bei einer „abnormalen" Reaktion des hochmolekularen Radikals mit einem Monomermolekül kommt es, anstatt zur Addition, zu einer Wasserstoffübertragung.

(a)

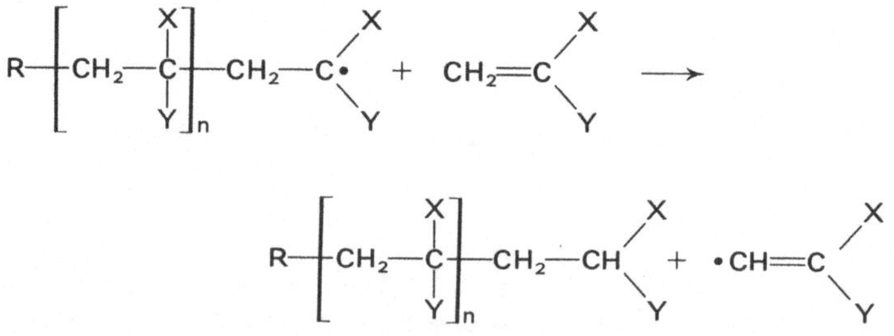

$$R{\left[CH_2{-}\overset{X}{\underset{Y}{C}}\right]}_n{-}CH_2{-}\overset{X}{\underset{Y}{C}}\cdot \; + \; CH_2{=}C\langle^X_Y \longrightarrow$$

$$R{\left[CH_2{-}\overset{X}{\underset{Y}{C}}\right]}_n{-}CH_2{-}CH\langle^X_Y \; + \; \cdot CH{=}C\langle^X_Y$$

b) Eine Wasserstoffübertragung kann auch von einem schon gebildeten Polymermolekül stattfinden:

(b)

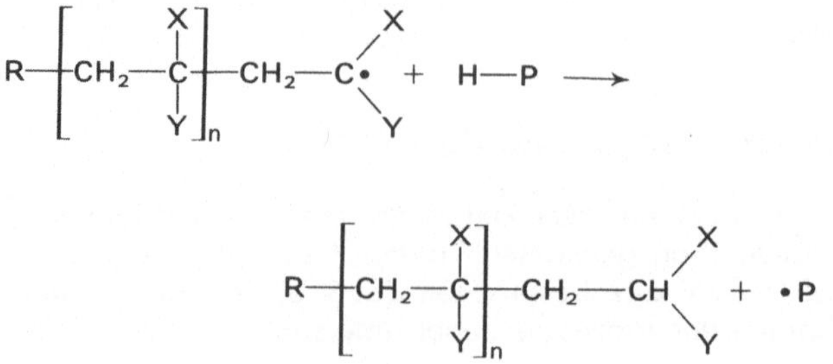

$$R{\left[CH_2{-}\overset{X}{\underset{Y}{C}}\right]}_n{-}CH_2{-}\overset{X}{\underset{Y}{C}}\cdot \; + \; H{-}P \longrightarrow$$

$$R{\left[CH_2{-}\overset{X}{\underset{Y}{C}}\right]}_n{-}CH_2{-}CH\langle^X_Y \; + \; \cdot P$$

Bei den beiden Prozessen (*a, b*) wird zwar das Anwachsen der Kohlenstoffkette, nicht jedoch die radikalische Kettenreaktion abgebrochen; es entsteht immer ein neues, reaktives Radikal.

c) Durch Kombination von zwei hochmolekularen Radikalen oder

d) durch Disproportionierung werden „inaktive" Produkte gebildet. In diesen zwei Fällen wird allerdings sowohl das Anwachsen der Kohlenstoffkette als auch die Kettenreaktion selbst abgebrochen.

$$R\!-\!\left[CH_2\!-\!\underset{Y}{\overset{X}{C}}\right]_m\!\!CH_2\!-\!\underset{Y}{\overset{X}{C}}{\cdot} \;+\; R\!-\!\left[CH_2\!-\!\underset{Y}{\overset{X}{C}}\right]_n\!\!CH_2\!-\!\underset{Y}{\overset{X}{C}}{\cdot}$$

$$\overset{(c)}{\swarrow} \qquad \overset{(d)}{\searrow}$$

$$R\!-\!\left[CH_2\!-\!\underset{Y}{\overset{X}{C}}\right]_m\!\!CH_2\!-\!\underset{Y}{\overset{X}{C}}\!-\!\underset{Y}{\overset{X}{C}}\!-\!CH_2\!\left[\underset{Y}{\overset{X}{C}}\!-\!CH_2\right]_n\!\!-\!R$$

$$R\!-\!\left[CH_2\!-\!\underset{Y}{\overset{X}{C}}\right]_m\!\!CH_2\!-\!\underset{Y}{\overset{X}{CH}}$$

$$+\; R\!-\!\left[CH_2\!-\!\underset{Y}{\overset{X}{C}}\right]_n\!\!CH\!=\!\underset{Y}{\overset{X}{C}}$$

Die gegenseitige Desaktivierung zweier Radikale bedeutet die größte Gefahr bei der Herstellung von hochmolekularen Polymeren. Das Durchschnittsmolekulargewicht des Polymeren ist gewöhnlich um so höher, je weniger Initiator benutzt wurde, d. h. je niedriger die Konzentration der Radikale in dem polymerisierenden System war.

Die Bildung niedermolekularer Polymere wird auch bei der Emulsionspolymerisierung weitgehend vermieden. Die Polymerisierung erfolgt in kleinen Tröpfchen eines zweiphasigen Systems (die andere Phase ist Wasser), wo die Wahrscheinlichkeit der Anwesenheit von mehr als einem Radikal in einem Tropfen sehr klein ist.

Eine praktisch wichtige und auch theoretisch interessante Modifikation der Olefinpolymerisierung ist die Kopolymerisierung, d. h. eine gemeinsame Polymerisierung von zwei olefinischen Verbindungen. Beide Monomeren werden dabei in die makromolekulare Kette in einer Weise eingegliedert, die sowohl durch ihre relative Reaktivitäten gegenüber den auftretenden Radikalen, als auch durch die relativen Reaktivitäten der Radikale gegenüber den Monomeren, bestimmt wird.

Sind M_1 und M_2 die kopolymerisierenden Monomere und $M_1{\cdot}$ und $M_2{\cdot}$ die dabei auftretenden Radikale mit einer M_1- bzw. M_2-Einheit am Radikalende, so können bei der Fortpflanzung vier Geschwindigkeitskonstanten unterschieden werden:

$$k_{11} \text{ für die Reaktion } M_1{\cdot} + M_1 \rightarrow$$
$$k_{12} \text{ für die Reaktion } M_1{\cdot} + M_2 \rightarrow$$
$$k_{21} \text{ für die Reaktion } M_2{\cdot} + M_1 \rightarrow$$
$$k_{22} \text{ für die Reaktion } M_2{\cdot} + M_2 \rightarrow$$

Aus diesen Geschwindigkeitskonstanten sind zwei wichtige Verhältnisse, r_1 und r_2 *(monomer reactivity ratios)* abgeleitet worden, mit denen das Verhalten der Monomeren bei einer Kopolymerisation beurteilt werden kann.

$$r_1 = k_{11}/k_{12} \qquad\qquad r_2 = k_{22}/k_{21}$$

Ist z. B. r_1 größer als 1, bedeutet das, daß polymere Radikale mit einer M_1-Einheit am Radikalende lieber mit einem M_1- als mit einem M_2-Molekül reagieren. Ist dagegen r_1 kleiner als 1, reagiert M_1· lieber mit dem anderen (M_2) Monomeren usw. Bei der Kopolymerisierung von Styrol mit Methylmethacrylat sind z. B. r_1 und r_2 beide gleich 0,5; die Neigung des Radikals, mit dem anderen Monomeren, als mit welchem es beendet ist, zu reagieren, ist zweimal größer als mit dem „eigenen". Dies führt zu einer gleichmäßigen abwechselnden Eingliederung beider Monomereinheiten in die polymere Kette. Im System Styrol-Vinylacetat ist $r_1 = 55$ und $r_2 = 0,01$; beide Radikaltypen bevorzugen stark die Reaktion mit Styrolmolekülen, was zu einer sehr beschränkten Teilnahme der Vinylacetat-Einheiten in der Kette führt (Young, 1961).

III. Radikalische Reaktionen aromatischer Verbindungen

Aromatische Radikale entstehen beim homolytischen Zerfall aromatischer Verbindungen des Typus (1 a) bzw. (1 b).

$$\text{Ar—X—Y—Z} \longrightarrow \text{Ar•} + \text{X}{=}\text{Y} + \text{•Z}$$

(1 a)

$$\text{Ar—X}{=}\text{Y—Z} \longrightarrow \text{Ar•} + \text{X}{\equiv}\text{Y} + \text{•Z}$$

(1 b)

Ein Beispiel für den ersten Typus sind Diaroylperoxide, die sich zum Aroyloxyradikal (in unserem Schema Z·), $O{=}C{=}O$ (X=Y) und dem Arylradikal Ar· zersetzen. Für den Typus 1 b stehen als Beispiel verschiedene Azoverbindungen (als X=Y wird in dem Falle das Stickstoffmolekül gebildet) (siehe weiter unten).

Anders können aromatische Radikale auch durch den Angriff eines nichtaromatischen Radikals an einem aromatischen Substrat gebildet werden. Die Reaktion kann hier auf zweierlei Weise erfolgen: Entweder entsteht das Radikal durch eine Wasserstoffübertragung (*a*) oder aber findet eine Addition des Radikals an das aromatische System unter Bildung eines anderen Radikaltypus (*b*) statt.

(2)

Die Theorie läßt bei Arylradikalen eine hohe Reaktivität erwarten, denn ihr aromatisches System kann das Elektronendefizit an einem Ringatom nicht wie z. B. bei Benzyl- oder Triphenylmethylradikalen delokalisieren. Darum findet eine Wasserstoffübertragung von einem Aromaten an ein aliphatisches Radikal im Sinne des Schemas (*a*) relativ selten statt.

1. Arylierung bei Zersetzung von Diaroylperoxiden

Zu den geläufigsten Initiatoren homolytischer Reaktionen zählt Dibenzoyl-peroxid. Bei erhöhten Temperaturen oder durch Bestrahlung zerfällt es zu Benzoyloxy- und Phenylradikalen.

$$2\,C_6H_5{\bullet} \;+\; 2\,CO_2$$

$$\uparrow$$

$$2\,C_6H_5{-}CO{-}O{\bullet}$$

$$C_6H_5{-}CO{-}O{-}O{-}CO{-}C_6H_5 \quad \xrightarrow[\text{oder } h\nu]{\Delta}$$

$$C_6H_5{-}CO{-}O{\bullet} \;+\; CO_2 \;+\; C_6H_5{\bullet}$$

$$\downarrow$$

$$C_6H_5{\bullet} \;+\; CO_2$$

Erfolgt eine solche Zersetzung in siedendem Benzol, so werden (neben CO_2) Biphenyl, Benzoesäure, Phenylbenzoat, Dihydrobiphenyl (3) und Tetrahydro-quaterphenyl (4) gebildet (Hey, Perkins und Williams, 1964).

(3)   (4)

Für Biphenyl, Dihydrobiphenyl und Tetrahydroquaterphenyl wird das Radikal (2a), ein Anlagerungsprodukt des unbeständigen Phenylradikals an ein Benzolmolekül, als ein gemeinsames Zwischenprodukt angenommen. Biphenyl entsteht aus (2a) durch eine Wasserstoffübertragung an ein anderes Radikal:

Geschieht die Wasserstoffübertragung zwischen zwei Radikalen (2a), so entsteht neben Biphenyl die Dihydroverbindung (3) (eine Disproportionierung).

Schließlich kann sich das Radikal (2a) auch durch eine Dimerisierung zu (4) „stabilisieren".

Eine Wasserstoffübertragung von einem Aromaten an ein Radikal ist, wie schon erwähnt, relativ ungünstig, jedoch möglich. Sie erklärt die Bildung von Benzoesäure bei der soeben diskutierten Zersetzung.

Schließlich kann die Bildung von Phenylbenzoat einer Kombination von Benzoyloxy- und Phenylradikalen zugeschrieben werden.

Zum Unterschied von elektrophilen aromatischen Substitutionen werden bei homolytischen Substitutionen gewöhnlich mehr *o*-Derivate gebildet, wobei das Verhältnis *o*:*m*:*p* nicht so stark von der Natur des vorhandenen Substituenten wie bei S_EAr-Reaktionen abhängt (Williams, 1960).

X = CH$_3$:	67%	19%	14%
X = Cl:	50%	32%	18%
X = NO$_2$:	62%	10%	28%

Interessant ist auch, daß bei radikalischen Substitutionen beide Substituententypen (sowohl elektronenanziehende als auch elektronenspendende) eine Beschleunigung bewirken. Der zum Zwischenprodukt des Typus (2) führende Übergangszustand wird nämlich in beiden Fällen im Vergleich mit dem unsubstituierten stabilisiert. Dabei wird der Angriff des Aromaten von dem elektrisch neutralen Radikal weniger von der Polarität der Verbindung als bei einer S_EAr-Reaktion beeinflußt.

2. Zersetzung von Diazoverbindungen

Unter bestimmten Bedingungen entstehen Arylradikale auch durch Zersetzung von aromatischen Diazoverbindungen.

$$Ar{-}\bar{N}{=}\bar{N}{-}X \longrightarrow Ar\bullet + |N{\equiv}N| + \bullet X$$

Da bei dieser Verbindungsklasse eher eine Tendenz zur heterolytischen Spaltung besteht (dies besonders in gut ionisierenden Lösungsmitteln), ist der homolytische Zerfall auf bestimmte Reaktionsbedingungen, vor allem auf nichtionisierende Medien, begrenzt.

$$Ar{-}\bar{N}{=}\bar{N}{-}X \longrightarrow Ar{-}\overset{+}{N}{\equiv}N| + X^- \longrightarrow Ar^+ + |N{\equiv}N| + X^-$$

Von den homolytischen Reaktionen dieser Verbindungen ist z. B. die Thermolyse von Diazoacetaten in organischen Lösungsmitteln viel studiert worden. In aromatischen Lösungsmitteln (Benzol, Toluol, Xylol, Chlorbenzol, Nitrobenzol, Anisol) wurden substituierte Biphenyle als Produkte isoliert (Grieve und Hey, 1934).

In aliphatischen Lösungsmitteln (Hexan, Cyclohexan, Äther, Aceton, Äthylacetat) wurde unter den Reaktionsprodukten immer Benzol gefunden: Das hochreaktive Phenylradikal hat dem Lösungsmittel ein Wasserstoffatom entrissen.

1924 publizierte Gomberg eine neue Synthese von Biphenylen aus Benzolderivaten und aromatischen Diazoniumsalzen. Die Reaktion wird in einem zweiphasigen System, dessen eine Komponente die wäßrige Lösung des Diazoniumsalzes, die andere das substituierte Benzol ist, durchgeführt. Die Reaktion erfolgt bei einer allmählichen Zugabe von Alkali. Dabei wird vermutlich aus dem Diazoniumsalz das entsprechende Diazohydroxid (tautomer mit N-Nitrosamin) freigesetzt, das in die organische Schicht übergeht und dort einer homolytischen Zersetzung unterliegt.

Die durch Einwirkung von Aminen auf Diazoniumsalze entstehenden Triazene reagieren ähnlich: In organischen Lösungsmitteln zersetzen sie sich bei höheren Temperaturen unter Bildung von Biphenylderivaten.

In nichtionisierenden Medien kann eine homolytische Zersetzung sogar bei typischen Diazoniumsalzen, die sonst als ausgesprochene Ionenverbindungen formuliert werden, erfolgen. Ein homolytischer Mechanismus wird z. B. für den Ersatz der Diazoniumgruppe durch Wasserstoff beim Erhitzen von Diazoniumsalzen in Alkoholen angenommen.

$$Ar\!-\!N_2Cl \;+\; CH_3\!-\!CH_2\!-\!OH \;\xrightarrow{\;\Delta\;}\; ArH \;+\; N_2 \;+\; CH_3\!-\!CH\!=\!O \;+\; HCl$$

Wie Waters (1937—1939) feststellen konnte, verläuft eine reduktive Zersetzung von Diazoniumchloriden auch in anderen organischen nichtionisierenden Lösungsmitteln unter Bildung von chlorierten Lösungsmittelderivaten. So wurde unter den Zersetzungsprodukten von Benzoldiazoniumchlorid in Aceton Monochloraceton nachgewiesen.

Das Diazoniumchlorid konnte nur bei einer homolytischen Spaltung die Eigenschaften eines Chlorierungsmittels erlangen.

Durch eine Chlorierung des Lösungsmittels kann auch die Bildung der Aldehyde bei der Zersetzung der Diazoniumchloride in Alkoholen erklärt werden.

Ein radikalischer Verlauf wird nach einem von Waters (1942) stammenden Vorschlag sogar für die Sandmeyersche und Gattermannsche Reaktion der Diazoniumsalze, die beide in wäßrigen Lösungen durchgeführt werden, angenommen. Bei diesen präparativ wichtigen Reaktionen wird die Diazoniumgruppe durch andere Substituenten mittels Kupfer^I-Salzen oder mit Alkalisalzen in Anwesenheit von metallischem Kupfer ersetzt.

$$Ar-N_2Cl \quad \xrightarrow{CuCl} \quad Ar-Cl \; + \; N_2$$
$$Ar-N_2Cl \quad \xrightarrow[\text{[Cu]}]{NaNO_2} \quad Ar-NO_2 \; + \; N_2 \; + \; NaCl$$

Nach Waters wird vom einwertigen Kupferion (und ähnlich auch von dem Kupfermetall selbst) durch eine zyklische Übertragung eines Elektrons eine nichtionische Zersetzung des Diazoniumkations ausgelöst.

Seine Vorstellung belegt Waters durch das niedrige Oxidationspotential des metallischen und des einwertigen Kupfers beim Übergang in die nächsthöhere Oxidationsstufe.

3. Reaktionen aromatischer Verbindungen mit aliphatischen Radikalen

Homolytische Zersetzungen von thermo-oder photolabilen aliphatischen Verbindungen in Anwesenheit aromatischer Substanzen führen häufig zur Anlagerung der primär gebildeten aliphatischen Radikale an das aromatische System. So entsteht z. B. beim Erhitzen von Bleitetraacetat in Benzol unter anderen Produkten auch Benzylacetat (18%), dessen Bildung folgendermaßen erklärt wird (Fieser und Mitarbeiter, 1942).

$$(CH_3COO)_4Pb \longrightarrow (CH_3COO)_2Pb \; + \; 2\,CH_3COO\bullet$$

$$CH_3COO\bullet \longrightarrow CH_3\bullet \; + \; CO_2$$

Aus mehrkernigen aromatischen Kohlenwasserstoffen sowie aus Phenolen und Phenoläthern entstehen bei der Einwirkung von Bleitetraacetat acetoxylierte Derivate. Das reaktive π-Elektronensystem dieser Verbindungen wird schon von dem (im Vergleich zum Methylradikal) weniger aggressiven Acetoxyradikal angegriffen.

IV. cis-trans-Isomerisierung

Bei olefinischen Verbindungen kann durch erhöhte Temperaturen oder durch Bestrahlung eine *cis-trans*-Isomerisierung ausgelöst werden. Dabei muß ein (genauer gesagt: mindestens ein) Zustand mit entkoppelten π-Elektronen der Doppelbindung durchgelaufen werden, in dem eine Rotation um die C—C-Achse möglich ist.

Oft absorbiert das *trans*-Isomere im langwelligen Bereich intensiver als die entsprechende *cis*-Verbindung. Die *trans* → *cis*-Umwandlung hat infolgedessen bei Photoisomerisierungen eine höhere Häufigkeit als der umgekehrte *(cis → trans)* Vorgang, was zur Anreicherung des Gemisches an dem sonst weniger stabilen *cis*-Isomeren führen kann[1].

Eine *cis-trans*-Isomerisierung kann auch „auf chemischem Wege" durch eine reversible Addition eines radikalischen Reagens an die Doppelbindung erreicht werden. Präparativ wird zu diesem Zwecke oft Jod (in Spurenmengen) benutzt.

---

1 Der genaue Mechanismus der Photoisomerisierung ist trotz der scheinbaren Einfachheit des Prozesses noch nicht vollkommen abgeklärt worden. Es scheint jedoch bewiesen zu sein, daß sie über einen Triplettzustand verläuft (Hammond und Saltiel, 1962; Hammond und Turro, 1963).

V. Radikalische Umlagerungen

Skelettumlagerungen durch eine 1,2-Verschiebung sind bei Radikalen viel weniger geläufig als bei Carboniumionen. Der Grund liegt in der relativ hohen Energie des entsprechenden symmetrischen Übergangszustandes (1).

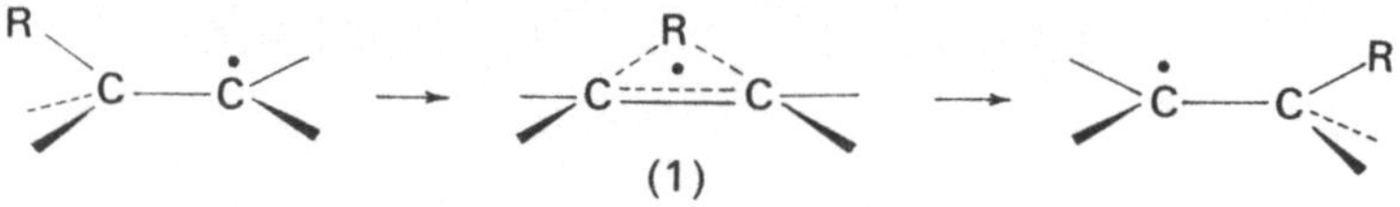

$$\text{(1)}$$

Seine Orbitalstruktur ist durch ein bindendes und zwei antibindende Orbitale gegeben. Das Auftreten von Elektronen in antibindenden Orbitalen ist allgemein mit einer Destabilisierung des Systems verbunden. Im Übergangszustand einer Carboniumionumlagerung sind die drei Orbitale nur von zwei Elektronen besetzt, die allerdings beide das energetisch günstigere bindende Orbital besetzen. Bei einer Radikalumlagerung sind es jedoch drei Elektronen, die in den erwähnten Orbitalen verteilt werden müssen, und mindestens eines davon muß also in einem der antibindenden Orbitale auftreten[1].

Am häufigsten wird bei Radikalreaktionen die 1,2-Verschiebung einer Arylgruppe beobachtet. Ein klassisches Beispiel stammt von Winstein und Seubold (1947), die aus einer durch Peroxide ausgelösten Decarbonylierung von β-Phenylisovaleraldehyd (2) neben einer kleineren Menge von *tert.* Butylbenzol (normales Produkt) Isobutylbenzol (4) als Hauptprodukt isolierten.

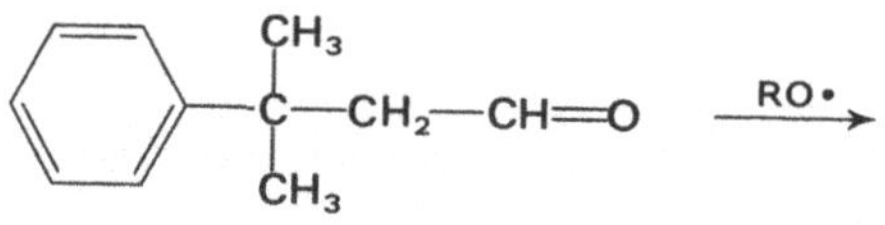

$$\text{(2)}$$

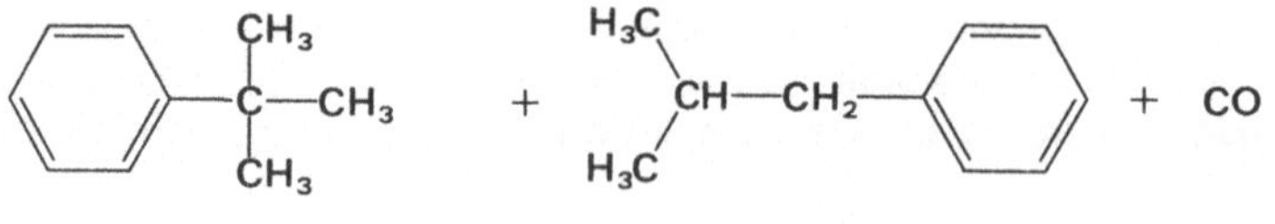

$$\text{(3)} \qquad \text{(4)} \qquad + \ CO$$

$$60\text{–}80\%$$

Die überwiegende Bildung von (4) hängt offenbar mit der größeren Stabilität des entsprechenden tertiären Radikals im Vergleich zu dem dem *tert.* Butylbenzol entsprechenden primären Radikal zusammen.

---

1 Siehe z. B. das Buch über die Theorie der Molekülorbitale von Streitwieser (1961).

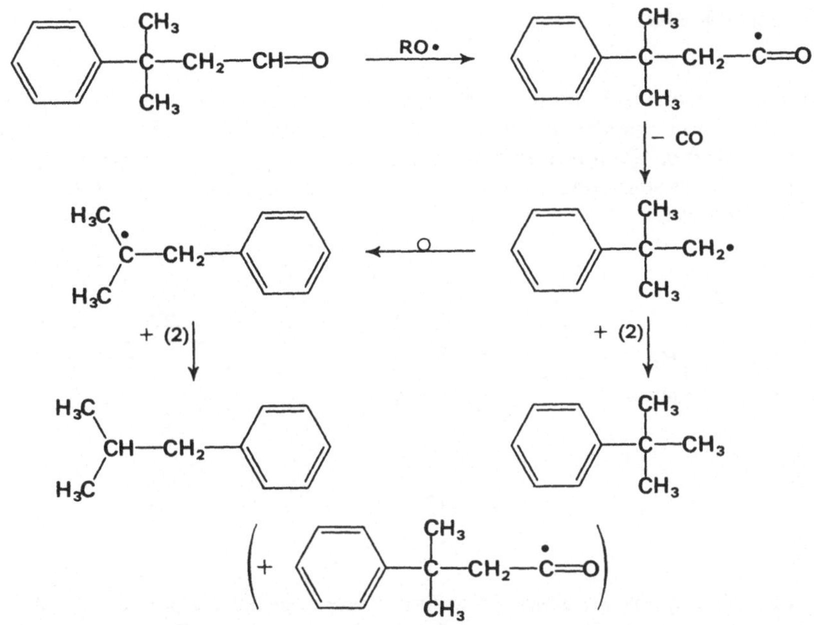

Auch Arylwanderungen vom Kohlenstoff zum Sauerstoff sind bei radikalischen Bedingungen beschrieben worden (Bartlett und Cotman, 1950).

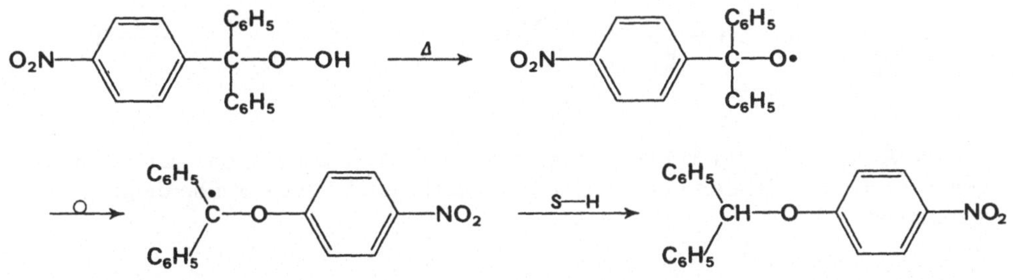

Bei Radikaladditionen an halogenierte Olefine wurde eine Wanderung von Halogen zum benachbarten radikalischen Kohlenstoff festgestellt (z. B. Skell und Mitarbeiter, 1961).

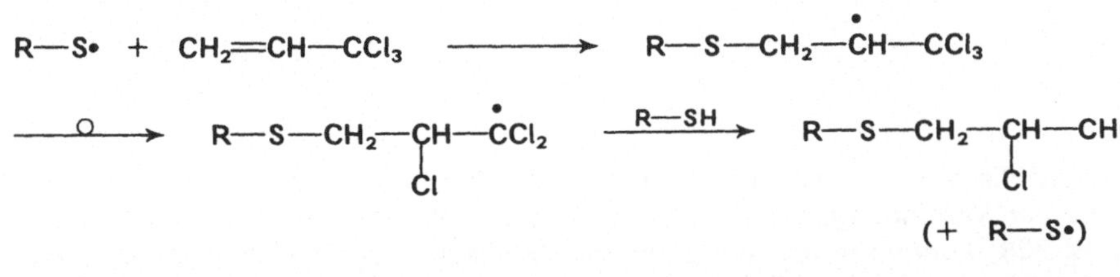

Eine große Anzahl von Skelettveränderungen ist bei Bestrahlung cyclischer sowie acyclischer organischer Verbindungen beobachtet worden. Manche dieser Umwandlungen haben den Charakter eines cyclischen synchronen Prozesses und werden im nächsten Kapitel im Zusammenhang mit der Woodward-Hoffmannschen Regel der Orbitalsymmetrieerhaltung besprochen werden.

VI. Diradikale

Instabile Zwischenprodukte mit zwei radikalischen Zentren im Molekül treten besonders in photochemischen Prozessen auf. *Diradikale* entstehen z. B. bei der Photolyse cyclischer Ketone; primär wird der Ring zum gemischten Alkyl-Carbonyl-Radikal (1) aufgespalten, das dann durch eine CO-Abspaltung in ein Polymethylen-radikal (2) übergeht.

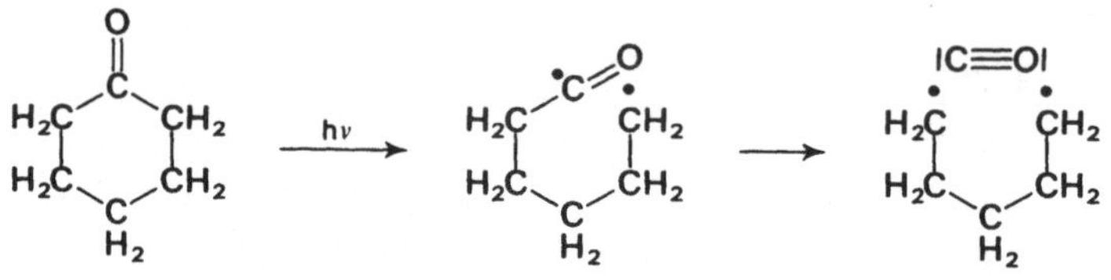

(1)   (2)

Die Bestrahlung von Ketonen, die in ihrer Kette über ein γ-ständiges Wasserstoff-atom verfügen, führt zur Spaltung der C_α—C_β-Bindung unter Bildung eines Olefins und eines Methylketons (sogenannte Norrishsche Spaltung zweiten Typus) (siehe z. B. Wagner und Hammond, 1968).

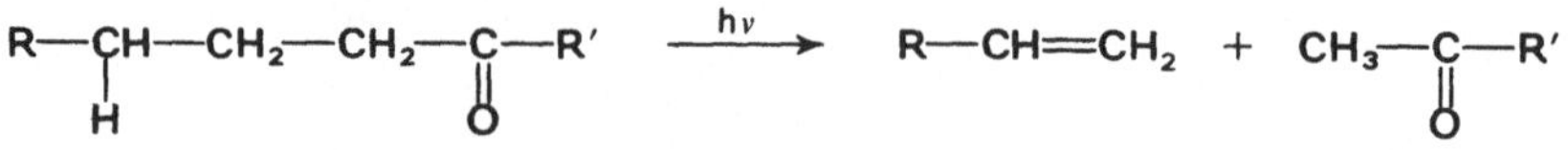

Die Aufspaltung des Moleküls erfolgt dabei im Diradikal (3), das aus der angeregten Carbonylverbindung durch eine intramolekulare Wasserstoffübertragung entstanden ist.

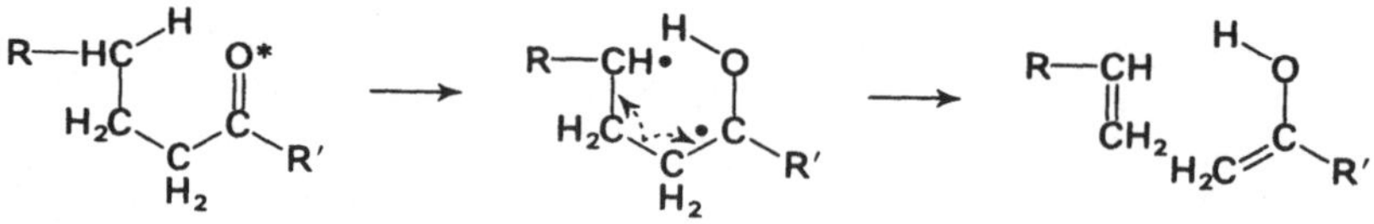

(3)

Auch die meisten auf photochemischen Wegen erreichten Triplettzustände olefinischer Verbindungen mit entkoppelten π-Elektronen ihrer Doppelbindungen (vgl. S. 329) können in die Kategorie der Diradikale, oder vielleicht besser: *Diradikaloide*, aufgenommen werden.

Unter diradikaloiden Verbindungen, die entweder eine spingekoppelte olefinische, oder eine entkoppelte diradikalische Struktur besitzen können, ist der sogenannte Wittigsche Kohlenwasserstoff (4) besonders bemerkenswert (Wittig und Wiemer, 1930).

(4 a)
(diamagnetisch)

(4 b)
(paramagnetisch)

Bei dieser interessanten Verbindung ist die diradikalische Struktur (4b) gegenüber der chinoiden (4a) einerseits durch den Gewinn an Resonanzenergie bei der Aromatisierung der beiden mittleren Ringe beim (4a) → (4b)-Übergang, anderseits durch die Delokalisierung der Oktettlücken an den radikalischen Zentren durch ihre Konjugation mit je drei Phenylgruppen insoweit stabilisiert, daß sie in Lösungen auch bei üblichen oder nur schwach erhöhten Temperaturen und ohne jede Bestrahlung mit der diamagnetischen Form (4a) im Gleichgewicht steht. Ihre Teilnahme am Gleichgewicht ist allerdings nur bescheiden; durch Messungen der paramagnetischen Eigenschaften von Benzollösungen wurden bei 20° C weniger als 3%, bei 65° C ungefähr 5% von (4b) gefunden (Brauer, 1971). Der dem Wittigschen Kohlenwasserstoff entsprechende Stammkern, *p*-Xylylen (5), existiert allerdings nur in der diamagnetischen chinoiden Form.

(5)

VII. Radikalanionen

Läßt man auf Benzophenon in Äther metallisches Natrium einwirken, so entsteht eine blaue Lösung, die durch Aufarbeitung mit Wasser oder besser mit verdünnter Säure Benzpinakol (3) liefert. Durch Jod oder Sauerstoff wird sie jedoch schnell unter Rückbildung des Ketons entfärbt. Die blaue Farbe wird dem Radikalion (1) zugeschrieben, das in der Lösung mit seinem „Dimeren", dem Benzpinakoldianion (2), im Gleichgewicht steht (Beckmann und Paul, 1891; Schlenk und Weickel, 1911; Doescher und Wheland, 1934) [1].

Radikalanionen des Typus (1), die aus Ketonen durch eine Einelektronreduktion entstehen, heißen *Ketyle* und werden als Zwischenprodukte der Pinakolreduktionen angenommen. Die relativ hohe Stabilität des Benzophenon-Ketyls (1) (das Natriumsalz ist unter Sauerstoffausschluß sogar in fester Form isolierbar) ist allerdings etwas außergewöhnlich; sie ist den Delokalisierungsmöglichkeiten der aromatischen Ringe (ähnlich wie z. B. die erhöhte Stabilität des Triphenylmethylradikals) zu verdanken. Aliphatische Ketyle sind dagegen recht unbeständig; das oben angedeutete Gleichgewicht liegt bei ihnen ganz auf der Seite des „dimeren" Pinakoldianions.

Einen hohen Stabilitätsgrad weisen jedoch die Produkte einer Einelektronreduktion von α-Diketonen, die *Semidione* (4), auf (Russel, 1968). Ihre Stabilisierung ist durch die Delokalisierung im Vierzentrensystem gegeben.

Eine noch höhere Stabilität besteht bei *Semichinonen* (5), den Zwischenprodukten auf dem reversiblen Wege von Hydrochinonen zu Chinonen.

---

1 Ein Referat über Radikalionen als Zwischenstufen bei organischen Reaktionen haben neulich Holy und Marcum (1970) zusammengefaßt.

Radikalanionen werden auch aus rein kohlenstoffhaltigen Doppelbindungen durch eine Einelektronreduktion gebildet. Am besten bekannt sind vielleicht die Radikalionen aus arylsubstituierten Äthylenen und mehrkernigen Aromaten des Naphthalen- und Anthracentypus. Auch sie werden durch die Konjugation des Radikalzentrums mit dem aromatischen System stabilisiert (Schlenk und Bergmann, 1928; Birch, 1950).

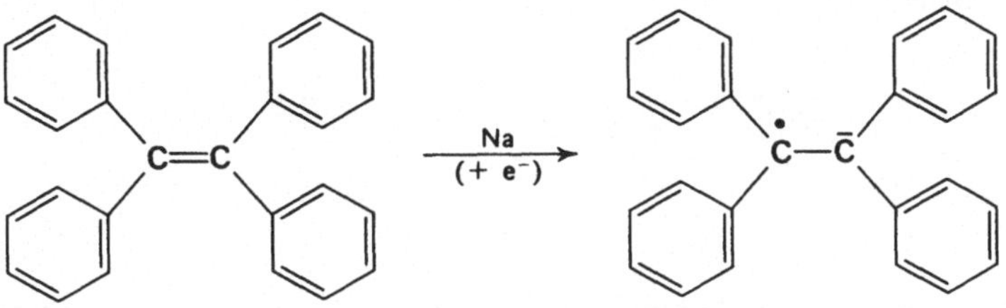

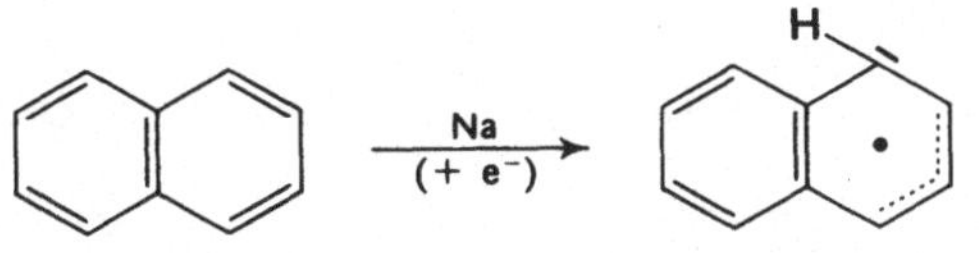

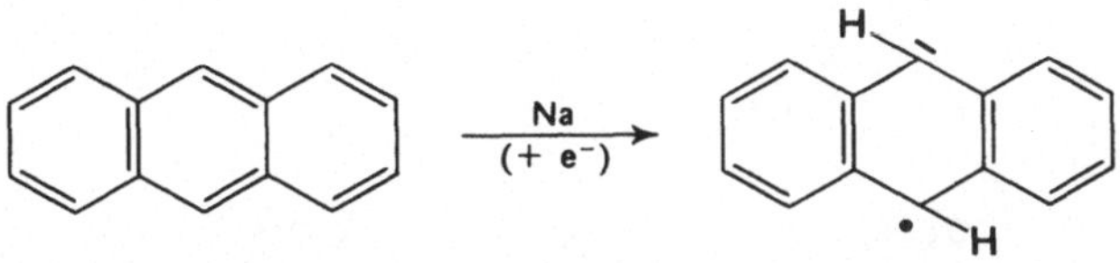

Radikalanionen dieser Art neigen einerseits zur Dimerisierung (a) (Schlenk und Bergmann, 1928) andererseits disproportionieren sie leicht zum Kohlenwasserstoff und dem entsprechenden Dianion (b) (siehe z. B. Kornblum, Selzer und Haberfield, 1963).

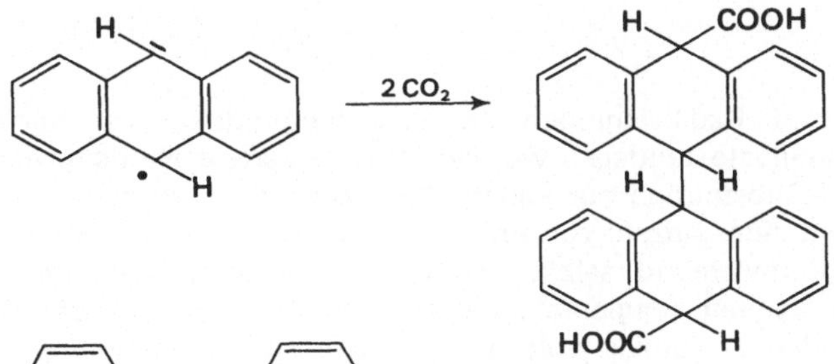

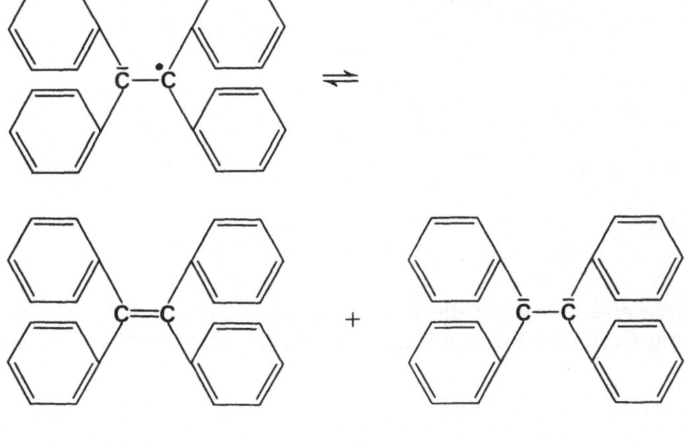

Radikalanionen sind weiter instabile Zwischenprodukte bei der Birchschen Reduktion. Bei diesem Reduktionsverfahren entstehen aus aromatischen Äthern durch Einwirkung von Alkalimetallen in flüssigem Ammoniak Dihydroderivate (6), die durch nachfolgende saure Hydrolyse ungesättigte Cyclanone als Endprodukte liefern (Birch und Nasipuri, 1958; Brown, Burnham und Rogers, 1966).

$$(6)$$

Die Bildung des Dihydroderivates (6) beschreibt (in einer vereinfachten Weise) das folgende Schema:

$$(+ \ NH_2^-)$$

$$(+ \ NH_2^-)$$

Neulich sind Radikalanionen als Zwischenprodukte bei Substitutionen der p-Nitrobenzylderivate entdeckt worden. Das tertiäre p-Nitrocumylchlorid (7), bei dem eine S_N2-Substitution nur äußerst langsam erfolgt, reagiert überraschend glatt bimolekular mit einer Anzahl von nukleophilen Reagentien unter Substitution seines Chloratoms. Cumylchlorid selbst und seine anders als mit einer p-Nitrogruppe substituierten Derivate reagieren unter gleichen Bedingungen entweder überhaupt nicht oder bilden α-Methylstyrole als Produkte einer Eliminierung (Kornblum und Mitarbeiter, 1967, 1970).

(7)   84%

Überraschend war auch die Feststellung, daß die Substitutionen von (7) durch Beleuchtung beschleunigt und durch Sauerstoff stark verzögert werden. Außer dem einfachen Substitutionsprodukt wurden auch kleine Mengen von *bis-p*-Nitrocumyl (8) isoliert.

$$O_2N-C_6H_4-C(CH_3)_2-C(CH_3)_2-C_6H_4-NO_2$$

(8)

Diese Befunde lassen auf das Auftreten von Zwischenprodukten radikalischer Natur schließen. Kornblum und Mitarbeiter glauben, daß durch eine Einelektronübertragung vom Nukleophil auf die aromatische Nitroverbindung zuerst das Radikalanion (9) entsteht. Dieses geht durch Abspaltung des Chloridions in das mesomeriestabilisierte *p*-Nitrocumylradikal (10) über (beide Radikale sind in unserem Schema nur in einer ihrer zahlreichen Grenzstrukturen dargestellt).

(9)   (10)

Radikal (10) reagiert dann entweder mit dem bei seiner Bildung entstandenen Radikal Y · direkt zum Endprodukt, oder aber es bildet mit einem Nukleophilmolekül Y⁻ ein neues Radikalanion (11). Dieses gibt dann ein Elektron an Nitrocumylchlorid ab, wodurch einerseits das Endprodukt, anderseits ein weiteres Radikalanion (9) gebildet wird usw.

(11)

+ Y·

Bei primären *p*-Nitrobenzylhalogeniden verläuft die Substitution nach dem angegebenen Mechanismus oft neben einer normalen S_N2-Reaktion.

VIII. Kontaktstellen der radikalischen und polaren Chemie

Die früher kompromißlos gezogene Grenze zwischen polaren und radikalischen Reaktionen erscheint im Lichte der heutigen Befunde trotz den vielen unterschiedlichen Merkmalen beider Reaktionstypen doch nicht so scharf, an einigen Stellen ja ganz verwischt zu sein. Es sind heute Beispiele bekannt, wo Reaktionen beider Typen gleichzeitig an demselben Substrat verlaufen und es wurde sogar die Meinung geäußert, daß dann beide Prozesse einen gemeinsamen Übergangszustand haben können.

Wie schon erwähnt, zersetzen sich Diacylperoxide thermisch in einer homolytischen Reaktion zu Acyloxyradikalen, die dann zu Kohlendioxid und Alkylradikalen bzw. weiteren Umwandlungsprodukten der letzteren zerfallen.

$$R-\overset{O}{\overset{\|}{C}}-O-O-\overset{O}{\overset{\|}{C}}-R \longrightarrow 2\,R-\overset{O}{\overset{\|}{C}}-O\bullet \longrightarrow 2\,CO_2 + 2\,R\bullet$$

$$\longrightarrow \quad \text{weitere Produkte}$$

Dieser Verlauf ist für aromatische und unverzweigte aliphatische Diacylperoxide (R = primäres Alkyl) charakteristisch. Die Geschwindigkeit der Spaltung dieser Verbindungen weist, wie es auch bei einer homolytischen Reaktion sein sollte, eine weitgehende Unabhängigkeit vom Lösungsmittel auf.

Komplizierter ist jedoch die Thermolyse von denjenigen Diacylperoxiden, in denen R ein sekundäres oder tertiäres Alkyl oder eine Benzylgruppe ist. Neben den üblichen Produkten einer homolytischen Spaltung wurden hier mit dem Ausgangsmaterial isomere O-Acylcarbonsäureester (1) und ihre Umwandlungsprodukte, Ester (2), isoliert.

$$(CH_3)_2CH-\overset{O}{\overset{\|}{C}}-O-O-\overset{O}{\overset{\|}{C}}-CH(CH_3)_2$$

$$CO_2 + \quad CH_3-CH=CH_2$$
$$CH_3-CH_2-CH_3$$
$$+ \ (CH_3)_2CH-CH(CH_3)_2$$

$$(CH_3)_2CH-O-\overset{O}{\overset{\|}{C}}-O-\overset{O}{\overset{\|}{C}}-CH(CH_3)_2$$
$$(1)$$

$$CO_2 + (CH_3)_2CH-O-\overset{O}{\overset{\|}{C}}-CH(CH_3)_2$$
$$(2)$$

Die O-Acylkarbonsäureester (1) scheinen auf einem typisch polaren Weg entstanden zu sein, bei dem die Alkylgruppe, wie es so oft bei polaren Umlagerungen der Fall ist, zu einem elektronenarmen Zentrum übergeht.

$$(CH_3)_2CH\cdots\overset{O}{\overset{\|}{C}}\;\nearrow O\quad CH(CH_3)_2 \;\longrightarrow\; (CH_3)_2CH\overset{+}{\cdots}\overset{O}{\underset{O}{\overset{\|}{C}}}\;\bar{O}-\overset{O}{\overset{\|}{C}}-CH(CH_3)_2$$

$$\longrightarrow\; (CH_3)_2CH\underset{O}{\diagdown}\overset{O}{\overset{\|}{C}}\underset{O}{\diagup}\overset{O}{\overset{\|}{C}}\diagdown CH(CH_3)_2$$

Zum Unterschied von den aromatischen und primären aliphatischen Diacylperoxiden hängt die Gesamtgeschwindigkeit der Zersetzung bei diesen Diacylperoxiden stark von der Natur des benutzten Lösungsmittels ab; sie nimmt mit steigender Polarität des Mediums (in der Reihenfolge Cyclohexan—Benzol—Acetonitril) zu. Auch der Anteil der „polaren" Produkte (1) und (2) im Gesamtprodukt ist in polaren Lösungsmitteln größer. Man könnte also vermuten, daß es sich bei diesen Verbindungen um eine Dichotomie der polaren und radikalischen Zersetzung handelt, wobei der polare Mechanismus durch polare Medien natürlich gefördert würde.

Es konnte jedoch gezeigt werden, daß auch der „radikalische" Anteil der Zersetzung der sekundären und tertiären Diacylperoxide durch steigende Polarität des Lösungsmittels beschleunigt wird. Aus diesem und anderen, bei einer Reihe einfacher sowie gemischter Diacylperoxide festgestellten Gesetzmäßigkeiten haben neuerdings Walling und Mitarbeiter (1970) auf einen für beide Umwandlungsarten gemeinsamen geschwindigkeitsbestimmenden Schritt geschlossen. Er wird im folgenden Schema in einer gegenüber dem Original vereinfachten Form wiedergegeben.

$$R-\overset{O}{\overset{\|}{C}}-O-O-\overset{O}{\overset{\|}{C}}-R \;\rightleftharpoons\; R\cdots\overset{O}{\overset{\|}{C}}\doteq O\cdots O-\overset{O}{\overset{\|}{C}}-R$$

$$\rightleftharpoons\; R\overset{+}{\cdots}\overset{O}{\underset{O}{\overset{\|}{C}}}\bar{O}-\overset{O}{\overset{\|}{C}}-R \;\longrightarrow\; \text{„polare Produkte"}$$

$$R\bullet\overset{O}{\underset{O}{\overset{\|}{C}}}\bullet O-\overset{O}{\overset{\|}{C}}-R \;\longrightarrow\; \text{„radikalische Produkte"}$$

Im Übergangszustand dieser Stufe ist nach Walling der radikalische bzw. ionische Charakter der Thermolyse noch nicht ausgebildet. Die Reaktion geht dann in ein metastabiles Zwischenprodukt mit dem Charakter eines intimen Ionenpaares-Radikalpaares über. Auch hier existieren noch beträchtliche elektronische Wechselwirkungen unter den Spaltstücken. Die eigentliche Differenzierung kommt erst in dem nächsten, schnellen Schritt. Walling glaubt, daß seine Vorstellung einer geschwindigkeitsbestimmenden Bindungsspaltung, die noch vor der produktbestimmenden Stufe erfolgt, auch andere Prozesse erklären kann, die sowohl „polare" als auch „radikalische" Produkte liefern [2].

---

2 In diesem Zusammenhang sei an die Versuche einiger Autoren, polare Einflüsse bei radikalischen Reaktionen durch einen „teilweise ionischen" Charakter des Übergangszustandes zu deuten (S. 294, 305) erinnert.

IX. Carbene

Eines der „jüngsten" reaktiven Zwischenprodukte organischer Prozesse ist das Carben:

$$CH_2\!:$$

und seine Substitutionsderivate. Obwohl die Bestrebungen, das „Methylen" darzustellen, bis in die Mitte des neunzehnten Jahrhunderts reichen (Butlerov, 1861), ist es als instabiles Zwischenprodukt erst durch die Arbeiten von Staudinger (1911–1916) erkannt worden.

Neben den Elektronen der zwei σ-Bindungen ist das Kohlenstoffatom in Carbenen mit zwei weiteren, nichtbindenden Elektronen versorgt. Insgesamt ist also der Carbenkohlenstoff nur mit sechs Elektronen umgeben.

Der Spin der zwei nichtbindenden Elektronen kann entweder entgegengesetzt oder gleich sein. Im ersten Falle befinden sich beide Elektronen in demselben Orbital und das Zentralkohlenstoffatom hat eine sp^2-Geometrie mit einem umbesetzten p-Orbital (Singlettform, (1 a)). Ist dagegen der Spin beider Elektronen gleich, müssen sie in zwei verschiedenen (p-) Orbitalen auftreten; der Carbenkohlenstoff hat dann eine sp-Geometrie mit einer linearen Anordnung der σ-Bindungen (Triplettform, (1 b)).

(1 a)   (1 b)

Die *Triplettform* scheint dem Grundzustand der Carbene zu entsprechen. Ein Carben in diesem Zustand besitzt paramagnetische Eigenschaften, die sich unter anderem durch eine Elektronenspinresonanz äußern. Oft wird diese Form als Diradikalform der Carbene bezeichnet.

Die energiereichere *Singlettform* resultiert aus Gründen der Spinerhaltung bei den meisten Bildungsweisen der Carbene und ist auch meistens diejenige Form, in der sie reagieren. Ihre Struktur erinnert in mancher Hinsicht an die der Carboniumionen und kann auch für den elektrophilen Charakter der Carbene, wo immer er nur auftritt, verantwortlich gemacht werden. Zugleich erklärt ihr ungebundenes Elektronenpaar die beobachteten nukleophilen Eigenschaften dieser interessanten Partikeln.

Carbene werden durch Photolyse von Ketenen oder Diazoverbindungen gebildet. In beiden Fällen wird die Abspaltung des Carbens durch die gleichzeitige Bildung eines stabilen Moleküls (CO, N_2) gefördert.

$$CH_2\!=\!C\!=\!O \xrightarrow[< 280\ m\mu]{h\nu} CH_2\!: \ + \ |C\!\equiv\!O|$$

$$CH_2\!=\!N\!=\!N \xrightarrow[< 280\ m\mu]{h\nu} CH_2\!: \ + \ |N\!\equiv\!N|$$

Einen alternativen Weg zu Carbenen bietet die α-Eliminierung aus bestimmten Typen von Halogenderivaten (Polyhalogenmethanen, α-Halogencarbonsäuren usw.).

Von den typischen *Reaktionen der Carbene* sind vor allem ihre Insertion in C—H-Bindungen und die Cycloadditionen an ungesättigte Systeme zu erwähnen.

Bei der *Insertion* werden sowohl parafinische als auch olefinische C—H-Bindungen angegriffen. Für die Reaktion ist ein Dreizentrenmechanismus vorgeschlagen worden.

Auf einen solchen Verlauf (ohne ein faßbares Zwischenprodukt) schließen v. E. Doering und Prinzbach (1959) auf Grund des Resultates mit $C_{(1)}$-markiertem Isobutylen, wo eine Methyleninsertion in dem parafinischen Teil des Moleküls zu keiner ^{14}C-Verteilung auf andere Kettenglieder führte. Sollte nämlich die Reaktion in zwei Stufen über ein allylisches Zwischenprodukt ablaufen, so müßte das ^{14}C-Isotope infolge einer Allylresonanz auch z. B. als $C_{(3)}$ des Produktes auftreten.

Eine *Wasserstoffübertragung,* wie sie in der Alternative (*b*) des oben erwähnten Schemas angedeutet ist, findet neben einer Insertion bei Reaktionen der Carbene mit Kohlenwasserstoffen in der Gasphase statt. So sind z. B. aus der Reaktion von

Methylen mit Propan neben *n*-Butan und Isobutan (Produkte der Insertion) auch
Äthan, Hexan, 2,3-Dimethylbutan und andere Produkte einer intermediären Radikalbildung isoliert worden (Frey, 1959).

$$CH_2\colon + \ CH_3\!-\!CH_2\!-\!CH_3 \longrightarrow CH_3\!-\!CH_2\!-\!CH_2\!-\!CH_3 + CH_3\!-\!\underset{\underset{CH_3}{|}}{CH}\!-\!CH_3$$

Mit Olefinen reagieren Carbene in einer *Cycloaddition* zu Cyclopropanderivaten.

Bei Carbenen in ihrem üblichen Singlettzustand erfolgt die Addition stereospezifisch *syn* und wird von Skell und Cholod (1969) folgendermaßen beschrieben:
„. . . . Das unbesetzte *p*-Orbital des Singlettcarbens tritt an das Olefin längs der
σ-Achse und näher zu dem weniger substituierten Kohlenstoffatom (der Doppelbindung) heran, wobei eine Art von Ladungstransfer-Komplex gebildet wird. Dieser
schrumpft dann mit einer Verdrehung der CX_2-Gruppe zum Produkt zusammen. Der
Übergangszustand ist polarisiert, mit einem elektronenarmen Olefin- und einem elektronenreichen Carbenanteil . . ."

Bei Carbenen im Triplettzustand, wie sie z. B. durch sensitivierte Photolyse
(S. 290) entstehen, verläuft die Cycloaddition dagegen unstereospezifisch (Anet und
Mitarbeiter, 1960; Frey, 1960).

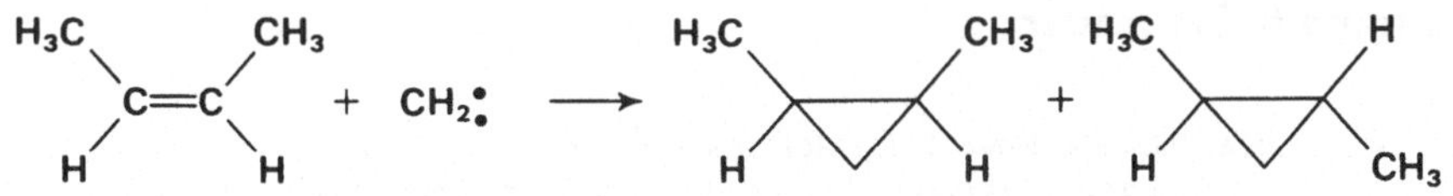

Carbene addieren an aromatische Verbindungen unter Bildung von Nocaradien- bzw. den valenzisomeren Cycloheptatrienderivaten.

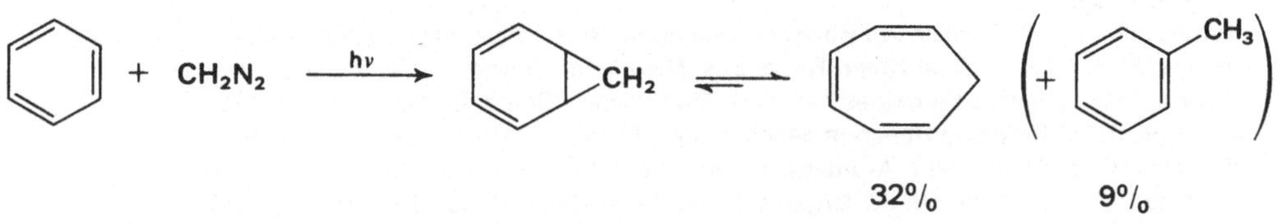

32%   9%

Mit Carbonylverbindungen (Aldehyden, Ketonen) reagieren Carbene zu Epoxiden und homologen Ketonen.

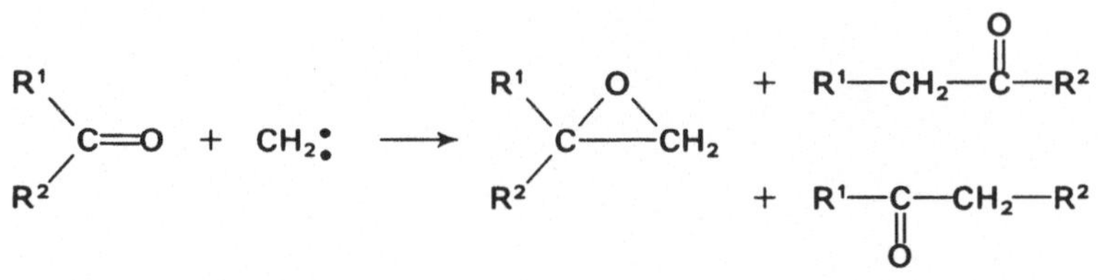

Alle erwähnten Produkte können gut aus einem gemeinsamen Zwischenprodukt (2) erklärt werden. Seine Bildung erfordert allerdings einen nukleophilen Angriff am Carbonylkohlenstoffatom, der eher bei dem als Carbenquelle benutzten Diazomethan als bei Carben selbst zu erwarten wäre. Es ist also nicht ausgeschlossen, daß es sich bei den studierten Reaktionen um eine Addition von Diazomethan mit nachfolgender Stickstoffabspaltung handelte (Meerwein und Mitarbeiter, 1957).

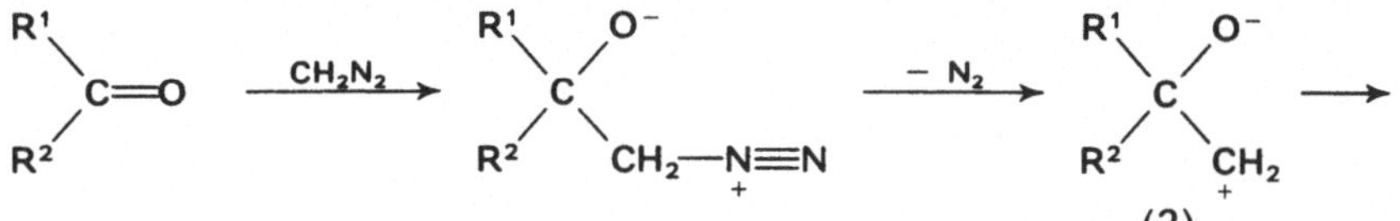

(2)

Zur Cycloaddition von Carbenen an mehrfache Bindungen gibt es übrigens auch eine Retrogression: Aus Cyclopropan-, Oxiran- bzw. Aziridinderivaten werden thermisch oder photolytisch Carbene abgespalten (Hoffmann, 1971; Griffin, 1971).

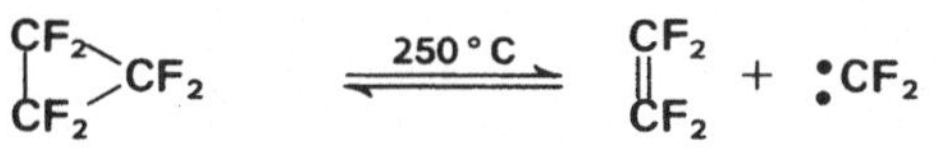

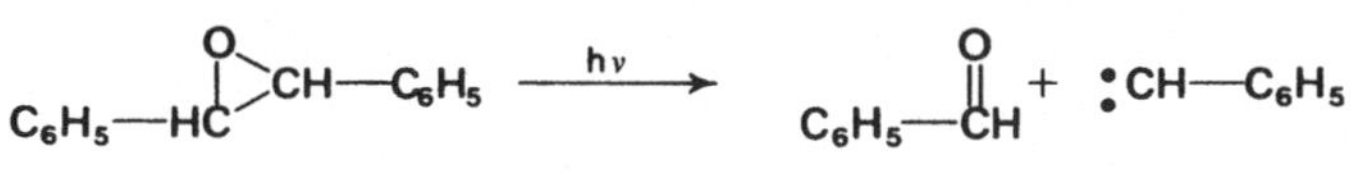

Ergänzende Literatur

Pryor, W. A.: Free Radicals. New York: McGraw-Hill. 1966.

Morton, J. R.: Electron Spin Resonance Spectra of Oriented Radicals. Chem. Rev. *64*, 453 (1964).

Walling, C.: Free Radicals in Solution. New York: J. Wiley and Sons. 1957.

Rüchardt, Ch.: Zusammenhänge zwischen Struktur und Reaktivität in der Chemie freier Radikale. Angew. Chem. *82*, 845 (1970).

Sosnovsky, G.: Free Radical Reactions in Preparative Organic Chemistry. New York: Macmillan Co. 1964.

Burnett, G. M.: Mechanisms of Polymer Reactions. New York: Interscience Publishers. 1954.

Huyser, E. S.: Free Radical Chain Reactions. New York-London: J. Wiley and Sons. 1970.

Davies, A. G.: Organic Peroxides. London: Butterworth Scientific Publications. 1961.

Edwards, J. O.: Peroxide Reaction Mechanisms. New York: Interscience Publishers. 1962.

Williams, G. H.: Homolytic Aromatic Substitution. New York: Pergamon Press. 1960.

Hammond, G. S., Turro, N. J.: Organic Photochemistry. Science *142*, 1541 (1963).

Kaiser, E. T., Kevan, L.: Radical Ions. New York: Interscience Publishers. 1968.

Holy, N. J., Marcum, J. D.: Radikal-Anionen als Zwischenstufen in der Organischen Chemie. Angew. Chem. *83*, 132 (1971).

Kirmse, W.: Carbene Chemistry. New York-London: Academic Press. 1964.

E. Mehrzentrenreaktionen mit cyclischer Elektronenverschiebung

Nach den polaren und radikalischen Prozessen bleibt noch eine interessante Gruppe von Reaktionen zu besprechen, bei denen das bisher zur Klassifizierung benutzte Kriterium der heterolytischen bzw. homolytischen Auflösung und Bildung kovalenter Bindungen vollkommen versagt. Es sind dies Reaktionen, bei denen kovalente Bindungen konzertiert in einem Zyklus gebildet oder/und aufgelöst werden. Einerseits gehören hierher Reaktionen zwischen zwei (oder mehreren) ungesättigten Komponenten, die zu einer Ringverbindung zusammentreten (a), anderseits intramolekulare Bindungsverschiebungen, die von einer offenkettigen Verbindung zu einer Ringkette (b), oder aber – unter gleichzeitiger Bildung und Auflösung von σ-Bindungen – wieder zu offenkettigen Derivaten führen (c). Dazu kommen allerdings auch die Retrogressionen dieser Reaktionen, die in unseren Schemen von rechts nach links dargestellt sind.

Die zu besprechenden Prozesse sind also *cyclisch* und *konzertiert*, wobei gleiche Betonung auf beiden Attributen liegt. Nicht alle cyclische Bindungsänderungen müssen nämlich konzertiert verlaufen. So kann z. B. die Bildung eines Cyclohexenderivates aus einer olefinischen und einer Dien-Komponente gegebenenfalls als ein polarer Prozeß stufenweise erfolgen:

Eine andere *a priori* Alternative für die Cyclisierung solcher Komponenten ist eine zweistufige Reaktion mit der intermediären Bildung eines diradikalischen Zwischenproduktes:

Manche cyclischen Reaktionen haben tatsächlich einen mehrstufigen Charakter. Ihre Beschreibung kann restlos in Begriffen der früher diskutierten Heterolyse bzw. Homolyse erfolgen und daher werden sie im Folgenden nicht mehr berücksichtigt.

Verläuft dagegen die als Beispiel gewählte Reaktion zwischen einem Dien und einem Olefin konzertiert in einer einzigen Stufe, so erscheint jegliche Klassifizierung in den oben erwähnten Begriffen unmöglich und gegenstandslos. Man hat es hier mit einem neuen Reaktionstypus zu tun, dessen Übergangszustand im gegebenen Fall durch eine Verteilung der sechs am Verschiebungsprozeß beteiligten π-Elektronen auf alle sechs Kohlenstoffatome beider Komponenten charakterisiert ist.

Die Reaktion ist ein Beispiel einer *Mehrzentrenreaktion mit einer cyclischen, konzertierten Elektronenverschiebung*.

Es gibt gleich mehrere Aspekte, die eine Diskussion solcher Reaktionen besonders attraktiv machen. Einmal ist es das Phänomen der cyclischen Elektronenverschiebung selbst, welches als ein einmaliges Attribut der organischen π-Elektronensysteme die Aufmerksamkeit verdient, das andere Mal ist es die Vielfalt und Sonderheit der so gebildeten Strukturen und die synthetische Bedeutung mancher dieser, präparativ meistens äußerst einfachen, Prozesse. Ein neues Interesse und einen ungeheueren Impuls zum weiteren Studium dieser Reaktionen gaben 1965 Woodward und Hoffmann. Von der auffallenden und bisher unabgeklärten Stereospezifität der konzertierten cyclischen Prozesse fasziniert, bauten sie ihre Theorie der Erhaltung der Orbitalsymmetrie auf, die mit ihrer großen Aussagekraft und weitgehenden Bedeutung für das Verständnis der chemischen Bindung zweifellos die wichtigste Entdeckung der letzten Jahre auf dem Gebiete der theoretischen Organischen Chemie darstellt.

Für den Zweck der Diskussion haben Woodward und Hoffmann konzertierte cyclische Prozesse in (a) Cycloadditionen und Cycloreversionen, (b) elektrocyclische Reaktionen, und (c) sigmatrope Reaktionen eingeteilt. Dieser Auffassung entspricht auch im Prinzip die schematische Einteilung am Anfang dieses Abschnittes.

1. Cycloadditionen und Cycloreversionen [1]

Die im Schema (a_1) skizzierte Reaktion zwischen zwei Olefinmolekülen ist eine wohlbekannte Photoreaktion der Olefine und α,β-ungesättigter Carbonylverbindungen (Dilling, 1966, 1969; Steinmetz, 1967; Warrener und Bremner, 1966). In der Woodward-Hoffmannschen Nomenklatur wird sie als eine *[2+2]-Cycloaddition* bezeichnet, wobei die Nummern die Zahl der an der Verschiebung teilnehmenden Elektronen in jeder Komponente ausdrücken. Typisch für die Photoreaktion ist eine *syn*-Verknüpfung der beiden Komponenten, die als *supra-suprafacial* bezeichnet wird: jede Komponente wird an die andere von derselben Seite ihrer Olefinebene angelagert. So führt die Photodimerisierung von *cis*-2-Buten zu zwei Tetramethylcyclobutanen (3) und (4), die den zwei möglichen supra-suprafacialen Anordnungen (1) und (2) der Olefinmolekülen entsprechen (Yamazaki und Cvetanovic, 1969).

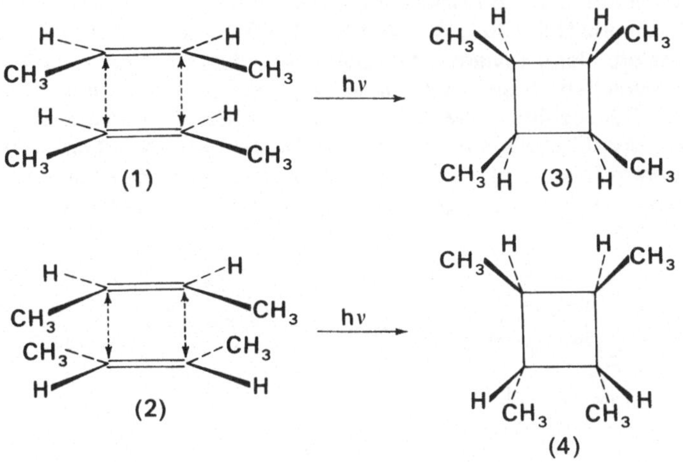

Dagegen ist die *thermische* Bildung des Cyclobutanringes aus zwei einfachen Olefineinheiten eine Kuriosität, sei es denn, daß sehr hohe Temperaturen benutzt werden. Bei mäßigen Temperaturen erfolgt sie nur unter bestimmten strukturellen Voraussetzungen und die Stereochemie der Produkte weist dann auf eine *supra-antarafaciale Anlagerung* hin (eine Komponente wird von derselben Seite, die andere von entgegengesetzten Seiten (!) ihrer Doppelbindungsebene addiert). Eine solche Vereinigung zweier Olefine ist nur bei ihrer gegenseitigen senkrechten Lage, wie es das folgende Schema zeigt, vorstellbar.

---

1 Mit dem Begriff, der Einteilung und Kennzeichnung der Cycloadditionen im breitesten Sinne des Wortes befaßt sich in einem Übersichtsartikel Huisgen (1968).

Relativ leicht erfolgen thermische Cycloadditionen zwischen einem Olefin und einem Allen- bzw. Ketten-Molekül, sowie bei hochfluorierten Olefinen (siehe die Zusammenfassung von Roberts und Sharts, 1962).

$$CH_2{=}C{=}CH_2 + CH_2{=}CH{-}CN \xrightarrow[\text{12 Stdn}]{200\,°C} \qquad 60\%$$

$$(C_6H_5)_2C{=}C{=}O + C_6H_5{-}CH{=}CH_2 \xrightarrow[\text{24 Stdn}]{60\,°C} \qquad 93\%$$

Im Gegensatz zu den eher im photochemisch angeregten Zustand verlaufenden [2+2]-Cycloadditionen ist die als *Diels-Alder-Reaktion* wohlbekannte *[4+2]-Cycloaddition* zwischen Olefinen und konjugierten Dienen (Schema a_2) eine typische thermische Mehrzentrenreaktion (Diels und Alder, 1928; Alder, 1943; Woodward und Katz, 1959; Martin und Hill, 1961; Wassermann, 1965; Sauer, 1966). Sie erfolgt schon bei den einfachsten, nichtaktivierten Komponenten, ideal ist jedoch die Kombination eines elektronenreichen Diens mit einem elektronenarmen Olefin (Acrylonitril, Maleinanhydrid, Benzochinon usw.). Auch bei erhöhten Temperaturen verläuft sie mit hoher Stereospezifität als eine *supra-suprafaciale endo-Addition*, d. h. von den zwei supra-suprafacialen Anlagerungsmöglichkeiten wird gewöhnlich nur eine, nämlich diejenige mit dem mehr „zusammengefalteten" Übergangszustand, befolgt.

Zur Diels-Adler-Reaktion existiert auch die entsprechende Cycloreversion. Sie findet gewöhnlich erst bei höheren Temperaturen statt.

Neben den vielverbreiteten [2+2]- und [4+2]-Cycloadditionen gibt es auch Cycloadditionen, an denen eine größere Anzahl von π-Elektronen teilnimmt. Ein schönes Beispiel einer *[8+2]-Cycloaddition* diskutieren in ihrem Buch Woodward und Hoffmann (Boekelheide und Mitarbeiter, 1961, 1966).

$$CH_3OOC-C\equiv C-COOCH_3$$

An einer Cycloaddition können sich auch mehr als nur zwei Komponenten beteiligen. So liegt in der thermischen Reaktion von Norbornadien mit Tetracyanoäthylen eine *[2+2+2]-Cycloaddition* vor (Norbornadien steht hier mechanistisch für zwei Olefineinheiten) (Blomquist und Meinwald, 1959).

Die [2+2]-Cycloaddition von zwei Olefin-Einheiten ist vom systematischen Standpunkt nicht der einfachste Fall einer Cycloaddition. Formell noch einfacher sind die Reaktionen von olefinischen Verbindungen mit Partikeln, in denen ein einziges Atom an sich die Eigenschaften sowohl eines Elektrophils als auch eines Nukleophils konzentriert. Typische Repräsentanten dieser *zu Dreiringsystemen führenden Cyclo-additionen* (von Woodward und Hoffmann unter eine spezielle Gruppe der sogenannten *cheletropen Reaktionen* eingeteilt) sind die Additionen von Carbenen bzw. Nitrenen an Olefine (vgl. S. 342), aber auch die Epoxidierung von Olefinen (S. 174) und die Bildung von cyclischen (überbrückten) Halogenoniumionen (mit positivem Halogen als Agens) (S. 171) gehören in diese Gruppe. Eine *syn*- (suprafaciale) Anlagerung, was die Olefinkomponente betrifft, ist hier die Regel (v. E. Doering und La Flamme, 1956).

Zu ungeradzähligen (fünfgliedrigen) Ringsystemen führen auch *1,3-dipolare Cycloadditionen*. Die seit langem bekannten Reaktionen der Olefine mit Ozon (vgl. S. 175), Aziden bzw. Diazoalkanen wurden neulich um weitere Typen (Additionen von Nitriloxiden, Nitriliminen, Nitronen und andere) ergänzt (Huisgen, 1963). In allen Fällen handelt es sich um eine Verknüpfung des Olefins mit einer formell ungeladenen, jedoch dipolaren Partikel, die an einem Terminus ihrer charakteristischen

Atomtriade eine elektrophile, am anderen eine nukleophile Reakivität entfalten kann. Die im folgenden allgemeinen Schema benutzte Zwitterionenform der Dipol-Komponente stellt nur eine der mehreren möglichen Grenzstrukturen dieser Verbindungen dar.

Die beobachtete *supra-suprafaciale Anlagerung,* minimale Lösungsmittelabhängigkeit der Reaktionsgeschwindigkeiten sowie die oft dramatische Beeinflussung durch sterische Faktoren werden als Argumente für einen konzertierten Mehrzentrenmechanismus der meisten 1,3-dipolaren Cycloadditionen angegeben.

Alle dipolaren Komponenten dieser Cycloadditionen enthalten in der addierenden Atomtriade ein System von vier π-Elektronen, die an der cyclischen Elektronenverschiebung teilnehmen (die Reaktionen werden zu [4+2]-Cycloadditionen gezählt) (siehe auch Eckell, Huisgen und Mitarbeiter, 1967).

2. Elektrocyclische Reaktionen

Eine intramolekulare Variante der Cycloadditionen sind *elektrocyclische Reaktionen,* in denen eine σ-Bindung zwischen den Endatomen eines linearen π-Elektronensystems (auf Kosten von zwei π-Elektronen) gebildet wird. Die Retrogressionen dieser Cyclisierungsreaktionen gehören allerdings mechanistisch auch in diese Gruppe.

Es sind viele Beispiele der Bildung von Cyclobutenderivaten bei *Bestrahlung von 1,3-Dienen* beschrieben worden. Alle sind durch eine merkwürdige Stereospezifität gekennzeichnet: Es entstehen nur solche Isomere der Cyclobutenderivate, die durch eine Verdrehung der Endkohlenstoffatome des Diens um die Achsen der π-Bindungen in entgegengesetztem Sinn abzuleiten sind (solche gegenseitige Bewegung bei elektrocyclischen Reaktionen und ihren Retrogressionen wird von Woodward und Hoffmann als *disrotatorisch* bezeichnet) (Srinivasan, 1968; Dauben und Mitarbeiter, 1966; Dauben und Cargill, 1961).

Auch die *Ringöffnung* von Cyclobutenderivaten zu 1,3-Dienen, falls sie photochemisch durchgeführt wird, erfolgt disrotatorisch. Wird sie dagegen *durch erhöhte Temperaturen* ausgelöst, so ändert sich die Stereochemie des Prozesses: Er verläuft jetzt *conrotatorisch* (beide Endatome werden im gleichen Sinne verdreht). So geht das tricyclische, *trans*-verknüpfte Cyclobutenderivat (5) schon bei mäßigen Temperaturen in Dicyclohexenyl (6) über; sein *cis*-verknüpftes Isomeres (7) zeigt dagegen eine beachtenswerte Wärmebeständigkeit, denn die conrotatorische Ringöffnung erfordert hier die Bildung einer im Sechsring unmöglichen *trans*-Doppelbindung (Criegee und Reinhardt, 1968).

War der Ringschluß (bzw. Ringöffnung) im System Dien-Cyclobuten disrotatorisch in angeregtem Zustand und conrotatorisch bei thermischen Prozessen, so ist die stereochemische Situation beim „vinylogen" System *Hexatrien-Cyclohexadien* (Schema b$_2$) gerade umgekehrt. Die *thermische* Reaktion erfolgt hier *disrotatorisch,* die *photochemische conrotatorisch.* Zu thermischen Prozessen dieses Typus gehört unter anderem auch die bekannte Valenztautomerie des Oxepins (8)⇌(9), Cyclo-octatetraens (10)⇌(11) und Cyclooctatriens (12)　(13) (Vogel und Mitarbeiter, 1965; Marvell und Mitarbeiter, 1965; Vogel und Guenther, 1967; Huisgen und Mietzsch, 1964; Huisgen und Boche, 1965).

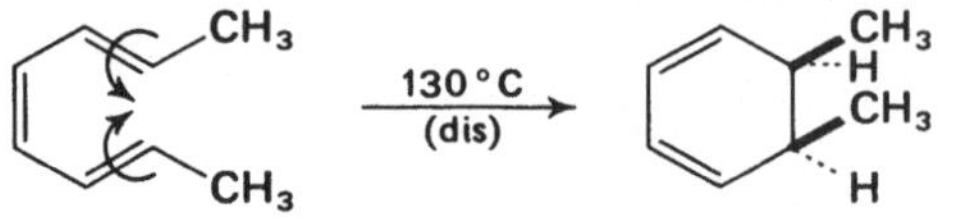

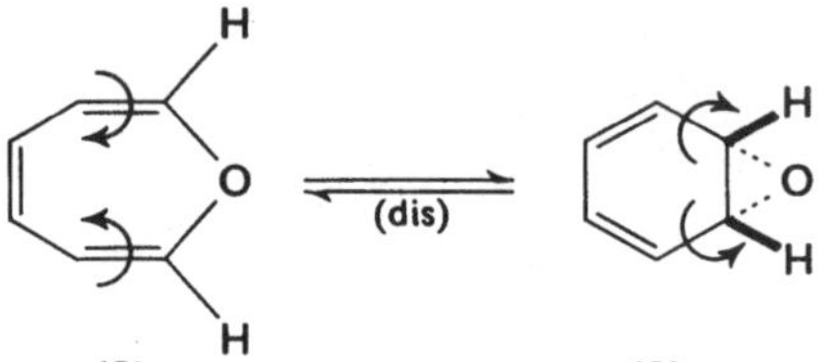

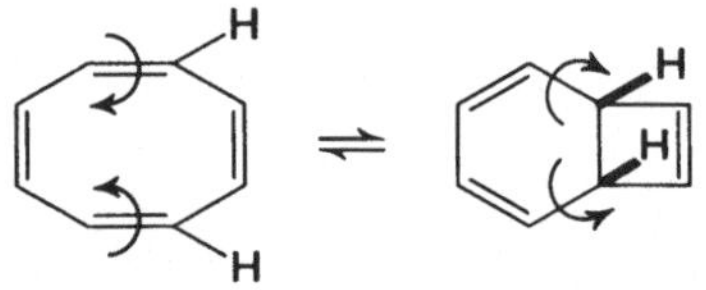

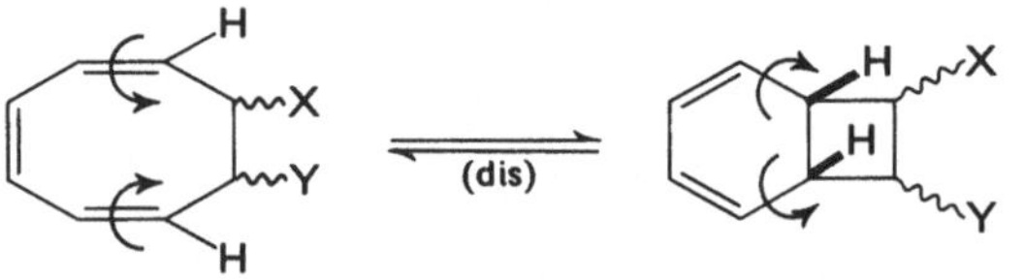

Und geht man noch weiter zum nächsten Vinylogen, dem *Octatetraen-Cyclo-octatrien*-System, über (auch solche elektrocyclische Reaktionen sind bekannt und können sogar überraschend leicht erfolgen), so findet die Umkehrung der stereo-chemischen Gesetzmäßigkeiten einmal mehr statt: die *thermische* Reaktion ist wieder *conrotatorisch* (Huisgen, Dahmen und Huber, 1967).

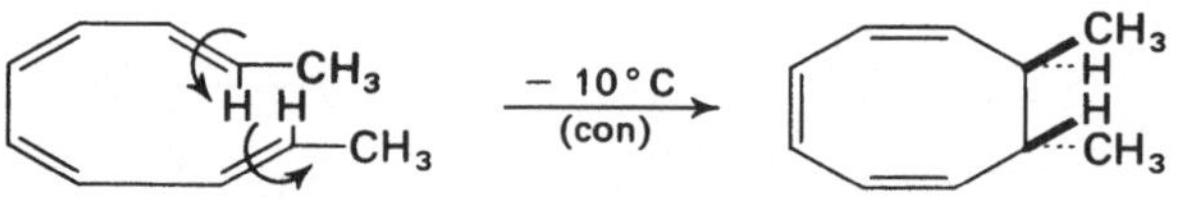

Wie Woodward und Hoffmann in ihrer Diskussion der Erhaltung der Orbital-symmetrie klar gemacht haben, sind auch elektrocyclische Reaktionen *in ionischen Systemen* möglich und zeichnen sich — wie die schon diskutierten Systeme — durch striktes Einhalten bestimmter stereochemischer Gesetzmäßigkeiten aus.

3. Sigmatrope Reaktionen

Bei *sigmatropen Reaktionen* wandert in einem intramolekularen, unkatalysierten Prozeß eine σ-Bindung in der Nachbarschaft eines (oder mehrerer) π-Elektronen-systems (-e) in eine neue Stellung. Ein Beispiel dafür sind thermische 1,5-Wasserstoff-verschiebungen in konjugierten Dienen (Schema c_1).

(c_1)

Es konnte gezeigt werden, daß die *thermische [1,5]-Verschiebung* ausschließlich *suprafacial,* d. h. von derselben „Seite" des π-Elektronensystems, erfolgt, obwohl der alternative, antarafaciale Prozeß anhand von rein geometrischen Vorstellungen auch möglich sein sollte.

Im Gegensatz zu thermischen [1,5]-Verschiebungen sind *thermische [1,3]-Verschiebungen* offenbar sehr schwierig, leicht dagegen erfolgen sie bei *photochemischer* Anregung. Auch hier wurde dann ein *suprafacialer* Verlauf festgestellt (Cookson, 1969; Cookson und Mitarbeiter, 1965, 1968; Erman und Kretschmar, 1967).

Eine wichtige Gruppe von sigmatropen Reaktionen bilden die *Claisensche, Copesche* und verwandte *Umlagerungen.* Alle gehören zu *[3,3]-Verschiebungen* (die σ-Bindungsverschiebung erfolgt zwischen zwei Atomtriaden).

Claisen: X = O

Cope: X = CH$_3$

Am meisten studiert von diesen Reaktionen wurde vielleicht die *thermische Umlagerung der Allylaryläther* (Claisen, 1912, 1913); seit mehr als einem halben Jahrhundert hat der Mechanismus dieser einfachen und doch geheimnisvollen Isomerisierung viele Chemiker fasziniert (Hurd, 1931–1937; Tarbell, 1939–1952; Lauer, 1939, 1956; Marvell, 1954, 1960; Schmid, 1952–1960) [2].

---

2 Einige Arbeiten zur Abklärung des Mechanismus der *o-* bzw. *p-*Umlagerung der Allylaryläther sind schon früher in anderem Zusammenhang zitiert worden (S. 71, 72, 74 und 78).

Kinetische Untersuchungen sowie Studien mit isotopenmarkierten Verbindungen und gekreuzte Reaktionen haben eindeutig den intramolekularen Charakter der Umlagerung bestätigt. Auffallend ist die hohe Stereospezifität des Prozesses: Aus optisch aktivem *trans*-α, γ-Dimethylallylphenyläther (14) entsteht optisch aktives *o-trans*-α, γ-Dimethylallylphenol (16) (Alexander und Kluiber, 1951; Hart 1954). Dies ist insofern bemerkenswert, als beim cyclischen „Umklappen" der Allylgruppe das ursprüngliche Chiralitätszentrum aufgehoben und ein neues gebildet wird[3]. Die stereochemischen Resultate lassen auf eine *supra-suprafaciale* cyclische Bindungsverschiebung schließen.

(14)   (15)   (16)

Sehr interessant ist die *Claisensche p-Umlagerung,* die die *o*-Isomerisierung gewöhnlich begleitet und bei 2,6-disubstituierten Allylaryläthern vollkommen ersetzt. Im Gegensatz zur *o*-Umlagerung wandert hier die Allylgruppe ohne Inversion (z. B. Marvell und Mitarbeiter, 1954).

Dieses Resultat wird jedoch durch eine doppelte Umkehrung der Allylgruppe bei zwei nacheinanderfolgenden [3,3]-Verschiebungen erklärt (siehe S. 71) (Hurd und Pollack, 1939; Kalberer und Schmid, 1957).

---

3 Es handelt sich hier eigentlich um eine Art intramolekularer asymmetrischer Synthese.

Eine enge Analogie zur *o*-Umlagerung der Allylaryläther ist die ebenfalls von Claisen (1912) entdeckte *Verschiebung der Allylgruppe in Allylenoläthern* der β-Dicarbonylverbindungen. Auch hier erfolgt die Allylverschiebung mit einer Inversion.

$$[R = CH_3;\; OC_2H_5]$$

Auf einem ähnlichen Prinzip beruht auch die als *Carroll-Umlagerung* bekannte thermische Umwandlung von O-Allyl-β-ketoestern zu γ,δ-ungesättigten Ketonen (Carroll, 1940). Für die Reaktion wurde schon vor fast dreißig Jahren ein sinnreicher Mechanismus mit einem bicyclischen Übergangszustand vorgeschlagen (Kimel und Cope, 1943).

γ,δ-Ungesättigte Carbonylverbindungen entstehen thermisch auch aus *einfachen Allylvinyläthern* (Hurd und Pollack, 1938). Die hohe Stereospezifität der Reaktion wurde schon mehreremals synthetisch ausgenützt (siehe z. B. Burgstahler, 1959, 1960).

Der *Umlagerung der Allylgruppe in rein kohlenstoffhaltigen Systemen* widmete Cope und Mitarbeiter (1940–1956) eine Reihe von Arbeiten.

Sigmatrope [3,3]-Verschiebungen wurden auch in Systemen mit *stickstoffhaltigen Triaden* beobachtet (Horowitz und Geissman, 1950; Mumm und Moeller, 1937).

Unter sigmatropen Reaktionen *in ionischen Systemen* sollten vor allem die so oft beobachteten *[1,2]-Verschiebungen in Carboniumionen* (vgl. S. 246) erinnert werden.

Kationische [1,2]-Alkylverschiebungen liegen auch manchen *Dienol-Benzol-* und *Dienon-Phenol-Umlagerungen* zu Grunde (Plieninger und Keilich, 1956, 1958; Arnold und Mitarbeiter, 1947; Woodward und Singh, 1950).

4. Die Erhaltung der Orbitalsymmetrie[4]

Wie in der vorangehenden Übersicht öfters angedeutet, gibt es für cyclische Mehrzentrenreaktionen auffallend strikte Einschränkungen, die in den bisher benutzten stereochemischen und thermodynamischen Begriffen nicht erklärt werden konnten. So erfolgt oft bei einem Stereoisomeren der Ringschluß (oder die Ringöffnung) nur thermisch, bei dem anderen nur photochemisch, oder aber ist die Reaktion unter beiden Bedingungen möglich, führt jedoch bei derselben Verbindung zu unterschiedlichen stereochemischen Resultaten.

Unsere Übersicht operiert an mancher Stelle mit Tatsachen, die erst nach der Entdeckung der Orbitalsymmetrie-Gesetze bekannt geworden sind; einige der benutzten Beispiele sind erst nachträglich in der älteren Literatur aufgefunden, andere wieder den unzähligen neuen Studien entnommen worden. Der Tatsachenbestand, der den Anlaß zu den Überlegungen gegeben hat, die zur heutigen Theorie der Erhaltung der Orbitalsymmetrie geführt haben, war viel einfacher: Es handelte sich grundsätzlich um eine Serie von elektrocyclischen Transformationen, die an der Harvard Universität bei der Herstellung eines Zwischenproduktes der Vitamin-B_{12}-Synthese beobachtet wurden.

---

4 Die folgende Abhandlung ist nichts mehr als eine bescheidene Bekanntmachung mit dem Grundgedanken der Theorie der Orbitalsymmetrieerhaltung. Der Leser soll sich durch die eventuelle Schwerverständlichkeit der vorliegenden Ausführungen von einem ausführlichen Studium dieses Problems nicht abschrecken lassen. Das Buch von Woodward und Hoffmann wird er dafür bestimmt als eine faszinierende Lektüre finden.

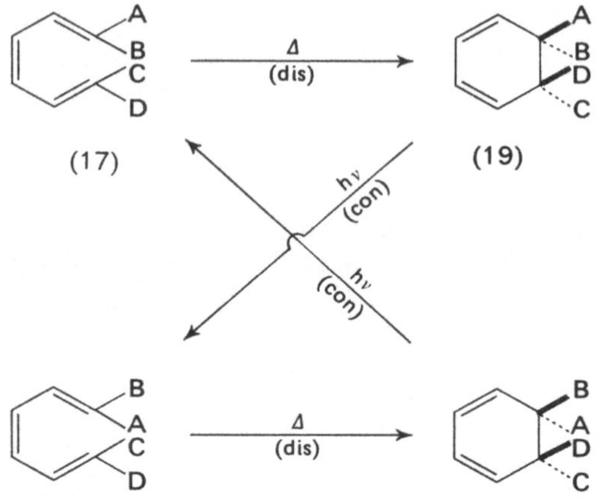

Das Hexatrien (17) (in der Tat eine recht komplizierte Verbindung, deren Struktur hier auf das für den Ringschluß wesentliche Minimum reduziert worden ist) ging bei Schmelzpunkttemperatur unter *disrotatorischer* Verdrehung der Substituenten A, B und C, D in das cyclische Isomere (19) über. Zugleich erlitt (17) eine teilweise thermische Isomerisierung an einer der Enddoppelbindungen; das so gebildete Isomere (18) cyclisierte gleich, wieder disrotatorisch, zu (20). Die cyclischen Produkte (19) und (20) konnten ihrerseits *photochemisch* glatt wieder zu den offenkettigen Hexatrienen aufgespalten werden, merkwürdigerweise jedoch ergaben sie nicht das dem thermischen Prozeß jeweils entsprechende Isomere, sondern es enstand aus (19) *conrotatorisch* die Verbindung (18) und aus (20), auch conrotatorisch, das Hexatrien (17).

Diese unerwartete und verblüffende Stereospezifität der Cyclisierung bzw. ihrer Retrogression, konnte durch ein weiteres, früher beobachtetes und ebenso unabgeklärtes Beispiel ergänzt werden: *Cis*-3-Cyclobuten-1,2-dicarbonsäuredimethylester (21) ging beim Erhitzen stereospezifisch, diesmal *conrotatorisch*, in *cis, trans*-Muconsäuredimethylester (22) über (Vogel, 1958).

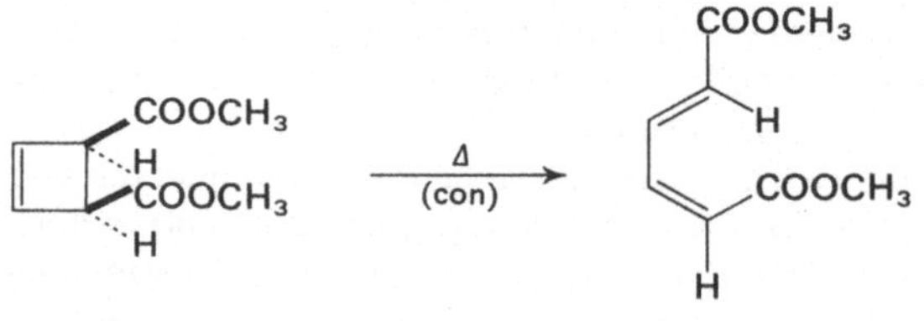

Zwei herausfordernde Fragen waren an Hand von diesen Beobachtungen zu beantworten: 1. Warum erfolgt im System Hexatrien-Cyclohexadien die thermische Reaktion hochstereospezifisch disrotatorisch, der photochemische Prozeß dagegen hochstereospezifisch conrotatorisch? 2. Warum ist die Stereochemie der Thermolyse im System Cyclobuten-Butadien[5] (conrotatorischer Verlauf) gerade umgekehrt als im System Hexatrien-Cyclohexadien?

---

5 Ob die thermische bzw. photochemische Reaktion im betreffenden System „hin" oder „rückwärts" verläuft, macht für die Fragestellung keinen Unterschied.

Woodward und Hoffmann (1965) suchten die Antwort in einer Korrelation der beobachteten stereochemischen Tatsachen mit der Symmetrie der Molekülorbitale der beteiligten π-Systeme, und kamen nach einer gründlichen Analyse des Problems zum folgenden, überraschend einfachen und weitreichenden Ergebnis: *Konzertierte Reaktionen erfolgen leicht, wenn zwischen der Orbitalsymmetrie-Charakteristik der Ausgangskomponente (−n) und der der Produkte eine Kongruenz besteht.* Oder, anders formuliert: *In konzertierten Reaktionen wird die Orbitalsymmetrie erhalten.*

Um den Gedankenweg zu dieser wichtigen Entdeckung verfolgen und ihre Bedeutung in aller Einfachheit demonstrieren zu können, müssen wir uns zuerst mit zwei zusätzlichen Attributen der Orbitale vertraut machen, die in unseren bisherigen Diskussionen nicht berücksichtigt worden sind:

a) *Phase des Orbitals.* Sie geht aus seiner Definition als Wellenfunktion hervor und kann in Bezug auf ein anderes Orbital entweder gleich oder entgegengesetzt sein. Die zwei Möglichkeiten werden graphisch in den Orbitallappen entweder mit + und −, schwarz und weiß, oder durch andere Farbenkombinationen bezeichnet. Die **Kombination von zwei gleichphasigen Orbitalen (ob beide + [schwarz] oder − [weiß], ist dabei gleich) führt zu einem bindenden, diejenige von zwei Orbitalen mit entgegengesetzten Phasen zu einem antibindenden Molekülorbital.** Das folgende Schema zeigt solche zwei Kombinationen (mit „entkoppelten" p-Orbitalen) für die π-Bindung im Äthylen.

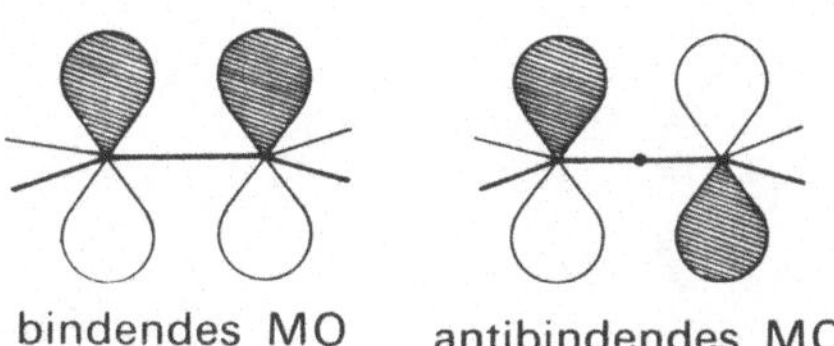

bindendes MO   antibindendes MO

b) *Die Symmetrie der Molekülorbitale* bezüglich bestimmter Symmetrieelemente. So kann die Symmetrie der oben gezeigten Molekülorbitale der π-Bindung bezüglich einer Spiegelebene und einer zweizähligen Drehachse (z) definiert werden: Das bindende MO ist symmetrisch (S) bezüglich der Spiegelebene und antisymmetrisch (A) bezüglich der Drehachse (seine Symmetrie kann also als SA bezeichnet werden), bei dem antibindenden MO ist die Symmetrie bezüglich dieser Elemente umgekehrt (AS).

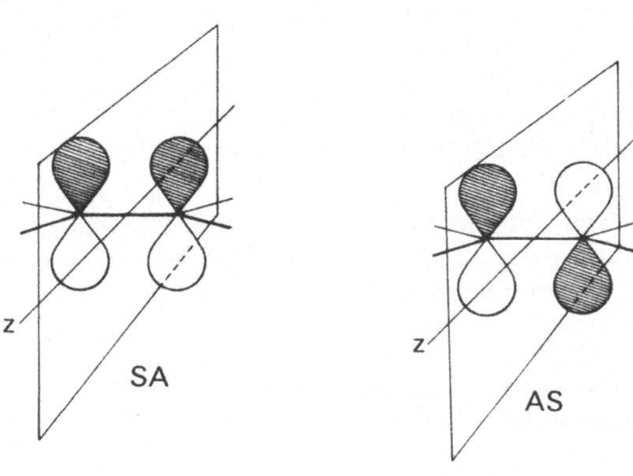

Die Analyse eines cyclischen konzertierten Prozesses besteht nun darin, daß man sowohl für die Ausgangskomponente (−n) als auch für das Produkt (die Produkte) Molekülorbitale konstruiert, die Symmetrie derselben bezüglich bestimmter Symmetrieelemente definiert und schließlich die Symmetriecharakteristik der Molekülorbitale der Ausgangskomponente (−n) und der des Produktes (der Produkte) gegenseitig vergleicht. Dabei werden nur diejenigen Bindungen und Elektronen berücksichtigt, die am untersuchten Prozeß direkt teilnehmen.

So ist z. B. für den Ringschluß eines Diens zum entsprechenden Cyclobuten (bzw. für den umgekehrten Vorgang) nur das Schicksal von vier Elektronen maßgebend, die einerseits die π-Elektronen des konjugierten Diens vorstellen, anderseits an der Doppelbindung und der entgegengesetzten σ-Bindung des Cyclobutens beteiligt sind.

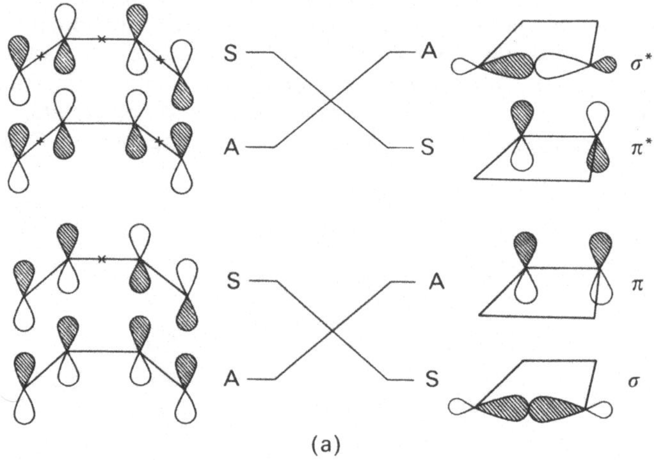

Das π-System des Diens in seiner für den Ringschluß entscheidenden *s-cis*-Form wird durch vier Molekülorbitale charakterisiert (Schema a, links). Zwei π-Elektronen besetzen das energieärmste, knotenfreie Orbital, die übrigen zwei π-Elektronen das nächste, etwas energiereichere Orbital mit einer Knotenebene (jedoch mit je zwei p-Orbitalen in bindender Beziehung); die zwei weiteren, antibindenden Molekülorbitale bleiben im Grundzustand unbesetzt.

Das Cyclobutenmolekül ist für den Zweck der Analyse auch durch vier Molekülorbitale genügend charakterisiert: Durch je ein bindendes und ein antibindendes MO der betreffenden σ- und der π-Bindung (Schema a, rechts)[6].

Versuchen wir jetzt, das Dien einmal conrotatorisch, das andere Mal disrotatorisch, zum Cyclobuten zu schließen. Im ersten Falle ist für die Beurteilung der Symmetrie-Charakteristik der Orbitale die zweizählige Drehachse, im letzteren Falle die Spiegelebene maßgebend (siehe das obere Schema der nächsten Seite).

Eine *conrotatorische* Verdrehung der terminalen p-Orbitale im energieärmsten MO des Diens (antisymmetrisch bezüglich der Drehachse) führt zwar nicht zu deren bindenden Beziehung, die übrigen zwei p-Orbitale verbleiben jedoch in einer solchen Beziehung: Das ursprüngliche MO ging in das bindende π-Orbital des Produktes

---

6 Der Energieunterschied zwischen einem antibindenden und einem bindenden MO ist bei π-Orbitalen kleiner als bei σ-Orbitalen, was in unserem Schema auch zum Ausdruck kommt.

über. Beachten wir, daß auch dieses MO bezüglich der Drehachse antisymmetrisch ist (Schema a).

Bei dem anderen, energiereicheren, bindenden Molekülorbital des Diens (symmetrisch bezüglich der Drehachse) führt die conrotatorische Verdrehung der terminalen p-Orbitale zu ihrer bindenden Beziehung, wie sie im energieärmsten σ-Orbital des Produktes vorliegt. In diesem σ-Orbital können nun die übrigen zwei der vier π-Elektronen des Diens untergebracht werden. Auch hier entspricht die Symmetrie des gebildeten Orbitals (S bezüglich der Drehachse) derjenigen des „Ausgangsorbitals"[7].

Wir sehen also, daß durch eine conrotatorische Verdrehung aus den bindenden Molekülorbitalen der Ausgangskomponente wieder nur bindende Molekülorbitale des Produktes entstanden sind, in denen alle am Prozeß beteiligten Elektronen paarweise verteilt werden können. Die Symmetrie-Charakteristik der entstehenden Orbitale entspricht dabei jeweils derjenigen des Ausgangsorbitals (die Orbitalsymmetrie bleibt während des Prozesses erhalten). Die conrotatorische elektrocyclische Reaktion ist also symmetrie-erlaubt und sollte leicht erfolgen.

Jetzt muß allerdings auch der *disrotatorische* Ringschluß einer ähnlichen Analyse unterworfen werden (Schema b). Bei diesem Prozeß wird, wie gesagt, die Spiegelebene das maßgebende Symmetrieelement sein.

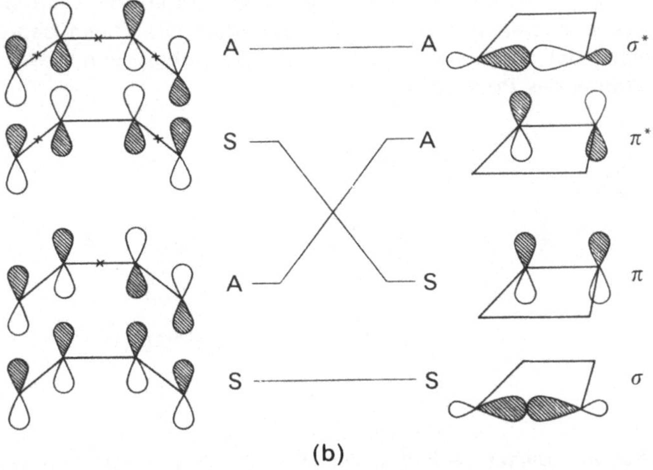

(b)

---

7 Die vielleicht etwas überraschende Nichtberücksichtigung der antibindenden Beiträge, die bei den MO-Übergängen neben der bindenden Beziehung entstehen bzw. zurückbleiben, ist von der MO-Theorie her vollkommen berechtigt.

Eine disrotatorische Verdrehung der terminalen *p*-Orbitale des energieärmsten Dien-Orbitals führt zu ihrer bindenden Beziehung, die dem niedrigsten bindenden MO des Produktes entspricht. Zugleich verbleiben aber auch die übrigen zwei *p*-Orbitale in einer bindenden Beziehung — wie im π-MO des Produktes. Man kann allerdings immer höchstens *zwei Elektronen in einem Orbital* unterbringen. Entscheiden wir uns für die Elektronen der σ-Bindung, so bleiben noch die π-Elektronen der Doppelbindung des Cyclobutens übrig, für die ein MO geschaffen werden muß. Unterwirft man jedoch das andere bindende MO des Diens (antisymmetrisch bezüglich der Spiegelebene) einer disrotatorischen Verdrehung, so entsteht anstatt des benötigten π-Orbitals das antibindende π^*-Orbital. Auch die andere mögliche Wahl, nämlich die, das erstgebildete MO nicht mit σ-, sondern mit π-Elektronen zu besetzen, bringt keine bindende Lösung: Die disrotatorische Transformation des zweiten Orbitals führt nun zum antibindenden σ^*-Orbital.

Die disrotatorische Verdrehung führt also bei Erhaltung der Orbitalsymmetrie von zwei bindenden zu einem bindenden und einem antibindenden Orbital. Dies stellt dem Prozeß eine beträchtliche Energiebarriere in den Weg und man kann erwarten, daß die elektrocyclische Reaktion diesen Mechanismus nicht befolgt, sei es denn, daß durch Bestrahlung ein angeregter Zustand erreicht wird, in dem auch antibindende Orbitale (z. B. π^*) von einzelnen Elektronen besetzt werden. Die Gesetze der Symmetrie-Erhaltung führen dann zu umgekehrten Forderungen und ein photochemischer disrotatorischer Ringschluß eines Diens ist symmetrie-erlaubt. Eine conrotatorische photochemische Reaktion ist dagegen im System Dien-Cyclobuten wieder symmetrie-verboten.

Erinnern wir uns jetzt an die in unserer Übersicht der elektrocyclischen Reaktionen erwähnten Tatsachen sowie an das Beispiel von Vogel, so finden wir eine vollkommene Übereinstimmung mit den auf der Korrelationsanalyse beruhenden Voraussagen.

Wie Woodward und Hoffmann gezeigt haben, kommt bei der Korrelation eine besondere Rolle dem *höchsten besetzten Orbital* zu: Die Elektronen dieser Orbitale unterliegen am leichtesten den mit dem Erreichen der Übergangszustände verbundenen Perturbationen und auch ein eventueller Übergang vom bindenden zum antibindenden Niveau ist hier eher als bei den niedrigeren Orbitalen zu erwarten. Die vorangehende Korrelationsanalyse könnte also auch nur auf die Beurteilung der Veränderungen des höchsten besetzten Molekülorbitals des Diens begrenzt werden: Man sieht wieder, daß nur ein conrotatorischer Ringschluß von diesem Orbital zum bindenden σ-Orbital des Produktes führt.

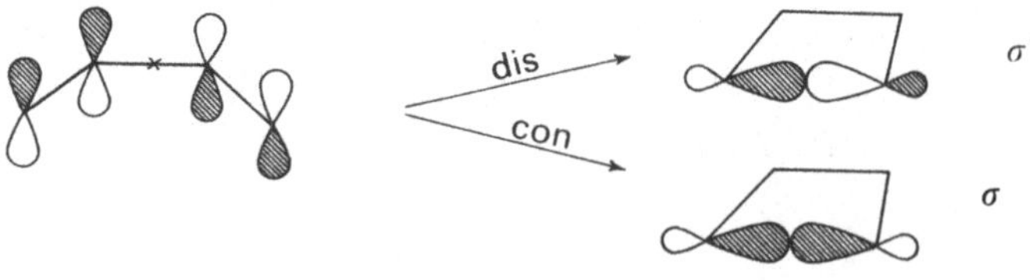

Bei Anwendung dieser vereinfachten Korrelationsmethode an das *Hexatrien-Cyclohexadien-System* stellen wir nun fest, daß diesmal nur ein *disrotatorischer* Prozeß das höchste besetzte MO des Hexatriens in ein bindendes σ-Orbital des Produktes verwandelt:

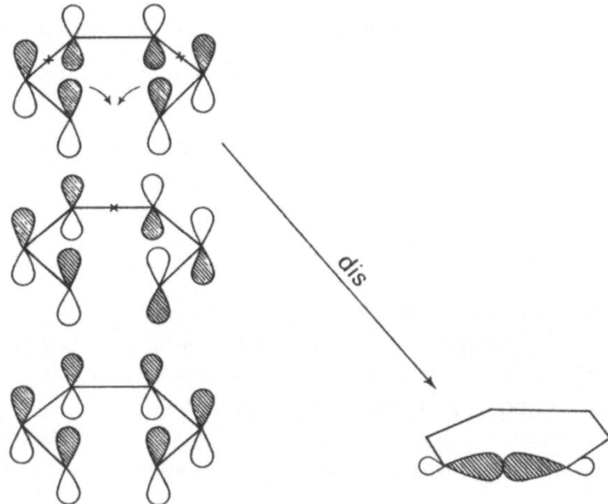

Besetzte Molekülorbitale des Hexatriens

Ein disrotatorischer Ringschluß sollte also im Grundzustand dieses Systems leicht erfolgen, ein conrotatorischer Prozeß ist dagegen symmetrie-verboten; für angeregte Zustände (photochemischen Ringschluß) sollte eine gerade umgekehrte Einschränkung gelten. Diese Voraussage steht wieder in perfektem Einklang mit den früher erwähnten Beobachtungen.

Die stereochemischen Gesetzmäßigkeiten der *elektrocyclischen Reaktionen* wurden von Woodward und Hoffmann in die folgende allgemeine Regel zusammengefaßt:

Thermische elektrocyclische Reaktionen mit k π-Elektronen verlaufen disrotatorisch, wenn $k=4q+2$, dagegen conrotatorisch, wenn $k=4q$, wobei q eine ganze Zahl bedeutet. Für den ersten angeregten Zustand (photochemische Prozesse) gilt eine umgekehrte Beziehung.

Die auf Orbitalsymmetrie-Erhaltung basierenden Selektionsregeln für *Cycloadditionen* sind in Tab. 30 dargestellt. Die Buchstaben m und n bedeuten hier die Zahl der beteiligten Elektronen in den einzelnen Komponenten, die Indexe s und a stehen für suprafacial bzw. antarafacial. Nach diesen Regeln sollte z. B. eine Cycloaddition zweier Olefine *(m=2, n=2)* leicht nur in angeregtem Zustand erfolgen, denn dann erlaubt die Orbitalsymmetrie den geometrisch leicht erreichbaren supra-suprafacialen Übergangszustand. Die im Grundzustand prinzipiell symmetrie-erlaubte supra-antarafaciale Cycloaddition muß dagegen meistens an unüberwindbare sterische Schwierigkeiten stoßen. In [4+2]-Cycloadditionen ist im Grundzustand wieder die supra-suprafaciale Reaktion symmetrie-erlaubt usw.

Tabelle 30. *Selektionsregeln für (m+n)-Cycloadditionen*

$m+n$	Erlaubt im Grundzustand	Erlaubt im angeregten Zustand
4 q	m_s+n_a m_a+n_s	m_s+n_s m_a+n_a
4 q+2	m_s+n_s m_a+n_a	m_s+n_a m_a+n_s

Ähnliche Selektionsregeln sind von Woodward und Hoffmann auch für *sigmatrope Reaktionen* abgeleitet worden. Für [1, *j*]-H-Verschiebungen in Systemen des Typus (23)

$$\diagdown C \overset{1}{=} \overset{2}{C} - (C = C)_{\overline{k}} \overset{j}{\underset{\underset{H}{|}}{C}} \diagup$$

(23)

ist z. B. eine suprafaciale Reaktion erlaubt, wenn *k* ungerade ist, eine antarafaciale dagegen, wenn *k* eine gerade Zahl darstellt. So ist eine suprafaciale [1, 5]-H-Migrierung symmetrie-erlaubt (und auch oft beobachtet worden), eine suprafaciale [1, 3]-Migrierung ist dagegen symmetrie-verboten usw.

Für sigmatrope [*i*, *j*]-Isomerisierungen, wo sowohl *i* als auch *j* von 1 verschiedene Zahlen bedeuten, gelten die in der Tab. 31 zusammengefaßten Regeln.

Tabelle 31. *Selektionsregeln für sigmatrope [i, j]-Verschiebungen (i > 1 < j)*

i + j	Grundzustand	Angeregter Zustand
4 q	antara – supra supra – antara	supra – supra antara – antara
4 q + 2	supra – supra antara – antara	antara – supra supra – antara

Die ausnahmslose Gültigkeit und große Aussagekraft der Selektionsregeln wurde seit 1965 in der weltweiten Suche nach bestätigenden bzw. widersprechenden Beispielen auf eine triumphale Weise bewiesen, wobei die organische Chemie durch manchen interessanten Reaktions- und Verbindungstyp bereichert worden ist.

Auch die bisher überraschende Existenz von manchem hochgespannten System, wie die von Dewar-Benzol (24) oder von Prisman (25), konnte die Theorie auf Grund von symmetrie-verbotenen thermischen Übergängen zu stabileren Isomeren erklären (Woodward, Hoffmann, 1970).

(24) (25)

Darüber hinaus brachte die Theorie mit ihrem leitenden Motiv der Erhaltung der maximalen Bindungsbeziehungen bei konzertierten Reaktionen ein neues, vertieftes Verständnis der chemischen Bindung und ihres Verhaltens bei chemischen Prozessen. Sie ermöglichte unter anderem, die Preferenz der Diels-Alder-Reaktion für *endo*-Addition durch orbital-symmetrie-kontrollierte Sekundäreffekte (zusätzliche Stabilisierung des *endo*-Übergangszustandes durch Wechselwirkungen zwischen zwei Orbitalen) zu deuten, usw.

Es ist sogar wahrscheinlich, daß das Leitprinzip der Theorie der Erhaltung der Orbitalsymmetrie von cyclischen Mehrzentrenreaktionen auf andere Reaktionsgebiete der organischen Chemie erweitert werden wird. Versprechende Beiträge in dieser Richtung sind bereits erschienen (Hoffmann, 1971; Littler, 1971).

Ergänzende Literatur

De Mayo, P.: Molecular Rearrangements, Bd. 1, S. 655; Bd. 2, S. 771. New York: Interscience Publishers. 1964.

Huisgen, R.: Cycloadditionen – Begriff, Einteilung und Kennzeichnung. Angew. Chem. *80*, 329 (1968).

— Kinetik und Mechanismus 1,3-dipolarer Cycloadditionen. Angew. Chem. *75*, 742 (1963).

Sauer, J.: Diels-Alder-Reaktionen. Angew. Chem. *78*, 233 (1966).

Dilling, W. L.: Photochemical Cycloaddition Reactions of Nonaromatic Conjugated Hydrocarbon Dienes and Polyenes. Chem. Revs. *69*, 845 (1969); siehe auch Chem. Revs. *66*, 373 (1963).

Cookson, R. C.: The Photochemistry of Some Allylic Compounds. Chem. in Britain *5*, 6 (1969).

Roberts, J. D., Sharts, C. M.: Cyclobutane Derivates From Thermal Cycloaddition Reactions. Org. Reactions *12*, 1 (1962).

Woodward, R. B., Hoffmann, R.: The Conservation of Orbital Symmetry. Angew. Chem. *81*, 797 (1969); in Buchform: Weinheim: Verlag Chemie - Academic Press. 1970.

Hoffmann, R.: Interaction of Orbitals Through Space and Through Bonds. Accounts Chem. Res. *4*, 1 (1971).

Wieland, P., Kaufmann, H.: Die Woodward-Hoffmann-Regeln. Einführung und Handhabung. Basel: Birkhäuser. 1972.

Literatur

Alder, K., in: Foerst, W.: Neuere Methoden der Präparativen Organischen Chemie. Berlin: Verlag Chemie. 1943.
Alexander, E. R., Kluiber, R. W.: J. Amer Chem. Soc. *73*, 4304 (1951).
Allred, E. L., Winstein, S.: J. Amer. Chem. Soc. *89*, 3991, 3998, 4012 (1967).
Alt, G. H., Barton, D. H. R.: J. Chem. Soc. *1954*, 4284.
Anet, F. A. L., Bader, R. F. W., v. d. Auwera, A. M.: J. Amer. Chem. Soc. *82*, 3217 (1960).
Applequist, D. E., Chmurny, G. N.: J. Amer. Chem. Soc. *89*, 875 (1967).
Arnold, R. T., Buckley, J. S., Richter, J.: J. Amer. Chem. Soc. *69*, 2322 (1947).
Ashby, E. C., Duke, R. B., Neumann, H. M.: J. Amer. Chem. Soc. *89*, 1964 (1967).
—, Walker, F. W., Neumann, H. M.: Chem. Commun. *1970*, 330.
Ault, A.: J. Chem. Educ. *43*, 329 (1966).
Ayres, D. C., Sawdaye, R.: J. Chem. Soc. (B) *1967*, 581.
Azman, A., Borstnik, B., Plesničar, R.: J. Org. Chem. *34*, 971 (1969).

Bach, R. D., Henneike, H. F.: J. Amer. Chem. Soc. *92*, 5589 (1970).
Bachmann, W. E., Moser, F. H.: J. Amer. Chem. Soc. *54*, 1124 (1932).
—, Sternberger, H. R.: J. Amer. Chem. Soc. *55*, 3821 (1933); *56*, 170 (1934).
—, Ferguson, J. W.: J. Amer. Chem. Soc. *56*, 2081 (1934).
Bailey, W. J., Baylouny, A.: J. Amer. Chem. Soc. *81*, 2126 (1959).
Banholzer, K., Schmid, H.: Helv. chim. Acta *39*, 548 (1956).
Banthorpe, D. V.: Elimination Reactions. Amsterdam: Elsevier. 1963.
— Chem. Revs. 70, 295 (1970).
Bartlett, P. D.: J. Amer. Chem. Soc. *57*, 224 (1935).
—, Cotman, J. D.: J. Amer. Chem. Soc. *72*, 3095 (1950).
—, Goebel, Ch. V., Weber, W. P.: J. Amer. Chem. Soc. *91*, 7425 (1969).
—, Hiatt, R. R.: J. Amer. Chem. Soc. *80*, 1398 (1958).
—, Pöckel, I.: J. Amer. Chem. Soc. *59*, 820 (1937).
—, Rosen, L. J.: J. Amer. Chem. Soc. *64*, 543 (1942).
Barton, D. H. R., Miller, E.: J. Amer. Chem. Soc. *72*, 1066 (1950).
—, Rosenfelder, W. J.: J. Chem. Soc. *1951*, 1048.
Bavin, P. M. G., Dewar, M. J. S.: J. Chem. Soc. *1956*, 164.
Beckmann, E., Paul, T.: Liebigs Ann. Chem. *266*, 1 (1891).
Beier, T., Hauthal, H. G., Pritzkow, W.: J. prakt. Chem. *26*, 304 (1964).
Bell, F.: J. Chem. Soc. *1934*, 835.
Bell, R. P.: J. Chem. Soc. *1937*, 1637; Trans. Faraday Soc. *37*, 716 (1941).
—, Millington, J. P., Pink, J. M.: Proc. Roy. Soc. A *303*, 1 (1968).
Bender, M. L.: J. Amer. Chem. Soc. *73*, 1626 (1951).
— J. Amer. Chem. Soc. *75*, 5986 (1953).
— Chem. Revs. *60*, 53 (1960).
Benfey, O. T., Hughes, E. D., Ingold, C. K.: J. Chem. Soc. *1952*, 2494.
Benson, S. W.: Advances in Photochemistry, Bd. 2, S. 1. New York: J. Wiley and Sons. 1964.
Berglund-Larsson, U., Melander, L.: Arkiv Kemi *6*, 219 (1953); Chem. Abstracts *48*, 11377i (1954).
Bergstrom, F. W., Fernelius, W. C.: Chem. Revs. *20*, 450 (1937).

Berlin, K. D., Lyerla, R. O., Gibbs, Don E., Devlin, J. P.: Chem. Commun. *1970*, 1246.
Bewan, C. W. L.: J. Chem. Soc. *1951*, 2340.
Birch, A. J.: Quart. Rev. *4*, 69 (1950).
—, Nasipuri, D.: Tetrahedron *6*, 148 (1958).
Bird, M. L., Hughes, E. D., Ingold, C. K.: J. Chem. Soc. *1954*, 634.
Blomquist, A. T., Meinwald, Y. C.: J. Amer. Chem. Soc. *81*, 667 (1959).
Boekelheide, V., und Mitarbeiter, siehe: Galbraith, A., Small, T., Barnes, R. A., Boekelheide, V.:
    J. Amer. Chem. Soc. *83*, 453 (1961); Boekelheide, V., Fedoruk, N. A.: Proc. nat. Acad. Sci.
    55, 1385 (1966).
Boozer, C. E., Lewis, E. S.: J. Amer. Chem. Soc. *75*, 3182 (1953).
Bordwell, F. G., Carlson, M. W., Knife, A. C.: J. Amer. Chem. Soc. *91*, 3949 (1969).
—, Frame, R. R., Scamehorn, R. G., Strong, J. G., Meyerson, S.: J. Amer. Chem. Soc. *89*, 6704
    (1967).
—, Scamehorn, R. G.: J. Amer. Chem. Soc. *90*, 6751 (1968).
—, —, Springer, W. R.: J. Amer. Chem. Soc. *91*, 2087 (1969).
Bott, R. W., Eaborn, C., Walton, D. R. M.: J. Chem. Soc. *1965*, 384.
Bradley, J. N., Rabinovitch, B. S.: J. Chem. Phys. *36*, 3498 (1962).
Brand, J. C. D.: J. Chem. Soc. *1950*, 997, 1004.
—, Horning, W. C.: J. Chem. Soc. *1952*, 3922.
—, Jarvie, A. W. P., Horning, W. C.: J. Chem. Soc. *1959*, 3844.
Brauer, H.-D.: Chem. Ber. *104*, 909 (1971).
Breslow, D. S., Hauser, C. R.: J. Amer. Chem. Soc. *61*, 786 (1939); Hauser, C. R., Breslow, D. S.:
    J. Amer. Chem. Soc. *61*, 793 (1939).
Brewster, J. H.: J. Amer. Chem. Soc. *76*, 6361, 6364 (1954).
—, Kline, M. W.: J. Amer. Chem. Soc. *74*, 5179 (1952).
Brickman, M., Ridd, J. H.: J. Chem. Soc. *1965*, 6845.
—, Uthey, J. H. P., Ridd, J. H.: J. Chem. Soc. *1965*, 6851.
Brodskii, A. I., Miklukhin, G. P.: Compt. rend. Acad. sci. USSR *32*, 558 (1941).
Brown, F., Hughes, E. D., Ingold, C. K., Smith, J. F.: Nature *168*, 65 (1951).
Brown, H. C.: Hydroboration. New York: Benjamin. 1962.
— und Mitarbeiter (1951), siehe: Brown, H. C., Fletcher, R. S., Johannesen, R. B.: J. Amer.
    Chem. Soc. *73*, 212 (1951).
— und Mitarbeiter: J. Amer. Chem. Soc. *78*, 2190, 2193, 2197, 2199, 2203 (1956); *90*, 2902,
    2906, 2915 (1968).
—, Brady, J. D.: J. Amer. Chem. Soc. *74*, 3570 (1952).
—, Eldred, N. R.: J. Amer. Chem. Soc. *71*, 445 (1949).
—, Jungk, H.: J. Amer. Chem. Soc. *77*, 5584 (1955).
—, Kharasch, M. S., Chao, T. H.: J. Amer. Chem. Soc. *62*, 3435 (1940).
—, Kim, C. J., Lancelot, C. J., v. R. Schleyer, P.: J. Amer. Chem. Soc. *92*, 5244 (1970).
—, Lane, C. F.: Chem. Commun. *1971*, 521.
—, Okamoto, Y.: J. Amer. Chem. Soc. *80*, 4979 (1958).
—, Rothberg, I., Vander Jagt, D. L.: J. Amer. Chem. Soc. *89*, 6380 (1967).
Brown, I. K., Burnham, D. R., Rogers, N. A.: Tetrahedron Letters *1966*, 2621.
Brown, R. F. C., Cookson, R. C., Hudec, J.: Tetrahedron *24*, 3955 (1968).
Bruice, T. C., Benković, S. J.: J. Amer. Chem. Soc. *86*, 418 (1964).
—, Holmquist, B.: J. Amer. Chem. Soc. *90*, 7136 (1968).
Buckles, R. E., Knaak, D. F.: J. Org. Chem. *25*, 20 (1960).
—, Miller, J. L., Thurmaier, R. J.: J. Org. Chem. *32*, 888 (1967).
Büncel, E., Norris, A. R., Russell, K. E.: Quart. Rev. *22*, 123 (1968).
Bunnett, J. F.: Quart. Rev. *12*, 1 (1958).
—, Randall, J. J.: J. Amer. Chem. Soc. *80*, 6020 (1958).
—, Robinson, M. M., Pennington, F. C.: J. Amer. Chem. Soc. *72*, 2328 (1950).
—, Zahler, R. E.: Chem. Revs. *49*, 273 (1951).
Burawoy, A., Turner, C., Hyslop, W. I., Raymakers, P.: J. Chem. Soc. *1954*, 82.
Burgstahler, A. E.: J. Amer. Chem. Soc. *82*, 4681 (1960).
—, Nordin, I. C.: J. Amer. Chem. Soc. *81*, 3151 (1959).
Burton, H., Praill, P. F. G.: J. Chem. Soc. *1950*, 1203, 2034; *1951*, 522, 529, 726; *1952*, 755;
    1953, 827, 837.

Cainelli, G., Mihailović, L., Arigoni, D., Jeger, O.: Helv. chim. Acta *42*, 1124 (1959).

Calder, I. C., Garratt, P. J., Longuet-Higgins, H. C., Sondheimer, F.: J. Chem. Soc. C *1967*, 1041.

Capon, B., Perkins, M. J., Rees, C. W.: Organic Reaction Mechanisms. London: Interscience Publishers. 1965–1970.

Carroll, M. F.: J. Chem. Soc. *1940*, 704.

Chatt, J.: Chem. Revs. *48*, 7 (1951).

—, Duncanson, L. A.: J. Chem. Soc. *1953*, 2939.

Chick, W. H., Ong, S. H.: Chem. Commun. *1969*, 216.

Claisen, L.: Ber. dtsch. chem. Ges. *45*, 3157 (1912).

—, Eisleb, O.: Liebigs Ann. Chem. *401*, 21 (1913).

Clark, D. T., Fairweather, D. J.: Tetrahedron *25*, 4083 (1969).

Clusius, K., Weisser, H. R.: Helv. chim. Acta *35*, 400 (1952).

Cohn, M., Urey, H. C.: J. Amer. Chem. Soc. *60*, 679 (1938).

Coke, J. L., Cooke, M. P., jr.: J. Amer. Chem. Soc. *89*, 6701 (1967).

Conant, J. B., Bartlett, P. D.: J. Amer. Chem. Soc. *54*, 2881 (1932).

Cookson, R. C.: Chem. in Britain *5*, 6 (1969).

—, Gogte, V. N., Hudec, J., Mirza, N. A.: Tetrahedron Letters *1965*, 3955; Brown, R. F. C., Cookson, R. C., Hudec, J.: Tetrahedron *24*, 3955 (1968).

Cope, A. C., Acton, E. M.: J. Amer. Chem. Soc. *80*, 355 (1958).

—, Ganellin, C. R., Johnson, H. W., jr.: J. Amer. Chem. Soc. *84*, 3191 (1962).

—, —, —, Van Auken, T. V., Winkler, J. S.: J. Amer. Chem. Soc. *85*, 3276 (1963).

—, Graham, E. S.: J. Amer. Chem. Soc. *73*, 4702 (1951).

— und Mitarbeiter (1940–1956), siehe: Cope, A. C., Hardy, E. M.: J. Amer. Chem. Soc. *62*, 441 (1940); Cope, A. C., Hoyle, K. E., Heyl, D.: J. Amer. Chem. Soc. *63*, 1843 (1941); Cope, A. C., Hofmann, C. M., Hardy, E. M.: J. Amer. Chem. Soc. *63*, 1852 (1941); Whyte, D. E., Cope, A. C.: J. Amer. Chem. Soc. *65*, 1999 (1943); Lewy, H. U., Cope, A. C.: J. Amer. Chem. Soc. *66*, 1684 (1944); Foster, E. G., Cope, A. C., Daniels, F.: J. Amer. Chem. Soc. *69*, 1893 (1947); Cope, A. C., Field, L.: J. Amer. Chem. Soc. *71*, 1589 (1949); Cope, A. C., Field, L., MacDowell, D. W. H., Wright, M. E.: J. Amer. Chem. Soc. *78*, 2547 (1956).

Corey, E. J., Chaykovsky, M.: J. Amer. Chem. Soc. *84*, 3782 (1962); *87*, 1353 (1965).

—, Russey, W. E., de Montelano, P. R. O.: J. Amer. Chem. Soc. *88*, 4750 (1966).

Cornforth, J. W.: Chem. in Britain *4*, 102 (1968); Angew. Chem. *80*, 977 (1968).

Cowdrey, W. A., Hughes, E. D., Ingold, C. K.: J. Chem. Soc. *1937*, 1208.

—, —, —, Masterman, S., Scott, A. D.: J. Chem. Soc. *1937*, 1252.

Cram, D. J.: J. Amer. Chem. Soc. *71*, 3863 (1949); *74*, 2129, 2137 (1952); *86*, 3767 (1964).

— J. Amer. Chem. Soc. *74*, 2137 (1952).

—: Fundamentals of Carbanion Chemistry. New York: Academic Press. 1965.

—, Gosser, L.: J. Amer. Chem. Soc. *85*, 3890 (1963); *86*, 5445 (1964).

—, Greene, F. D., DePuy, C. H.: J. Amer. Chem. Soc. *78*, 790 (1956).

—, Kingsbury, C. A., Langemann, A.: J. Amer. Chem. Soc. *81*, 5785 (1959).

—, Langemann, A., Allinger, J., Kopecky, K. R.: J. Amer. Chem. Soc. *81*, 5740 (1959).

—, Wingrove, A. S.: J. Amer. Chem. Soc. *84*, 1496 (1962); *85*, 1100 (1963).

Criegee, R., Blust, G., Zincke, H.: Ber. dtsch. chem. Ges. *87*, 766 (1954).

—, Kerchow, A., Zincke, H.: Ber. dtsch. chem. Ges. *88*, 1878 (1955).

—, Reinhardt, H. G.: Chem. Ber. *101*, 102 (1968).

Curtin, D. Y., Crawford, R. J.: Chemistry and Industry *1956*, 313; J. Amer. Chem. Soc. *79*, 3156 (1957).

Dauben, W. G., Cargill, R. L.: Tetrahedron *12*, 186 (1961).

—, —, Coates, R. M., Saltiel, J.: J. Amer. Chem. Soc. *88*, 2742 (1966).

—, Chitwood, J. L., Scherer, K. V., jr.: J. Amer. Chem. Soc. *90*, 1014 (1968).

De la Mare, P. B. D., Bolton, R.: Electrophilic Additions to Unsaturated Systems. Amsterdam: Elsevier. 1966.

—, Naylor, P. G., Williams, D. L. H.: J. Chem. Soc. *1962*, 443; *1963*, 3429.

Dewar, M. J. S.: Nature *176*, 784 (1945); The Electronic Theory of Organic Chemistry. Oxford: Oxford University Press. 1949.

— Bull. soc. chim. France *18*, C79 (1951).

—, Fahey, R. C.: J. Amer. Chem. Soc. *84*, 2012 (1962); *85*, 2245, 2248, 3645 (1963).

Dewar, M. J. S., Grisdale, P. J.: J. Amer. Chem. Soc. *84*, 3539, 3548 (1962).
—, Hart, L. S.: Tetrahedron *26*, 973 (1970).
—, Mole, T., Warford, E. W. T.: J. Chem. Soc. *1956*, 3581.
Diels, O., Alder, K.: Liebigs Ann. Chem. *460*, 98 (1928).
Dilling, W. L.: Chem. Revs. *66*, 373 (1966); *69*, 845 (1969).
Dodd, D., Ingold, C. K., Johnson, M. D.: J. Chem. Soc. *1969B*, 1076.
v. E. Doering, W., Dorfmann, E.: J. Amer. Chem. Soc. *75*, 5595 (1953).
—, La Flamme, P.: J. Amer. Chem. Soc. *78*, 5447 (1956).
—, Prinzbach, H.: Tetrahedron *6*, 24 (1959).
— und Mitarbeiter, siehe: Turner, R. B., Goebel, P., Mallon, B. J., v. E. Doering, W., Coburn, J. F., jr., Pomerantz, M.: J. Amer. Chem. Soc. *90*, 4315 (1968).
Doescher, R. N., Wheland, G. W.: J. Amer. Chem. Soc. *56*, 2011 (1934).
Dostrovsky, I., Hughes, E. D.: J. Chem. Soc. *1946*, 164, 166, 171.
—, —, Ingold, C. K.: J. Chem. Soc. *1946*, 173, 192.
Dubois, J. E., Garnier, F.: Chem. Commun. *1968*, 241.
—, Mourier, G.: Tetrahedron Letters *1963*, 1325.
Dvoretzky, I., Richter, G. H.: J. Org. Chem. *18*, 615 (1953).

Eaborn, C., Moore, R. C.: J. Chem. Soc. *1959*, 3640.
Ecke, G. G., Cook, N. C., Whitmore, F. C.: J. Amer. Chem. Soc. *72*, 1511 (1950).
Eckell, A., Huisgen, R., Sustmann, R., Wallbillich, G., Grashey, D., Spindler, E.: Chem. Ber. *100*, 2192 (1967).
Emerson, G. F., Watts, L., Pettit, R.: J. Amer. Chem. Soc. *87*, 131 (1965).
England, D. C., Melby, L. R., Dietrich, M. A., Lindsey, R. V., jr.: J. Amer. Chem. Soc. *82*, 5116 (1960).
English, J., Brutcher, F. V.: J. Amer. Chem. Soc. *74*, 4279 (1952).
Erman, W. F., Kretschmar, H. C.: J. Amer. Chem. Soc. *89*, 3842 (1967).
Eschenmoser, A., und Mitarbeiter, siehe: Tenud, L., Farooq, S., Seibl, J., Eschenmoser, A.: Helv. chim. Acta *53*, 2059 (1970).
Eyring, H., Polanyi, M.: Z. phys. Chem. *123*, 279 (1931).

Fahey, R. C., Monahan, M. W.: Chem. Commun. *1967*, 936.
—, Schubert, C.: J. Amer. Chem. Soc. *87*, 5172 (1965).
Fettis, G. C., Knox, J. H., Trotman-Dickenson, A. F.: J. Chem. Soc. *1960*, 4177.
Fieser, L. F., Clapp, R., Daudt, W.: J. Amer. Chem. Soc. *64*, 2052 (1942).
Fittig, R.: Liebigs Ann. Chem. *110*, 17 (1859); *114*, 54 (1860).
Fraenkel, G., Bartlett, P. D.: J. Amer. Chem. Soc. *81*, 5582 (1959).
Fredricks, P. S., Tedder, J. M.: Proc. Roy. Chem. Soc. (London) *1959*, 9.
—, —, J. Chem. Soc. *1960*, 144.
Frey, H. M.: Proc. Roy. Chem. Soc. (London) *1959*, 318.
— J. Amer. Chem. Soc. *82*, 5947 (1960).
Fueno, T., Matsumura, I., Okuyama, T., Furukawa, J.: Bull. Chem. Soc. Japan *41*, 818 (1968).

Gilow, H. M., Walker, G. L.: Tetrahedron Letters *1965*, 4295.
Glaze, W. H., Selman, C. M., Ball, A. L., jr., Bray, L. E.: J. Org. Chem. *34*, 641 (1969).
Gleave, J. L., Hughes, E. D., Ingold, C. K.: J. Chem. Soc. *1935*, 236.
Goering, H. L., Chang, S.: Tetrahedron Letters *1965*, 3607.
—, Larsen, D. W.: J. Amer. Chem. Soc. *81*, 5937 (1959).
—, Nevitt, T. D., Silversmith, E. F.: J. Amer. Chem. Soc. *77*, 4042 (1955).
—, Reeves, R. L., Espy, H. H.: J. Amer. Chem. Soc. *78*, 4926 (1956).
Goldfinger, P., und Mitarbeiter, siehe: Adam, J., Gosselain, P. A., Goldfinger, P.: Nature *171*, 704 (1953); Bull. soc. chim. belges *65*, 523 (1956).
Gomberg, M.: Ber. dtsch. chem. Ges. *33*, 3150 (1900); J. Amer. Chem. Soc. *22*, 757 (1900).
— Ber. dtsch. chem. Ges. *35*, 2397 (1902).
—, Bachmann, W. E.: J. Amer. Chem. Soc. *46*, 2339 (1924).
—, Pernert, J. C.: J. Amer. Chem. Soc. *48*, 1372 (1926).
Gomer, R., Kistiakowsky, G. B.: J. Chem. Phys. *19*, 85 (1951).
Gowling, E. N., Kettle, S. F. A., Sharples, G. M.: Chem. Commun. *1968*, 21.

Greatorcx, D., Kemp. T. J.: Chem. Commun. *1969*, 383.
Green, S. J., Price, T. S.: J. Chem. Soc. *119*, 448 (1921).
Gregory, B. J., Moodie, R. B., Schofield, K.: Chem. Commun. *1969*, 645.
Grieve, W. S. M., Hey, D. H.: J. Chem. Soc. *1934*, 1797.
Griffin, G. W.: Angew. Chem. *83*, 604 (1971).
Grob, C. A.: Bull. soc. chim. France *1960*, 1360.
—, Schiess, P. W.: Angew. Chem. *79*, 1 (1967).
— und Mitarbeiter (1963), siehe: Eisele, W., Grob, C. A., Renk, E.: Tetrahedron Letters *1963*, 75.
— (1965), siehe: Brenneisen, P., Grob, C. A., Jackson, R. A., Ohta, M.: Helv. chim. Acta *48*, 146 (1965).
Grovenstein, E., jr.: J. Amer. Chem. Soc. *79*, 4985 (1957).
—, Wentworth, G.: J. Amer. Chem. Soc. *89*, 1852 (1967).
Guthrie, R. D., Weisman, G. R.: Chem. Commun. *1969*, 1316.
Gutsche, D.: J. Amer. Chem. Soc. *70*, 4150 (1948).

Hammett, L. P.: J. Amer. Chem. Soc. *59*, 96 (1937); Trans Faraday Soc. *34*, 156 (1938).
—: Physical Organic Chemistry. New York: McGraw-Hill. 1940.
Hammond, G. S.: J. Amer. Chem. Soc. *77*, 334 (1955).
—, Collins, C. H.: J. Amer. Chem. Soc. *82*, 4323 (1960).
—, Moore, W. M.: J. Amer. Chem. Soc. *81*, 6334 (1959).
—, Nevitt, T. D.: J. Amer. Chem. Soc. *76*, 4121 (1954).
—, Saltiel, J.: J. Amer. Chem. Soc. *84*, 4983 (1962).
—, Turro, N. J.: Science *142*, 1541 (1963).
Hart, H.: J. Amer. Chem. Soc. *76*, 4033 (1954).
Hass, H. B., McBee, E. T., Weber, P.: Ind. Engng. Chem. *28*, 333 (1936).
Haszeldine, R. N.: J. Chem. Soc. *1953*, 3565.
—, Keen, D. W., Tipping, A. E.: J. Chem. Soc. *1970* (C), 414.
—, Steele, B. R.: J. Chem. Soc. *1953*, 1199.
Hauser, C. R., Kantor, S. W.: J. Amer. Chem. Soc. *72*, 4284 (1950).
—, —, J. Amer. Chem. Soc. *73*, 1437 (1951).
— und Mitarbeiter, siehe: Hill, D. G., Judge, W. A., Skell, P. S., Kantor, S. W., Hauser, C. R.: J. Amer. Chem. Soc. *74*, 5599 (1952).
Henne, A. L., Kaye, S.: J. Amer. Chem. Soc. *72*, 3369 (1950).
Hennion, G. F., Vogt, R. R., Nieuwland, J. A.: J. Org. Chem. *1*, 159 (1936).
Heublein, G.: Angew. Chem. Intern. Ed. *4*, 881 (1965); siehe auch Heublein, G., Stadermann, D.: Z. Chem. *6*, 147 (1966).
—, Rauscher, B.: Tetrahedron *25*, 3999 (1969).
—, Umbreit, P.: Tetrahedron *24*, 4733 (1968).
Hey, D. H., Perkins, M. J., Williams, G. H.: J. Chem. Soc. *1964*, 3412.
—, Waters, W. A.: Chem. Revs. *21*, 202 (1937).
Hoffmann, H. M. R.: Tetrahedron Letters *1967*, 4393; Fraser, G. M., Hoffmann, H. M. R.: J. Chem. Soc. (B) *1967*, 265.
Hoffmann, R.: J. Chem. Phys. *40*, 2480 (1964).
— Accounts Chem. Res. *4*, 1 (1971).
—, Woodward, R. B.: J. Amer. Chem. Soc. *87*, 2046 (1965).
Hoffmann, R. W.: Angew. Chem. *83*, 595 (1971).
Holleman, A. F.: Chem. Revs. *1*, 218 (1925).
Horner, L., Winkler, H.: Tetrahedron Letters *1964*, 461.
Horowitz, R. M., Geissman, T. A.: J. Amer. Chem. Soc. *72*, 1518 (1950).
House, H. O., Oliver, J. E.: J. Org. Chem. *33*, 929 (1968).
Hsü, S. K., Ingold, C. K., Wilson, C. L.: J. Chem. Soc. *1938*, 78.
Huang, R. L.: J. Chem. Soc. *1956*, 1749.
Hückel, W., Tappe, W., Legutke, G.: Liebigs Ann. Chem. *543*, 191 (1940).
Hughes, E. D., Ingold, C. K.: J. Chem. Soc. *1935*, 244.
—, — Nature *166*, 679 (1950).
—, — Quart. Rev. *6*, 34 (1952).
—, —, Scott, A. D.: J. Chem. Soc. *1937*, 1201.
—, —, Reed, R. I.: J. Chem. Soc. *1950*, 2400.

Hughes, E. D., Juliusburger, F., Masterman, S., Topley, B., Weiss, J.: J. Chem. Soc. *1935*, 1525.
—, Ingold, C. K., und Mitarbeiter (1928–1935), siehe: Barton, H., Ingold, C. K.: J. Chem. Soc. *1928,* 904; Ingold, C. K., Rothstein, E.: J. Chem. Soc. *1928,* 1217; Ingold, C. K., Patel, C. S.: J. Indian Chem. Soc. *7,* 95 (1930); Hughes, E. D., Ingold, C. K., Patel, C. S.: J. Chem. Soc. *1933,* 526; Hughes, E. D., Ingold, C. K.: J. Chem. Soc. *1933,* 1571; Gleave, J. L., Hughes, E. D., Ingold, C. K.: J. Chem. Soc. *1935,* 235; Hughes, E. D., Ingold, C. K.: J. Chem. Soc. *1935,* 244; Hughes, E. D.: J. Chem. Soc. *1935,* 255.
—, —, — (1958–1961): Chemistry & Industry *1958,* 1517; J. Chem. Soc. *1959,* 2523, 2530; *1960,* 1121; *1961,* 1133, 1142, 2359.
—, —, (1948), siehe: Dhar, M. L., Hughes, E. D., Ingold, C. K.: J. Chem. Soc. *1948,* 2093.
—, Volger, H. C.: J. Chem. Soc. *1961,* 2359.
Huisgen, R.: Theoretical Organic Chemistry (Kekulé Symposium), S. 158. London: Butterworth. 1959.
— Angew. Chem. *75,* 604, 742 (1963).
— Angew. Chem. *80,* 329 (1968).
—, Boche, G.: Tetrahedron Letters *1965,* 1769.
—, Dahmen, A., Huber, H.: J. Amer. Chem. Soc. *89,* 7130 (1967).
—, Mietzsch, F.: Angew. Chem. *76,* 36 (1964).
—, Rist, H.: Naturwissenschaften *41,* 358 (1954).
Hurd, C. D., Pollack, M. A.: J. Amer. Chem. Soc. *60,* 1905 (1938).
— und Mitarbeiter, siehe: Hurd, C. D., Cohen, F. L.: J. Amer. Chem. Soc. *53,* 1917 (1931); Hurd, C. D., Pollack, M. A.: J. Org. Chem. *3,* 550 (1939); Hurd, C. D., Schmerling, L.: J. Amer. Chem. Soc. *59,* 107 (1937); Hurd, C. D., Williams, J. W.: J. Amer. Chem. Soc. *58,* 2636 (1936).

Ingold, C. K.: Structure and Mechanism in Organic Chemistry. Ithaca: Cornell University Press. 1953.
— Proc. Roy. Chem. Soc. (London) *1962,* 265.
—, Lapworth, A., Rothstein, E., Ward, D.: J. Chem. Soc. *1931,* 1959.
—, Nathan, W. S.: J. Chem. Soc. *1936,* 222.
—, Raisin, C. G., Wilson, C. L.: Nature *134,* 734 (1934); J. Chem. Soc. *1936,* 1637.
—, Shaw, F. R.: J. Chem. Soc. *1927,* 2918.
—, Smith, H. G.: J. Chem. Soc. *1931,* 2742, 2752.
Ingram, D. J. E.: Free Radicals as Studied by Electron Spin Resonance. London: Butterworth. 1959.
Insole, J. M., Lewis, E. S.: J. Amer. Chem. Soc. *85,* 122 (1963).

Jaffé, H. H.: Chem. Revs. *53,* 191 (1953).
Jautelat, M., Roberts, J. D.: J. Amer. Chem. Soc. *91,* 642 (1969).
Jencks, W. P.: J. Amer. Chem. Soc. *81,* 475 (1959); Anderson, B. M., Jencks, W. P.: J. Amer. Chem. Soc. *82,* 1773 (1960).
Jensen, F. R., Bushweller, C. H.: J. Amer. Chem. Soc. *91,* 3223 (1969).
—, und Mitarbeiter: J. Amer. Chem. Soc. *81,* 1261, 1262 (1959): *82,* 145, 148, 1004, 2466, 2469 (1960).
Johnson, W. S., Semmelhack, M. F., Sultanbawa, M. U. S., Dolak, L. A.: J. Amer. Chem. Soc. *90,* 2994 (1968); Johnson, W. S., Tsung-tee, Li, Harbert, C. A., Bartlett, W. R., Herrin, T. R., Starkun, B., Rich, D. H.: J. Amer. Chem. Soc. *92,* 4461 (1970).
Johnstone, R. A. W., Stevens, T. S.: J. Chem. Soc. *1955,* 4487.
Jungermann, E., McBride, J. J.: J. Org. Chem. *26,* 4182 (1961).

Kalberer, F., Schmid, H.: Helv. chim. Acta *40,* 779 (1957).
Kantor, S. W., Hauser, C. R.: J. Amer. Chem. Soc. *73,* 4122 (1951).
Kende, A. S.: Org. Reactions *11,* 261 (1960).
Kenyon, J., Partridge, S. M., Phillips, H.: J. Chem. Soc. *1936,* 85; Hills, W. J., Kenyon, J., Phillips, H.: J. Chem. Soc. *1936,* 576.
Kergomard, A., Renard, M.: Tetrahedron Letters *1968,* 769.
Kerr, J. A., Trotman-Dickenson, A. F.: Progress in Reaction Kinetics, Bd. 1, S. 113. New York: Pergamon Press. 1961.

Kharasch, M. S., Brown, H. C.: J. Amer. Chem. Soc. *61*, 2142 (1939); Kharasch, M. S., Read, A. T.: J. Amer. Chem. Soc. *61*, 3089 (1939).
—, Engelman, H., Mayo, F. R.: J. Org. Chem. *2*, 288 (1937).
—, Engelmann, F., Urry, W. H.: J. Amer. Chem. Soc. *65*, 2428 (1943).
—, Jensen, E. V., Urry, W. H.: J. Amer. Chem. Soc. *69*, 1100 (1947).
—, Mayo, F. R.: J. Amer. Chem. Soc. *55*, 2468 (1933).
—, Reinmuth, O., Urry, W. H.: J. Amer. Chem. Soc. *69*, 1105 (1947).
—, Urry, W. H., Kuderna, B. M.: J. Org. Chem. *14*, 248 (1949).
Kharasch, N., Buess, C. M.: J. Amer. Chem. Soc. *71*, 2724 (1949).
Kimel, W., Cope, A. C.: J. Amer. Chem. Soc. *65*, 1992 (1943).
King, F. E., und Mitarbeiter: J. Chem. Soc. *1953*, 250; Both, H., King, F. E.: J. Chem. Soc. *1958*, 2688.
Kirmse, W., Arold, H.: Chem. Ber. *103*, 23 (1970).
Knowles, J. R., Parsons, C. A.: Chem. Commun. *1967*, 755.
Kochi, J. K., Hammond, G. S.: J. Amer. Chem. Soc. *75*, 3445 (1953).
Kooyman, E. C., Farenhorst, E.: Rec. trav. chim. Pays-Bas *70*, 867 (1951).
—, Vegter, G. C.: Tetrahedron *4*, 382 (1958).
Kornblum, N., Davies, T. M., und Mitarbeiter: J. Amer. Chem. Soc. *89*, 725, 5714 (1967).
—, Earl, G. W., und Mitarbeiter: J. Amer. Chem. Soc. *89*, 6221 (1967).
—, Selzer, R., Haberfield, P.: J. Amer. Chem. Soc. *85*, 1148 (1963).
—, Stuchal, F. W.: J. Amer. Chem. Soc. *92*, 1804 (1970).
Koshland, D. E.: J. Theor. Biol. *2*, 75 (1962).
Krusic, P. J., Kochi, J. K.: J. Amer. Chem. Soc. *90*, 7155, 7157 (1968); Kochi, J. K., Krusic, P. J.: J. Amer. Chem. Soc. *91*, 3940 (1969).
Kuhn, R., Kainer, H.: Biochim. et Biophys. Acta *12*, 325 (1953).
Kurz, J. L., Coburn, J. I.: J. Amer. Chem. Soc. *89*, 3528 (1967).
Kwart, H., Nyce, J. L.: J. Amer. Chem. Soc. *86*, 2601 (1964).
—, Takeshita, T., Nyce, J. L.: J. Amer. Chem. Soc. *86*, 2606 (1964).

Lambert, J. B., Oliver, W. L., jr.: J. Amer. Chem. Soc. *91*, 7774 (1969).
Lane, C. A., Cheung, M. F., Dorsey, G. F.: J. Amer. Chem. Soc. *90*, 6492 (1968).
Lankamp, H., Nauta, W. T., MacLean, C.: Tetrahedron Letters *1968*, 249.
Lapworth, A.: J. Chem. Soc. *83*, 995 (1903); *85*, 1206 (1904).
Latrémouille, G. A., Eastham, A. M.: Can. J. Chem. *45*, 11 (1967).
Lauer, W. M., und Mitarbeiter, siehe: Lauer, W. M., Leekley, R. M.: J. Amer. Chem. Soc. *61*, 3042, 3043 (1939); Lauer, W. M., Ungnade, H. E.: J. Amer. Chem. Soc. *61*, 3047 (1939); Lauer, W. M., Wujciak, D. W.: J. Amer. Chem. Soc. *78*, 5601 (1956).
Le Bel, N. A.: J. Amer. Chem. Soc. *82*, 623 (1960).
Leermakers, J. A.: J. Amer. Chem. Soc. *55*, 3499 (1933).
Letsinger, R. L.: J. Amer. Chem. Soc. *72*, 4842 (1950).
—, Oftedall, E. N., Nazy, J. R.: J. Amer. Chem. Soc. *87*, 742 (1965).
Lewis, E. S., Cooper, J. E.: J. Amer. Chem. Soc. *84*, 3847 (1962).
—, Holliday, R. E.: J. Amer. Chem. Soc. *88*, 5043 (1966).
—, Insole, J. M.: J. Amer. Chem. Soc. *86*, 32 (1964).
Linda, P., Marino, G.: Tetrahedron *23*, 1739 (1967).
Linnemann, E.: Liebigs Ann. Chem. *162*, 12 (1872).
Little, J. C., Tong Y.-L.C., Heeschen, J. P.: J. Amer. Chem. Soc. *91*, 7090 (1969).
Littler, J. S.: Tetrahedron *27*, 81 (1971).
Loening, K. L., Garrett, A. B., Newman, M. S.: J. Amer. Chem. Soc. *74*, 3929 (1952).
Loftfield, R. B.: J. Amer. Chem. Soc. *72*, 632 (1950); *73*, 4707 (1951).
—, Schaad, L.: J. Amer. Chem. Soc. *76*, 35 (1954).
Lowry, T. M., Faulkner, I. J.: J. Chem. Soc. *127*, 2883 (1925).
Lucas, H. J., Gould, C. W.: J. Amer. Chem. Soc. *63*, 2541 (1941).
—, Hepner, F. R., Winstein, S.: J. Amer. Chem. Soc. *61*, 3102 (1939).
Lwowski, W.: Angew. Chem. *70*, 483 (1958).
Lynch, B. M., Pausacker, K. H.: J. Chem. Soc. *1955*, 1525.

Maas, W., Janssen, M. J., Stamhuis, E. J., Wynberg, H.: J. Org. Chem. *32*, 1111 (1967); Stamhuis, E. J., Maas, W.: J. Org. Chem. *30*, 2156 (1965).

McGrath, B. P., Tedder, J. M.: Proc. Roy. Chem. Soc. (London) *1961*, 80.
Markownikoff, W.: Liebigs Ann. Chem. *153*, 256 (1870).
Martin, J. G., Hill, R. K.: Chem. Revs. *61*, 537 (1961).
Martin, R. H., Flammang-Barbieux, M., Cosyn, J. P., Gelbcke, M.: Tetrahedron Letters *1968*, 3507.
Marvell, E. N., Caple, G., Schatz, B.: Tetrahedron Letters *1965*, 385.
— und Mitarbeiter (1954, 1960), siehe: Marwell, E. N., Logan, A. V., Friedman, L., Ledeen, R. W.: J. Amer. Chem. Soc. *76*, 1922 (1954); Marvell, E. N., Teranishi, R.: J. Amer. Chem. Soc. *76*, 6165 (1954); Marvell, E. N., Dupzyk, R. J., Stephenson, J. L., Anderson, R.: J. Org. Chem. *25*, 608 (1960); Marvell, E. N., Stephenson, J. L.: J. Org. Chem. *25*, 676 (1960).
McFadyen, J. S., Stevens, T. S.: J. Chem. Soc. *1936*, 584.
Meerwein, H.: zitiert in: Houben-Weyl-Müller: Methoden der Organischen Chemie, Bd. 5 (4), S. 730. Stuttgart: G. Thieme. 1960.
—, Disselnkötter, H., Rappen, F., v. Rintelen, H., van de Vloed, H.: Liebigs Ann. Chem. *604*, 151 (1957).
—, van Emster, K.: Ber. dtsch. chem. Ges. *53*, 1815 (1920); *55*, 2500 (1922).
—, Sönke, H.: Ber. dtsch. chem. Ges. *64 B*, 2375 (1931).
Meisenheimer, J.: Liebigs Ann. Chem. *323*, 205 (1902).
— Ber. dtsch. chem. Ges. *54*, 3206 (1921).
—, Zimmermann, P., v. Kummer, U.: Liebigs Ann. Chem. *446*, 206 (1926).
Melander, L.: Acta Chem. Scand. *3*, 95 (1949).
— Nature *163*, 599 (1949).
Merritt, R. F.: J. Amer. Chem. Soc. *89*, 609 (1967).
—, Stevens, T. E.: J. Amer. Chem. Soc. *88*, 1822 (1966).
Meystre, Ch., Heusler, K., Kalvoda, J., Wieland, P., Anner, G., Wettstein, A.: Helv. chim. Acta *45*, 1317 (1962).
Miller, J., Parker, A. J.: J. Amer. Chem. Soc. *83*, 117 (1961).
Miller, W. T., jr., Fried, J. H., Goldwhite, H.: J. Amer. Chem. Soc. *82*, 3091 (1960).
Miotti, U., Fava, A.: J. Amer. Chem. Soc. *88*, 4274 (1966).
Mislow, K., Siegel, M.: J. Amer. Chem. Soc. *74*, 1060 (1952).
Morgan, T. D. B., Williams, D. L. H.: Chem. Commun. *1970*, 1671.
Morton, J. R.: Chem. Revs. *64*, 453 (1964).
Müller, E., Ley, K.: Chem. Ber. *87*, 922 (1954).
—, Müller-Rodloff, I.: Ber. dtsch. chem. Ges. *69 B*, 665 (1936).
—, —, Bunge, W.: Liebigs Ann. Chem. *520*, 235 (1935).
Müller, K., Eschenmoser, A.: Helv. chim. Acta *52*, 1823 (1969).
Mumm, O., Möller, F.: Ber. dtsch. chem. Ges. *70*, 2214 (1937).
Muskat, I. E., Huggins, K. A.: J. Amer. Chem. Soc. *56*, 1237 (1934).

Neunhöffer, O., Woggon, H.: Liebigs Ann. Chem. *600*, 34 (1956).
Nevell, T. P., de Salas, E., Wilson, C. L.: J. Chem. Soc. *1939*, 1188.
Newman, M. S.: J. Amer. Chem. Soc. *63*, 2431 (1941).
—, Leegwater, A. L.: J. Amer. Chem. Soc. *90*, 4410 (1968).
Noller, H., Andréu, P., Hunger, M.: Angew. Chem. *83*, 185 (1971).
Norrish, R. G. W.: J. Chem. Soc. *123*, 3006 (1923).
Noyes, R. M.: J. Chem. Phys. *18*, 999 (1950); J. Phys. Chem. *65*, 763 (1961).
Noyes, W. A., Potter, R. S.: J. Amer. Chem. Soc. *34*, 1067 (1912); *37*, 189 (1915).

Ogata, Y., Kawasaki, A., Kishi, I.: J. Chem. Soc. (B) *1968*, 703.
Olah, G. A.: Friedel-Crafts and Related Reactions. New York: Interscience Publishers. 1963.
—: J. Amer. Chem. Soc. *94*, 808 (1972).
—, Kuhn, S. J.: J. Amer. Chem. Soc. *80*, 6535, 6541 (1958).
—, — Chemistry and Industry *1956*, 98.
—, —, Mlinko, A.: J. Chem. Soc. *1956*, 4257; Kuhn, S. J., Olah, G. A.: J. Amer. Chem. Soc. *83*, 4564 (1961).
—, —, Flood, S. H.: J. Amer. Chem. Soc. *83*, 4571 (1961).
—, Pittman, C. U.: J. Amer. Chem. Soc. *87*, 3509 (1965).
Orton, K. J. P., Jones, W. J.: J. Chem. Soc. *95*, 1456 (1909).

Palumbo, R., De Renzi, A., Panunzi, A., Paiaro, G.: J. Amer. Chem. Soc. *91*, 3874 (1969).
Paneth, F. A., Hofeditz, W.: Ber. dtsch. chem. Ges. *62*, 1335 (1929).
—, Lautsch, W.: Ber. dtsch. chem. Ges. *64 B*, 2702 (1931).
Parker, A. J.: Chem. Revs. *69*, 1 (1969).
— J. Chem. Soc. *1961*, 1328; Miller, J., Parker, A. J.: J. Amer. Chem. Soc. *83*, 117 (1961).
— Chem. Tech. *1971*, 297.
Parto, D. J., Serve, M. P.: J. Amer. Chem. Soc. *87*, 1515 (1965).
Pauling, L., Wheland, G. W.: J. Chem. Phys. *1*, 362 (1933).
Pearson, R. G., Sobel, H., Songstad, J.: J. Amer. Chem. Soc. *90*, 319 (1968).
Pearson, T. G.: J. Chem. Soc. *1934*, 1718.
—, Purcell, R. H.: J. Chem. Soc. *1935*, 1151.
Peer, H. G.: Rec. trav. chim. Pays-Bas *78*, 851 (1959); *79*, 825 (1960).
Pietra, F., Vitali, D.: Tetrahedron Letters *1966*, 5701; J. Chem. Soc. (B) *1968*, 1318.
Pine, S. H., Sanchez, B. L.: Tetrahedron Letters *1969*, 1319.
Plieninger, H., Keilich, G.: Angew. Chem. *68*, 618 (1956); Chem. Ber. *91*, 1891 (1958).
Pocker, Y., Stevens, K. D.: J. Amer. Chem. Soc. *91*, 4199, 4205 (1969).
Prelog, V.: Bull. soc. chim. France *1960*, 1433.
Pryor, W. A.: Mechanisms of Sulfur Reactions. New York: McGraw-Hill. 1962.
— Free Radicals. New York: McGraw-Hill. 1966.
—, Guard, H.: J. Amer. Chem. Soc. *86*, 1150 (1964).
—, Huston, D. M., Fiske, T. R., Pickering, T. L., Ciuffarin, E.: J. Amer. Chem. Soc. *86*, 4237 (1964).
—, Pickering, T. L.: J. Amer. Chem. Soc. *84*, 2705 (1962).

Quayale, O. R., Royals, E. E.: J. Amer. Chem. Soc. *64*, 227 (1942).

Ratner, S., Clarke, H. T.: J. Amer. Chem. Soc. *59*, 200 (1937).
Reeve, W., Chambers, D. H., Prickett, C. S.: J. Amer. Chem. Soc. *74*, 5369 (1952).
Reitz, O., Kopp, J.: Z. phys. Chem. *A 184*, 429 (1939).
Renk, E., Roberts, J. D.: J. Amer. Chem. Soc. *83*, 878 (1961).
Rice, F. O.: J. Amer. Chem. Soc. *53*, 1959 (1931).
—, Johnston, W. R., Evering, B. L.: J. Amer. Chem. Soc. *54*, 3529 (1932).
Rieche, A., Seeboth, H.: Liebigs Ann. Chem. *638*, 43, 57, 66, 76, 81, 92, 101 (1960).
Roberts, I., Kimball, G. E.: J. Amer. Chem. Soc. *59*, 947 (1937).
—, Urey, H. C.: J. Amer. Chem. Soc. *60*, 880, 2391 (1938).
Roberts, J. D., Lee, C. C.: J. Amer. Chem. Soc. *73*, 5009 (1951).
—, —, Saunders, W. H.: J. Amer. Chem. Soc. *76*, 4501 (1954).
—, Mazur, R. H.: J. Amer. Chem. Soc. *73*, 2509, 3542 (1951); Servis, K. L., Roberts, J. D.:
    J. Amer. Chem. Soc. *86*, 3773 (1964).
—, Sharts, C. M.: Org. Reactions *12*, 1 (1962).
—, Young, W. G., Winstein, S.: J. Amer. Chem. Soc. *64*, 2157 (1942).
— und Mitarbeiter: J. Amer. Chem. Soc. *75*, 3290 (1953).
Robertson, P. W., und Mitarbeiter, siehe: Walker, I. K., Robertson, P. W.: J. Chem. Soc. *1939*,
    1515; White, E. P., Robertson, P. W.: J. Chem. Soc. *1939*, 1509.
Rony, P. R.: J. Amer. Chem. Soc. *90*, 2824 (1968).
Rüchardt, Ch.: Angew. Chem. *82*, 845 (1970).
Russel, G. A.: J. Amer. Chem. Soc. *80*, 4987 (1958).
—, DeBoer, C.: J. Amer. Chem. Soc. *85*, 3136 (1963).
— in: Kaiser, E. T., Kevan, L.: Semidione Radical Anions. New York: Interscience Publishers 1968.

Salomon, G.: Helv. chim. Acta *19*, 743 (1946).
Sauer, J.: Angew. Chem. *78*, 233 (1966).
—, Huisgen, R., Hauser, A.: Chem. Ber. *91*, 1461 (1958).
Saunders, W. H., jr., Fahrenholtz, S., und Mitarbeiter: J. Amer. Chem. Soc. *87*, 3401 (1965)
Scheeren, J. W., van Melick, J. E. W., Nivard, R. J. F.: Chem. Commun. *1969*, 1175.
Schenck, G. O., Koltzenburg, G., Grossmann, H.: Angew. Chem. *69*, 177 (1957).
Schlenk, W., Bergmann, E.: Liebigs Ann. Chem. *463*, 1, 83 (1928); *464*, 1 (1928).
—, Weickel, T.: Ber. dtsch. chem. Ges. *44*, 1182 (1911).
—, —, Herzenstein, A.: Liebigs Ann. Chem. *372*, 1 (1910); Schlenk, W., Herzenstein, A.,
    Weickel, T.: Ber. dtsch. chem. Ges. *43*, 1753 (1910).

v. R. Schleyer, P., Buss, V.: J. Amer. Chem. Soc. *91*, 5880 (1969).

—, McKervey, M. A., und Mitarbeiter: J. Amer. Chem. Soc. *92*, 5246 (1970).

—, Watts, W. E., Fort, R. C., Comisarow, M. B., Olah, G. A.: J. Amer. Chem. Soc. *86*, 5679 (1964).

—, Wiskott, E.: Tetrahedron Letters *1967*, 2845.

Schmid, H., Schmid, K.: Helv. chim. Acta *36*, 489 (1953).

— und Mitarbeiter (1952–1960), siehe: Schmid H.: Österr. Chemiker-Ztg. *57*, 106 (1956); Schmid, H., Schmid, K.: Helv. chim. Acta *35*, 1879 (1952); *36*, 489 (1953); Schmid, K., Schmid, H.: Helv. chim. Acta *36*, 687 (1953); Schmid, K., Haegele, W., Schmid, H.: Helv. chim. Acta *37*, 1080 (1954); Fahrni, P., Haegele, W., Schmid, H.: Helv. chim. Acta *38*, 783 (1955); Schmid, K., Fahrni, P., Schmid, H.: Helv. chim. Acta *39*, 708 (1956); Kalberer, F., Schmid, K., Schmid, H.: Helv. *39*, 555 (1956); Kalberer, F., Schmid, H.: Helv. chim. Acta *40*, 779 (1957); Haegele, W., Schmid, H.: Helv. chim. Acta *41*, 657 (1958); Fahrni, P., Schmid, H.: Helv. chim. Acta *42*, 1102 (1959); Fahrni, P., Habich, A., Schmid, H.: Helv. chim. Acta *43*, 448 (1960).

Schmidt, E.: Liebigs Ann. Chem. *267*, 300 (1891).

Schöllkopf, U.: Angew. Chem. *82*, 795 (1970).

Schorigin, P.: Ber. dtsch. chem. Ges. *57*, 1634 (1924); *58*, 2028 (1925); *59*, 2510 (1926).

Schwenker, G.: Arch. Pharm. *298*, 826 (1965); *299*, 131 (1966).

Seitz, L. M., Brown, T. L.: J. Amer. Chem. Soc. *88*, 2174 (1966).

Selwood, P. W., Dobres, R. M.: J. Amer. Chem. Soc. *72*, 3860 (1950).

Servis, K. L.: J. Amer. Chem. Soc. *87*, 5495 (1965); *89*, 1508 (1967).

Sharman, S. H., Caserio, F. F., Nystrom, R. F., Leak, J. C., Young, W. G.: J. Amer. Chem. Soc. *80*, 5965 (1958).

Shiner, V. J.: J. Amer. Chem. Soc. *75*, 2925 (1953); *76*, 1603 (1954).

— J. Amer. Chem. Soc. *74*, 5285 (1952).

—, Smith, M. L.: J. Amer. Chem. Soc. *80*, 4095 (1958).

Shoppee, C. W.: J. Chem. Soc. *1946*, 1147.

Shorter, J.: Quart. Rev. *24*, 433 (1970).

Shvo, Y., Shanan-Atidi, H.: J. Amer. Chem. Soc. *91*, 6683 (1969).

Sicher, J., Havel, M., Svoboda, M., Tetrahedron Letters *1968*, 4269 (1968).

— und Mitarbeiter (1966), siehe: Sicher, J., Zavada, J., Krupicka, J.: Tetrahedron Letters *1966*, 1619; Zavada, J., Svoboda, M., Sicher, J.: Tetrahedron Letters *1966*, 1627.

— und Mitarbeiter: Coll. Czechoslov. Chem. Commun. *32*, 2104, 2122, 3701 (1967); Chem. Commun. *1967*, 66, 394.

Skell, P. S., Allen, R. G.: J. Amer. Chem. Soc. *81*, 5383 (1959).

—, —, Gilmour, N. D.: J. Amer. Chem. Soc. *83*, 504 (1961).

—, Cholod, M. S.: J. Amer. Chem. Soc. *91*, 7131 (1969).

—, Hall, W. L.: J. Amer. Chem. Soc. *86*, 1557 (1964).

—, Tuleen, D. L., Readio, P. D.: J. Amer. Chem. Soc. *85*, 2849 (1963).

Skrabal, A., Skrabal, R.: Z. phys. Chem. *181*, 449 (1938).

Smissman, E. E., Schnettler, R. A., Portoghese, P. S.: J. Org. Chem. *30*, 797 (1965).

Smith, P. A. S.: J. Amer. Chem. Soc. *70*, 320 (1948).

Sommelet, M.: Compt. rend. *205*, 56 (1937).

Sondheimer, F., Wolovsky, R., Amiel, Y.: J. Amer. Chem. Soc. *84*, 274 (1962); Calder, I. C., Garratt, P. J., Longuet-Higgins, H. C., Sondheimer, F.: J. Chem. Soc. (C) *1967*, 1041.

Srinivasan, R.: J. Amer. Chem. Soc. *90*, 4498 (1968).

Stang, P. J., Summerville, R.: J. Amer. Chem. Soc. *91*, 4600 (1969).

Staudinger, H., Kupfer, O.: Ber. dtsch. chem. Ges. *44*, 2197 (1911); *45*, 501 (1912).

—, Endle, R.: Ber. dtsch. chem. Ges. *46*, 1437 (1913).

—, Goldstein, J.: Ber. dtsch. chem. Ges. *49*, 1923 (1916).

—, Muntwyler, O., Kupfer, O.: Helv. chim. Acta *5*, 756 (1922).

Steinmetz, R.: Fortschr. chem. Forschung *7*, 445 (1967).

Stevens, H. C., Grummitt, O.: J. Amer. Chem. Soc. *74*, 4876 (1952).

Stevens, T. S.: J. Chem. Soc. *1930*, 2107; Thomson, T., Stevens, T. S.: J. Chem. Soc. *1932*, 1932.

—, Creighton, E. M., Gordon, A. B., MacNicol, M.: J. Chem. Soc. *1928*, 3193.

Stewart, T. D., Edlund, K. R.: J. Amer. Chem. Soc. *45*, 1014 (1923).

Stock, L. M., Brown, H. C.: Adv. Phys. Org. Chem. *1*, 35 (1963).

Stork, G., Terrell, R., Szmuszkovicz, J.: J. Amer. Chem. Soc. *76*, 2029 (1954).

Story, P. R., Alford, J. A., Ray, W. C., Burgess, J. R.: J. Amer. Chem. Soc. *93*, 3044 (1971).
Streitwieser, A., jr.: Chem. Revs. *56*, 571 (1956).
—, Wilkins, C. L., Kiehlmann, E.: J. Amer. Chem. Soc. *90*, 1598 (1968).
Sustmann, R., Williams, J. E., Dewar, M. J. S., Allen, L. C., v. R. Schleyer, P.: J. Amer. Chem. Soc. *91*, 5350 (1969).
Swain, C. G., Boyles, H. B.: J. Amer. Chem. Soc. *73*, 870 (1951).
—, Brown, J. F., jr.: J. Amer. Chem. Soc. *74*, 2534 (1952).
—, Scott, C. B., Lohmann,.K. H.: J. Amer. Chem. Soc. *75*, 136 (1953).
—, — J. Amer. Chem. Soc. *75*, 141 (1953).
—, Spalding, R. E. T.: J. Amer. Chem. Soc. *82*, 6104 (1960).
—, Worosz, J. C.: Tetrahedron Letters *1965*, 3199.
Swern, D.: J. Amer. Chem. Soc. *69*, 1692 (1947).
Szantay, C., Rohaly, J.: Chem. Ber. *96*, 1788 (1963).

Taft, R. W.: J. Amer. Chem. Soc. *74*, 2729, 3120 (1952); Steric Effects in Organic Chemistry, Kap. 13. New York: J. Wiley and Sons. 1956.
Tarbell, D. S. (1939–1952), siehe: Tarbell, D. S.: Chem. Revs. *27*, 495 (1940); Org. Reactions *2*, 1 (1944); Kincaid, J. F., Tarbell, D. S.: J. Amer. Chem. Soc. *61*, 3085 (1939); Tarbell, D. S., Wilson, J. W.: J. Amer. Chem. Soc. *64*, 607 (1942); Nummy, W. R., Tarbell, D. S.: J. Amer. Chem. Soc. *73*, 1500 (1951); Tarbell, D. S., Petropoulos, J. C.: J. Amer. Chem. Soc. *74*, 244 (1952); Petropoulos, J. C., Tarbell, D. S.: J. Amer. Chem. Soc. *74*, 1299 (1952).
—, Bartlett, P. D.: J. Amer. Chem. Soc. *59*, 407 (1937).
Tedder, J. M.: Quart. Rev. *14*, 342 (1960).
Thornton, E. R.: J. Amer. Chem. Soc. *89*, 2915 (1967); Frisone, G. J., Thornton, E. R.: J. Amer. Chem. Soc. *90*, 1211 (1968).
Toromanoff, E.: Bull. soc. chim. France *1962*, 1190.
Traynham, J. G., Stone, D. B., Couvillion, J. L.: J. Org. Chem. *32*, 510 (1967).

Ultée, A. J.: J. Chem. Soc. *1948*, 530.
Urech, H. J., Prelog, V.: Helv. chim. Acta *40*, 477 (1957).
Uri, N.: Chem. Revs. *50*, 375 (1952).
Urry, W. H., Stacey, F. W., Huyser, E. S., Juveland, O. O.: J. Amer. Chem. Soc. *76*, 450 (1954).
—, —, Juveland, O. O., McDonnell, C. H.: J. Amer. Chem. Soc. *75*, 250 (1953).

Van Tamelen, E. E., Willet, J. D., Clayton, R. B., Lord, K. E.: J. Amer. Chem. Soc. *88*, 4752 (1966).
Vaughan, W. E., Rust, F. F.: J. Org. Chem. *5*, 449 (1940).
Vogel, E.: Liebigs Ann. Chem. *615*, 14 (1958).
—, Grimme, W., Dinné, E.: Tetrahedron Letters *1965*, 391.
—, Günther, H.: Angew. Chem. *79*, 429 (1967).

Wagner, P. J., Hammond, G. S.: Adv. Photochem. *5*, 21 (1968).
Walden, P.: Ber. dtsch. chem. Ges. *35*, 2018 (1902).
Walling, C.: Free Radicals in Solution. New York: Wiley. 1957.
—, Heaton, L., Tanner, D. D.: J. Amer. Chem. Soc. *87*, 1715 (1965).
—, Helmreich, W.: J. Amer. Chem. Soc. *81*, 1144 (1959).
—, Waits, H. P., Milovanovic, J., Pappiaonnou, C. G.: J. Amer. Chem. Soc. *92*, 4927 (1970).
Walsh, A. D.: Discussions Faraday Soc. *2*, 18 (1947); Quart. Rev. *2*, 73 (1948).
Warnhoff, E. W., Wong, C. M., Tai, W. T.: J. Amer. Chem. Soc. *90*, 514 (1968).
Warrener, R. N., Bremner, J. B.: Rev. pure appl. Chem. *16*, 117 (1966).
Wassermann, A.: The Diels-Alder Reaction. Amsterdam: Elsevier. 1965.
Waters, W. A.: J. Chem. Soc. *1942*, 266.
— Quart. Rev. *12*, 277 (1958).
Watts, L., Fitzpatrick, J. D., Pettit, R.: J. Amer. Chem. Soc. *87*, 3253 (1965); 88, 623 (1966).
Wells, P. R.: Chem. Revs. *63*, 171 (1963).
Westheimer, F. H.: J. Amer. Chem. Soc. *58*, 2209 (1936).
— Adv. Enzymol. *24*, 441 (1962).

Wettstein, A., und Mitarbeiter, siehe: Meystre, Ch., Heusler, K., Kalvoda, J., Wieland, P., Anner, G., Wettstein, A.: Helv. chim. Acta *45*, 1317 (1962).
White, E. P., Robertson, D. W.: J. Chem. Soc. *1939*, 1509.
Whitmore, F. C., Rothrock, H. S.: J. Amer. Chem. Soc. *54*, 3431 (1932).
Wieland, H.: Liebigs Ann. Chem. *381*, 200 (1911); Ber. dtsch. chem. Ges. *48*, 1078 (1915).
Williams, G. H.: Homolytic Aromatic Substitution. New York: Pergamon Press. 1960.
Winstein, S.: Quart. Rev. *23*, 141 (1969).
—, Adams, R.: J. Amer. Chem. Soc. *70*, 838 (1948).
—, Clippinger, E., Fainberg, A. H., Robinson, G. C.: J. Amer. Chem. Soc. *76*, 2597 (1954).
—, Fainberg, A. H.: J. Amer. Chem. Soc. *79*, 5937 (1957).
—, Goodman, L.: J. Amer. Chem. Soc. *76*, 4368, 4373 (1954); *79*, 4788 (1957).
—, Grunwald, E., Ingraham, L. L.: J. Amer. Chem. Soc. *70*, 821 (1948).
—, —, Jones, H. W.: J. Amer. Chem. Soc. *73*, 2700 (1951).
—, Lucas, H. J.: J. Amer. Chem. Soc. *60*, 836 (1938).
—, — J. Amer. Chem. Soc. *61*, 1576 (1939).
—, Parker, und Mitarbeiter, siehe: Parker, A. J., Ruane, M., Biale, G., Winstein, S.: Tetrahedron Letters *1968*, 2113; Biale, G., Parker, A. J., Smith, S. G., Stevens, I. D. R., Winstein, S.: J. Amer. Chem. Soc. *92*, 115 (1970).
—, Pressman, D., Young, W. G.: J. Amer. Chem. Soc. *61*, 1645 (1939).
—, Seubold, F. H.: J. Amer. Chem. Soc. *69*, 2916 (1947); siehe auch Seubold, F. H.: J. Amer. Chem. Soc. *75*, 2532 (1953).
—, Shatavsky, M., Norton, C., Woodward, R. B.: J. Amer. Chem. Soc. *77*, 4183 (1955).
—, Traylor, T. G., Garner, C. S.: J. Amer. Chem. Soc. *77*, 3741 (1955).
—, —: J. Amer. Chem. Soc. *77*, 3747 (1955); *78*, 2597 (1956).
—, Trifan, D. S.: J. Amer. Chem. Soc. *74*, 1154 (1952).
—, — J. Amer. Chem. Soc. *71*, 2953 (1949); *74*, 1147, 1154 (1952).
—, Walborsky, H. M., Schreiber, K.: J. Amer. Chem. Soc. *72*, 5795 (1950).
Wiseman, J. R., Chan, H.-F., Ahola, C. J.: J. Amer. Chem. Soc. *91*, 2812 (1969).
—, Chong, J. A.: J. Amer. Chem. Soc. *91*, 7775 (1969).
Wittig, G.: Angew. Chem. *69*, 245 (1957); *77*, 752 (1965).
—, Burger, T. F.: Liebigs Ann. Chem. *632*, 85 (1960).
—, Dorsch, H.-L.: Liebigs Ann. Chem. *711*, 46 (1968).
—, Geissler, G.: Liebigs Ann. Chem. *580*, 44 (1953).
—, Heyn, J.: Liebigs Ann. Chem. *726*, 57 (1969).
—, Löhmann, L.: Liebigs Ann. Chem. *550*, 260 (1942).
—, Mangold, R., Felletschin, G.: Liebigs Ann. Chem. *560*, 117 (1948).
—, Meske-Schüller, J.: Liebigs Ann. Chem. *711*, 65 (1968).
—, Pohmer, L.: Angew. Chem. *67*, 348 (1955); Chem. Ber. *89*, 1334 (1956).
—, Polster, R.: Liebigs Ann. Chem. *599*, 13 (1956); *612*, 102 (1958).
—, Wiemer, W.: Liebigs Ann. Chem. *483*, 144 (1930).
Woodward, R. B., Bader, F. E., Bickel, H., Frey, A. J., Kierstead, R. W.: Tetrahedron *2*, 1 (1958).
—, Hoffmann, R.: J. Amer. Chem. Soc. *87*, 395, 2511 (1965); Hoffmann, R., Woodward, R. B.: J. Amer. Chem. Soc. *87*, 2046 (1965).
—, — Angew. Chem. *81*, 797 (1969).
—, — The Conservation of Orbital Symmetry. Weinheim: Verlag Chemie - Academic Press. 1970.
—, Katz, T. J.: Tetrahedron *5*, 70 (1959).
—, Singh, T.: J. Amer. Chem. Soc. *72*, 494 (1950).
—, Wendler, N. L., Brutschy, F. J.: J. Amer. Chem. Soc. *67*, 1425 (1945).
Wright, C. J.: Chem. Engng. News *46*, Nr. 1, S. 28 (1968).

Yamazaki, H., Cvetanović, R. J.: J. Amer. Chem. Soc. *91*, 520 (1969).
Yonezawa, T., Nakatsui, H., Kato, H., J. Amer. Chem. Soc. *90*, 1239 (1968).
Young, L. J.: J. Polymer Sci. *54*, 411 (1961).
Young, W. G., und Mitarbeiter, siehe: Young, W. G., Webb, I. D., Goering, H. L.: J. Amer. Chem. Soc. *73*, 1076 (1951); Young, W. G., Wilk, I. J.: J. Amer. Chem. Soc. *79*, 4793 (1957); Young, W. G., Clement, R. A.: Science *115*, 488 (1952); Young, W. G., Clement, R. A., Shih, C. H.: J. Amer. Chem. Soc. *77*, 3061 (1955).

Zelinsky, N., Zelikov, J.: Ber. dtsch. chem. Ges. *34*, 3249 (1901).

Ziegler, K., Crössmann, F., Kleiner, H., Schäfer, O.: Liebigs Ann. Chem. *473*, 1 (1929).

—, Herte, P.: Liebigs Ann. Chem. *551*, 22 (1942).

Zimmerman, H. E., Smentowski, F. J.: J. Amer. Chem. Soc. *79*, 5455 (1957).

—, und Mitarbeiter: J. Amer. Chem. Soc. *81*, 108 (1959).

Sachverzeichnis